普通高等教育电子信息类系列教材

通信原理

隋晓红　张小清　白玉　石磊　编

吴建生　主　审

机械工业出版社

本书是普通高等教育电子信息类系列教材之一，是编者在长期教学实践的基础上编写的。

全书共分12章，主要内容包括绪论、随机过程、信道与噪声、模拟调制系统、数字基带传输系统、模拟信号的数字传输、数字频带传输系统、数字信号的最佳接收、差错控制编码、伪随机序列及编码、同步原理、MATLAB在通信仿真中的应用。为了便于读者使用，每章开始有本章概述和知识点，最后是本章小结和思考题与习题。

本书可以作为普通高等院校电子、信息、物联网、通信类专业本科生的教材，也可以供相关专业技术人员参考。

图书在版编目（CIP）数据

通信原理/隋晓红等编.—北京：机械工业出版社，2021.8
普通高等教育电子信息类系列教材
ISBN 978-7-111-69084-9

Ⅰ.①通… Ⅱ.①隋… Ⅲ.①通信原理—高等学校—教材 Ⅳ.①TN911

中国版本图书馆CIP数据核字（2021）第184348号

机械工业出版社（北京市百万庄大街22号 邮政编码100037）
策划编辑：路乙达 责任编辑：路乙达 王 荣
责任校对：肖 琳 封面设计：张 静
责任印制：郜 敏
北京富资园科技发展有限公司印刷
2022年1月第1版第1次印刷
184mm×260mm · 25.75印张 · 635千字
标准书号：ISBN 978-7-111-69084-9
定价：69.80元

电话服务	网络服务
客服电话：010-88361066	机 工 官 网：www.cmpbook.com
010-88379833	机 工 官 博：weibo.com/cmp1952
010-68326294	金 书 网：www.golden-book.com
封底无防伪标均为盗版	机工教育服务网：www.cmpedu.com

前 言

本书是普通高等教育电子信息类系列教材之一，是编者在长期教学实践的基础上编写的。

全书共 12 章，第 1~3 章是基础部分，第 4 章是模拟通信，第 6 章是模拟信号数字传输，第 5、7~11 是数字通信，第 12 章是通信系统仿真。

第 1 章为绪论，介绍通信系统的概念、组成和主要性能指标，概述了通信现状和未来发展趋势。

第 2 章为随机过程，主要介绍随机信号分析所必需的一些基础理论，包括随机信号的统计描述和分析、平稳随机过程通过线性系统的分析、高斯随机过程、窄带随机过程、正弦波加窄带高斯过程的统计特性。

第 3 章为信道与噪声，概述了调制信道和编码信道，分析了恒参信道、随参信道特性及对信号传输的影响，介绍了几种分集技术，介绍了信道加性噪声，最后介绍了香农信道容量概念。

第 4 章为模拟调制系统，介绍了线性调制和非线性调制的原理，给出了一般模型，分析了线性调制系统和非线性调制系统的抗噪声性能，最后对常用的线性调制系统和非线性调制系统性能进行了综合比较。

第 5 章为数字基带传输系统，概述了数字基带信号、数字基带传输系统、无码间串扰传输特性，分析了数字基带传输系统抗噪声性能，介绍了眼图、时域均衡和部分响应技术。

第 6 章为模拟信号的数字传输，阐述了低通型信号、带通型信号抽样定理和均匀量化、非均匀量化的基本原理；以基本的脉冲振幅调制（PAM）、脉冲编码调制（PCM）和简单增量调制（ΔM）为重点讨论了工作原理，分析了系统抗噪声性能，并介绍了自适应差分脉冲编码调制（ADPCM）。

第 7 章为数字频带传输系统，概述了数字调制解调的基本原理。以二进制调制系统为主，论述了二进制数字调制、解调原理和方法，分析了系统抗噪声性能，介绍了多进制数字调制、解调原理。

第 8 章为数字信号的最佳接收，讨论了数字信号接收的统计判决模型和最佳判决准则；重点论述匹配滤波器最佳接收和相关器最佳接收原理，阐述了确知信号和随机信号最佳接收机结构和性能；最后介绍了最佳基带传输系统原理。

第 9 章为差错控制编码，介绍了差错控制编码的原理及常用检错码和纠错码的概念，重点分析了线性分组码和卷积码的构成原理及解码方法，同时还介绍了网格编码调制（TCM）技术。

第 10 章为伪随机序列及编码，介绍了 m 序列的产生、性质及应用情况。

第 11 章为同步原理，讨论了载波同步、位同步、群同步的原理和技术。

第 12 章为 MATLAB 在通信仿真中的应用，详细介绍了 MATLAB 通信工具箱及其在通信系统中的应用，同时介绍了实现通信系统的信源编/译码、调制解调技术、通信仿真和同步技术仿真的 MATLAB 仿真方法与技巧。

本书的特点是系统性强，内容编排连贯，突出基本概念、基本原理；注重通信技术在实际通信系统中的应用及通信系统仿真，注意吸收新技术和新的通信系统；注重知识的归纳与总结，每章的前面都有概述和知识点，章后有小结；语言简练、通俗易懂、深入浅出，适用对象广泛。

本书由广西科技师范学院的隋晓红，黑龙江科技大学的张小清、石磊，黑河学院的白玉共同编写。隋晓红编写第 5～7 章，张小清编写第 3、8～11 章，白玉编写第 1、2、12 章，石磊编写第 4 章。全书由隋晓红负责制订编写大纲、组稿和统稿等工作。

广西科技师范学院的吴建生教授在百忙之中对全书进行了认真的审阅，并提出了许多宝贵意见，在此表示衷心的感谢。

本书得到广西本科高校“物联网工程”特色专业建设项目经费资助，亦得到 2020 年度广西高等教育本科教学改革工程项目“OBE 教育理念下的“产教结合、校企一体”模式的研究与实践”（项目编号 2020JGB405）经费的资助。

限于编者水平，书中错误和不足之处在所难免，殷切希望各界读者批评指正。

编　者

目　录

第1章　绪　　论

本章概述：通信技术，特别是数字通信技术近年来发展非常迅速，它的应用越来越广泛。本章主要介绍通信的基本概念，包括通信的定义、分类和工作方式，通信系统的组成，衡量通信系统的主要质量指标及通信技术发展概况等。这些基本概念是数字通信原理与技术的基础。

知识点：

1. 了解通信的基本概念，如通信的定义、分类和工作方式，通信系统的组成。
2. 了解衡量通信系统的主要质量指标及通信技术发展概况等。
3. 重点掌握信息及其度量方法。

1.1　通信的基本概念

从远古时代到现代文明社会，人类社会的各种活动与通信密切相关，特别是当今世界已进入信息时代，通信已渗透到社会各个领域，通信产品随处可见。通信已成为现代文明的标志之一，对人们日常生活和社会活动及发展起到更加重要的作用。

1.1.1　通信的定义

一般地说，通信（Communication）是指由一地向另一地进行消息的有效传递。满足此定义的例子很多，如打电话，它是利用电话（系统）来传递消息；两个人之间的对话，亦是利用声音来传递消息，不过只是通信距离非常短而已；古代“消息树”“烽火台”和现代仍使用的“信号灯”等也是利用不同方式传递消息的，理应归属于通信之列。

然而，随着社会生产力的发展，人们对传递消息的要求也越来越高。在各种各样的通信方式中，利用“电”来传递消息的通信方法称为电信（Telecommunication），这种通信具有迅速、准确、可靠等特点，而且几乎不受时间、地点、空间、距离的限制，因而得到了飞速发展和广泛应用。如今，在自然科学中，“通信”与“电信”几乎是同义词了。本书中所说的通信，均指电信。这里不妨对通信重新定义：把利用电子等技术手段，借助电信号（含光信号）实现从一地向另一地进行消息的有效传递和交换称为通信。

通信从本质上讲就是实现信息传递功能的一门科学技术，它要将大量有用的信息无失真、高效率地进行传输，同时还要在传输过程中将无用信息和有害信息抑制掉。当今的通信不仅要有效地传递信息，而且还有存储、处理、采集及显示等功能，通信已成为信息科学技术的一个重要组成部分。

1.1.2　通信的分类

我们知道，通信的目的是传递消息。通信按照不同的分法，可分成许多类，因此将会引出诸多名词、术语。下面介绍几种较常用的分类方法。

1. 按传输媒质分

按消息由一地向另一地传递时传输媒质的不同，通信可分为两大类：一类称为有线通信，另一类称为无线通信。所谓有线通信，是指传输媒质为导线、电缆、光缆、波导等形式的通信，其特点是媒质能看得见、摸得着。导线可以是架空明线、电缆、光缆及波导等。所谓无线通信，是指传输消息的媒质为看不见、摸不着的媒质（如电磁波）的一种通信形式。

通常，有线通信亦可进一步再分类，如明线通信、电缆通信、光缆通信等。无线通信常见的形式有微波通信、短波通信、移动通信、卫星通信、散射通信等，其形式较多。

2. 按信道中所传信号的不同分

信道是个抽象的概念，这里可理解成传输信号的通路，在第3章里将详细介绍。通常信道中传送的信号可分为数字信号和模拟信号，由此，通信亦可分为数字通信和模拟通信。

凡信号的某一参量（如连续波的振幅、频率、相位，脉冲波的振幅、宽度、位置等）可以取无限多个数值，且直接与消息相对应的，称为模拟信号。模拟信号有时也称连续信号，这个连续是指信号的某一参量可以连续变化（即可以取无限多个值），而不一定在时间上也连续，例如第6章介绍的各种脉冲调制，经过调制后已调信号脉冲的某一参量是可以连续变化的，但在时间上是不连续的。这里指的某一参量是指我们关心的并作为研究对象的那一参量，绝不是指时间参量。当然，对于参量连续变化、时间上也连续变化的信号，毫无疑问也是模拟信号，如强弱连续变化的语言信号、亮度连续变化的电视图像信号等都是模拟信号。

凡信号的某一参量只能取有限个数值，并且常常不直接与消息相对应的，称为数字信号。数字信号有时也称离散信号，这个离散是指信号的某参量是离散（不连续）变化的，而不一定在时间上也离散。本书第7章中介绍的绝对相移键控（PSK）、频移键控（FSK）信号均是在时间上连续的数字信号。

3. 按工作频段分

根据通信设备的工作频率不同，通信通常可分为长波通信、中波通信、短波通信、微波通信等。为了比较全面地对通信中所使用的频段有所了解，下面把通信使用的频段及说明列入表1-1中，仅作为参考。

通信中工作频率和工作波长可互换，公式为

$$\lambda = \frac{C}{f} \tag{1-1}$$

式中，λ 为工作波长；f 为工作频率；C 为电波在自由空间中的传播速度，通常认为 $C=3\times10^8\text{m/s}$。

表1-1　通信使用的频段、常用传输媒介及主要用途

频率范围（f）	波长（λ）	频段名	常用传输媒介	用　途
3Hz~30kHz	$10^8\sim10^4$ m	甚低频（VLF）	有线线对 长波无线电	音频、电话、数据终端、长距离导航、时标
30~300kHz	$10^4\sim10^3$ m	低频（LF）	有线线对 长波无线电	导航、信标、电力线通信
300kHz~3MHz	$10^3\sim10^2$ m	中频（MF）	同轴电缆 中波无线电	调幅广播、移动陆地通信、业余无线电

（续）

频率范围（f）	波长（λ）	频段名	常用传输媒介	用　途
3～30MHz	10^2～10m	高频（HF）	同轴电缆 短波无线电	移动无线电话、短波广播、定点军用通信、业余无线电
30～300MHz	10～1m	甚高频（VHF）	同轴电缆 米波无线电	电视、调频广播、空中管制、车辆通信、导航、集群通信、无线寻呼
300MHz～3GHz	100～10cm	特高频（UHF）	波导 分米波无线电	电视、空间遥测、雷达导航、点对点通信、移动通信
3～30GHz	10～1cm	超高频（SHF）	波导 厘米波无线电	微波接力、卫星和空间通信、雷达
30～300GHz	10～1mm	极高频（EHF）	波导 毫米波无线电	雷达、微波接力、射电天文学
10^5～10^7GHz	3×10^{-4}～3×10^{-6}cm	紫外、可见光红外线	光纤 激光空间传播	光通信

4. 按是否采用调制分

根据消息在送到信道之前是否采用调制，通信可分为基带传输和频带传输。所谓基带传输，是指信号没有经过调制而直接送到信道中去传输的一种方式，而频带传输是指信号经过调制后再送到信道中传输，接收端有相应解调措施的通信系统。基带传输和频带传输的详细内容，将分别在第 5 章和第 7 章中论述。

5. 按业务的不同分

目前通信业务可分为电报、电话、传真、数据传输、可视电话、无线寻呼等。另外从广义的角度来看，广播、电视、雷达、导航、遥控、遥测等也应列入通信的范畴，因为它们都满足通信的定义。由于广播、电视、雷达、导航等的不断发展，目前它们已从通信中派生出来，形成了独立的学科。

6. 按收信者是否运动分

通信还可按收信者是否运动分为移动通信和固定通信。移动通信是指通信双方至少有一方在运动中进行信息交换。由于移动通信具有建网快、投资少、机动灵活的优点，用户能随时随地快速可靠地进行信息传递，因此，移动通信已被列为现代通信中的三大新兴通信方式之一。

另外，通信还有其他一些分类方法，如按多地址方式可分为频分多址通信、时分多通信和码分多址通信等，按用户类型可分为公用通信和专用通信等。

1.1.3　通信的工作方式

从不同角度考虑问题，通信的工作方式通常有以下几种。

1. 按消息传送的方向与时间分

通常，如果通信仅在点对点之间进行，或一点对多点之间进行，那么，按消息传送的方向与时间不同，通信的工作方式可分为单工通信、半双工通信及全双工通信。

所谓单工通信，是指消息只能单方向进行传输的一种通信工作方式，如图 1-1a 所示。单工通信的例子很多，如广播、遥控、无线寻呼等，这里，信号（消息）只从广播发射台、遥控器和无线寻呼中心分别传到收音机、遥控对象和 BB 机上。

所谓半双工通信，是指通信双方都能收发消息，但不能同时进行收和发的形式，如图 1-1b 所示。例如，对讲机、收发报机等都是这种通信方式。

所谓全双工通信，是指通信双方可同时进行双向传输消息的工作方式，图 1-1c 所示。这种方式，双方都可同时进行收发消息，很明显，全双工通信的信道必须是双向信道。生活中全双工通信的例子非常多，如普通电话、各种手机等。

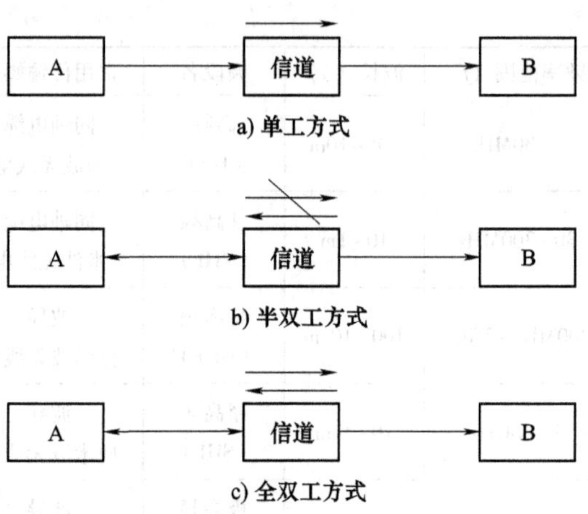

图 1-1　按消息传送的方向和时间划分的通信方式

2. 按数字信号排序分

在数字通信中，按照数字信号排列的顺序不同，可将通信方式分为串行传输和并行传输。

所谓串行传输，即是将代表信息的数字信号序列按时间顺序一个接一个地在信道中传输的方式，如图 1-2a 所示；如果将代表信息的数字信号序列分割成两路或两路以上的数字信号序列同时在信道上传输，则称为并行传输通信方式，如图 1-2b 所示。

一般的数字通信方式大都采用串行传输，这种方式只需占用一条通路，缺点是占用时间相对较长；并行传输方式在通信中也有时用到，它需要占用多条通路，优点是传输时间较短。

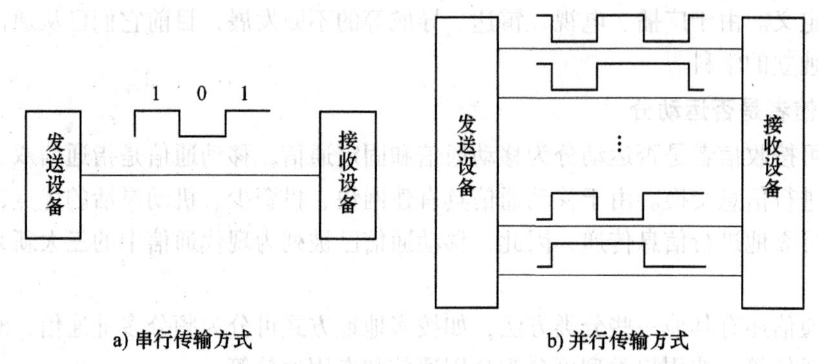

图 1-2　按数字信号排序划分的通信方式

3. 按通信网络形式分

通信的网络形式通常可分为三种：两点间直通方式、分支方式和交换方式，它们的示意图如图 1-3 所示。直通方式是通信网络中最为简单的一种形式，终端 A 与终端 B 之间的线路是专用的；在分支方式中，它的每一个终端（A，B，C，…，N）经过同一信道与转接站相互连接，此时，终端之间不能直通信息，而必须经过转接站转接，此种方式只在数字通信中出现；交换方式是终端之间通过交换设备灵活地进行线路交换的一种方式，即把要求通信的两终端之间的线路接通（自动接通），或者通过程序控制实现消息交换，即通过交换设备先把发方来的消息储存起来，然后再转发至收方，这种消息转发可以是实时的，也可是延时的。

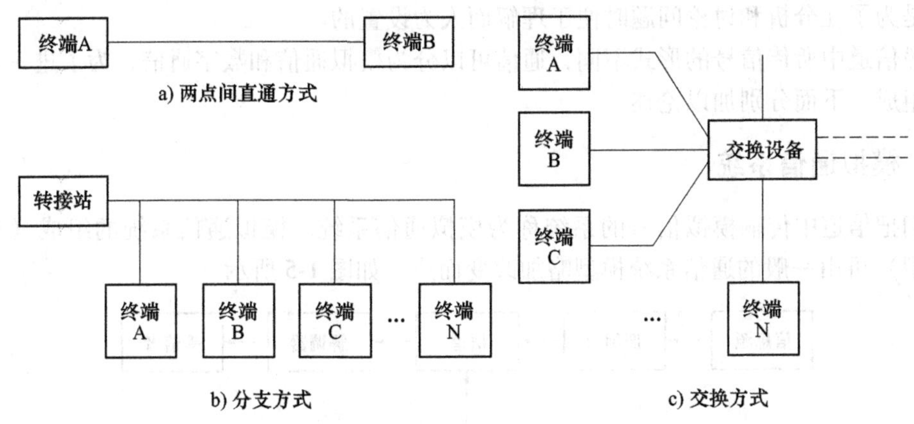

图 1-3 按网络形式划分的通信方式

分支方式及交换方式均属于网通信的范畴。无疑，它和点与点直通方式相比，还有其特殊的一面。例如，通信网中有一套具体的线路交换与消息交换的规定、协议等，通信网中既有信息控制问题，也有网同步问题等，尽管如此，网通信的基础仍是点与点之间的通信，因此，本书中只把注意力集中到点与点通信上，而不涉及通信网的其他问题。

1.2 通信系统的组成

通信的任务是完成消息的传递和交换。以点对点通信为例，可以看出要实现消息从一地向另一地的传递，必须有三个部分：一是发送端，二是接收端，三是收发两端之间的信道，如图 1-4 所示。

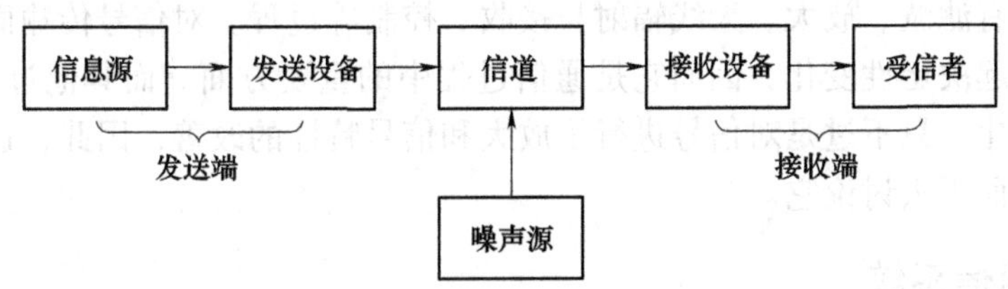

图 1-4 通信系统的模型

这里，信息源（简称信源）的作用是把待传输的消息转换成原始电信号，如电话系统中的电话机可看成是信源，信源输出的信号称为基带信号。所谓基带信号，是指没有经过调制（频谱搬移）的原始信号，其特点是频率较低。基带信号可分为数字基带信号和模拟基带信号。为了使原始信号（基带信号）适合在信道中传输，由发送设备对基带信号进行某种变换或处理，使之适应信道的传输特性要求。发送设备是一个总体概念，它可能包括许多具体电路与系统，通过以后的学习，这点体会将会更深。信道是信号传输的通路，信道中自然会叠加上噪声。在接收端，接收设备的功能正好相反于发送设备，它将从收到的信号中恢复出相应的原始信号。受信者（也称信宿或收终端）是将复原的原始信号转换成相应的消息，如电话机将对方传来的电信号还原成了声音。图 1-4 中，噪声源是信道中的所有噪声以及分散在通信系统中其他各处噪声的集合。图中这种表示并非指通信中一定要有一个噪声源，而是为了在分析和讨论问题时便于理解而人为设置的。

按照信道中所传信号的形式不同，通信可以分为模拟通信和数字通信，为了进一步了解它们的组成，下面分别加以论述。

1.2.1 模拟通信系统

我们把信道中传输模拟信号的系统称为模拟通信系统。模拟通信系统的组成（通常也称为模型）可由一般的通信系统模型略加改变而成，如图 1-5 所示。

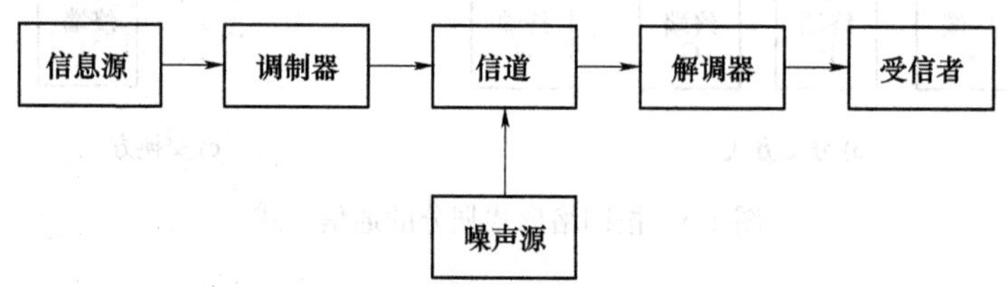

图 1-5　模拟通信系统的模型

对于模拟通信系统，它主要包含两种重要变换。一是把连续消息变换成电信号（发端信息源完成）和把电信号恢复成最初的连续消息（收端受信者完成）。由信源输出的电信号（基带信号）具有频率较低的频谱分量，一般不能直接作为传输信号而送到信道中去。因此，模拟通信系统里常有第二种变换，即将基带信号转换成其频带适合信道传输的信号，这一变换由调制器完成；在接收端同样需经相反的变换，它由解调器完成。经过调制后的信号通常称为已调信号。已调信号有三个基本特性：一是携带有消息，二是适合在信道中传输，三是具有较高频率成分。

必须指出，从消息的发送到消息的恢复，事实上并非仅有以上两种变换，通常在一个通信系统里可能还有滤波、放大、天线辐射与接收、控制等过程。对信号传输而言，由于上面两种变换对信号起决定性变化，因而它是通信过程中的重要方面。而其他过程对信号来说，没有发生质的变化，只不过是对信号进行了放大和信号特性的改善，因此，这些过程我们认为都是理想的，而不去讨论它。

1.2.2 数字通信系统

信道中传输数字信号的系统称为数字通信系统。数字通信系统可进一步细分为数字频带传输通信系统、数字基带传输通信系统和模拟信号数字化传输通信系统，下面分别加以说明。

1. 数字频带传输通信系统

数字通信的基本特征是，它的消息或信号具有“离散”或“数字”的特性，从而使数字通信具有许多特殊的问题。例如，前面提到的第二种变换，在模拟通信中强调变换的线性特性，即强调已调参量与代表消息的模拟信号之间的比例特性，而在数字通信中，则强调已调参量与代表消息的数字信号之间的一一对应关系。

另外，数字通信中还存在以下突出问题：第一，数字信号传输时，信道噪声或干扰所造成的差错，原则上是可以控制的。这是通过所谓的差错控制编码来实现的。于是，就需要在发送端增加一个编码器，而在接收端相应需要一个解码器。第二，当需要实现保密通信时，可对数字基带信号进行“扰乱”（加密），此时在接收端就必须进行解密。第三，由于数字通信传输是一个接一个按一定节拍传送的数字信号，因而接收端必须有一个与发送端相同的节拍，否则，就会因收发步调不一致而造成混乱。另外，为了表述消息内容，基带信号都是按消息特征进行编组的，于是，在收发之间一组组的编码的规律也必须一致，否则接收时消息的真正内容将无法恢复。在数字通信中，称节拍一致为“位同步”或“码元同步”，而称编组一致为“群同步”或“帧同步”，故数字通信中还必须有“同步”这个重要问题。

综上所述，点对点的数字通信系统模型一般如图 1-6 所示。图中，同步环节没有示意出，这是因为它的位置往往不是固定的，在此我们主要强调信号流程所经过的部分。

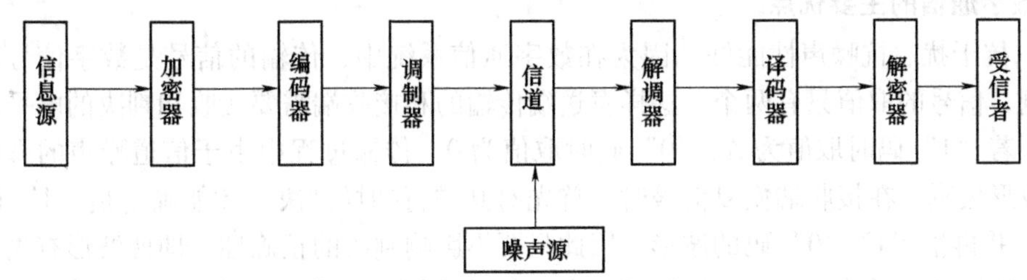

图 1-6 数字频带传输通信系统模型

需要说明的是，图 1-6 中调制器/解调器、加密器/解密器、编码器/译码器等环节，在具体通信系统中是否全部采用，这要取决于具体设计条件和要求。但在一个系统中，如果发送端有调制器/加密器/编码器，则接收端必须有解调器/解密器/译码器。通常把有调制器/解调器的数字通信系统称为数字频带传输通信系统。

2. 数字基带传输通信系统

与频带传输系统相对应，把没有调制器/解调器的数字通信系统称为数字基带传输通信系统，如图 1-7 所示。图中基带信号形成器可能包括编码器、加密器以及波形变换等，接收滤波器亦可能包括译码器、解密器等。这些具体内容，将在第 6 章详细讨论。

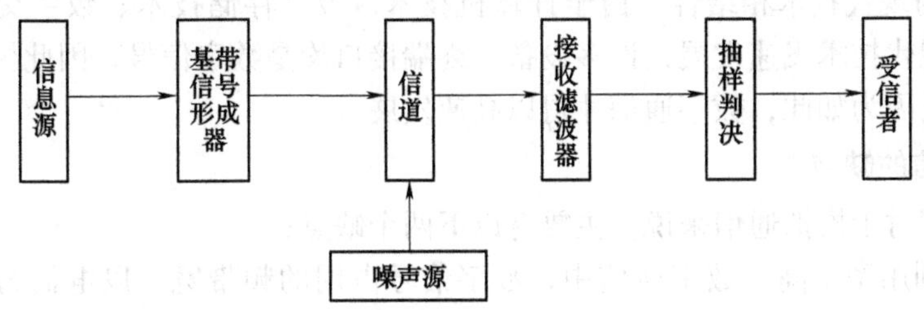

图 1-7 数字基带传输通信系统模型

3. 模拟信号数字化传输通信系统

上面论述的数字通信系统中，信源输出的信号均为数字基带信号，实际上，在日常生活中大部分信号（如语音信号）为连续变化的模拟信号。那么要实现模拟信号在数字系统中的传输，则必须在发送端将模拟信号数字化，即模/数（A/D）转换；在接收端需进行相反的转换，即数/模（D/A）转换。实现模拟信号数字化传输的系统如图 1-8 所示。

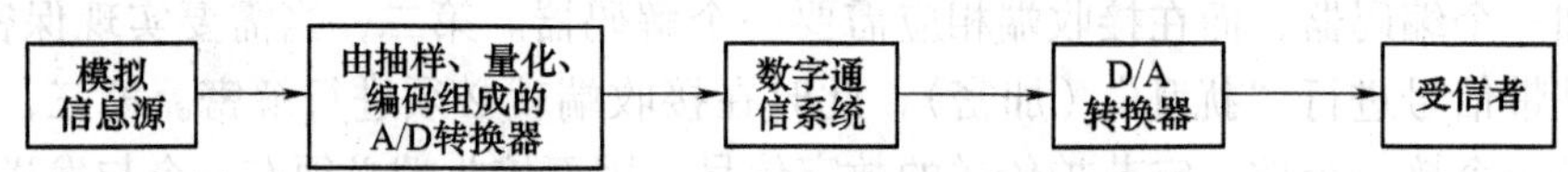

图 1-8　模拟信号数字化传输通信系统模型

1.2.3　数字通信的主要优缺点

前面介绍了几种具体的数字通信系统的组成，下面讨论一下数字通信的优缺点。值得指出的是，数字通信的优、缺点都是相对于模拟通信而言的。

1. 数字通信的主要优点

（1）抗干扰、抗噪声性能好　因为在数字通信系统中，传输的信号是数字信号。以二进制为例，信号的取值只有两个，这样发送端传输的和接收端需要接收和判决的电平也只有两个值，若“1”码时取值为 A，“0”码时取值为 0，传输过程中由于信道噪声的影响，必然会使波形失真。在接收端恢复信号时，首先对其进行抽样判决，才能确定是“1”码还是“0”码，并再生“1”“0”码的波形。因此只要不影响判决的正确性，即使波形有失真也不会影响再生后的信号波形。而在模拟通信中，如果模拟信号叠加上噪声后，即使噪声很小，也很难消除它。

数字通信抗噪声性能好，还表现在微波中继（接力）通信时，它可以消除噪声积累。这是因为数字信号在每次再生后，只要不发生错码，它仍然像信源中发出的信号一样，没有噪声叠加在上面。因此中继站再多，数字通信仍具有良好的通信质量，而模拟通信中继时，只能增加信号能量（对信号放大），而不能消除噪声。

（2）差错可控　数字信号在传输过程中出现的错误（差错），可通过纠错编码技术来控制。

（3）易加密　数字信号与模拟信号相比，它容易加密和解密。因此，数字通信保密性好。

（4）易于与现代技术相结合　由于计算机技术，数字存储技术、数字交换技术以及数字处理技术等现代技术飞速发展，许多设备、终端接口均是数字信号，因此极易与数字通信系统相连接。正因为如此，数字通信才得以高速发展。

2. 数字通信的缺点

数字通信相对于模拟通信来说，主要有以下两个缺点：

（1）频带利用率不高　数字通信中，数字信号占用的频带宽，以电话为例，一路数字电话一般要占据 20~60kHz 的带宽，而一路模拟电话仅占用约 4kHz 带宽。如果系统传输带宽一定的话，模拟电话的频带利用率要高出数字电话 5~15 倍。

（2）需要严格的同步系统　数字通信中，要准确地恢复信号，必须要求接收端和发送端保持严格同步。因此，数字通信系统及设备一般都比较复杂，体积较大。

数字通信因要求有严格的同步系统，故设备复杂、体积较大。随着数字集成技术的发展，各种中、大规模集成器件的体积不断减小，加上数字压缩技术的不断完善，数字通信设备的体积将会越来越小。随着科学技术的不断发展，数字通信的两个缺点也越来越显得不重要了。实践表明，数字通信是现代通信的发展方向。

1.3　通信技术发展概况

本节首先简单回顾一下通信发展史，使读者了解通信发展的脉络，随后介绍通信技术的现状及未来发展趋势。

1.3.1　通信发展简史

通信的历史可追溯到 17 世纪初期。1600~1750 年，科学家开始研究电、磁的现象，到 19 世纪 40 年代，为通信理论基础准备阶段。通信从 19 世纪 40 年代才进入实用阶段。现以列表形式展示一下通信重大事件，从中可清楚看到通信的发展过程（见表 1-2)。

表 1-2　通信重大事件表

年代	事　件
1834	高斯与韦伯制造出电磁式电报机
1837	库克与惠斯通制成电报机
1842	实现莫尔斯电报通信
1860	瑞斯制造第一个电话系统
1864	麦克斯韦发表电磁场理论
1866	跨接欧美的海底电报电缆安装成功
1887	赫兹做电磁辐射实验成功
1894	洛奇表演 150 码（137.16m）距离无线电通信
1901	马可尼实现横贯大西洋的无线电通信
1906	弗雷斯特发明真空管
1920	匹兹堡 KBKA 电台开始实用广播
1929	兹沃列金表演电视系统
1936	英国广播公司开始进行商用电视广播
1948	出现了晶体管；香农提出了信息论
1950—1960	微波通信线路研制成功
1960	第一个通信卫星（回波一号）发射，同时研制成功激光器
1962	开始了实用卫星通信的时代
1969	从月球发回第一个话音消息及电视图像
1960—1970	出现了电缆电视、激光通信、雷达、计算机网络和数字技术，光电处理和射电天文学迅速发展，大规模集成电路、商用卫星通信、程控数字交换机、光纤通信、微处理器等迅猛发展
1970—1980	超大规模集成电路、移动通信、光纤通信的广泛应用，综合业务数字网崛起
1980—1990	卫星通信、移动通信、光纤通信进一步飞速发展，高清晰彩色数字电视技术不断成熟
1990 年以后	全球定位系统（GPS）得到广泛应用

1.3.2 通信技术的现状和发展趋势

为了叙述方便，下面主要从光纤通信、卫星通信、移动通信、微波中继通信几个方面来看现代通信技术的现状以及未来发展趋势。

1. 光纤通信

光纤通信具有容量大、成本低等优点，且不怕电磁干扰，与同轴电缆相比，可以大量节约有色金属和能源。因此，自1977年世界上第一个光纤通信系统在芝加哥投入运行以来，光纤通信发展极为迅速，新器件、新工艺、新技术不断涌现，性能日臻完善。世界各国纷纷广泛采用光纤通信，大西洋、太平洋的海底光缆已经开通使用。由于长波长激光器和单模光纤的出现，使每芯光纤通话路数可高达百万路，中继距离将达到100km，成本也连续大幅度下降。目前，一些发达国家长途及市话中继光纤通信网已初具规模。

我国近几年来光纤通信已得到了快速发展，目前光缆长度累计近几十万km。我国已不再敷设同轴电缆，新的工程将全部采用光纤通信新技术。

光纤通信的主要发展方向是单模长波长光纤通信、大容量数字传输技术和相干光通信。

2. 卫星通信

卫星通信的特点是通信距离远，覆盖面积广，不受地理条件限制，且可以大容量传输，建设周期短，可靠性高等。自1960年第一颗卫星发射成功以来，卫星通信发展特别迅猛。目前，卫星通信的使用范围已遍及全球，仅国际卫星通信组织就拥有数十万条话路。卫星通信的广泛应用，使国际重大活动能及时得以实况转播，它使全世界人与人之间的“距离”缩短。

我国自20世纪70年代起，开始将卫星通信用于国际通信业务，从1985年起开始国内卫星通信。目前已有多颗同步通信卫星与近200个国家和地区开通了国际卫星通信业务。

卫星通信中目前大量使用的是模拟调制及频分多路技术和频分多址技术。它的发展趋势是采用数字调制、时分多路和时分多址。卫星通信正向更高频段发展，采用多波束卫星和星上处理等新技术。地面系统的主要发展趋势是小型化，如近年来蓬勃发展的甚小天线地球站（VSAT，简称小站）技术，就集中反映了调制/解调、纠错编码/译码、数字信号处理、通信专用超大规模集成电路（IC）等多项新技术的进步。

3. 移动通信

移动通信是现代通信中发展最为迅速的一种通信手段，它是随着汽车、飞机、轮船、火车等交通工具的发展而同步发展起来的。在微电子技术和计算机技术的推动下，移动通信从过去简单的无线对讲或广播方式发展成为一个把有线、无线融为一体，固定、移动相互连通的全国规模，甚至全球范围的通信系统。

移动通信的发展方向是数字化、微型化和标准化。20世纪90年代是蜂窝电话迅速普及的年代。进入21世纪以来，在社会经济稳健发展的大背景下，我国移动通信技术的发展水平已取得一定进步与发展。如果说2G、3G通信对于人类信息化的发展是举足轻重的话，那么4G通信却给了人们真正的沟通自由，并彻底改变人们的生活方式甚至社会形态。4G实现了以下目标：

1）通信速度更快，最高可以达到100Mbit/s。

2）网络频谱更宽，每个 4G 信道将占有 100MHz 的频谱，相当于 W-CDMA 3G 网络的 20 倍。

3）通信更加灵活，可以双向下载传递资料、图画、影像。

4）智能性能更高，4G 手机可以被看作是一台手提电脑、电视。

5）兼容性能更平滑，具备全球漫游，接口开放，能跟多种网络互联，终端多样化以及能从第二代、第三代平稳过渡等特点。

6）提供各种增值服务，4G 通信并不是从 3G 通信的基础上经过简单的升级而演变过来的，不仅仅只采用 OFDM 一种技术，也与 3G 的核心技术 CDMA 进行整合，提供优质、多样的增值业务。

7）实现更高质量的多媒体通信，Wi-Fi 的应用使多媒体通信范围更广、质量更高。

8）频率使用效率更高，4G 主要是运用路由（Routing）技术为主的网络架构，可以让更多的人使用与以前相同数量的无线频谱做更多的事情，而且做这些事情的时候速度相当快，如下载速率能达到（5~10）Mbit/s。

9）通信费用更加便宜。

4. 微波中继通信

微波中继通信始于 20 世纪 60 年代，它较一般电缆通信具有易架设、建设周期短等优点。它是目前通信的主要手段之一，主要用来传输长途电话和电视节目，其调制主要采用单边带（SSB）/调频（FM）/频分步路复用（FDM）等方式。

微波中继通信的主要发展方向是数字微波，同时要不断增加系统容量。增加容量的途径是向多电平调制技术发展。目前采用的调制方式有 16QAM（正交调制）和 64QAM，并已出现 256QAM、1024QAM 等超多电平调制的方式。采用多电平调制，在 40MHz 的标准频道间隔内，可传送 1920~7680 路脉冲编码调制（PCM）数字电话。

我国现有多条微波中继通信干线，其中 60%用于通信，40%用于广播电视节目传送。微波中继通信面临光纤通信的严重挑战，但它目前仍将是长途通信和专业（行业）通信的一种重要手段。

通过以上对光纤通信、卫星通信、移动通信和微波中继通信的现状和趋势的介绍可以看出：通信将随着经济的发展和社会的进步，成为现代社会相互联系必不可少的重要工具。未来通信发展的趋势是数字化、集成化及标准化。人类通信的目标是任何人在任何地方（空间）和任何时间可向任意地方随时通信。

1.4　数字通信系统的主要性能指标

衡量、比较和评价一个通信系统的好坏时，必然要涉及系统的主要性能指标问题，否则就无法衡量通信系统的好坏与优劣。通信系统的主要性能指标也称主要质量指标，它们是从整个系统上综合提出或规定的。下面具体加以讨论。

1.4.1　一般通信系统的性能指标

一般通信系统的性能指标归纳起来有以下几个方面：

1）有效性：指通信系统传输消息的“速率”问题，即快慢问题。

2）可靠性：指通信系统传输消息的“质量”问题，即好坏问题。

3）适应性：指通信系统使用时的环境条件。

4）经济性：指系统的成本问题。

5）保密性：指系统对所传信号的加密措施，这点对军用系统显得更加重要。

6）标准性：指系统的接口、各种结构及协议是否合乎国家、国际标准。

7）维修性：指系统是否维修方便。

8）工艺性：指通信系统的各种工艺要求。

对一个通信系统，从研究消息的传输来说，有效性和可靠性将是主要的两个指标。这也是通信技术讨论的重点，至于其他的指标，如工艺性、经济性、适应性等，不属于本书的研究范围。

通信系统的有效性和可靠性，是一对矛盾，这一点通过以后的进一步学习，将会有更深的体会。一般情况下，要增加系统的有效性，就得降低可靠性，反之亦然。在实际中，常常依据实际系统要求采取相对统一的办法，即在满足一定可靠性的指标下，尽量提高消息的传输速率，即有效性；或者，在维持一定有效性的条件下，尽可能提高系统的可靠性。

对于模拟通信来说，系统的有效性和可靠性具体可用系统有效带宽和输出信噪比（或均方误差）来衡量。模拟系统的有效传输带宽 B_W 越大，系统同时传输的话路数也就越多，有效性就越好。

对于数字通信系统而言，系统的可靠性和有效性具体可用误码率和传输速率来衡量。

在具体叙述传输速率概念之前，首先简要地介绍一下信息及其量度的一些基本知识。

1.4.2 信息及其量度

“信息”（information）一词在概念上与消息（message）的意义相似，但它的含义却更具普遍性、抽象性。信息可被理解为消息中包含的有意义的内容；消息可以有各种各样的形式，但消息的内容可统一用信息来表述。传输信息的多少可直观地使用“信息量”进行衡量。

传递的消息都有其量值的概念。在一切有意义的通信中，虽然消息的传递意味着信息的传递，但对接收者而言，某些消息比另外一些消息的传递具有更多的信息。例如，甲方告诉乙方一件非常可能发生的事情，如“明天中午 12 时正常开饭”，比起告诉乙方一件不太可能发生的事情，如“明天中午 12 时有地震”来说，前一消息包含的信息显然要比后者少些。因为对乙方（接收者）来说，前一事情很可能（必然）发生，不足为奇，而后一事情却极难发生，听后会使人惊奇。这表明消息确实有量值的意义，而且，对接收者来说，事件越不可能发生，越会使人感到意外和惊奇，则信息量就越大。正如已经指出的，消息是多种多样的，因此，量度消息中所含的信息量值，必须能够用来估计任何消息的信息量，且与消息种类无关。另外，消息中所含信息的多少也应与消息的重要程度无关。

由概率论可知，事件的不确定程度，可用事件出现的概率来描述，事件出现（发生）的可能性越小，则概率越小；反之，概率越大。基于这种认识，我们得到：消息中的信息量与消息发生的概率紧密相关。消息出现的概率越小，则消息中包含的信息量就越大。概率为零时（不可能发生事件），信息量为无穷大；概率为 1 时（必然事件），信息量为 0。

综上所述，可以得出消息中所含信息量与消息出现的概率之间的关系应反映如下规律：

1）消息中所含信息量 I 是消息出现的概率 $P(x)$ 的函数，即

$$I = I[P(x)] \tag{1-2}$$

2）消息出现的概率越小，它所含信息量越大；反之信息量越小，且

$$P = 1 \text{ 时 } I = 0$$

$$P = 0 \text{ 时 } I = \infty$$

3）若干个互相独立事件构成的消息，所含信息量等于各独立事件信息量的和，即

$$I[P_1(x)P_2(x)\cdots] = I[P_1(x)] + I[P_2(x)] + \cdots$$

可以看出 I 与 $P(x)$ 间应满足以上三点，则它们有如下关系式：

$$I = \log_a \frac{1}{P(x)} = -\log_a P(x) \tag{1-3}$$

信息量 I 的单位与对数的底数 a 有关：

$a=2$　　单位为比特（bit，简写为 b）；

$a=\mathrm{e}$　　单位为奈特（nat，简写为 n）；

$a=10$　　单位为笛特（Det）或称为十进制单位；

$a=r$　　单位为 r 进制单位。

通常使用的单位为比特。

下面举例说明简单信息量的计算。

【例 1-1】　试计算二进制符号等概率和多进制（M 进制）等概率时每个符号的信息量。

解　二进制等概率时，即

$$P(1) = P(0) = \frac{1}{2}$$

$$I(1) = I(0) = -\log_2 \frac{1}{2} = 1\text{bit}$$

M 进制等概率时，有

$$P(1) = P(2) = \cdots = P(M) = \frac{1}{M}$$

$$I(1) = I(2) = \cdots = I(M) = -\log_M \frac{1}{M} = 1 \text{（M 进制单位）}$$

$$= \log_2 M(\text{bit})$$

【例 1-2】　试计算二进制符号不等概率时的信息量（设 $P(1)=P$）。

解

$$P(1) = P \quad P(0) = 1 - P$$

$$I(1) = -\log_2 P(1) = -\log_2 P(\text{bit})$$

$$I(0) = -\log_2 P(0) = -\log_2(1-P)(\text{bit})$$

可见，不等概率时，每个符号的信息量不同。这里引入平均信息量的概念。平均信息量 $\bar{I}$ 等于各个符号的信息量乘以各自出现的概率之和。

二进制时有

$$\bar{I} = -P(1)\log_2 P(1) - P(0)\log_2 P(0) \tag{1-4}$$

把 $P(1)=P$ 代入，则

$$\begin{aligned}\bar{I} &= -P\log_2 P - (1-P)\log_2(1-P)\\ &= -P\log_2 P + (P-1)\log_2(1-P) \quad (\text{bit/ 符号})\end{aligned}$$

对于多个信息符号的平均信息量的计算：

设各符号 x_1，x_2，…，x_n 出现的概率为 $P(x_1)$，$P(x_2)$，…，$P(x_n)$ 且 $\sum_{i=1}^{n} P(x_i)=1$，则每个符号所含信息的平均值（平均信息量）为

$$\begin{aligned}\bar{I} &= P(x_1)[-\log_2 P(x_1)] + P(x_2)[-\log_2 P(x_2)] + \cdots + P(x_n)[-\log_2 P(x_n)]\\ &= \sum_{i=1}^{n} P(x_i)[-\log_2 P(x_i)]\end{aligned} \tag{1-5}$$

平均信息量 $\bar{I}$ 的单位为 bit/符号（比特/符号）。由于 $\bar{I}$ 同热力学中的熵形式一样，故通常又称它为信息源的熵。显然，当信源中每个符号等概独立出现时，信息源的熵有最大值。

【例 1-3】 设由 5 个符号组成的信息源，相应概率为

$$\begin{pmatrix} A & B & C & D & E \\ \frac{1}{2} & \frac{1}{4} & \frac{1}{8} & \frac{1}{16} & \frac{1}{16} \end{pmatrix}$$

试求信源的平均信息量 $\bar{I}$。

解

$$\begin{aligned}\bar{I} &= \left(\frac{1}{2}\log_2 2 + \frac{1}{4}\log_2 4 + \frac{1}{8}\log_2 8 + \frac{1}{16}\log_2 16 + \frac{1}{16}\log_2 16\right) \text{bit/ 符号}\\ &= \left(\frac{1}{2} + \frac{1}{2} + \frac{3}{8} + \frac{4}{16} + \frac{4}{16}\right) \text{bit/ 符号} = 1.875\text{bit/ 符号}\end{aligned}$$

【例 1-4】 一信息源由 4 个符号 A、B、C、D 组成，它们出现的概率分别为 3/8、1/4、1/4、1/8，且每个符号的出现都是独立的。试求信息源输出为 CABACABDACBDAABCADCBABAADCBABAACDBACAACABADBCADCBAABCACBA 的信息量。

解 信源输出的信息序列中，A 出现 23 次，B 出现 14 次，C 出现 13 次，D 出现 7 次，共有 57 个符号，则

出现 A 的信息量为 $23\log_2 \frac{57}{23}\text{bit} \approx 30.11\text{bit}$

出现 B 的信息量为 $14\log_2 \frac{57}{14}\text{bit} \approx 28.35\text{bit}$

出现 C 的信息量为 $13\log_2 \frac{57}{13}\text{bit} \approx 27.72\text{bit}$

出现 D 的信息量为 $7\log_2 \frac{57}{7}\text{bit} \approx 21.18\text{bit}$

该信息源总的信息量为

$$I = (30.11 + 28.35 + 27.72 + 21.18)\text{bit} = 107.36\text{bit}$$

则每一个符号的平均信息量为

$$\bar{I} = \frac{I}{符号总数} = \frac{107.36}{57}\text{bit/符号} \approx 1.88\text{bit/符号}$$

上面计算中，我们没有利用每个符号出现的概率来计算，而是用每个符号在 57 个符号中出现的次数（频度）来计算的。

实际上，用平均信息量公式［式（1-5）］直接计算可得

$$\bar{I} = \left(\frac{3}{8}\log_2\frac{8}{3} + \frac{1}{4}\times 2\times\log_2 4 + \frac{1}{8}\log_2 8\right)\text{bit/符号} \approx 1.91\text{bit/符号}$$

总的信息量　$I = 57\times 1.91\text{bit} = 108.87\text{bit}$

可以看出，本例中两种方法的计算结果是有差异的，原因就是前一种方法中把频度视为概率来计算。当信源中符号出现的数目 $m\to\infty$ 时，则上两种计算方法结果一样。

1.4.3　有效性指标的具体表述

数字通信系统的有效性可用传输速率来衡量，传输速率越高，则系统的有效性越好。通常可从以下三个不同的角度来定义传输速率。

1. 码元传输速率 R_B

码元传输速率通常又可称为码元速率、传码率、码率、信号速率或波形速率，用符号 R_B 来表示。码元速率是指单位时间（每秒钟）内传输码元的数目，单位为波特（Baud），常用符号“B”表示（注意，不能用小写）。例如，某系统在 2s 内共传送 4800 个码元，则系统的传码率为 2400Baud。

数字信号一般有二进制与多进制之分，但码元速率 R_B 与信号的进制数无关，只与码元宽度 T_b 有关。

$$R_B = \frac{1}{T_b} \tag{1-6}$$

通常在给出系统码元速率时，有必要说明码元的进制，多进制（N）码元速率 R_{BN} 与二进制码元速率 R_{B2} 之间，在保证系统信息速率不变的情况下，相互可转换，转换关系式为

$$R_{B2} = R_{BN}\log_2 N(\text{Baud}) \tag{1-7}$$

式中，N 应为 2^k，$k=2$，3，4，…。

2. 信息传输速率 R_b

信息传输速率简称信息速率，又可称为传信率、比特率等。信息传输速率用符号 R_b 表示。R_b 是指单位时间（每秒钟）内传送的信息量，单位为比特/秒（bit/s），简记为 b/s。例如，若某信源在 1s 内传送 1200 个符号，且每一个符号的平均信息量为 1bit，则该信源的 $R_b = 1200\text{bit/s}$。因为信息量与信号进制数 N 有关，因此，R_b 也与 N 有关。

3. 消息传输速率 R_m

消息传输速率亦称消息速率，它被定义为单位时间（每秒钟）内传输的消息数，用 R_m

表示。因为消息的衡量单位不同，消息传输速率也有各种不同的含义。例如，当消息的单位是汉字时，则 R_m 的单位为字/秒。消息速率在实际中应用不多。

4. R_b 与 R_B 之间的互换

在二进制中，码元速率 R_{B2}同信息速率 R_{b2}的关系在数值上相等，但单位不同。

在多进制中，R_{BN}与 R_{bN}之间数值不同，单位亦不同。它们之间在数值上有如下关系式：

$$R_{bN} = R_{BN}\log_2 N \tag{1-8}$$

在码元速率保持不变条件下，二进制信息速率 R_{b2}与多进制信息速率 R_{bN}之间的关系为

$$R_{b2} = \frac{R_{bN}}{\log_2 N} \tag{1-9}$$

为了加深理解码元速率、信息速率以及它们之间的相互转换，下面举例说明。

【例 1-5】 已知二进制数字信号在 2min 内共传送了 72000 个码元。（1）问其码元速率和信息速率各为多少？（2）如果码元宽度不变（即码元速率不变），但改为八进制数字信号，则其码元速率为多少？信息速率又为多少？

解（1）在 2×60s 内传送了 72000 个码元

$$R_{B2} = \frac{72000}{2\times 60}\text{Baud} = 600\text{Baud}, R_{b2} = R_{B2} = 600\text{bit/s}$$

（2）若改为八进制，则

$$R_{B8} = \frac{72000}{2\times 60}\text{Baud} = 600\text{Baud}, R_{b8} = R_{B8}\times\log_2 8 = 1800\text{bit/s}$$

5. 频带利用率 η

频带利用率指的是传输效率问题，也就是说，我们不仅关心通信系统的传输速率，还要看在这样的传输速率下所占用的信道频带宽度是多少。如果频带利用率高，说明通信系统的传输效率高，否则相反。

频带利用率的定义是单位频带内码元传输速率的大小，即

$$\eta = \frac{R_B}{B}(\text{Baud/Hz}) \tag{1-10}$$

频带宽度 B 的大小取决于码元速率 R_B，而码元速率 R_B 与信息速率有确定的关系。因此，频带利用率还可用信息速率 R_b 的形式来定义，以便比较不同系统的传输效率，即

$$\eta = \frac{R_b}{B}[\text{bit/(s}\cdot\text{Hz)}] \tag{1-11}$$

1.4.4 可靠性指标的具体表述

衡量数字通信系统可靠性的指标，具体可用信号在传输过程中出错的概率，即用差错率来衡量。差错率越大，表明系统可靠性越差。差错率通常有两种表示方法。

1. 码元差错率 P_e

码元差错率 P_e 简称误码率，它是指接收错误的码元数在传送总码元数中所占的比例，更确切地说，误码率就是码元在传输系统中被传错的概率。用表达式可表示成

$$P_e = \frac{\text{单位时间内接收的错误码元数}}{\text{单位时间内系统传输的总码元数} \times (\text{正确码元数} + \text{错误码元数})} \tag{1-12}$$

2. 信息差错率 P_{eb}

信息差错率 P_{eb} 简称误信率，或误比特率，它是指接收错误的信息量在传送信息总量中所占的比例，或者说，它是码元的信息量在传输系统中被丢失的概率。用表达式可表示成

$$P_{eb} = \frac{\text{单位时间内系统传输中出错(丢失)的比特数(信息量)}}{\text{单位时间内系统传输的总比特数(总信息量)}} \tag{1-13}$$

式（1-12）和式（1-13）常常用来计算系统的误码率和误信率。

【例 1-6】 已知某八进制数字通信系统的信息速率为 12000bit/s，在接收端半小时内共测得错误码元 216 个，试求系统的误码率。

解

$$R_{b8} = 12000\text{bit/s}$$

$$R_{B8} = R_{b8}/\log_2 8 = 4000\text{Baud}$$

系统误码率

$$P_e = \frac{216}{4000 \times 30 \times 60} = 3 \times 10^{-5}$$

这里需要注意的问题是，一定要把码元速率 R_B 和信息速率 R_b 的条件搞清楚，如果不细心，此题容易误算出 $P_e = 10^{-5}$ 的结果。另外还需强调的是，如果已知条件给出码元速率和收端出现错误的信息量，则同样需注意速率转换问题。

1.5　数字通信的主要技术问题

由数字通信系统的组成（见图 1-6~图 1-8）可以看出，数字通信涉及的技术问题很多，其中主要的有数字调制/解调、信源编码/译码（模拟信号数字化）、纠错编码/译码（信道编码）、基带传输、同步、信道与噪声以及保密等技术。下面对这些主要技术先做一简要介绍。

1. 数字调制/解调

模拟信号的调制解调技术将在第 4 章中给出。

调制与解调是数字通信系统的核心，是最基本的也是最重要的技术之一。调制的作用是将输入的数字信号（基带数字信号）变换为适合于信道传输的频带信号。常见的基本数字调制方式有振幅键控（ASK）、频移键控（FSK）、绝对相移键控（PSK）、相对（差分）相移键控（DPSK）等四种。数字调制/解调内容将在第 7 章中专门讨论。在第 8 章中还叙述了数字信号的最佳接收问题。

2. 信源编码/译码

信源编码的主要任务：第一，是将模拟信号转换成数字信号（即模拟信号数字化问题）；第二，是实现数据压缩（数据压缩已超出大纲范围）。第 6 章将主要讨论模拟信号数字化问题。从实现方法上看，模拟信号数字化主要有两种基本形式：一是脉冲编码调制（PCM），另一种是增量调制（ΔM）。

3. 纠错编码/译码

纠错编码/译码又称差错控制编码/译码，属于信道编码的范畴。信道编码技术主要研究检错、纠错码概念及基本实现方法。编码器是根据输入的信息码元产生相应的监督码元来实现对差错进行控制的，而译码器主要是进行检错与纠错的。在第 9 章中讨论了纠错编码/译码的问题，具体内容主要有纠错码的基本概念及分组码的组成以及循环码与卷积码的基本概念，重点介绍基本技术方法和基本概念。

4. 基带传输

基带传输和频带传输是通信系统中信号传送的两种基本方式。基带传输系统涉及一系列技术问题，如信号类型（传输码型）、码间串扰，实现无串扰传输的理想条件及如何具体克服和减少码间串扰的措施等。数字基带传输系统内容将在第 5 章中介绍。

5. 同步

同步是数字通信系统的基本组成部分。数字通信离不开同步，同步系统性能的好坏，直接影响着通信系统性能的优劣。所谓同步，就是要使系统的收发两端在时间上保持步调一致。同步的主要内容有载波同步、位同步、帧同步以及网同步。第 11 章将介绍各种同步的基本概念和实现的基本方法及技术。

6. 信道与噪声

对通信来说，信道和噪声都是必须涉及的基本问题。在第 3 章中将简单介绍信道的概念、常用信道的特性及对所传信号的影响，克服不良信道特性的办法，同时还将介绍通信中常见的几种噪声的统计特性和一般分析方法。

7. 保密

通信中的保密问题，不论在军事中，还是在经济生活中，都显得越来越重要，保密通信已成为数字通信的重要技术之一。

通信保密技术目前发展很快，本书未做专门讨论，有兴趣的读者可参阅相关书籍。

在第 10 章中将专门讨论伪随机序列及其编码，同时还将介绍伪随机序列在保密和扩展频谱通信中的应用。

1.6　本章小结

本章主要介绍了通信系统的一些基本概念，涉及的基本定义、术语（名词）相对较多，下面简要加以归纳。

通信广义地说是从一地向另一地进行消息的有效传递。通信的分类有多种方法：

通信的工作方式：
- 单工
- 半双工
- 全双工

通信系统的组成（模型）：
- 模拟通信系统（见图 1-5）
- 数字频带传输通信系统（见图 1-6）
- 数字基带传输通信系统（见图 1-7）
- 模拟信号数字化传输通信系统（见图 1-8）

- 通信分类
  - 按传输媒质分
    - 有线通信
    - 无线通信
  - 按所传信号分
    - 数字通信
    - 模拟通信
  - 按工作频段分
    - 长波通信
    - 短波通信
    - 微波通信
    - ……
  - 按是否调制分
    - 基带传输
    - 频带传输
  - 按业务不同分
    - 电报
    - 电话
    - 传真
    - 可视电话
    - 无线寻呼
  - 按收信者是否运动分
    - 固定通信
    - 移动通信
  - 按多地址方式分
    - 频分多址通信
    - 时分多址通信
    - 码分多址通信

- 数字通信的优缺点
  - 优点
    - 抗干扰能力强
    - 差错可控
    - 易加密
    - 易与现代技术相结合
  - 缺点
    - 占用频带宽
    - 要求严格的同步系统
  - 克服不足的方法
    - 通信频段向高频段方向发展
    - 采用数字集成技术、数据压缩技术使设备小型化

- 数字通信系统性能指标
  - 有效性
    - 码源传输速率
    - 信息传输速率
  - 可靠性
    - 误码率
    - 误信率

- 数字通信的主要技术问题
  - 数字调制/解调技术
  - 信源编码/译码技术
  - 纠错编码/译码技术
  - 基带传输技术
  - 同步技术
  - 信道与噪声
  - 加密技术

1.7　思考题与习题

一、思考题

1. 什么是通信？通信中常见的通信方式有哪些？

2. 数字通信有哪些特点？
3. 按消息的物理特征，通信系统如何分类？
4. 按调制方式，通信系统如何分类？
5. 按传输信号的特征，通信系统如何分类？
6. 按传送信号的复用方式，通信系统如何分类？
7. 通信方式是如何确定的？
8. 通信系统的主要性能指标是什么？
9. 什么是误码率？什么是误信率？它们之间的关系如何？
10. 什么是码元速率？什么是信息速率？它们之间的关系如何？
11. 简述未来通信技术的发展趋势。

二、选择题

1. （　　）信号属于离散信号。

A. 话音　B. 图像　C. 数据　D. 影视

2. 在实际通信系统中，噪声产生在（　　）。

A. 收信机中　B. 系统各点　C. 信道　D. 收信机和信道

3. 信息量 $I=\log_a P(x)$，当 $a=e$ 时，其单位为（　　）。

A. 比特　B. 奈特　C. 伯德　D. 哈特莱

4. 在信息传输过程中，信息量的单位是（　　）。

A. 伯德　B. 伏特　C. 比特　D. 瓦特

5. 衡量模拟通信系统可靠性的指标是（　　）。

A. 传码率　B. 误码率　C. 有效带宽　D. 输出信噪比

6. 衡量数字通信系统有效性的指标是（　　）。

A. 差错率　B. 传码率　C. 误码率　D. 误比特率

7. 四进制传信率为 1200bit/s 时，相应的传码率为（　　）。

A. 400Baud　B. 600Baud　C. 800Baud　D. 1200Baud

8. 某基带系统若传输比特率不变，而将二电平传输改为四电平传输，则传码率（　　）。

A. 增加一倍　B. 减小一半　C. 与传信率无关　D. 等于传信率

三、填空题

1. 通信系统是指完成信息传输过程的____和____。

2. 信源编码的目的是____信息的冗余度，提高传输____性；信道编码的目的是　信息的冗余度，提高传输____性。

3. 在通信传输过程中，基带传输是指____，频带传输是指____。

4. 室内局域网中计算机之间的通信属于____传输系统；各种无线通信属于____传输系统。

5. 在通信理论中，信息是对____的____特性的一种定量描述；信息采用的最广泛的单位是____。

6. 消息中所含的信息量与消息发生的概率____，通常采用____作为实用单位。

7. 评价通信系统的两个重要的性能指标是____和____。

8. 模拟调制系统的抗噪声性能主要用____来衡量，数字调制系统的抗噪声性能主要用____来衡量。

9. 在数字通信系统中传码率是指____，单位是____。

10. 若传输四进制数字序列，每传一个码元需时间 $T_i=250\times10^{-6}$s，其传信率为____，传码率为____。

11. 某通信系统采用八进制数字序列传输方式，其传码率为 9600Baud，其传信率为____，若传输 5s，检测到 48 个码元误码，其误码率为____。

12. 若传输一个二进制不归零码序列，每传一个码元，需要时间为 $T=417\times10^{-6}$s，其传输速率为____，若变成八电平传输时，其传输传码率为____。

13. 八进制数字通信系统的误码率为 10^{-5},系统的传输速率为600bit/s,接收端在____内能接收到144个错误码元。

14. 设在125μs内传输256个二进制码元,则码元传输速率是____,若该信码在2s内有3个码元产生错误,则误码率为____。

15. 已知某八进制数字信号传输系统,5min共传送 6×10^4 个码元,其传码率为____,传信率为____。

四、计算题

1. 已知二进制数字信号在2min内共传输了72000个码元。求:

(1)其码元速率和信息速率各为多少?

(2)如果码元宽度不变,改为八进制数字信号传输,则其码元速率和信息速率又各为多少?

2. 某离散信息源输出 x_1、x_2、…、x_8 8个不同符号,符号速率为2400Baud,其中4个符号的出现概率分别为;$P(x_1)=P(x_2)=\dfrac{1}{16}$,$P(x_3)=\dfrac{1}{8}$,$P(x_4)=\dfrac{1}{4}$,其余符号等概出现。

(1) 求该信息源的平均信息速率。

(2) 求传送1h的信息量。

(3) 求传送1h可能达到的最大信息量。

3. 设A系统以2000bit/s的比特率传输2PSK调制信号的带宽为2000Hz,B系统以2000bit/s的比特率传输4PSK调制信号的带宽为1000Hz,试问哪个系统更有效?

4. 设某数字传输系统传送二进制码元的速率为1200Baud,试求该系统的信息速率;若该系统改为传送八进制信号码元,码元速率不变,则这时系统的信息速率为多少?

5. 已知某四进制数字频带传输系统的信息速率为2400bit/s,接收端在半小时内共接收到216个错误码元,试计算该系统 P_e 的值。

6. 已知某八进制数字通信系统的信息速率为12000bit/s,在接收端半小时内共测得错误码元216个,试求系统的误码率。

7. 已知系统的误信率 $P_{eb}=10^{-7}$,系统的信息速率为2400kbit/s,问在多少时间内可能出现864bit错误信息。

8. 设某四进制数字传输系统的每个码元的持续时间(宽度)为 833×10^{-6}s,连续工作1h后,接收端收到6个错码,且错误码元中仅发生1bit的错误。

(1) 求该系统的码元速率和信息速率。

(2) 求该系统的误码率和误信率。

9. 在强干扰环境下,某电台在5min内共接收到正确信息量为355Mbit,系统信息速率为1200kbit/s。

(1) 试求系统误信率 P_{eb}。

(2) 若具体指出系统所传数字信号为四进制信号,P_{eb} 值是否改变?为什么?

(3) 若假定信号为四进制信号,系统信息速率为1200kBaud,则 $P_{eb}=$?

10. 某系统经长期测定,它的误码率 $P_e=10^{-5}$,系统码元速率为1200Baud,则在多长时间内可收到360个错误码元?

11. 如果二进制独立等概率信号的码元宽度为0.5ms,求 R_B 和 R_b;若改为四进制信号,码元宽度不变,求码元速率 R_B 和独立等概率时的信息速率 R_b。

12. 证明两个离散信息源 $\{x\}$、$\{y\}$ 条件熵和熵之间满足如下关系:$H(Y|X)\leqslant H(Y)$。

五、练习题

1. 设英文字母E出现的概率为0.105,X出现的概率为0.002。试求E及X的信息量。

2. 某信息源的符号集由A、B、C、D和E组成,设每一符号独立出现,其出现概率分别为1/4、1/8、1/8、3/16和5/16。试求该信息源符号的平均信息量。

3. 一个由字母A、B、C、D组成的字,对于传输的每一个字母用二进制脉冲编码,00代替A,01代替

B，10 代替 C，11 代替 D，每个脉冲宽度为 5ms。求：

（1）不同的字母等概率出现时，试计算传输的平均信息速率。

（2）若每个字母出现的概率分别为 $P_A=\frac{1}{5}$，$P_B=\frac{1}{4}$，$P_C=\frac{1}{4}$，$P_D=\frac{3}{10}$，试计算传输的信息速率。

4. 设一信息源的输出由 128 个不同的符号组成。其中 16 个出现的概率为 1/32，其余 112 个出现的概率为 1/224。信息源每秒发出 1000 个符号，且每个符号彼此独立。试计算该信息源的平均信息速率及最大可能的信息速率。

5. 设英文字母 E 出现的概率 $P(\mathrm{E})=0.105$，X 出现的概率为 $P(\mathrm{X})=0.002$，试求 E 和 X 的信息量各位多少。

6. 某信源的符号集由 A、B、C、D、E、F 组成，设每个符号独立出现，其概率分别为 1/4、1/4、1/16、1/8、1/16、1/4，试求该信息源输出符号的平均信息量。

7. 已知某四进制信源 {0，1，2，3}，每个符号独立出现，对应的概率为 P_0、P_1、P_2、P_3，且 $P_0+P_1+P_2+P_3=1$。

（1）试计算该信源的平均信息量。

（2）指出每个符号的概率为多少时，平均信息量最大。

8. 设某数字传输系统传送二进制信号，码元速率 $R_{B2}=2400\mathrm{B}$，试求该系统的信息速率 R_{b2}，若该系统改为十六进制信号，码元速率不变，则此时的系统信息速率为多少？

9. 一个系统传输四电平脉冲码组，每个脉冲宽度为 1ms，高度分别为 0V、1V、2V、3V，且等概率出现。每 4 个脉冲之后紧跟一个同宽度、高度为−1V 的同步脉冲将各组脉冲分开。计算该系统传输信息的平均速率。

10. 某消息由 S_1、S_2、S_3、S_4、S_5、S_6、S_7 和 S_8 八个符号组成，它们的出现相互独立，对应的概率分别是 1/128、1/128、1/64、1/32、1/16、1/8、1/4 和 1/2。求每个单一符号的信息量。

11. 在 1200bit/s 的电话线路上，经测试，在 2h 内共有 54bit 误码信息，系统误码率是多少？

12. 在串行传输中，数据波形的时间宽度 $T=833\times10^{-6}\mathrm{s}$。试求当采用二进制和十六进制时，数据信号的码元速率和信息速率各为多少。

13. 已知某数字传输系统传送八进制信号，信息速率为 3600bit/s，试问码元速率应为多少？

14. 已知二进制信号的信息速率为 4800bit/s，试问变换成四进制和八进制数字信号时的信息速率各为多少（码元速率不变）？

15. 已知某四进制数字信号传输系统的信息速率为 2400bit/s，接收端在 0.5h 内共收到 216 个错误码元，试计算该系统误码率 P_e。

16. 设有 4 个消息 A、B、C、D 分别以概率 1/4、1/8、1/8 和 1/2 传送，每一个消息的出现是互相独立的，试计算其平均信息量。

17. 掷两粒骰子，当其向上的面点数之和是 3 时，该消息所包含的信息量是多少？当小数之和是 7 时，该消息所包含的信息量是多少？

18. 一个由字母 A、B、C、D 组成的字，对于传输的每一个字母用二进制脉冲编码代替，00 代替 A，01 代替 B，10 代替 C，11 代替 D，每个脉冲宽度为 10ms。

（1）不同的字母是等可能出现的，试计算传输的平均信息速率。

（2）若每个字母出现的概率分别为 $P_A=\frac{1}{5}$，$P_B=\frac{1}{4}$，$P_C=\frac{1}{4}$，$P_D=\frac{3}{10}$，试计算传输的信息速率。

19. 设有一个离散无记忆信源，其概率空间为

$$\begin{pmatrix} X \\ P \end{pmatrix} = \begin{pmatrix} 0 & 1 & 2 & 3 \\ \frac{3}{8} & \frac{1}{4} & \frac{1}{4} & \frac{1}{8} \end{pmatrix}$$

(1) 求每个符号的信息量。

(2) 信源发出一消息符号序列为(202 120 130 213 001 203 210 110 321 010 021 032 011 223 210),求该消息序列的信息量和平均每个符号携带的信息量。

20. 国际莫尔斯电码用点和划的序列发送英文字母,划用持续3个单位的电流脉冲表示,点用持续1个单位的电流脉冲表示,且划出现的概率是点出现概率的1/3。

(1) 计算点和划的信息量。

(2) 计算点和划的平均信息量。

21. 某一无记忆信源的符号集为{0, 1},已知 $P_0=1/4$, $P_1=3/4$。

(1) 求信源符号的平均信息量。

(2) 由100个符号构成的序列,求某一特定序列(例如,m 个0和 $100-m$ 个1)的信息量的表达式。

(3) 计算(2)中的序列熵。

22. 若一个通信系统2s内传送了 1.2×10^8 个码元,求它的码元传输速率。若该段时间共有3个码元的错误,试求出该时间段的误码率。

23. 设一个数字传输系统传送二进制码元的速率为1200Baud,试求该系统的信息速率;若该系统改成传送十六进制信号码元,码元速率为2400Baud,则这时的系统信息速率为多少?

24. 若一个信号源输出四进制等概数字信号,其码元宽度为1μs。试求其码元速率和信息速率。

25. 若上题数字信号在传输过程中2s误1bit,求误码率。

26. 计算机终端通过电话信道传输数据。

(1) 设要求信道的 $S/N=30\text{dB}$,试求该信道的信道容量。

(2) 设线路上的最大信息传输速率为4800bit/s,试求所需最小信噪比。

27. 具有6.5MHz带宽的某高斯信道,若信道中信号功率与噪声功率谱密度之比为45.5MHz,试求其信道容量。

28. 设高斯信道的带宽为4kHz,信号与噪声的功率比为63,试确定利用这种信道的理想通信系统之传信率和差错率。

第2章 随机过程

本章概述：在通信系统中，随机过程是重要的数学工具。它在信息源的统计建模、信源输出的数字化、信道特性的描述、设计用以处理来自信道载荷信息信号的接收机以及评估通信系统的性能等方面都是很重要的。

知识点：

1. 了解随机过程的基本概念、统计特性及其通过线性系统的分析方法。
2. 了解随机过程通过线性系统的分析方法。
3. 重点掌握用于全书的几个重要结论，这对于设计通信系统及其性能的评估都是十分有用的。

2.1 随机过程的基本概念和统计特性

2.1.1 随机过程的基本概念

自然界中事物的变化过程可以大致分成两类。一类是变化过程具有确定的形式，或者说具有必然的变化规律，用数学语言来说，其变化过程可以用一个或几个时间 t 的确定函数来描述，这类过程称为确定性过程。例如，电容通过电阻放电时，电容两端的电位差随时间的变化就是一个确定性函数。而另一类过程没有确定的变化形式，也就是说，每次对它的测量结果没有一个确定的变化规律，用数学语言来说，这类事物变化的过程不可能用一个或几个时间 t 的确定函数来描述，这类过程称为随机过程。下面给出一个例子。

设有 n 台性能完全相同的接收机，在相同的工作环境和测试条件下记录各台接收机的输出噪声波形（这也可以理解为对一台接收机在一段时间内持续地进行 n 次观测）。测试结果将表明，尽管设备和测试条件相同，记录的 n 条曲线中找不到两个完全相同的波形。这就是说，接收机输出的噪声电压随时间的变化是不可预知的，因而它是一个随机过程。

由此给随机过程下一个更为严格的定义：设 $S_i(i=1,2,\cdots,n)$ 是随机试验。每一次试验都有一条时间波形（称为样本函数或实现），记作 $x_i(t)$，所有可能出现的结果的总体 $\{x_1(t),x_2(t),\cdots,x_n(t)\}$ 就构成一随机过程，记作 $\xi(t)$。简言之，无穷多个样本函数的总体叫作随机过程，如图 2-1 所示。

显然，上例中接收机的输出噪声波形也可用图 2-1 表示。我们把对接收机输出噪声波形的观测可看作是进行一次随机试验，每次试验之后，$\xi(t)$ 取图 2-1 所示的样本空间中的某一样本函数，至于是空间中哪一个样本，在进行观测前是无法预知的，这正是随机过程随机性的具体表现。其基本特征体现在两个方面：其一，它是一个时间函数；其二，在固定的某一观察时刻 t_1，全体样本在 t_1 时刻的取值 $\xi(t_1)$ 是一个不含 t 变化的随机变量。因此，又可以把随机过程看成依赖时间参数的一族随机变量。可见，随机过程具有随机变量和时间函数的特点。下面将会看到，在研究随机过程时正是利用了这两个特点。

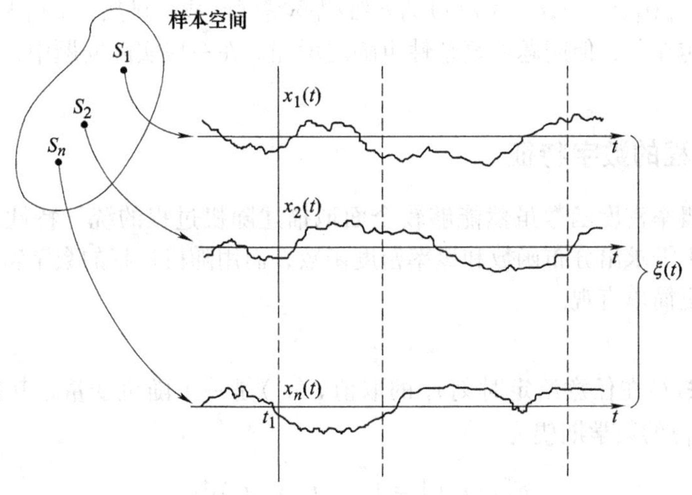

图2-1 样本函数的总体

2.1.2 随机过程的统计特性

随机过程的两重性使我们可以用与描述随机变量相似的方法，来描述它的统计特性。

设$\xi(t)$表示一个随机过程，在任意给定的时刻$t_1 \in T$，其取值$\xi(t_1)$是一个一维随机变量。而随机变量的统计特性可以用分布函数或概率密度函数来描述。把随机变量$\xi(t_1)$小于或等于某一数值x_1的概率$P[\xi(t_1) \leqslant x_1]$，简记为$F_1(x_1, t_1)$，即

$$F_1(x_1, t_1) = P[\xi(t_1) \leqslant x_1] \tag{2-1}$$

式（2-1）称为随机过程$\xi(t)$的一维分布函数。如果$F_1(x_1, t_1)$对x_1的偏导数存在，即有

$$\frac{\partial F_1(x_1, t_1)}{\partial x_1} = f_1(x_1, t_1) \tag{2-2}$$

则称$f_1(x_1, t_1)$为$\xi(t)$的一维概率密度函数。显然，随机过程的一维分布函数或一维概率密度函数仅仅描述了随机过程在各个孤立时刻的统计特性，而没有说明随机过程在不同时刻取值之间的内在联系，为此需要进一步引入二维分布函数。

任给两个时刻t_1，$t_2 \in T$，则随机变量$\xi(t_1)$和$\xi(t_2)$构成一个二元随机变量$\{\xi(t_1), \xi(t_2)\}$，称

$$F_2(x_1, x_2; t_1, t_2) = P\{\xi(t_1) \leqslant x_1, \xi(t_2) \leqslant x_2\} \tag{2-3}$$

为随机过程$\xi(t)$的二维分布函数。如果存在

$$\frac{\partial^2 F_2(x_1, x_2; t_1, t_2)}{\partial x_1 \partial x_2} = f_2(x_1, x_2; t_1, t_2) \tag{2-4}$$

则称$f_2(x_1, x_2; t_1, t_2)$为$\xi(t)$的二维概率密度函数。

同理，任给t_1，t_2，…，$t_n \in T$，则$\xi(t)$的n维分布函数被定义为

$$F_n(x_1, x_2, \cdots, x_n; t_1, t_2, \cdots t_n) = P\{\xi(t_1) \leqslant x_1, \xi(t_2) \leqslant x_2, \cdots, \xi(t_n) \leqslant x_n\} \tag{2-5}$$

如果存在

$$\frac{\partial^n F_n(x_1, x_2, \cdots, x_n; t_1, t_2, \cdots, t_n)}{\partial x_1 \partial x_2 \cdots \partial x_n} = f_n(x_1, x_2, \cdots, x_n; t_1, t_2, \cdots, t_n)$$

则称$f_n(x_1,x_2,\cdots,x_n;t_1,t_2,\cdots,t_n)$为$\xi(t)$的$n$维概率密度函数。显然，$n$越大，对随机过程统计特性的描述就越充分，但问题的复杂性也随之增加。在一般实际问题中，掌握二维分布函数就已经足够了。

2.1.3 随机过程的数字特征

分布函数或概率密度函数虽然能够较全面地描述随机过程的统计特性，但在实际工作中，有时不易或不需求出分布函数和概率密度函数，而用随机过程的数字特征来描述随机过程的统计特性，更简单直观。

1. 数学期望

设随机过程$\xi(t)$在任意给定时刻t_1的取值$\xi(t_1)$是一个随机变量，其概率密度函数为$f_1(x_1,t_1)$，则$\xi(t_1)$的数学期望为

$$E[\xi(t_1)] = \int_{-\infty}^{\infty} x_1 f_1(x_1,t_1)\mathrm{d}x_1$$

注意，这里t_1是任取的，所以可以把t_1直接写为t，x_1改为x，这时上式就变为随机过程在任意时刻的数学期望，记作$a(t)$，于是

$$a(t) = E[\xi(t)] = \int_{-\infty}^{\infty} x f_1(x,t)\mathrm{d}x \tag{2-6}$$

$a(t)$是时间t的函数，它表示随机过程的n个样本函数曲线的摆动中心。

2. 方差

按方差的概念可求得

$$\begin{aligned} D[\xi(t)] &= E\{[\xi(t) - a(t)]^2\} \\ &= E[\xi^2(t)] - [a(t)]^2 \\ &= \int_{-\infty}^{\infty} x^2 f_1(x,t)\mathrm{d}x - [a(t)]^2 \end{aligned} \tag{2-7}$$

$D[\xi(t)]$常记为$\sigma^2(t)$。可见方差等于均方值与数学期望二次方之差，它表示随机过程在时刻t对于均值$a(t)$的偏离程度。

均值和方差都只与随机过程的一维概率密度函数有关，因而它们描述了随机过程在各个孤立时刻的特征。为了描述随机过程在两个不同时刻状态之间的联系，还需利用二维概率密度引入新的数字特征。

3. 相关函数

衡量随机过程在任意两个时刻获得的随机变量之间的关联程度时，常用协方差函数$B(t_1,t_2)$和相关函数$R(t_1,t_2)$来表示。协方差函数定义为

$$\begin{aligned} B(t_1,t_2) &= E\{[\xi(t_1) - a(t_1)][\xi(t_2) - a(t_2)]\} \\ &= \int_{-\infty}^{\infty}\int_{-\infty}^{\infty} [x_1 - a(t_1)][x_2 - a(t_2)] f_2(x_1,x_2;t_1,t_2)\mathrm{d}x_1\mathrm{d}x_2 \end{aligned} \tag{2-8}$$

式中，t_1与t_2是任取的两个时刻；$a(t_1)$与$a(t_2)$为在t_1及t_2时刻得到的数学期望；$f_2(x_1,x_2;t_1,t_2)$为二维概率密度函数。相关函数定义为

$$\begin{aligned} R(t_1,t_2) &= E[\xi(t_1)\xi(t_2)] \\ &= \int_{-\infty}^{\infty}\int_{-\infty}^{\infty} x_1 x_2 f_2(x_1,x_2;t_1,t_2)\mathrm{d}x_1\mathrm{d}x_2 \end{aligned} \tag{2-9}$$

二者关系为

$$B(t_1,t_2)=R(t_1,t_2)-a(t_1)a(t_2) \tag{2-10}$$

若 $a(t_1)=0$ 或 $a(t_2)=0$，则 $B(t_1,t_2)=R(t_1,t_2)$。若 $t_2>t_1$，并令 $t_2=t_1+\tau$，则 $R(t_1,t_2)$ 可表示为 $R(t_1,t_1+\tau)$。这说明，相关函数依赖于起始时刻 t_1 及 t_2 与 t_1 之间的时间间隔 τ，即相关函数是 t_1 和 τ 的函数。

由于 $B(t_1,t_2)$ 和 $R(t_1,t_2)$ 是衡量同一过程的相关程度的，因此，它们又常分别称为自协方差函数和自相关函数。对于两个或更多个随机过程，可引入互协方差及互相关函数。设 $\xi(t)$ 和 $\eta(t)$ 分别表示两个随机过程，则互协方差函数定义为

$$B_{\xi\eta}(t_1,t_2)=E\{[\xi(t_1)-a_\xi(t_1)][\eta(t_2)-a_\eta(t_2)]\} \tag{2-11}$$

而互相关函数定义为

$$R_{\xi\eta}(t_1,t_2)=E[\xi(t_1)\eta(t_2)] \tag{2-12}$$

2.2 平稳随机过程

平稳随机过程是一种特殊而又广泛的随机过程，在通信领域中占有重要地位。

2.2.1 定义

所谓平稳随机过程，是指它的统计特性不随时间的推移而变化。设随机过程 $\{\xi(t),t\in T\}$，若对于任意 n 和任意选定 $t_1<t_2<\cdots<t_n$，$t_k\in T$，$k=1$，2，…，n，以及 h 为任意值，且 x_1，x_2，…，$x_n\in R$，有

$$f_n(x_1,x_2,\cdots,x_n;t_1,t_2,\cdots,t_n)=f_n(x_1,x_2,\cdots,x_n;t_1+h,t_2+h,\cdots,t_n+h) \tag{2-13}$$

则称 $\xi(t)$ 是平稳随机过程。该定义说明，当取样点在时间轴上进行任意平移时，随机过程的所有有限维分布函数是不变的，具体到它的一维分布，则与时间 t 无关，而二维分布只与时间间隔 τ 有关，即有

$$f_1(x_1,t_1)=f_1(x_1) \tag{2-14}$$

和

$$f_2(x_1,x_2;t_1,t_2)=f_2(x_1,x_2;\tau) \tag{2-15}$$

式（2-14）和式（2-15）可由式（2-13）分别令 $n=1$ 和 $n=2$，并取 $h=-t_1$ 得证。

于是，平稳随机过程 $\xi(t)$ 的均值

$$E[\xi(t)]=\int_{-\infty}^{\infty}x_1f_1(x_1,)\mathrm{d}x_1=a \tag{2-16}$$

为一常数，这表示平稳随机过程的各样本函数围绕着一条水平线起伏。同样，可以证明平稳随机过程的方差 $\sigma^2(t)=\sigma^2=$ 常数，表示它的起伏偏离数学期望的程度也是常数。

而平稳随机过程 $\xi(t)$ 的自相关函数

$$R(t_1,t_2)=E[\xi(t_1)\xi(t_1+\tau)]=\int_{-\infty}^{\infty}\int_{-\infty}^{\infty}x_1x_2f_2(x_1,x_2;\tau)\mathrm{d}x_1\mathrm{d}x_2=R(\tau) \tag{2-17}$$

仅是时间间隔 $\tau=t_2-t_1$ 的函数，而不再是 t_1 和 t_2 的二维函数。

以上表明，平稳随机过程 $\xi(t)$ 具有“平稳”的数字特征：它的均值与时间无关，它的自相关函数只与时间间隔 τ 有关，即

$$R(t_1,t_1+\tau)=R(\tau)$$

注意到式（2-13）定义的平稳随机过程对于一切 n 都成立，这在实际应用上很复杂。但仅仅由一个随机过程的均值是常数，自相关函数是 τ 的函数还不能充分说明它符合平稳条件，为此引入另一种平稳随机过程的定义：设有一个二阶矩随机过程 $\xi(t)$，它的均值为常数，自相关函数仅是 τ 的函数，则称它为宽平稳随机过程或广义平稳随机过程。相应地，称按式（2-13）定义的过程为严平稳随机过程或狭义平稳随机过程。因为广义平稳随机过程的定义只涉及与一维、二维概率密度有关的数字特征，所以一个严平稳随机过程只要它的均方值 $E[\xi^2(t)]$ 有界，则它必定是广义平稳随机过程，但反过来一般不成立。

通信系统中所遇到的信号及噪声，大多数可视为平稳的随机过程。以后讨论的随机过程除特殊说明外，均假定是平稳的，且均指广义平稳随机过程，简称平稳过程。

2.2.2 各态历经性

平稳随机过程在满足一定条件下有一个有趣而又非常有用的特性，称为“各态历经性”。这种平稳随机过程，它的数字特征（均为统计平均）完全可由随机过程中的任一实现的数字特征（均为时间平均）来替代。也就是说，假设 $x(t)$ 是平稳随机过程 $\xi(t)$ 的任意一个实现，它的时间均值和时间相关函数分别为

$$\bar{a} = \overline{x(t)} = \lim_{T\to\infty} \frac{1}{T}\int_{-T/2}^{T/2} x(t)\,\mathrm{d}t \tag{2-18}$$

$$\overline{R(\tau)} = \overline{x(t)x(t+\tau)} = \lim_{T\to\infty} \frac{1}{T}\int_{-T/2}^{T/2} x(t)x(t+\tau)\,\mathrm{d}t$$

如果平稳随机过程依概率 1 使下式成立：

$$\begin{cases} a = \bar{a} \\ R(\tau) = \overline{R(\tau)} \end{cases} \tag{2-19}$$

则称该平稳随机过程具有各态历经性。

各态历经性的含义是随机过程中的任一实现都经历了随机过程的所有可能状态。因此，无须（实际中也不可能）获得大量用来计算统计平均的样本函数，而只需从任意一个随机过程的样本函数中就可获得它的所有的数字特征，从而使“统计平均”化为“时间平均”，使实际测量和计算的问题大为简化。

注意：具有各态历经性的随机过程必定是平稳随机过程，但平稳随机过程不一定是各态历经的。在通信系统中所遇到的随机信号和噪声，一般均能满足各态历经条件。

2.2.3 平稳随机过程自相关函数的性质

对于平稳随机过程而言，它的自相关函数是特别重要的一个函数。其一，平稳随机过程的统计特性，如数字特征等，可通过自相关函数来描述；其二，自相关函数与平稳随机过程的谱特性有着内在的联系。因此，我们有必要了解平稳随机过程自相关函数的性质。

设 $\xi(t)$ 为实平稳随机过程，则它的自相关函数

$$R(\tau) = E[\xi(t)\xi(t+\tau)] \tag{2-20}$$

具有下列主要性质：

1）$R(0) = E[\xi^2(t)] = S$ ［$\xi(t)$ 的平均功率］ (2-21)

2）$R(\infty) = E^2[\xi(t)]$ ［$\xi(t)$ 的直流功率］ (2-22)

这是因为

$$\lim_{\tau\to\infty} R(\tau)=\lim_{\tau\to\infty} E[\xi(t)\xi(t+\tau)]=E[\xi(t)]E[\xi(t+\tau)]=E^2[\xi(t)]$$

这里利用了当$\tau\to\infty$时，$\xi(t)$与$\xi(t+\tau)$没有依赖关系，即统计独立，且认为$\xi(t)$中不含周期分量。

3) $R(\tau)=R(-\tau)$ ［τ的偶函数］ (2-23)

这一点可由定义式（2-20）得证。

4) $|R(\tau)|\leqslant R(0)$ ［$R(\tau)$ 的上界］ (2-24)

考虑一个非负式即可得证。

5) $R(0)-R(\infty)=\sigma^2$ ［方差,$\xi(t)$ 的交流功率］ (2-25)

当均值为0时，有$R(0)=\sigma^2$。

2.2.4 平稳随机过程的功率谱密度

随机过程的频谱特性是用它的功率谱密度来表述的。我们知道，随机过程中的任一实现是一个确定的功率型信号。而对于任意的确定功率信号$f(t)$，它的功率谱密度为

$$P_f(\omega)=\lim_{T\to\infty}\frac{|F_T(\omega)|^2}{T} \tag{2-26}$$

式中，$F_T(\omega)$是$f(t)$的截短函数$f_T(t)$（见图2-2）所对应的频谱函数。我们可以把$f(t)$看成是平稳随机过程$\xi(t)$中的任一实现，因而每一实现的功率谱密度也可用式（2-26）来表示。由于$\xi(t)$是无穷多个实现的集合，哪一个实现出现是不能预知的，因此，某一实现的功率谱密度不能作为过程的功率谱密度。过程的功率谱密度应看作是任一实现的功率谱密度的统计平均，即

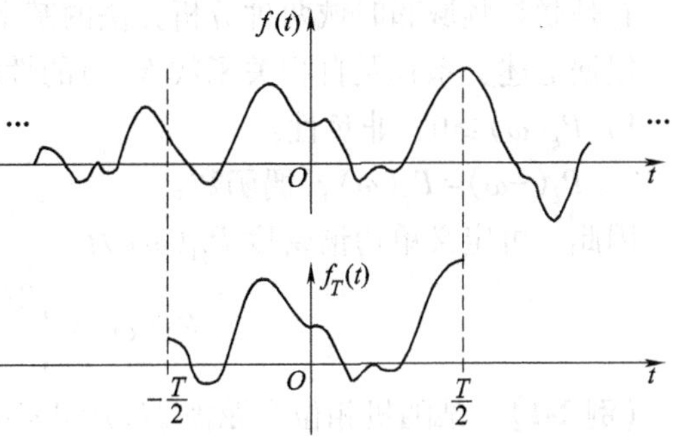

图2-2 功率信号$f(t)$及其截短函数

$$P_\xi(\omega)=E[P_f(\omega)]=\lim_{T\to\infty}\frac{E|F_T(\omega)|^2}{T} \tag{2-27}$$

$\xi(t)$的平均功率S则可表示成

$$S=\frac{1}{2\pi}\int_{-\infty}^{\infty}P_\xi(\omega)\mathrm{d}\omega=\frac{1}{2\pi}\int_{-\infty}^{\infty}\lim_{T\to\infty}\frac{E|F_T(\omega)|^2}{T}\mathrm{d}\omega \tag{2-28}$$

虽然式（2-27）给出了平稳随机过程$\xi(t)$的功率谱密度$P_\xi(\omega)$，但很难直接用它来计算功率谱密度。那么，如何方便地求功率谱密度$P_\xi(\omega)$呢？我们知道，确知的非周期功率信号的自相关函数与其谱密度是一对傅里叶变换关系。对于平稳随机过程，也有类似的关系，即

$$P_\xi(\omega)=\int_{-\infty}^{\infty}R(\tau)\mathrm{e}^{-\mathrm{j}\omega\tau}\mathrm{d}\tau$$

其傅里叶反变换为

$$R(\tau)=\frac{1}{2\pi}\int_{-\infty}^{\infty}P_{\xi}(\omega)\mathrm{e}^{\mathrm{j}\omega\tau}\mathrm{d}\omega$$

于是
$$R(0)=\frac{1}{2\pi}\int_{-\infty}^{\infty}P_{\xi}(\omega)\mathrm{d}\omega=E[\xi^{2}(t)] \tag{2-29}$$

因为 $R(0)$ 表示随机过程的平均功率，它应等于功率谱密度曲线下的面积，因此，$P_{\xi}(\omega)$ 必然是平稳随机过程的功率谱密度函数。所以，平稳随机过程的功率谱密度 $P_{\xi}(\omega)$ 与其自相关函数 $R(\tau)$ 是一对傅里叶变换关系，即

$$\begin{cases}P_{\xi}(\omega)=\int_{-\infty}^{\infty}R(\tau)\mathrm{e}^{-\mathrm{j}\omega\tau}\mathrm{d}\tau\\ R(\tau)=\frac{1}{2\pi}\int_{-\infty}^{\infty}P_{\xi}(\omega)\mathrm{e}^{\mathrm{j}\omega\tau}\mathrm{d}\omega\end{cases} \tag{2-30}$$

或
$$\begin{cases}P_{\xi}(f)=\int_{-\infty}^{\infty}R(\tau)\mathrm{e}^{-\mathrm{j}2\pi f\tau}\mathrm{d}\tau\\ R(\tau)=\int_{-\infty}^{\infty}P_{\xi}(f)\mathrm{e}^{\mathrm{j}2\pi f\tau}\mathrm{d}f\end{cases} \tag{2-31}$$

简记为
$$R(\tau)\Leftrightarrow P_{\xi}(\omega)$$

式（2-30）称为维纳-辛钦关系，在平稳随机过程的理论和应用中是一个非常重要的工具。它是联系频域和时域两种分析方法的基本关系式。

根据上述关系式及自相关函数 $R(\tau)$ 的性质，不难推演功率谱密度 $P_{\xi}(\omega)$ 有如下性质：

1）$P_{\xi}(\omega)\geqslant 0$，非负性。　(2-32)

2）$P_{\xi}(-\omega)=P_{\xi}(\omega)$，偶函数。　(2-33)

因此，可定义单边谱密度 $P_{\xi 1}(\omega)$ 为

$$P_{\xi 1}(\omega)=\begin{cases}2P_{\xi}(\omega) & \omega\geqslant 0\\ 0 & \omega<0\end{cases} \tag{2-34}$$

【例 2-1】 某随机相位余弦波 $\xi(t)=A\cos(\omega_{c}t+\theta)$，其中 A 和 ω_{c} 均为常数，θ 是在（0，2π）内均匀分布的随机变量。

(1) 求 $\xi(t)$ 的自相关函数与功率谱密度。

(2) 讨论 $\xi(t)$ 是否具有各态历经性。

解　(1) 先考察 $\xi(t)$ 是否广义平稳。

$\xi(t)$ 的数学期望为

$$a(t)=E[\xi(t)]=\int_{0}^{2\pi}A\cos(\omega_{c}t+\theta)\frac{1}{2\pi}\mathrm{d}\theta$$
$$=\frac{A}{2\pi}\int_{0}^{2\pi}(\cos\omega_{c}t\cos\theta-\sin\omega_{c}t\sin\theta)\mathrm{d}\theta$$
$$=\frac{A}{2\pi}\left(\cos\omega_{c}t\int_{0}^{2\pi}\cos\theta\mathrm{d}\theta-\sin\omega_{c}t\int_{0}^{2\pi}\sin\theta\mathrm{d}\theta\right)=0(\text{常数})$$

$\xi(t)$ 的自相关函数为

$$
\begin{aligned}
R(t_1,t_2) &= E[\xi(t_1)\xi(t_2)] \\
&= E[A\cos(\omega_c t_1+\theta)A\cos(\omega_c t_2+\theta)] \\
&= \frac{A^2}{2}E[\cos\omega_c(t_2-t_1)+\cos[\omega_c(t_2+t_1)+2\theta] \\
&= \frac{A^2}{2}\cos\omega_c(t_2-t_1)+\frac{A^2}{2}\int_0^{2\pi}\cos[\omega_c(t_2+t_1)+2\theta]\frac{1}{2\theta}\mathrm{d}\theta \\
&= \frac{A^2}{2}\cos\omega_c(t_2-t_1)+0
\end{aligned}
$$

令 $t_2-t_1=\tau$，得 $R(t_2,t_1)=\frac{A^2}{2}\cos\omega_c\tau=R(\tau)$。可见 $\xi(t)$ 的数学期望为常数，而自相关函数只与时间间隔 τ 有关，所以 $\xi(t)$ 为广义平稳随机过程。

根据平稳随机过程的相关函数与功率谱密度是一对傅里叶变换，即 $R(\tau)\Leftrightarrow P_\xi(\omega)$，则因为

$$\cos\omega_c\tau\Leftrightarrow\pi[\delta(\omega-\omega_c)+\delta(\omega+\omega_c)]$$

所以，功率谱密度为

$$P_\xi(\omega)=\frac{\pi A^2}{2}[\delta(\omega-\omega_c)+\delta(\omega+\omega_c)]$$

平均功率为

$$S=R(0)=\frac{1}{2\pi}\int_{-\infty}^{\infty}P_\xi(\omega)\mathrm{d}\omega=\frac{A^2}{2}$$

（2）现在来求 $\xi(t)$ 的时间平均。根据式（2-18）可得

$$\overline{a}=\lim_{T\to\infty}\frac{1}{T}\int_{-T/2}^{T/2}A\cos(\omega_c t+\theta)\mathrm{d}t=0$$

$$
\begin{aligned}
\overline{R(\tau)} &= \lim_{T\to\infty}\frac{1}{T}\int_{-T/2}^{T/2}A\cos(\omega_c t+\theta)A\cos[\omega_c(t+\tau)+\theta]\mathrm{d}t \\
&= \lim_{T\to\infty}\frac{A^2}{2T}\left\{\int_{-T/2}^{T/2}\cos\omega_c\tau\mathrm{d}t+\int_{-T/2}^{T/2}\cos(2\omega_c t+\omega_c\tau+2\theta)\mathrm{d}t\right\} \\
&= \frac{A^2}{2}\cos\omega_c\tau
\end{aligned}
$$

比较统计平均与时间平均，得 $a=\overline{a}$，$R(\tau)=\overline{R(\tau)}$，因此，随机相位余弦波是各态历经的。

2.3　高斯随机过程

高斯过程也称正态随机过程，是通信领域中最重要的一种过程。在实践中观察到的大多数噪声都是高斯过程，例如通信信道中的噪声通常是一种高斯过程。因此，在信道的建模中常用到高斯模型。

2.3.1 定义

若随机过程$\xi(t)$的任意n维($n=1,2,\cdots$)分布都是正态分布，则称它为高斯随机程或正过态过程。其n维正态概率密度函数表示如下：

$$f_n(x_1,x_2,\cdots,x_n;t_1,t_2,\cdots,t_n)=$$
$$\frac{1}{(2\pi)^{\frac{n}{2}}\sigma_1\sigma_2\cdots\sigma_n\,|\boldsymbol{B}|^{\frac{1}{2}}}\cdot\exp\left[\frac{-1}{2|\boldsymbol{B}|}\sum_{j=1}^{n}\sum_{k=1}^{n}|\boldsymbol{B}|_{jk}\left(\frac{x_j-a_j}{\sigma_j}\right)\left(\frac{x_k-a_k}{\sigma_k}\right)\right] \tag{2-35}$$

式中，$a_k=E[\xi(t_k)]$；$\sigma_k^2=E[\xi(t_k)-a_k]^2$；$|\boldsymbol{B}|$为归一化协方差矩阵的行列式，即

$$|\boldsymbol{B}|=\begin{vmatrix}1 & b_{12} & \cdots & b_{1n}\\ b_{21} & 1 & \cdots & b_{2n}\\ \vdots & \vdots & & \vdots\\ b_{n1} & b_{n2} & \cdots & 1\end{vmatrix}$$

，$|\boldsymbol{B}|_{jk}$为行列式$|\boldsymbol{B}|$中元素b_{jk}的代数余因子，b_{jk}为归一化协方差函数，且

$$b_{jk}=\frac{E\{[\xi(t_j)-a_j][\xi(t_k)-a_k]\}}{\sigma_j\sigma_k}$$

2.3.2 重要性质

1）由式（2-35）可以看出，高斯过程的n维分布完全由n个随机变量的数学期望、方差和两两之间的归一化协方差函数所决定。因此，对于高斯过程，只要研究它的数字特征就可以了。

2）如果高斯过程是广义平稳的，则它的均值与时间无关，协方差函数只与时间间隔有关，而与时间起点无关，由性质1知，它的n维分布与时间起点无关。所以，广义平稳的高斯过程也是狭义平稳的。

3）如果高斯过程在不同时刻的取值是不相关的，即对所有$j\neq k$，有$b_{jk}=0$，这时式（2-35）变为

$$\begin{aligned}f_n(x_1,x_2,\cdots,x_n;t_1,t_2,\cdots,t_n)&=\frac{1}{(2\pi)^{\frac{n}{2}}\prod_{j=1}^{n}\sigma_j}\exp\left[-\sum_{j=1}^{n}\frac{(x_j-a_j)^2}{2\sigma_j^2}\right]\\&=\prod_{j=1}^{n}\frac{1}{\sqrt{2\pi}\,\sigma_j}\exp\left[-\frac{(x_j-a_j)^2}{2\sigma_j^2}\right]\\&=f(x_1,t_1)\cdot f(x_2,t_2)\cdots f(x_n,t_n)\end{aligned} \tag{2-36}$$

也就是说，如果高斯过程在不同时刻的取值是不相关的，那么它们也是统计独立的。

4）高斯过程经过线性变换（或线性系统）后的过程仍是高斯过程。这个特点将在后面的章节讨论。

在以后分析问题时，会经常用到高斯过程中的一维分布。例如，高斯过程在任一时刻上的样值是一个一维高斯随机变量，其一维概率密度函数可表示为

$$f(x)=\frac{1}{\sqrt{2\pi}\,\sigma}\exp\left[-\frac{(x-a)^2}{2\sigma^2}\right] \tag{2-37}$$

式中，a 为高斯随机变量的数学期望；σ^2 为方差。$f(x)$ 曲线如图 2-3 所示。

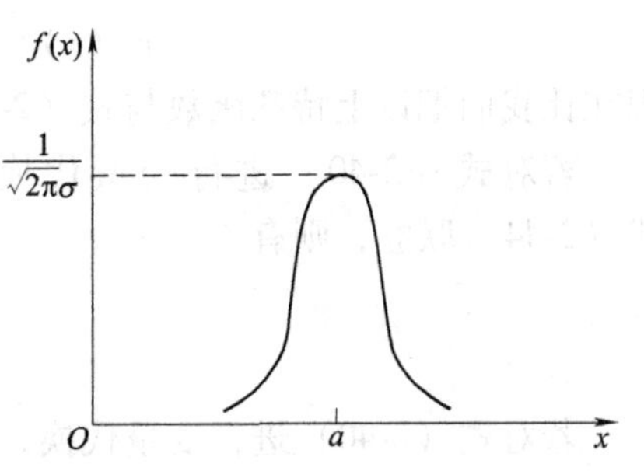

图 2-3　高斯过程的概率密度

由式（2-37）和图 2-3 可知 $f(x)$ 具有如下特性：

1）$f(x)$ 对称于 $x=a$ 这条直线。

2）$$\int_{-\infty}^{\infty} f(x)\,\mathrm{d}x = 1 \tag{2-38}$$

且有
$$\int_{-\infty}^{a} f(x)\,\mathrm{d}x = \int_{a}^{\infty} f(x)\,\mathrm{d}x = \frac{1}{2} \tag{2-39}$$

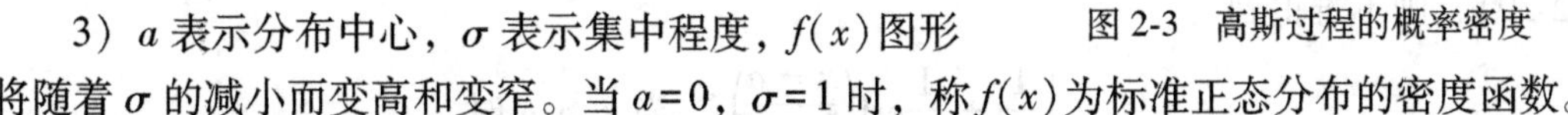

3）a 表示分布中心，σ 表示集中程度，$f(x)$ 图形将随着 σ 的减小而变高和变窄。当 $a=0$，$\sigma=1$ 时，称 $f(x)$ 为标准正态分布的密度函数。

当需要求高斯随机变量 ξ 小于或等于任意取值 x 的概率 $p(\xi \leqslant x)$ 时，还要用到正态分布函数。正态分布函数是概率密度函数的积分，即

$$F(x) = p(\xi \leqslant x) = \int_{-\infty}^{x} \frac{1}{\sqrt{2\pi}\,\sigma} \exp\left[-\frac{(z-a)^2}{2\sigma^2}\right] \mathrm{d}z \tag{2-40}$$

这个积分无法用闭合形式计算，要设法把这个积分式和可以在数学手册上查出积分值的特殊函数联系起来，一般常用以下几种特殊函数：

1）误差函数和互补误差函数。误差函数的定义式为

$$\mathrm{erf}(x) = \frac{2}{\sqrt{\pi}} \int_{0}^{x} \mathrm{e}^{-t^2}\,\mathrm{d}t \tag{2-41}$$

它是自变量的递增函数，$\mathrm{erf}(0)=0$，$\mathrm{erf}(\infty)=1$，且 $\mathrm{erf}(-x)=-\mathrm{erf}(x)$。称 $1-\mathrm{erf}(x)$ 为互补误差函数，记为 $\mathrm{erfc}(x)$，即

$$\mathrm{erfc}(x) = 1 - \mathrm{erf}(x) = \frac{2}{\sqrt{\pi}} \int_{x}^{\infty} \mathrm{e}^{-t^2}\,\mathrm{d}t \tag{2-42}$$

它是自变量的递减函数，$\mathrm{erf}(0)=1$，$\mathrm{erf}(\infty)=0$，且 $\mathrm{erf}(-x)=2-\mathrm{erfc}(x)$。当 $x \gg 1$ 时（实际应用中只要 $x>2$）即可近似有

$$\mathrm{erfc}(x) \approx \frac{1}{\sqrt{\pi}\,x} \mathrm{e}^{-x^2} \tag{2-43}$$

2）概率积分函数和 Q 函数。概率积分函数定义为

$$\Phi(x) = \frac{1}{\sqrt{2\pi}} \int_{-\infty}^{x} \mathrm{e}^{-t^2/2}\,\mathrm{d}t \tag{2-44}$$

这是另一个在数学手册上有数值和曲线的特殊函数，有 $\Phi(\infty)=1$。

Q 函数是一种经常用于表示高斯尾部曲线下的面积的函数，其定义为

$$Q(x) = 1 - \Phi(x) = \frac{1}{\sqrt{2\pi}} \int_{x}^{\infty} \mathrm{e}^{-t^2/2}\,\mathrm{d}t, x \geqslant 0 \tag{2-45}$$

比较式（2-42）、式（2-44）和式（2-45），可得

$$Q(x) = \frac{1}{2} \mathrm{erfc}\left(\frac{x}{\sqrt{2}}\right) \tag{2-46}$$

$$\Phi(x) = 1 - \frac{1}{2} \mathrm{erfc}\left(\frac{x}{\sqrt{2}}\right) \tag{2-47}$$

$$\mathrm{erfc}(x) = 2Q(\sqrt{2}x) = 2[1 - \Phi(\sqrt{2}x)] \tag{2-48}$$

现在让我们把以上特殊函数与式（2-40）进行联系，以表示正态分布函数 $F(x)$。

若对式（2-40）进行变量代换，令新积分变量 $t=(z-a)/\sigma$，就有 $\mathrm{d}z=\sigma\mathrm{d}t$，再与式（2-44）联立，则有

$$F(x) = \Phi\left(\frac{x-a}{\sigma}\right) \tag{2-49}$$

若对式（2-40）进行变量代换，令新积分变量 $t=(z-a)/\sqrt{2}\sigma$，就有 $\mathrm{d}z=\sqrt{2}\sigma\mathrm{d}t$，再利用式（2-39），则不难得到

$$F(x) = \begin{cases} \dfrac{1}{2} + \dfrac{1}{2}\mathrm{erf}\left(\dfrac{x-a}{\sqrt{2}\sigma}\right) & \text{当 } x > a \text{ 时} \\ \dfrac{1}{2} & \text{当 } x = a \text{ 时} \\ 1 - \dfrac{1}{2}\mathrm{erfc}\left(\dfrac{x-a}{\sqrt{2}\sigma}\right) & \text{当 } x < a \text{ 时} \end{cases} \tag{2-50}$$

用误差函数或互补误差函数表示 $F(x)$ 的好处是，它简明的特性有助于今后分析通信系统的抗噪声性能。

2.3.3 高斯白噪声

信号在信道中传输时，常会遇到这样一类噪声，它的功率谱密度均匀分布在整个频率范围内，即

$$P_\xi(\omega) = \frac{n_0}{2} \tag{2-51}$$

这种噪声被称为白噪声，它是一个理想的宽带随机过程。式中，n_0 为一常数，单位是W/Hz。显然，白噪声的自相关函数可借助于式（2-52）求得，即

$$R(\tau) = \frac{n_0}{2}\delta(\tau) \tag{2-52}$$

这说明，白噪声只有在 $\tau=0$ 时才相关，而它在任意两个时刻上的随机变量都是互不相关的。图 2-4 画出了白噪声的功率谱密度和自相关函数的图形。

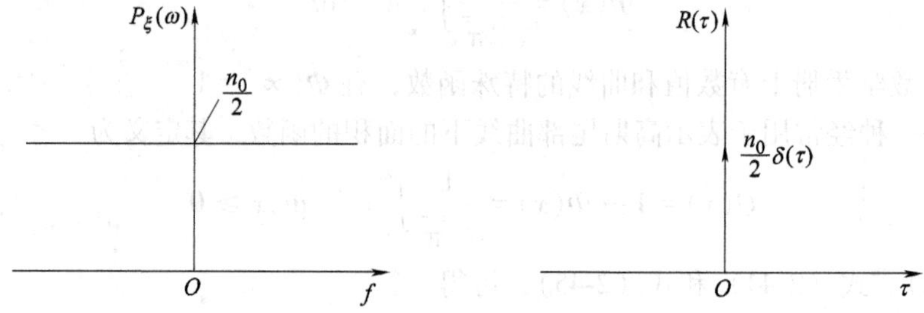

图 2-4　白噪声的功率谱密度和自相关函数

如果白噪声又是高斯分布的，我们就称之为高斯白噪声。由式（2-52）可以看出，高斯白噪声在任意两个不同时刻上的取值之间，不仅是互不相关的，而且还是统计独立的。

应当指出，我们所定义的这种理想化的白噪声在实际中是不存在的。但是，如果噪声的功率谱密度均匀分布的频率范围远远大于通信系统的工作频带，就可以把它视为白噪声。第3章将要讨论的热噪声和散弹噪声就是近似白噪声的例子。

2.4 随机过程通过线性系统的分析

通信的目的在于传输信号，信号和系统总是联系在一起的。通信系统中的信号或噪声一般都是随机的，因此在以后的讨论中我们必然会遇到这样的问题：随机过程通过系统（或网络）后，输出过程将是什么样的过程？

这里，只考虑平稳随机过程通过线性时不变系统的情况。随机信号通过线性系统的分析，完全是建立在确知信号通过线性系统的分析原理的基础之上的。我们知道，线性系统的响应 $v_o(t)$ 等于输入信号 $v_i(t)$ 与系统的单位冲激响应 $h(t)$ 的卷积，即

$$v_o(t) = v_i(t) * h(t) = \int_{-\infty}^{\infty} v_i(\tau) h(t-\tau) \mathrm{d}\tau \tag{2-53}$$

若 $v_o(t) \Leftrightarrow V_o(\omega)$，$v_i(t) \Leftrightarrow V_i(\omega)$，$h(t) \Leftrightarrow H(\omega)$，则有

$$V_o(\omega) = H(\omega) V_i(\omega) \tag{2-54}$$

若线性系统是物理可实现的，则

$$v_o(t) = \int_{-\infty}^{t} v_i(\tau) h(t-\tau) \mathrm{d}\tau \tag{2-55}$$

或

$$v_o(t) = \int_{0}^{\infty} h(\tau) v_i(t-\tau) \mathrm{d}\tau \tag{2-56}$$

如果把 $v_i(t)$ 看作是输入随机过程的一个样本，则 $v_o(t)$ 可看作是输出随机过程的一个样本。显然，输入过程 $\xi_i(t)$ 的每个样本与输出过程 $\xi_o(t)$ 的相应样本之间都满足式（2-56）的关系。这样，就整个过程而言，便有

$$\xi_o(t) = \int_{0}^{\infty} h(\tau) \xi_i(t-\tau) \mathrm{d}\tau \tag{2-57}$$

假定输入 $\xi_i(t)$ 是平稳随机过程，现在来分析系统的输出过程 $\xi_o(t)$ 的统计特性。我们先确定输出过程的数学期望、自相关函数及功率谱密度，然后讨论输出过程的概率分布问题。

1. 输出过程 $\xi_o(t)$ 的数学期望

对式（2-57）两边取统计平均，有

$$E[\xi_o(t)] = E\left[\int_0^{\infty} h(\tau)\xi_i(t-\tau)\mathrm{d}\tau\right] = \int_0^{\infty} h(\tau) E[\xi_i(t-\tau)]\mathrm{d}\tau = a\int_0^{\infty} h(\tau)\mathrm{d}\tau$$

式中利用了平稳性假设 $E[\xi_i(t-\tau)] = E[\xi_i(t)] = a$（常数）。又因为

$$H(\omega) = \int_0^{\infty} h(t) \mathrm{e}^{\mathrm{j}\omega t} \mathrm{d}t$$

求得

$$H(0) = \int_0^{\infty} h(t) \mathrm{d}t$$

所以

$$E[\xi_o(t)] = aH(0) \tag{2-58}$$

由此可见，输出过程的数学期望等于输入过程的数学期望与直流传递函数 $H(0)$ 的乘积，且 $E[\xi_o(t)]$ 与 t 无关。

2. 输出过程$\xi_o(t)$的自相关函数

$$\begin{aligned}R_o(t_1,t_1+\tau) &= E[\xi_o(t_1)\xi_o(t_1+\tau)] \\ &= E\left[\int_0^\infty h(\alpha)\xi_i(t_1-\alpha)\mathrm{d}\alpha\int_0^\infty h(\beta)\xi_i(t_1+\tau-\beta)\mathrm{d}\beta\right] \\ &= \int_0^\infty\int_0^\infty h(\alpha)h(\beta)E[\xi_i(t_1-\alpha)\xi_i(t_1+\tau-\beta)]\mathrm{d}\alpha\mathrm{d}\beta\end{aligned}$$

根据平稳性

$$E[\xi_i(t_1-\alpha)\xi_i(t_1+\tau-\beta)] = R_i(\tau+\alpha-\beta)$$

有

$$R_o(t_1,t_1+\tau) = \int_0^\infty\int_0^\infty h(\alpha)h(\beta)R_i(\tau+\alpha-\beta)\mathrm{d}\alpha\mathrm{d}\beta = R_o(\tau) \tag{2-59}$$

可见，$\xi_o(t)$的自相关函数只依赖时间间隔τ而与时间起点t_1无关。由以上输出过程的数学期望和自相关函数证明，若线性系统的输入过程是平稳的，那么输出过程也是平稳的。

3. 输出过程$\xi_o(t)$的功率谱密度

对式（2-59）进行傅里叶变换，有

$$\begin{aligned}P_o(\omega) &= \int_{-\infty}^\infty R_o(\tau)\mathrm{e}^{-\mathrm{j}\omega\tau}\mathrm{d}\tau \\ &= \int_{-\infty}^\infty\int_0^\infty\int_0^\infty[h(\alpha)h(\beta)R_i(\tau+\alpha-\beta)\mathrm{d}\alpha\mathrm{d}\beta]\mathrm{e}^{-\mathrm{j}\omega\tau}\mathrm{d}\tau\end{aligned}$$

令$\tau'=\tau+\alpha-\beta$，则有

$$P_o(\omega) = \int_0^\infty h(\alpha)\mathrm{e}^{\mathrm{j}\omega\alpha}\mathrm{d}\alpha\int_0^\infty h(\beta)\mathrm{e}^{-\mathrm{j}\omega\beta}\mathrm{d}\beta\int_{-\infty}^\infty R_i(\tau')\mathrm{e}^{-\mathrm{j}\omega\tau'}\mathrm{d}\tau'$$

即

$$P_o(\omega) = H^*(\omega)H(\omega)P_i(\omega) = |H(\omega)|^2P_i(\omega) \tag{2-60}$$

可见，系统输出功率谱密度是输入功率谱密度$P_i(\omega)$与系统功率传输函数$|H(\omega)|^2$的乘积。这是十分有用的一个重要公式。当想得到输出过程的自相关函数$R_o(\tau)$时，比较简单的方法是先计算出功率谱密度$P_o(\omega)$，然后求其反变换，这比直接计算$R_o(\tau)$要简便得多。

【例2-2】 带限白噪声。试求功率谱密度为$n_0/2$的白噪声通过理想矩形的低通滤波器后的功率谱密度、自相关函数和噪声平均功率。理想低通的传输特性为

$$H(\omega) = \begin{cases}K_0\mathrm{e}^{-\mathrm{j}\omega t} & |\omega|\leqslant\omega_H \\ 0 & \text{其他}\end{cases}$$

解 由上式得$|H(\omega)|^2=K_0^2$，$|\omega|\leqslant\omega_H$。输出功率谱密度为

$$P_o(\omega) = |H(\omega)|^2P_i(\omega) = K_0^2\cdot\frac{n_0}{2}, |\omega|\leqslant\omega_H$$

可见，输出噪声的功率谱密度在$|\omega|\leqslant\omega_H$内是均匀的，在此范围外则为零，如图2-5a所示，通常把这样的噪声称为带限白噪声。其自相关函数为

$$\begin{aligned}R_o(\tau) &= \frac{1}{2\pi}\int_{-\infty}^\infty P_o(\omega)\mathrm{e}^{\mathrm{j}\omega\tau}\mathrm{d}\omega \\ &= \int_{-f_H}^{f_H}K_0^2\frac{n_0}{2}\mathrm{e}^{\mathrm{j}2\pi f\tau}\mathrm{d}f \\ &= K_0^2n_0f_H\frac{\sin\omega_H\tau}{\omega_H\tau}\end{aligned}$$

式中，$\omega_H = 2\pi f_H$。由此可见，带限白噪声只有在 $\tau = k/2f_H (k=1,2,3,\cdots)$ 上得到的随机变量才不相关。它表明，如果对带限白噪声按抽样定理抽样的话，则各抽样值是互不相关的随机变量。这是一个很重要的概念。

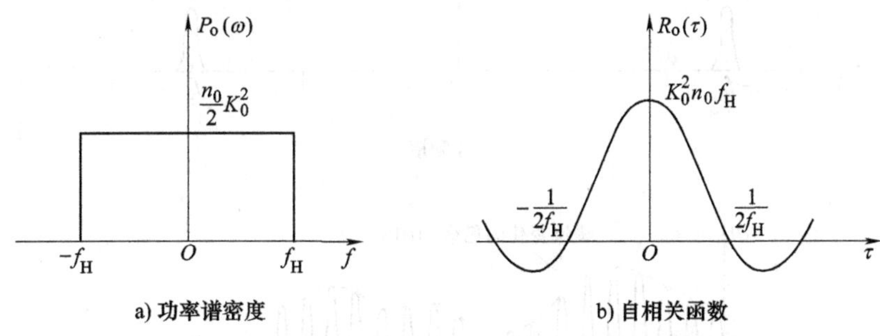

图 2-5　带限白噪声的功率谱密度和自相关函数

如图 2-5b 所示，带限白噪声的自相关函数 $R_o(\tau)$ 在 $\tau=0$ 处有最大值，这就是带限白噪声的平均功率：

$$R_o(0) = K_0^2 n_0 f_H$$

4. 输出过程 $\xi_o(t)$ 的概率分布

从原理上看，在已知输入过程分布的情况下，通过式（2-57），即 $\xi_o(t) = \int_0^\infty h(\tau)\xi_i(t-\tau)\mathrm{d}\tau$，总可以确定输出过程的分布。其中一个十分有用的情形是：如果线性系统的输入过程是高斯型的，则系统的输出过程也是高斯型的。

因为从积分原理来看，式（2-57）可表示为一个和式的极限，即

$$\xi_o(t) = \lim_{\Delta\tau_k \to 0} \sum_{k=0}^{\infty} \xi_i(t-\tau_k)h(\tau_k)\Delta\tau_k$$

由于 $\xi_i(t)$ 已假设是高斯型的，所以，在任一时刻的每项 $\xi_i(t-\tau_k)h(\tau_k)\Delta\tau_k$ 都是一个高斯随机变量。因此，输出过程在任一时刻得到的每一随机变量，都是无限多个高斯随机变量之和。由概率论得知，这个“和”的随机变量也是高斯随机变量。这就证明，高斯过程经过线性系统后，其输出过程仍为高斯过程。更一般地说，高斯过程经线性变换后的过程仍为高斯过程。但要注意，由于线性系统的介入，与输入高斯过程相比，输出过程的数字特征已经改变了。

2.5　窄带随机过程

随机过程通过以 f_c 为中心频率的窄带系统的输出，即是窄带随机过程。所谓窄带系统，是指其通带宽度 $\Delta f \ll f_c$，且 f_c 远离零频率的系统。实际中，大多数通信系统都是窄带型的，通过窄带系统的信号或噪声必是窄带的，如果这时的信号或噪声又是随机的，则称它们为窄带随机过程。如用示波器观察一个实现的波形，则如图 2-6b 所示，它是一个频率近似为 f_c，包络和相位随机缓变的正弦波。

因此，窄带随机过程 $\xi(t)$ 可用下式表示：

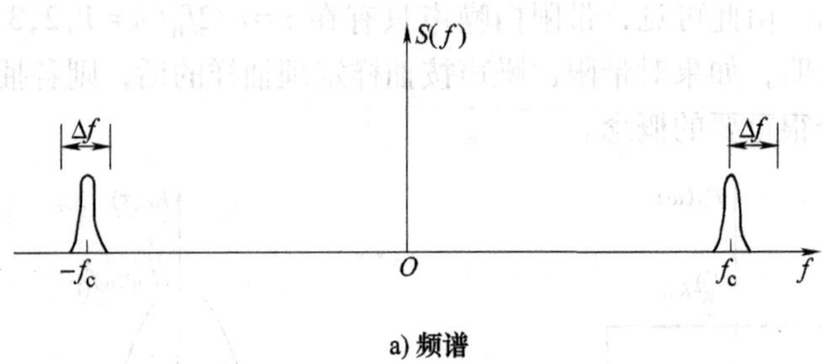

a) 频谱

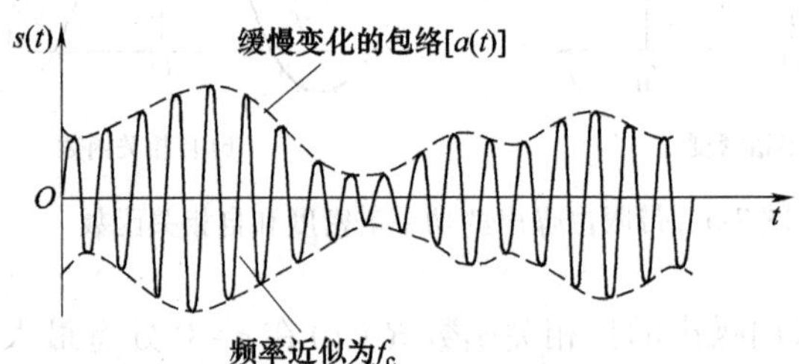

b) 波形示意图

图 2-6　窄带过程的频谱和波形示意图

$$\xi(t)=a_\xi(t)\cos[\omega_c t+\varphi_\xi(t)],a_\xi(t)\geqslant 0 \tag{2-61}$$

等价式为

$$\xi(t)=\xi_c(t)\cos\omega_c t-\xi_s(t)\sin\omega_c t \tag{2-62}$$

其中

$$\xi_c(t)=a_\xi(t)\cos\varphi_\xi(t) \tag{2-63}$$

$$\xi_s(t)=a_\xi(t)\sin\varphi_\xi(t) \tag{2-64}$$

式中，$a_\xi(t)$及$\varphi_\xi(t)$分别是$\xi(t)$的随机包络和随机相位；$\xi_c(t)$及$\xi_s(t)$分别称为$\xi(t)$的同相分量和正交分量，它们也是随机过程，显然，它们的变化相对于载波$\cos\omega_c t$的变化要缓慢得多。

由式（2-61）~式（2-64）看出，$\xi(t)$的统计特性可由$a_\xi(t)$、$\varphi_\xi(t)$或$\xi_c(t)$、$\xi_s(t)$的统计特性确定。反之，如果已知$\xi(t)$的统计特性则可确定$a_\xi(t)$、$\varphi_\xi(t)$以及$\xi_c(t)$、$\xi_s(t)$的统计特性。

2.5.1　同相分量和正交分量的统计特性

设窄带过程$\xi(t)$是平稳高斯窄带过程，且均值为零，方差为σ_ξ^2。下面将证明它的同相分量$\xi_c(t)$和正交分量$\xi_s(t)$也是零均值的平稳高斯过程，而且与$\xi(t)$具有相同的方差。

1. 数学期望

对式（2-62）求数学期望：

$$E[\xi(t)]=E[\xi_c(t)]\cos\omega_c t-E[\xi_s(t)]\sin\omega_c t \tag{2-65}$$

因为已知$\xi(t)$平稳且均值为零，那么对于任意的时间t，都有$E[\xi(t)]=0$，所以由式（2-65）可得

$$\begin{cases}E[\xi_c(t)]=0\\E[\xi_s(t)]=0\end{cases} \tag{2-66}$$

2. 自相关函数

$$
\begin{aligned}
R_{\xi}(t,t+\tau) &= E[\xi(t)\xi(t+\tau)] \\
&= E\{[\xi_c(t)\cos\omega_c t - \xi_s(t)\sin\omega_c t]\cdot \\
&\quad [\xi_c(t+\tau)\cos\omega_c(t+\tau) - \xi_s(t+\tau)\sin\omega_c(t+\tau)]\} \\
&= R_c(t,t+\tau)\cos\omega_c t\cos\omega_c(t+\tau) - R_{cs}(t,t+\tau)\cos\omega_c t\sin\omega_c(t+\tau) - \\
&\quad R_{sc}(t,t+\tau)\sin\omega_c t\cos\omega_c(t+\tau) + R_s(t,t+\tau)\sin\omega_c t\sin\omega_c(t+\tau)
\end{aligned}
\tag{2-67}
$$

式中

$$
\begin{aligned}
R_c(t,t+\tau) &= E[\xi_c(t)\xi_c(t+\tau)] \\
R_{cs}(t,t+\tau) &= E[\xi_c(t)\xi_s(t+\tau)] \\
R_{sc}(t,t+\tau) &= E[\xi_s(t)\xi_c(t+\tau)] \\
R_s(t,t+\tau) &= E[\xi_s(t)\xi_s(t+\tau)]
\end{aligned}
$$

因为$\xi(t)$是平稳的，故有

$$R_{\xi}(t,t+\tau) = R(\tau)$$

这就要求式（2-67）的右边也应该与t无关，而仅与时间间隔τ有关。若取使$\sin\omega_c t=0$的所有t值，则式（2-67）应变为

$$R_{\xi}(\tau) = R_c(t,t+\tau)\cos\omega_c\tau - R_{cs}(t,t+\tau)\sin\omega_c\tau \tag{2-68}$$

这时，显然应有

$$
\begin{aligned}
R_c(t,t+\tau) &= R_c(\tau) \\
R_{cs}(t,t+\tau) &= R_{cs}(\tau)
\end{aligned}
$$

所以，式（2-68）变为

$$R_{\xi}(\tau) = R_c(\tau)\cos\omega_c\tau - R_{cs}(\tau)\sin\omega_c\tau \tag{2-69}$$

再取使$\cos\omega_c t=0$的所有t值，同理有

$$R_{\xi}(\tau) = R_s(\tau)\cos\omega_c\tau + R_{sc}(\tau)\sin\omega_c\tau \tag{2-70}$$

其中应有

$$
\begin{aligned}
R_s(t,t+\tau) &= R_s(\tau) \\
R_{sc}(t,t+\tau) &= R_{sc}(\tau)
\end{aligned}
$$

由以上的数学期望和自相关函数分析可知，如果窄带过程$\xi(t)$是平稳的，则$\xi_c(t)$与$\xi_s(t)$也必将是平稳的。

进一步分析，式（2-69）和式（2-70）应同时成立，故有

$$R_c(\tau) = R_s(\tau) \tag{2-71}$$

$$R_{cs}(\tau) = -R_{sc}(\tau) \tag{2-72}$$

可见，同相分量$\xi_c(t)$和正交分量$\xi_s(t)$具有相同的自相关函数，而且根据互相关函数的性质，应有

$$R_{cs}(\tau) = R_{sc}(-\tau)$$

将上式代入式（2-72），可得

$$R_{sc}(\tau) = -R_{sc}(-\tau) \tag{2-73}$$

同理可推得

$$R_{cs}(\tau) = -R_{cs}(-\tau) \tag{2-74}$$

式（2-73）、式（2-74）说明，$\xi_c(t)$、$\xi_s(t)$的互相关函数$R_{sc}(\tau)$、$R_{cs}(\tau)$都是τ的奇函数，在$\tau=0$时

$$R_{sc}(0) = R_{cs}(0) = 0 \tag{2-75}$$

于是，由式（2-69）及式（2-70）得到

$$R_{\xi}(0) = R_c(0) = R_s(0) \tag{2-76}$$

即

$$\sigma_{\xi}^2 = \sigma_c^2 = \sigma_s^2 \tag{2-77}$$

这表明$\xi(t)$、$\xi_c(t)$和$\xi_s(t)$具有相同的平均功率或方差（因为均值为0）。

另外，因为$\xi(t)$是平稳的，所以$\xi(t)$在任意时刻的取值都是服从高斯分布的随机变量，故在式（2-62）中有

$$取\ t = t_1 = 0\ 时, \xi(t_1) = \xi_c(t_1)$$

$$取\ t = t_2 = \frac{3\pi}{2\omega_c}\ 时, \xi(t_2) = \xi_s(t_2)$$

所以$\xi_c(t_1)$、$\xi_s(t_2)$也是高斯随机变量，从而$\xi_c(t)$、$\xi_s(t)$也是高斯随机过程。又根据式（2-75）可知，$\xi_c(t)$、$\xi_s(t)$在同一时刻的取值是互不相关的随机变量，因而它们还是统计独立的。

综上所述，我们得到一个重要结论：一个均值为零的窄带平稳高斯过程$\xi(t)$，它的同相分量$\xi_c(t)$和正交分量$\xi_s(t)$也是平稳高斯过程，而且均值都为零，方差也相同。此外，在同一时刻上得到的ξ_c和ξ_s是互不相关的或统计独立的。

2.5.2 包络和相位的统计特性

由上面的分析可知，ξ_c和ξ_s的联合概率密度函数为

$$f(\xi_c, \xi_s) = f(\xi_c) f(\xi_s) = \frac{1}{2\pi\sigma_{\xi}^2} \exp\left(-\frac{\xi_c^2 + \xi_s^2}{2\sigma_{\xi}^2}\right) \tag{2-78}$$

设a_{ξ}、φ_{ξ}的联合概率密度函数为$f(a_{\xi}, \varphi_{\xi})$，则利用概率论知识，有

$$f(a_{\xi}, \varphi_{\xi}) = f(\xi_c, \xi_s) \left| \frac{\partial(\xi_c, \xi_s)}{\partial(a_{\xi}, \varphi_{\xi})} \right| \tag{2-79}$$

根据式（2-63）和式（2-64）在t时刻随机变量之间的关系

$$\begin{cases} \xi_c = a_{\xi}\cos\varphi_{\xi} \\ \xi_s = a_{\xi}\sin\varphi_{\xi} \end{cases}$$

得到

$$\left| \frac{\partial(\xi_c, \xi_s)}{\partial(a_{\xi}, \varphi_{\xi})} \right| = \begin{vmatrix} \dfrac{\partial \xi_c}{\partial a_{\xi}} & \dfrac{\partial \xi_s}{\partial a_{\xi}} \\ \dfrac{\partial \xi_c}{\partial \varphi_{\xi}} & \dfrac{\partial \xi_s}{\partial \varphi_{\xi}} \end{vmatrix} = \begin{vmatrix} \cos\varphi_{\xi} & \sin\varphi_{\xi} \\ -a_{\xi}\sin\varphi_{\xi} & a_{\xi}\cos\varphi_{\xi} \end{vmatrix} = a_{\xi}$$

于是

$$\begin{aligned} f(a_{\xi}, \varphi_{\xi}) = a_{\xi} f(\xi_c, \xi_s) &= \frac{a_{\xi}}{2\pi\sigma_{\xi}^2} \exp\left[-\frac{(a_{\xi}\cos\varphi_{\xi})^2 + (a_{\xi}\sin\varphi_{\xi})^2}{2\sigma_{\xi}}\right] \\ &= \frac{a_{\xi}}{2\pi\sigma_{\xi}^2} \exp\left(-\frac{a_{\xi}^2}{2\sigma_{\xi}^2}\right) \end{aligned} \tag{2-80}$$

注意，这里 $a_\xi \geqslant 0$，而 φ_ξ 在（0，2π）内取值。

再利用概率论中的边际分布知识将 $f(a_\xi,\varphi_\xi)$ 对 φ_ξ 积分，可求得包络 a_ξ 的一维概率密度函数为

$$f(a_\xi) = \int_{-\infty}^{\infty} f(a_\xi,\varphi_\xi)\,\mathrm{d}\varphi_\xi = \int_0^{2\pi} \frac{a_\xi}{2\pi\sigma_\xi^2}\exp\left[-\frac{a_\xi^2}{2\sigma_\xi^2}\right]\mathrm{d}\varphi_\xi$$
$$= \frac{a_\xi}{\sigma_\xi^2}\exp\left[-\frac{a_\xi^2}{2\sigma_\xi^2}\right], a_\xi \geqslant 0 \tag{2-81}$$

可见，a_ξ 服从瑞利分布。

同理，$f(a_\xi,\varphi_\xi)$ 对 a_ξ 积分可求得相位 φ_ξ 的一维概率密度函数为

$$f(\varphi_\xi) = \int_0^{\infty} f(a_\xi,\varphi_\xi)\,\mathrm{d}a_\xi = \frac{1}{2\pi}\left[\int_0^{\infty}\frac{a_\xi}{\sigma_\xi^2}\exp\left(-\frac{a_\xi^2}{2\sigma_\xi^2}\right)\mathrm{d}a_\xi\right] = \frac{1}{2\pi}, \quad 0 \leqslant \varphi_\xi \leqslant 2\pi \tag{2-82}$$

可见，φ_ξ 服从均匀分布。

综上所述，我们又得到一个重要结论：一个均值为零，方差为 σ_ξ^2 的窄带平稳高斯过程 $\xi(t)$，其包络 $a_\xi(t)$ 的一维分布是瑞利分布，相位 $\varphi_\xi(t)$ 的一维分布是均匀分布，并且就一维分布而言，$a_\xi(t)$ 与 $\varphi_\xi(t)$ 是统计独立的，即有下式成立：

$$f(a_\xi,\varphi_\xi) = f(a_\xi)f(\varphi_\xi) \tag{2-83}$$

2.6 正弦波加窄带高斯噪声

信号经过信道传输后总会受到噪声的干扰，为了减少噪声的影响，通常在接收机前端设置一个带通滤波器，以滤除信号频带以外的噪声。因此，带通滤波器的输出是信号与窄带噪声的混合波形。最常见的是正弦波加窄带高斯噪声的合成波，这是通信系统中常会遇到的一种情况，所以有必要了解合成信号的包络和相位的统计特性。

设合成信号为

$$r(t) = A\cos(\omega_c t + \theta) + n(t) \tag{2-84}$$

式中，$n(t)$ 为窄带高斯噪声，$n(t)=n_c(t)\cos\omega_c t-n_s(t)\sin\omega_c t$，其均值为零，方差为 σ_n^2；正弦信号的 A，ω_c 均为常数，θ 是在 $(0,2\pi)$ 上均匀分布的随机变量。于是

$$\begin{aligned} r(t) &= [A\cos\theta + n_c(t)]\cos\omega_c t - [A\sin\theta + n_s(t)]\sin\omega_c t \\ &= z_c(t)\cos\omega_c t - z_s(t)\sin\omega_c t \\ &= z(t)\cos[\omega_c t + \varphi(t)] \end{aligned} \tag{2-85}$$

式中

$$z_c(t) = A\cos\theta + n_c(t) \tag{2-86}$$

$$z_s(t) = A\sin\theta + n_s(t) \tag{2-87}$$

合成信号 $r(t)$ 的包络和相位为

$$z(t) = \sqrt{z_c^2(t) + z_s^2(t)}, \quad z \geqslant 0 \tag{2-88}$$

$$\varphi(t) = \arctan\frac{z_s(t)}{z_c(t)}, \quad 0 \leqslant \varphi \leqslant 2\pi \tag{2-89}$$

利用2.5节的结果，如果 θ 值已给定，则 z_c、z_s 是相互独立的高斯随机变量，且有

$$E[z_c]=A\cos\theta$$
$$E[z_s]=A\sin\theta$$
$$\sigma_c^2=\sigma_s^2=\sigma_n^2$$

所以，在给定相位 θ 的条件下的 z_c 和 z_s 的联合概率密度函数为

$$f(z_c,z_s/\theta)=\frac{1}{2\pi\sigma_n^2}\exp\left\{-\frac{1}{2\sigma_n^2}[(z_c-A\cos\theta)^2+(z_s-A\sin\theta)^2]\right\}$$

利用2.5节相似的方法，根据式（2-88）、式（2-89）可以求得在给定相位 θ 的条件下的 z 和 φ 的联合概率密度函数为

$$f(z,\varphi/\theta)=f(z_c,z_s/\theta)\left|\frac{\partial(\xi_c,\xi_s)}{\partial(a_\xi,\varphi_\xi)}\right|=zf(z_c,z_s/\theta)$$
$$=\frac{z}{2\pi\sigma_n^2}\exp\left\{-\frac{1}{2\sigma_n^2}[z^2+A^2-2Az\cos(\theta-\varphi)]\right\}$$

求条件边际分布，有

$$f(z/\theta)=\int_0^{2\pi}f(z,\varphi/\theta)\,\mathrm{d}\varphi$$
$$=\frac{z}{2\pi\sigma_n^2}\int_0^{2\pi}\exp\left\{-\frac{1}{2\sigma_n^2}[z^2+A^2-2Az\cos(\theta-\varphi)]\right\}\mathrm{d}\varphi$$
$$=\frac{z}{2\pi\sigma_n^2}\exp\left(-\frac{z^2+A^2}{2\sigma_n^2}\right)\int_0^{2\pi}\exp\left[\frac{Az}{\sigma_n^2}\cos(\theta-\varphi)\right]\mathrm{d}\varphi$$

由于

$$\frac{1}{2\pi}\int_0^{2\pi}\exp(x\cos\theta)\,\mathrm{d}\theta=\mathrm{I}_0(x) \tag{2-90}$$

故有

$$\frac{1}{2\pi}\int_0^{2\pi}\exp\left[\frac{Az}{\sigma_n^2}\cos(\theta-\varphi)\right]\mathrm{d}\varphi=\mathrm{I}_0\left(\frac{Az}{\sigma_n^2}\right)$$

式中，$\mathrm{I}_0(x)$为零阶修正贝塞尔函数。当 $x\geqslant0$ 时，$\mathrm{I}_0(x)$是单调上升函数，且有 $\mathrm{I}_0(0)=1$。因此

$$f(z/\theta)=\frac{z}{\sigma_n^2}\exp\left[-\frac{1}{2\sigma_n^2}(z^2+A^2)\right]\mathrm{I}_0\left(\frac{Az}{\sigma_n^2}\right)$$

由上式可见，$f(z/\theta)$与 θ 无关，故正弦波加窄带高斯过程的包络概率密度函数为

$$f(z)=\frac{z}{\sigma_n^2}\exp\left[-\frac{1}{2\sigma_n^2}(z^2+A^2)\right]\mathrm{I}_0\left(\frac{Az}{\sigma_n^2}\right),z\geqslant0 \tag{2-91}$$

这个概率密度函数称为广义瑞利分布，也称莱斯（Rice）密度函数。

式（2-91）存在两种极限情况，分别叙述如下：

1）当信号很小，$A\to0$，即信号功率与噪声功率之比 $\dfrac{A^2}{2\sigma_n^2}=r\to0$ 时，x 值很小，有 $\mathrm{I}_0(x)=1$，这时合成波 $r(t)$ 中只存在窄带高斯噪声，式（2-91）近似为式（2-81），即由莱斯分布退化为瑞利分布。

2）当信噪比 r 很大时，有 $\mathrm{I}_0(x)\approx\dfrac{\mathrm{e}^x}{\sqrt{2\pi x}}$，这时在 $z\approx A$ 附近，$f(z)$ 近似于高斯分布，即

$$f(z) \approx \frac{1}{\sqrt{2\pi}\sigma_n}\exp\left(-\frac{(z-A)^2}{2\sigma_n^2}\right)$$

由此可见，信号加噪声的合成波包络分布与信噪比有关。小信噪比时，它接近于瑞利分布；大信噪比时，它接近于高斯分布；在一般情况下它是莱斯分布。图 2-7a 给出了不同的 r 值时 $f(z)$ 的曲线。

关于信号加噪声的合成波相位分布 $f(\varphi)$，由于比较复杂，这里就不再演算了。不难推想，$f(\varphi)$ 也与信噪比有关。小信噪比时，$f(\varphi)$ 接近于均匀分布，它反映这时窄带高斯噪声为主的情况；大信噪比时，$f(\varphi)$ 主要集中在有用信号相位附近。图 2-7b 给出了不同的 r 值时 $f(\varphi)$ 的曲线。

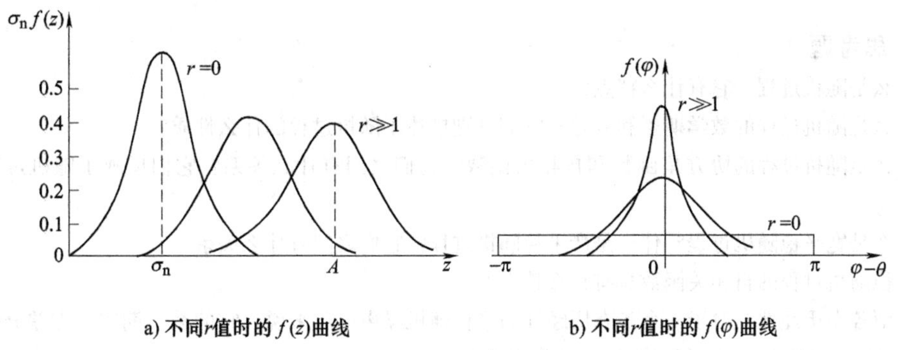

图 2-7　正弦波加窄带高斯过程的包络与相位分布

2.7　本章小结

本章主要内容可用图 2-8 表示，其重要结论如下。

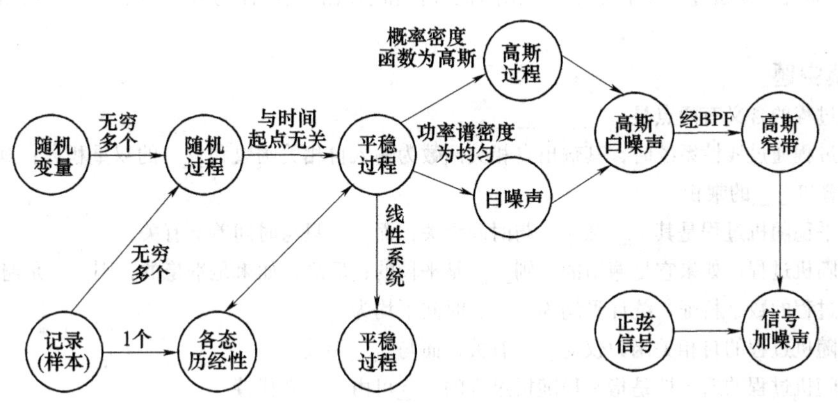

图 2-8　本章主要内容

1. 具有各态历经性的随机过程必定是平稳随机过程，但平稳随机过程不一定是各态历经的。在通信系统中所遇到的随机信号和噪声，一般均能满足各态历经条件。

2. 如果噪声的功率谱密度均匀分布的频率范围远远大于通信系统的工作频带，就可以把它视为白噪声。

3. 高斯过程经过线性系统后，其输出过程仍为高斯过程。更一般地说，高斯过程经线性变换后的过程仍为高斯过程。

4. 一个均值为零，方差为 σ_ξ^2 的窄带平稳高斯过程 $\xi(t)$，其包络 $a_\xi(t)$ 的一维分布是瑞利分布，相位 $\varphi_\xi(t)$ 的一维分布是均匀分布，并且就一维分布而言，$a_\xi(t)$ 与 $\varphi_\xi(t)$ 是统计独立的，即有下式成立：

$$f(a_\xi,\varphi_\xi)=f(a_\xi)f(\varphi_\xi)$$

2.8　思考题与习题

一、思考题

1. 什么是随机过程？它有什么特点？

2. 什么是随机过程的数学期望和方差？它们分别描述了随机过程的什么性质？

3. 什么是随机过程的协方差函数和自相关函数？它们之间有什么关系？它们反映了随机过程的什么性质？

4. 什么是宽平稳随机过程？什么是严平稳随机过程？它们之间有什么关系？

5. 平稳随机过程的自相关函数具有什么特点？

6. 何谓各态历经性？对于一个各态历经性的平稳随机噪声电压来说，它的数学期望和方差分别代表什么？它的自相关函数在 $\tau=0$ 时的值 $R(0)$ 又代表什么？

7. 什么是高斯噪声？什么是白噪声？它们各有什么特点？

8. 若某高斯型白噪声 $n(t)$ 的数学期望为 1，方差也为 1，试写出它的二维概率密度函数。

9. 什么是窄带高斯噪声？它在波形上有什么特点？它的包络和相位各服从什么概率分布？

10. 什么是窄带高斯噪声的同相分量和正交分量？它们各具有什么样的统计特性？

11. 正弦波加窄带高斯噪声的合成波包络服从什么概率分布？

12. 平稳随机过程通过线性系统时，输出随机过程和输入随机过程的数学期望及功率谱密度之间有什么关系？

二、填空题

1. 随机过程的含义有两点是：____，____。

2. 随机过程通过线性系统时，其输出自相关函数为输入自相关函数和____的双重积分；其输出功率谱是输入功率谱和____的乘积。

3. 广义平稳随机过程是其____和____与时间无关，而____只与时间差 τ 有关。

4. 一个随机过程，如果它是遍历的，则____是平稳的；反之，如果是平稳的，则____是遍历的。

5. 随机过程的数字特征：统计平均为____，时间平均为____。

6. 平稳随机过程的自相关函数仅与____有关，而与____无关。

7. 平稳随机过程的遍历性是指平稳随机过程的____可由____来代替。

8. 设 $X(t)$ 为广义平稳随机过程，其功率谱为 $S_X(\omega)$，当通过冲激响应为 $h(t)$，传输函数为 $H(\omega)$ 的线性系统后，其输出响应为____，输出功率谱为____。

9. 理想高斯白噪声 $n(t)$ 的均值（数学期望）等于____；双边功率谱密度为____，单位是____；自相关函数为____。

10. 理想高斯白噪声 $n(t)$ 的均值（数学期望）等于____；双边功率谱密度为____，单位是____；自相关函数为____。

11. 一个平稳随机过程通过线性系统后，其输出为____过程，若通过乘法器，其输出为____过程。

12. 有一个功率信号的自相关函数为 $R(\tau)=\dfrac{1}{2}\cos\omega_0\tau$，则其功率谱密度 $S_f(\omega)=$ ____。

13. 某平稳随机过程的功率谱密度为 $\dfrac{n_0}{2}=10^{-10}\,\mathrm{W/Hz}$，加于冲激 $h(t)=5\,e^{-5}tu(t)$ 的线性滤波器的输入端，其输出的自相关函数为____，输出功率谱密度为____。

14. 有一平稳随机过程 $X(t)$，其功率谱密度为 $S_X(\omega)$，通过一个特性为 $y(t)=x(t)+x(t-T)$ 的网络，该系统输出的功率谱密度为____。

三、计算题

1. 若信号 $x(t)=\cos(\omega_c t)$，试求其自相关函数 $R(\tau)$，功率谱密度 $P(\omega)$，信号功率 S。

2. 若 $x(t)=D_T(t)$，试求其自相关函数 $R(\tau)$，能量谱密度 $E(\omega)$，能量 E。

3. 求随机相位正弦波 $\xi(t)=\cos(\omega_c t+\varphi)$ 的自相关函数、功率谱密度和功率。式中，ω_c 是常数，φ 是在区间（0，2π）上均匀分布的随机变量。

4. 求乘积信号 $z(t)=x(t)y(t)$ 的自相关函数和功率谱密度。已知 $x(t)$ 和 $y(t)$ 是统计独立的平稳随机过程，且它们的自相关函数及功率谱密度函数分别为 $R_x(\tau)$、$R_y(\tau)$、$P_x(\omega)$、$P_y(\omega)$。

5. 设随机变量 φ 在 $(0,2\pi)$ 内均匀分布，求 $A\sin\varphi$ 的数学期望和方差，其中 A 为常数。

6. 设 $z(t)=x_1\cos(\omega_0 t)-x_2\sin(\omega_0 t)$ 是一随机过程，若 x_1 和 x_2 是彼此独立且具有均值为 0、方差为 σ^2 的正态随机变量，试求：

（1）$E[z(t)]$、$E[z^2(t)]$。

（2）$z(t)$ 的一维概率密度函数 $f(z)$。

（3）$B(t_1,t_2)$ 与 $R(t_1,t_2)$。

7. 设信道噪声是一个均值为 0、双边功率谱密度为 $n_0/2$ 的高斯白噪声，接收机输入端的收滤波器是一个中心角频率为 ω_c、带宽为 B 的理想带通滤波器，且 $f_c \gg B$。

（1）求收滤波器输出噪声时域表达式和双边功率谱密度。

（2）求收滤波器输出噪声的自相关函数。

（3）求收滤波器输出噪声功率。

（4）写出收滤波器输出噪声的一维概率密度函数。

8. 设 RC 低通滤波器如图 2-9 所示，当输入均值为 0、双边功率谱密度为 $n_0/2$ 的白噪声时，求输出过程的均值、功率谱密度和自相关函数。

9. 某系统框图如图 2-10 所示。δ_T 是一个周期为 T 的冲击脉冲序列，$\delta_T(t)=\sum\limits_{n=-\infty}^{\infty}\delta(t-nT)$，$h(t)=D_\tau(t)$。

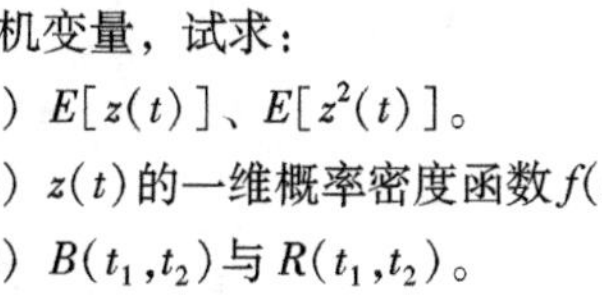

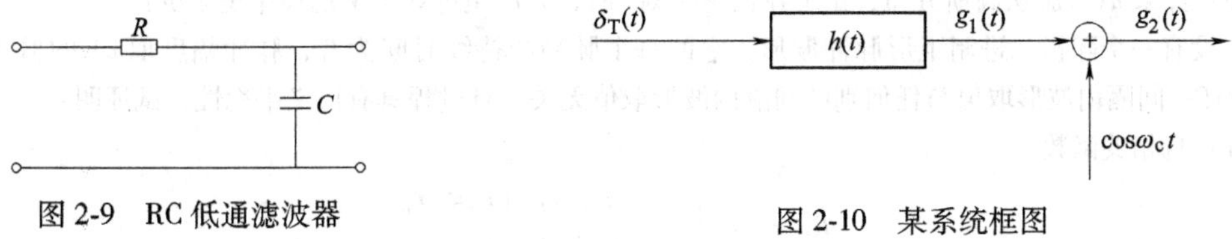

图 2-9　RC 低通滤波器

图 2-10　某系统框图

（1）求 $g_1(t)$ 的表达式及其频谱 $G_1(\omega)$。

（2）求 $g_2(t)$ 的表达式及其频谱 $G_2(\omega)$。

10. 若信号 $x(t)=\sin(\omega_c t)$，试求其自相关函数 $R(\tau)$，功率谱密度 $P(\omega)$，信号功率 S。

11. 若 $f(t)=e^{-\omega}u(t)$，试求其自相关函数 $R(\tau)$，能量谱密度 $E(\omega)$，能量和自相关函数。

12. 设 $m(t)$ 为平稳随机信号，功率谱密度为$P_m(\omega)$，求已调信号 $e(t)=m(t)\cos(\omega_c t)$的功率谱密度。

13. 设随机过程 $\xi(t)$可表示为$\xi(t)=2\cos(2\pi t+\varphi)$，式中，$\varphi$ 是一个离散随机变量，且 $P(\varphi=0)=\frac{1}{2}$，$P\left(\varphi=\frac{\pi}{2}\right)=\frac{1}{2}$，试求$E_\xi(1)$和$R_\xi(0,1)$。

四、练习题

1. 已知信号$f(t)$为矩形，其幅度为 1，宽度为 T_0。

(1) 如果$f(t)$为电压加在 1Ω 电阻上，求消耗的能量为多少？

(2) 求能量谱密度 $G(\omega)$。

(3) 求$f(t)*f(t)$。

2. 设 $Y=x_2\cos x_1$，其中x_2 与x_1 相互独立，x_1 在区间$\left(0,\frac{\pi}{2}\right)$上均匀分布，$x_2$ 服从正态分布 $N(m,\sigma^2)$，试求：

(1) Y 的均值。

(2) Y 的方差。

3. 随机过程 $x(t)=a\cos(\omega t+\theta)$，其中 a 和 θ 是相互独立的随机变量，且 a 的均值为 2，方差为 4；θ 在区间$(0,2\pi)$上服从均匀分布，试求：

(1) 均值 $E[x(t)]$。

(2) 方差 $D[x(t)]$。

(3) 自相关函数 $R(t,t+\tau)$。

(4) 说明 $x(t)$是否平稳。

4. 设有两个随机过程

$$n_1(t)=X(t)\cos(\omega_0 t)$$
$$n_2(t)=X(t)\cos(\omega_0 t+\theta)$$

$X(t)$是广义平稳过程。θ 是对 $x(t)$独立的、均匀分布于$(-\pi,\pi)$上的随机变量，求$n_1(t)$，$n_2(t)$的自相关函数，并说明它们的平稳性。

5. 假定随机过程 $X(t)$和 $Y(t)$是独立并联合平稳的。试求：

(1) $Z(t)=X(t)+Y(t)$的自相关函数。

(2) 在 $X(t)$和 $Y(t)$不相关时，$Z(t)$的自相关函数。

6. 带限白噪声 $n(t)$，其功率谱$P_n(f)=10^{-6}\mathrm{V}^2/\mathrm{Hz}$，其频率范围从-100～100kHz。

(1) 求噪声的均方根值 σ。

(2) 求自相关函数$R_n(\tau)$，$n(t)$和 $n(t+\tau)$在什么间距上不相关？

(3) 如果 $n(t)$服从高斯分布，试求在任一时刻 t 时，$n(t)$超过 0.45V 的概率是多少？

7. 设有一个随机二进制矩形脉冲波形，它的每个脉冲的持续时间为T_b，脉冲幅度取±1 的概率相等。现假设任一间隔内波形取值与任何别的间隔内波形取值无关，且过程具有广义平稳性，试证明：

(1) 自相关函数

$$R_\xi(\tau)=\begin{cases}1-|\tau|/T_b, & |\tau|\leqslant T_b\\ 0, & |\tau|>T_b\end{cases}$$

(2) 功率谱密度$P_\xi(f)=T_b[\mathrm{Sa}(\pi f T_b)]^2$。

第3章 信道与噪声

本章概述：信道是传输信号的通道，它是影响通信系统性能的重要因素。本章主要介绍各类信道的传输特性、加性噪声以及信道容量的基本概念。

知识点：

1. 了解各类信道的传输特性、加性噪声以及信道容量的基本概念。
2. 重点掌握信道的传输特性。
3. 重点掌握计算信道容量的香农公式。

3.1 信道分类

信道分类方法很多，下面介绍几种主要的分类方法。

1. 按传输媒质分类

按传输媒质的不同可将信道分为有线信道和无线信道。双绞线、同轴电缆、光纤等属于有线信道；长波信道、中波信道、短波信道、地面微波信道、卫星信道、散射信道、红外信道及空间激光信道等属于无线信道。第1章表1-1列出了常用的传输媒质及其工作频率范围与主要用途等。

2. 按是否包含设备分类

按是否包含设备可将信道分为狭义信道和广义信道。狭义信道即为传输媒质，广义信道除传输媒质外还包含了其他设备。调制信道和编码信道是两类常见的广义信道。3.2节将对调制信道和编码信道的有关问题进行详细介绍。

3. 根据媒质传输特性的统计规律分类

根据媒质传输特性的统计规律可将信道分为恒参信道和随参信道。恒参信道的传输特性与时间无关或随时间做缓慢变化。随参信道也被称为变参信道。3.3节~3.5节讨论恒参信道及随参信道的有关问题。

3.2 调制信道与编码信道

如图3-1所示，调制信道包含调制器和解调器之间的所有单元，编码信道包含编码器和译码器之间的所有单元。当研究调制器和解调器的性能时，使用调制信道且只需要关心调制信道对已调信号的变化结果。当研究数字通信系统的差错概率时，使用编码信道。由于编码信道包含调制信道，所以调制信道对编码信道的性能即误码率有影响。

调制信号的载波一般为正弦信号，其瞬时值是连续变化的，而编码信号是瞬时值不连续的离散信号，故常称调制信道为连续信道，称编码信道为离散信道。

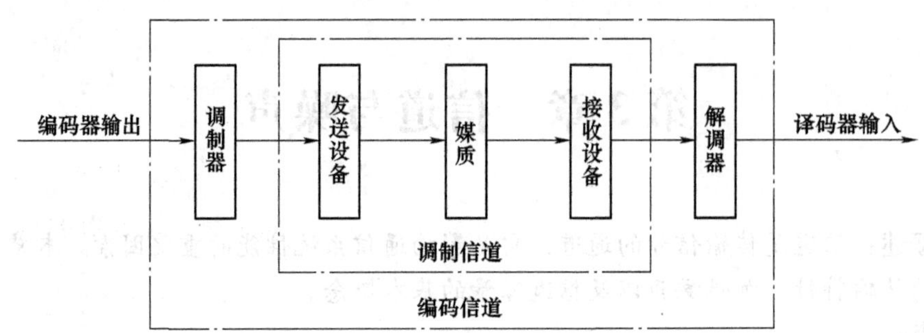

图 3-1　调制信道与编码信道

3.2.1　调制信道

在调制信道中，我们关心的是信号经信道传输后波形和频谱的变化情况，如码间串扰、频谱失真等。

设信道输入信号为 $e_{\mathrm{i}}(t)$，则信道输出信号可表示为

$$e_{\mathrm{o}}(t)=f[e_{\mathrm{i}}(t)]+n(t) \tag{3-1}$$

式中，$n(t)$是信道噪声，它与信道输出信号之间为相加关系，称为加性噪声（或加性干扰）；$f[\cdot]$表示信道传输特性，简称信道特性。如果信道对输入信号做非线性处理，则信道输出信号有非线性失真，这种失真只有当输入信号存在时才有。与加性噪声相对应，称这种失真为乘性噪声（或乘性干扰）。为了表示乘性噪声，常将式（3-1）表示为

$$e_{\mathrm{o}}(t)=k(t)e_{\mathrm{i}}(t)+n(t) \tag{3-2}$$

可以称 $k(t)$为信道特性，但应注意，这仅是一种表示方法，信道并没有将输入信号进行相乘运算的部件。

在恒参信道中，信道特性$f[\cdot]$与时间无关或随时间做缓慢变化；在随参信道中，信道特性$f[\cdot]$随时间做快速随机变化。

3.2.2　编码信道

编码信道的输入信号及输出信号都为数字序列，故它对信号传输的影响可用转移概率来描述。若用 $P(y/x)$表示输入为 x 而输出为 y 的概率，则 $P(0/0)$、$P(1/1)$为正确转移概率，$P(1/0)$、$P(0/1)$为错误转移概率。显然，若调制信道的噪声越大，调制器和解调器的抗噪声性能越差，则编码信道的错误转移概率越大。

如果编码信道某一码元的转移概率与其前后码元无关，则称其为无记忆编码信道，否则称为有记忆编码信道。常见的编码信道一般为无记忆编码信道。

编码信道的数学模型用转移概率矩阵表示。例如，二进制无记忆编码信道的数学模型为

$$\boldsymbol{T}=\begin{bmatrix}P(0/0) & P(1/0)\\ P(0/1) & P(1/1)\end{bmatrix} \tag{3-3}$$

二进制系统的误码率为

$$P_{\mathrm{e}}=P(0)P(1/0)+P(1)P(0/1) \tag{3-4}$$

显然，错误转移概率越大，则误码率越高。

若 $P(0/1)=P(1/0)$，则称为二进制对称编码信道。

编码信道的数学模型还可以用图形表示。图 3-2 和图 3-3 所示分别为二进制和四进制编码信道的信道模型。

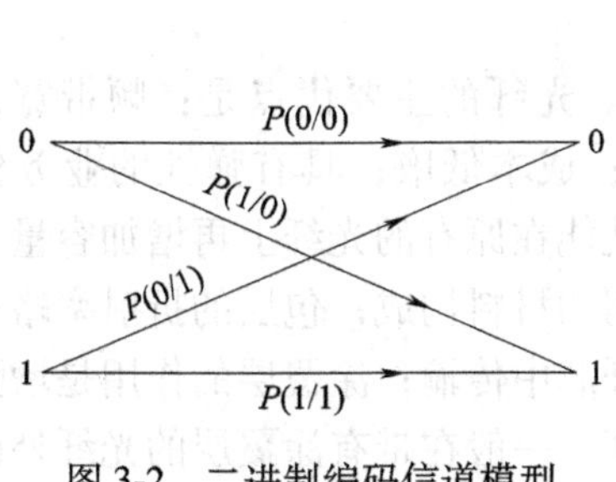

图 3-2 二进制编码信道模型

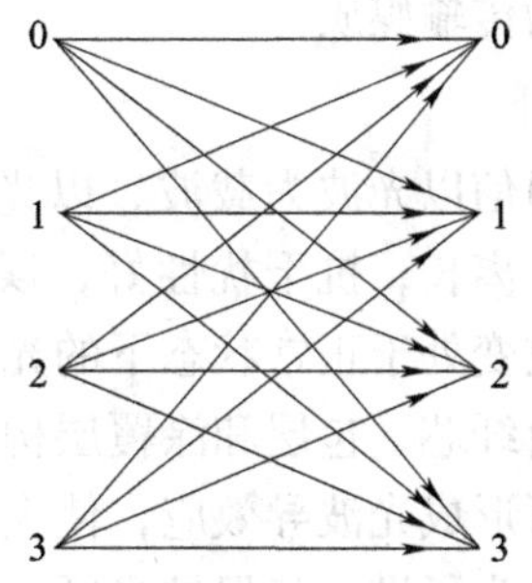

图 3-3 四进制编码信道模型

恒参信道的转移概率与时间无关或随时间做缓慢变化，随参信道的转移概率随时间做快速随机变化。

3.3 恒参信道

3.3.1 恒参信道实例

有线信道中的双绞线、同轴电缆、光纤与无线信道中的微波中继信道、卫星中继信道等，均属于恒参信道，下面分别对它们做简单介绍。

1. 双绞线

双绞线由两根互相绝缘的铜导线用规则的方法扭绞而成，如图 3-4a、b 所示。

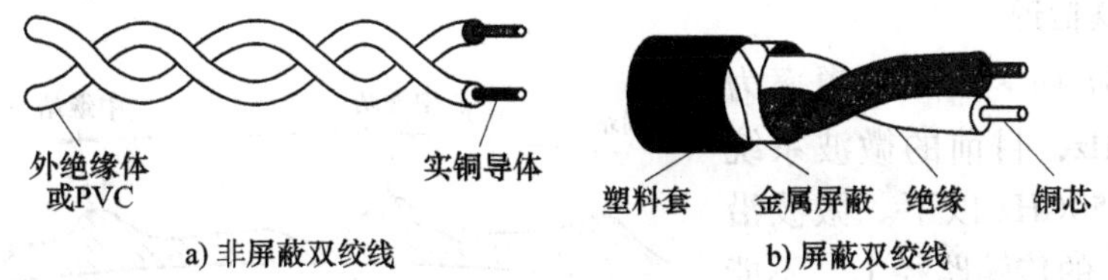

图 3-4 双绞线

双绞线可分两大类：非屏蔽双绞线（UTP）和屏蔽双绞线（STP）。双绞线的主要缺点是存在较强的趋肤效应，因而中继距离短。双绞线主要的应用场合有本地环路、局域网、用户分配系统以及专用自动小交换机（PABX）与端局交换机之间。

2. 同轴电缆

同轴电缆由单根实心铜质芯线（内导体）、绝缘层、网状编织的屏蔽层（外导体）以及保护外层所组成，其结构如图 3-5 所示。由于外导体可以屏

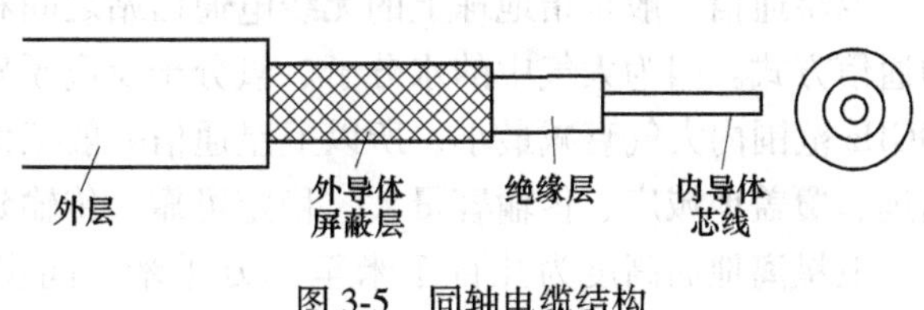

图 3-5 同轴电缆结构

蔽外来的电磁干扰，因此同轴电缆具有很好的抗干扰特性，并且因趋肤效应所引起的功率损失也大大减小。与双绞线相比，同轴电缆具有更宽的带宽、更快的传输速率和更低的误码率。同轴电缆的中继距离仍较短，仅为 2km 左右，而且安装成本高。有线电视城域网主要用电缆作为传输媒质。

3. 光纤

光纤通信以光波为载波、以光导纤维为传输媒质。光纤的主要优点是：频带宽，容量大；中继距离长；抗干扰性好，误码率低；保密性强；成本低廉；具有弹性的业务传输能力，即不改变处于正常状态下的光纤，只需增加设备就能在原有的光纤上再增加容量。

光纤由纤芯、包层和涂覆层构成。纤芯由高度透明的材料构成；包层的折射率略小于纤芯，从而可形成光波导效应，使大部分的光被束缚在纤芯中传输；涂覆层的作用是增强光纤的柔韧性。为了进一步保护光纤，提高光纤的机械强度，一般在带有涂覆层的光纤外面再套一层热塑性材料，成为套塑层（或二次涂覆层）。在涂覆层和套塑层之间还需填充材料，成为缓冲层（或称垫层）。目前使用的光纤大多为石英光纤。它以纯净的二氧化硅材料为主，为了改变折射率，中间掺以合适的杂质。掺锗和磷可以使折射率增加，掺硼和氟可以使折射率降低。

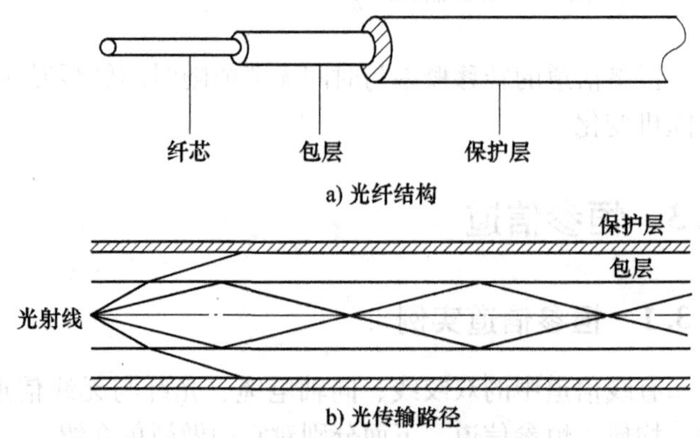

图 3-6　光纤的结构与光传输路径

光纤的结构及光传输路径分别如图 3-6a、b 所示。长途电话中继网和互联网的骨干网以及城域网多用光纤作为传输媒质。

4. 微波中继信道

微波波长为 1m ~ 1mm，频率为 300MHz ~ 300GHz，目前的微波系统工作频率都在 50GHz 以下。微波沿直线传播，在它的传输路径上，不能有任何障碍物，视距以外的通信则通过中继方式实现。微波中继系统如图 3-7 所示。

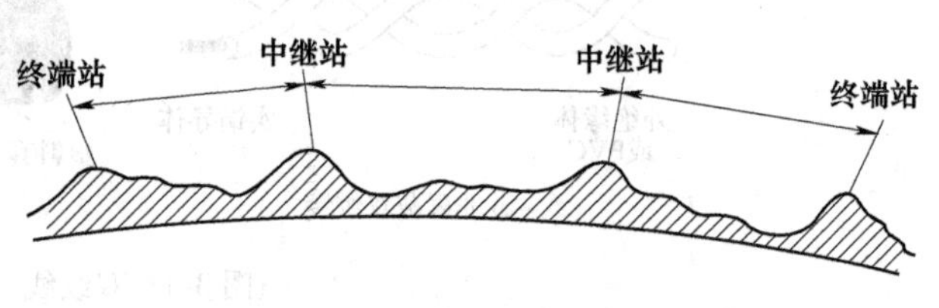

图 3-7　微波中继通信系统

5. 卫星中继信道

卫星通信一般是指地球上的无线电通信站之间利用人造卫星作为中继站而进行信息传输的通信方式。因为大气中的水分子、氧分子及离子对电磁波的衰减与频率有关，而在 0.3 ~ 10GHz 范围内大气衰减最小，所以卫星通信一般工作在这个频段。卫星中继信道具有传输距离远、覆盖地域广、传输容量大、稳定可靠、传输延迟大、多普勒频移大等特点。

卫星离地面高度为几百千米至几万千米。同步卫星位于离地面 35860km 的静止轨道，如图 3-8 所示，利用 3 颗静止轨道卫星可以实现全球通信。在几百千米的低轨道上运行的卫

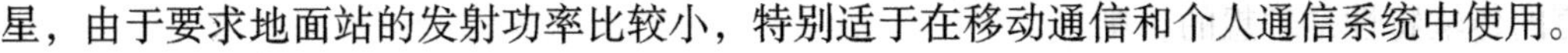
星，由于要求地面站的发射功率比较小，特别适于在移动通信和个人通信系统中使用。

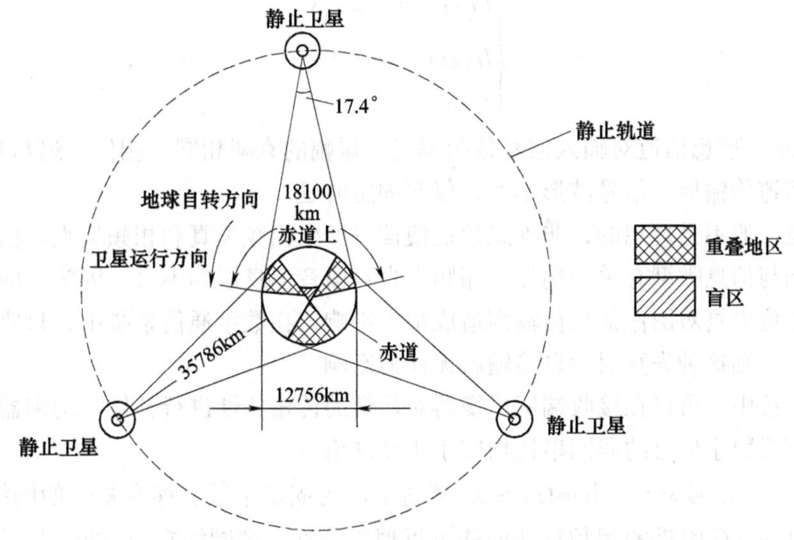

图3-8　利用3颗静止轨道卫星实现全球通信的设想

表3-1对上述五种恒参信道媒质的特性进行了比较。

表3-1　五种媒质的特性

媒质类型	频谱范围	最小误码率	中继器间距	安全性	价格
双绞线	(1～600)MHz	一般（10^{-5}）	短（2km）	差	低
同轴电缆	3MHz～3GHz	好（10^{-9}～10^{-7}）	短（2.5km）	好	中等
微波	300MHz～300GHz	好（10^{-9}）	中等（平均50km）	差	中等
卫星	300MHz～300GHz	好（10^{-9}）	长（超过36000km）	差	中到高
光纤链路	(30～100) THz	很好（10^{-13}～10^{-11}）	长（超过6400km）	好	中到高

3.3.2　恒参信道传输特性及其对信号传输的影响

恒参信道的共同特点是，传输特性基本与时间无关。另外，设计合理的恒参信道，应不产生非线性失真。所以，可将恒参信道视为一个线性时不变网络，其传输特性可用冲激响应$h(t)$及频率特性$H(\omega)$表示。设信道的输入信号及输出信号分别为$x(t)$和$y(t)$，它们的傅里叶变换分别为$X(\omega)$和$Y(\omega)$，则

$$\begin{cases} y(t)=x(t)*h(t) \\ Y(\omega)=X(\omega)H(\omega) \end{cases} \tag{3-5}$$

可将$H(\omega)$表示为

$$H(\omega)=|H(\omega)|e^{j\varphi(\omega)} \tag{3-6}$$

式中，$|H(\omega)|$为信道的幅频特性；$\varphi(\omega)$为信道的相频特性。

信道的相频特性还常用群迟延频率特性来表示。群迟延频率特性的定义为

$$\tau(\omega)=\frac{d\varphi(\omega)}{d\omega} \tag{3-7}$$

若信道的传输特性是理想的，则

$$\begin{cases} h(t) = \delta(t - t_d) \\ H(\omega) = k e^{-j\omega t_d} \\ \tau(\omega) = -t_d \end{cases} \tag{3-8}$$

式（3-8）表示，理想信道对输入信号各频率成分振幅的衰减相同，相位延迟与频率成正比。所以经理想信道传输后，信号波形不变，仅有固定时延。

实际信道一般不是理想的，非理想信道使信号产生幅频失真和相频失真。信号失真对信息传输的影响与信息类型有关。例如，相频失真对语音信息影响不大，因为人的耳朵对相位不敏感，但相位失真对图像信息传输则造成很大影响。在数字通信系统中，只要信号失真不造成码间串扰，则这种失真对信息传输就无任何影响。

在通信系统中，可以在接收端用均衡器对信道的传输特性进行补偿。均衡器输出的模拟信号的失真度或数字信号的码间串扰均应小于允许值。

【例 3-1】 一信号 $s(t)=A\cos\Omega t\cos\omega_0 t$ 通过衰减为固定常数、存在相移的网络。试证明：若 $\omega_0 \gg \Omega$，且 $\omega_0 \pm \Omega$ 附近的相频特性曲线可近似为线性，则网络在 ω_0 处的群迟延等于它对 $s(t)$ 的包络的迟延。

证明 将网络的传输函数表示为

$$H(\omega) = k e^{j\varphi(\omega)}$$

因为 $\omega_0 \gg \Omega$，且在 $\omega_0 \pm \Omega$ 附近的相频特性可近似为直线，因而有

$$\varphi(\omega) = -t_d(\omega - \omega_0) + \varphi(\omega_0), \omega_0 - \Omega \leqslant \omega \leqslant \omega_0 + \Omega$$

式中，$-t_d$ 为 $\varphi(\omega)$ 在 ω_0 处的群迟延。将 $s(t)$ 表示为

$$s(t) = \frac{1}{2}A[\cos(\omega_0 + \Omega)t + \cos(\omega_0 - \Omega)t]$$

网络输出信号为

$$\begin{aligned} s_o(t) &= \frac{1}{2}Ak\{\cos[(\omega_0 + \Omega)t + \varphi(\omega_0 + \Omega)] + \cos[(\omega_0 - \Omega)t + \varphi(\omega_0 - \Omega)]\} \\ &= \frac{1}{2}Ak\{\cos[\omega_0 t + \varphi(\omega_0) + \Omega(t - t_d)] + \cos[(\omega_0 t + \varphi(\omega_0) - \Omega(t - t_d)]\} \\ &= Ak\cos\Omega(t - t_d)\cos[\omega_0 t + \varphi(\omega_0)] \end{aligned}$$

可见，网络对 $s(t)$ 的包络的迟延时间为 t_d，与网络在 ω_0 处的群迟延是相等的（人们常用这一原理来测量网络的群迟延特性）。

3.4 随参信道

3.4.1 随参信道实例

短波电离层反射信道、超短波流星余迹散射信道、超短波及微波对流层散射信道、超短波电离层散射信道、超短波超视距绕射信道以及陆地移动通信信道等属于随参信道。下面以短波电离层反射信道、微波散射信道以及陆地移动通信信道为例，说明随参信道的特点。

1. 短波电离层反射信道

频段为 3~30MHz 的无线电波为短波，短波可以沿地面传播，也可经电离层反射传播，称前者为地波，称后者为天波。由于地波损耗大，传输距离短，而天波传输距离可达几千千米甚至上万千米，所以短波通信一般用天波传输信息。

离地面距离 60~600km 的大气层为电离层。形成电离层的主要原因是太阳辐射的紫外线和 X 射线。如图 3-9 所示，电离层可分为 D、E、F_1、F_2 四层。在白天，太阳辐射强，D、E、F_1 和 F_2 四层都存在。在夜晚，太阳辐射减弱，D 层和 F_1 层几乎完全消失，只有 E 层和 F_2 层存在。D 层和 E 层电子密度小，不能形成反射条件，它们主要是吸收电磁波。F_2 层是反射层，其高度为 250~300km，一次反射的最大距离为 4000km。

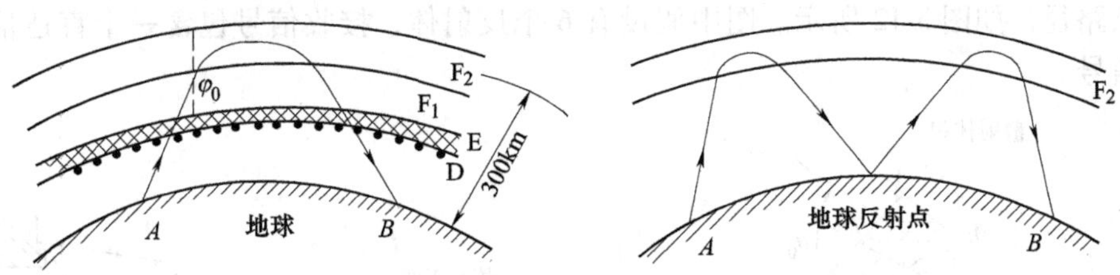

图 3-9　短波电离层反射信道

在短波电离层反射通信系统中，接收机接收到的信号是多条路径传输信号的叠加。引起多径传输的主要原因如下：

1）电磁波经电离层的一次反射和多次反射。

2）几个反射区的高度不同。

3）地球磁场引起的电磁波束分裂成寻常波与非寻常波。

4）电离层不均匀性引起的漫射现象。

以上四种情况，多径传输的示意图分别如图 3-10a~d 所示。图中 A 点为发射机，B 点为接收机。

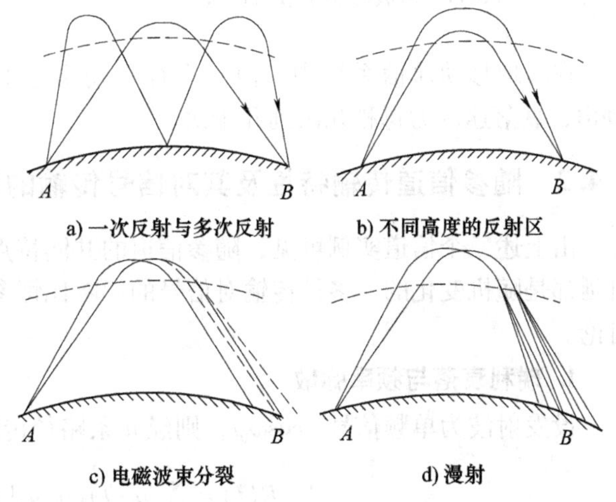

图 3-10　短波电离层反射信道的多径传输

2. 微波对流层散射信道

对流层是指地面上 10~14km 范围内的大气层。在对流层中，由大气的热对流形成许多密度较大的气团，气团的形状、大小和密度随机变化。当电磁波投射到这种不均匀气团上时，将产生感应电流。这种不均匀气团就如同一个基本偶极子一样产生二次辐射，对地面来说，这就是电磁波的散射。这种散射产生的场强很小，为了实现稳定通信，应加大发射功率，同时采用高增益天线。气团的几何尺寸必须比电波的波长大数倍，才有足够强度的散射效应，气团直径一般在 60m 以下，所以，对流层散射通信采用分米波或厘米波。

图 3-11 所示，在散射通信中，利用收发天线共同照射区 $ABCD$ 内的不均匀气团作为散

射体，若收发天线相距 300km，主波瓣为 1°，则散射体的宽度约为 140km，高度为 3km。在散射体内的每一个不均匀气团都产生二次辐射，到达接收天线的信号就是各不均匀气团辐射的合成。因此，微波散射通信存在多径传输现象。

微波散射通信的单跳距离一般为 150～400km，多为车载，架设开通方便，不受高山、湖泊阻拦，一般用于军事通信，或某些特殊紧急情况。

3. 移动通信信道

陆地移动通信系统工作在甚高频（VHF）和特高频（UHF）频段，电波传播方式包括直射波、反射波和散射波。由于移动通信的基站天线是宽波束天线，发射天线与接收天线通常不处在视距范围内，地面条件复杂，所以电波传播路径十分复杂，接收机收到的信号往往来自多条路径，如图 3-12 所示。图中假设有 6 个反射体，接收信号包含一个直达信号和 6 个反射信号。

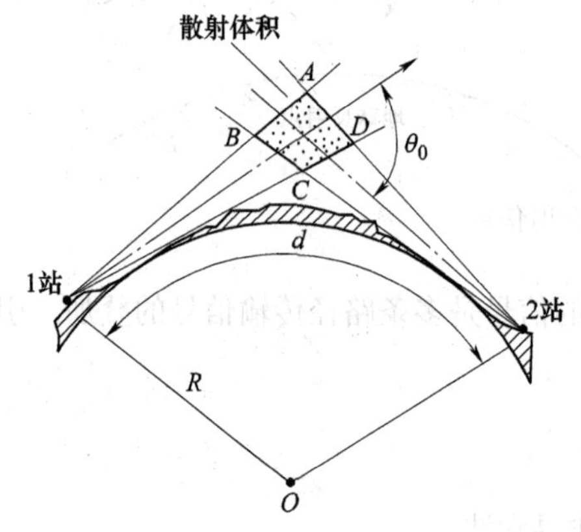

图 3-11　微波对流层散射信道

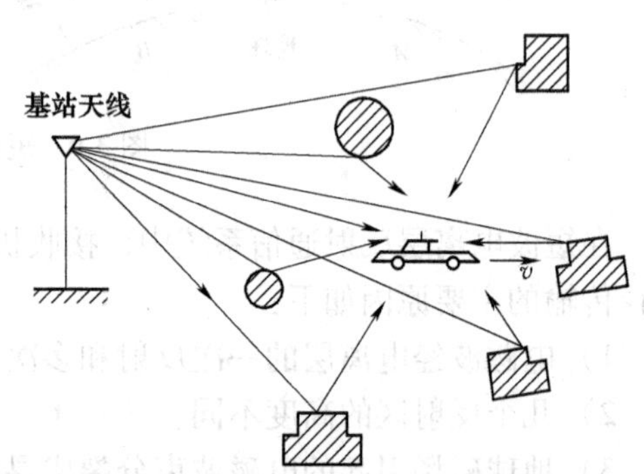

图 3-12　移动通信信道的多径传输

在陆地移动通信系统中，由于多径传输引起的接收信号幅度衰落深度最大可达 20～30dB，衰落速度为每秒几次到几十次。

3.4.2　随参信道传输特性及其对信号传输的影响

由上述三个信道实例可见，随参信道的共同特点是：多径传输且每条路径的传输损耗和时延都是随机变化的。多径传输对信号的影响比恒参信道严重得多，可从下面两个方面进行讨论。

1. 瑞利衰落与频率弥散

设发射波为单频信号 $A\cos\omega_0 t$，则经 n 条路径传输后，接收信号为

$$R(t)=\sum_{i=1}^{n}\mu_i(t)\cos\omega_0[t-\tau_i(t)]$$
$$=\sum_{i=1}^{n}\mu_i(t)\cos[\omega_0 t+\varphi_i(t)] \tag{3-9}$$

式中，$\mu_i(t)$为第 i 条路径信号的振幅；$\tau_i(t)$为第 i 条路径的传输时延；$\varphi_i(t)$为第 i 条路径信号的相位 $\varphi_i(t)=-\omega_0\tau_i(t)$。

大量观察表明，若 $\mu_i(t)$和 $\varphi_i(t)$随时间的变化速度比发射信号的瞬时值变化速度要慢得

多，即可以认为 $\mu_i(t)$ 和 $\varphi_i(t)$ 是慢变化的随机过程。

将式（3-9）变换为

$$\begin{aligned} R(t) &= \sum_{i=1}^{n}\mu_i(t)\cos\varphi_i(t)\cos\omega_0 t - \sum_{i=1}^{n}\mu_i(t)\sin\varphi_i(t)\sin\omega_0 t \\ &= X_c(t)\cos\omega_0 t - X_s(t)\sin\omega_0 t \end{aligned} \tag{3-10}$$

式中

$$\begin{cases} X_c(t) = \sum_{i=1}^{n}\mu_i(t)\cos\varphi_i(t) \\ X_s(t) = \sum_{i=1}^{n}\mu_i(t)\sin\varphi_i(t) \end{cases} \tag{3-11}$$

还可以将式（3-9）表示为

$$R(t) = V(t)\cos[\omega_0 t + \varphi(t)] \tag{3-12}$$

式中

$$\begin{cases} V(t) = \sqrt{X_c^2(t) + X_s^2(t)} \\ \varphi(t) = \arctan\dfrac{X_s(t)}{X_c(t)} \end{cases} \tag{3-13}$$

现在来考查 $V(t)$ 及 $\varphi(t)$ 的统计特性。由式（3-11）可见，在任一时刻 t_1，$X_c(t_1)$ 及 $X_s(t_1)$ 都是 n 个随机变量之和。在“和”中的每一个随机变量都是独立出现的，且具有相同的均值和方差。根据中心极限定理，当 n 充分大时（多径传输通常满足这一条件），$X_c(t_1)$ 及 $X_s(t_1)$ 为高斯随机变量。由于 t_1 是任一时刻，故 $X_c(t)$ 及 $X_s(t)$ 为高斯随机过程。由随机过程原理可知，$R(t)$ 是一个窄带高斯过程，$V(t)$ 的一维分布为瑞利分布，$\varphi(t)$ 的一维分布为均匀分布。

接收信号 $R(t)$ 的时域波形及频谱分别如图 3-13a、b 所示。

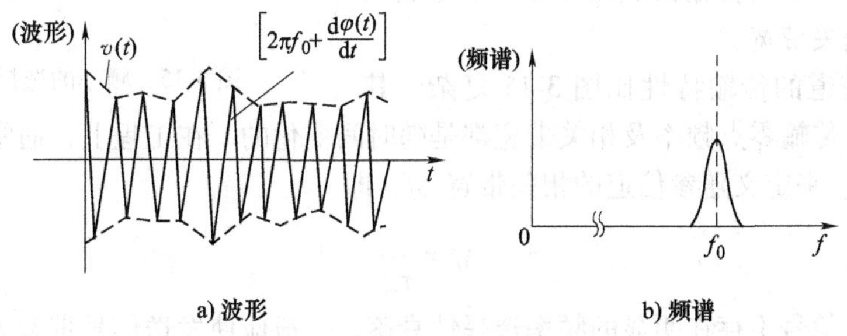

图 3-13　衰落信号的波形与频谱示意图

由上述分析可见，随参信道使振幅恒定的单一频谱信号变成了一个振幅和相位随机变化的窄带随机过程。通常称振幅的随机变化为瑞利衰落，称频谱的扩展为频率弥散。另外，振幅起伏变化的平均周期虽然比信号载波周期长得多，但在某一次信息传输过程中，人们仍可以感觉到这种衰落所造成的影响，故又称这种瑞利衰落为快衰落。

应特别说明的是，如果多径传输信号中含有功率比较大的直达信号，则接收信号的幅度分布为莱斯分布，相位分布也偏离了均匀分布。

除快衰落外，在随参信道中还存在因气象条件造成的慢衰落现象。慢衰落的变化速度比较缓慢，通常可以通过调整设备参量（如发射功率）来弥补。

2. 频率选择性衰落

当发送信号具有一定带宽时，多径传输除了使信号产生快衰落外，还会产生频率选择性衰落。为了方便分析，设多径传输的路径只有两条，信道模型如图 3-14 所示。图中，V_0 为两条路径的衰减系数，t_0 及 $t_0+\tau$ 为两条路径的时延。

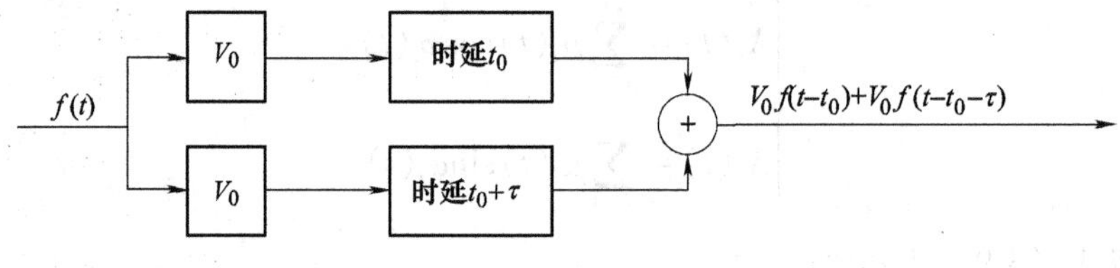

图 3-14　两径传输模型

显然，此信道的频率特性为

$$H(\omega)=V_0\mathrm{e}^{-\mathrm{j}\omega t_\mathrm{d}}(1+\mathrm{e}^{-\mathrm{j}\omega\tau})=2V_0\cos\left(\frac{\omega\tau}{2}\right)\mathrm{e}^{-\mathrm{j}\omega\left(t_0+\frac{\tau}{2}\right)} \tag{3-14}$$

幅频特性为

$$|H(\omega)|=2V_0\left|\cos\left(\frac{\omega\tau}{2}\right)\right| \tag{3-15}$$

幅频特性曲线如图 3-15 所示。

由图 3-15 可见，图 3-14 所示的随参信道对信号的衰减量与信号频率有关，称这种现象为频率选择性衰落。两径传输信道对频率为 $(2n+1)/2\tau$ 的信号衰减最大，对频率为 n/τ 的信号衰减最小。分别称 n/τ 和 $(2n+1)/2\tau$ 为传输极点频率和传输零点频率，称 $1/\tau$ 为相关带宽。

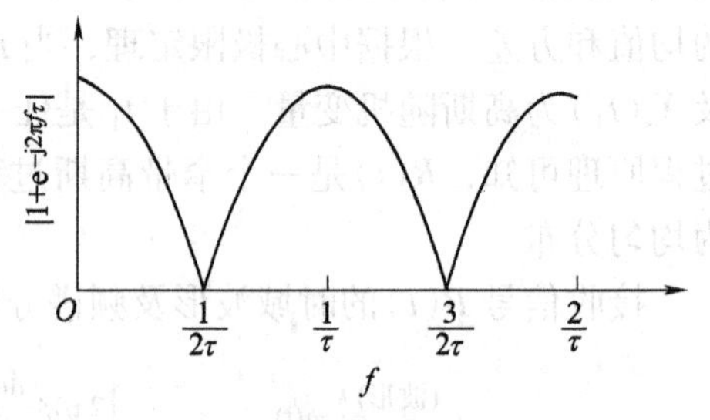

图 3-15　频率的选择性衰落

实际随参信道的传输特性比图 3-15 复杂，其传输极点频率、传输零点频率及相关带宽都是随时间变化的。在工程上，通常用各传输路径的最大时延差 τ_m 来定义随参信道的相关带宽 Δf，即

$$\Delta f=\frac{1}{\tau_\mathrm{m}} \tag{3-16}$$

为了使接收信号不存在明显的频率选择性衰落，一般应使发送信号带宽 B 满足

$$B=\left(\frac{1}{3}\sim\frac{1}{5}\right)\Delta f \tag{3-17}$$

3.5　随参信道特性的改善

当发送信号带宽满足式（3-17）时，接收信号只是无明显的频率选择性衰落，但信道的快衰落特性使接收机信号仍时强时弱，无法正确传输信息。所以，为了在随参信道中传输信

息必须对信道的衰落特性进行改善，常用的主要方法为：

1）含交织编码的差错控制技术。

2）抗衰落性能好的调制解调技术。

3）功率控制技术。

4）扩频技术。

5）分集接收技术。

快衰落使接收信号在某些时刻幅度很小，解调器输出信号中出现成片的突发误码。交织技术将成片的突发误码分散成零散的随机误码，再用纠正随机错误的差错控制技术纠正这些随机误码，从而提高可靠性。关于这方面的知识，将在本书第 9 章中做详细介绍。

线性调制信号只有一个载波，不适合在衰落信道中传输，而正交频分复用（OFDM）调制信号具有多个正交载波，且每个载波对应的数字基带信号速率比较低，已调信号带宽小，是一种比较好的抗衰落调制信号。本书不对 OFDM 做详细介绍，读者可参考有关文献。

功率控制技术可以对衰落信号进行补偿，使接收信号功率保持稳定。本书不对功率控制技术做详细介绍，读者可参考有关文献。

分集接收技术的基本思想是：用互相独立的多个信号传输同一信息，在接收端分别接收这些信号再进行合并处理，由于接收到的信号不可能同时被衰落掉，故可以正确地传输信息。

下面介绍分集技术的两个基本问题：分集方式和合并方式。

3.5.1　分集方式

同一信息可以通过不同路径、不同频率、不同时间、不同角度、不同极化等信号来传输，与此相对应的分集方式为空间分集、频率分集、时间分集、角度分集及极化分集。

空间分集用多个接收天线接收同一个信号。为了使接收到的各个信号互相独立，各接收天线之间的距离应满足

$$d \geqslant 3\lambda \tag{3-18}$$

式中，d 为各接收天线之间的距离；λ 为信号波长。

频率分集用多个载波信号传输同一信息，当载波频率间隔大于式（3-16）表示的信道相关带宽时，则接收到的多个信号的衰落是相互独立的。

时间分集将同一信息在不同的时间区间多次重发，只要各次发送信号的时间间隔足够大，则各次发送的信号具有独立的衰减特性。

天线波束指向不同，所产生的信号互不相关，角度分集就是利用此原理构成的一种分集方法。例如，在微波天线上设置若干个照射器，产生相关性很小的几个波束信号。

水平极化波和垂直极化波的相关性极小，分别接收这两个极化波而构成的分集技术为极化分集。

还可以同时使用几种分集技术构成混合分集，例如时频分集等。在微波对流层散射通信系统中使用四时四频技术可以有效地改善信道特性。四时四频分集原理可用表 3-2 说明。由表 3-2 可见，在一个四进制码元时间内，只要能正确地接收到一个载波信号，就可以判断在这一个码元内传输的是哪一种信息代码。

表 3-2　时频编码信号表

信息代码	时频编码信号			
00	f_1	f_2	f_3	f_4
01	f_2	f_3	f_4	f_1
10	f_3	f_4	f_1	f_2
11	f_4	f_1	f_2	f_3

3.5.2　合并方式

在接收端，对 n 个具有独立衰落特性的信号用合并器进行加权相加处理，合并器的输出为

$$R(t) = \sum_{i=1}^{n} K_i R_i(t) \tag{3-19}$$

式中，K_i 为第 i 个信号的加权系数。

选择不同的加权系数，就可构成不同的合并方式。常用的合并方式有三种，即选择式合并、等增益合并和最大比值合并。

1）选择式合并：选择式合并器的输出信号为 n 路信号中信噪比最大的那一路。

2）等增益合并：当式（3-19）中的加权系数 $K_1=K_2=\cdots=K_n$ 时，为等增益合并。

3）最大比值合并：当式（3-19）中的 K_i 与第 i 个接收信号的信噪比成正比时，为最大比值合并。

在这三种合并方式中，最大比值合并的性能最好，选择式合并的性能最差。

3.6　信道加性噪声

一个设计合理的通信系统，应不存在乘性噪声，但信道加性噪声总是存在，它叠加在信号上，影响通信的可靠性。我们的任务是设计和制造抗噪声性能好的通信系统，以尽可能高的可靠性传输信息，为此，必须了解信道加性噪声的来源及其时域特性和频域特性。

一般将加性噪声简称为噪声，本书中若无特殊说明，“噪声”一词泛指加性噪声。

3.6.1　噪声来源及分类

噪声可以来源于人类活动、自然界和设备内部，分别称为人为噪声、自然噪声及内部噪声。人为噪声包括工业噪声和无线电噪声。工业噪声来源于人们使用的各种电气设备，无线电噪声来源于无线电发射机。自然噪声由自然界存在的电磁波源产生，如闪电、磁暴、太阳黑子、银河系噪声及其他各种宇宙噪声等。内部噪声是信道设备本身产生的各种噪声，如电阻等导体中自由电子热运动产生的热噪声、真空管中电子的起伏发射和半导体载流子的起伏变化产生的散弹噪声及电源噪声等。

根据噪声的波形特点或频谱特点，可将噪声分为单频噪声、脉冲噪声和起伏噪声。

单频噪声主要是无线电干扰，是一种连续干扰，可能是单一频率干扰信号，也可能是窄带频谱干扰信号。

脉冲噪声在时域上是一种无规则的突发脉冲波形，其频谱很宽。工业干扰中的电火花、汽车点火、雷电等都可以产生脉冲噪声。

起伏噪声是一种连续波随机噪声，包括热噪声、散弹噪声和宇宙噪声。起伏噪声具有很宽的频带。

单频噪声并不是在所有的通信系统中都存在，而且可以采用一些特殊的措施（如扩频技术）克服这种噪声的影响，因此在分析通信系统的抗噪性能时，不考虑单频噪声。

脉冲噪声可使数字通信系统产生成片的突发误码，但一般用含有交织编码的差错控制技术减轻脉冲噪声的危害，所以也不研究脉冲对可靠性的影响。

起伏噪声的频谱宽且始终存在，它是影响通信系统可靠性的主要因素，如第 1 章所述，在模拟通信系统中用解调器输出信噪比来衡量可靠性，而数字通信系统中用误码率或误信率来描述可靠性。这两个指标都与接收机的输入信噪比有关。输入信噪比越大，接收机输出的模拟信号的信噪比越大，输出的数字信号的误码率越小。它们之间的关系特点将在第 4 章、第 5 章及第 7 章中详细分析。另外，起伏噪声还会引起接收机同步器提取的载波同步信号及位同步信号的相位产生随机抖动。这种抖动也会降低通信系统的可靠性，也将在上述 3 章中介绍。

基于上述原因，在以后各章分析通信系统的抗噪性能时，仅考虑起伏噪声。

3.6.2　起伏噪声的统计特性

分析表示，起伏噪声具有以下统计特性：

1）瞬时幅度服从高斯分布且均值为 0。

2）功率谱密度在很宽的频率范围内是平坦的。

由于起伏噪声是加性噪声，又具有上述统计特性，所以常称为加性高斯白噪声（AWGN）简称为高斯白噪声。

起伏噪声的一维概率密度函数为

$$f_{\mathrm{n}}(x)=\frac{1}{\sqrt{2\pi}\sigma_{\mathrm{n}}}\exp\left(-\frac{x^2}{2\sigma_{\mathrm{n}}^2}\right) \tag{3-20}$$

式中，σ_{n}^2 为起伏噪声的功率。

起伏噪声的双边功率谱密度为

$$P_{\mathrm{n}}(f)=\frac{n_0}{2}(\mathrm{W/Hz}) \tag{3-21}$$

应特别说明的是，严格意义上的白噪声的频带是无限宽的，这种噪声是不存在的。起伏噪声的频率范围虽然包含了毫米波在内的所有频段，但其频率范围是仍有限的，因而其功率也是有限的，它不是严格意义上的白噪声。

3.6.3　等效噪声带宽

为了减少信道加性噪声的影响，在接收机的输入端常用一个滤波器滤除带外噪声。在带通通信系统中，这个滤波器为带通滤波器，滤波器的输出噪声不再是白噪声，而是一个带通型噪声。为了分析接收机的抗噪性能指标，必须给出这个带通型噪声的统计特性。为此，引入等效噪声带宽这一概念。

如图 3-16 所示，带通型噪声的功率谱密度一般为平滑滚降形状，等效噪声带宽 B_n 的定义为

$$B_n = \frac{\int_0^{\infty} P_n(f)\,df}{P_n(f_0)} \tag{3-22}$$

式中，f_0 为带通滤波器的中心频率。

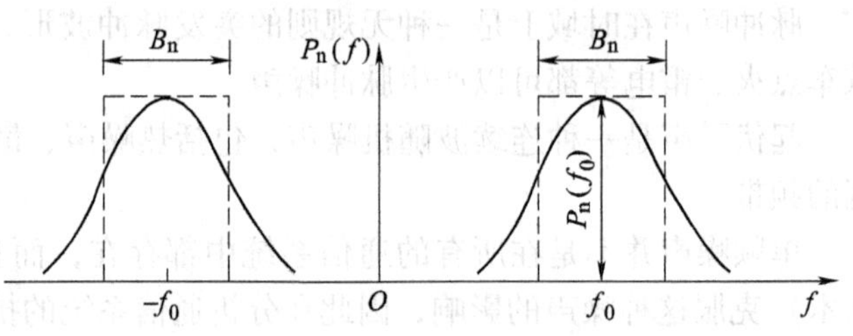

图 3-16　带通型噪声的等效噪声带宽

等效噪声带宽 B_n 的物理意义是：若假设带通滤波器是一个宽度为 B_n 的理想矩形，则它输出噪声的功率与实际带通滤波器输出噪声的功率相等。

分析抗噪性能时，一般假设接收机输入端的带通滤波器为一个理想矩形，这个理想矩形的带宽等于等效噪声带宽。当滤波器中心频率远大于理想矩形带宽时（在通信系统中，这个条件通常可以满足），滤波器输出噪声是一个窄带白噪声。

在第 2 章中，给出了窄带白噪声及正弦波加窄带白噪声这两个随机过程的统计特性，这些统计特性常被用来分析通信系统的抗噪性能。

3.7　信道容量

信道容量是信道能够无差错传输的最大信息速率。如前所述，可将信道分为离散信道（编码信道）和连续信道（调制信道）。由于离散信道包含了调制信道，所以离散信道的信道容量与连续信道的信道容量是相同的，但它们的计算方法不相同。本节只介绍工程中常用的连续信道的信道容量计算方法并加以讨论。

连续信道的信道容量可以用式（3-23）计算：

$$C = B\log_2\left(1 + \frac{S}{N}\right)\ (\text{bit/s}) \tag{3-23}$$

式中，C 为信道容量；B 为信道带宽；S 为信道输出的信号功率；N 为噪声功率；S/N 为信道输出信噪比，即接收机输入信噪比。

由于 $N=n_0B$，n_0 为噪声单边功率谱密度，所以可将式（3-23）表示为

$$C = B\log_2\left(1 + \frac{S}{n_0B}\right)\quad (\text{bit/s}) \tag{3-24}$$

由于连续信道的信道容量计算公式是由香农（Shannon）提出的，故称式（3-23）及式（3-24）为香农信道容量公式，简称为香农公式。常称 C、B 及 n_0 为香农公式的三要素。

香农公式是在高斯信号及高斯白噪声信道的条件下推导出来的，它告诉我们以下重要结论：

1）信道容量随信噪比增大而增大，当信噪比为无穷大（信号功率为无限大或噪声功率谱密度为 0）时，信道容量为无穷大。

2）信道容量随信道带宽增大而增大，但增大信道带宽并不能无限地使信道容量增大。由式（3-24）可得，当信道带宽趋于无穷大时，信道容量的极限值为

$$\lim_{B\to\infty} C = \lim_{B\to\infty} B\log_2\left(1+\frac{S}{n_0B}\right) = \frac{S}{n_0}\lim_{B\to\infty}\frac{n_0B}{S}\log_2\left(1+\frac{S}{n_0B}\right)$$

$$= \frac{S}{n_0}\log_2 e = 1.44\frac{S}{n_0}$$

3）信息容量一定时，带宽与信噪比可以互换。当信噪比比较大时，可以用较小的信道带宽传输信息，此为用信噪比换取带宽。多进制基带通信系统及多进制线性调制系统就是这一原则的具体体现。反之，当信噪比比较小时，则可以用增大信道带宽的方法确保信息的正确传输。这就是用带宽换取信噪比，扩频通信属于这一类通信系统。

应特别强调的是，从事工程设计的技术人员可以采用各种措施，使无错误传输的信息速率尽可能接近于信道容量，但不可能等于或大于信道容量。

通常称信道容量为信息传输速率的极限值，将实现了极限传输速率且无差错（或差错趋于 0）的通信系统，称为理想通信系统。

可以将香农公式画成图 3-17 和图 3-18 所示的曲线。图 3-17 表示归一化信道容量与信噪比的关系。该曲线表示实际通信系统所能达到的频带利用率极限，曲线下部是实际通信系统所能达到的区域，而上部区域则是不可实现的。图 3-18 表示归一化信道带宽与信噪比之间的关系，它表明了带宽与信噪比的互换关系，曲线上部为实际通信系统能达到的区域，下部则是不可实现的区域。

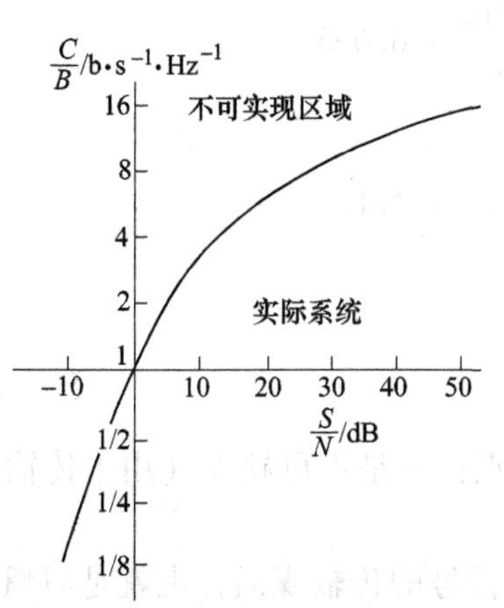

图 3-17　归一化信道容量与信噪比

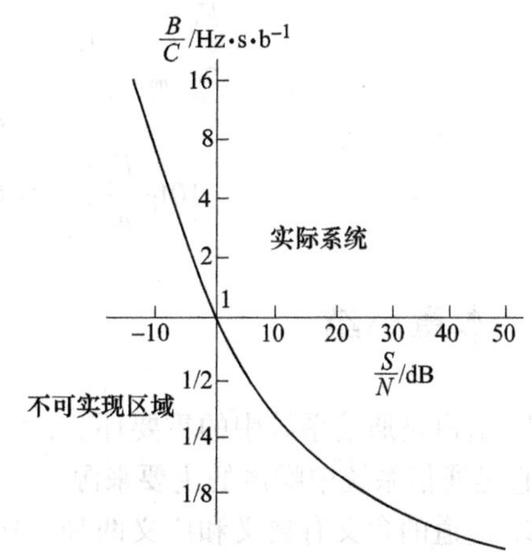

图 3-18　归一化信道带宽与信噪比

【例 3-2】 黑白电视图像每帧含有 3×10^5 个像素，每个像素有 16 个等概率出现的亮度等级。要求每秒钟传输 30 帧图像。若信道输出信噪比 $S/N=30\text{dB}$，计算传输该黑白电视图像所要求的最小信道带宽。

解　每个像素携带的平均信息量为

$$H(x) = \log_2 16\text{bit/符号} = 4\text{bit/符号}$$

一帧图像的平均信息量为

$$I = 4\times3\times10^5\text{bit} = 12\times10^5\text{bit}$$

每秒钟传输 30 帧图像时的信息速率为

$$R_\text{b} = 12\times10^5\times30\text{bit/s} = 36\text{Mbit/s}$$

令
$$R_b = C = B\log_2\left(1+\frac{S}{N}\right)$$

得
$$B = \frac{R_b}{\log_2\left(1+\frac{S}{N}\right)} = \frac{36}{\log_2 1001}\text{MHz} = 3.61\text{MHz}$$

即传输该黑白电视图像所要求的最小信道带宽为 3. 61MHz。

【例 3-3】 设数字信号的每比特能量为 E_b，信道噪声的双边功率谱密度为 $n_0/2$，试证明：信道无错误传输的信噪比 E_b/n_0 的最小值为-1. 6dB。

证明 信号功率为 $S = E_b R_b$

噪声功率为 $N = n_0 B$

令 $C=R_b$，得

$$C = B\log_2\left(1+\frac{S}{N}\right) = B\log_2\left(1+\frac{E_b}{n_0}\cdot\frac{C}{B}\right)$$

$$\frac{E_b}{n_0} = \frac{2^{\frac{C}{B}}-1}{C/B}$$

当 $B\to\infty$ 时，$\frac{E_b}{n_0}$最小，即

$$\left.\frac{E_b}{n_0}\right|_{\min} = \lim_{\frac{C}{B}\to 0}\frac{2^{\frac{C}{B}}-1}{\frac{C}{B}} = \lim_{\frac{C}{B}\to 0}\frac{2^{\frac{C}{B}}\ln 2}{1} = 0.693$$

$$10\lg\left.\frac{E_b}{n_0}\right|_{\min} = 10\lg 0.693\text{dB} = -1.6\text{dB}$$

3. 8 本章小结

1. 信道是通信系统中的重要环节，它具有两大特点：一是不可缺少（用于传输信息）；二是它是通信系统中噪声的主要来源。

2. 信道的含义有狭义和广义两种。狭义信道是指信号的传输媒质，也就是习惯上说的信道。按照传输方式，狭义信道可分为有线信道和无线信道两种。有线信道原意是有导线（金属线），但后来把光纤也包括在内。无线信道是指用无线电波（电磁波）通过自由空间来传输。按照传输媒质的参数特点，狭义信道可分为恒参信道和随参信道两种。恒参信道是指信道传输参数恒定（时不变）的信道，有线信道和微波中继、卫星中继等信道属于此。随参信道是指信道传输参数随时间随机变化（时变）的信道，短波电离层反射信道和超短波/微波对流层散射信道属于此。

3. 广义信道是指从消息传输观点出发，把信道范围加以扩大后定义的信道。它除了包含狭义信道外，还包含了通信系统中的某些其他环节。其意义在于：采用广义信道后，只需关注其结果（信号经由广义信道传输后的结果），而不必关心其过程（广义信道内部究竟发生过哪些频率变换过程，增益如何变化等），从而使通信系统模型及其分析大为简化。一般来说，广义信道有调制信道和编码信道两种。调制信道范围是从调制器输出端到解调器输入

端，其内部传输的是已调信号；它是一种模拟信道，可等效为线性时变网络。编码信道范围是从编码器输出端到译码器输入端，其内部传输的是已编码信号；它是一种数字信道，可用转移概率描述。

4. 恒参信道是指传输参数恒定（或变化缓慢）的信道，它可以等效为线性时不变网络，从而可采用线性系统分析的方法来进行分析。在理想的恒参信道中，其幅频特性应是水平直线，相频特性应是直线（或群延迟特性为水平直线）。“理想”是指不会引起任何线性失真（由于讨论的是线性系统，因此不会有任何非线性失真）。在实际恒参信道中，由于电感、电容元件或参数的存在，导致传输参数（特性）与频率有关，就会出现频率失真。由于这些失真是由线性元件引起的，故又称线性失真。在通信系统设计时，可采用精心设计或均衡技术来减少线性失真。

5. 随参信道是指传输参数随时间变化（且是随机变化）的信道。由于传输参数时变，从而导致传输信号振幅（由于衰耗）时变，传输信号相位（由于时延）时变。一个等幅正弦波这样的确知信号经由随参信道后，会变成为随机调幅、调相的随机信号，从而包络衰落，频率弥散。而在进一步考虑多径效应后，又会出现频率选择性衰落。可归结如下：

- 信道
  - 衰落
    - 快衰落
      - 包络的瑞利型衰落
      - 频率选择性衰落
    - 慢衰落（传输媒质随年月日而变）
  - 频率弥散

在随参信道中，可采用分集技术来对抗衰落。分集技术的核心是“分散接收，集中利用”。只要分散接收到的几个信号相互统计独立，它们不会“同步”衰落，从而可有效地对抗衰落。

6. 加性噪声是以相加方式（与信号相加）出现的噪声。起伏噪声是加性噪声的典型代表，其一般特点是：在时域、频域均普遍存在，且不可避免。起伏噪声主要包括热噪声、散弹噪声和宇宙噪声，它们均是高斯白噪声。在通信系统模型中，加性噪声在信道中集中表示，它是通信系统各处出现噪声的等效。

在进行通信系统分析时，信道中加入的是加性高斯白噪声，然后经过接收端带通滤波器后就成为加性高斯窄带噪声。设它的功率谱密度为 $P_n(\omega)$，则解调器输入端（带通滤波器输出端）的噪声功率 N_i 为

$$N_i = \int_{-\infty}^{\infty} P_n(f)\,\mathrm{d}f$$

带通型噪声的功率谱密度一般为平滑滚降形状，等效噪声带宽 B_n 的定义为

$$B_n = \frac{\int_0^{\infty} P_n(f)\,\mathrm{d}f}{P_n(f_0)}$$

当引入等效噪声带宽 B_n 时，N_i 则为

$$N_i = 2P_n(f_0)B_n$$

7. 信道容量是信道得以无差错传输时的信息速率的最大值。这里需注意三点。一是条件：无差错传输；二是信道容量是指信息速率，因为单位是 bit/s；三是它是最大值，从而是理论极限，或是理想系统指标，实际系统不能超过。

香农公式

$$C = B\log_2\left(1 + \frac{S}{N}\right)$$

是连续信道的信道容量，其条件是：信号为高斯分布，噪声为加性高斯白噪声。香农公式指出了理论极限的存在，未能指明实现途径（具体方式），但人们仍由它得益匪浅：一是作为努力接近的方向，二是得出“带宽换信噪比”的结论。

3.9　思考题与习题

一、思考题

1. 什么是调制信道？什么是编码信道？

2. 什么是恒参信道？什么是随参信道？目前常见的信道中，哪些属于恒参信道？哪些属于随参信道？

3. 信号在恒参信道中传输时主要有哪些失真？如何才能减小这些失真？

4. 什么是群迟延频率特性？它与相位频率特性有何关系？

5. 随参信道的特点如何？为什么信号在随参信道中传输时会发生衰落现象？

6. 信道中常见的起伏噪声有哪些？它们的主要特点是什么？

7. 信道容量是如何定义的？连续信道容量和离散信道容量的定义有何区别？

8. 香农公式有何意义？信道容量与“三要素”的关系如何？

二、选择题

1. （　　）中传输信号时会产生选择性衰落。

A. 恒参信道　B. 随参信道　C. 有线信道　D. 光纤信道

2. （　　）信道为随参信道。

A. 双绞线　B. 同轴电缆　C. 短波电离层反射　D. 中、长波传播

3. 群时延-频率特性是指相位-频率特性的（　　）。

A. 导数　B. 积分　C. 卷积　D. 相乘

4. 电阻一类的导体中自由电子的热运动引起的噪声称为（　　）。

A. 热噪声　B. 量化噪声　C. 散弹噪声　D. 窄带高斯噪声

5. （　　）属于高斯白噪声。

A. 热噪声　B. 窄带噪声　C. 量化噪声　D. 人为噪声

6. 信道容量一定时，（　　）可以互换。

A. 带宽与传信率　B. 信噪比与传信率　C. 带宽与误码率　D. 带宽与信噪比

三、填空题

1. 为了研究信道特性，调制信道用____来表示，编码信道用____来表示。

2. 为便于对通信系统进行分析，常采用广义信道，对模拟通信从研究____角度出发，定义为____信道；对数字通信，从研究____角度出发，定义为____信道。

3. 在随参信道中，由____引起信号的变化称为慢衰落，由____引起信号的变化称为快衰落。

4. 恒参信道可用一个线性非时变网络表示，其传输特性可用____和____来表示。

5. 热噪声、散弹噪声及宇宙噪声都属于____噪声。

6. 一般把既服从高斯分布，功率谱密度又是均匀分布的噪声称为____。

7. 根据香农信道容量公式，信道频带宽度可以和____互换，无限增加信道带宽，____（能否）增大信道容量。

8. 在高斯信道中，当传输系统的信噪比下降时，为保持信道容量不变，可以采用____的方法，这是基

于____理论得出的。

9. 已知信号为 $f(t)=A\sin 200t\cos(2000t+\varphi)$，其功率为____。

10. 已知信号为 $f(t)=2\sin 50t\cos 100t$，其频谱 $F(\omega)=$____。

11. 根据信道容量公式计算，当 $S/N\gg 1$ 时，$B=10\text{MHz}$，设微波数据传输的发射机的发射功率增加 3dB，在一定时间内，该线路信道的容量为____。

12. 某个加性白色高斯信道传输带宽为 5kHz，$S/N=30\text{dB}$，该信道的最高信息传输速率为____，若信道传输带宽提高到 10kHz，而信息传输速率不变，则允许最低信噪比为____dB。

四、计算题

1. 一信号波形 $s(t)=A\cos\Omega t\cos\omega_0 t$，通过衰减为固定常数、存在相移的网络。试证明：若$\omega_0\gg\Omega$ 且$\omega_0\pm\Omega$附近的相频特性曲线可近似为线性，则网络在ω_0处的群迟延等于它对 $s(t)$的包络的迟延。

2. 设某随参信道的最大多径时延等于 3ms，为了避免发生频率选择性衰落，试估算在该信道上传输的数字信号的码元脉冲宽度。

3. 设高斯信道的带宽为 4kHz，信号与噪声的功率比为 63，试确定利用这种信道的理想通信系统之传信率和差错率。

4. 黑白电视图像每帧含有 3×10^5 个像素，每个像素有 16 个等概率出现的亮度等级。要求每秒钟传输 30 帧图像。若信道输出 $S/N=30\text{dB}$，计算传输该黑白电视图像所要求的信道的最小带宽。

5. 设数字信号的每比特信号能量为E_b，信道噪声的双边功率谱密度为$n_0/2$，试证明：信道无差错传输的信噪比E_b/n_0的最小值为-1.6dB。

6. 计算机终端通过电话信道传输计算机数据，电话信道带宽为 3.4kHz，信道输出的信噪比 $S/N=20\text{dB}$。该终端输出 128 个符号，各符号相互统计独立、等概率出现。

（1）计算信道容量。

（2）求无误码传输的最高符号速率。

7. 已知电话信道的带宽为 3.4kHz，试求：

（1）接收信噪比 $S/N=30\text{dB}$ 时的信道容量。

（2）若要求该信道能传输 4800bit/s 的数据，则要求接收端最小信噪比 S/N 为多少 dB？

8. 已知彩色电视图像由 5×10^5 个像素组成。设每个像素有 64 种彩色度，每种彩色度有 16 个亮度等级。如果所有彩色度和亮度等级的组合机会均等，并统计独立。

（1）试计算每秒传送 100 个画面所需要的信道容量。

（2）如果接收信噪比为 30dB，为了传送彩色图像所需信道带宽为多少？

五、练习题

1. 设两个恒参信道的传输特性为：$H(\omega)=k_0e^{-j\omega t_0}$，$H(\omega)=(1+\cos\omega T_0)e^{-j\omega t_0}$。式中，$k_0$，$T_0$，$t_0$为常数。

（1）试确定信号 $S(t)$通过该两个信道后输出信号的时域表达式。

（2）讨论有无失真。

2. 假定随参信道为 3 条路径传播，幅度衰落相同，3 条时延一次为τ_1，τ_2 和τ_3。试求该信道的传递函数，并进行讨论。

3. 若两个电阻的阻值都为 1000Ω，它们的温度分别为 300K 和 400K，试求这两个电阻串联后的噪声功率谱密度。

第 4 章　模拟调制系统

本章概述： 基带信号具有较低的频率分量，不宜通过无线信道传输。因此，在通信系统的发送端需要由一个载波来运载基带信号，也就是使载波信号的某一个（或几个）参量随基带信号改变，这一过程称为（载波）调制。在通信系统的接收端则需要有解调过程。

调制的实质是频谱搬移，其作用和目的是：将调制信号（基带信号）转换成适合于信道传输的已调信号（频带信号）；实现信道的多路复用，提高信道利用率；减小干扰，提高系统的抗干扰能力；实现传输带宽与信噪比之间的互换。因此，调制对通信系统的有效性和可靠性有很大的影响。采用什么方式进行调制与解调将直接影响通信系统的性能。

调制方式很多，根据调制信号的形式可分为模拟调制和数字调制；根据载波的选择可分为以正弦波作为载波的连续波调制和以脉冲串作为载波的脉冲调制。

知识点：

1. 了解用取值连续的调制信号去控制正弦载波参数（振幅、频率和相位）的模拟调制（分为幅度调制和角度调制）。
2. 重点掌握各种已调信号的时域波形和频谱结构。
3. 重点掌握调制和解调的原理及系统的抗噪声性能。

4.1　幅度调制（线性调制）的原理

幅度调制是用调制信号去控制高频载波的振幅，使其按调制信号的规律而变化的过程。幅度调制器的一般模型如图 4-1 所示。

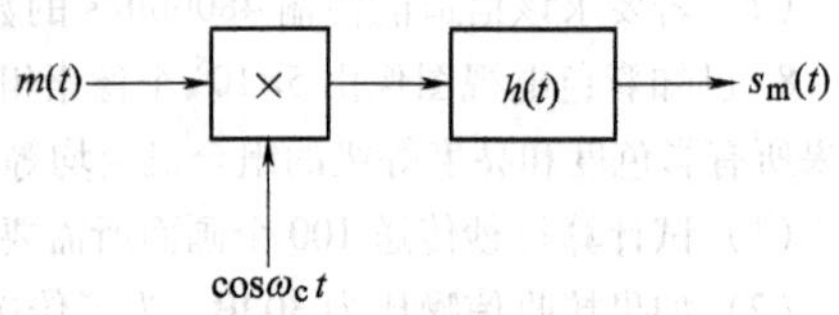

图 4-1　幅度调制器的一般模型

设调制信号 $m(t)$ 的频谱为 $M(\omega)$，冲激响应为 $h(t)$ 的滤波器特性为 $H(\omega)$，则该模型输出已调信号的时域和频域一般表示式为

$$s_{\mathrm{m}}(t) = [m(t)\cos\omega_{\mathrm{c}}t] * h(t) \tag{4-1}$$

$$S_{\mathrm{m}}(\omega) = \frac{1}{2}[M(\omega + \omega_{\mathrm{c}}) + M(\omega - \omega_{\mathrm{c}})]H(\omega) \tag{4-2}$$

式中，ω_{c} 为载波角频率；$H(\omega) \Leftrightarrow h(t)$。

由式（4-1）和式（4-2）可见，对于幅度调制信号，在波形上，它的幅度随基带信号规律而变化；在频谱结构上，它的频谱完全是基带信号频谱结构在频域内的简单搬移（精确到常数因子）。由于这种搬移是线性的，因此幅度调制通常又称为线性调制。

图 4-1 之所以称为调制器的一般模型，是因为在该模型中，适当选择滤波器的特性 $H(\omega)$，便可以得到各种幅度调制信号，例如调幅、双边带、单边带及残留边带信号等。

4.1.1　调幅（AM）

在图 4-1 中，假设 $h(t)=\delta(t)$，即滤波器($H(\omega)=1$)为全通网络，调制信号 $m(t)$ 叠加直流 A_0 后与载波相乘（见图 4-2），就可形成调幅（AM）信号，其时域和频域表示式分别为

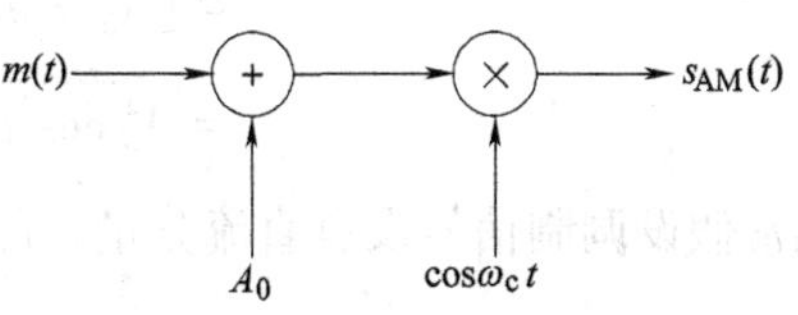

图 4-2　AM 调制器模型

$$s_{AM}(t) = [A_0 + m(t)]\cos\omega_c t = A_0\cos\omega_c t + m(t)\cos\omega_c t \tag{4-3}$$

$$S_{AM}(\omega) = \pi A_0[\delta(\omega + \omega_c) + \delta(\omega - \omega_c)] + \frac{1}{2}[M(\omega + \omega_c) + M(\omega - \omega_c)] \tag{4-4}$$

式中，A_0 为外加的直流分量；$m(t)$ 可以是确知信号，也可以是随机信号（此时，已调信号的频域表示必须用功率谱描述），但通常认为其平均值 $\overline{m(t)} = 0$。其波形和频谱如图 4-3 所示。

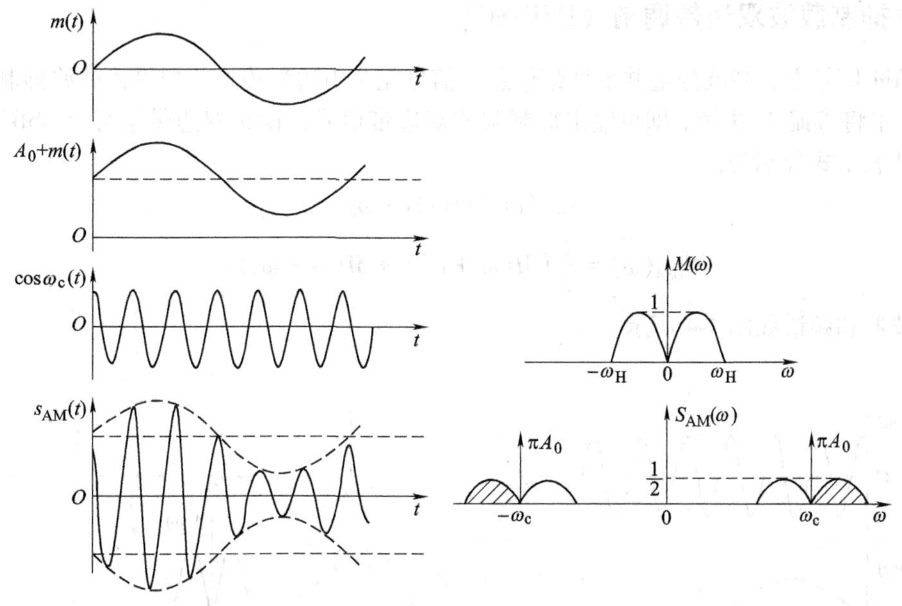

图 4-3　AM 信号的波形和频谱

由图 4-3 所示时间波形可知，当满足条件 $|m(t)|_{max} \leqslant A_0$ 时，AM 信号的包络与调制信号成正比，所以用包络检波的方法很容易恢复出原始的调制信号，否则，将会出现过调幅现象而产生包络失真。这时不能用包络检波器进行解调，为保证无失真解调，可以采用同步检波器。

由图 4-3 的频谱图可知，AM 信号的频谱 $S_{AM}(\omega)$ 由载频分量和上、下两个边带组成，上边带的频谱结构与原调制信号的频谱结构相同，下边带是上边带的镜像。因此，AM 信号是带有载波的双边带信号，它的带宽是基带信号带宽 f_H 的两倍，即 $B_{AM}=2f_H$。

AM 信号在 1Ω 电阻上的平均功率应等于 $s_{AM}(t)$ 的均方值。当 $m(t)$ 为确知信号时，$s_{AM}(t)$ 的均方值即为其二次方的时间平均值，即

$$
\begin{aligned}
P_{AM} &= \overline{s_{AM}^2(t)} \\
&= \overline{[A_0 + m(t)]^2 \cos^2\omega_c t} \\
&= \overline{A_0^2 \cos^2\omega_c t} + \overline{m^2(t) \cos^2\omega_c t} + \overline{2A_0 m(t) \cos^2\omega_c t}
\end{aligned}
$$

通常假设调制信号没有直流分量，即$\overline{m(t)}=0$，因此

$$P_{AM} = \frac{A_0^2}{2} + \frac{\overline{m^2(t)}}{2} = P_c + P_s \tag{4-5}$$

式中，P_c 为载波功率，$P_c=A_0^2/2$；P_s 为边带功率，$P_s=\overline{m^2(t)}/2$。

由此可见，AM 信号的总功率包括载波功率和边带功率两部分。只有边带功率才与调制信号有关。也就是说，载波分量不携带信息。即使在“满调幅”（$|m(t)|_{max}=A_0$ 时，也称100%调制）条件下，载波分量仍占据大部分功率，而含有用信息的两个边带占有的功率较小。因此，从功率上讲，AM 信号的功率利用率比较低。

4.1.2　抑制载波双边带调制（DSB-SC）

在 AM 信号中，载波分量并不携带信息，信息完全由边带传送。如果将载波抑制，只需在图 4-2 中将直流 A_0 去掉，即可输出抑制载波双边带信号，简称双边带信号（DSB）。其时域和频域表示式分别为

$$s_{DSB}(t) = m(t)\cos\omega_c t \tag{4-6}$$

$$S_{DSB}(\omega) = \frac{1}{2}[M(\omega+\omega_c) + M(\omega-\omega_c)] \tag{4-7}$$

其波形和频谱如图 4-4 所示。

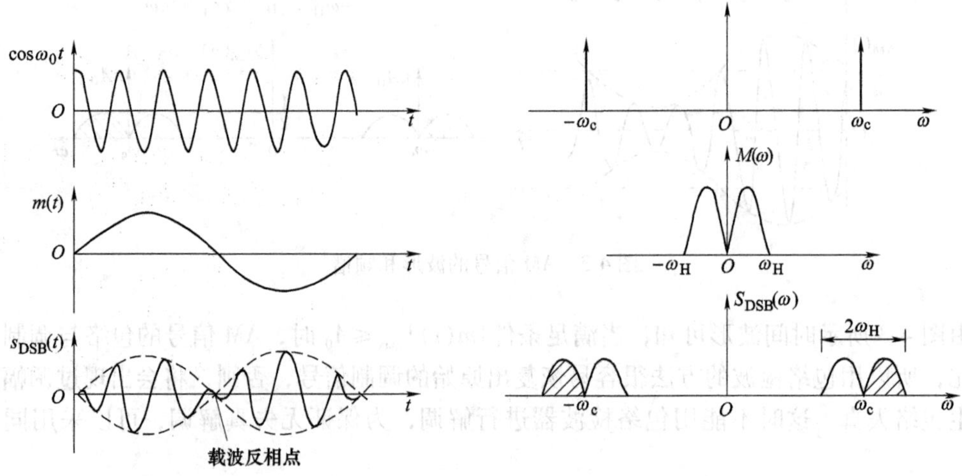

图 4-4　DSB 信号的波形和频谱

由时间波形可知，DSB 信号的包络不再与调制信号的变化规律一致，因而不能采用简单的包络检波来恢复调制信号，需采用相干解调（同步检波）。另外，在调制信号 $m(t)$ 的过零点处，高频载波相位有 180°的突变。

由频谱图可知，DSB 信号虽然节省了载波功率，提高了功率利用率，但它的频带宽度仍是调制信号带宽的两倍，与 AM 信号带宽相同。由于 DSB 信号的上、下两个边带是完全对称的，它们都携带了调制信号的全部信息，因此仅传输其中一个边带即可，这就是单边带调制能解决的问题。

4.1.3　单边带调制（SSB）

DSB 信号包含有两个边带，即上、下边带。由于这两个边带包含的信息相同，因而，从信息传输的角度来考虑，传输一个边带就够了。这种只传输一个边带的通信方式称为单边带通信。单边带信号的产生方法通常有滤波法和相移法。

1. 用滤波法形成单边带信号

产生 SSB 信号最直观的方法是让双边带信号通过一个边带滤波器，保留所需要的一个边带，滤除不要的边带。这只需将图 4-1 中的形成滤波器 $H(\omega)$ 设计成如图 4-5 所示的理想低通特性 $H_{LSB}(\omega)$ 或理想高通特性 $H_{USB}(\omega)$，就可分别取出下边带信号频谱 $S_{LSB}(\omega)$ 或上边带信号频谱 $S_{USB}(\omega)$，如图 4-6 所示。

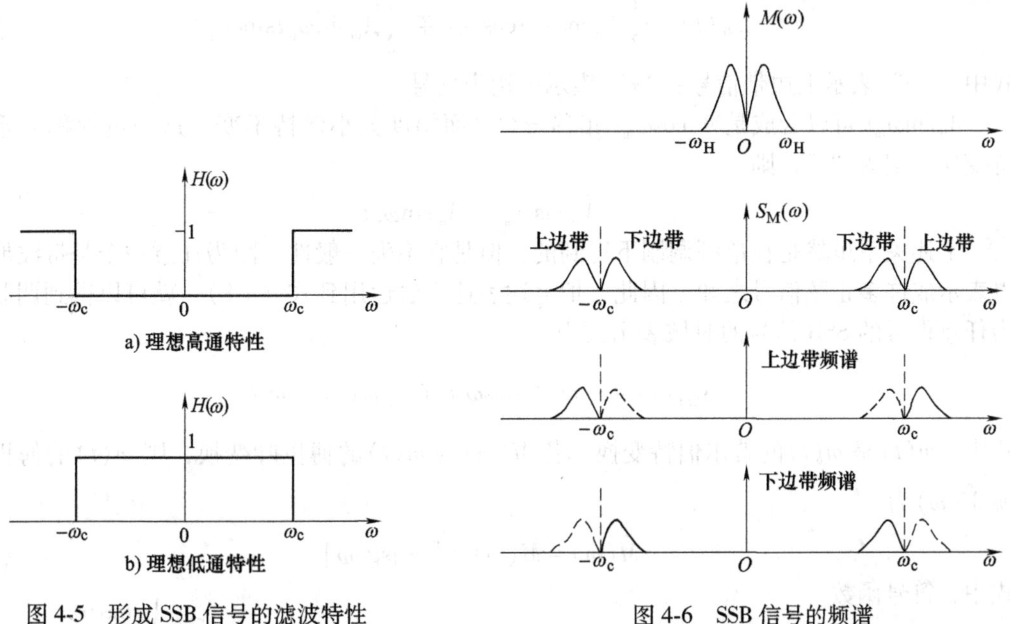

图 4-5　形成 SSB 信号的滤波特性

图 4-6　SSB 信号的频谱

用滤波法形成 SSB 信号的技术难点是，由于一般调制信号都具有丰富的低频成分，经调制后得到的 DSB 信号的上、下边带之间的间隔很窄，这就要求单边带滤波器在 f_c 附近具有陡峭的截止特性，才能有效地抑制无用的一个边带。这就使滤波器的设计和制作很困难，有时甚至难以实现。为此，在工程中往往采用多级调制滤波的方法。

2. 用相移法形成单边带信号

SSB 信号的时域表示式的推导比较困难，一般需借助希尔伯特变换来表述。但可以从简单的单频调制出发，得到 SSB 信号的时域表示式，然后再推广到一般表示式。

设单频调制信号为 $m(t)=A_m\cos\omega_m t$，载波为 $c(t)=\cos\omega_c t$，两者相乘得 DSB 信号的时域表示式为

$$s_{DSB}(t) = A_m\cos\omega_m t\cos\omega_c t$$
$$= \frac{1}{2}A_m\cos(\omega_c + \omega_m)t + \frac{1}{2}A_m\cos(\omega_c - \omega_m)t$$

保留上边带，则

$$s_{USB}(t) = \frac{1}{2}A_m\cos(\omega_c + \omega_m)t$$
$$= \frac{1}{2}A_m\cos\omega_m t\cos\omega_c t - \frac{1}{2}A_m\sin\omega_m t\sin\omega_c t$$

保留下边带，则

$$s_{LSB}(t) = \frac{1}{2}A_m\cos(\omega_c - \omega_m)t$$
$$= \frac{1}{2}A_m\cos\omega_m t\cos\omega_c t + \frac{1}{2}A_m\sin\omega_m t\sin\omega_c t$$

把上、下边带合并起来可以写成

$$s_{SSB}(t) = \frac{1}{2}A_m\cos\omega_m t\cos\omega_c t \mp \frac{1}{2}A_m\sin\omega_m t\sin\omega_c t \tag{4-8}$$

式中，“-”表示上边带信号；“+”表示下边带信号。

$A_m\sin\omega_m t$ 可以看成是 $A_m\cos\omega_m t$ 相移 $\pi/2$，而幅度大小保持不变。这一过程称为希尔伯特变换，记为“^”，则

$$\hat{A}_m\cos\omega_m t = A_m\sin\omega_m t$$

上述关系虽然是在单频调制下得到的，但是它不失一般性，因为任意一个基带波形总可以表示成许多正弦信号之和。因此，把上述表述方法运用到式（4-8），就可以得到调制信号为任意信号的 SSB 信号的时域表示式为

$$s_{SSB}(t) = \frac{1}{2}m(t)\cos\omega_c t \mp \frac{1}{2}\hat{m}(t)\sin\omega_c t \tag{4-9}$$

式中，$\hat{m}(t)$是$m(t)$的希尔伯特变换。若$M(\omega)$为$m(t)$的傅里叶变换，则$\hat{m}(t)$的傅里叶变换$\hat{M}(\omega)$为

$$\hat{M}(\omega) = M(\omega)\cdot[-\mathrm{j}\,\mathrm{sgn}\omega] \tag{4-10}$$

式中，符号函数

$$\mathrm{sgn}\omega = \begin{cases} 1 & \omega > 0 \\ -1 & \omega < 0 \end{cases}$$

设 $H_h(\omega) = \hat{M}(\omega)/M(\omega) = \mathrm{j}\,\mathrm{sgn}(\omega)$ (4-11)

把 $H_h(\omega)$ 称为希尔伯特滤波器的传递函数，由式（4-11）可知，它实质上是一个宽带相移网络，表示把 $m(t)$ 幅度不变，所有的频率分量均相移 $\pi/2$，即可得到 $\hat{m}(t)$。

由式（4-9）可画出单边带调制相移法的模型，如图 4-7 所示。

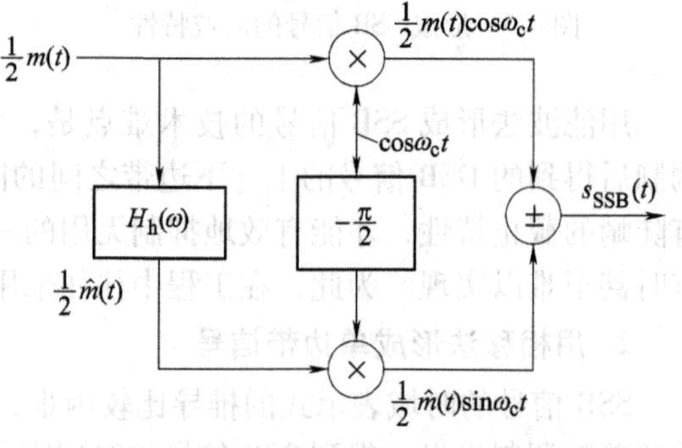

图 4-7 相移法形成单边带信号

相移法形成 SSB 信号的困难在于宽带相移网络的制作，该网络要对调制信号 $m(t)$ 的所有频率分量严格相移 $\pi/2$，这一点即使近似达到也是困难的。为解决这个难题，可以采用混合法，也叫维弗（Weaver）法。限于篇幅，这里不做介绍。

综上所述，SSB 方式在传输信号时，不但可节省载波发射功率，而且它所占用的频带宽度为 $B_{SSB}=f_H$，只有 AM、DSB 方式的一半，因此，它目前已成为短波通信中的一种重要调制方式。

SSB 信号的解调和 DSB 信号一样不能采用简单的包络检波，因为 SSB 信号也是抑制载波的已调信号，它的包络不能直接反映调制信号的变化，所以仍需采用相干解调。

4.1.4　残留边带调制（VSB）

残留边带调制是介于 SSB 与 DSB 之间的一种调制方式，它既克服了 DSB 信号占用频带宽的缺点，又解决了 SSB 信号实现上的难题。在 VSB 中，不是完全抑制一个边带（如同 SSB 中那样），而是逐渐切割，使其残留一小部分，如图 4-8d 所示。

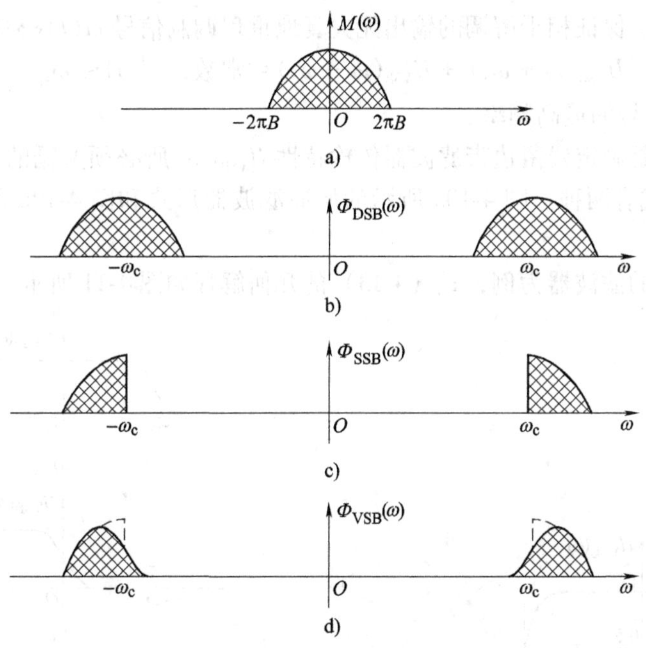

图 4-8　DSB、SSB 和 VSB 信号的频谱

用滤波法实现残留边带调制的原理如图 4-9a 所示。图中，滤波器的特性应按残留边带调制的要求来进行设计。

现在来确定残留边带滤波器的特性。假设 $H_{VSB}(\omega)$ 是所需的残留边带滤波器的传输特性。由图 4-9a 可知，残留边带信号的频谱为

$$S_{VSB}(\omega)=\frac{1}{2}[M(\omega+\omega_c)+M(\omega-\omega_c)]H_{VSB}(\omega) \tag{4-12}$$

为了确定式（4-12）中残留边带滤波器传输特性 $H_{VSB}(\omega)$ 应满足的条件，下面来分析一下接收端是如何从该信号中恢复原基带信号的。

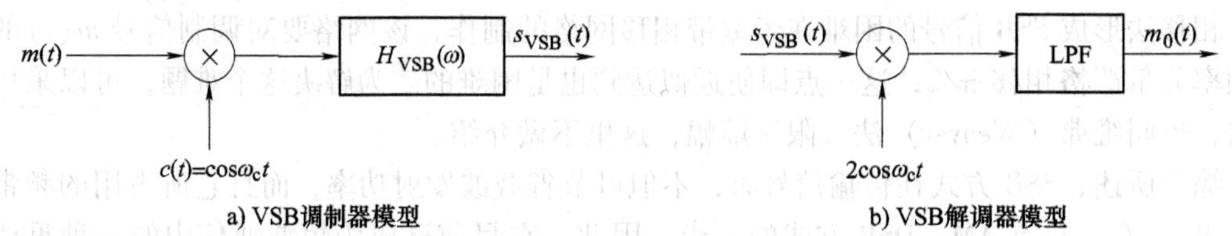

图 4-9 VSB 调制和解调器模型

VSB 信号显然也不能简单地采用包络检波，而必须采用如图 4-9b 所示的相干解调。图中，残留边带信号 $s_{\mathrm{VSB}}(t)$ 与相干载波 $2\cos\omega_c t$ 的乘积为

$$2s_{\mathrm{VSB}}(t)\cos\omega_c t \Leftrightarrow [S_{\mathrm{VSB}}(\omega+\omega_c)+S_{\mathrm{VSB}}(\omega-\omega_c)]$$

将式（4-12）代入上式，选择合适的低通滤波器的截止频率，消掉±$2\omega_c$ 处的频谱，则低通滤波器的输出频谱 $M_0(\omega)$ 为

$$M_0(\omega)=\frac{1}{2}M(\omega)[H_{\mathrm{VSB}}(\omega+\omega_c)+H_{\mathrm{VSB}}(\omega-\omega_c)]$$

上式告诉我们，为了保证相干解调的输出无失真地重现调制信号 $m(t)\Leftrightarrow M(\omega)$，必须要求

$$H_{\mathrm{VSB}}(\omega+\omega_c)+H_{\mathrm{VSB}}(\omega-\omega_c)=\text{常数}, \quad |\omega|\leqslant\omega_H \tag{4-13}$$

式中，ω_H 是调制信号的最高频率。

式（4-13）就是确定残留边带滤波器传输特性 $H_{\mathrm{VSB}}(\omega)$ 所必须遵循的条件。满足上式的 $H_{\mathrm{VSB}}(\omega)$ 的可能形式有两种：图 4-10a 所示的低通滤波器形式和图 4-10b 所示的带通（或高通）滤波器形式。

以残留上边带的滤波器为例，式（4-13）的几何解释如图 4-11 所示。显见，它是一个

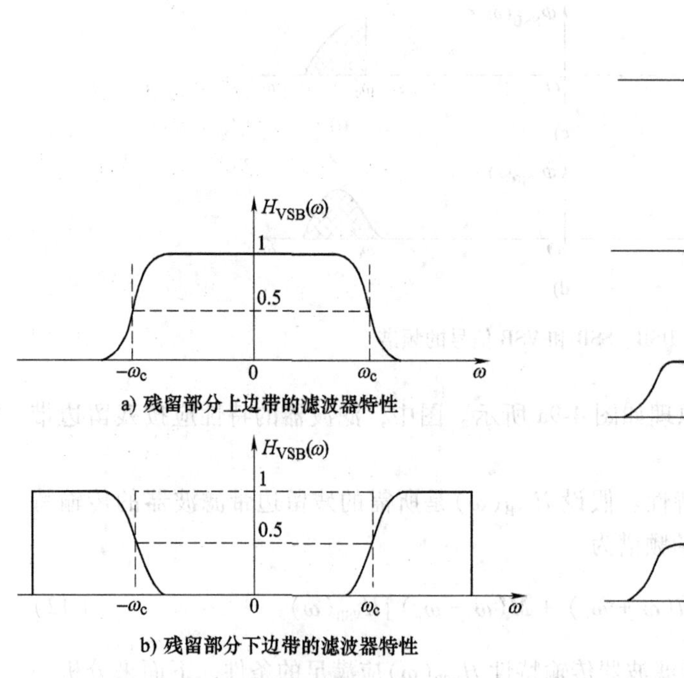

图 4-10 残留边带滤波器特性

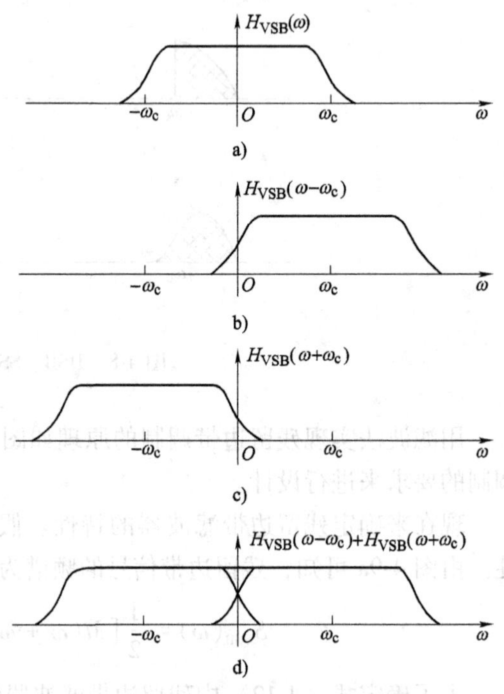

图 4-11 残留上边带滤波器的几何解释

低通滤波器。

这个滤波器将使上边带小部分残留，而使下边带绝大部分通过。将 $H_{VSB}(\omega)$ 进行 $\pm\omega_c$ 的频移，分别得到 $H_{VSB}(\omega-\omega_c)$ 和 $H_{VSB}(\omega+\omega_c)$，按式（4-13）将两者相加，其结果在 $|\omega|\leqslant\omega_H$ 范围内应为常数，为了满足这一要求，必须使 $H_{VSB}(\omega-\omega_c)$ 和 $H_{VSB}(\omega+\omega_c)$ 在 $\omega=0$ 处具有互补对称的滚降特性。显然，满足这种要求的滚降特性曲线并不是唯一的，而是有无穷多个。由此得到如下重要概念：只要残留边带滤波器的特性 $H_{VSB}(\omega)$ 在 $\pm\omega_c$ 处具有互补对称（奇对称）特性，那么，采用相干解调法解调残留边带信号就能够准确地恢复所需的基带信号。

4.2 线性调制系统的抗噪声性能

4.2.1 分析模型

前面 4.1 节中的分析都是在没有噪声的条件下进行的。实际中，任何通信系统都避免不了噪声的影响。从第 3 章的有关信道和噪声的内容可知，通信系统把信道加性噪声中的起伏噪声作为研究对象。而起伏噪声又可视为高斯白噪声。因此，本节将要研究的问题是信道存在加性高斯白噪声时，各种线性调制系统的抗噪声性能。

由于加性噪声只对已调信号的接收产生影响，因而调制系统的抗噪声性能可以用解调器的抗噪声性能来衡量。解调器的抗噪声性能分析模型如图 4-12 所示。图中，$s_m(t)$ 为已调信号，$n(t)$ 为传输过程中叠加的高斯白噪声。带通滤波器的作用是滤除已调信号频带以外的噪声，因此经过带通滤波器后，到达解调器输入端的信号仍可认为是 $s_m(t)$，噪声为 $n_i(t)$。解调器输出的有用信号为 $m_o(t)$，噪声为 $n_o(t)$。

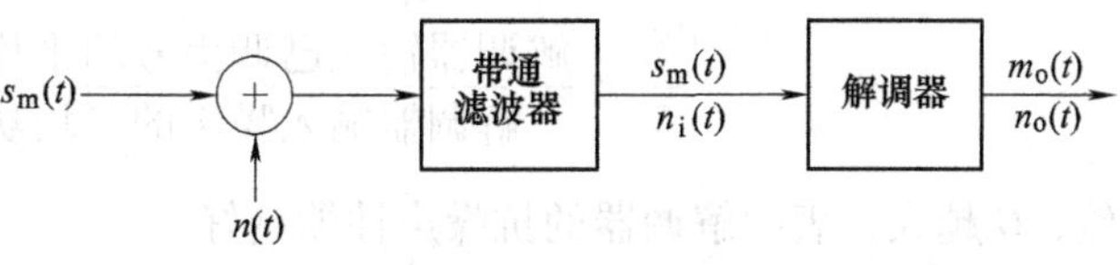

图 4-12　解调器抗噪声性能分析模型

对于不同的调制系统，将有不同形式的信号 $s_m(t)$，但解调器输入端的噪声 $n_i(t)$ 形式是相同的，它是由平稳高斯白噪声经过带通滤波器而得到的。当带通滤波器带宽远小于其中心频率为 ω_0 时，$n_i(t)$ 即为平稳高斯窄带噪声，它的表示式为

$$n_i(t) = n_c(t)\cos\omega_0 t - n_s(t)\sin\omega_0 t \tag{4-14}$$

或者

$$n_i(t) = V(t)\cos[\omega_0 t + \theta(t)] \tag{4-15}$$

由随机过程知识可知，窄带噪声 $n_i(t)$ 及其同相分量 $n_c(t)$ 和正交分量 $n_s(t)$ 的均值都为 0，且具有相同的平均功率，即

$$\overline{n_i^2(t)} = \overline{n_c^2(t)} = \overline{n_s^2(t)} = N_i \tag{4-16}$$

式中，N_i 为解调器输入噪声 $n_i(t)$ 的平均功率。若白噪声的双边功率谱密度为 $n_0/2$，带通滤波器传输特性是高度为 1，带宽为 B 的理想矩形函数，如图 4-13 所示，则

$$N_i = n_0 B \tag{4-17}$$

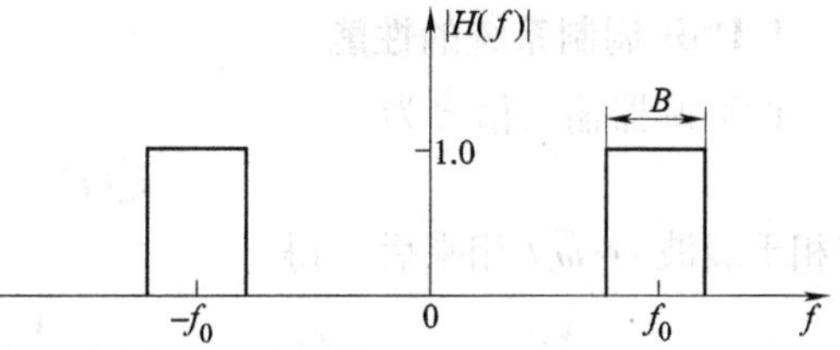

图 4-13　带通滤波器传输特性

为了使已调信号无失真地进入解调器，同时又最大限度地抑制噪声，带宽 B 应等于已调信号的频带宽度，当然也是窄带噪声 $n_i(t)$ 的带宽。

评价一个模拟通信系统质量的好坏，最终是要看解调器的输出信噪比。输出信噪比定义为

$$\frac{S_o}{N_o}=\frac{\text{解调器输出有用信号的平均功率}}{\text{解调器输出噪声的平均功率}}=\frac{\overline{m_o^2(t)}}{\overline{n_o^2(t)}} \tag{4-18}$$

只要解调器输出端的有用信号能与噪声分开，输出信噪比就能确定。输出信噪比与调制方式有关，也与解调方式有关。因此在已调信号平均功率相同，而且信道噪声功率谱密度也相同的情况下，输出信噪比反映了系统的抗噪声性能。

为了便于衡量同类调制系统不同解调器对输入信噪比的影响，还可用输出信噪比和输入信噪比的比值 G 来表示，即

$$G=\frac{S_o/N_o}{S_i/N_i} \tag{4-19}$$

式中，G 称为调制制度增益；S_i/N_i 为输入信噪比，定义为

$$\frac{S_i}{N_i}=\frac{\text{解调器输入已调信号的平均功率}}{\text{解调器输入噪声的平均功率}}=\frac{\overline{s_m^2(t)}}{\overline{n_i^2(t)}} \tag{4-20}$$

显然，G 越大，表明解调器的抗噪声性能越好。

下面在给出已调信号 $s_m(t)$ 和单边噪声功率谱密度 n_0 的情况下，推导出各种解调器的输入及输出信噪比，并在此基础上对各种调制系统的抗噪声性能做出评述。

4.2.2　线性调制相干解调的抗噪声性能

在分析 DSB、SSB、VSB 系统的抗噪声性能时，图 4-12 所示模型中的解调器为相干解调器，如图 4-14 所示。相干解调属于线性解调，故在解调过程中，输入信号及噪声可以分别单独解调。

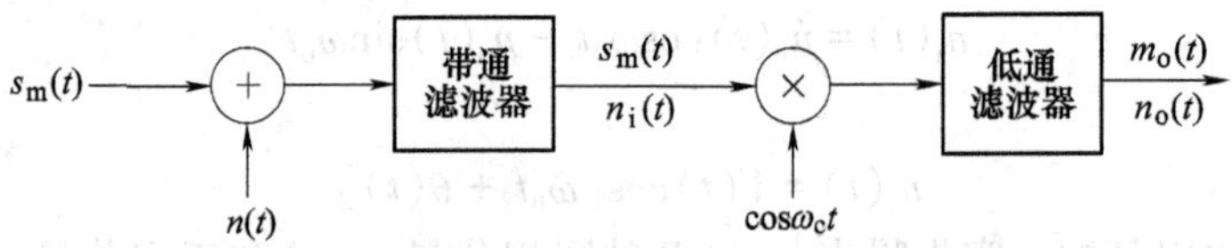

图 4-14　线性调制相干解调的抗噪声性能分析模型

1. DSB 调制系统的性能

设解调器输入信号为

$$s_m(t)=m(t)\cos\omega_c t \tag{4-21}$$

与相干载波 $\cos\omega_c t$ 相乘后，得

$$m(t)\cos^2\omega_c t=\frac{1}{2}m(t)+\frac{1}{2}m(t)\cos 2\omega_c t$$

经低通滤波器后，输出信号为

$$m_o(t) = \frac{1}{2}m(t) \tag{4-22}$$

因此，解调器输出端的有用信号功率为

$$S_o = \overline{m_o^2(t)} = \frac{1}{4}\overline{m^2(t)} \tag{4-23}$$

解调 DSB 时，接收机中的带通滤波器的中心频率 ω_0 与调制载频 ω_c 相同，因此解调器输入端的噪声 $n_i(t)$ 可表示为

$$n_i(t) = n_c(t)\cos\omega_c t - n_s(t)\sin\omega_c t \tag{4-24}$$

它与相干载波 $\cos\omega_c t$ 相乘后，得

$$\begin{aligned} n_i(t)\cos\omega_c t &= [n_c(t)\cos\omega_c t - n_s(t)\sin\omega_c t]\cos\omega_c t \\ &= \frac{1}{2}n_c(t) + \frac{1}{2}[n_c(t)\cos 2\omega_c t - n_s(t)\sin 2\omega_c t] \end{aligned}$$

经低通滤波器后，解调器最终的输出噪声为

$$n_o(t) = \frac{1}{2}n_c(t) \tag{4-25}$$

故输出噪声功率为

$$N_o = \overline{n_o^2(t)} = \frac{1}{4}\overline{n_c^2(t)} \tag{4-26}$$

根据式（4-16）和式（4-17），则有

$$N_o = \frac{1}{4}\overline{n_i^2(t)} = \frac{1}{4}N_i = \frac{1}{4}n_0 B \tag{4-27}$$

这里，BPF 的带宽 $B=2f_H$，为双边带信号的带宽。

解调器输入信号平均功率为

$$S_i = \overline{s_m^2(t)} = \overline{[m(t)\cos\omega_c t]^2} = \frac{1}{2}\overline{m^2(t)} \tag{4-28}$$

由式（4-28）及式（4-17）可得解调器的输入信噪比为

$$\frac{S_i}{N_i} = \frac{\frac{1}{2}\overline{m^2(t)}}{n_0 B} \tag{4-29}$$

又根据式（4-23）及式（4-27）可得解调器的输出信噪比为

$$\frac{S_o}{N_o} = \frac{\frac{1}{4}\overline{m^2(t)}}{\frac{1}{4}N_i} = \frac{\overline{m^2(t)}}{n_0 B} \tag{4-30}$$

因而制度增益为

$$G_{DSB} = \frac{S_o/N_o}{S_i/N_i} = 2 \tag{4-31}$$

由此可见，DSB 调制系统的制度增益为 2。这就是说，DSB 信号的解调器使信噪比改善一倍。这是因为采用同步解调，使输入噪声中的一个正交分量 $n_s(t)$ 被消除的缘故。

2. SSB 调制系统的性能

单边带信号的解调方法与双边带信号相同，其区别仅在于解调器之前的带通滤波器的带宽和中心频率不同。前者的带通滤波器的带宽是后者的一半。

由于单边带信号的解调器与双边带信号的相同，故计算单边带信号解调器输入及输出信噪比的方法也相同。单边带信号解调器的输出噪声与输入噪声的功率可由式（4-26）给出，即

$$N_o = \frac{1}{4}N_i = \frac{1}{4}n_0 B \tag{4-32}$$

这里，$B=f_H$ 为单边带的带通滤波器的带宽。对于单边带解调器的输入及输出信号功率，不能简单地照搬双边带时的结果。这是因为单边带信号的表示式与双边带的不同。单边带信号的表示式由式（4-9）给出，即

$$s_m(t) = \frac{1}{2}m(t)\cos\omega_c t \mp \frac{1}{2}\hat{m}(t)\sin\omega_c t \tag{4-33}$$

与相干载波相乘后，再经低通滤波可得解调器输出信号

$$m_o(t) = \frac{1}{4}m(t) \tag{4-34}$$

因此，输出信号平均功率

$$S_o = \overline{m_o^2(t)} = \frac{1}{16}\overline{m^2(t)} \tag{4-35}$$

输入信号平均功率

$$S_i = \overline{s_m^2(t)} = \frac{1}{4}\overline{[m(t)\cos\omega_c t \mp \hat{m}(t)\sin\omega_c t]^2}$$

$$= \frac{1}{4}\left[\frac{1}{2}\overline{m^2(t)} + \frac{1}{2}\overline{\hat{m}^2(t)}\right]$$

因为 $\hat{m}(t)$ 与 $m(t)$ 幅度相同，所以两者具有相同的平均功率，故上式变为

$$S_i = \frac{1}{4}\overline{m^2(t)} \tag{4-36}$$

于是，单边带解调器的输入信噪比为

$$\frac{S_i}{N_i} = \frac{\frac{1}{4}\overline{m^2(t)}}{n_0 B} = \frac{\overline{m^2(t)}}{4n_0 B} \tag{4-37}$$

输出信噪比为

$$\frac{S_o}{N_o} = \frac{\frac{1}{16}\overline{m^2(t)}}{\frac{1}{4}n_0 B} = \frac{\overline{m^2(t)}}{4n_0 B} \tag{4-38}$$

因而制度增益为

$$G_{SSB} = \frac{S_o/N_o}{S_i/N_i} = 1 \tag{4-39}$$

这是因为在 SSB 系统中，信号和噪声有相同表示形式，所以，相干解调过程中，信号

和噪声的正交分量均被抑制掉，故信噪比没有改善。

比较式（4-31）与式（4-39）可知，$G_{DSB}=2G_{SSB}$。这能否说明双边带系统的抗噪声性能比单边带系统好呢？回答是否定的。因为对比式（4-28）和式（4-36）可知，在上述讨论中，双边带已调信号的平均功率是单边带信号的两倍，所以两者的输出信噪比是在不同的输入信号功率情况下得到的。如果在相同的输入信号功率 S_i、相同输入噪声功率谱密度 n_0、相同基带信号带宽 f_H 条件下，对这两种调制方式进行比较，可以发现它们的输出信噪比是相等的。因此两者的抗噪声性能是相同的，但双边带信号所需的传输带宽是单边带的两倍。

3. VSB 系统的性能

VSB 系统的抗噪声性能的分析方法与上面的相似。但是，由于采用的残留边带滤波器的频率特性形状不同，所以，抗噪声性能的计算是比较复杂的。但是残留边带不是太大的时候，近似认为与 SSB 调制系统的抗噪声性能相同。

4.2.3　调幅信号包络检波的抗噪声性能

AM 信号可采用相干解调和包络检波。相干解调时，AM 系统的性能分析方法与前面双边带（或单边带）的相同。实际中，AM 信号常用简单的包络检波法解调，此时，图 4-12 所示模型中的解调器为包络检波器，如图 4-15 所示，其检波输出正比于输入信号的包络变化。

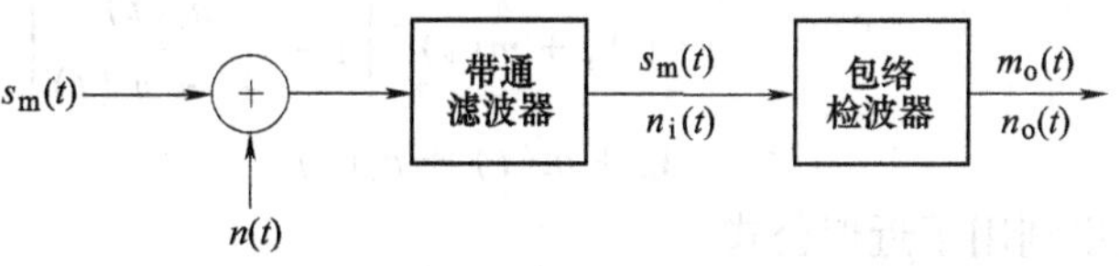

图 4-15　AM 包络检波的抗噪声性能分析模型

设解调器的输入信号

$$s_m(t)=[A_0+m(t)]\cos\omega_c t \tag{4-40}$$

式中，A_0 为载波幅度；$m(t)$为调制信号。这里仍假设 $m(t)$的均值为 0，且 $A_0 \geqslant |m(t)|_{max}$。输入噪声为

$$n_i(t)=n_c(t)\cos\omega_c t - n_s(t)\sin\omega_c t \tag{4-41}$$

显然，解调器输入的信号功率 S_i 和噪声功率 N_i 为

$$S_i=\overline{s_m^2(t)}=\frac{A_0^2}{2}+\frac{\overline{m^2(t)}}{2} \tag{4-42}$$

$$N_i=\overline{n_i^2(t)}=n_0 B \tag{4-43}$$

输入信噪比

$$\frac{S_i}{N_i}=\frac{A_0^2+\overline{m^2(t)}}{2n_0 B} \tag{4-44}$$

解调器输入是信号加噪声的混合波形，即

$$\begin{aligned} s_m(t)+n_i(t) &= [A+m(t)+n_c(t)]\cos\omega_c t - n_s(t)\sin\omega_c t \\ &= E(t)\cos[\omega_c t+\psi(t)] \end{aligned}$$

其中合成包络

$$E(t)=\sqrt{[A+m(t)+n_c(t)]^2+n_s^2(t)} \tag{4-45}$$

合成相位

$$\psi(t)=\arctan\left[\frac{n_s(t)}{A+m(t)+n_c(t)}\right] \tag{4-46}$$

理想包络检波器的输出就是$E(t)$，由式（4-45）可知，检波输出中有用信号与噪声无法完全分开。因此，计算输出信噪比是件困难的事。下面考虑两种特殊情况。

（1）大信噪比情况　此时，输入信号幅度远大于噪声幅度，即

$$[A_0+m(t)]\gg\sqrt{n_c^2(t)+n_s^2(t)}$$

因而式（4-45）可简化为

$$\begin{aligned}E(t)&=\sqrt{[A_0+m(t)]^2+2[A_0+m(t)]n_c(t)+n_c^2(t)+n_s^2(t)}\\&\approx\sqrt{[A_0+m(t)]^2+2[A_0+m(t)]n_c(t)}\\&\approx[A_0+m(t)]\left[1+\frac{2n_c(t)}{A_0+m(t)}\right]^{\frac{1}{2}}\\&\approx[A_0+m(t)]\left[1+\frac{n_c(t)}{A_0+m(t)}\right]\\&=A_0+m(t)+n_c(t)\end{aligned} \tag{4-47}$$

这里利用了近似公式

$$(1+x)^{\frac{1}{2}}\approx1+\frac{x}{2},|x|\ll1$$

式（4-47）中直流分量A_0被电容器阻隔，有用信号与噪声独立地分成两项，因而可分别计算出输出有用信号功率及噪声功率为

$$S_o=\overline{m^2(t)} \tag{4-48}$$

$$N_o=\overline{n_c^2(t)}=\overline{n_i^2(t)}=n_0B \tag{4-49}$$

输出信噪比为

$$\frac{S_o}{N_o}=\frac{\overline{m^2(t)}}{n_0B} \tag{4-50}$$

由式（4-44）和（4-50）可得制度增益

$$G_{AM}=\frac{S_o/N_o}{S_i/N_i}=\frac{2\,\overline{m^2(t)}}{A_0^2+\overline{m^2(t)}} \tag{4-51}$$

显然，AM 信号的调制制度增益G_{AM}随A_0的减小而增加。但对包络检波器来说，为了不发生过调制现象，应有$A_0\gg|m(t)|_{max}$，所以G_{AM}总是小于 1。例如，100%的调制（即$A_0=|m(t)|_{max}$）且m（t）又是正弦型信号时，有

$$\overline{m^2(t)}=\frac{A_0^2}{2}$$

代入式（4-51），可得

$$G_{AM}=\frac{2}{3} \tag{4-52}$$

这是 AM 系统的最大信噪比增益。这说明解调器对输入信噪比没有改善，而是恶化了。

可以证明，若采用同步检波法解调 AM 信号，则得到的调制制度增益 G_{AM} 与式（4-51）给出的结果相同。由此可见，对于 AM 调制系统，在大信噪比时，采用包络检波器解调时的性能与同步检波器时的性能几乎一样。但应该注意，后者的调制制度增益不受信号与噪声相对幅度假设条件的限制。

（2）小信噪比情况　小信噪比指的是噪声幅度远大于信号幅度，即

$$[A_0 + m(t)] \ll \sqrt{n_c^2(t) + n_s^2(t)}$$

这时式（4-45）变成

$$\begin{aligned}
E(t) &= \sqrt{[A_0 + m(t)]^2 + n_c^2(t) + n_s^2(t) + 2n_c(t)[A_0 + m(t)]} \\
&\approx \sqrt{n_c^2(t) + n_s^2(t) + 2n_c(t)[A_0 + m(t)]} \\
&= \sqrt{[n_c^2(t) + n_s^2(t)]\left\{1 + \frac{2n_c(t)[A_0 + m(t)]}{n_c^2(t) + n_s^2(t)}\right\}} \\
&= R(t)\sqrt{1 + \frac{2[A_0 + m(t)]}{R(t)}\cos\theta(t)}
\end{aligned} \tag{4-53}$$

其中 $R(t)$ 及 $\theta(t)$ 代表噪声 $n_i(t)$ 的包络及相位

$$R(t) = \sqrt{n_c^2(t) + n_s^2(t)}$$

$$\theta(t) = \arctan\left[\frac{n_s(t)}{n_c(t)}\right]$$

$$\cos\theta(t) = \frac{n_c(t)}{R(t)}$$

因为 $R(t) \gg [A_0+m(t)]$，所以可以利用数学近似式 $(1+x)^{\frac{1}{2}} \approx 1+\frac{x}{2}$（$|x| \ll 1$ 时）近一步把 $E(t)$ 近似表示为

$$E(t) \approx R(t)\left[1 + \frac{A + m(t)}{R(t)}\cos\theta(t)\right] = R(t) + [A + m(t)]\cos\theta(t) \tag{4-54}$$

这时，$E(t)$ 中没有单独的信号项，只有受到 $\cos\theta(t)$ 调制的 $m(t)\cos\theta(t)$ 项。由于 $\cos\theta(t)$ 是一个随机噪声，因而，有用信号 $m(t)$ 被噪声扰乱，致使 $m(t)\cos\theta(t)$ 也只能看作是噪声。因此，输出信噪比急剧下降，这种现象称为解调器的门限效应。开始出现门限效应的输入信噪比称为门限值。这种门限效应是由包络检波器的非线性解调作用所引起的。

有必要指出，用相干解调的方法解调各种线性调制信号时不存在门限效应。原因是信号与噪声可分别进行解调，解调器输出端总是单独存在有用信号项。

由以上分析可得如下结论：大信噪比情况下，AM 信号包络检波器的性能几乎与相干解调法相同；但随着信噪比的减小，包络检波器将在一个特定输入信噪比值上出现门限效应；一旦出现门限效应，解调器的输出信噪比将急剧恶化。

4.3　非线性调制（角度调制）的原理

幅度调制属于线性调制，它是通过改变载波的幅度，以实现调制信号频谱的平移及线性变换的。一个正弦载波有幅度、频率和相位三个参量，因此，我们不仅可以把调制信号的信

息寄托在载波的幅度变化中，还可以寄托在载波的频率或相位变化中。这种使高频载波的频率或相位按调制信号的规律变化而振幅保持恒定的调制方式，称为频率调制（FM）或相位调制（PM），分别简称为调频或调相。因为频率或相位的变化都可以看成是载波角度的变化，故调频和调相又统称为角度调制。

角度调制与线性调制不同，已调信号频谱不再是原调制信号频谱的线性搬移，而是频谱的非线性变换，会产生与频谱搬移不同的新的频率成分，故又称为非线性调制。

由于频率和相位之间存在微分与积分的关系，故调频与调相之间存在密切的关系，即调频必调相，调相必调频。鉴于 FM 用得较多，本节将主要讨论频率调制。

4.3.1 角度调制的基本概念

任何一个正弦时间函数，如果它的幅度不变，则可用下式表示：

$$c(t) = A\cos\theta(t)$$

式中，$\theta(t)$称为正弦波的瞬时相位，将$\theta(t)$对时间t求导可得瞬时频率

$$\omega(t) = \frac{\mathrm{d}\theta(t)}{\mathrm{d}t} \tag{4-55}$$

因此

$$\theta(t) = \int_{-\infty}^{t} \omega(\tau)\,\mathrm{d}\tau \tag{4-56}$$

未调制的正弦波可以写成

$$c(t) = A\cos[\omega_c t + \theta_0]$$

相当于瞬时相位$\theta(t)=\omega_c t+\theta_0$，$\theta_0$为初相位，是常数。$\omega(t)=\dfrac{\mathrm{d}\theta(t)}{\mathrm{d}t}=\omega_c$是载频，也是常数。而在角调制中，正弦波的频率和相位都要随时间变化，可把瞬时相位表示为$\theta(t)=\omega_c t+\varphi(t)$，因此，角度调制信号的一般表达式为

$$s_m(t) = A\cos[\omega_c t + \varphi(t)] \tag{4-57}$$

式中，A是载波的恒定振幅；$[\omega_c t+\varphi(t)]$是信号的瞬时相位$\theta(t)$，而$\varphi(t)$称为相对于载波相位$\omega_c t$的瞬时相位偏移；$\mathrm{d}[\omega_c t+\varphi(t)]/\mathrm{d}t$是信号的瞬时频率，而$\mathrm{d}\varphi(t)/\mathrm{d}t$称为相对于载频$\omega_c$的瞬时频偏。

所谓相位调制，是指瞬时相位偏移随调制信号$m(t)$而线性变化，即

$$\varphi(t) = K_p m(t) \tag{4-58}$$

其中K_p是常数。于是，调相信号可表示为

$$s_{PM}(t) = A\cos[\omega_c t + K_p m(t)] \tag{4-59}$$

所谓频率调制，是指瞬时频率偏移随调制信号$m(t)$而线性变化，即

$$\frac{\mathrm{d}\varphi(t)}{\mathrm{d}t} = K_f m(t) \tag{4-60}$$

其中K_f是常数，这时相位偏移为

$$\varphi(t) = K_f\int_{-\infty}^{t} m(\tau)\,\mathrm{d}\tau \tag{4-61}$$

代入式（4-57），则可得调频信号为

$$s_{FM}(t) = A\cos\left[\omega_c t + K_f \int_{-\infty}^{t} m(\tau)\,d\tau\right] \tag{4-62}$$

由式（4-59）和式（4-62）可见，FM 和 PM 非常相似，如果预先不知道调制信号 $m(t)$ 的具体形式，则无法判断已调信号是调相信号还是调频信号。

由式（4-59）和式（4-62）还可看出，如果将调制信号先微分，而后进行调频，则得到的是调相波，这种方式叫间接调相；同样，如果将调制信号先积分，而后进行调相，则得到的是调频波，这种方式叫间接调频。直接和间接调相如图 4-16 所示。直接和间接调频如图 4-17 所示。

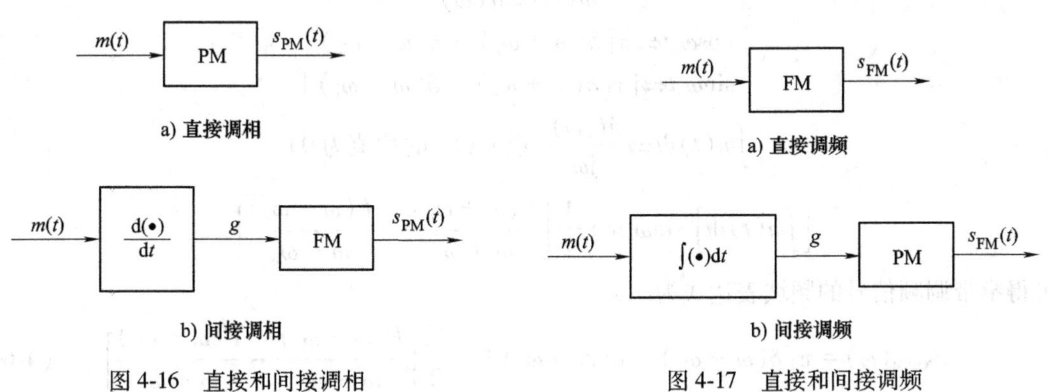

图 4-16　直接和间接调相　　图 4-17　直接和间接调频

由于实际相位调制器的调制范围不大，所以直接调相和间接调频仅适用于相位偏移和频率偏移不大的窄带调制情况，而直接调频和间接调相常用于宽带调制情况。

从以上分析可见，调频与调相并无本质区别，两者之间可相互转换。鉴于在实际应用中多采用 FM 波，下面将集中讨论频率调制。

4.3.2　窄带调频与宽带调频

前面已经指出，频率调制属于非线性调制，其频谱结构非常复杂，难于表述。但是，当最大相位偏移及相应的最大频率偏移较小时，即一般认为满足

$$\left|K_f\left[\int_{-\infty}^{t} m(\tau)\,d\tau\right]\right| \ll \frac{\pi}{6}(\text{或 } 0.5) \tag{4-63}$$

时，式（4-62）可以得到简化，因此可求出它的任意调制信号的频谱表示式。这时，信号占据带宽窄，属于窄带调频（NBFM）。反之，是宽带调频（WBFM）。

1. 窄带调频（NBFM）

调频波的一般表达式为

$$s_{FM}(t) = A\cos\left[\omega_c t + K_f \int_{-\infty}^{t} m(\tau)\,d\tau\right]$$

为方便起见，假设 $A=1$，有

$$s_{FM}(t) = \cos\left[\omega_c t + K_f \int_{-\infty}^{t} m(\tau)\,d\tau\right] = \cos\omega_c t\cos\left[K_f \int_{-\infty}^{t} m(\tau)\,d\tau\right] - \sin\omega_c t\sin\left[K_f \int_{-\infty}^{t} m(\tau)\,d\tau\right] \tag{4-64}$$

当式（4-63）满足时，有近似式

$$\cos\left[K_f\int_{-\infty}^{t}m(\tau)\mathrm{d}\tau\right]\approx 1$$

$$\sin\left[K_f\int_{-\infty}^{t}m(\tau)\mathrm{d}\tau\right]\approx K_f\int_{-\infty}^{t}m(\tau)\mathrm{d}\tau$$

式（4-64）可简化为

$$s_{\mathrm{NBFM}}(t)\approx\cos\omega_c t-\left[K_f\int_{-\infty}^{t}m(\tau)\mathrm{d}\tau\right]\sin\omega_c t \tag{4-65}$$

利用傅里叶变换公式

$$m(t)\Leftrightarrow M(\omega)$$

$$\cos\omega_c t\Leftrightarrow\pi[\delta(\omega+\omega_c)+\delta(\omega-\omega_c)]$$

$$\sin\omega_c t\Leftrightarrow \mathrm{j}\pi[\delta(\omega+\omega_c)-\delta(\omega-\omega_c)]$$

$$\int m(t)\mathrm{d}t\Leftrightarrow\frac{M(\omega)}{\mathrm{j}\omega}(\text{设 } m(t) \text{ 的均值为 } 0)$$

$$\left[\int m(t)\mathrm{d}t\right]\sin\omega_c t\Leftrightarrow\frac{1}{2}\left[\frac{F(\omega+\omega_c)}{\omega+\omega_c}-\frac{F(\omega-\omega_c)}{\omega-\omega_c}\right]$$

可得窄带调频信号的频域表达式为

$$S_{\mathrm{NBFM}}(\omega)=\pi[\delta(\omega+\omega_c)+\delta(\omega-\omega_c)]+\frac{K_f}{2}\left[\frac{F(\omega-\omega_c)}{\omega-\omega_c}-\frac{F(\omega+\omega_c)}{\omega+\omega_c}\right] \tag{4-66}$$

将它与 AM 信号的频谱

$$S_{\mathrm{AM}}(\omega)=\pi[\delta(\omega+\omega_c)+\delta(\omega-\omega_c)]+\frac{1}{2}[M(\omega+\omega_c)+M(\omega-\omega_c)]$$

比较，可以清楚地看出两种调制的相似性和不同处。两者都含有一个载波和位于$\pm\omega_c$处的两个边带，所以它们的带宽相同，都是调制信号最高频率的两倍。不同的是，NBFM 的两个边频分别乘了因式$1/(\omega-\omega_c)$和$1/(\omega+\omega_c)$，由于因式是频率的函数，所以这种加权是频率加权，加权的结果引起调制信号频谱的失真。另外，有一边频和 AM 反相。

下面以单音调制为例。设调制信号

$$m(t)=A_m\cos\omega_m t$$

则 NBFM 信号为

$$\begin{aligned}s_{\mathrm{NBFM}}(t)&\approx\cos\omega_c t-\left[K_f\int_{-\infty}^{t}m(\tau)\mathrm{d}\tau\right]\sin\omega_c t\\&=\cos\omega_c t-A_mK_f\frac{1}{\omega_m}\sin\omega_m t\sin\omega_c t\\&=\cos\omega_c t+\frac{A_mK_f}{2\omega_m}[\cos(\omega_c+\omega_m)t-\cos(\omega_c-\omega_m)t]\end{aligned} \tag{4-67}$$

AM 信号为

$$\begin{aligned}s_{\mathrm{AM}}(t)&=(1+A_m\cos\omega_m t)\cos\omega_c t\\&=\cos\omega_c t+A_m\cos\omega_m t\cos\omega_c t\\&=\cos\omega_c t+\frac{A_m}{2}[\cos(\omega_c+\omega_m)t+\cos(\omega_c-\omega_m)t]\end{aligned} \tag{4-68}$$

单音调制的 AM 与 NBFM 频谱如图 4-18 所示，由此而画出的矢量图如图 4-19 所示。在

AM 中，两个边频的合成矢量与载波同相，只发生幅度变化；而在 NBFM 中，由于下边频为负，两个边频的合成矢量与载波则是正交相加，因而 NBFM 存在相位变化 $\Delta\varphi$，当最大相位偏移满足式（4-62）时，幅度基本不变。这正是两者的本质区别。

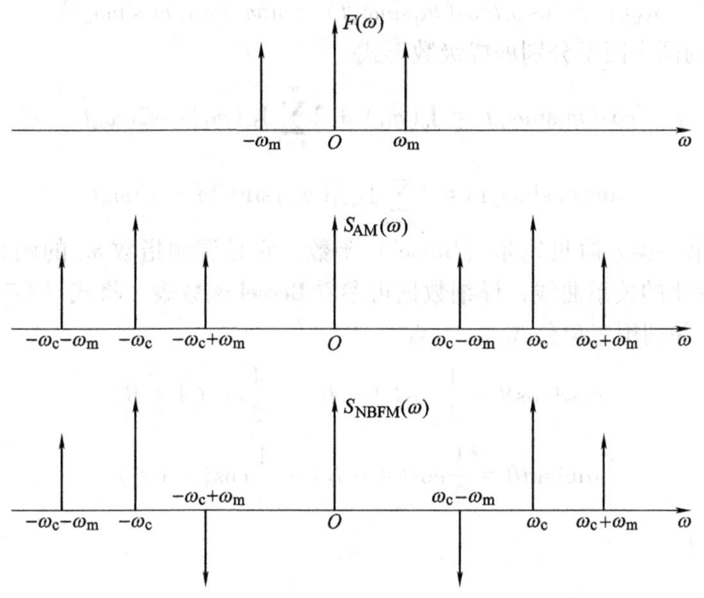

图 4-18　单音调制的 AM 与 NBFM 频谱

由于 NBFM 信号最大相位偏移较小，占据的带宽较窄，使得调制方式的抗干扰性能强的优点不能充分发挥，因此目前仅用于抗干扰性能要求不高的短距离通信中。在长距离高质量的通信系统中，如微波或卫星通信、调频立体声广播、超短波电台等多采用宽带调频。

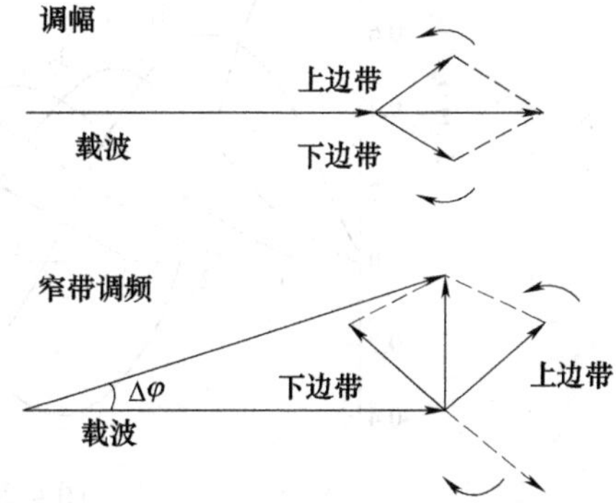

图 4-19　AM 与 NBFM 的矢量表示

2. 宽带调频（WBFM）

当不满足式（4-63）的窄带条件时，调频信号的时域表达式不能简化，因而给宽带调频的频谱分析带来了困难。为使问题简化，我们只研究单音调制的情况，然后把分析的结论推广到多音情况。

设单音调制信号为

$$m(t) = A_m\cos\omega_m t = A_m\cos 2\pi f_m t$$

由式（4-61）可得调频信号的瞬时相偏为

$$\varphi(t) = A_m K_f \int_{-\infty}^{t} \cos\omega_m \tau \mathrm{d}\tau = \frac{A_m K_f}{\omega_m}\sin\omega_m t = m_f \sin\omega_m t \tag{4-69}$$

式中，$A_m K_f$ 为最大角频偏，记为 $\Delta\omega$；m_f 为调频指数，它表示为

$$m_f = \frac{A_m K_f}{\omega_m} = \frac{\Delta\omega}{\omega_m} = \frac{\Delta f}{f_m} \tag{4-70}$$

将式（4-69）代入式（4-57），则得单音宽带调频的时域表达式为

$$s_{FM}(t) = A\cos(\omega_c t + m_f \sin\omega_m t) \tag{4-71}$$

令 $A=1$，并利用三角公式展开式（4-71），则有

$$s_{FM}(t) = \cos\omega_c t\cos(m_f \sin\omega_m t) - \sin\omega_c t\sin(m_f \sin\omega_m t) \tag{4-72}$$

将式（4-72）中的两个因子分别展成级数形式

$$\cos(m_f \sin\omega_m t) = J_0(m_f) + 2\sum_{n=1}^{\infty} J_{2n}(m_f)\cos 2n\omega_m t \tag{4-73}$$

$$\sin(m_f \sin\omega_m t) = 2\sum_{n=1}^{\infty} J_{2n-1}(m_f)\sin(2n-1)\omega_m t \tag{4-74}$$

式中，$J_n(m_f)$ 为第一类 n 阶贝塞尔（Bessel）函数，它是调频指数 m_f 的函数。图 4-20 给出了 $J_n(m_f)$ 随 m_f 变化的关系曲线，详细数据可参看 Bessel 函数表。将式（4-73）和式（4-74）代入式（4-72），并利用三角公式

$$\cos A\cos B = \frac{1}{2}\cos(A-B) + \frac{1}{2}\cos(A+B)$$

$$\sin A\sin B = \frac{1}{2}\cos(A-B) - \frac{1}{2}\cos(A+B)$$

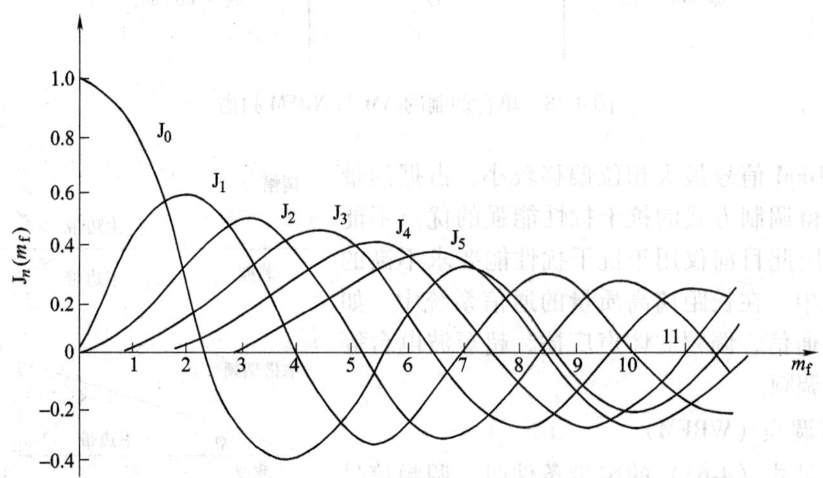

图 4-20　$J_n(m_f)$-m_f 关系曲线

及 Bessel 函数性质

$$n \text{ 为奇数时}\quad J_{-n}(m_f) = -J_n(m_f)$$

$$n \text{ 为偶数时}\quad J_{-n}(m_f) = J_n(m_f)$$

不难得到调频信号的级数展开式为

$$\begin{aligned} s_{FM}(t) = & J_0(m_f)\cos\omega_c t - J_1(m_f)[\cos(\omega_c - \omega_m)t - \cos(\omega_c + \omega_m)t] + \\ & J_2(m_f)[\cos(\omega_c - 2\omega_m)t + \cos(\omega_c + 2\omega_m)t] - \\ & J_3(m_f)[\cos(\omega_c - 3\omega_m)t - \cos(\omega_c + 3\omega_m)t] + \cdots \\ = & \sum_{n=-\infty}^{\infty} J_n(m_f)\cos(\omega_c + n\omega_m)t \end{aligned} \tag{4-75}$$

它的傅里叶变换即为频谱

$$S_{FM}(\omega)=\pi\sum_{n=-\infty}^{\infty}J_n(m_f)[\delta(\omega-\omega_c-n\omega_m)+\delta(\omega+\omega_c+n\omega_m)] \tag{4-76}$$

由式（4-75）和式（4-76）可见，调频波的频谱包含无穷多个分量。当 $n=0$ 时就是载波分量 ω_c，其幅度为 $J_0(m_f)$；当 $n\neq0$ 时在载频两侧对称地分布上下边频分量 $\omega_c\pm n\omega_m$，谱线之间的间隔为 ω_m，幅度为 $J_n(m_f)$，且当 n 为奇数时，上下边频极性相反；当 n 为偶数时极性相同。图 4-21 示出了某单音宽带调频波的频谱。

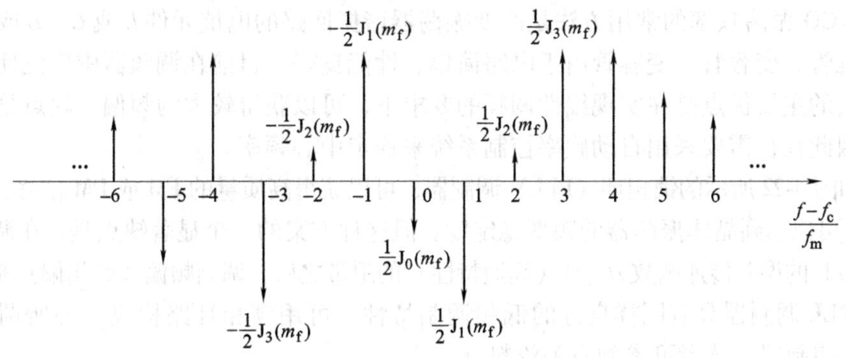

图 4-21　某单音宽带调频波的频谱（$m_f=5$）

由于调频波的频谱包含无穷多个频率分量，因此，理论上调频波的频带宽度为无限宽。然而实际上边频幅度 $J_n(m_f)$ 随着 n 的增大而逐渐减小，因此只要取适当的 n 值使边频分量小到可以忽略的程度，调频信号可近似认为具有有限频谱。根据经验认为：当 $m_f\geqslant1$ 以后，取边频数 $n=m_f+1$ 即可。因为 $n>m_f+1$ 以上的边频幅度 $J_n(m_f)$ 均小于 0.1，相应产生的功率均在总功率的 2%以下，可以忽略不计。根据这个原则，调频波的带宽为

$$B_{FM}=2(m_f+1)f_m=2(\Delta f+f_m) \tag{4-77}$$

它说明调频信号的带宽取决于最大频偏和调制信号的频率，该式称为卡森公式。

若 $m_f\ll1$ 时，　$B_{FM}\approx2f_m$

这就是窄带调频的带宽，与前面的分析相一致。

若 $m_f\gg10$ 时，　$B_{FM}\approx2\Delta f$

这是大指数宽带调频情况，说明带宽由最大频偏决定。

以上讨论的是单音调频情况。对于多音或其他任意信号调制的调频波的频谱分析是很复杂的。根据经验把卡森公式推广，即可得到任意限带信号调制时的调频信号带宽的估算公式为

$$B_{FM}=2(D+1)f_m \tag{4-78}$$

式中，f_m 是调制信号的最高频率；D 是最大频偏 Δf 与 f_m 的比值。实际应用中，当 $D>2$ 时，用

$$B_{FM}=2(D+2)f_m \tag{4-79}$$

计算调频带宽更符合实际情况。

4.3.3　调频信号的产生与解调

1. 调频信号的产生

产生调频波的方法通常有两种：直接法和间接法。

(1) 直接法　直接法就是用调制信号直接控制振荡器的频率，使其按调制信号的规律线性变化。

振荡频率由外部电压控制的振荡器叫作压控振荡器（VCO）。每个压控振荡器自身就是一个 FM 调制器，因为它的振荡频率正比于输入控制电压，即

$$\omega_i(t) = \omega_0 + K_f m(t)$$

若用调制信号作控制信号，就能产生 FM 波。

控制 VCO 振荡频率的常用方法是改变振荡器谐振回路的电抗元件 L 或 C。L 或 C 可控的元件有电抗管、变容管。变容管由于电路简单、性能良好，目前在调频器中广泛使用。

直接法的主要优点是在实现线性调频的要求下，可以获得较大的频偏；缺点是频率稳定度不高，因此往往需要采用自动频率控制系统来稳定中心频率。

应用如图 4-22 所示的锁相环（PLL）调制器，可以获得高质量的 FM 或 PM 信号。其载频稳定度很高，可以达到晶体振荡器的频率稳定度。但这种方案的一个显著缺点是，在调制频率很低，进入 PLL 的误差传递函数 $H_e(s)$（高通特性）的阻带之后，调制频偏（或相偏）是很小的。

为使 PLL 调制器具有同样良好的低频调制特性，可用锁相环路构成一种所谓两点调制的宽带 FM 调制器，读者可参阅有关资料。

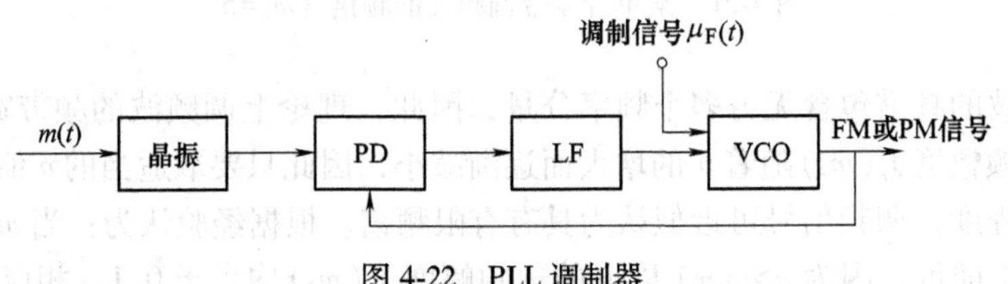

图 4-22　PLL 调制器

(2) 间接法　间接法是先对调制信号积分后对载波进行相位调制，从而产生窄带调频信号（NBFM）。然后，利用倍频器把 NBFM 变换成宽带调频信号（WBFM）。其原理框图如图 4-23 所示。

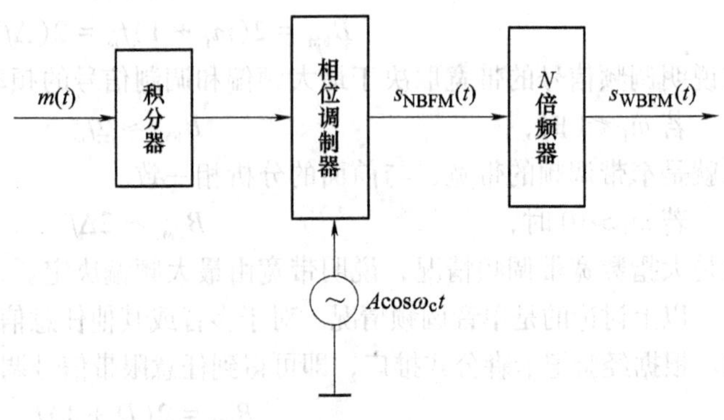

图 4-23　间接调频原理框图

由式（4-65）可知，窄带调频信号可看成由正交分量与同相分量合成，即

$$s_{NBFM}(t) = \cos\omega_c t - \left[K_f \int_{-\infty}^{t} m(\tau)\mathrm{d}\tau\right] \sin\omega_c t$$

因此，可采用图 4-24 所示的框图来实现窄带调频。

倍频器的作用是提高调频指数 m_f，从而获得宽带调频。倍频器可以用非线性器件实现，然后用带通滤波器滤去不需要的频率分量。以理想平方律器件为例，其输出-输入特性为

$$s_0(t) = as_i^2(t) \tag{4-80}$$

当输入信号 $s_i(t)$ 为调频信号时，有

$$s_i(t) = A\cos[\omega_c t + \varphi(t)]$$

$$s_0(t) = \frac{1}{2}aA^2\{1 + \cos[2\omega_c t + 2\varphi(t)]\} \tag{4-81}$$

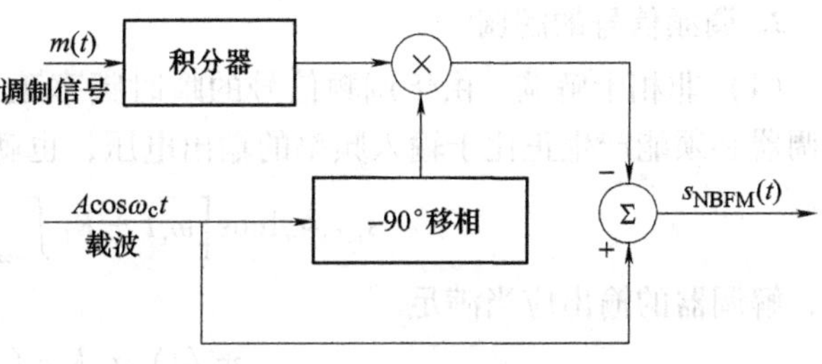

图4-24 窄带调频信号的产生

由式（4-81）可知，滤除直流成分后可得到一个新的调频信号，其载频和相位偏移均增为两倍，由于相位偏移增为两倍，因而调频指数也必然增为两倍。同理，经n次倍频后可以使调频信号的载频和调频指数增为n倍。

以典型的调频广播的调频发射机为例。在这种发射机中首先以$f_1 = 200\text{kHz}$为载频，用最高频率$f_m = 15\text{kHz}$的调制信号产生频偏$\Delta f_1 = 25\text{Hz}$的窄带调频信号。而调频广播的最终频偏$\Delta f = 75\text{kHz}$，载频f_c在88～108MHz频段内，因此需要经过$n = \Delta f/\Delta f_1 = 75\times10^3/25 = 3000$的倍频，但倍频后新的载波频率（$nf_1$）高达600MHz，不符合$f_c$的要求。因此需要混频器进行下变频来解决这个问题。

解决上述问题的典型方案如图4-25所示。其中混频器将倍频器分成两个部分，由于混频器只改变载频而不影响频偏，因此可以根据宽带调频信号的载频和最大频偏的要求适当的选择f_1、f_2和n_1、n_2，使

$$\begin{aligned} f_c &= n_2(n_1 f_1 - f_2) \\ \Delta f &= n_1 n_2 \Delta f_1 \\ m_f &= n_1 n_2 m_{f1} \end{aligned} \tag{4-82}$$

例如，在上述方案中选择倍频次数$n_1 = 64$，$n_2 = 48$，混频器参考频率$f_2 = 10.9\text{MHz}$，则调频发射信号的载频

$$f_c = n_2(n_1 f_1 - f_2) = 48 \times (64 \times 200 \times 10^3 - 10.9 \times 10^6)\text{Hz} = 91.2\text{MHz}$$

调频信号的最大频偏

$$\Delta f = n_1 n_2 \Delta f_1 = 64 \times 48 \times 25\text{Hz} = 76.8\text{kHz}$$

调频指数

$$m_f = \frac{\Delta f}{f_m} = \frac{76.8 \times 10^3}{15 \times 10^3} = 5.12$$

图4-25所示的宽带调频信号产生方案是由阿姆斯特朗（Armstrong）于1930年提出的，因此称为Armstrong间接法。这个方法提出后，使调频技术得到很大发展。

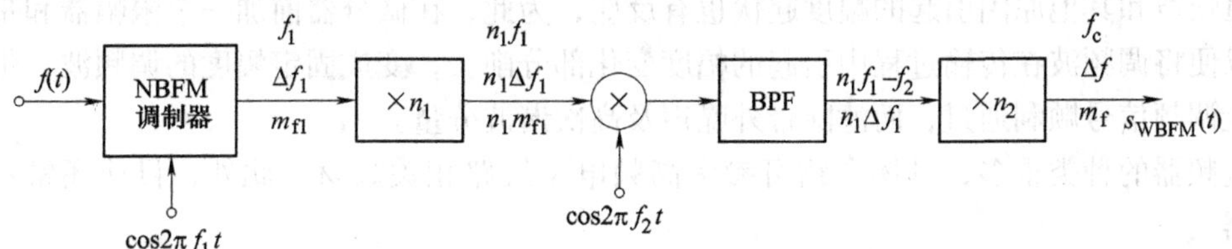

图4-25 Armstrong间接法

间接法的优点是频率稳定度好；缺点是需要多次倍频和混频，因此电路较复杂。

2. 调频信号的解调

（1）非相干解调　由于调频信号的瞬时频率正比于调制信号的幅度，因而调频信号的解调器必须能产生正比于输入频率的输出电压，也就是当输入调频信号为

$$s_{\mathrm{FM}} = A\cos\left[\omega_c t + K_f \int_{-\infty}^{t} m(\tau)\mathrm{d}\tau\right] \tag{4-83}$$

时，解调器的输出应当满足

$$m_o(t) \propto K_f m(t) \tag{4-84}$$

最简单的解调器是具有频率-电压转换特性的鉴频器。图 4-26 给出了理想鉴频特性和鉴频器的框图。理想鉴频器可看成是带微分器的包络检波器，微分器输出为

$$s_d(t) = -A[\omega_c + K_f m(t)]\sin\left[\omega_c t + K_f \int_{-\infty}^{t} m(\tau)\mathrm{d}\tau\right] \tag{4-85}$$

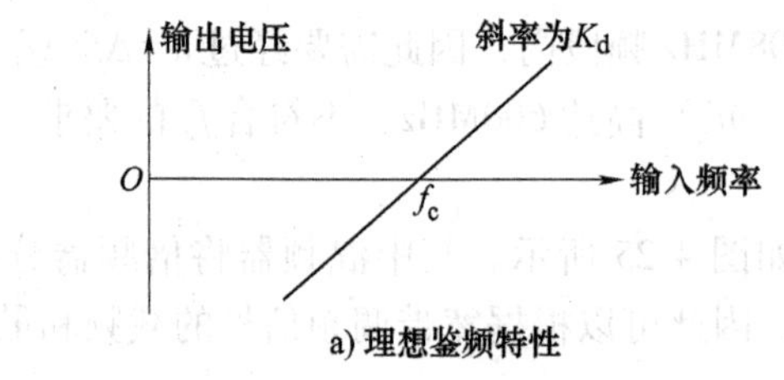

a) 理想鉴频特性

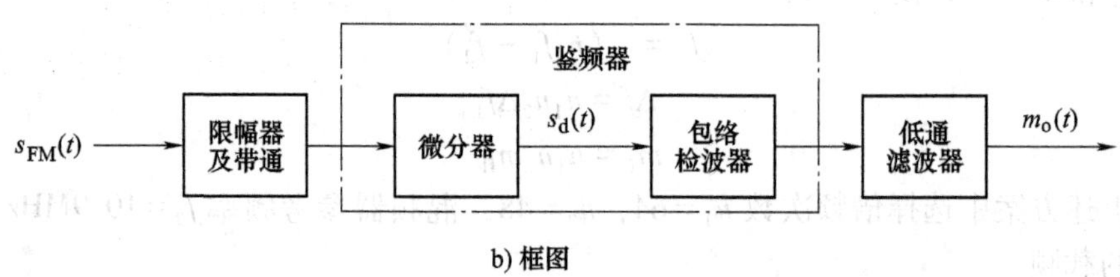

b) 框图

图 4-26　鉴频器特性与组成

这是一个幅度、频率均含调制信息的调幅调频信号，因此用包络检波器将其幅度变化取出，并滤去直流后输出

$$m_o(t) = K_d K_f m(t) \tag{4-86}$$

式中，K_d 称为检频器灵敏度。

以上解调过程是先用微分器将幅度恒定的调频波变成调幅调频波，再用包络检波器从幅度变化中检出调制信号，因此上述解调方法又称为包络检测。其缺点之一是包络检波器对于由信道噪声和其他原因引起的幅度起伏也有反应，为此，在微分器前加一个限幅器和带通滤波器以便将调频波在传输过程中引起的幅度变化部分削去，变成固定幅度的调频波，带通滤波器让调频信号顺利通过，而滤除带外噪声及高次谐波分量。

鉴频器的种类很多，具体介绍可参考高频电子线路相关教材。此外，目前还常用 PLL 鉴频器。

PLL 鉴频器是一个能够跟踪输入信号相位的闭环自动控制系统。由于 PLL 鉴频器具有引人注目的特性，即载波跟踪特性、调制跟踪特性和低门限特性，因而使得它在无线电通信的各个领域得到了广泛的应用。PLL 鉴频器最基本的原理图如图 4-27 所示。它由鉴相器（PD）、环路滤波器（LF）和压控振荡器（VCO）组成。

假设 VCO 输入控制电压为 0 时振荡频率调整在输入 FM 信号 $s_i(t)$ 的载频上，并且与调频信号的未调载波相差 $\pi/2$，即有

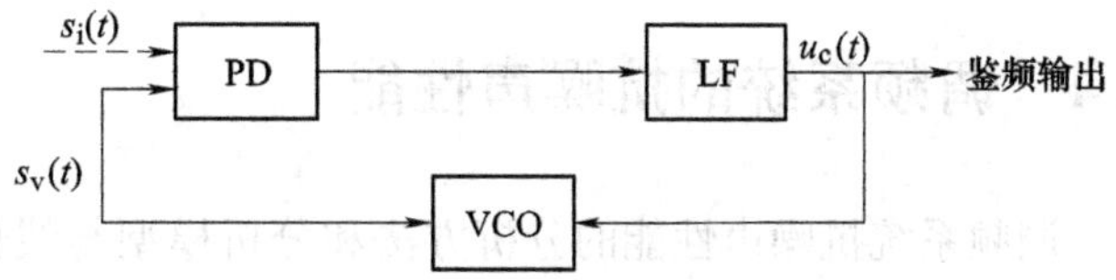

图 4-27　PLL 鉴频器

$$s_i(t)=A\cos[\omega_c t+K_f\int_{-\infty}^{t}m(\tau)\mathrm{d}\tau]=A\cos[\omega_c t+\theta_1(t)] \tag{4-87}$$

$$s_v(t)=A_v\sin[\omega_c t+K_{VCO}\int_{-\infty}^{t}u_c(\tau)\mathrm{d}\tau]=A_v\sin[\omega_c t+\theta_2(t)] \tag{4-88}$$

式中，K_{VCO}为压控灵敏度。

设计 PLL 鉴频器使其工作在调制跟踪状态下，这时 VCO 输出信号的相位 $\theta_2(t)$ 能够跟踪输入信号的相位 $\theta_1(t)$ 的变化。也就是说，VCO 输出信号 $s_v(t)$ 也是 FM 信号。我们知道，VCO 本身就是一个调频器，它输入端的控制信号 $u_c(t)$ 必是调制信号 $m(t)$，因此 $u_c(t)$ 即为鉴频输出。

（2）相干解调　由于窄带调频信号可分解成同相分量与正交分量之和，因而可以采用线性调制中的相干解调法来进行解调，如图 4-28 所示。

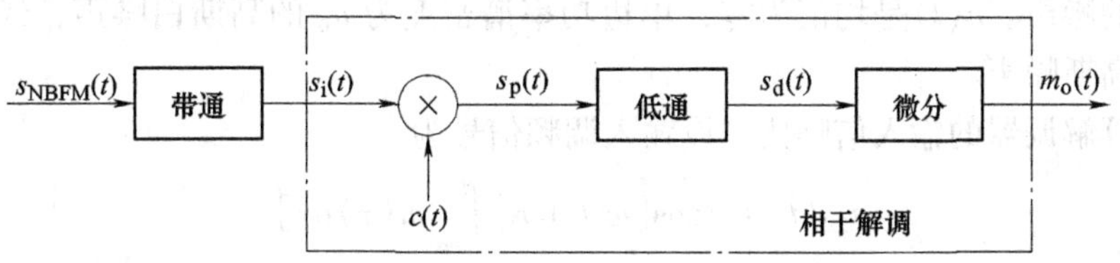

图 4-28　窄带调频信号的相干解调

设窄带调频信号为

$$s_{NBFM}(t)=A\cos\omega_c t-A[K_f\int_{-\infty}^{t}m(\tau)\mathrm{d}\tau]\sin\omega_c t \tag{4-89}$$

相干载波

$$c(t)=-\sin\omega_c t \tag{4-90}$$

则相乘器的输出为

$$s_p(t)=-\frac{A}{2}\sin2\omega_c t+\left[\frac{A}{2}K_f\int_{-\infty}^{t}m(\tau)\mathrm{d}\tau\right](1-\cos2\omega_c t)$$

经低通滤波器取出其低频分量

$$s_d(t)=\frac{A}{2}K_f\int_{-\infty}^{t}m(\tau)\mathrm{d}\tau$$

再经微分器，得输出信号

$$m_o(t)=\frac{AK_f}{2}m(t) \tag{4-91}$$

可见，相干解调可以恢复原调制信号，这种解调方法与线性调制中的相干解调一样，要求本地载波与调制载波同步，否则将使解调信号失真。

4.4　调频系统的抗噪声性能

调频系统抗噪声性能的分析方法和分析模型与线性调制系统相似，仍可用图 4-12 所示的模型，但其中的解调器应是调频解调器。

从前面的分析可知，调频信号的解调有相干解调和非相干解调两种。相干解调仅适用于窄带调频信号，且需同步信号；而非相干解调适用于窄带和宽带调频信号，而且不需同步信号，因而是 FM 系统的主要解调方式，其分析模型如图 4-29 所示。

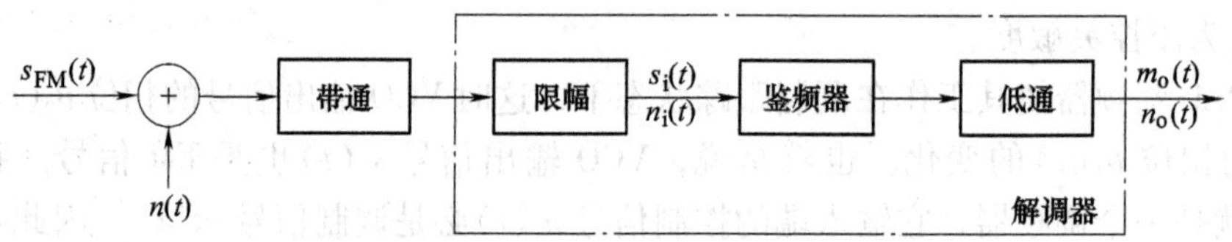

图 4-29　调频系统抗噪声性能分析模型

图中限幅器是为了消除接收信号在幅度上可能出现的畸变。带通滤波器的作用是抑制信号带宽以外的噪声。$n(t)$是均值为零，单边功率谱密度为 n_0 的高斯白噪声，经过带通滤波器变为窄带高斯噪声。

先来计算解调器的输入信噪比。设输入调频信号为

$$s_{FM}(t) = A\cos[\omega_c t + K_f \int_{-\infty}^{t} m(\tau)\mathrm{d}\tau]$$

因而输入信号功率

$$S_i = \frac{A^2}{2} \tag{4-92}$$

理想带通滤波器的带宽与调频信号的带宽 B_{FM} 相同，所以输入噪声功率

$$N_i = n_0 B_{FM} \tag{4-93}$$

因此，输入信噪比

$$\frac{S_i}{N_i} = \frac{A^2}{2n_0 B_{FM}} \tag{4-94}$$

计算输出信噪比时，由于非相干解调不满足叠加性，无法分别计算信号与噪声功率，因此，也和 AM 信号的非相干解调一样，考虑两种极端情况，即大信噪比情况和小信噪比情况，使计算简化，以便得到一些有用的结论。

1. 大信噪比情况

在大信噪比条件下，信号和噪声的相互作用可以忽略，这时可以把信号和噪声分开来算，经过分析，我们直接给出解调器的输出信噪比

$$\frac{S_o}{N_o} = \frac{3A^2 K_f^2 \overline{m^2(t)}}{8\pi^2 n_0 f_m^2} \tag{4-95}$$

为使式（4-95）具有简明的结果，我们考虑 $m(t)$ 为单一频率余弦波时的情况，即

$$m(t) = \cos\omega_m t$$

这时的调频信号为

$$s_{FM}(t) = A\cos(\omega_c t + m_f \sin\omega_m t) \tag{4-96}$$

式中

$$m_f = \frac{k_f}{\omega_m} = \frac{\Delta\omega}{\omega_m} = \frac{\Delta f}{f_m} \tag{4-97}$$

将式（4-96）、式（4-97）代入式（4-95）可得

$$\frac{S_o}{N_o} = \frac{3}{2} m_f^2 \frac{A^2/2}{n_0 f_m} \tag{4-98}$$

因此，由式（4-94）和式（4-98）可得解调器的制度增益

$$G_{FM} = \frac{S_o/N_o}{S_i/N_i} = \frac{3}{2} m_f^2 \frac{B_{FM}}{f_m} \tag{4-99}$$

又因在宽带调频时，信号带宽为

$$B_{FM} = 2(m_f + 1)f_m = 2(\Delta f + f_m)$$

所以，式（4-99）还可以写成

$$G_{FM} = 3m_f^2(m_f + 1) \approx 3m_f^3 \tag{4-100}$$

式（4-100）表明，大信噪比时宽带调频系统的制度增益是很高的，它与调制指数的三次方成正比。例如调频广播中常取 $m_f = 5$，则制度增益 $G_{FM} = 450$。也就是说，加大调制指数 m_f，可使调频系统的抗噪声性能迅速改善。

【例 4-1】 设调频与调幅信号均为单音调制，调制信号频率为 f_m，调幅信号为 100%调制。当两者的接收功率 S_i 相等，信道噪声功率谱密度 n_0 相同时，比较调频系统与调幅系统的抗噪声性能。

解　调频波的输出信噪比为

$$\left(\frac{S_o}{N_o}\right)_{FM} = G_{FM}\left(\frac{S_i}{N_i}\right)_{FM} = G_{FM}\frac{S_i}{n_0 B_{FM}}$$

调幅波的输出信噪比为

$$\left(\frac{S_o}{N_o}\right)_{AM} = G_{AM}\left(\frac{S_i}{N_i}\right)_{AM} = G_{AM}\frac{S_i}{n_0 B_{AM}}$$

则两者输出信噪比的比值为

$$\frac{(S_o/N_o)_{FM}}{(S_o/N_o)_{AM}} = \frac{G_{FM}}{G_{AM}} \cdot \frac{B_{AM}}{B_{FM}}$$

根据本题假设条件有

$$G_{FM} = 3m_f^2(m_f + 1), G_{AM} = \frac{2}{3}$$

$$B_{FM} = 2(m_f + 1)f_m, B_{AM} = 2f_m$$

将这些关系式代入上式，得

$$\frac{(S_o/N_o)_{FM}}{(S_o/N_o)_{AM}} = 4.5m_f^2 \tag{4-101}$$

由此可见，在高调频指数时，调频系统的输出信噪比远大于调幅系统。例如，当 $m_f = 5$ 时，宽带调频的 S_o/N_o 是调幅时的 112.5 倍。这也可理解成当两者输出信噪比相等时，调频信号

的发射功率可减小到调幅信号的 1/112.5。

应当指出，调频系统的这一优越性是以增加传输带宽来换取的。

$$B_{FM} = 2(m_f + 1)f_m = (m_f + 1)B_{AM} \tag{4-102}$$

当 $m_f \gg 1$ 时

$$B_{FM} \approx m_f B_{AM}$$

代入式（4-101）有

$$\frac{(S_o/N_o)_{FM}}{(S_o/N_o)_{AM}} = 4.5\left(\frac{B_{FM}}{B_{AM}}\right)^2 \tag{4-103}$$

这说明宽带调频输出信噪比相对于调幅的改善与它们带宽比的二次方成正比。这就意味着，对于调频系统来说，增加传输带宽就可以改善抗噪声性能。调频方式的这种以带宽换取信噪比的特性是十分有益的。在调幅制式中，由于信号带宽是固定的，无法进行带宽与信噪比的互换，这也正是在抗噪声性能方面调频系统优于调幅系统的重要原因。

2. 小信噪比情况与门限效应

应该指出，以上分析都是在$(S_i/N_i)_{FM}$足够大的条件下进行的。当$(S_i/N_i)_{FM}$减小到一定程度时，解调器的输出中不存在单独的有用信号项，信号被噪声扰乱，因而$(S_o/N_o)_{FM}$急剧下降。这种情况与 AM 包络检波时相似，我们称之为门限效应。出现门限效应时所对应的$(S_i/N_i)_{FM}$值被称为门限值（点），记为$(S_i/N_i)_b$。

图 4-30 示出了在单音调制的不同调制指数 m_f 下，调频解调器的输出信噪比与输入信噪比近似关系曲线。由图可见：

1）m_f 不同，门限值不同。m_f 越大，门限点 $(S_i/N_i)_b$ 越高。$(S_i/N_i)_{FM} > (S_i/N_i)_b$ 时，$(S_o/N_o)_{FM}$与$(S_i/N_i)_{FM}$呈线性关系，且 m_f 越大，输出信噪比的改善越明显。

2）$(S_i/N_i)_{FM} < (S_i/N_i)_b$ 时，$(S_o/N_o)_{FM}$将随$(S_i/N_i)_{FM}$的下降而急剧下降。且 m_f 越大，$(S_o/N_o)_{FM}$下降得越快，甚至比 DSB 或 SSB 更差。

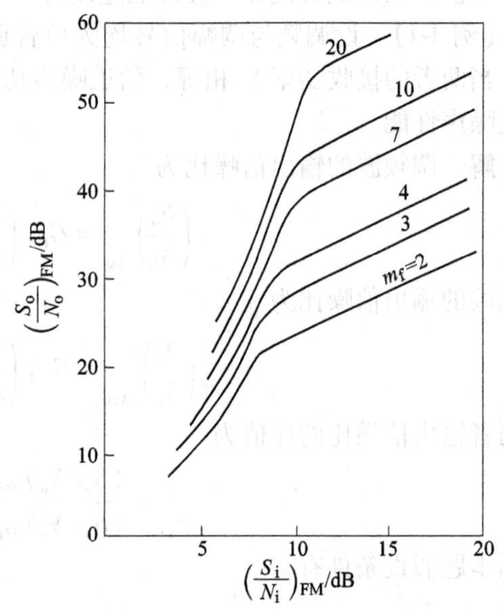

图 4-30　非相干解调的门限效应

这表明，FM 系统以带宽换取输出信噪比改善并不是无止境的。随着传输带宽的增加（相当 m_f 加大），输入噪声功率增大，在输入信号功率不变的条件下，输入信噪比下降，当输入信噪比降到一定程度时就会出现门限效应，输出信噪比将急剧恶化。

在空间通信等领域中，对调频接收机的门限效应十分关注，希望在接收到最小信号功率时仍能满意地工作，这就要求门限点向低输入信噪比方向扩展。采用比鉴频器更优越的一些解调方法可以达到改善门限效应的要求，目前用得较多的有锁相环鉴频法和调频负回授鉴频法。

4.5 各种模拟调制系统的性能比较

综合前面的分析，各种模拟调制方式的性能见表 4-1。表中的 S_o/N_o 是在相同的解调器输入信号功率 S_i、相同噪声功率谱密度 n_0、相同基带信号带宽 f_m 的条件下得出的。其中 AM 为 100%调制，调制信号为单音正弦。

表 4-1 各种模拟调制方式的性能

调制方式	信号带宽	制度增益	$\dfrac{S_o}{N_o}$	设备复杂度	主要应用
DSB	$2f_m$	2	$\dfrac{S_i}{n_0 f_m}$	中等	较少应用
SSB	f_m	1	$\dfrac{S_i}{n_0 f_m}$	复杂	短波无线电广播，话音频分多路
VSB	略大于 f_m	近似 SSB	近似 SSB	复杂	商用电视广播
AM	$2f_m$	2/3	$\dfrac{1}{3}\cdot\dfrac{S_i}{n_0 f_m}$	简单	中短波无线电广播
FM	$2(m_f+1)f_m$	$3m_f^2(m_f+1)$	$\dfrac{3}{2}m_f^2\dfrac{S_i}{n_0 f_m}$	中等	超短波小功率电台（窄带 FM），微波中继，调频立体声广播（宽带 FM）

1. 性能比较

FM 抗噪声性能最好，DSB、SSB、VSB 抗噪声性能次之，AM 抗噪声性能最差。图 4-31 示出了各种模拟调制系统的性能曲线，图中的圆点表示门限点。门限点以下，曲线迅速下跌；门限点以上，DSB、SSB 的信噪比比 AM 高 4.7dB 以上，而 FM（$m_f=6$）的信噪比比 AM 高 22dB。由此可见：FM 的调频指数 m_f 越大，抗噪声性能越好，但占据的带宽越宽，频带利用率越低。SSB 的带宽最窄，其频带利用率高。

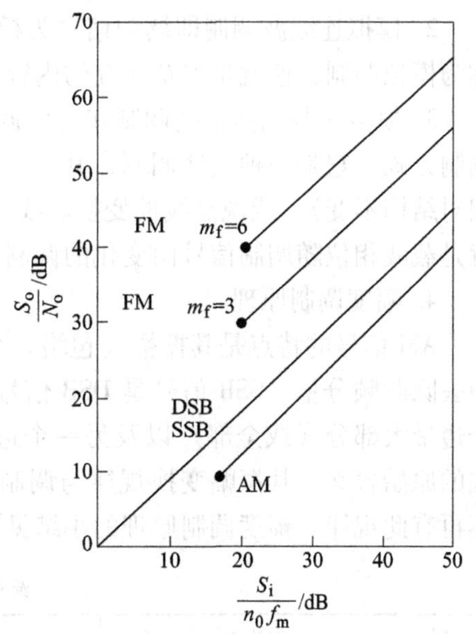

图 4-31 各种模拟调制系统的性能曲线

2. 特点与应用

AM 的优点是接收设备简单；缺点是功率利用率低，抗干扰能力差，在传输中如果载波受到信道的选择性衰落，则在包络检波时会出现过调失真，信号频带较宽，频带利用率不高。因此 AM 制式用于通信质量要求不高的场合，目前主要用在中波和短波的调幅广播中。

DSB 调制的优点是功率利用率高，但带宽与 AM 相同，接收要求同步解调，设备较复杂，只用于点对点的专用通信，应用不太广泛。

SSB 调制的优点是功率利用率和频带利用率都较高，抗干扰能力和抗选择性衰落能力均优于 AM，而带宽只有 AM 的一半；缺点是发送和接收设备都复杂。鉴于这些特点，SSB 制式普遍用在频带比较拥挤的场合，如短波波段的无线电广播和频分多路复用系统中。

VSB 调制的诀窍在于部分抑制了发送边带，同时又利用平缓滚降滤波器补偿了被抑制部分。VSB 的性能与 SSB 相当。VSB 解调原则上也需同步解调，但在某些 VSB 系统中，附加一个足够大的载波，就可用包络检波法解调合成信号（VSB+C），这种（VSB+C）方式综合了 AM、SSB 和 DSB 三者的优点。所有这些特点，使 VSB 对商用电视广播系统特别具有吸引力。

FM 波的幅度恒定不变，这使它对非线性器件不甚敏感，给 FM 带来了抗快衰落能力。利用自动增益控制和带通限幅还可以消除快衰落造成的幅度变化效应。这些特点使得窄带 FM 对微波中继系统颇具吸引力。宽带 FM 的抗干扰能力强，可以实现带宽与信噪比的互换，因而宽带 FM 广泛应用于长距离、高质量的通信系统中，如空间和卫星通信、调频立体声广播、超短波电台等。宽带 FM 的缺点是频带利用率低，存在门限效应，因此在接收信号弱、干扰大的情况下宜采用窄带 FM，这就是小型通信机常采用窄带调频的原因。另外，窄带 FM 采用相干解调时不存在门限效应。

4.6 本章小结

1. 调制即按调制（基带）信号的变化规律去改变载波某一（些）参数的过程。调制信号可以是模拟信号、数字信号，载波可以是连续波、脉冲，于是就有 4 种调制方式。

2. 模拟连续波调制即调制信号为模拟信号、载波为连续波的一种调制方式，有时亦简称为模拟调制，这就是本章研究的内容。

3. 模拟调制包括幅度调制和角度调制。幅度调制就是载波幅度随调制信号线性变化的调制方式。它是一种线性调制，其“线性”的含义是调制过程仅是频谱的平移（频谱内部相对结构不变），或说是线性变换。线性变换的含义是边带的变换服从叠加原理。角度调制就是载波相位随调制信号而变化的调制方式，它是一种非线性调制。

4. 幅度调制原理

AM 信号的特点是其振幅（包络）变化正比于调制信号幅值。DSB 信号就是在 AM 信号中去除载频分量。SSB 信号是 DSB 信号中只保留一个边带。VSB 信号是 DSB 信号中保留一个边带大部分（或全部）以及另一个边带的小部分。从波形看，只有 AM 信号才保留着调幅的原始含义，其振幅变换规律与调制信号幅值相一致。其余信号（DSB、SSB、VSB）已不再有此规律。幅度调制原理的小结见表 4-2。

表 4-2 幅度调制原理

类型	表达式	产生	解调	特点	应用
AM	$s_{AM}(t)=[A+m(t)]\cos\omega_c t$	调制信号 $m(t)$ 先叠加直流 A，再与载波相乘； BPF$\begin{cases}f_0=f_c\\B_{BPF}\geqslant 2f_H\end{cases}$	包络检波	带宽加倍 解调简单 功率浪费	AM 广播

（续）

类型	表达式	产生	解调	特点	应用
DSB	$s_{DSB}(t)=m(t)\cos\omega_c t$	$m(t)$直接与载波相乘； BPF：同 AM	① 相干解调 ② 插入载波后包络检波	带宽加倍	小范围
SSB	$s_{SSB}(t)=$ $m(t)\cos\omega_c t\mp\hat{m}(t)\sin\omega_c t$	先产生 DSB，再由边带滤波器滤出一个边带； BPF$\begin{cases}f_0=f_c\pm\dfrac{f_H}{2}\\B_{BPF}\geqslant f_H\end{cases}$	① 相干解调 ②插入大载波后包络检波	带宽不变	载波电话
VSB		先产生 DSB，再由残余边带滤波器滤出所需边带	同 SSB	带宽界于 1~2 个边带之间	TV 图像

5. 角度调制原理

角度调制包括调频（FM）和调相（PM）两种。FM 信号的频偏 $\Delta\omega(t)$与调制信号幅值 $m(t)$成正比，PM 信号的相移 $\varphi(t)$与调制信号幅值成正比，这是区别 FM、PM 的准则。角度调制信号的小结见表 4-3。

表 4-3　角度调制信号

参量	PM	FM
表达式	$s_{PM}(t)=A\cos[\omega_c t+K_p m(t)]$	$s_{FM}(t)=A\cos[\omega_c t+K_f\int_{-\infty}^{t}m(\tau)d\tau]$
关键点	$\varphi(t)=K_p m(t)$；K_p 单位：rad/V	$\Delta\omega(t)=K_f m(t)$；K_f 单位：rad/(s · V)
相移	$\varphi(t)=K_p m(t)$	$\varphi(t)=K_f\int_{-\infty}^{t}m(\tau)d\tau$
最大相移	$\varphi_{max}=K_p m(t)\|_{max}$	$\varphi_{max}=K_f\int_{-\infty}^{t}m(\tau)d\tau\Big\|_{max}$
频偏	$\Delta\omega(t)=K_p\dfrac{dm(t)}{dt}$	$\Delta\omega(t)=K_f m(t)$
最大频偏	$\Delta\omega=K_p\dfrac{dm(t)}{dt}\Big\|_{max}$	$\Delta\omega=K_f\dfrac{dm(t)}{dt}\Big\|_{max}$

注：1. 对单音调制，最大相移 φ_{max} 即为调制指数 m（m_p 或 m_f），于是调角波表达式必为 $s_m(t)=A\cos[\omega_c t+m(t)\cos\omega_m t]$形式（式中的 cos 也可改为 sin）。

2. 对单音调制，$\Delta\omega=m\omega_m$。

6. 模拟调制系统性能小结

（1）抗噪性能小结见表 4-4

表 4-4　模拟调制系统抗噪性能

类型	带宽 B	调制制度增益 G	输出信噪比 S_o/N_o	G、S_o/N_o 公式成立的条件
AM	$2f_H$	$2\eta_{AM}=\dfrac{2m_a^2}{2+m_a^2}$	$\dfrac{m_a^2}{2+m_a^2}\dfrac{S_i}{n_0 f_H}$	单音调制，高于门限的包络检波，或相干解调

（续）

类型	带宽 B	调制制度增益 G	输出信噪比 S_o/N_o	G、S_o/N_o 公式成立的条件
DSB	$2f_H$	2	$\frac{S_i}{n_0f_H}$	相干解调
SSB	f_H	1	$\frac{S_i}{n_0f_H}$	相干解调
FM	$2(\Delta f+f_H)=2(m_f+1)f_H$	$3m_f^2(m_f+1)$	$\frac{3}{2}m_f^2\frac{S_i}{n_0f_H}$	单音调制，高于门限的鉴频器解调

注：1. 信道噪声为加性高斯白噪声，单边功率谱密度为 n_0。

2. 调制信号 $m(t)$ 的最高频率为 f_H，且满足 $\overline{m(t)}=0$。

3. 加到接收机输入端的已调信号功率为 S_i。

（2）其他性能比较

① 在带宽节省方面，SSB 最好、AM/DSB 次之、FM 最差。

② 在信噪比改善方面，FM 最好、DSB/SSB 次之、AM 最差。

③ 在功率利用率方面，FM 最好、DSB/SSB 次之、AM 最差。

④ 在设备复杂性方面，AM 最好、DSB/FM 次之、SSB 最差。

7. 非相干解调（包络检波）时存在门限效应。因而要求输入信噪比高于门限（如 10dB）才能正常工作。门限效应缘于包络检波器解调的非线性。相干解调不存在门限效应。

4.7 思考题与习题

一、思考题

1. 什么是线性调制？常见的线性调制有哪些？
2. 残留边带滤波器的传输特性应如何？为什么？
3. 什么叫调制制度增益？其物理意义如何？
4. 双边带调制系统解调器的输入信号功率为什么和载波功率无关？
5. 如何比较两个系统的抗噪声性能？
6. DSB 调制系统和 SSB 调制系统的抗噪声性能是否相同？为什么？
7. 什么是门限效应？AM 信号采用包络检波法解调时为什么会产生门限效应？
8. 在小噪声情况下，试比较 AM 系统和 PM 系统抗噪声性能的优劣。
9. FM 系统产生门限效应的主要原因是什么？
10. FM 系统调制制度增益和信号带宽的关系如何？这一关系说明什么问题？

二、选择题

1.（　　）数字载波调制信号。

A. FM　　B. DPSK　　C. PAM　　D. DSB

2. SSB 系统接收机对本地载波的要求是（　　）。

A. 同频不同相　　B. 同相不同频　　C. 同频同相　　D. 相位差应 $=-\pi/2$

3. 残留边带调制 VSB 的频谱宽度（　　）。

A. 与标准调幅B_{AM}相同　　B. $B_{VSB}>B_{DSB}>B_{SSB}$

C. $B_{DSB}<B_{VSB}<B_{SSB}$　　D. $B_{DSB}>B_{VSB}>B_{SSB}$

4. AM 波的带宽与调制信号最高频率分量的关系是（　）。

A. f_m　　B. $2f_m$　　C. $f_m/2$　　D. 2（$\beta_{AM}+1$）f_m

5. AM 信号是（　）信号。

A. 基带信号　　B. 高通信号　　C. 低通信号　　D. 带通信号

6. 抑制载波的双边带调制 DSB 所占有的频带宽度（　）。

A. 与 SSB 相等　　B. 与 ASK 相等　　C. 与 AM 相等　　D. 与 FSK 相等

7. SSB 是（　）信号。

A. 低通　　B. 基带　　C. 模拟　　D. 数字

8. 正弦波调制 AM 波的最大效率为（　）。

A. 1/2　　B. 1　　C. 1/3　　D. 1/4

9. 相干解调要求本地载波与发送载波（　）。

A. 同频不同相　　B. 同相不同频

C. 同频同相　　D. 始终保持一个固定频差

10. 标准调幅的频带宽度与（　）的相等。

A. 残留边带调制　　B. 调频情况

C. 单边带调制　　D. 抑制载波的双边带调制

11. 调频波的卡森带宽为（　）。

A. $2(\beta+1)\omega_m$　　B. $2(\beta+1)\Delta\omega$　　C. $2(1+1/\beta)\omega_m$　　D. $\Delta\omega+\omega_m$

三、填空题

1. 已调波 $s(t)=(\cos t+\sin 2t)\cos 5t\sin 100t$，属于____调制方式，其调制载波为____，带宽为____，包含的实际频率成分有____。

2. 相干解调要求____和____必须保持同频同相。

3. 调频波的解调常用____解调方式，鉴频器最重要的功能是____，使所得的解调信号具有了____的信息。

4. 调频信号鉴频解调器输出噪声功率谱的形状是____，改善调频系统信噪比的最简单的方法是____。

5. 在 AM、DSB、SSB、FM 四个通信系统中，可靠性最好的是____，有效性最好的是____，可靠性相同的是____，有效性相同的是____。

6. 设调制信号$f(t)$的最高频率为 4kHz，采用如下各种调制，其最小传输带宽分别为：AM____，$\beta=5$ 的 FM____，将每个样点编成 8 位码的 PCM____，抽样速率为 100kHz 的 ΔM____。

7. 已知收音机的中波波段为 535～1605kHz，若各台间设 0.5kHz 的防护频带，此波段收音机最多能收____台的节目。

8. 已知$s_{AM}(t)=[A_0+A_m\cos\omega_m t]\cos\omega_0 t$，若未调波功率$P_c=1\text{kW}$，当$\beta_{AM}=50\%$时，已调波总功率为____；当$\beta_{AM}=100\%$时，已调波总功率为____。

9. 已知角调波 $s(t)=A\cos(\omega_0 t+k\cos\omega_m t)$，其中最大相移 $\Delta\theta=$____rad/s，最大频偏 $\Delta f=$____，总功率 $P_{FM}=$____，已调波带宽 $B=$____，载波功率$P_c=$____，边带基波功率$P_{s1}=$____。

10. 设一信号$f(t)=A_m\cos(2\pi f_m t)$，分别对载波 $C(t)$进行 AM 和 FM 调制，若 FM 系统的峰值频偏为 AM 系统带宽的四倍，FM 系统的调制指数是____。

11. 有一频分复合调制系统，传送 10 路话音信号，防护频带 500Hz，副载波为 SSB 主载波为 FM，且最大频偏 800kHz，该系统的最小带宽为____。

12. 当调制信号为$f(t)=5\cos 8\times10^3\pi t$，对载频 $C(t)=10\cos 10^6\pi t$ 进行调制，在相同信道特性，均采用相干解调条件下，若采用 DSB 系统传输比采用 AM 系统传输，性能将优于____dB。

四、计算题

1. 已知调制信号 $m(t)=\cos(10\pi\times10^3t)$ V，对载波 $C(t)=10\cos(20\pi\times10^6t)$ V 进行单边带调制，已调信号通过噪声双边带功率密度谱为 $n_0/2=0.5\times10^{-9}$ W/Hz 的信道传输，信道衰减为 1dB/km。试求：若要求接收机输出信噪比为 20dB，发射机设在离接收机 100km 处，此发射机发射功率应为多少？

2. 在采用包络检波的幅度调制系统中，若噪声双边功率谱密度为 5×10^{-2} W/Hz，单频正弦波调制时载波功率为 100kW，边带功率为每边带 10kW，带通滤波器带宽为 4kHz。试求：

（1）解调输出信噪比。

（2）若采用抑制载波双边带调制系统，其性能优于幅度调制（AM）系统多少 dB？

3. 设用正弦信号进行调制，调制信号频率为 15kHz，最大频偏为 75kHz，用鉴频器解调，输入信噪比为 20dB，试求输出信噪比。

4. 用 10kHz 的正弦波形信号调制 100MHz 的载波，试求产生 AM、SSB 及 FM 波的带宽各为多少？假定 FM 的最大频偏为 50kHz。

5. 已知一角调信号为 $s(t)=A\cos[\omega_0t+100\cos\omega_mt]$

（1）如果它是调相波，并且 $K_p=2$，试求调制信号 $m(t)$。

（2）如果它是调频波，并且 $K_f=2$，试求调制信号 $m(t)$。

（3）最大频偏是多少？

6. 某单音调制信号的频率为 15kHz，首先进行单边带 SSB 调制，SSB 调制所用载波的频率为 38kHz，然后取下边带信号作为 FM 调制器的调制信号，形成 SSB/FM 发送信号。设调频所用载波的频率为 f_0，调频后发送信号的幅度为 200V，调频指数 $m_f=3$，若接收机的输入信号在加至解调器（鉴频器）之前，先经过一个理想带通滤波器，该理想带通滤波器的带宽为 200kHz，信道衰减为 60dB，$n_0=4\times10^{-9}$ W/Hz。

（1）写出 FM 已调波信号的表达式。

（2）求 FM 已调波信号的带宽 B_{FM}。

（3）求鉴频器输出信噪比为多少？

7. 已知调频信号 $s_{FM}(t)=10\cos[10^6\pi t+8\cos10^3\pi t]$，调制器的调频灵敏度为 200Hz/V，试求：

（1）载频 f_c。

（2）调频指数 β_f。

（3）最大频偏 Δf。

（4）调制信号 $m(t)$。

8. 设某信道具有均匀的双边功率谱密度 $P_n(f)=0.5\times10^{-3}$ W/Hz，在该信道中传输抑制载波的双边带信号，并设调制信号 $m(t)$ 的频带限制在 5kHz，而载波为 100kHz，已知信号的功率为 10kW。若接收机的输入信号在加至解调器之前，先经过一理想带通滤波器。

（1）该理想带通滤波器应具有怎样的传输特性 $H(\omega)$？

（2）解调器输入端的信噪功率比为多少？

（3）解调器输出端的信噪功率比为多少？

（4）求出解调器输出端的噪声功率谱密度。

9. 已知某调角信号 $s(t)=A_0\cos[10^4\pi t+5\cos10\pi t]$，其中 $f_c=5000$Hz，调制信号 $s_1(t)=\sin10\pi t$，求该调角信号是调频波还是调相波，并求调制灵敏度。

10. 在 50Ω 负载上有一角调电压，其时间函数为 $s_n(t)=10\cos[10^8\pi t+\pi t^2]$ V，求 $f_c=50$MHz 时：

（1）总平均功率。

（2）瞬时相位、瞬时相位偏移。

（3）瞬时角频率、瞬时角频率偏移。

11. 一角度调制信号 $s(t)=500\cos[2\pi f_ct+5\cos2\pi f_mt]$，其中，$f_m=1$kHz，$f_c=1$MHz。

(1) 若已知 $s(t)$ 是调制信号为 $m(t)$ 的调相信号，其相位偏移常数（调相灵敏度）$k_p = 5\text{rad/V}$，请写出调制信号 $m(t)$ 的表达式。

(2) 若已知 $s(t)$ 是调制信号为 $m(t)$ 的调频信号，其频率偏移常数（调频灵敏度）$k_f = 5000\text{Hz/V}$，请写出调制信号 $m(t)$ 的表达式。

(3) 请写出 $s(t)$ 的近似带宽。

五、练习题

1. 将调幅波通过残留边带滤波器产生残留边带信号。若此滤波器的传输函数 $H(\omega)$ 如图 4-32 所示（斜线段为直线）。当调制信号为 $m(t) = A[\sin 100\pi t + \sin 6000\pi t]$ 时，试确定所得残留边带信号的表示式。

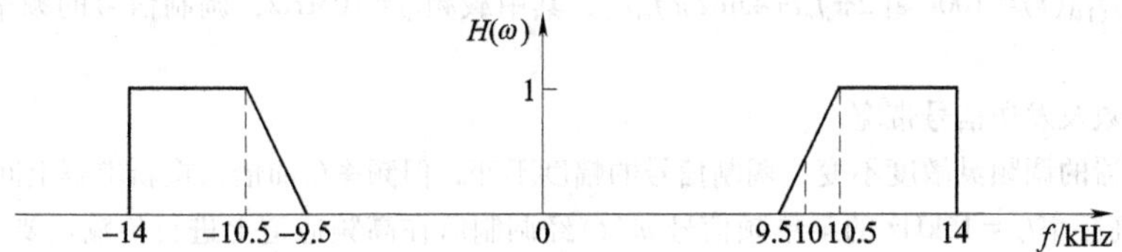

图 4-32 滤波器的传输函数

2. 已知 $f(t) = A[\sin(\omega t)]/(\omega t)$。

(1) 求希尔伯特变换 $\hat{f}(t)$。

(2) 求 $z(t) = f(t) + \mathrm{j}\hat{f}(t)$ 的幅度。

3. 已知调制信号 $m(t) = \cos(2000\pi t) + \cos(4000\pi t)$ 载波为 $\cos 10^4\pi t$，进行单边带调制，试确定该单边带信号的表示式，并画出频谱图。

4. 若对某一信号用 DSB 进行传输，设加至接收机的调制信号 $m(t)$ 之功率谱密度为

$$P_m(f) = \begin{cases} \dfrac{n_m}{2} \cdot \dfrac{|f|}{f}, & |f| \leqslant f_m \\ 0, & |f| > f_m \end{cases}$$

试求：

(1) 接收机的输入信号功率。

(2) 接收机的输出信号功率。

(3) 若叠加于 DSB 信号的白噪声具有双边功率谱密度为 $n_0/2$，设解调器的输出端接有截止频率为 f_m 的理想低通滤波器，那么输出信噪功率比是多少？

5. 设调制信号 $m(t)$ 的功率谱密度与上题相同，若用 SSB 调制方式进行传输（忽略信道的影响），试求：

(1) 接收机的输入信号功率。

(2) 接收机的输出信号功率。

(3) 若叠加于 SSB 信号的白噪声的双边功率谱密度为 $n_0/2$，设解调器的输出端接有截止频率为 f_m 的理想低通滤波器，那么，输出信噪功率比为多少？

6. 某线性调制系统的输出信噪比为 20dB，输出噪声功率为 10^{-9}W，由发射机输出端到解调器输入端之间总的传输损耗为 100dB，试求：

(1) DSB/SC 时的发射机输出功率。

(2) SSB/SC 时的发射机输出功率。

7. 试证明：若在残留边带信号中加入大的载波，则可采用包络检波法实现解调。

8. 现有幅度调制信号 $s(t) = [1 + A\cos 2\pi f_m t]\cos 2\pi f_c t$，其中调制信号的频率 $f_m = 5\text{kHz}$，载频 $f_c = 100\text{kHz}$，常数 $A = 15$。请问此幅度调制信号能否用包络检波器解调，说明其理由。

9. 在单边带调制系统中，若消息信号的功率谱密度为

$$P(f)=\begin{cases} a\dfrac{|f|}{B}, & |f|\leqslant B \\ 0, & |f|>B \end{cases}$$

式中，a 和 B 都是大于零的常数。已调信号经过加性白色高斯信道，设单边噪声功率谱密度为n_0，求相干解调后的输出信噪比。

10. 用相干解调来接收双边带信号 $A\cos\omega_m t\times\cos\omega_c t$。已知$f_m=2\text{kHz}$，输入噪声的单边功率谱密度$n_0=2\times10^{-8}\text{W/Hz}$。试求当输出信噪比为20dB时，要求 A 值为多少？

11. 调频信号$s_{FM}(t)=100\cos[2\pi f_c t+4\sin 2\pi f_m t]$，其中载频$f_c=10\text{MHz}$，调制信号的频率是$f_m=1000\text{Hz}$。试求：

（1）调频指数及发送信号带宽。

（2）若调频器的调频灵敏度不变，调制信号的幅度不变，但频率f_m加倍，重新求解上问。

12. 假设最高频率$f_m=15\text{kHz}$ 的某单频信号 $m(t)$ 经调制后在高频通道上进行传输。要求接收机输出信噪比$S_o/N_o=30\text{dB}$。已知：信道衰耗为 50dB，信道噪声为带限高斯白噪声，其双边功率谱密度为 $n_0/2=10^{-12}\text{W/Hz}$。

（1）DSB 调制时，已调信号的传输带宽和平均发送功率（接收端用同步解调）。

（2）SSB 调制时，已调信号的传输带宽和平均发送功率（接收端用同步解调）。

（3）100%振幅调制时，已调信号的传输带宽和平均发送功率（接收端用非同步解调）。

（4）$m_f=5$ 的 FM 信号的传输带宽和平均发送信号功率（接收端用非同步解调）。

13. 设一宽带频率调制系统，载波振幅为 100V、频率为 100MHz，调制信号 $m(t)$ 的频带限制于 5kHz，$\overline{m^2(t)}=5000\text{V}^2$，$K_f=500\pi\text{rad/(s}\cdot\text{V)}$，最大频偏 $\Delta f=75\text{kHz}$，并设信道中噪声功率谱密度是均匀的，其 $P_n(f)=10^{-3}\text{W/Hz}$（单边谱），试求：

（1）接收机输入端理想带通滤波器的传输特性 $H(\omega)$。

（2）解调器输入端的信噪功率比。

（3）解调器输出端的信噪功率比。

（4）若 $m(t)$ 以振幅调制方法传输，并以包络检波器检波，试比较在输出信噪比和所需带宽方面与频率调制系统有何不同？

14. 对单频调制的常规调幅信号进行包络检波。设每个边带的功率为 10mW，载波功率为 100mW，接收机带通滤波器带宽为 10kHz，信道噪声单边功率谱密度为 $5\times10^{-9}\text{W/Hz}$。

（1）求解调输出信噪比。

（2）若采用抑制载波双边带信号，其抗噪性能优于常规调幅多少 dB？

15. 设有一双边带信号$x_c(t)=x(t)\cos\omega_c t$，为了恢复 $x(t)$，用信号 $\cos(\omega_c t+\theta)$ 去与$x_c(t)$相乘。为了使恢复出的信号是其最大可能值的 90%，相位 θ 的最大允许值为多少？

第 5 章　数字基带传输系统

本章概述：数字基带传输方式是数字通信中一种重要的通信方式，如目前的电话数字终端机和计算机输出的数字信号，都可直接在基带系统内传输，随着 ISDN 业务和程控交换系统的采用，基带传输应用越来越广泛，而且数字基带传输中包含频带传输必须考虑的许多基本问题。为了提高数字传输的有效性和可靠性，有必要对数字信号基带传输系统进行认真研究和设计。

知识点：

1. 了解数字基带信号及其频谱特性，基带传输的常用码型。
2. 了解无码间干扰的基带传输特性及抗噪声性能。
3. 重点掌握 HDB_3。
4. 重点掌握码间干扰的产生、用眼图如何观测码间干扰。
5. 重点掌握克服码间干扰的方法——均衡技术及部分响应系统。

5.1　数字基带传输概述

来自数据终端的原始数据信号，如计算机输出的二进制序列、电传机输出的代码，或者是来自模拟信号经数字化处理后的 PCM 码组、ΔM 序列等都是数字信号。这些信号往往包含丰富的低频分量，甚至直流分量，因而称之为数字基带信号。在某些具有低通特性的有线信道中，特别是传输距离不太远的情况下，数字基带信号可以直接传输，我们称之为数字基带传输。而大多数信道，如各种无线信道和光信道，则是带通型的，数字基带信号必须经过载波调制，把频谱搬移到高载处才能在信道中传输，我们把这种传输称为数字频带（调制或载波）传输。

目前，虽然在实际应用场合，数字基带传输不如频带传输那样广泛，但对于基带传输系统的研究仍是十分有意义的。一是因为在利用对称电缆构成的近程数据通信系统广泛采用了这种传输方式；二是因为数字基带传输中包含频带传输的许多基本问题，也就是说，基带传输系统的许多问题也是频带传输系统必须考虑的问题；三是因为任何一个采用线性调制的频带传输系统可等效为基带传输系统来研究。因此，本章先介绍数字基带传输，关于模拟基带信号的数字化传输和数字频带传输将分别在第 6 章和第 7 章中讨论。

基带传输系统的基本结构如图 5-1 所示。它主要由信道信号形成器、信道、接收滤波器和抽样判决器组成。为了保证系统可靠有序地工作，还应有同步系统。

图 5-1 中各部分的作用简述如下：

（1）信道信号形成器　基带传输系统的输入是由终端设备或编码器产生的脉冲序列，它往往不适合直接送到信道中传输。信道信号形成器的作用就是把原始基带信号变换成适合于信道传输的基带信号，这种变换主要是通过码型变换和波形变换来实现的，其目的是与信道匹配，便于传输，减小码间串扰，利于同步提取和抽样判决。

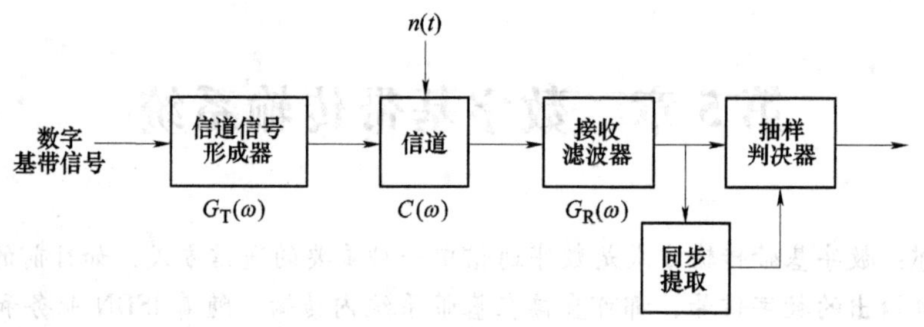

图 5-1　数字基带传输系统

（2）信道　它是允许基带信号通过的媒质，通常为有线信道，如市话电缆、架空明线等。信道的传输特性通常不满足无失真传输条件，甚至是随机变化的。另外信道还会进入噪声。在通信系统的分析中，常常把噪声 $n(t)$ 等效，集中在信道中引入。

（3）接收滤波器　它的主要作用是滤除带外噪声，对信道特性均衡，使输出的基带波形有利于抽样判决。

（4）抽样判决器　它是在传输特性不理想及噪声背景下，在规定时刻（由位定时脉冲控制）对接收滤波器的输出波形进行抽样判决，以恢复或再生基带信号。而用来抽样的位定时脉冲则依靠同步提取电路从接收信号中提取，位定时的准确与否将直接影响判决效果，这一点将在第 11 章中详细讨论。

图 5-2 给出了图 5-1 所示基带系统的各点波形示意图。其中，图 5-2a 是输入的基带信号，这是最常见的单极性非归零信号；图 5-2b 是进行码型变换后的波形；图 5-2c 对图 5-2a而言进行了码型及波形的变换，是一种适合在信道中传输的波形；图 5-2d 是信道输出信号，显然由于信道频率特性不理想，波形发生失真并叠加了噪声；图 5-2e 是接收滤波器输出波形，与图 5-2d 相比，失真和噪声减弱；图 5-2f 是位定时同步脉冲；图 5-2g 是恢复的信息，其中第 4 个码元发生误码，误码的原因之一是信道加性噪声，二是传输总特性（包括收、发滤波器

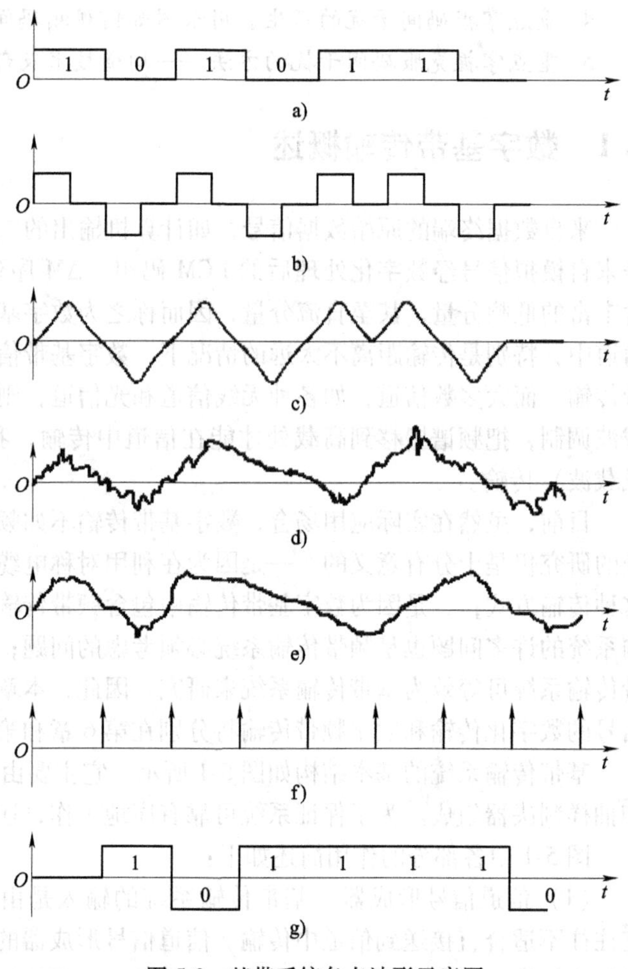

图 5-2　基带系统各点波形示意图

和信道的特性）不理想引起的波形延迟、展宽、拖尾等畸变，使码元之间相互串扰。此时，实际抽样判决值不仅有本码元的值，还有其他码元在该码元抽样时刻的串扰值及噪声。显然，接收端能否正确恢复信息，在于能否有效地抑制噪声和减小码间串扰，这两点也正是本章讨论的重点。

5.2　数字基带信号及其频谱特性

5.2.1　数字基带信号

数字基带信号是指消息代码的电波形，它是用不同的电平或脉冲来表示相应的消息代码。数字基带信号（以下简称为基带信号）的类型有很多，常见的有矩形脉冲、三角波、高斯脉冲和升余弦脉冲等。最常用的是矩形脉冲，因为矩形脉冲易于形成和变换，下面就以矩形脉冲为例介绍几种最常见的基带信号波形。

1. 单极性不归零波形

单极性不归零波形如图 5-3a 所示，这是一种最简单、最常用的基带信号形式。这种信号脉冲的零电平和正电平分别对应着二进制代码 0 和 1，或者说，它在一个码元时间内用脉冲的有或无来对应表示 0 或 1 码。其特点是极性单一，有直流分量，脉冲之间无间隔。另外，位同步信息包含在电平的转换之中，当出现连 0 序列时没有位同步信息。

2. 双极性不归零波形

在双极性不归零波形中，脉冲的正、负电平分别对应于二进制代码 1、0，如图 5-3b 所示，由于它是幅度相等、极性相反的双极性波形，故当 0、1 符号等可能出现时无直流分量。这样，恢复信号的判决电平为 0，因而不受信道特性变化的影响，抗干扰能力也较强。故双极性波形有利于在信道中传输。

3. 单极性归零波形

单极性归零波形与单极性不归零波形的区别是有电脉冲宽度小于码元宽度，每个有电脉冲在小于码元长度内总要回到零电平（见图 5-3c），所以称为归零波形。单极性归零波形可以直接提取定时信息，是其他波形提取位定时信号时需要采用的一种过渡波形。

4. 双极性归零波形

它是双极性波形的归零形式，如图 5-3d 所示。由图可见，每个码元内的脉冲都回到零电平，即相邻脉冲之间必定留有零电位的间隔。它除了具有双极性不归零波形的特点外，还有利于同步脉冲的提取。

5. 差分波形

差分波形不是用码元本身的电平表示消息代码，而是用相邻码元的电平的跳变和不变来表示消息代码，如图 5-3e 所示。图中，以电平跳变表示 1，以电平不变表示 0，当然上述规定也可以反过来。由于差分波形是以相邻脉冲电平的相对变化来表示代码，因此称它为相对码波形，而相应地称前面的单极性或双极性波形为绝对码波形。用差分波形传送代码可以消除设备初始状态的影响，特别是在相位调制系统中用于解决载波相位模糊问题。

6. 多电平波形

上述各种信号都是一个二进制符号对应一个脉冲。实际上还存在多于一个二进制符号对

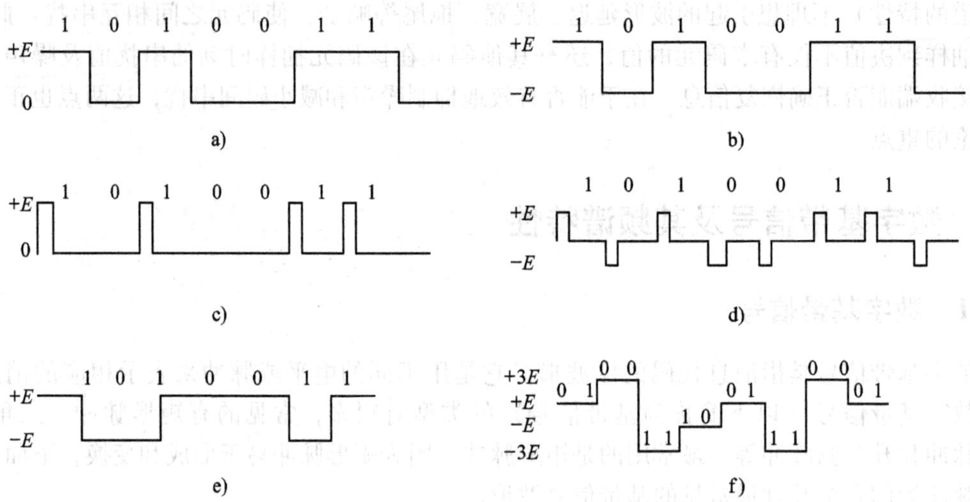

图 5-3　几种常见的基带信号波形

应一个脉冲的情形。这种波形统称为多电平波形或多值波形。例如，若令两个二进制符号 00 对应+3E，01 对应+E，10 对应-E，11 对应-3E，则所得波形为 4 电平波形，如图 5-3f 所示。由于这种波形的一个脉冲可以代表多个二进制符号，故在高数据速率传输系统中，采用这种信号形式是适宜的。

前面已经指出，消息代码的电波形并非一定是矩形的，还可以是其他形式。但无论采用什么形式的波形，数字基带信号都可用数学式表示出来。若数字基带信号中各码元波形相同而取值不同，则可用

$$s(t) = \sum_{n=-\infty}^{\infty} a_n g(t - nT_s) \tag{5-1}$$

表示。式中，a_n 是第 n 个信息符号所对应的电平值（0、1 或-1、1 等），由信码和编码规律决定；T_s 为码元间隔；$g(t)$为某种标准脉冲波形，对于二进制代码序列，若令 $g_1(t)$代表“0”，$g_2(t)$代表“1”，则

$$a_n g(t - nT_s) = \begin{cases} g_1(t - nT_s)\text{，表示符号“0”} \\ g_2(t - nT_s)\text{，表示符号“1”} \end{cases}$$

由于 a_n 是一个随机量。因此，通常在实际中遇到的基带信号 $s(t)$都是一个随机的脉冲序列。

一般情况下，数字基带信号可用随机序列表示，即

$$s(t) = \sum_{n=-\infty}^{\infty} s_n(t) \tag{5-2}$$

5.2.2　基带信号的频谱特性

研究基带信号的频谱结构是十分必要的，通过谱分析可以了解信号需要占据的频带宽度、所包含的频谱分量、有无直流分量、有无定时分量等。这样，才能针对信号谱的特点来选择相匹配的信道，以及确定是否可从信号中提取定时信号。

数字基带信号是随机的脉冲序列，没有确定的频谱函数，所以只能用功率谱来描述它的频谱特性。第 2 章中介绍的由随机过程的相关函数去求随机过程的功率（或能量）谱密度

就是一种典型的分析广义平稳随机过程的方法。但这种计算方法比较复杂。一种比较简单的方法是以随机过程功率谱的原始定义为出发点，求出数字随机序列的功率谱公式。

设二进制的随机脉冲序列如图 5-4a 所示，其中，假设 $g_1(t)$ 表示“0”码，$g_2(t)$ 表示“1”码。$g_1(t)$ 和 $g_2(t)$ 在实际中可以是任意的脉冲，但为了便于在图上区分，这里把 $g_1(t)$ 画成宽度为 T_s 的方波，把 $g_2(t)$ 画成宽度为 T_s 的三角波。

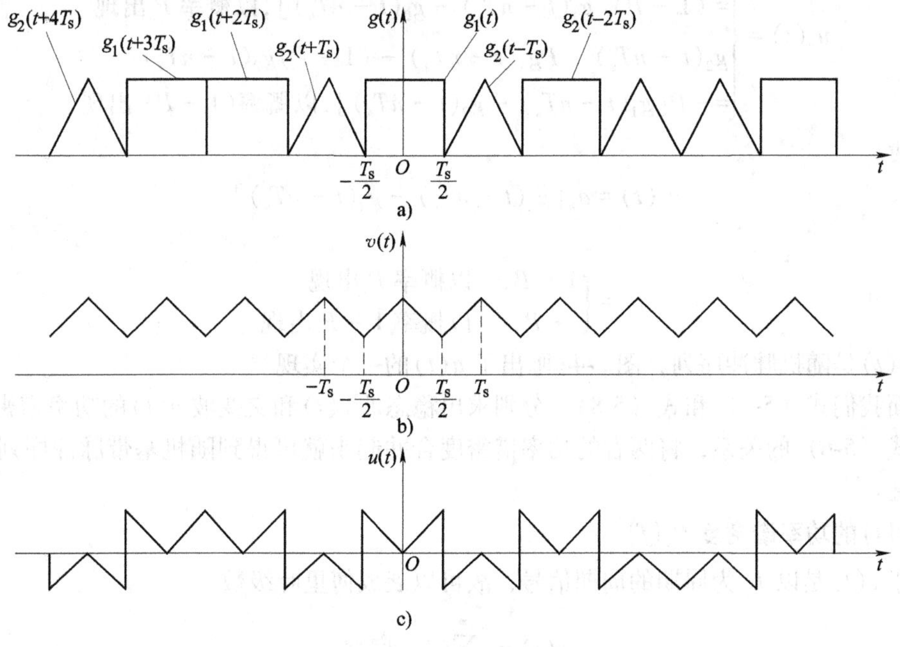

图 5-4　随机脉冲序列示意波形

现在假设序列中任一码元时间 T_s 内 $g_1(t)$ 和 $g_2(t)$ 出现的概率分别为 P 和 $1-P$，且认为它们的出现是统计独立的，则 $s(t)$ 可用式（5-2）表征，即

$$s(t) = \sum_{n=-\infty}^{\infty} s_n(t) \tag{5-3}$$

其中

$$s_n(t) = \begin{cases} g_1(t - nT_s), & \text{以概率 } P \text{ 出现} \\ g_2(t - nT_s), & \text{以概率 } 1 - P \text{ 出现} \end{cases} \tag{5-4}$$

为了使频谱分析的物理概念清楚，推导过程简化，可以把 $s(t)$ 分解成稳态波 $v(t)$ 和交变波 $u(t)$。所谓稳态波，即是随机序列 $s(t)$ 的统计平均分量，它取决于每个码元内出现 $g_1(t)$、$g_2(t)$ 的概率加权平均，且每个码元统计平均波形相同，因此可表示成

$$v(t) = \sum_{n=-\infty}^{\infty} [Pg_1(t - nT_s) + (1 - P)g_2(t - nT_s)] = \sum_{n=-\infty}^{\infty} v_n(t) \tag{5-5}$$

其波形如图 5-4b 所示，显然 $v(t)$ 是一个以 T_s 为周期的周期函数。交变波 $u(t)$ 是 $s(t)$ 与 $v(t)$ 之差，即

$$u(t) = s(t) - v(t) \tag{5-6}$$

其中第 n 个码元为

$$u_n(t) = s_n(t) - v_n(t) \tag{5-7}$$

于是

$$u(t) = \sum_{n=-\infty}^{\infty} u_n(t) \tag{5-8}$$

其中，$u_n(t)$可根据式（5-4）和式（5-5）表示为

$$u_n(t) = \begin{cases} g_1(t-nT_s) - Pg_1(t-nT_s) - (1-P)g_2(t-nT_s) \\ = (1-P)[g_1(t-nT_s) - g_2(t-nT_s)], \text{以概率 } P \text{ 出现} \\ g_2(t-nT_s) - Pg_1(t-nT_s) - (1-P)g_2(t-nT_s) \\ = -P[g_1(t-nT_s) - g_2(t-nT_s)], \text{以概率}(1-P) \text{ 出现} \end{cases}$$

或者写成

$$u_n(t) = a_n[g_1(t-nT_s) - g_2(t-nT_s)] \tag{5-9}$$

其中

$$a_n = \begin{cases} 1-P, & \text{以概率 } P \text{ 出现} \\ -P, & \text{以概率 } 1-P \text{ 出现} \end{cases} \tag{5-10}$$

显然，$u(t)$是随机脉冲序列，图 5-4c 画出了$u(t)$的一个实现。

下面我们式（5-5）和式（5-8），分别求出稳态波$v(t)$和交变波$u(t)$的功率谱密度，然后根据式（5-6）的关系，将两者的功率谱密度合并起来就可得到随机基带脉冲序列$s(t)$的频谱特性。

1. $v(t)$的功率谱密度 $P_v(f)$

由于$v(t)$是以T_s为周期的周期信号，故可以展成傅里叶级数

$$v(t) = \sum_{m=-\infty}^{\infty} C_m e^{j2\pi m f_s t} \tag{5-11}$$

式中

$$C_m = \frac{1}{T_s}\int_{-T_s/2}^{T_s/2} v(t) e^{-j2\pi m f_s t} dt \tag{5-12}$$

由于在$(-T_s/2, T_s/2)$范围内（相当$n=0$），$v(t)=Pg_1(t)+(1-P)g_2(t)$，所以

$$C_m = \frac{1}{T_s}\int_{-T_s/2}^{T_s/2} [Pg_1(t) + (1-P)g_2(t)] e^{-j2\pi m f_s t} dt$$

又由于$Pg_1(t)+(1-P)g_2(t)$只存在（$-T_s/2$，$T_s/2$）范围内，所以上式的积分限可以改为从$-\infty$ 到∞，因此

$$\begin{aligned} C_m &= \frac{1}{T_s}\int_{-\infty}^{\infty} [Pg_1(t) + (1-P)g_2(t)] e^{-j2\pi m f_s t} dt \\ &= f_s[PG_1(mf_s) + (1-P)G_2(mf_s)] \end{aligned} \tag{5-13}$$

式中

$$G_1(mf_s) = \int_{-\infty}^{\infty} g_1(t) e^{-j2\pi m f_s t} dt$$

$$G_2(mf_s) = \int_{-\infty}^{\infty} g_2(t) e^{-j2\pi m f_s t} dt$$

$$f_s = \frac{1}{T_s}$$

再根据周期信号功率谱密度与傅里叶系数 C_m 的关系式，有

$$
\begin{aligned}
P_{\mathrm{v}}(f) &= \sum_{m=-\infty}^{\infty} |C_m|^2 \delta(f - mf_{\mathrm{s}}) \\
&= \sum_{m=-\infty}^{\infty} | f_{\mathrm{s}}[PG_1(mf_{\mathrm{s}}) + (1 - P)G_2(mf_{\mathrm{s}})] |^2 \delta(f - mf_{\mathrm{s}})
\end{aligned}
\tag{5-14}
$$

可见，稳态波的功率谱密度 $P_{\mathrm{v}}(f)$ 是冲击强度取决 $|C_m|^2$ 的离散线谱，根据离散谱可以确定随机序列是否包含直流分量（$m=0$）和定时分量（$m=1$）。

2. $u(t)$ 的功率谱密度 $P_{\mathrm{u}}(f)$

$u(t)$ 是功率型的随机脉冲序列，它的功率谱密度可采用截短函数和求统计平均的方法来求，参照第 2 章中的功率谱密度的原始定义有

$$
P_{\mathrm{u}}(f) = \lim_{N\to\infty} \frac{E[|U_{\mathrm{T}}(f)|^2]}{(2N+1)T_{\mathrm{s}}} \tag{5-15}
$$

式中，$U_{\mathrm{T}}(f)$ 是 $u(t)$ 的截短函数 $u_{\mathrm{T}}(t)$ 的频谱函数；E 表示统计平均；截取时间 T 是（$2N+1$）个码元的长度，即

$$
T = (2N + 1)T_{\mathrm{s}} \tag{5-16}
$$

式中，N 为一个足够大的数值，且当 $T\to\infty$ 时，意味着 $N\to\infty$。

现在先求出频谱函数 $U_{\mathrm{T}}(f)$。由式（5-8），显然有

$$
u_{\mathrm{T}}(t) = \sum_{n=-N}^{N} u_n(t) = \sum_{n=-N}^{N} a_n[g_1(t - nT_{\mathrm{s}}) - g_2(t - nT_{\mathrm{s}})] \tag{5-17}
$$

则

$$
\begin{aligned}
U_{\mathrm{T}}(f) &= \int_{-\infty}^{\infty} u_{\mathrm{T}}(t)\mathrm{e}^{-\mathrm{j}2\pi ft}\mathrm{d}t \\
&= \sum_{n=-N}^{N} a_n \int_{-\infty}^{\infty} [g_1(t - nT_{\mathrm{s}}) - g_2(t - nT_{\mathrm{s}})]\mathrm{e}^{-\mathrm{j}2\pi ft}\mathrm{d}t \\
&= \sum_{n=-N}^{N} a_n \mathrm{e}^{-\mathrm{j}2\pi f_n T_{\mathrm{s}}}[G_1(f) - G_2(f)]
\end{aligned}
\tag{5-18}
$$

式中

$$
G_1(f) = \int_{-\infty}^{\infty} g_1(t)\mathrm{e}^{-\mathrm{j}2\pi ft}\mathrm{d}t
$$

$$
G_2(f) = \int_{-\infty}^{\infty} g_2(t)\mathrm{e}^{-\mathrm{j}2\pi ft}\mathrm{d}t
$$

于是

$$
\begin{aligned}
|U_{\mathrm{T}}(f)|^2 &= U_{\mathrm{T}}(f)U_{\mathrm{T}}^*(f) \\
&= \sum_{m=-N}^{N}\sum_{n=-N}^{N} a_m a_n \mathrm{e}^{\mathrm{j}2\pi f(n-m)T_{\mathrm{s}}}[G_1(f) - G_2(f)][G_1(f) - G_2(f)]^*
\end{aligned}
\tag{5-19}
$$

其统计平均为

$$
E[|U_{\mathrm{T}}(f)|^2] = \sum_{m=-N}^{N}\sum_{n=-N}^{N} E(a_m a_n)\mathrm{e}^{\mathrm{j}2\pi f(n-m)T_{\mathrm{s}}}[G_1(f) - G_2(f)][G_1^*(f) - G_2^*(f)] \tag{5-20}
$$

当 $m=n$ 时

$$
a_m a_n = a_n^2 = \begin{cases} (1 - P)^2, & \text{以概率 } P \text{ 出现} \\ P^2, & \text{以概率 } 1 - P \text{ 出现} \end{cases}
$$

$$E(a_n^2) = P(1-P)^2 + (1-P)P^2 = P(1-P) \tag{5-21}$$

当 $m \neq n$ 时
$$a_m a_n = \begin{cases} (1-P)^2, & \text{以概率 } P^2 \text{ 出现} \\ P^2, & \text{以概率}(1-P)^2 \text{ 出现} \\ -P(1-P), & \text{以概率 } 2P(1-P) \text{ 出现} \end{cases}$$

所以

$$E(a_m a_n) = P^2(1-P)^2 + (1-P)^2 P^2 + 2P(1-P)(P-1)P = 0 \tag{5-22}$$

由以上计算可知式（5-20）的统计平均值仅在 $m=n$ 时存在，即

$$\begin{aligned} E[|U_T(f)|^2] &= \sum_{n=-N}^{N} E[a_n^2]\,|G_1(f) - G_2(f)|^2 \\ &= (2N+1)P(1-P)\,|G_1(f) - G_2(f)|^2 \end{aligned} \tag{5-23}$$

根据式（5-15），可求得交变波的功率谱密度

$$\begin{aligned} P_u(f) &= \lim_{N\to\infty} \frac{(2N+1)P(1-P)\,|G_1(f) - G_2(f)|^2}{(2N+1)T_s} \\ &= f_s P(1-P)\,|G_1(f) - G_2(f)|^2 \end{aligned} \tag{5-24}$$

可见，交变波的功率谱密度 $P_u(f)$ 是连续谱，它与 $g_1(t)$ 和 $g_2(t)$ 的频谱以及出现概率 P 有关。根据连续谱可以确定随机序列的带宽。

3. $s(t)=u(t)+v(t)$ 的功率谱密度 $P_s(f)$

将式（5-14）与式（5-24）相加，可得到随机序列 $s(t)$ 的功率谱密度为

$$\begin{aligned} P_s(f) &= P_u(f) + P_v(f) \\ &= f_s P(1-P)\,|G_1(f) - G_2(f)|^2 + \\ &\quad \sum_{m=-\infty}^{\infty} |f_s[PG_1(mf_s) + (1-P)G_2(mf_s)]|^2 \delta(f - mf_s) \end{aligned} \tag{5-25}$$

式（5-25）是双边的功率谱密度表示式。如果写成单边的，则有

$$\begin{aligned} P_s(f) &= f_s P(1-P)\,|G_1(f) - G_2(f)|^2 + f_s^2\,|PG_1(0) + (1-P)G_2(0)|^2\delta(f) + \\ &\quad 2f_s^2 \sum_{m=1}^{\infty} |PG_1(mf_s) + (1-P)G_2(mf_s)|^2 \delta(f - mf_s),\ f \geqslant 0 \end{aligned} \tag{5-26}$$

由式（5-25）可知，随机脉冲序列的功率谱密度可能包含连续谱 $P_u(f)$ 和离散谱 $P_v(f)$。对于连续谱而言，由于代表数字信息的 $g_1(t)$ 及 $g_2(t)$ 不能完全相同，故 $G_1(f) \neq G_2(f)$，因而 $P_u(\omega)$ 总是存在的；而离散谱是否存在，取决于 $g_1(t)$ 和 $g_2(t)$ 的波形及其出现的概率 P，下面举例说明。

【例 5-1】 对于单极性波形，若设 $g_1(t)=0$，$g_2(t)=g(t)$，则随机脉冲序列的双边功率谱密度为

$$P_s(f) = f_s P(1-P)\,|G(f)|^2 + \sum_{m=-\infty}^{\infty} |f_s(1-P)G(mf_s)|^2 \delta(f - mf_s) \tag{5-27}$$

等概（$P=1/2$）时，式（5-27）简化为

$$P_s(f) = \frac{1}{4} f_s\,|G(f)|^2 + \frac{1}{4} f_s^2 \sum_{m=-\infty}^{\infty} |G(mf_s)|^2 \delta(f - mf_s) \tag{5-28}$$

（1）若表示"1"码的波形 $g_2(t)=g(t)$ 为不归零矩形脉冲，即

$$g(t)=\begin{cases}1, & |t|\leqslant \dfrac{T_s}{2}\\ 0, & 其他\end{cases}$$

$$G(f)=T_s\left[\frac{\sin\pi fT_s}{\pi fT_s}\right]=T_s\mathrm{Sa}(\pi fT_s)$$

$f=mf_s$，$G(mf_s)$的取值情况：当$m=0$时，$G(mf_s)=T_s\mathrm{Sa}(0)\neq0$，因此离散谱中有直流分量；当$m$为不等于零的整数时，$G(mf_s)=T_s\mathrm{Sa}(n\pi)=0$，离散谱均为零，因而无定时信号。

这时，式（5-28）变成

$$P_s(f)=\frac{1}{4}f_sT_s^2\left[\frac{\sin\pi fT_s}{\pi fT_s}\right]+\frac{1}{4}\delta(f)=\frac{T_s}{4}\mathrm{Sa}^2(\pi fT_s)+\frac{1}{4}\delta(f) \tag{5-29}$$

随机序列的带宽取决于连续谱，实际由单个码元的频谱函数$G(f)$决定，该频谱的第一个零点在$f=f_s$，因此单极性不归零信号的带宽为$B_s=f_s$，如图 5-5 所示。

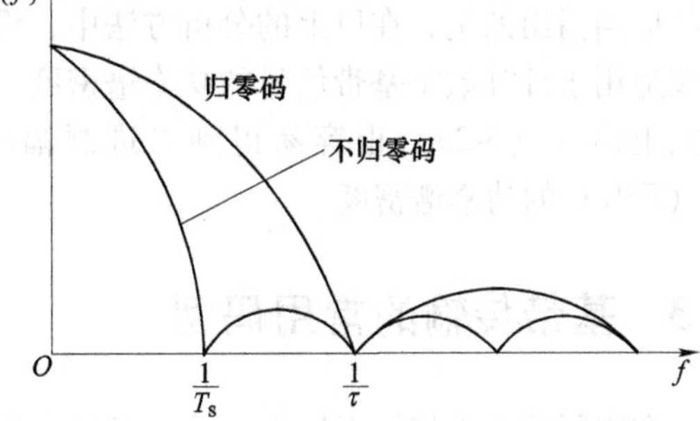

图 5-5　二进制基带信号的功率谱密度

（2）若表示“1”码的波形$g^2(t)=g(t)$为半占空归零矩形脉冲，即脉冲宽度$\tau=T_s/2$时，其频谱函数为

$$G(f)=\frac{T_s}{2}\mathrm{Sa}\left(\frac{\pi fT_s}{2}\right)$$

$f=mf_s$，$G(mf_s)$的取值情况：当$m=0$时，$G(mf_s)=T_s\mathrm{Sa}(0)\neq0$因此离散谱中有直流分量；$m$为奇数时，$G(mf_s)=\dfrac{T_s}{2}\mathrm{Sa}\left(\dfrac{m\pi}{2}\right)\neq0$，此时有离散谱，其中$m=1$时$G(mf_s)=\dfrac{T_s}{2}\mathrm{Sa}\left(\dfrac{\pi}{2}\right)\neq0$，因而有定时信号；$m$为偶数时，$G(mf_s)=\dfrac{T_s}{2}\mathrm{Sa}\left(\dfrac{m\pi}{2}\right)=0$，此时无离散谱。

这时，式（5-28）变成

$$P_s(f)=\frac{T_s}{16}\mathrm{Sa}^2\left(\frac{\pi fT_s}{2}\right)+\frac{1}{16}\sum_{m=-\infty}^{\infty}\mathrm{Sa}^2\left(\frac{m\pi}{2}\right)\delta(f-mf_s) \tag{5-30}$$

不难求出，单极性半占空归零信号的带宽为$B_s=2f_s$。

【例 5-2】　对于双极性波形：若设$g_1(t)=-g_2(t)=g(t)$，则

$$P_s(f)=4f_sP(1-P)\,|G(f)|^2+\sum_{m=-\infty}^{\infty}|f_s(2P-1)G(mf_s)|^2\delta(f-mf_s) \tag{5-31}$$

等概（$P=1/2$）时，式（5-31）变为

$$P_s(f)=f_s\,|G(f)|^2 \tag{5-32}$$

若$g(t)$为高为 1、脉宽等于码元周期的矩形脉冲，那么式（5-32）可写成

$$P_s(f)=T_s\mathrm{Sa}^2(\pi fT_s) \tag{5-33}$$

从以上两例可以看出：

1）随机序列的带宽主要依赖单个码元波形的频谱函数$G_1(f)$或$G_2(f)$，两者之中应取较

大带宽的一个作为序列带宽。时间波形的占空比越小，频带越宽。通常以谱的第一个零点作为矩形脉冲的近似带宽，它等于脉宽 τ 的倒数，即 $B_s=1/\tau$。由图 5-5 可知，不归零脉冲的 $\tau=T_s$，则 $B_s=f_s$；半占空归零脉冲的 $\tau=T_s/2$，则 $B_s=1/\tau=2f_s$。其中 $f_s=1/T_s$，是位定时信号的频率，在数值上与码速率 R_B 相等。

2）单极性基带信号是否存在离散线谱取决于矩形脉冲的占空比，单极性归零信号中有定时分量，可直接提取。单极性不归零信号中无定时分量，若想获取定时分量，要进行波形变换。0、1 等概的双极性信号没有离散谱，也就是说无直流分量和定时分量。

综上分析，研究随机脉冲序列的功率谱是十分有意义的，一方面可以根据它的连续谱来确定序列的带宽；另一方面，根据它的离散谱是否存在这一特点，可以明确能否从脉冲序列中直接提取定时分量，以及采用怎样的方法可以从基带脉冲序列中获得所需的离散分量。这一点，在研究位同步、载波同步等问题时是十分重要的。

应当指出的是，在以上的分析方法中，没有限定 $g_1(t)$ 和 $g_2(t)$ 的波形，因此式（5-25）不仅适用于计算数字基带信号的功率谱密度，也可以用来计算数字调制信号的功率谱密度。事实上由式（5-25）很容易得到二进制幅度键控（ASK）、相位键控（PSK）和移频键控（FSK）的功率谱密度。

5.3 基带传输的常用码型

在实际的基带传输系统中，并不是所有代码的电波形都能在信道中传输。例如，前面介绍的含有直流分量和较丰富低频分量的单极性基带波形就不适宜在低频传输特性差的信道中传输，因为它有可能造成信号严重畸变。又如，当消息代码中包含长串的连续“1”或“0”符号时，非归零波形呈现出连续的固定电平，因而无法获取定时信息。单极性归零码在传送连续“0”时，存在同样的问题。因此，对传输用的基带信号主要有两个方面的要求：

1）对代码的要求，原始消息代码必须编成适合于传输用的码型。

2）对所选码型的电波形要求，电波形应适合于基带系统的传输。

前者属于传输码型的选择，后者属于基带脉冲的选择，这是两个既独立又有联系的问题。本节先讨论码型的选择问题，后一问题将在以后讨论。

传输码（或称线路码）的结构将取决于实际信道特性和系统工作的条件。通常，传输码的结构应具有下列主要特性：

1）相应的基带信号无直流分量，且低频分量少。

2）便于从信号中提取定时信息。

3）信号中高频分量尽量少，以节省传输频带并减少码间串扰。

4）不受信息源统计特性的影响，即能适应于信息源的变化。

5）具有内在的检错能力，传输码型应具有一定规律性，以便利用这一规律性进行宏观监测。

6）编译码设备要尽可能简单。

满足或部分满足以上特性的传输码型种类繁多，这里介绍目前常见的几种。

1. AMI 码

AMI 码是传号交替反转码。其编码规则是将二进制消息代码“1”（传号）交替地变换为传输码的“+1”和“-1”，而“0”（空号）保持不变。例如：

消息代码：1　0　0　1　1　0　0　0　0　0　0　0　1　1　0　0　1　1…

AMI 码：+1　0　0　-1　+1　0　0　0　0　0　0　0　-1　+1　0　0　-1　+1…

AMI 码对应的基带信号是正、负极性交替的脉冲序列，而 0 电位持不变的规律。AMI 码的优点是，由于+1 与-1 交替，AMI 码的功率谱密度（见图 5-6）中不含直流成分，高、低频分量少，能量集中在频率为 1/2 码速处。位定时频率分量虽然为 0，但只要将基带信号经全波整流变为单极性归零波形，便可提取位定时信号。此外，AMI 码的编译码电路简单，便于利用传号极性交替规律观察误码情况。鉴于这些优点，AMI 码是国际电报电话咨询委员会（CCITT）建议采用的传输码性之一。

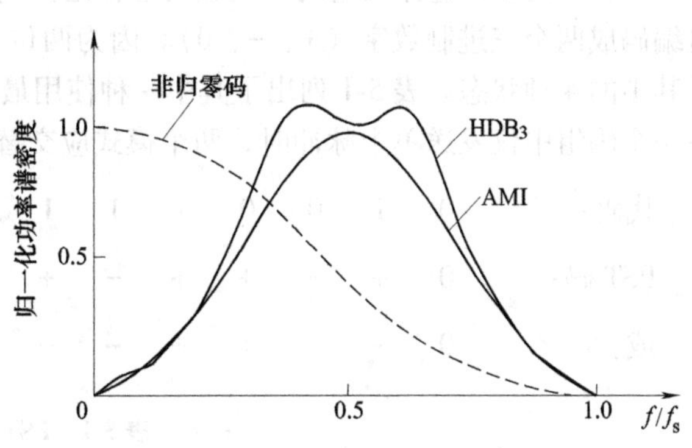

图 5-6　AMI 码和 HDB_3 码的功率谱密度

AMI 码的不足是，当原信码出现连“0”串时，信号的电平长时间不跳变，造成提取定时信号的困难。解决连“0”码问题的有效方法之一是采用 HDB_3 码。

2. HDB_3 码

HDB_3 码的全称是 3 阶高密度双极性码，它是 AMI 码的一种改进型，其目的是为了保持 AMI 码的优点而克服其缺点，使连“0”个数不超过 3。其编码规则如下：

1）当信码的连“0”个数不超过 3 时，仍按 AMI 码的规则编，即传号极性交替。

2）当连“0”个数超过 3 时，则将第 4 个“0”改为非“0”脉冲，记为$+V$或$-V$，称之为破坏脉冲。相邻 V 码的极性必须交替出现，以确保编好的码中无直流。

3）为了便于识别，V 码的极性应与其前一个非“0”脉冲的极性相同，否则，将 4 连“0”的第一个“0”更改为与该破坏脉冲相同极性的脉冲，并记为$+B$或$-B$。

4）破坏脉冲之后的传号码极性也要交替。例如：

代码：	1000	0	1000	0	1	1	000	0	1	1
AMI 码：	-1000	0	+1000	0	-1	+1	000	0	-1	+1
HDB_3 码：	-1000	$-V$	+1000	$+V$	-1	+1	-B00	$-V$	+1	-1

其中的$\pm V$脉冲和$\pm B$脉冲与± 1脉冲波形相同，用 V 或 B 符号是为了示意是将原信码的“0”变换成“1”码。

虽然 HDB_3 码的编码规则比较复杂，但译码却比较简单。从上述原理看出，每一个破坏符号 V 总是与前一非“0”符号同极性（包括 B 在内）。这就是说，从收到的符号序列中可以容易地找到破坏点 V，于是也断定 V 符号及其前面的 3 个符号必是连“0”符号，从而恢复 4 个连“0”码，再将所有-1 变成+1 后便得到原消息代码。

HDB_3 码保持了 AMI 码的优点外，同时还将连“0”码限制在 3 个以内，故有利于位定时信号的提取。HDB_3 码是应用最为广泛的码型之一，A 律 PCM 4 次群以下的接口码型均为 HDB_3 码。

3. PST 码

PST 码是成对选择三进码。其编码过程是：先将二进制代码两两分组，然后再把每一码组编码成两个三进制数字（+、-、0）。因为两位三进制数字共有 9 种状态，故可灵活地选择其中的 4 种状态。表 5-1 列出了其中一种使用最广的格式。为防止 PST 码的直流漂移，当在一个码组中仅发送单个脉冲时，两个模式应交替变换。例如：

代码：　0 1 0 0 1 1 1 0 1 0 1 1 0 0

PST 码：　0 + - + + - + 0 + 0 + - - +

或：　0 - - + + - - 0 - 0 + - - +

表 5-1　PST 码

二进制代码	+模式	-模式
0 0	- +	- +
0 1	0 +	0 -
1 0	+ 0	- 0
1 1	+ -	+ -

PST 码能提供足够的定时分量，且无直流成分，编码过程也较简单。但这种码在识别时需要提供“分组”信息，即需要建立帧同步。

在上述三种码型（AMI 码、HDB_3 码和 PST 码）中，每位二进制信码都被变换成 1 位三电平取值（+1、0、-1）的码，有时把这类码称为 1B/1T 码。

4. 数字双相码

数字双相码又称曼彻斯特（Manchester）码、双相码。它用一个周期的正负对称方波表示“0”，而用其反相波形表示“1”。编码规则之一是：“0”码用“01”两位码表示，“1”码用“10”两位码表示，例如：

代码：　1 1 0 0 1 0 1

双相码：　10 10 01 01 10 01 10

双相码只有极性相反的两个电平，而不像前面的三种码具有 3 个电平。因为双相码在每个码元周期的中心点都存在电平跳变，所以富含位定时信息。又因为这种码的正、负电平各半，所以无直流分量，编码过程也简单。但带宽比原信码大 1 倍。

双相码适用于数据终端设备在近距离上传输，本地数据网常采用该码作为传输码型，信息速率可高达 10Mbit/s。

5. 密勒码

密勒（Miller）码又称延迟调制码，它是双相码的一种变形。编码规则如下：“1”码用码元间隔中心点出现跃变来表示，即用“10”或“01”表示；“0”码有两种情况：单个“0”时，在码元间隔内不出现电平跃变，且与相邻码元的边界处也不跃变，连“0”时，在两个“0”码的边界处出现电平跃变，即“00”与“11”交替。

为了便于理解，图 5-7a、b 示出了代码序列为 11010010 时，双相码和密勒码的波形。由图 5-7b 可见，若两个“1”码中间有一个“0”码时，密勒码流中出现最大宽度为 $2T_0$ 的波形，即两个码元周期。这一性质可用来进行宏观检错。

比较图 5-7a、b 两个波形可以看出，双相码的下降沿正好对应于密勒码的跃变沿。因此，用双相码的下降沿去触发双稳电路，即可输出密勒码。密勒码最初用于气象卫星和磁记录，现在也用于低速基带数传机中。

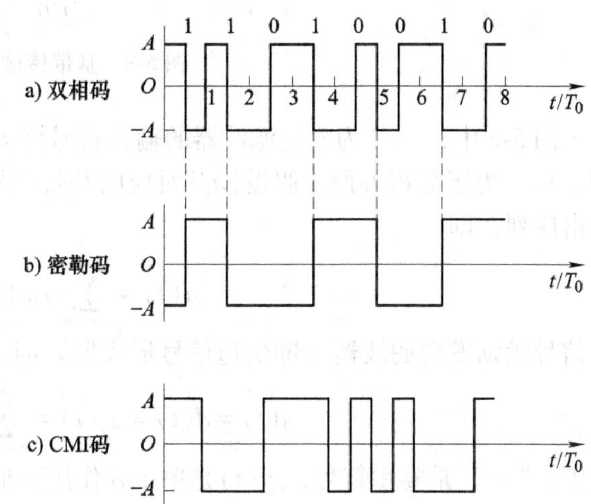

图 5-7　双相码、密勒码、CMI 码的波形

6. CMI 码

CMI 码是传号反转码的简称，与数字双相码类似，它也是一种双极性二电平码。编码规则是：“1”码交替用“11”和“00”两位码表示；“0”码固定地用“01”表示，其波形图如图 5-7c 所示。

CMI 码有较多的电平跃变，因此含有丰富的定时信息。此外，由于 10 为禁用码组，不会出现 3 个以上的连码，这个规律可用来宏观检错。

由于 CMI 码易于实现，且具有上述特点，因此是 CCITT 推荐的 PCM 高次群采用的接口码型，在速率低于 8.448Mbit/s 的光纤传输系统中，有时也用作线路传输码型。

在数字双相码、密勒码和 CMI 码中，每个原二进制信码都用一组 2 位的二进码表示，因此这类码又称为 1B2B 码。

7. nBmB 码

nBmB 码是把原信息码流的 n 位二进制码作为一组，编成 m 位二进制码的新码组。由于 $m>n$，新码组可能有 2^m 种组合，故多出（2^m-2^n）种组合。从中选择一部分有利码组作为可用码组，其余为禁用码组，以获得好的特性。在光纤数字传输系统中，通常选择 $m=n+1$，有 1B2B 码、2B3B、3B4B 码以及 5B6B 码等，其中，5B6B 码型已实用化，用作 3 次群和 4 次群以上的线路传输码型。

8. 4B/3T 码型

在某些高速远程传输系统中，1B/1T 码的传输效率偏低。为此可以将输入二进制信码分成若干位一组，然后用较少位数的三元码来表示，以降低编码后的码速率，从而提高频带利用率。4B/3T 码型是 1B/1T 码型的改进型，它把 4 个二进制码变换成 3 个三元码。显然，在相同的码速率下，4B/3T 码的信息容量大于 1B/1T，因而可提高频带利用率。4B/3T 码适用于较高速率的数据传输系统，如高次群同轴电缆传输系统。

5.4　基带脉冲传输与码间串扰

在 5.1 节中定性介绍了基带传输系统的工作原理，初步了解码间串扰和噪声是引起误码的因素。本节将定量分析基带脉冲传输过程，分析模型如图 5-8 所示。

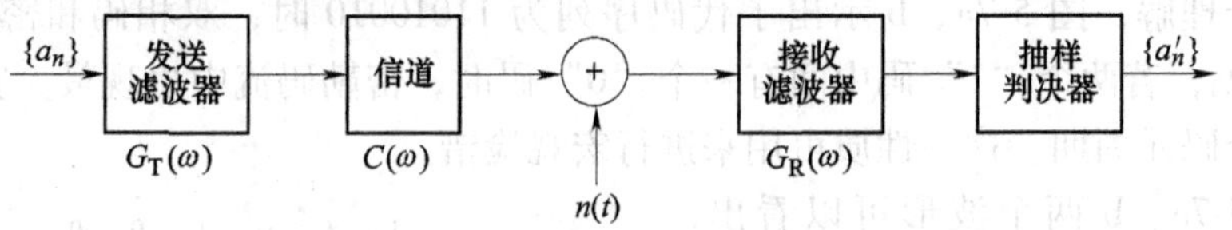

图 5-8 基带传输系统模型

图 5-8 中，$\{a_n\}$为发送滤波器的输入符号序列，在二进制的情况下，a_n 取值为 0、1 或 -1、+1。为了分析方便，假设$\{a_n\}$对应的基带信号 $d(t)$是间隔为 T_s，强度由 a_n 决定的单位冲击序列，即

$$d(t) = \sum_{n=-\infty}^{\infty} a_n\delta(t - nT_s) \tag{5-34}$$

此信号激励发送滤波器（即信道信号形成器）时，发送滤波器的输出信号为

$$s(t) = d(t) * g_T(t) = \sum_{n=-\infty}^{\infty} a_n g_T(t - nT_s) \tag{5-35}$$

式中，“ * ”是卷积符号；$g_T(t)$是单个 δ 作用下形成的发送基本波形，即发送滤波器的冲激响应。若发送滤波器的传输特性为 $G_T(\omega)$，则 $g_T(t)$由式（5-36）确定：

$$g_T(t) = \frac{1}{2\pi}\int_{-\infty}^{\infty} G_T(\omega)e^{j\omega t}d\omega \tag{5-36}$$

若再设信道的传输特性为 $C(\omega)$，接收滤波器的传输特性为 $G_R(\omega)$，则图 5-8 所示的基带传输系统的总传输特性为

$$H(\omega) = G_T(\omega)C(\omega)G_R(\omega) \tag{5-37}$$

其单位冲激响应为

$$h(t) = \frac{1}{2\pi}\int_{-\infty}^{\infty} H(\omega)e^{j\omega t}d\omega \tag{5-38}$$

$h(t)$是单个 δ 作用下，$H(\omega)$形成的输出波形。因此在 δ 序列 $d(t)$作用下，接收滤波器输出信号 $y(t)$可表示为

$$y(t) = d(t) * h(t) + n_R(t) = \sum_{n=-\infty}^{\infty} a_n h(t - nT_s) + n_R(t) \tag{5-39}$$

式中，$n_R(t)$是加性噪声 $n(t)$经过接收滤波器后输出的噪声。

抽样判决器对 $y(t)$进行抽样判决，以确定所传输的数字信息序列$\{a_n\}$。例如要对第 k 个码元 a_k 进行判决，应在 $t=kT_s+t_0$ 时刻上（t_0 是信道和接收滤波器所造成的延迟）对 $y(t)$抽样，由式（5-39）得

$$y(kT_s + t_0) = a_k h(t_0) + \sum_{n\neq k} a_n h[(k - n)T_s + t_0] + n_R(kT_s + t_0) \tag{5-40}$$

式中，第一项 $a_k h(t_0)$是第 k 个码元波形的抽样值，它是确定 a_k 的依据；第二项 $\sum_{n\neq k} a_n h[(k - n)T_s + t_0]$ 是除第 k 个码元以外的其他码元波形在第 k 个抽样时刻上的总和，它对当前码元 a_k 的判决起着干扰的作用，所以称为码间串扰值，由于 a_n 是以概率出现的，故码间串扰值通常是一个随机变量；第三项 $n_R(kT_s+t_0)$是输出噪声在抽样瞬间的值，它是一种随机干扰，也要影响对第 k 个码元的正确判决。

由于码间串扰和随机噪声的存在，当 $y(kT_s+t_0)$ 加到判决电路时，对 a_k 取值的判决可能判对，也可能判错。例如，在二进制数字通信时，a_k 的可能取值为“0”或“1”，判决电路的判决门限为 V_0，且判决规则为

$$\text{当 } y(kT_s + t_0) \geqslant V_0 \text{ 时，判 } a_k \text{ 为“1”}$$
$$\text{当 } y(kT_s + t_0) < V_0 \text{ 时，判 } a_k \text{ 为“0”}$$

显然，只有当码间串扰值和噪声足够小时，才能基本保证上述判决的正确，否则，有可能发生错判，造成误码。因此，为了使误码率尽可能小，必须最大限度地减小码间串扰和随机噪声的影响。这也正是研究基带脉冲传输的基本出发点。

5.5　无码间串扰的基带传输特性

由式（5-40）可知，若想消除码间串扰，应有

$$\sum_{n\neq k} a_n h[(k-n)T_s + t_0] = 0$$

由于 a_n 是随机的，要想通过各项相互抵消使码间串扰为 0 是不行的，这就需要对 $h(t)$ 的波形提出要求，如果相邻码元的前一个码元的波形到达后一个码元抽样判决时刻时已经衰减到 0，如图 5-9a 所示的波形，就能满足要求。但这样的波形不易实现，因为实际中的 $h(t)$ 波形有很长的“拖尾”，也正是由于每个码元“拖尾”造成对相邻码元的串扰，但只要让它在 t_0+T_s、t_0+2T_s 等后面码元抽样判决时刻上正好为 0，就能消除码间串扰，如图 5-9b 所示。这也是消除码间串扰的基本思想。

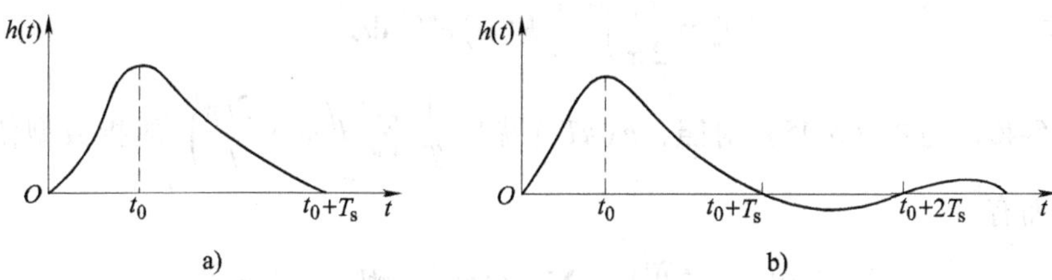

图 5-9　消除码间串扰原理

由 $h(t)$ 与 $H(\omega)$ 的关系可知，如何形成合适的 $h(t)$ 波形，实际上是如何设计 $H(\omega)$ 特性的问题。下面，在不考虑噪声时，研究如何设计基带传输特性 $H(\omega)$，以形成在抽样时刻上无码间串扰的冲激响应波形 $h(t)$。

根据上面的分析，在假设信道和接收滤波器所造成的延迟 $t_0=0$ 时，无码间串扰的基带系统冲激响应应满足式（5-41）：

$$h(kT_s) = \begin{cases} 1, & k = 0 \\ 0, & k \text{ 为其他函数} \end{cases} \tag{5-41}$$

式（5-41）说明，无码间串扰的基带系统冲激响应除 $t=0$ 时取值不为零外，其他抽样时刻 $t=kT_s$ 上的抽样值均为零。下面来推导符合以上条件的 $H(\omega)$。因为

$$h(t) = \frac{1}{2\pi}\int_{-\infty}^{\infty} H(\omega)\mathrm{e}^{\mathrm{j}\omega t}\mathrm{d}\omega$$

所以在 $t=kT_s$ 时，有

$$h(kT_s)=\frac{1}{2\pi}\sum_i\int_{-\infty}^{\infty}H(\omega)\mathrm{e}^{\mathrm{j}\omega kT_s}\mathrm{d}\omega \tag{5-42}$$

把式（5-42）的积分区间用分段积分代替，每段长为$2\pi/T_s$，则式（5-42）可写成

$$h(kT_s)=\frac{1}{2\pi}\sum_i\int_{(2i-1)\pi/T_s}^{(2i+1)\pi/T_s}H(\omega)\mathrm{e}^{\mathrm{j}\omega kT_s}\mathrm{d}\omega \tag{5-43}$$

进行变量代换：令$\omega'=\omega-\frac{2i\pi}{T_s}$，则有$\mathrm{d}\omega'=\mathrm{d}\omega$，$\omega=\omega'+\frac{2\pi i}{T_s}$。且当$\omega=\frac{(2i\pm1)\pi}{T_s}$时，$\omega'=\pm\frac{\pi}{T_s}$，于是

$$\begin{aligned}h(kT_s)&=\frac{1}{2\pi}\sum_i\int_{-\pi/T_s}^{\pi/T_s}H\left(\omega'+\frac{2i\pi}{T_s}\right)\mathrm{e}^{\mathrm{j}\omega' kT_s}\mathrm{e}^{\mathrm{j}2\pi ik}\mathrm{d}\omega'\\&=\frac{1}{2\pi}\sum_i\int_{-\pi/T_s}^{\pi/T_s}H\left(\omega'+\frac{2i\pi}{T_s}\right)\mathrm{e}^{\mathrm{j}\omega' kT_s}\mathrm{d}\omega'\end{aligned} \tag{5-44}$$

当式（5-44）之和一致收敛时，求和与积分的次序可以互换，于是有

$$h(kT_s)=\frac{1}{2\pi}\int_{-\pi/T_s}^{\pi/T_s}\sum_i H\left(\omega+\frac{2i\pi}{T_s}\right)\mathrm{e}^{\mathrm{j}\omega kT_s}\mathrm{d}\omega \tag{5-45}$$

这里，把ω'重新记为ω。

由傅里叶级数可知，若$F(\omega)$是周期为$2\pi/T_s$的频率函数，则可用指数型傅里叶级数表示：

$$F(\omega)=\sum_n f_n\mathrm{e}^{-\mathrm{j}n\omega T_s}$$

$$f_n=\frac{T_s}{2\pi}\int_{-\pi/T_s}^{\pi/T_s}F(\omega)\mathrm{e}^{\mathrm{j}n\omega T_s}\mathrm{d}\omega \tag{5-46}$$

将式（5-46）与式（5-45）对照，$h(kT_s)$就是$\frac{1}{T_s}\sum_i H\left(\omega+\frac{2i\pi}{T_s}\right)$的指数型傅里叶级数的系数，因而有

$$\frac{1}{T_s}\sum_i H\left(\omega+\frac{2\pi i}{T_s}\right)=\sum_k h(kT_s)\mathrm{e}^{-\mathrm{j}\omega kT_s},\ |\omega|\leqslant\frac{\pi}{T_s} \tag{5-47}$$

将无码间串扰时域条件（5-41）代入式（5-47），便可得到无码间串扰时，基带传输特性应满足的频域条件

$$\frac{1}{T_s}\sum_i H\left(\omega+\frac{2\pi i}{T_s}\right)=1,\quad |\omega|\leqslant\frac{\pi}{T_s} \tag{5-48}$$

或者写成

$$\sum_i H\left(\omega+\frac{2\pi i}{T_s}\right)=T_s,\quad |\omega|\leqslant\frac{\pi}{T_s} \tag{5-49}$$

该条件称为奈奎斯特第一准则。它为我们提供了一种检验一个给定的系统特性$H(\omega)$是否产生码间串扰的方法。

式（5-49）中的$\sum_i H\left(\omega+\frac{2\pi i}{T_s}\right)$含义是，将$H(\omega)$在$\omega$轴上移位$2\pi i/T_s(i=0,\ \pm1,\ \pm2,\cdots)$，然后把各项移至在$|\omega|\leqslant\frac{\pi}{T_s}$区间内的内容进行叠加。

例如，设 $H(\omega)$ 具有图 5-10a 所示的特性，式

$$\sum_i H\left(\omega+\frac{2\pi i}{T_s}\right),\quad |\omega|\leqslant\frac{\pi}{T_s}$$

中 $i=0$ 的一项为 $H(\omega)$，$|\omega|\leqslant\frac{\pi}{T_s}$，如图 5-10b 所示；$i=-1$ 的一项为 $H\left(\omega-\frac{2\pi}{T_s}\right)$，$|\omega|\leqslant\frac{\pi}{T_s}$，如图 5-10c 所示；$i=+1$ 的一项为 $H\left(\omega+\frac{2\pi}{T_s}\right)$，$|\omega|\leqslant\frac{\pi}{T_s}$，如图 5-10d 所示；除了这三项外，$i$ 为其他值时的各项均为 0，所以在 $|\omega|\leqslant\frac{\pi}{T_s}$ 区间内有

$$\sum_i H\left(\omega+\frac{2\pi i}{T_s}\right)=H\left(\omega-\frac{2\pi}{T_s}\right)+H(\omega)+H\left(\omega+\frac{2\pi i}{T_s}\right),\ |\omega|\leqslant\frac{\pi}{T_s}$$

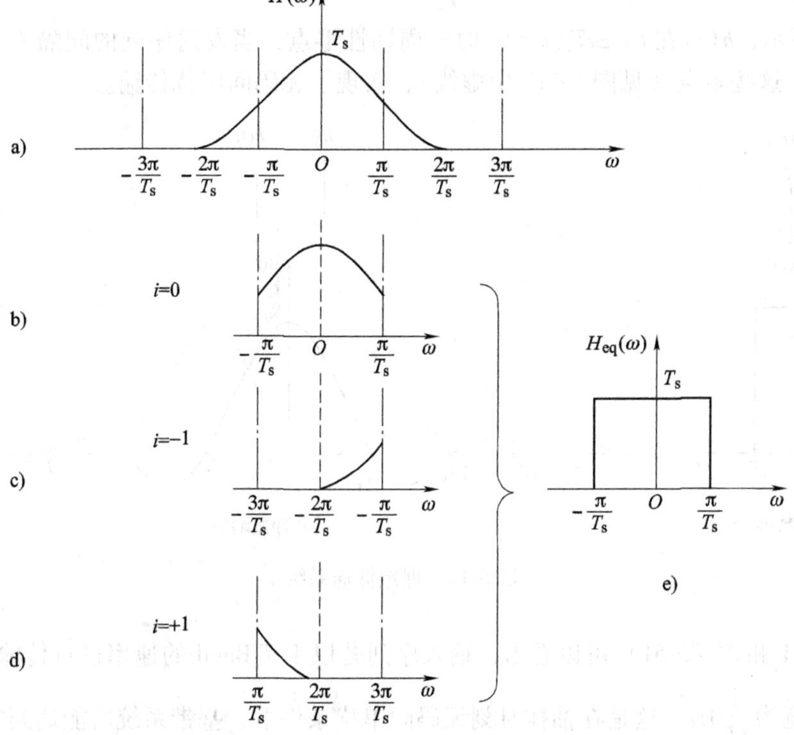

图 5-10　$H_{eq}(\omega)$ 的构成

由上例看出，式（5-49）的物理意义是，按 $\omega=\pm(2n-1)\pi/T_s$（其中 n 为正整数）将 $H(\omega)$ 在 ω 轴上以 $2\pi/T_s$ 间隔切开，然后分段沿 ω 轴平移到（$-\pi/T_s$，π/T_s）区间内进行叠加，其结果应当为一常数（不必一定是 T_s），如图 5-10e 所示。这种特性称为等效理想低通特性，记为 $H_{eq}(\omega)$，即

$$H_{eq}(\omega)=\begin{cases}\sum_i H\left(\omega+\frac{2\pi i}{T_s}\right)=T, & |\omega|\leqslant\frac{\pi}{T_s}\\ 0, & |\omega|>\frac{\pi}{T_s}\end{cases}\tag{5-50}$$

显然，满足式（5-50）的系统 $H(\omega)$ 并不是唯一的。如何设计或选择满足式（5-50）的 $H(\omega)$ 是接下来要讨论的问题。

容易想到的一种，就是式（5-50）中只有 $i=0$ 那一次，即

$$H_{\mathrm{eq}}(\omega)=H(\omega)=\begin{cases}T_s, & |\omega|\leqslant\dfrac{\pi}{T_s}\\ 0, & |\omega|>\dfrac{\pi}{T_s}\end{cases}\tag{5-51}$$

这时，$H(\omega)$ 为一理想低通滤波器。如图 5-11a 所示，它的冲激响应为

$$h(t)=\frac{\sin\dfrac{\pi}{T_s}t}{\dfrac{\pi}{T_s}t}=\mathrm{Sa}(\pi t/T_s)\tag{5-52}$$

如图 5-11b 所示，$h(t)$ 在 $t=\pm kT_s(k\neq0)$ 时有周期性零点，当发送序列的间隔为 T_s 时，正好巧妙地利用了这些零点（见图 5-11b 中虚线），实现了无码间串扰传输。

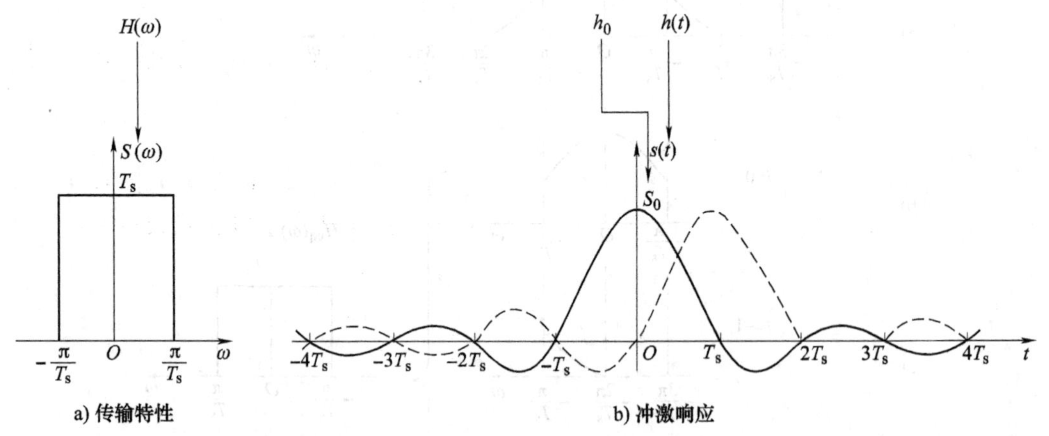

图 5-11　理想低通系统

由图 5-11 和式（5-51）可以看出，输入序列若以 $1/T_s$Baud 的速率进行传输时，所需的最小传输带宽为 $\dfrac{1}{2T_s}$Hz。这是在抽样时刻无码间串扰条件下，基带系统所能达到的极限情况。此时基带系统所能提供的最高频带利用率为 $\eta=2\mathrm{Baud/Hz}$。通常把 $1/(2T_s)$Hz 称为奈奎斯特带宽，记为 W_1，则该系统无码间串扰的最高传输速率为 $2W_1$，称为奈奎斯特速率。显然，如果该系统用高于 $1/T_s$Baud 的码元速率传送时，将存在码间串扰。

从上面的讨论可知，理想低通传输特性的基带系统有最大的频带利用率。但令人遗憾的是，理想低通系统在实际应用中存在两个问题：一是理想矩形特性的物理实现极为困难；二是理想的冲激响应 $h(t)$ 的“尾巴”很长，衰减很慢，当定时存在偏差时，可能出现严重的码间串扰。考虑到实际的传输系统总是可能存在定时误差的，因而，一般不采用 $H_{\mathrm{eq}}(\omega)=H(\omega)$，而只把这种情况作为理想的“标准”或者作为与别的系统特性进行比较时的基础。

考虑到理想冲激响应 $h(t)$ 的尾部衰减慢的原因是系统的频率截止特性过于陡峭，这启

发我们可以按图 5-12 所示的构造思想去设计 $H(\omega)$ 特性，只要图中的 $Y(\omega)$ 具有对 W_1 呈奇对称的振幅特性，则 $H(\omega)$ 即为所要求的。这种设计也可看成是理想低通特性按奇对称条件进行“圆滑”的结果，上述的“圆滑”，通常被称为“滚降”。

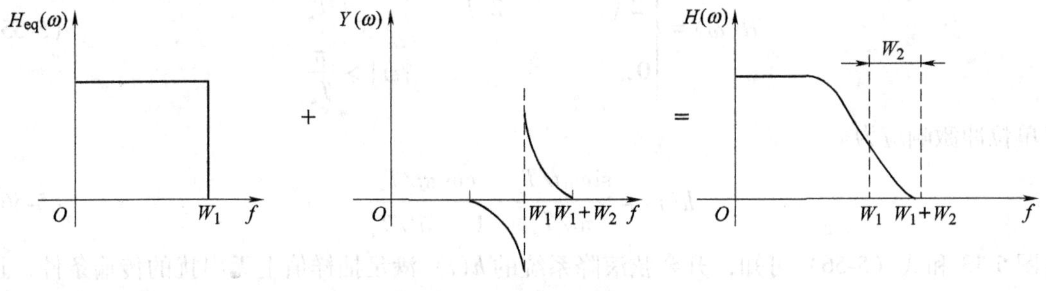

图 5-12　滚降特性构成

定义滚降系数为

$$\alpha = \frac{W_2}{W_1} \tag{5-53}$$

式中，W_1 是无滚降时的截止频率；W_2 为滚降部分的截止频率。

显然，$0 \leqslant \alpha \leqslant 1$。不同的 α 有不同的滚降特性。图 5-13 画出了按余弦滚降的三种滚降特性和冲激响应。具有滚降系数 α 的余弦滚降特性 $H(\omega)$ 可表示成

$$H(\omega) = \begin{cases} T_s, & 0 \leqslant |\omega| < \dfrac{(1-\alpha)\pi}{T_s} \\ \dfrac{T_s}{2}\left[1 + \sin\dfrac{T_s}{2\alpha}\left(\dfrac{\pi}{T_s} - \omega\right)\right], & \dfrac{(1-\alpha)\pi}{T_s} \leqslant |\omega| < \dfrac{(1+\alpha)\pi}{T_s} \\ 0, & |\omega| \geqslant \dfrac{(1+\alpha)\pi}{T_s} \end{cases} \tag{5-54}$$

而相应的 $h(t)$ 为

$$h(t) = \frac{\sin\pi t/T_s}{\pi t/T_s} \cdot \frac{\cos\alpha\pi t/T_s}{1 - 4\alpha^2 t^2/T_s^2}$$

实际的 $H(\omega)$ 可按不同的 α 来选取。

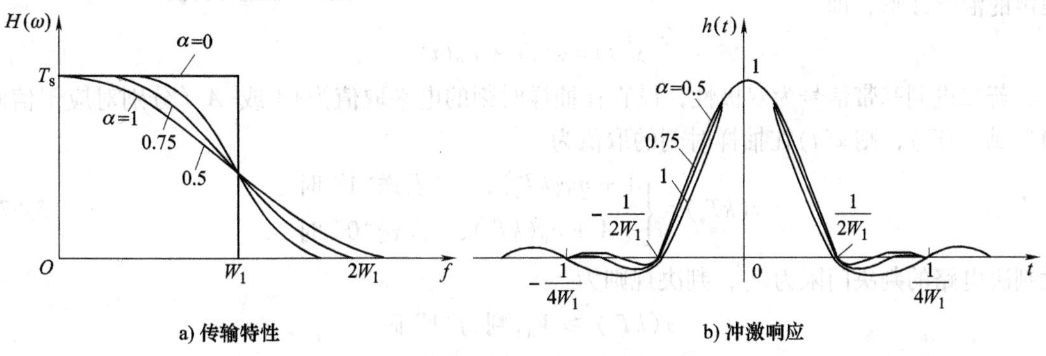

图 5-13　余弦滚降系统

由图 5-13 可以看出：当 $\alpha=0$ 时，就是理想低通特性；当 $\alpha=1$ 时，是实际中常采用的升余弦频谱特性，这时，$H(\omega)$可表示为

$$H(\omega)=\begin{cases}\dfrac{T_s}{2}\left(1+\cos\dfrac{\omega T_s}{2}\right), & |\omega|\leqslant\dfrac{2\pi}{T_s}\\[2ex] 0, & |\omega|>\dfrac{\pi}{T_s}\end{cases} \tag{5-55}$$

其单位冲激响应应为

$$h(t)=\frac{\sin\pi t/T_s}{\pi t/T_s}\cdot\frac{\cos\pi t/T_s}{1-4t^2/T_s^2} \tag{5-56}$$

由图 5-13 和式（5-56）可知，升余弦滚降系统的 $h(t)$ 满足抽样值上无串扰的传输条件，且各抽样值之间又增加了一个零点，其尾部衰减较快（与 t^2 成反比），这有利于减小码间串扰和位定时误差的影响。但这种系统的频谱宽度是 $\alpha=0$ 的 2 倍，因而频带利用率为 1Baud/Hz，是最高利用率的一半。若 $0<\alpha<1$ 时，带宽 $B=(1+\alpha)/2T_s$（单位为 Hz），频带利用率 $\eta=2/(1+\alpha)$。

应当指出，在以上讨论中并没有涉及 $H(\omega)$的相移特性，但实际上它的相移特性一般不为零，故需要加以考虑。然而，在推导式（5-49）的过程中，并没有指定 $H(\omega)$是实函数，所以，式（5-49）对于一般特性的 $H(\omega)$均适用。

5.6　无码间串扰基带系统的抗噪声性能

码间串扰和信道噪声是影响接收端正确判决而造成误码的两个主要因素。5.5 节讨论了不考虑噪声影响时，能够消除码间串扰的基带传输特性。本节来讨论在无码间串扰的条件下，噪声对基带信号传输的影响，即计算噪声引起的误码率。

若认为信道噪声只对接收端产生影响，则分析模型如图 5-14 所示。设二进制接收波形为 $s(t)$，信道噪声 $n(t)$通过接收滤波器后的输出噪声为 $n_R(t)$，则接收滤波器的输出是信号加噪声的混合波形，即

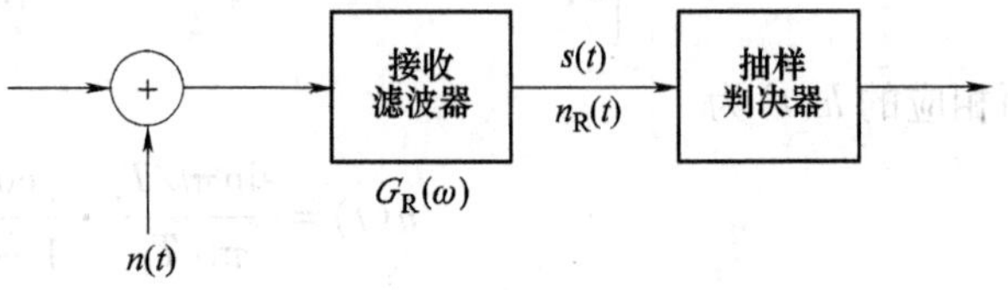

图 5-14　抗噪声性能分析模型

$$x(t)=s(t)+n_R(t)$$

若二进制基带信号为双极性，设它在抽样时刻的电平取值为$+A$ 或$-A$（分别对应于信码“1”或“0”），则 $x(t)$在抽样时刻的取值为

$$x(kT_s)=\begin{cases}A+n_R(kT_s), & \text{发送“1”时}\\ -A+n_R(kT_s), & \text{发送“0”时}\end{cases} \tag{5-57}$$

设判决电路的判决门限为 V_d，判决规则为

$$x(kT_s)\geqslant V_d,\text{判为“1”码}$$
$$x(kT_s)<V_d,\text{判为“0”码}$$

上述判决过程的典型波形如图 5-15 所示。其中，图 5-15a 是无噪声影响时的信号波形，

而图 5-15b 则是图 5-15a 波形叠加上噪声后的混合波形。显然，这时的判决门限应选择在 0 电平，不难看出，对图 5-15a 波形能够毫无差错地恢复基带信号，但对图 5-15b 的波形就可能出现两种判决错误：原“1”错判成“0”或原“0”错判成“1”，图中带“ * ”的码元就是错码。下面来具体分析由于信道加性噪声引起这种误码的概率 P_e，简称误码率。

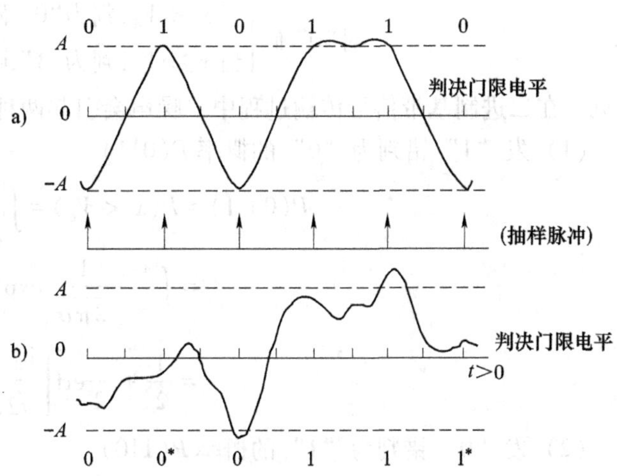

图 5-15　判决电路的典型输入波形

信道加性噪声 $n(t)$ 通常被假设为均值为 0、双边功率谱密度 $n_0/2$ 的平稳高斯白噪声，而接收滤波器又是一个线性网络，故判决电路输入噪声 $n_R(t)$ 也是均值为 0 的平稳高斯噪声，且它的功率谱密度 $P_n(\omega)$ 为

$$P_n(\omega) = \frac{n_0}{2} \left| G_R(\omega) \right|^2$$

方差（噪声平均功率）为

$$\sigma_n^2 = \frac{1}{2\pi}\int_{-\infty}^{\infty} \frac{n_0}{2} \left| G_R(\omega) \right|^2 d\omega \tag{5-58}$$

可见，$n_R(t)$ 是均值为 0、方差为 σ_n^2 的高斯噪声，因此它的瞬时值的统计特性可用下述一维概率密度函数描述：

$$f(V) = \frac{1}{\sqrt{2\pi}\sigma_n} e^{-V^2/2\sigma_n^2} \tag{5-59}$$

式中，V 是噪声的瞬时取值 $n_R(kT_s)$。

根据式（5-57）可知，当发送“1”时，$A+n_R(kT_s)$ 的一维概率密度函数为

$$f_1(x) = \frac{1}{\sqrt{2\pi}\sigma_n} \exp\left[-\frac{(x-A)^2}{2\sigma_n^2}\right] \tag{5-60}$$

而当发送“0”时，$-A+n_R(kT_s)$ 的一维概率密度函数为

$$f_0(x) = \frac{1}{\sqrt{2\pi}\sigma_n} \exp\left[-\frac{(x+A)^2}{2\sigma_n^2}\right] \tag{5-61}$$

与它们相应的曲线分别示于图 5-16 中。

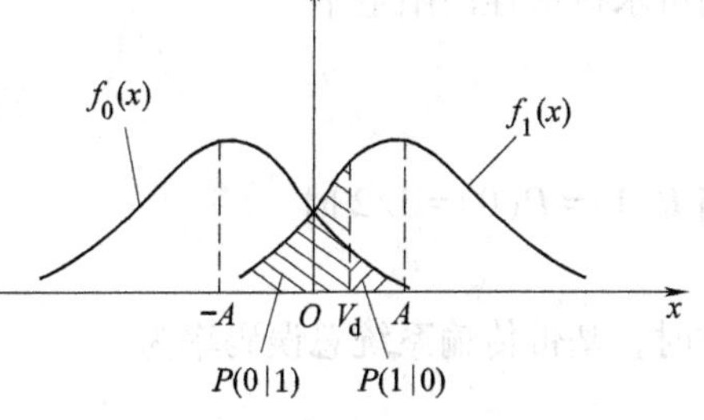

图 5-16　$x(t)$ 的规律率密度曲线

这时，在 $-A$ 到 $+A$ 之间选择一个适当的电平 V_d 作为判决门限，根据判决规则将会出现以下几种情况：

$$对“1”码\begin{cases}当\ x \geqslant V_d，判为“1”码（判断正确）\\ 当\ x < V_d，判为“0”码（判断错误）\end{cases}$$

$$
\text{对“0”码}\begin{cases}\text{当 } x < V_d\text{，判为“0”码（判断正确）}\\ \text{当 } x \geqslant V_d\text{，判为“1”码（判断错误）}\end{cases}
$$

可见，在二进制基带信号传输过程中，噪声会引起两种误码概率，分别叙述如下：

（1）发“1”错判为“0”的概率 $P(0|1)$

$$
\begin{aligned}
P(0 \mid 1) &= P(x < V_d) = \int_{-\infty}^{V_d} f_1(x)\mathrm{d}x \\
&= \int_{-\infty}^{V_d} \frac{1}{\sqrt{2\pi}\sigma_n}\exp\left[-\frac{(x-A)^2}{2\sigma_n^2}\right]\mathrm{d}x \\
&= \frac{1}{2} + \frac{1}{2}\mathrm{erf}\left[\frac{V_d - A}{\sqrt{2}\sigma_n}\right]
\end{aligned} \tag{5-62}
$$

（2）发“0”错判为“1”的概率 $P(1|0)$

$$
\begin{aligned}
P(1 \mid 0) &= P(x > V_d) = \int_{V_d}^{\infty} f_0(x)\mathrm{d}x \\
&= \int_{V_d}^{\infty} \frac{1}{\sqrt{2\pi}\sigma_n}\exp\left[-\frac{(x+A)^2}{2\sigma_n^2}\right]\mathrm{d}x \\
&= \frac{1}{2} - \frac{1}{2}\mathrm{erf}\left[\frac{V_d + A}{\sqrt{2}\sigma_n}\right]
\end{aligned} \tag{5-63}
$$

$P(0|1)$ 和 $P(1|0)$ 分别如图 5-16 中的阴影部分所示。若发送“1”码的概率为 $P(1)$，发送“0”码的概率为 $P(0)$，则基带传输系统总的误码率可表示为

$$
\begin{aligned}
P_e &= P(1)P(0 \mid 1) + P(0)P(1 \mid 0) \\
&= P(1)\int_{-\infty}^{V_d} f_1(x)\mathrm{d}x + P(0)\int_{V_d}^{\infty} f_0(x)\mathrm{d}x
\end{aligned} \tag{5-64}
$$

从式（5-64）可以看出，误码率与 $P(1)$、$P(0)$、$f_0(x)$、$f_1(x)$ 和 V_d 有关，而 $f_0(x)$ 和 $f_1(x)$ 又与信号的峰值 A 和噪声功率 σ_n^2 有关。通常 $P(1)$ 和 $P(0)$ 是给定的，因此误码率最终由 A、σ_n^2 和门限 V_d 决定。在 A 和 σ_n^2 一定的条件下，可以找到一个使误码率最小的判决门限电平，这个门限电平称为最佳门限电平。若令

$$
\frac{\mathrm{d}P_e}{\mathrm{d}V_d} = 0
$$

则可求得最佳门限电平

$$
V_d^* = \frac{\sigma_n^2}{2A}\ln\frac{P(0)}{P(1)} \tag{5-65}
$$

当 $P(1)=P(0)=1/2$ 时

$$
V_d^* = 0
$$

这时，基带传输系统总误码率为

$$
\begin{aligned}
P_e &= \frac{1}{2}P(0 \mid 1) + \frac{1}{2}P(1 \mid 0) \\
&= \frac{1}{2}\left[1 - \mathrm{erf}\left(\frac{A}{\sqrt{2}\sigma_n}\right)\right]
\end{aligned}
$$

$$= \frac{1}{2}\mathrm{erfc}\left(\frac{A}{\sqrt{2}\sigma_n}\right) \tag{5-66}$$

从式（5-66）可见，在发送概率相等，且在最佳门限电平下，系统的总误码率仅依赖于信号峰值 A 与噪声方均根值 σ_n 的比值，而与采用什么样的信号形式无关（当然，这里的信号形式必须是能够消除码间干扰的）。若比值 A/σ_n 越大，则 P_e 就越小。

以上分析的是双极性信号的情况。对于单极性信号，电平取值为+A（对应“1”码）或 0（对应“0”码）。因此，在发“0”码时，只需将图 5-16 中 $f_0(x)$ 曲线的分布中心由 $-A$ 移到 0 即可。这时式（5-65）将变成

$$V_d^* = \frac{A}{2} + \frac{\sigma_n^2}{A}\ln\frac{P(0)}{P(1)} \tag{5-67}$$

当 $P(1)=P(0)=1/2$ 时

$$V_d^* = \frac{A}{2}$$

这时式（5-66）将变成

$$P_e = \frac{1}{2}\left[1 - \mathrm{erf}\left(\frac{A}{2\sqrt{2}\sigma_n}\right)\right] = \frac{1}{2}\mathrm{erfc}\left(\frac{A}{2\sqrt{2}\sigma_n}\right) \tag{5-68}$$

式中，A 是单极性基带波形的峰值。读者可自行证明式（5-67）和式（5-68）。

比较式（5-66）与式（5-68）可见，在单极性与双极性基带信号的峰值 A 相等、噪声方均根值 σ_n 也相同时，单极性基带系统的抗噪声性能不如双极性基带系统。此外，在等概条件下，单极性的最佳判决门限电平为 $A/2$，当信道特性发生变化时，信号幅度 A 将随着变化，故判决门限电平也随之改变，而不能保持最佳状态，从而导致误码率增大。而双极性的最佳判决门限电平为 0，与信号幅度无关，因而不随信道特性变化而变，故能保持最佳状态。因此，基带系统多采用双极性信号进行传输。

5.7　眼图

从理论上讲，只要基带传输总特性 $H(\omega)$ 满足奈奎斯特第一准则，就可实现无码间串扰传输。但在实际中，由于滤波器部件调试不理想或信道特性的变化等因素，都可能使 $H(\omega)$ 特性改变，从而使系统性能恶化。计算由于这些因素所引起的误码率非常困难，尤其在码间串扰和噪声同时存在的情况下，系统性能的定量分析更是难以进行，因此在实际应用中需要用简便的实验方法来定性测量系统的性能，其中一个有效的实验方法是观察接收信号的眼图。

眼图是指利用实验手段方便地估计和改善（通过调整）系统性能时在示波器上观察到的一种图形。观察眼图的方法是：用一个示波器跨接在接收滤波器的输出端，然后调整示波器水平扫描周期，使其与接收码元的周期同步。此时可以从示波器显示的图形上，观察出码间干扰和噪声的影响，从而估计系统性能的优劣程度。在传输二进制信号波形时，示波器显示的图形很像人的眼睛，故名“眼图”。借助图 5-17，我们来了解眼图的形成原理。为了便于理解，暂先不考虑噪声的影响。图 5-17a 是接收滤波器输出的无码间串扰的双极性基带波形，用示波器观察它，并将示波器扫描周期调整到码元周期 T_s，由于示波器的余辉作用，

扫描所得的每一个码元波形将重叠在一起，形成如图 5-17b 所示的迹线细而清晰的大“眼睛”；图 5-17c 是有码间串扰的双极性基带波形，由于存在码间串扰，此时波形已经失真，示波器的扫描迹线就不完全重合，于是形成的眼图线迹杂乱，“眼睛”张开得较小，且眼图不端正，如图 5-17d 所示。对比图 5-17b、d 可知，眼图的“眼睛”张开得越大，且眼图越端正，表示噪声和码间干扰小；当存在噪声时，眼图的线迹变成了比较模糊的带状的线，噪声越大，线条越宽，越模糊，“眼睛”张开得越小。不过，应该注意，从图形上并不能观察到随机噪声的全部形态，例如出现机会少的大幅度噪声，由于它在示波器上一晃而过，因而用人眼是观察不到的。所以，在示波器上只能大致估计噪声的强弱。

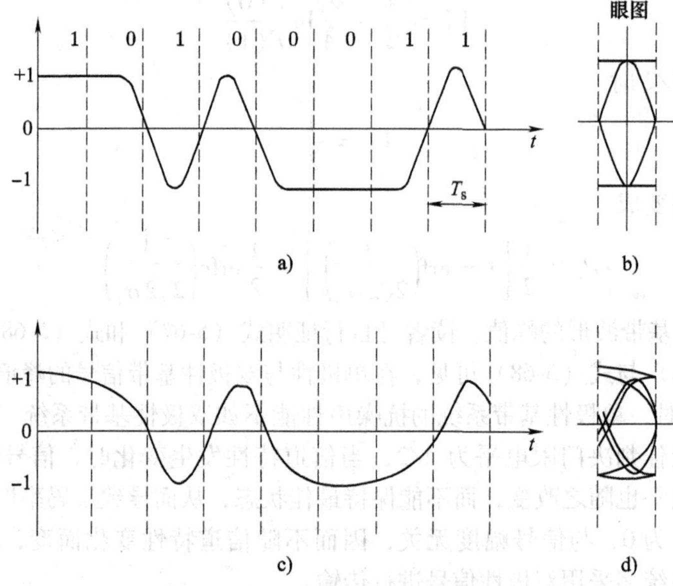

图 5-17　基带信号波形及眼图

从以上分析可知，眼图可以定性反映码间串扰的大小和噪声的大小。眼图可以用来指示接收滤波器的调整，以减小码间串扰，改善系统性能。为了说明眼图和系统性能之间的关系，把眼图简化为一个模型，如图 5-18所示。由该图可以获得以下信息：

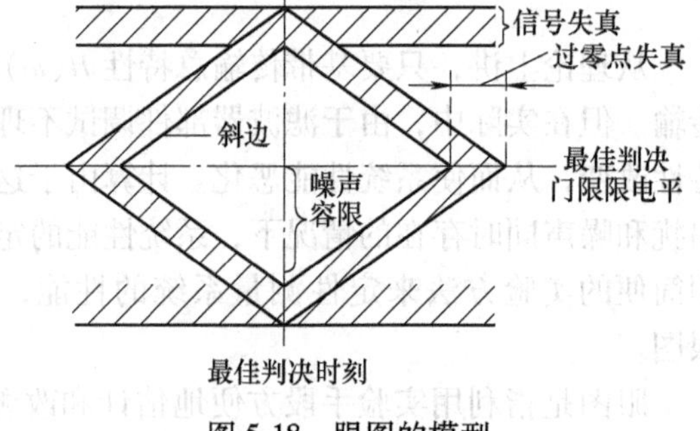

图 5-18　眼图的模型

1）最佳抽样时刻应是“眼睛”张开最大的时刻。

2）眼图斜边的斜率决定了系统对抽样定时误差的灵敏程度：斜率越大，对定时误差越灵敏。

3）图的阴影区的垂直高度表示信号的畸变范围。

4）图中央的横轴位置对应于判决门限电平。

5）抽样时刻上，上下两阴影区的间隔距离之半为噪声的容限，噪声瞬时值超过它就可能发生错误判决。

6）图中倾斜阴影带与横轴相交的区间表示了接收波形零点位置的变化范围，即过零点畸变，它对于利用信号零交点的平均位置来提取定时信息的接收系统有很大影响。

图 5-19a、b 分别是二进制升余弦频谱信号在示波器上显示的两张眼图照片。图 5-19a 是在几乎无噪声和无码间干扰下得到的，而图 5-19b 则是在一定噪声和码间干扰下得到的。

顺便指出，接收二进制波形时，在一个码元周期 T_s 内只能看到一只眼睛；若接收的是 M 进制波形，则在一个码元周期内可以看到纵向显示的（$M-1$）只眼睛；另外，若扫描周期为 nT_s 时，可以看到并排的 n 只眼睛。

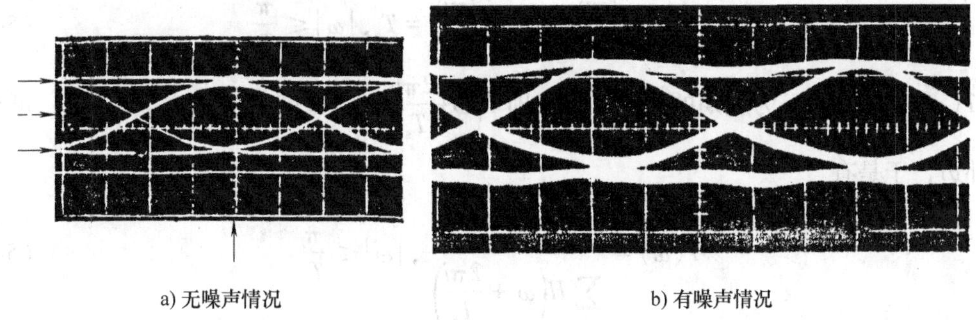

a) 无噪声情况　　b) 有噪声情况

图 5-19　眼图照片

5.8　均衡技术

在信道特性 $C(\omega)$ 确知条件下，人们可以精心设计接收和发送滤波器以达到消除码间串扰和尽量减小噪声影响的目的。但在实际实现时，由于难免存在滤波器的设计误差和信道特性的变化，所以无法实现理想的传输特性，因而引起波形的失真从而产生码间干扰，系统的性能也必然下降。理论和实践均证明，在基带系统中插入一种可调（或不可调）滤波器可以校正或补偿系统特性，减小码间串扰的影响，这种起补偿作用的滤波器称为均衡器。

均衡可分为频域均衡和时域均衡。所谓频域均衡，是从校正系统的频率特性出发，使包括均衡器在内的基带系统的总特性满足无失真传输条件；所谓时域均衡，是利用均衡器产生的时间波形去直接校正已畸变的波形，使包括均衡器在内的整个系统的冲激响应满足无码间串扰条件。

频域均衡在信道特性不变，且在传输低速数据时是适用的。而时域均衡可以根据信道特性的变化进行调整，能够有效地减小码间串扰，故在高速数据传输中得以广泛应用。

5.8.1　时域均衡原理

如图 5-8 所示的数字基带传输模型，其总特性如式（5-37）表述，当 $H(\omega)$ 不满足式（5-49）无码间串扰条件时，就会形成有码间串扰的响应波形。现在我们来证明：如果在接收滤波器和抽样判决器之间插入一个被称为横向滤波器的可调滤波器，其冲激响应为

$$h_T(t) = \sum_{n=-\infty}^{\infty} C_n \delta(t - nT_s) \tag{5-69}$$

式中，C_n 完全依赖于 $H(\omega)$，那么，理论上就可消除抽样时刻上的码间串扰。

设插入滤波器的频率特性为 $T(\omega)$，则当

$$T(\omega)H(\omega)=H'(\omega) \tag{5-70}$$

满足式（5-49），即满足

$$\sum_i H'\left(\omega+\frac{2\pi i}{T_s}\right)=T_s,\ |\omega|\leqslant\frac{\pi}{T_s} \tag{5-71}$$

时，则包括 $T(\omega)$ 在内的总特性 $H'(\omega)$ 将能消除码间串扰。

将式（5-70）代入式（5-71），有

$$\sum_i H\left(\omega+\frac{2\pi i}{T_s}\right)T\left(\omega+\frac{2\pi i}{T_s}\right)=T_s,\ |\omega|\leqslant\frac{\pi}{T_s} \tag{5-72}$$

如果 $T(\omega)$ 是以 $2\pi/T_s$ 为周期的周期函数，即 $T\left(\omega+\frac{2\pi i}{T_s}\right)=T(\omega)$，则 $T(\omega)$ 与 i 无关，可拿到 $\sum\limits_i$ 外边，于是有

$$T(\omega)=\frac{T_s}{\sum\limits_i H\left(\omega+\frac{2\pi i}{T_s}\right)},\ |\omega|\leqslant\frac{\pi}{T_s} \tag{5-73}$$

使得式（5-71）成立。

既然 $T(\omega)$ 是按式（5-73）开拓的周期为 $2\pi/T_s$ 的周期函数，则 $T(\omega)$ 可用傅里叶级数来表示，即

$$T(\omega)=\sum_{n=-\infty}^{\infty}C_n \mathrm{e}^{-\mathrm{j}nT_s\omega} \tag{5-74}$$

式中

$$C_n=\frac{T_s}{2\pi}\int_{-\pi/T_s}^{\pi/T_s}T(\omega)\mathrm{e}^{\mathrm{j}n\omega T_s}\mathrm{d}\omega \tag{5-75}$$

或

$$C_n=\frac{T_s}{2\pi}\int_{-\pi/T_s}^{\pi/T_s}\frac{T_s}{\sum\limits_i H\left(\omega+\frac{2\pi i}{T_s}\right)}\mathrm{e}^{\mathrm{j}n\omega T_s}\mathrm{d}\omega \tag{5-76}$$

由式（5-76）看出，傅里叶系数 C_n 由 $H(\omega)$ 决定。

对式（5-74）求傅里叶反变换，则可求得其单位冲激响应 $h_T(t)$ 为

$$h_T(t)=F^{-1}[T(\omega)]=\sum_{n=-\infty}^{\infty}C_n\delta(t-nT_s) \tag{5-77}$$

这就是需要证明的式（5-69）。

由式（5-77）可以看出，$h_T(t)$ 是图 5-20 所示网络的单位冲激响应，该网络是由无限多的按横向排列的迟延单元和抽头系数组成的，因此称为横向滤波器。

它的功能是将输入端（即接收滤波器输出端）抽样时刻上有码间串扰的响应波形变换成（利用它产生的无限多响应波形之和）抽样时刻上无码间串扰的响应波形。由于横向滤波器的均衡原理是建立在响应波形上的，故把这种均衡称为时域均衡。

从以上分析可知，横向滤波器可以实现时域均衡。无限长的横向滤波器可以（至少在

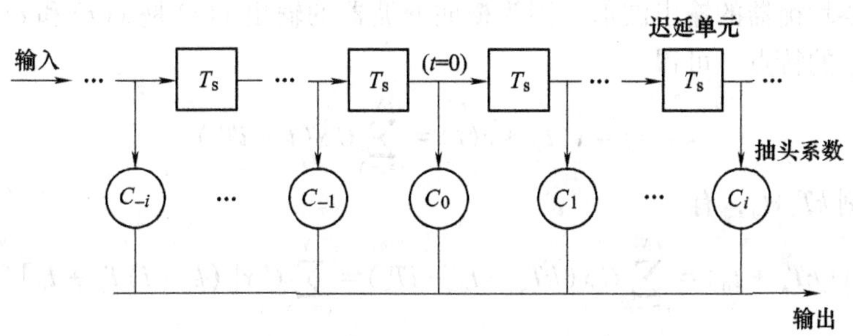

图 5-20　横向滤波器

理论上）完全消除抽样时刻上的码间串扰，但其实际上是不可实现的。因为，均衡器的长度不仅受经济条件的限制，并且还受每一系数 C_i 调整准确度的限制。如果 C_i 的调整准确度得不到保证，则增加长度所获得的效果也不会显示出来。因此，有必要进一步讨论有限长横向滤波器的抽头增益调整问题。

设在基带系统接收滤波器与判决电路之间插入一个具有 $2N+1$ 个抽头的横向滤波器，如图 5-21a 所示。它的输入（即接收滤波器的输出）为 $x(t)$，$x(t)$是被均衡的对象，并设它不附加噪声，如图 5-21b 所示。

若设有限长横向滤波器的单位冲激响应为 $e(t)$，相应的频率特性为 $E(\omega)$，则

$$e(t)=\sum_{i=-N}^{N}C_i\delta(t-iT_s) \tag{5-78}$$

由此看出，$E(\omega)$被 $2N+1$ 个 C_i 所确定。显然，不同的 C_i 将对应不同的 $E(\omega)$。因此，如果各抽头系数是可调整的，则图 5-21 所示的滤波器是通用的。另外，如果抽头系数设计成可调的，也为随时校正系统的时间响应提供了可能条件。

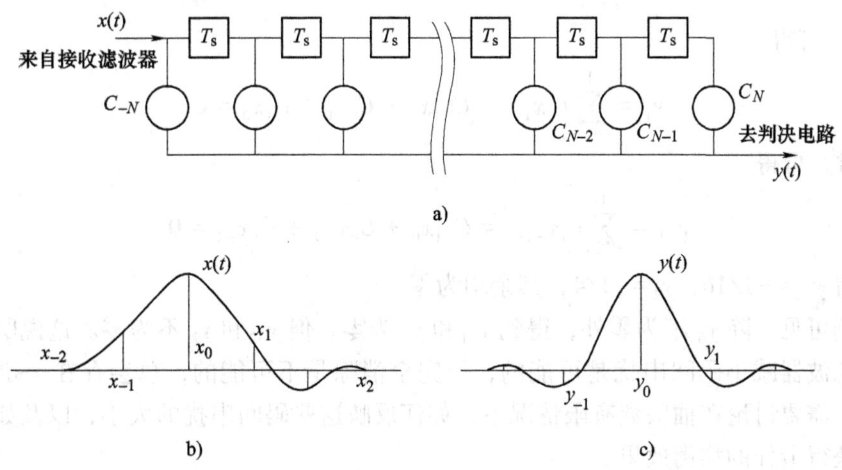

图 5-21　有限长横向滤波器及其输入、输出单脉冲响应波形

其相应的频率特性为

$$E(\omega)=\sum_{i=-N}^{N}C_i\mathrm{e}^{-\mathrm{j}\omega T_s}$$

现在来考察均衡器的输出波形。因为横向滤波器的输出 $y(t)$ 是 $x(t)$ 和 $e(t)$ 的卷积，故利用式（5-78）的特点，可得

$$y(t) = x(t) * e(t) = \sum_{i=-N}^{N} C_i x(t - iT_s) \tag{5-79}$$

于是在抽样时刻 kT_s+t_0，有

$$y(kT_s + t_0) = \sum_{i=-N}^{N} C_i x(kT_s + t_0 - iT_s) = \sum_{i=-N}^{N} C_i x[(k-i)T_s + t_0]$$

或者简写为

$$y_k = \sum_{i=-N}^{N} C_i x_{k-i} \tag{5-80}$$

式（5-80）说明，均衡器在第 k 个抽样时刻上得到的样值 y_k 将由 $2N+1$ 个 C_i 与 x_{k-i} 乘积之和来确定。显然，其中除 y_0 以外的所有 y_k 都属于波形失真引起的码间串扰。当输入波形 $x(t)$ 给定，即各种可能的 x_{k-i} 确定时，通过调整 C_i 使指定的 y_k 等于零是容易办到的，但同时要求所有的 y_k（除 $k=0$ 外）都等于零却是一件很难的事。下面通过一个例子来说明。

【例 5-3】 设有一个三抽头的横向滤波器，其 $C_{-1}=-1/4$，$C_0=1$，$C_1=-1/2$；均衡器输入 $x(t)$ 在各抽样点上的取值分别为：$x_{-1}=1/4$，$x_0=1$，$x_1=1/2$，其余都为零。试求均衡器输出 $y(t)$ 在各抽样点上的值。

解 根据式（5-80）有

$$y_k = \sum_{i=-N}^{N} C_i x_{k-i}$$

当 $k=0$ 时，可得

$$y_0 = \sum_{i=-1}^{1} C_i x_{-i} = C_{-1}x_1 + C_0 x_0 + C_1 x_{-1} = \frac{3}{4}$$

当 $k=1$ 时，可得

$$y_1 = \sum_{i=-1}^{1} C_i x_{1-i} = C_{-1}x_2 + C_0 x_1 + C_1 x_0 = 0$$

当 $k=-1$ 时，可得

$$y_{-1} = \sum_{i=-1}^{1} C_i x_{-1-i} = C_{-1}x_0 + C_0 x_{-1} + C_1 x_{-2} = 0$$

同理可求得 $y_{-2}=-1/16$，$y_2=-1/4$，其余均为零。

由此例可见，除 y_0 不为零外，得到 y_{-1} 和 y_1 为零，但 y_{-2} 和 y_2 不为零。这说明，利用有限长横向滤波器减小码间串扰是可能的，但完全消除是不可能的，总会存在一定的码间串扰。所以，需要讨论在抽头数有限情况下，如何反映这些码间串扰的大小，以及如何调整抽头系数以获得最佳的均衡效果。

5.8.2 均衡效果的衡量

在抽头数有限的情况下，均衡器的输出将有剩余失真，即除了 y_0 外，其余所有 y_k 都属于波形失真引起的码间串扰。为了反映这些失真的大小，一般采用所谓峰值失真准则和均方失真准则作为衡量标准。峰值失真准则定义为

$$D = \frac{1}{y_0} \sum_{k=-\infty}^{\infty}{}' |y_k| \tag{5-81}$$

式中，符号 $\sum\limits_{k=-\infty}^{\infty}{}'$ 表示 $\sum\limits_{\substack{K=-\infty \\ K\neq 0}}^{\infty}$，其中除 $k=0$ 以外的各样值绝对值之和反映了码间串扰的最大值；y_0 是有用信号样值，所以峰值失真 D 就是码间串扰最大值与有用信号样值之比。显然，对于完全消除码间干扰的均衡器而言，应有 $D=0$；对于码间干扰不为零的场合，希望 D 有最小值。

均方失真准则定义为

$$e^2 = \frac{1}{y_0^2} \sum_{k=-\infty}^{\infty}{}' y_k^2 \tag{5-82}$$

其物理意义与峰值失真准则相似。

按这两个准则来确定均衡器的抽头系数均可使失真最小，获得最佳的均衡效果。

注意：这两种准则都是根据均衡器输出的单脉冲响应来规定的。图 5-21c 画出了一个单脉冲响应波形。另外，还有必要指出，在分析横向滤波器时，均把时间原点（$t=0$）假设在滤波器中心点处（即 C_0 处）。

如果时间参考点选择在别处，则滤波器输出的波形形状是相同的，所不同的仅仅是整个波形的提前或推迟。

下面以最小峰值失真准则为基础，指出在该准则意义下时域均衡器的工作原理。

与式（5-81）相应，可将未均衡前的输入峰值失真（称为初始失真）表示为

$$D_0 = \frac{1}{x_0} \sum_{k=-\infty}^{\infty}{}' |x_k| \tag{5-83}$$

若 x_k 是归一化的，且令 $x_0=1$，则式（5-83）变为

$$D_0 = \sum_{k=-\infty}^{\infty}{}' |x_k| \tag{5-84}$$

为方便计算，将样值 y_k 也归一化，且令 $y_0=1$，则根据式（5-80）可得

$$y_0 = \sum_{i=-N}^{N} C_i x_{-i} = 1 \tag{5-85}$$

或有

$$C_0 x_0 + \sum_{i=-N}^{N}{}' C_i x_{-i} = 1$$

于是

$$C_0 = 1 - \sum_{i=-N}^{N}{}' C_i x_{-i} \tag{5-86}$$

将式（5-86）代入式（5-80），可得

$$y_k = \sum_{i=-N}^{N}{}' C_i (x_{k-i} - x_k x_{-i}) + x_k \tag{5-87}$$

再将式（5-87）代入式（5-81），有

$$D = \sum_{k=-\infty}^{\infty}{}' \left| \sum_{i=-N}^{N}{}' C_i (x_{k-i} - x_k x_{-i}) + x_k \right| \tag{5-88}$$

可见，在输入序列$\{x_k\}$给定的情况下，峰值畸变D是各抽头增益C_i（除C_0外）的函数。显然，求解使D最小的C_i是我们所关心的。勒基曾证明：如果初始失真$D_0<1$，则D的最小值必然发生在y_0前后的$y'_k(|k|\leqslant N,k\neq 0)$都等于零的情况下。这一定理的数学意义是，所求的各抽头系数$\{C_i\}$应该是

$$y_k=\begin{cases}0 & 1\leqslant |k|\leqslant N\\ 1 & k=0\end{cases} \tag{5-89}$$

时的$2N+1$个联立方程的解。由条件式（5-89）和式（5-80）可列出抽头系数必须满足的这$2N+1$个线性方程，将

$$\begin{cases}\displaystyle\sum_{i=-N}^{N}C_ix_{k-i}=0 & k=\pm 1,\ \pm 2,\cdots,\ \pm N\\ \displaystyle\sum_{i=-N}^{N}C_ix_{-i}=1 & k=0\end{cases} \tag{5-90}$$

写成矩阵形式，有

$$\begin{bmatrix} x_0 & x_{-1} & \cdots & x_{-2N}\\ \vdots & \vdots & & \vdots\\ x_N & x_{N-1} & \cdots & x_{-N}\\ \vdots & \vdots & & \vdots\\ x_{2N} & x_{2N-1} & \cdots & x_0\end{bmatrix}\begin{bmatrix}C_{-N}\\ C_{-N+1}\\ \vdots\\ C_0\\ \vdots\\ C_{N-1}\\ C_N\end{bmatrix}=\begin{bmatrix}0\\ \vdots\\ 0\\ 1\\ 0\\ \vdots\\ 0\end{bmatrix} \tag{5-91}$$

这就是说，在输入序列$\{x_k\}$给定时，如果按式（5-91）的方程组调整或设计各抽头系数C_i，可迫使y_0前后各有N个取样点上的零值。这种调整叫作“迫零”调整，所设计的均衡器称为“迫零”均衡器。它能保证在$D_0<1$（这个条件等效于在均衡之前有一个睁开的眼图，即码间串扰不足以严重到闭合眼图）时，调整出除C_0外的$2N$个抽头增益，并迫使y_0前后各有N个取样点上无码间串扰，此时D取最小值，均衡效果达到最佳。

【例 5-4】 设计 3 个抽头的迫零均衡器，以减小码间串扰。已知$x_{-2}=0$，$x_{-1}=0.1$，$x_0=1$，$x_1=-0.2$，$x_2=0.1$，求 3 个抽头的系数，并计算均衡前后的峰值失真。

解 根据式（5-91）和$2N+1=3$，列出矩阵方程为

$$\begin{bmatrix} x_0 & x_{-1} & x_{-2}\\ x_1 & x_0 & x_{-1}\\ x_2 & x_1 & x_0\end{bmatrix}\begin{bmatrix}C_{-1}\\ C_0\\ C_1\end{bmatrix}=\begin{bmatrix}0\\ 1\\ 0\end{bmatrix}$$

将样值代入上式，可列出方程组

$$\begin{cases} C_{-1}+0.1C_0=0\\ -0.2C_{-1}+C_0+0.1C_1=1\\ 0.1C_{-1}-0.2C_0+C_1=0\end{cases}$$

解联立方程可得

$$C_{-1}=-0.09606,C_0=0.9606,C_1=0.2017$$

然后通过式（5-80）可算出

$$y_{-1}=0, y_0=1, y_1=0$$

$$y_{-3}=0, y_{-2}=0.0096, y_2=0.0557, y_3=0.02016$$

输入峰值失真为

$$D_0=0.4$$

输出峰值失真为

$$D=0.0869$$

均衡后的峰值失真减小为原来的 21.7%。

可见，3 抽头均衡器可以使 y_0 两侧各有一个零点，但在远离 y_0 的一些抽样点上仍会有码间串扰。这就是说抽头有限时，总不能完全消除码间串扰，但适当增加抽头数可以将码间串扰减小到相当小的程度。

用最小均方失真准则也可导出抽头系数必须满足的 $2N+1$ 个方程，从中也可解得使均方失真最小的 $2N+1$ 个抽头系数，不过，这时不需对初始失真 D_0 提出限制。

5.8.3　均衡器的实现与调整

均衡器按照调整方式，可分为手动均衡器和自动均衡器。自动均衡器又可分为预置式均衡器和自适应均衡器。预置式均衡是在实际数据传输之前，发送一种预先规定的测试脉冲序列，如频率很低的周期脉冲序列，然后按照“迫零”调整原理，根据测试脉冲得到的样值序列$\{x_k\}$自动或手动调整各抽头系数，直至误差小于某一允许范围。调整好后，再传送数据，在数据传输过程中不再调整。自适应均衡可在数据传输过程根据某种算法不断调整抽头系数，因而能适应信道的随机变化。

1. 预置式均衡器

图 5-22 给出一个预置式自动均衡器的原理框图。它的输入端每隔一段时间送入一个来自发端的测试单脉冲波形（此单脉冲波形是指基带系统在单一单位脉冲作用下，其接收滤波器的输出波形）。当该波形每隔 T_s 依次输入时，在输出端就将获得各样值为 $y_k(k=-N,-N+1,\cdots,N-1,N)$的波形，根据迫零调整原理，若得到的某一 y_k 为正极性时，则相应的抽头增益 C_k 应下降一个适当的增量 Δ；若 y_k 为负极性，则相应的 C_k 应增加一个增量 Δ。为了实现这个调整，在输出端将每个 y_k 依次进行抽样并进行极性判决，判决的两种可能结果以极性脉冲表示，并加到控制电路。

控制电路将在某一规定时刻（例如测试信号的终了时刻）将所有极性脉冲分别作用到相应的抽头上，让它们做增加 Δ 或下降 Δ 的改变。这样，经过多次调整，就能达到均衡的目的。可以看到，这种自动均衡器的精度与增量 Δ 的选择和允许调整时间有关。Δ 越小，精度就越高，但需要的调整时间就越长。

2. 自适应均衡器

自适应均衡与预置式均衡一样，都是通过调整横向滤波器的抽头增益来实现均衡的。

但自适应均衡器不再利用专门的测试单脉冲进行误差的调整，而是在传输数据期间借助信号本身来调整增益，从而实现自动均衡的目的。由于数字信号通常是一种随机信号，所以，自适应均衡器的输出波形不再是单脉冲响应，而是实际的数据信号。以前按单脉冲响应

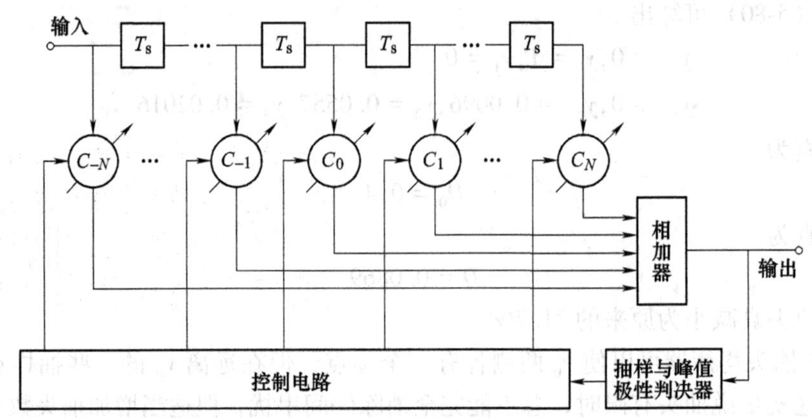

图 5-22　预置式自动均衡器的原理方框图

定义的峰值失真和均方失真不再适合目前情况，而且按最小峰值失真准则设计的迫零均衡器存在一个缺点，那就是必须限制初始失真 $D_0<1$。因此，自适应均衡器一般按最小均方误差准则来构成。

设发送序列为$\{a_k\}$，均衡器输入为 $x(t)$，均衡后输出的样值序列为$\{y_k\}$，此时误差信号为

$$e_k = y_k - a_k \tag{5-92}$$

均方误差定义为

$$\overline{e^2} = E(y_k - a_k)^2 \tag{5-93}$$

当$\{a_k\}$是随机数据序列时，式（5-93）最小化与均方失真最小化是一致的。根据式（5-80）可知

$$y_k = \sum_{i=-N}^{N} C_i x_{k-i}$$

将其代入式（5-93），有

$$\overline{e^2} = E\left(\sum_{i=-N}^{N} C_i x_{k-i} - a_k\right)^2 \tag{5-94}$$

可见，均方误差$\overline{e^2}$是各抽头增益的函数。期望对于任意的 k，都应使均方误差最小，故将式（5-94）对 C_i 求偏导数，有

$$\frac{\partial \overline{e^2}}{\partial C_i} = 2E(e_k x_{k-i}) \tag{5-95}$$

式中

$$e_k = y_k - a_k = \sum_{i=-N}^{N} C_i x_{k-i} - a_k \tag{5-96}$$

表示误差值。这里误差的起因包括码间串扰和噪声，而不仅仅是波形失真。

从式（5-95）可见，要使$\overline{e^2}$最小，应有$\dfrac{\partial \overline{e^2}}{\partial C_i}=0$，也即 $E(e_k x_{k-i})=0$，这就要求误差 e_k 与均衡器输入样值 $x_{k-i}(|i|\leqslant N)$应互不相关。这就说明，抽头增益的调整可以借助对误差 e_k 和

样值 x_{k-i}乘积的统计平均值。若这个平均值不等于零，则应通过增益调整使其向零值变化，直到使其等于零为止。

图 5-23 给出了一个按最小均方误差算法调整的 3 抽头自适应均衡器原理框图。

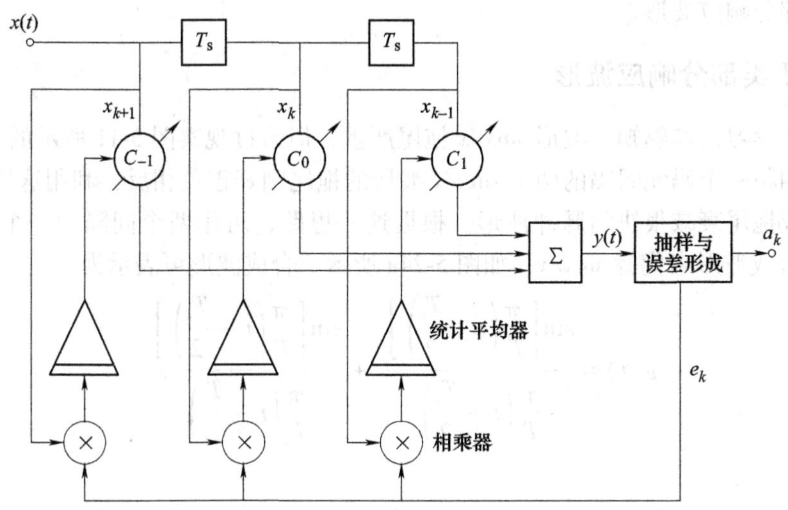

图 5-23　自适应均衡器示例

由于自适应均衡器的各抽头系数可随信道特性的时变而自适应调节，故调整精度高，不需预调时间。在高速数传系统中，普遍采用自适应均衡器来克服码间串扰。

自适应均衡器还有多种实现方案，经典的自适应均衡器算法有迫零（ZF）算法、随机梯度（LMS）算法、递推最小二乘（RLS）算法、卡尔曼算法等，读者可参阅有关资料。

理论分析和实践表明，最小均方算法比迫零算法的收敛性好，调整时间短。但按这两种算法实现的均衡器，为克服初始均衡的困难，在数据传输开始前要发一段接收机已知的随机序列，用以对均衡器进行“训练”。有一些场合，如多点通信网络，希望接收机在没有确知训练序列可用的情况下能与接收信号同步，能调整均衡器。基于不利用训练序列初始调整系数的均衡技术称为自恢复或盲均衡。

另外，上述均衡器属于线性均衡器（因为横向滤波器是一种线性滤波器），它对于像电话线这样的信道来说性能良好。在无线信道传输中，若信道严重失真造成的码间干扰以致线性均衡器不易处理时，可采用非线性均衡器。目前已经开发出三种非常有效的非线性均衡算法：判决反馈均衡（DFE）、最大似然符号检测、最大似然序列估值。其中，判决反馈均衡器被证明是解决该问题的一个有效途径，关于它的详细介绍可参考有关文献。

5.9　部分响应系统

在 5.6 节中，我们分析了两种无码间串扰系统：理想低通和升余弦滚降。理想低通滤波特性的频带利用率虽达到基带系统的理论极限值 2Baud/Hz，但难以实现，且它的 $h(t)$ 的尾巴振荡幅度大、收敛慢，从而对定时要求十分严格；升余弦滤波特性虽然克服了上述缺点，但所需频带加宽，频带利用率下降，因此不能适应高速传输的发展。

那么，能否寻求一种传输系统，它允许存在一定的、受控制的码间串扰，而在接收端可加以消除。这样的系统能使频带利用率提高到理论上的最大值，又可形成“尾巴”衰减大收敛快的传输波形，从而降低对定时取样精度的要求，这类系统称为部分响应系统。它的传输波形称为部分响应波形。

5.9.1　第Ⅰ类部分响应波形

从前面的学习已经熟知，波形 $\sin x/x$ 拖尾严重，但通过观察图 5-11 所示的 $\sin x/x$ 波形，可以发现，相距一个码元间隔的两个 $\sin x/x$ 波形的拖尾刚好正负相反，利用这样的波形组合肯定可以构成拖尾衰减很快的脉冲波形。根据这一思路，可用两个间隔为一个码元长度 T_s 的 $\sin x/x$ 的合成波形来代替 $\sin x/x$，如图 5-24a 所示。合成波形可表示为

$$g(t)=\frac{\sin\left[\frac{\pi}{T_s}\left(t+\frac{T_s}{2}\right)\right]}{\frac{\pi}{T_s}\left(t+\frac{T_s}{2}\right)}+\frac{\sin\left[\frac{\pi}{T_s}\left(t-\frac{T_s}{2}\right)\right]}{\frac{\pi}{T_s}\left(t-\frac{T_s}{2}\right)} \tag{5-97}$$

经简化后得

$$g(t)=\frac{4}{\pi}\left(\frac{\cos\frac{\pi t}{T_s}}{1-\frac{4t^2}{T_s^2}}\right) \tag{5-98}$$

由图 5-24a 可见，除了在相邻的取样时刻 $t=\pm T_s/2$ 处 $g(t)=1$ 外，其余的取样时刻上，$g(t)$ 具有等间隔零点。

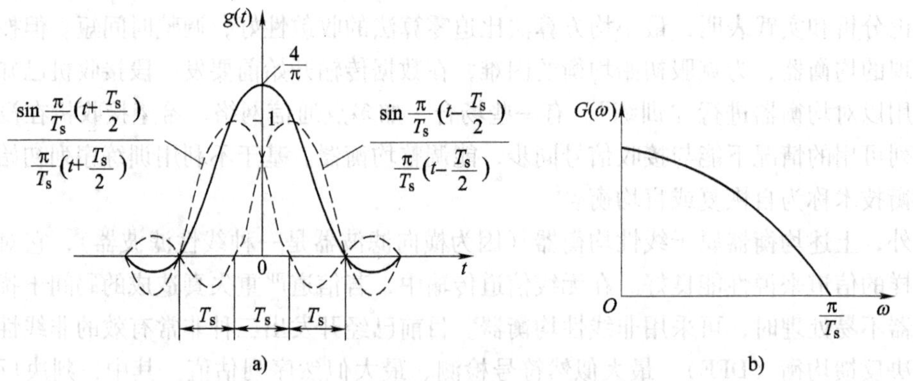

图 5-24　$g(t)$及其频谱

对式（5-97）进行傅里叶变换，可得 $g(t)$的频谱函数为

$$G(\omega)=\begin{cases}2T_s\cos\frac{\omega T_s}{2} & |\omega|\leqslant\frac{\pi}{T_s}\\ 0 & |\omega|>\frac{\pi}{T_s}\end{cases} \tag{5-99}$$

显然，$g(t)$的频谱限制在$(-\pi/T_s,\pi/T_s)$内，且呈缓变的半余弦滤波特性，如图 5-24b

所示（只画正频率部分）。其传输带宽为 $B=1/2T_s$，频带利用率为 $\eta=R_B/B=\frac{1}{T_s}/\frac{1}{2T_s}=$ 2Baud/Hz，达到基带系统在传输二进制序列时的理论极限值。

下面来讨论 $g(t)$的波形特点：

1）由式（5-98）可见，$g(t)$波形的拖尾幅度与 t^2 成反比，而 $\sin x/x$ 波形幅度与 t 成反比，这说明 $g(t)$波形拖尾的衰减速度加快了。从图 5-24a 也可看到，相距一个码元间隔的两个 $\sin x/x$ 波形的拖尾正负相反而相互抵消，使合成波形拖尾迅速衰减。

2）若用 $g(t)$作为传送波形，且码元间隔为 T_s，则在抽样时刻上仅发生发送码元的样值将受到前一码元的相同幅度样值的串扰，而与其他码元不会发生串扰，如图 5-25 所示。表面上看，由于前后码元的串扰很大，似乎无法按$1/T_s$ 的速率进行传送。但由于这种“串扰”是确定的、可控的，在接收端可以消除掉，故仍可按$1/T_s$ 传输速率传送码元。

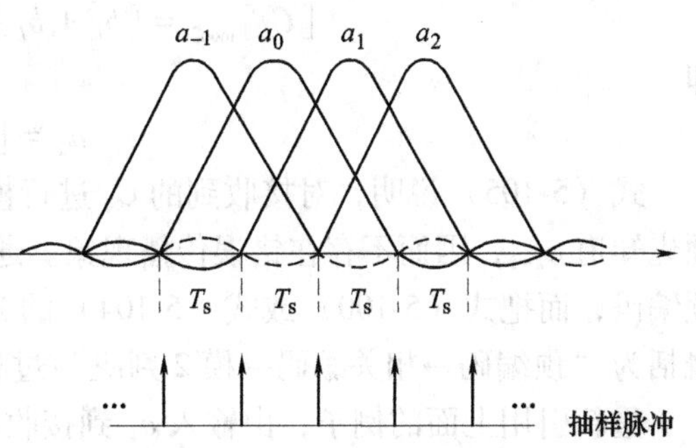

图 5-25　码元发生串扰的示意图

3）由于存在前一码元留下的有规律的串扰，可能会造成误码的传播（或扩散）。

设输入的二进制码元序列为$\{a_k\}$，并设 a_k 的取值为+1 及−1。当发送码元 a_k 时，接收波形 $g(t)$在第 k 个时刻上获得的样值 C_k 应是 a_k 与前一码元在第 k 个时刻上留下的串扰值之和，即

$$C_k = a_k + a_{k-1} \tag{5-100}$$

由于串扰值和信码抽样值幅度相等，因此 C_k 将可能有−2、0、+2 三种取值。如果 a_{k-1} 已经判定，则接收端可根据收到的 C_k 减去 a_{k-1}便可得到 a_k 的取值，即

$$a_k = C_k - a_{k-1} \tag{5-101}$$

但这样的接收方式存在一个问题：因为 a_k 的恢复不仅仅由 C_k 来确定，而是必须参考前一码元 a_{k-1}的判决结果，如果$\{C_k\}$序列中某个抽样值因干扰而发生差错，则不但会造成当前恢复的 a_k 值错误，而且还会影响到以后所有的 a_{k+1}，a_{k+2}，…的抽样值，我们把这种现象称为错误传播现象。例如：

输入信码	1	0	1	1	0	0	0	1	0	1	1
发送端 $\{a_k\}$	+1	−1	+1	+1	−1	−1	−1	+1	−1	+1	+1
发送端 $\{C_k\}$	0	0	+2	0	−2	−2	0	0	0	+2	
接收的 $\{C'_k\}$	0	0	+2	0	−2	$0_{\times}$	0	0	0	+2	
恢复的 $\{a'_k\}$	±1	−1	+1	+1	−1	−1	$+1_{\times}$	$-1_{\times}$	$+1_{\times}$	$-1_{\times}$	$+3_{\times}$

由上例可见，自$\{C'_k\}$出现错误之后，接收端恢复出来的$\{a'_k\}$全部是错误的。此外，在接收端恢复$\{a'_k\}$时还必须有正确的起始值（±1），否则也不可能得到正确的$\{a'_k\}$序列。

为了克服错误传播，先将输入信码 a_k 变成 b_k，其规则是

$$b_k = a_k \oplus b_{k-1} \tag{5-102}$$

也即

$$a_k = b_k \oplus b_{k-1} \tag{5-103}$$

式中，$\oplus$表示模 2 和。

然后，把$\{b_k\}$作为发送序列，形成由式（5-97）决定的$g(t)$波形序列，则此时对应的式（5-100）改写为

$$C_k = b_k + b_{k-1} \tag{5-104}$$

显然，对式（5-104）进行模 2（mod2）处理，则有

$$[C_k]_{\text{mod2}} = [b_k + b_{k-1}]_{\text{mod2}} = b_k \oplus b_{k-1} = a_k$$

即

$$a_k = [C_k]_{\text{mod2}} \tag{5-105}$$

式（5-105）说明，对接收到的C_k进行模 2 处理后便直接得到发送端的a_k，此时不需要预先知道a_{k-1}，因而不存在错误传播现象。通常，把a_k按式（5-102）变成b_k的过程，称为预编码，而把式（5-100）或式（5-104）的关系称为相关编码。因此，整个上述处理过程可概括为“预编码→相关编码→模 2 判决”过程。

重新引用上面的例子，由输入a_k到接收端恢复a'_k的过程如下：

a_k	1	0	1	1	0	0	0	1	0	1	1
b_{k-1}	0	1	1	0	1	1	1	1	0	0	1
b_k	1	1	0	1	1	1	1	0	0	1	0
C_k	0	+2	0	0	+2	+2	+2	0	−2	0	0
C'_k	0	+2	0	0	+2	+2	+2	0	$0_\times$	0	0
a'_k	1	0	1	1	0	0	0	1	$1_\times$	1	1

判决的规则是

$$C_k = \begin{cases} \pm 2, & 判 0 \\ 0, & 判 1 \end{cases}$$

此例说明，由当前C_k值可直接得到当前的a_k，所以错误不会传播下去，而是局限在受干扰码元本身位置，这是因为预编码解除了码间的相关性。

上面讨论的属于第Ⅰ类部分响应波形，其系统组成框图如图 5-26 所示。其中图 5-26a 为原理框图，图 5-26b 为实际系统组成框图。

应当指出，部分响应信号是由预编码器、相关编码器、发送滤波器、信道和接收滤波器共同产生的。这意味着：如果相关编码器输出为δ脉冲序列，发送滤波器、信道和接收滤波器的传输函数应为理想低通特性。但由于部分响应信号的频谱是滚降衰减的，因此对理想低通特性的要求可以略有放松。

5.9.2 部分响应的一般形式

部分响应波形的一般形式可以是N个$\sin x/x$波形之和，其表达式为

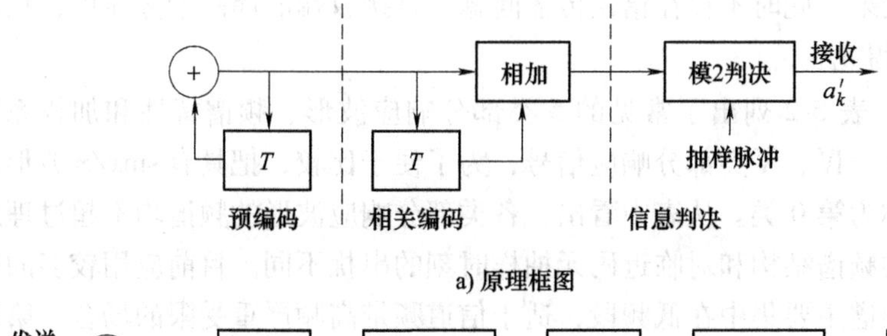

a) 原理框图

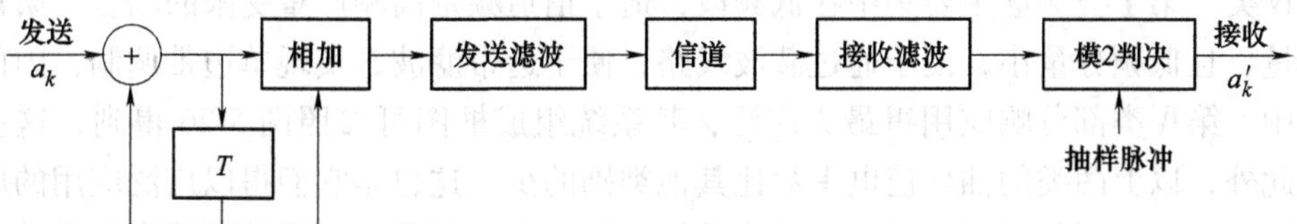

b) 实际系统组成框图

图 5-26　第 I 类部分响应系统组成框图

$$g(t)=R_1\frac{\sin\frac{\pi}{T_s}t}{\frac{\pi}{T_s}t}+R_2\frac{\sin\frac{\pi}{T_s}(t-T_s)}{\frac{\pi}{T_s}(t-T_s)}+\cdots+R_N\frac{\sin\frac{\pi}{T_s}[t-(N-1)T_s]}{\frac{\pi}{T_s}[t-(N-1)T_s]} \tag{5-106}$$

式中，R_1，R_2，…，R_N 为加权系数，其取值为正、负整数及零。例如，当取 $R_1=1$，$R_2=1$，其余系数 $R_i=0$ 时，就是前面所述的第 I 类部分响应波形。

对应式（5-106）所示部分响应波形的频谱函数为

$$C(\omega)=\begin{cases}T_s\sum_{m=1}^{N}R_m e^{-j\omega(m-1)T_s} & |\omega|\leqslant\frac{\pi}{T_s}\\ 0 & |\omega|>\frac{\pi}{T_s}\end{cases} \tag{5-107}$$

可见，$G(\omega)$仅在$(-\pi/T_s,\pi/T_s)$范围内存在。

显然，$R_i(i=1,2,\cdots,N)$不同，将有不同类别的部分响应信号，相应有不同的相关编码方式。若设输入数据序列为$\{a_k\}$，相应的相关编码电平为$\{C_k\}$，仿照式（5-100），则

$$C_k=R_1a_k+R_2a_{k-1}+\cdots+R_Na_{k-(N-1)} \tag{5-108}$$

由此看出，C_k 的电平数将依赖于 a_k 的进制数 L 及 R_i 的取值，无疑，一般 C_k 的电平数将要超过 a_k 的进制数。

为了避免因相关编码而引起的“差错传播”现象，一般要经过类似于前面介绍的“预编码→相关编码→模 2 判决”过程。先仿照式（5-103）将 a_k 进行预编码

$$a_k=R_1b_k+R_2b_{k-1}+\cdots+R_Nb_{k-(N-1)}\text{（按模 }L\text{ 相加）} \tag{5-109}$$

式中，a_k 和 b_k 已假设为 L 进制。

然后，将预编码后的 b_k 进行相关编码

$$C_k=R_1b_k+R_2b_{k-1}+\cdots+R_Nb_{k-(N-1)}\quad\text{（算术加）} \tag{5-110}$$

最后对 C_k 进行模 L 处理，并与式（5-109）比较可得

$$a_k=[C_k]_{\text{mod}L} \tag{5-111}$$

这正是所期望的结果。此时不存在错误传播问题，且接收端的译码十分简单，只需直接对 C_k 按模 L 判决即可得 a_k。

根据 R 取值不同，表 5-2 列出了常见的 5 类部分响应波形、频谱特性和加权系数 R_N，分别命名为Ⅰ、Ⅱ、Ⅲ、Ⅳ、Ⅴ类部分响应信号，为了便于比较，把具有 $\sin x/x$ 波形的理想低通也列在表内，并称为第 0 类。从表中看出，各类部分响应波形的频谱均不超过理想低通的频带宽度，但它们的频谱结构和对临近码元抽样时刻的串扰不同。目前应用较多的是第Ⅰ类和第Ⅳ类。第Ⅰ类频谱主要集中在低频段，适于信道频带高频严重受限的场合。第Ⅳ类无直流分量，且低频分量小，便于通过载波线路，便于边带滤波，实现单边带调制，因而在实际应用中，第Ⅳ类部分响应用得最为广泛，其系统组成框图可参照图 5-26 得到，这里不再画出。此外，以上两类的抽样值电平数比其他类别的少，这也是它们得以广泛应用的原因之一，当输入为 L 进制信号时，经部分响应传输系统得到的第Ⅰ、Ⅳ类部分响应信号的电平数为 $(2L-1)$。

表 5-2 部分响应信号

类别	R_1	R_2	R_3	R_4	R_5	$g(t)$	$\lvert G(\omega)\rvert,\ \lvert\omega\rvert\leqslant\frac{\pi}{T_s}$	二进制输入时 C_R 电平数
0	1					T_s, t	O, $\frac{1}{2T_s}$, f	2
Ⅰ	1	1				t	$2T_s\cos\frac{\omega T_s}{2}$, O, $\frac{1}{2T_s}$, f	3
Ⅱ	1	2	1			t	$4T_s\cos^2\frac{\omega T_s}{2}$, O, f	5
Ⅲ	2	1	-1			t	$2T_s\cos\frac{\omega T_s}{2}\sqrt{5-4\cos\omega T_s}$, O, $\frac{1}{2T_s}$, f	5
Ⅳ	1	0	-1			t	$2T_s\sin^2\omega T_s$, O, $\frac{1}{2T_s}$, f	3

（续）

类别	R_1	R_2	R_3	R_4	R_5	$g(t)$	$\lvert G(\omega)\rvert$，$\lvert\omega\rvert\leqslant\frac{\pi}{T_s}$	二进制输入时 C_R 电平数
V	-1	0	2	0	-1		$4T_s\sin^2\omega T_s$，O，$\frac{1}{2T_s}$，f	5

综上分析，采用部分响应系统的好处是，它的传输波形的尾巴衰减大且收敛快，而且使低通滤波器成为可实现，频带利用率可以提高到 2Baud/Hz 的极限值，还可实现基带频谱机构的变化，也就是说，通过相关编码得到预期的部分响应信号频谱结构。

部分响应系统的缺点是，当输入数据为 L 进制时，部分响应波形的相关编码电平数要超过 L 个。因此，在同样输入信噪比条件下，部分响应系统的抗噪声性能要比 0 类响应系统差。

5.10　本章小结

1. 有 4 种最基本的数字基带码波形：单极性 NRZ、双极性 NRZ、单极性 RZ 和双极性 RZ。单极性码波形有直流，且接收端判决电平不固定，因而应用受限。双极性码波形等概时无直流，且接收端判决电平固定（为零），因而应用广泛。与 NRZ 相比，RZ 码波形的主要缺点是带宽大，主要优点是位与位之间易于分清，尤其是单极性 RZ 码波形存在 f_s 离散分量，可用于位定时。

2. 二进制随机信号的功率谱密度包括连续谱和离散谱两部分：连续谱可用于决定带宽，离散谱用于看出是否存在直流和其他单频（nf_s）分量，尤其是位定时（f_s）分量。在等概条件下，对 4 种基本波形的功率谱密度进行了计算。双极性码波形（含 NRZ 和 RZ）在等概时无离散项（不仅仅是无直流）；单极性 NRZ 码波形在等概时只有直流的离散项；单极性 RZ 码波形在等概时含有直流、nf_s（n 为奇数）分量，其中 f_s 分量可用于提取位同步信号。

3. 数字通信系统的一个重要特点是：在接收端有抽样判决器（用于再生数字基带信号），抽样判决器需要位定时（同步）脉冲进行抽样，因而位定时信息的提取-位同步就成为一个值得关注的课题，将在第 11 章专门讨论。本章的码型编码亦具有此功能。经码型编码后，1B2B 码具有丰富的位定时信息：其中，数字双相码的最长连码（连 0、连 1）个数为 2，CMI 码为 3，密勒码为 4。AMI 码、HDB3 码以及双极性 RZ 码波形中无位定时信息，此时只需先将它们整流成为单极性 RZ 码，就可提取位同步信息。

4. 本章除基本概念外，主要讨论了 3 个问题：码型编码、无 ISI（码间干扰）和信道噪声的影响。码型编码解决传输码型选择（设计）问题，以满足易于提取位同步信息，0、1 均衡，具内在检错能力等要求。其代价是牺牲了有效性，例如 1B2B 码是 1 位二进制码（有 2 种状态）变为 2 位二进制码（有 4 种状态）。码型编码是从后者的 4 种状态中选择出某 2 种状态（称为许用码组），来与前者的 2 种状态一一对应，而舍弃另 2 种状态（称为禁用码组）。以双相码作为例子：编码后的 2 位共有 00、01、10、11 这 4 种状态，今取 10 表示 1，

01 表示 0（亦可相反）作为许用码组，而舍弃 00、11 不用（禁用码组），就牺牲了有效性。其他，如 1B1T 码、nBmB（$m=n+1$）、4B3T 码等均属此。

5. 无 ISI 问题是本章重点内容。它是在不考虑信道噪声的条件下，把发送滤波器、信道、接收滤波器合成一个网络 $H(\omega)$ 统一考虑，并假设输入端单个信号脉冲为 $\delta(t)$，来研究该网络为消除 ISI 需满足的条件。结论是：

时域条件

$$h(kT_s)=\begin{cases}C & k=0\\0 & k\neq 0\end{cases}$$

频域条件

$$\sum_i H\left(\omega+\frac{2\pi i}{T_s}\right)=C,\ |\omega|\leqslant\frac{\pi}{T_s}$$

这两个条件均可应用。由此条件可得出三类消除 ISI 的系统：

1）理想 LPF 系统。设理想 LPF 的上限频率为 f_N，则只要使输入信号的码速 $R_B(R_B=f_s=1/T_s)$ 满足 $R_B=2f_N$ 或 $R_B=2f_N/K$（K 为正整数），即可消除 ISI。相应地，$\eta_B=2\text{Baud/Hz}$ 或 $\eta_B=\dfrac{2}{K}\text{Baud/Hz}$。理想 LPF 系统可达理论最高带宽效率；缺点是难以实现，且对位定时精度要求高。

2）滚降系统要求其频率特性 $H(\omega)$ 在滚降段中心点附近具有奇对称性。分析 ISI 时可将该中心点与理想 LPF 上限频率 f_N 相对应，从而可简化分析。与理想 LPF 系统相比，滚降系统的优点是可实现，且对位定时精度要求降低；缺点是带宽效率降低：$\eta_B=\dfrac{2}{1+\alpha}\text{Baud/Hz}$，或 $\eta_B=\dfrac{2}{(1+\alpha)K}\text{Baud/Hz}$，$\alpha$ 是滚降系数，$0\leqslant\alpha\leqslant1$。理想 LPF 系统和滚降系统的理论基础都是奈奎斯特第一准则。

3）部分响应系统以奈奎斯特第二准则为理论基础。它保留了理想 LPF 系统 $\eta_B=2\text{Baud/Hz}$ 的优点，并巧妙地利用相关编码来减小副瓣（从而降低对位定时精度的要求），而相关编码引起的局部码间干扰则又采用“预编码→相关编码→模 L 判决”技术来克服。这样，部分响应系统就兼具了前两种系统的优点：理想 LPF 系统的 η_B 以及滚降系统的低位定时精度，从而得到广泛应用。其缺点是：经相关编码后，传输信号电平数增加（二进制系统为 3 电平，L 进制系统为 $2L-1$ 电平），从而可靠性降低。因而部分响应系统是以可靠性为代价，来换取有效性的提高。

6. 研究信道噪声影响时不考虑 ISI，即是对无 ISI 数字基带传输系统进行抗噪性能分析。分析时仍认为信道噪声是加性高斯白噪声，并将最终结果写成误码率 $P_e\sim A$、σ_n 或 $P_e\sim S$、N 的关系式。式中的参数均为加到抽样判决器输入端的参数值：A 是信号抽样值，σ_n^2 是噪声方差，S 是信号功率，N 是噪声功率。本章就二进制系统在等概、最佳判决电平条件下，对单极性、双极性两种情况进行了分析，进一步说明了从抗噪性能来看，双极性系统比单极性系统优越。

5.11　思考题与习题

一、思考题

1. 数字基带传输系统的基本结构如何？

2. 数字基带信号有哪些常见的形式？它们各有什么特点？它们的时域表示式如何？

3. 数字基带信号的功率谱有什么特点？它的带宽主要取决于什么？

4. 什么是HDB_3码、差分双相码和 AMI 码？有哪些主要特点？

5. 什么是码间干扰？它是如何产生的？对通信质量有什么影响？

6. 为了消除码间干扰，基带传输系统的传输函数应满足什么条件？

7. 某数字基带信号的码元间隔为 T_s，传送它的基带传输系统的传输函数 $H(\omega)$ 如图 5-27 所示。试问这时有无码间干扰？为什么？

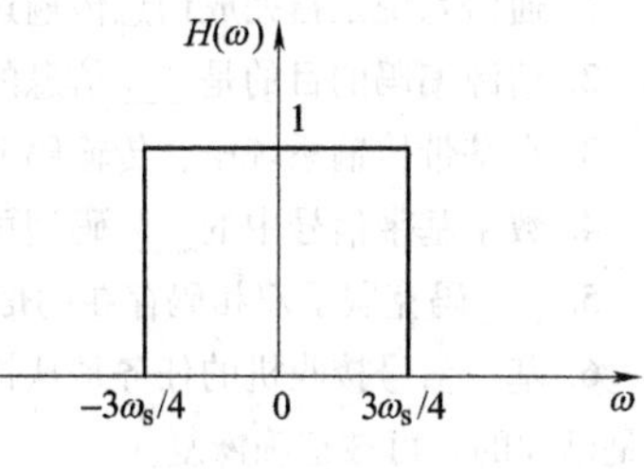

图 5-27　传输函数

8. 什么是部分响应波形？什么是部分响应系统？

9. 在二进制数字基带传输系统中，有哪两种误码？它们各在什么情况下发生？

10. 什么是最佳判决门限电平？

11. 当 $P(1)=P(0)=\dfrac{1}{2}$时，对于传送单极性基带波形和双极性基带波形的最佳判决门限电平各为多少？为什么？

12. 无码间干扰时，单极性 NRZ 码基带传输系统的误码率取决于什么？怎样才能降低系统的误码率？AMI 码又怎样？

13. 什么是眼图？由眼图模型可以说明基带传输系统的哪些性能？

14. 什么是频域均衡？什么是时域均衡？横向滤波器为什么能实现时域均衡？

15. 时域均衡器的均衡效果是如何衡量的？

二、选择题

1. (　　) 为三元码。

A. 差分码　　B. CMI　　C. AMI　　D. 密勒码

2. (　　) 称为传号反转码。

A. NRZ　　B. HDB_3　　C. AMI　　D. CMI

3. (　　) 克服了双相码中存在的信源相位不确定问题。

A. 差分码　　B. CMI　　C. AMI　　D. 密勒码

4. 基带数字信号的功率谱密度中 (　　)。

A. 离散谱永远存在　　B. 连续谱永远存在

C. 离散谱、连续谱可能都不存在　　D. 离散谱存在、连续谱有时不存在

5. 若传码率为R_B的数字信号进行基带传输，所需奈奎斯特的带宽为 (　　)。

A. R_B　　B. $R_B/2$　　C. $2R_B$　　D. $(\alpha+1)R_B$

6. 余弦滚降滤波器对滚降系数 α 的定义是 (　　)。

A. 带宽扩展量/总带宽　　B. 奈氏带宽/总带宽

C. 带宽扩展量/奈氏带宽　　D. 奈氏带宽/带宽扩展量

7. 在基带传输中，采用 $\alpha=1$ 的升余弦滤波器时，其频带利用率为 (　　)。

A. 1Baud/Hz　　B. 0.5Baud/Hz　　C. 1.5Baud/Hz　　D. 2Baud/Hz

8. 无码间串扰时数据传输的最高频带利用率为（　　）。

A. 1Baud/Hz　　B. 2bit/Hz　　C. 1bit/Hz　　D. 2Baud/Hz

9. 用示波器观察接收信号的波形，以分析码间串扰和噪声对系统性能的影响，这就是（　　）法。

A. 时域均衡　　B. 频域均衡　　C. 眼图分析　　D. 信道分析

10. 眼图张开最大的时刻对应着（　　）。

A. 最佳门限值　　B. 最大抽样值　　C. 最小带宽　　D. 最高传信率

11. 在采用部分响应技术时，为克服差错传播需（　　）。

A. 加预滤波电路　　B. 加预编码之后再进行相关编码

C. 进行相关编码　　D. 加校正电路

三、填空题

1. 通信系统是指完成信息传输过程的____和____。

2. 信源编码的目的是____信息的冗余度，提高传输____性。

3. 在基带传输系统中，传输码型的统计频谱具有____、____、____等特性。

4. 数字基带信号中的____码型可直接提取位同步信号。

5. ____码克服了双相码存在的信源相位不确定问题。

6. 基带信号接收机的任务是从接收信号中正确____发送的是哪个波形，而波形的____无关紧要，因为它是已知的，可被正确恢复。

7. 基带信号适于在有线信道中传输码型称为____码。

8. 随机脉冲序列信号的功率谱密度，可能包括____和____两部分。

9. 数字信号在传输中产生码间串扰的主要原因是____和____。

10. 在基带传输系统中，码间串扰越大，则误码率____；信噪比越大，则误码率____。

11. 滚降系数为 α 的基带传输系统，其频带利用率是____。

12. 在基带传输系统中，采用时域均衡的目的是____，时域均衡器最常见的一种结构是____。

13. 时域均衡器最常用的方法是采用____滤波器，此滤波器应放在____之前。

14. 为了克服码间串扰，在____之前附加一个可调的滤波器；利用____的方法将失真的波形直接加以校正，此滤波器称为时域均衡器。

15. 设二进制信息代码的传码率为 1000Baud，如下各种波形谱零点的带宽各为：HDB_3 为____Hz，单极性不归零码为____Hz，占空比为 0.4 双极性归零码为____Hz，差分码为____Hz，CMI 码为____Hz。

16. PCM24 路基群系统直接在 $\alpha=1$ 的实际信道中传输，此系统所占信道宽为____。

17. 滚降特性为 $\alpha=0.5$ 的信道中，若信道的截止频率为 1200Hz，为了得到无串扰信息接收，系统最大传输速率 $R_B=$____，接收端以____时间间隔抽样，可得到无串扰的接收，频带利用率为____；若以四电平传输时，频带利用率又为____。

18. 已知 HDB_3 码为 -1 0 0 -1 +1 0 0 0 +1 -1 +1 -1 0 0 -1 +1，原信息代码为____。

19. 已知一理想低通信道，其最大无串扰的信息传输速率为 R_b(bit/s)，信道中加入高斯白噪声，其双边功率谱为 $n_0/2$(W/Hz)，此时系统中的信号平均功率为____。

20. 已知信息代码为 1100101，若基带系统采用第 I 类部分响应信号传送，当参考码元（b_{k-1}）为 1 时，其预测编码（b_k）为____，相关编码为____。

四、计算题

1. 某给定低通型信道的带宽为 3000Hz，在此信道上进行基带传输，当基带形成滤波器特性分别为理想低通、50%升余弦滚降、100%升余弦滚降时，确定无码间串扰传输的最高码速率及响应的频带利用率，并简述形成码间干扰的主要原因。

2. 一个滚降系数为 0.5，带宽为 30kHz 的数字基带系统，无码间串扰的最高传码率为多少？若传送的

HDB_3 码为-1 +1 0 0 0 +1 -1 +1 -1 0 0 -1 +1 -1，则译码输出的信息码如何？

3. 某数字基带传输系统的模型如图 5-28 所示。若在该系统中传输单极信号，且“1”“0”等概率出现。接收滤波器输出噪声为高斯噪声，且均值为 0，方均根值σ_n为 0.2V。

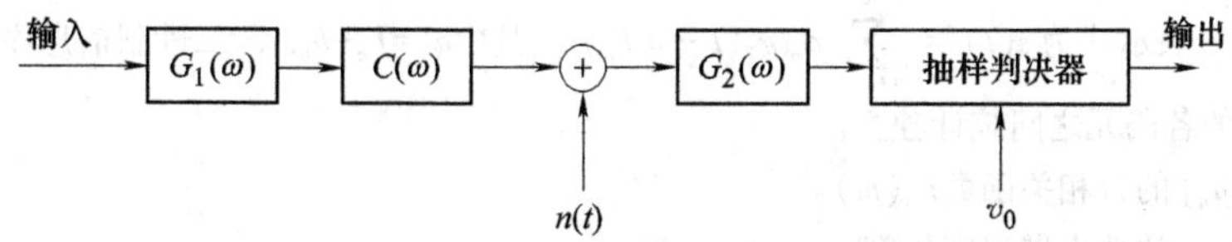

图 5-28　某数字基带传输系统的模型

(1) 若数字信息为“1”时，接收滤波器输出信号在抽样判决时刻的值 $A=1V$，试求此时误码率。

(2) 若要求误码率$P_e \leqslant 10^{-5}$，试确定 A 至少应为多少。

4. 一个以矩形脉冲为基础的全占空双极性二进制随机脉冲序列，“1”码和“0”码分别用 1 电平和-1 电平表示，“1”码出现的概率为 0.6，“0”码出现的概率为 0.4。

(1) 求该随机脉冲序列的稳态项 $v(t)$。

(2) 求该随机脉冲序列的总平均功率，并说明它与概率的大小无关。

(3) 该随机脉冲序列中有没有直流和基波(f_b)成分，如果有，通过稳态项求出它们的数值。

(4) 写出该随机脉冲序列功率谱密度$P_x(\omega)$的表示式，并通过$P_x(\omega)$重新计算总的平均功率、直流功率和基波功率。

5. 已知某单极性不归零随机脉冲序列，其码元速率为$R_B=1200$Baud，“1”码为幅度为 A 的矩形脉冲，“0”码为 0，且“1”码出现的概率为 $P=0.6$。试求：

(1) 该随机序列的带宽及直流功率。

(2) 该序列有无定时信号。

6. 二进制信息序列经 MPAM 调制及升余弦滚降频谱成形后通过基带信道传输，已知基带信道的带宽是 $B=3000$Hz。若滚降系数 α 分别为 0、0.5、1。

(1) 分别求出该系统无码间干扰时的码元速率。

(2) 若 MPAM 的进制数 M 是 16，请写出其相应的二进制信息速率。

7. 将下列三种二进制码编成为 HDB_3 码（该序列前面第一个 V 码为正极性，B 码为负极性）：

(1) 32 位全“1”码。

(2) 32 位全“0”码。

(3) 32 位循环码“11101100011111001101001000001010”。

五、练习题

1. 基带传输系统的原理如图 5-29 所示，图中信道加性噪声 $n(t)$ 是均方差为零，方差为σ_2 的高斯白噪声，v_0为判决门限。若输入信号为单极性信号，取值分别为 0、1，系统总的传输函数 $H(\omega)$ 为 $H(\omega)=$

$$G_R(\omega)C(\omega)G_R(\omega)=\begin{cases}1+\cos\omega T, & |\omega|\leqslant\pi/T,\quad T\text{ 为码元时间间隔}\\ 0, & \text{其他 }\omega\end{cases}$$

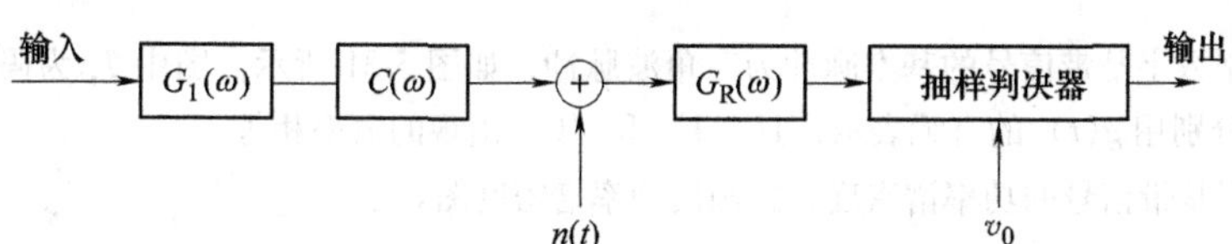

图 5-29　基带传输系统的原理

(1) 试求该系统无码间干扰时最高码元速率和频带利用率。

（2）当 $P(0)=P(1)=\frac{1}{2}$时，抽样时刻无码间干扰的抽样值分别取 0、A，试求最佳判决门限和输出误码率的数学表示式。

2. 某 PAM 信号表示式为 $s(t)=\sum_{n=-\infty}^{\infty} a_n g_T(t-nT_b)$，其中$a_n=b_n-b_{n-2}$，二进制信息序列$\{b_n\}$等概取值于+1 或-1，$\{b_n\}$的各码元之间统计独立。

（1）求序列$\{a_n\}$的自相关函数$R_a(m)$。

（2）求序列$\{a_n\}$的功率谱密度$P_a(f)$。

（3）若$g_T(t)$的傅里叶变换$G_T(f)=\begin{cases} e^{-j2\pi fT_b}, & |f|\leqslant \frac{1}{2T_b} \\ 0, & 其他 \end{cases}$，请求出 $s(t)$的功率谱密度$P_s(f)$。

3. 设二进制基带系统的传输函数为

$$H(\omega)=\begin{cases} \frac{T_b}{2}\left(1+\cos\frac{\omega T_b}{2}\right), & |\omega|\leqslant \frac{2\pi}{T_b} \\ 0, & 其他\ \omega \end{cases}$$

（1）试证明其单位冲激响应为

$$h(t)=\frac{\sin\frac{\pi t}{T_b}}{\frac{\pi t}{T_b}}\cdot\frac{\cos\frac{\pi t}{T_b}}{1-\frac{4t^2}{T_b^2}}$$

（2）说明用$\frac{1}{T_b}$码元速率传送数据时，在抽样时刻上是否存在码间干扰。

4. 设随机二进制序列中的 0 和 1 分别由 $g(t)$和$-g(t)$组成，它们的出现概率分别为 P 及 $1-P$。

（1）求其功率谱密度及功率。

（2）若 $g(t)$为如图 5-30a 所示波形，T_s 为码元宽度，问该序列存在离散分量$f_s=\frac{1}{T_s}$否？

（3）若 $g(t)$改为图 5-30b 所示波形，回答上一问。

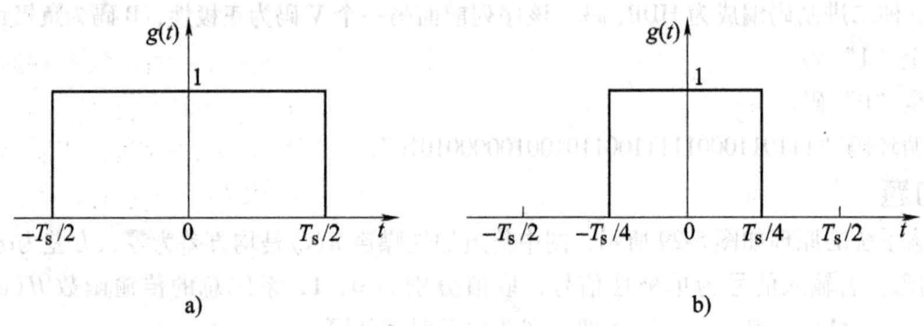

图 5-30　波形图

5. 设某二进制数字基带信号的基本脉冲为三角波脉冲，如图 5-31 所示。图中 T_s 为码元间隔，数字信息“1”和“0”分别用$g(t)$ 的有无表示，且“1”和“0”出现的概率相等。

（1）求该数字基带信号的功率谱密度，并画出功率谱密度图。

（2）能否从该数字基带信号中提取码元同步所需的频率$f_s=\frac{1}{T_s}$的分量？若能，试计算该分量的功率。

6. 设某二进制数字基带信号中，数字信息“1”和“0”分别由 $g(t)$及$-g(t)$表示，且“1”与“0”出现的概率相等，$g(t)$是升余弦频谱脉冲，即

$$g(t) = \frac{1}{2}\frac{\cos\left(\frac{\pi t}{T_s}\right)}{1-\frac{4t^2}{T_s^2}}\mathrm{Sa}\left(\frac{\pi t}{T_s}\right)$$

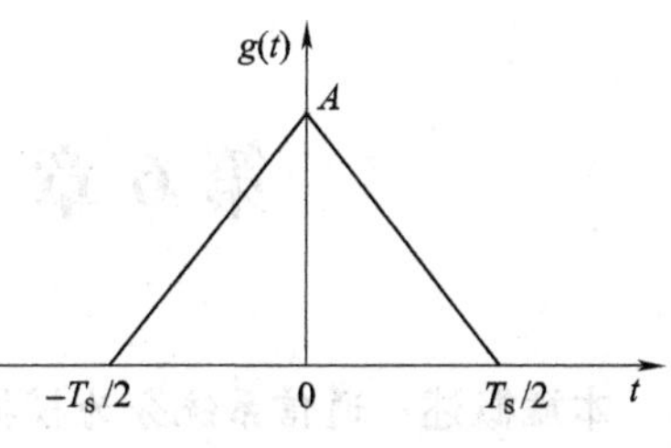

图 5-31　三角波脉冲

（1）写出该数字基带信号的功率谱密度表示式，并画出功率谱密度图。

（2）从该数字基带信号中能否直接提取频率 $f_s=\frac{1}{T_s}$ 的分量？

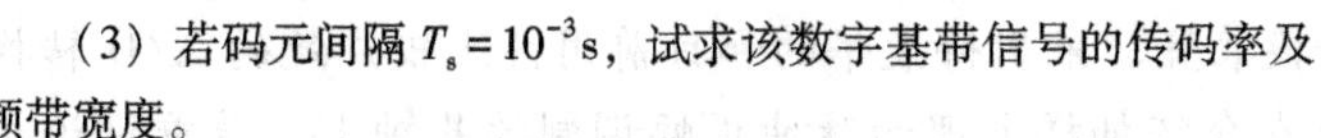

（3）若码元间隔 $T_s=10^{-3}$s，试求该数字基带信号的传码率及频带宽度。

7. 设某双极性数字基带信号的基本脉冲波形如图 5-32 所示。它是高度为 1、宽度 $\tau=\frac{T_s}{3}$ 的矩形脉冲。且已知数字信息“1”的出现概率为$\frac{3}{4}$，“0”的出现概率为$\frac{1}{4}$。

（1）写出该双极性信号的功率谱密度的表示式，并画出功率谱密度图。

（2）由该双极性信号中能否直接提取频率为 $f_s=\frac{1}{T_s}$ 的分量？若能，试计算该分量的功率。

8. 设信息序列为 100001100001000011000 0，试编为 HDB_3 码（第一个非零码编为−1），并画出图形。

9. 某基带传输系统接收滤波器输出信号的基本脉冲为如图 5-33 所示的三角波脉冲。

（1）求该基带传输系统的传输函数 $H(\omega)$。

（2）假设信道的传输函数 $C(\omega)=1$，发送滤波器和接收滤波器具有相同的传输函数，即 $C_T(\omega)=C_R(\omega)$，试求这时 $C_T(\omega)$ 或 $C_R(\omega)$ 的表示式。

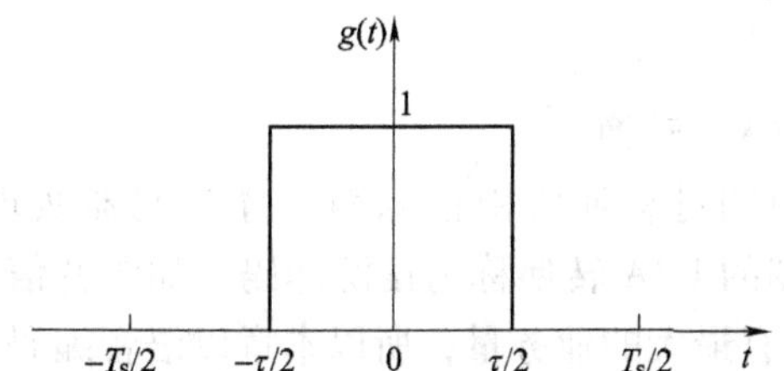

图 5-32　双极性数字基带信号的基本脉冲波形

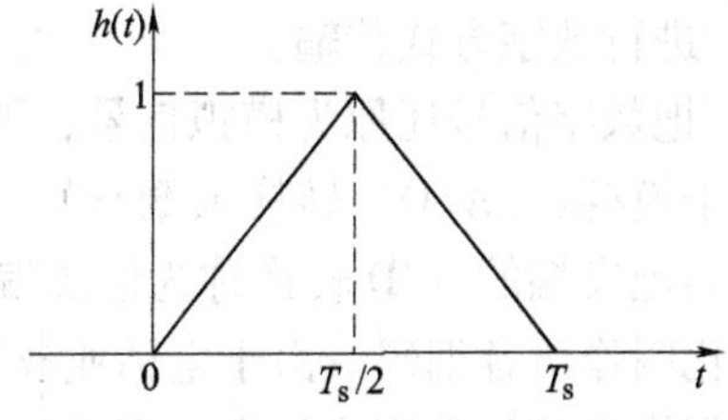

图 5-33　三角波脉冲

10. 某二进制数字基带系统所传送的是单极性基带信号，且数字信息“1”和“0”的出现概率相等。

（1）若数字信息为“1”时，接收滤波器输出信号在抽样判决时刻的值 $A=1$V，且接受均值为 0、均方根值为 0.2V 的高斯噪声，试求这时的误码率 P_e。

（2）若要求误码率 P_e 不大于 10^{-5}，试确定 A 至少是多少。

11. 若将上题中的单极性基带信号改为双极性基带信号，而其他条件不变，重做上题中的各问。

12. 一随机二进制序列为 10110001…，符号“1”对应的基带波形为升余弦波形，持续时间为 T_s；符号“0”对应的基带波形恰好与“1”的相反。

（1）当示波器扫描周期 $T_0=T_s$ 时，试画出眼图。

（2）当 $T_0=T_s$ 时，试重画眼图。

（3）比较以上两种眼图的下述指标：最佳抽样判决时刻、判决门限电平及噪声容限值。

第6章　模拟信号的数字传输

本章概述： 通信系统分为模拟通信系统和数字通信系统，倘若需要在数字通信系统中传输模拟消息，则在发送端的信息源中应包括一个模/数（A/D）转换装置，而在接收端的受信者中应包括一个数/模（D/A）转换装置。采用得最早的和目前用得比较广泛的A/D转换方法是脉冲编码调制（PCM）。本章在介绍抽样定理和脉冲振幅调制的基础上，着重讨论用来传输模拟消息的常用的脉冲编码调制（PCM）、差分脉冲编码调制（ADPCM）和增量调制（ΔM）的原理及性能。

知识点：

1. 了解抽样定理、脉冲幅度调制（PAM）、脉冲编码调制（PCM）、自适应差分脉冲编码调制（ADPCM）、增量调制（ΔM）。

2. 重点掌握脉冲编码调制（PCM）的量化、编码、译码及系统的抗噪声性能。

正如第1章绪论所述，因数字通信系统具有许多优点而成为当今通信的发展方向。然而自然界的许多信息经各种传感器感知后都是模拟量，例如电话、电视等通信业务，其信源输出的消息都是模拟信号。若要利用数字通信系统传输模拟信号，一般需三个步骤：

1）把模拟信号数字化，即模/数（A/D）转换。

2）进行数字方式传输。

3）把数字信号还原为模拟信号，即数/模（D/A）转换。

由于模/数（A/D）转换或数/模（D/A）转换的过程通常由信源编（译）码器实现，所以我们把发端的A/D转换称为信源编码，而收端的D/A转换称为信源译码，如语音信号的数字化叫作语音编码。由于电话业务在通信中占有最大的业务量，所以本章以语音编码为例，介绍模拟信号数字化的有关理论和技术。

模拟信号数字化的方法大致可划分为波形编码和参量编码两类。波形编码是直接把时域波形变换为数字代码序列，比特率通常在16~64kbit/s范围内，接收端重建信号的质量好。参量编码是利用信号处理技术，提取语音信号的特征参量，再变换成数字代码，其比特率在16kbit/s以下，但接收端重建（恢复）信号的质量不够好。这里只介绍波形编码。

目前用得最普遍的波形编码方法有脉冲编码调制（PCM）和增量调制（ΔM）。采用脉码调制的模拟信号的数字传输系统如图6-1所示，首先对模拟信息源发出的模拟信号进行抽样，使其成为一系列离散的抽样值，然后将这些抽样值进行量化并编码，转换成数字信号。这时信号便可用数字通信方式传输。在接收端，则将接收到的数字信号进行译码和低通滤波，恢复原模拟信号。

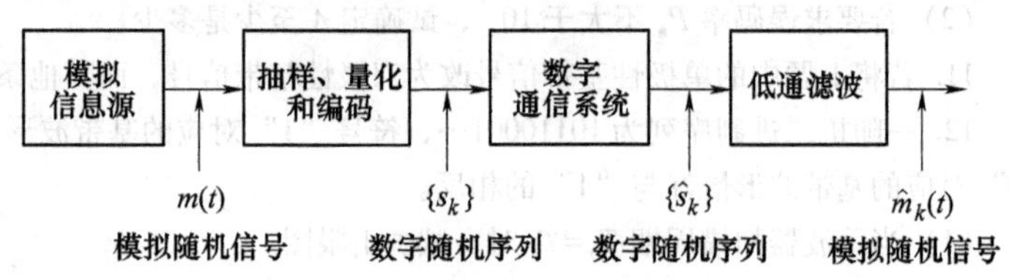

图6-1　模拟信号的数字传输系统

本章在介绍抽样定理和脉冲幅度调制的基础上，重点讨论模拟信号数字化的两种方式，即 PCM 和 ΔM 的原理及性能，并简要介绍它们的改进型：差分脉冲编码调制（DPCM）、自适应差分脉冲编码调制（ADPCM）和增量总和调制、数字压扩自适应增量调制的原理。

6.1 抽样定理

抽样是把时间上连续的模拟信号变成一系列时间上离散的抽样值的过程。能否由此抽样值序列重建原信号，是抽样定理要回答的问题。

抽样定理的大意是，如果对一个频带有限的时间连续的模拟信号抽样，当抽样速率达到一定数值时，那么根据它的抽样值就能重建原信号。也就是说，若要传输模拟信号，不一定要传输模拟信号本身，只需传输按抽样定理得到的抽样值即可。因此，抽样定理是模拟信号数字化的理论依据。

根据信号是低通型的还是带通型的，抽样定理分低通抽样定理和带通抽样定理；根据用来抽样的脉冲序列是等间隔的还是非等间隔的，又分均匀抽样定理和非均匀抽样；根据抽样的脉冲序列是冲击序列还是非冲击序列，又可分理想抽样和实际抽样。

6.1.1 低通抽样定理

一个频带限制在（0, f_H）内的时间连续信号 $m(t)$，如果以 $T_s \leqslant 1/(2f_H)$ 的间隔对它进行等间隔（均匀）抽样，则 $m(t)$ 将被所得到的抽样值完全确定。

此定理告诉我们：若 $m(t)$ 的频谱在某一角频率 ω_H 以上为零，则 $m(t)$ 中的全部信息完全包含在其间隔不大于 $1/(2f_H)$ 的均匀抽样序列里。换句话说，在信号最高频率分量的每一个周期内起码应抽样两次。或者说，抽样速率 f_s（每秒内的抽样点数）应不小于 $2f_H$，若抽样速率 $f_s<2f_H$，则会产生失真，这种失真叫混叠失真。

下面从频域角度来证明这个定理。设抽样脉冲序列是一个周期性冲击序列，它可以表示为

$$\delta_T(t) = \sum_{n=-\infty}^{\infty} \delta(t - nT_s) \tag{6-1}$$

由于 $\delta_T(t)$ 是周期性函数，它的频谱 $\delta_T(\omega)$ 必然是离散的，不难求得

$$\delta_T(\omega) = \frac{2\pi}{T_s}\sum_{n=-\infty}^{\infty} \delta(\omega - n\omega_s), \omega_s = 2\pi f_s = \frac{2\pi}{T_s} \tag{6-2}$$

抽样过程可看成是 $m(t)$ 与 $\delta_T(t)$ 相乘，即抽样后的信号可表示为

$$m_s(t) = m(t)\delta_T(t) \tag{6-3}$$

根据冲击函数性质，$m(t)$ 与 $\delta_T(t)$ 相乘的结果也是一个冲击序列，其冲击的强度等于 $m(t)$ 在相应时刻的取值，即样值 $m(nT_s)$。因此抽样后信号 $m_s(t)$ 又可表示为

$$m_s(t) = \sum_{n=-\infty}^{\infty} m(nT_s)\delta(t - nT_s) \tag{6-4}$$

上述关系的时间波形如图 6-2a、c、e 所示。

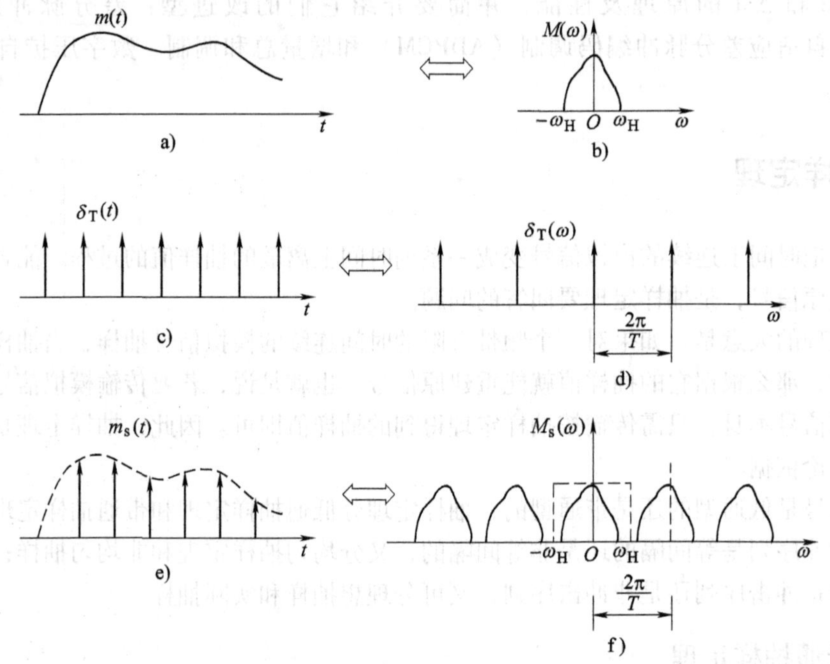

图 6-2　抽样过程的时间函数及对应频谱图

根据频域卷积定理，式（6-3）所表述的抽样后信号的频谱为

$$M_s(\omega)=\frac{1}{2\pi}[M(\omega)*\delta_T(\omega)] \tag{6-5}$$

式中，$M(\omega)$ 是低通信号 $m(t)$ 的频谱，其最高角频率为 ω_H，如图 6-2b 所示。将式（6-2）代入式（6-5）有

$$M_s(\omega)=\frac{1}{T_s}[(M(\omega)*\sum_{n=-\infty}^{\infty}\delta(\omega-n\omega_s)]$$

由冲激函数的卷积性质，上式可写成

$$M_s(\omega)=\frac{1}{T_s}\sum_{n=-\infty}^{\infty}M(\omega-n\omega_s) \tag{6-6}$$

如图 6-2f 所示，抽样后信号的频谱 $M_s(\omega)$ 由无限多个间隔为 ω_s 的 $M(\omega)$ 相叠加而成，这意味着抽样后的信号 $m_s(t)$ 包含了信号 $m(t)$ 的全部信息。如果 $\omega_s \geqslant 2\omega_H$，即

$$f_s \geqslant 2f_H$$

也即

$$T_s \leqslant \frac{1}{2f_H} \tag{6-7}$$

则在相邻的 $M(\omega)$ 之间没有重叠，而位于 $n=0$ 的频谱就是信号频谱 $M(\omega)$ 本身。这时只需在接收端用一个低通滤波器，就能从 $M_s(\omega)$ 中取出 $M(\omega)$，无失真地恢复原信号。此低通滤波器的特性如图 6-2f 中的虚线所示。

如果 $\omega_s<2\omega_H$，即抽样间隔 $T_s>1/(2f_H)$，则抽样后信号的频谱在相邻的周期内发生混叠，如图 6-3 所示，此时不可能无失真地重建原信号。因此必须要求满足 $T_s \leqslant 1/(2f_H)$，

$m(t)$ 才能被 $m_s(t)$ 完全确定，这就证明了抽样定理。显然，$T_s=\dfrac{1}{2f_H}$是最大允许抽样间隔，它被称为奈奎斯特间隔，相对应的最低抽样速率 $f_s=2f_H$ 称为奈奎斯特速率。

为加深对抽样定理的理解，我们再从时域角度来证明抽样定理。目的是要找出 $m(t)$ 与各抽样值的关系，若 $m(t)$ 能表示成仅仅是抽样值的函数，那么这也就意味着 $m(t)$ 由抽样值唯一地确定。

根据前面的分析，理想抽样与信号恢复的原理框图如图 6-4 所示。频域已证明，将 $M_s(\omega)$ 通过截止频率为 ω_H 的低通滤波器后便可得到 $M(\omega)$。显然，滤波器的这种作用等效于用一门函数 $D_{2\omega_H}(\omega)$ 去乘 $M_s(\omega)$。因此，由式（6-6）得到

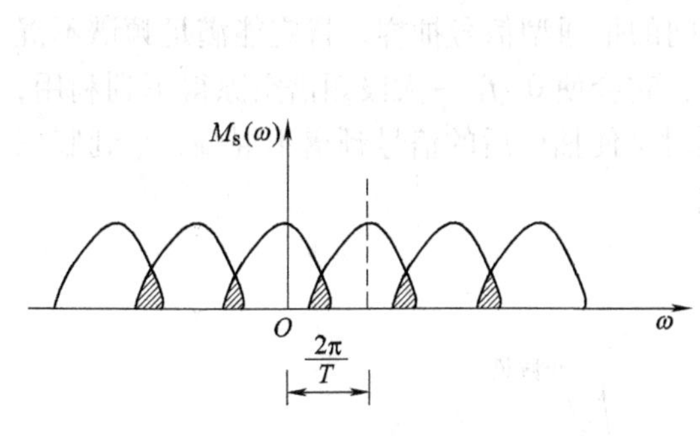

图 6-3　混叠现象

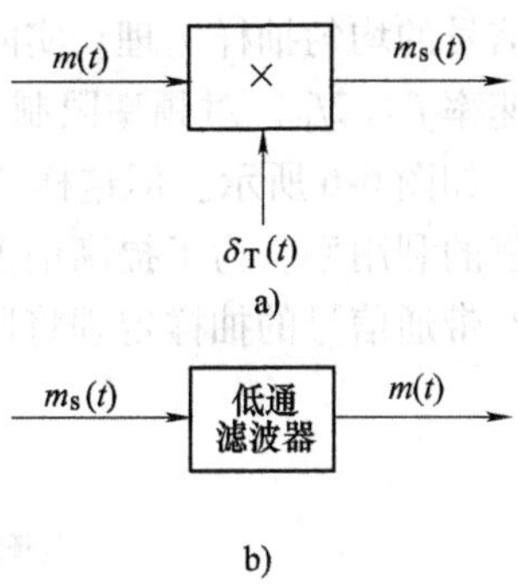

图 6-4　理想抽样与信号恢复

$$M_s(\omega)D_{2\omega_H}(\omega)=\frac{1}{T_s}\sum_{n=-\infty}^{\infty}M(\omega-n\omega_s)D_{2\omega_H}(\omega)=\frac{1}{T_s}M(\omega)$$

所以

$$M(\omega)=T_s[M_s(\omega)D_{2\omega_H}(\omega)] \tag{6-8}$$

将时域卷积定理用于式（6-8），有

$$\begin{aligned} m(t) &= T_s\left[m_s(t)*\frac{\omega_H}{\pi}\mathrm{Sa}(\omega_H t)\right] \\ &= m_s(t)*\mathrm{Sa}(\omega_H t) \end{aligned} \tag{6-9}$$

由式（6-4）可知抽样后信号

$$m_s(t)=\sum_{n=-\infty}^{\infty}m(nT_s)\delta(t-nT_s)$$

所以

$$\begin{aligned} m(t) &= \sum_{n=-\infty}^{\infty}m(nT_s)\delta(t-nT_s)*\mathrm{Sa}(\omega_H t) \\ &= \sum_{n=-\infty}^{\infty}m(nT_s)\mathrm{Sa}[\omega_H(t-nT_s)] \\ &= \sum_{n=-\infty}^{\infty}m(nT_s)\frac{\sin\omega_H(t-nT_s)}{\omega_H(t-nT_s)} \end{aligned} \tag{6-10}$$

式中，$m(nT_s)$ 是 $m(t)$ 在 $t=nT_s$（$n=0$，±1，±2，…）时刻的样值。

式（6-10）是重建信号的时域表达式，称为内插公式。它说明以奈奎斯特速率抽样的带限信号 $m(t)$ 可以由其样值利用内插公式重建。这等效为将抽样后信号通过一个冲激响应为

$Sa(\omega_H t)$ 的理想低通滤波器来重建 $m(t)$。图 6-5 描述了由式（6-10）重建信号的过程。

由图可见，以每个样值为峰值画一个 Sa 函数的波形，则合成的波形就是 $m(t)$。由于 Sa 函数和抽样后信号的恢复有密切的联系，所以 Sa 函数又称为抽样函数。

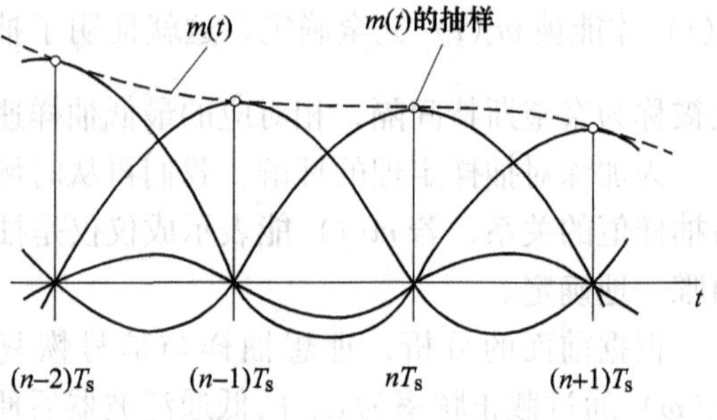

图 6-5　信号的重建

6.1.2　带通抽样定理

上面讨论和证明了频带限制在（0，f_H）的低通型信号的均匀抽样定理。实际中遇到的许多信号是带通型信号。如果采用低通抽样定理的抽样速率 $f_s \geqslant 2f_H$，对频率限制在 f_L 与 f_H 之间的带通型信号抽样，肯定能满足频谱不混叠的要求，如图 6-6 所示。但这样选择 f_s 太高了，它会使 $0 \sim f_L$ 一大段频谱空隙得不到利用，降低了信道的利用率。为了提高信道利用率，同时又使抽样后的信号频谱不混叠，f_s 到底怎样选择呢？带通信号的抽样定理将回答这个问题。

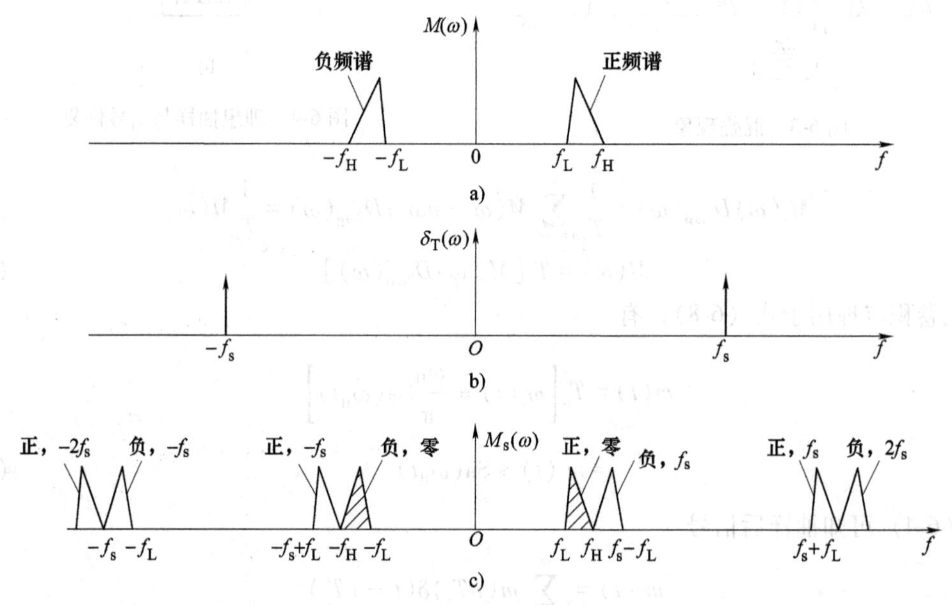

图 6-6　带通信号的抽样频谱（$f_s = 2f_H$）

带通均匀抽样定理：一个带通信号 $m(t)$，其频率限制在 f_L 与 f_H 之间，带宽为 $B = f_H - f_L$，如果最小抽样速率 $f_s = 2f_H/m$，m 是一个不超过 f_H/B 的最大整数，那么 $m(t)$ 可完全由其抽样值确定。下面分两种情况加以说明。

1）若最高频率 f_H 为带宽的整数倍，即 $f_H = nB$。此时 $f_H/B = n$ 是整数，$m = n$，所以抽样速率 $f_s = 2f_H/m = 2B$。图 6-7 画出了 $f_H = 5B$ 时的频谱图，图中，抽样后信号的频谱 $M_s(\omega)$ 既没有混叠也没有留空隙，而且包含有 $m(t)$ 的频谱 $M(\omega)$ 图中虚线所框的部分。这样，采用带通滤波器就能无失真恢复原信号，且此时抽样速率（$2B$）远低于按低通抽样定理时 $f_s =$

$10B$ 的要求。显然，若 f_s 再减小，即 $f_s<2B$ 时必然会出现混叠失真。

由此可知：当 $f_H=nB$ 时，能重建原信号 $m(t)$ 的最小抽样频率为

$$f_s = 2B \tag{6-11}$$

2）若最高频率 f_H 不为带宽的整数倍，即

$$f_H = nB + kB, 0 < k < 1 \tag{6-12}$$

此时，$f_H/B=n+k$，由定理知，m 是一个不超过 $n+k$ 的最大整数，显然，$m=n$，所以能恢复出原信号 $m(t)$ 的最小抽样速率为

$$f_s = \frac{2f_H}{m} = \frac{2(nB + kB)}{n} = 2B\left(1 + \frac{k}{n}\right) \tag{6-13}$$

式中，n 是一个不超过 f_H/B 的最大整数，$0<k<1$。

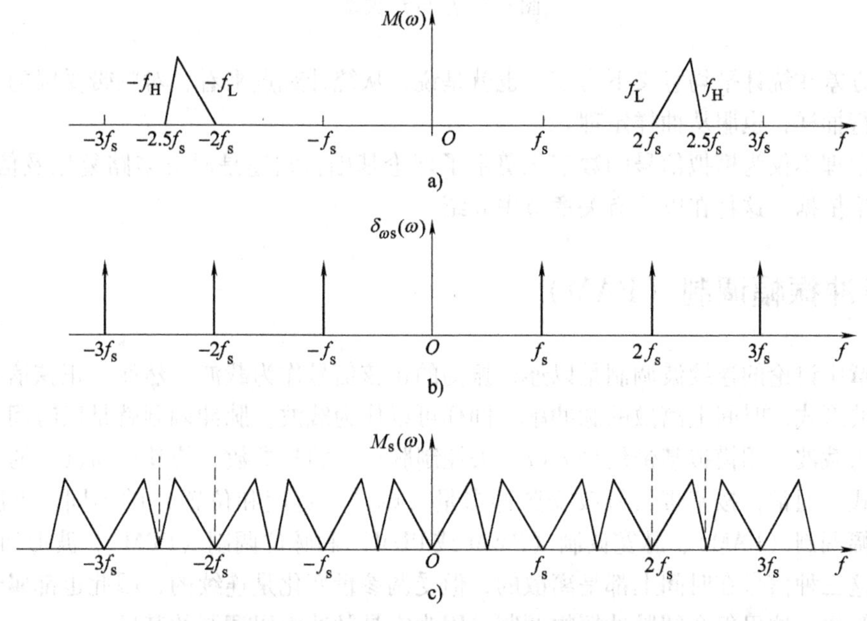

图 6-7　$f_H=5B$ 时带通信号的抽样频谱

根据式（6-13）和关系 $f_H=B+f_L$ 画出的曲线如图 6-8 所示。由图可见，f_s 在 $2B\sim4B$ 范围内取值，当 $f_L\gg B$ 时，f_s 趋近于 $2B$。这一点由式（6-13）也可以加以说明，当 $f_L\gg B$ 时，n 很大，所以不论 f_H 是否为带宽的整数倍，式（6-13）可简化为

$$f_s \approx 2B \tag{6-14}$$

实际中应用广泛的高频窄带信号就符合这种情况，这是因为 f_H 大而 B 小，f_L 当然也大，很容易满足 $f_L\gg B$。由于带通信号一般为窄带信号，容易满足 $f_L\gg B$，因此带通信号通常可按 $2B$ 速率抽样。

顺便指出，对于一个携带信息的基带信号，可以视为随机基带信号。若该随机基带信号是宽平稳的随机过程，则可以证明：一个宽平稳的随机信号，当其功率谱密度函数限于 f_H 以内时，若以不大于 $1/(2f_H)$ 的间隔对它进行均匀抽样，则可得一随机样值序列。如果让该随机样值序列通过一截止频率为 f_H 的低通滤波器，那么其输出信号与原来的宽平稳随机

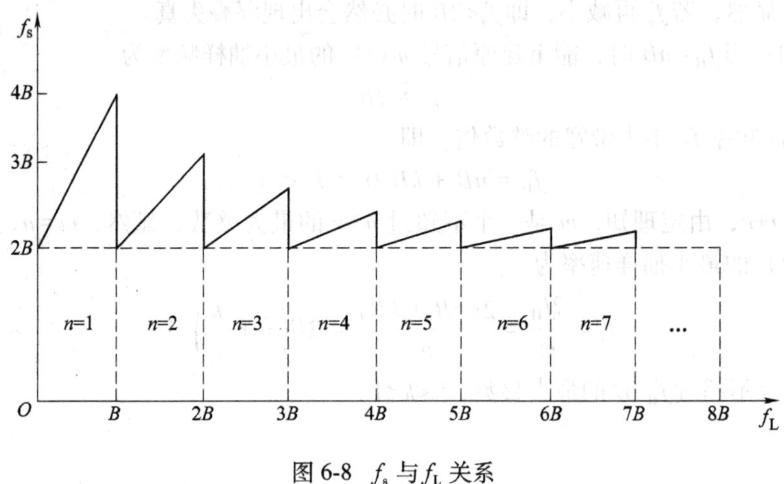

图 6-8 f_s 与 f_L 关系

信号的均方差在统计平均意义下为零。也就是说，从统计观点来看，对频带受限的宽平稳随机信号进行抽样，也服从抽样定理。

抽样定理不仅为模拟信号的数字化奠定了理论基础，它还是时分多路复用及信号分析、处理的理论依据，这将在以后有关章节中介绍。

6.2 脉冲振幅调制（PAM）

第 4 章中讨论的连续波调制是以连续振荡的正弦信号作为载波。然而，正弦信号并非是唯一的载波形式，时间上离散的脉冲串，同样可以作为载波。脉冲调制就是以时间上离散的脉冲串作为载波，用模拟基带信号 $m(t)$ 去控制脉冲串的某参数，使其按 $m(t)$ 的规律变化的调制方式。通常，按基带信号改变脉冲参量（幅度、宽度和位置）的不同，把脉冲调制又分为脉幅调制（PAM）、脉宽调制（PWM 或 PDM）和脉位调制（PPM），波形如图 6-9 所示。虽然这三种信号在时间上都是离散的，但受调参量变化是连续的，因此也都属于模拟信号。限于篇幅，这里仅介绍脉冲振幅调制，因为它是脉冲编码调制的基础。

脉冲振幅调制（PAM）是脉冲载波的幅度随基带信号变化的一种调制方式。若脉冲载波是冲激脉冲序列，则前面讨论的抽样定理就是脉冲振幅调制的原理。也就是说，按抽样定理进行抽样得到的信号 $m_s(t)$ 就是一个 PAM 信号。

但是，用冲激脉冲序列进行抽样是一种理想抽样的情况，是不可能实现的。因为冲激序列在实际中是不能获得的，即使能获得，由于抽样后信号的频谱为无穷大，对有限带宽的信道而言也无法传递。因此，在实际中通常采用脉冲宽度相对于抽样周期很窄的窄脉冲序列近似代替冲激脉冲序列，从而实现脉冲振幅调制。下面介绍用窄脉冲序列进行实际抽样的两种脉冲振幅调制方式：自然抽样的脉冲调幅和平顶抽样的脉冲调幅。

1. 自然抽样的脉冲调幅

自然抽样又称曲顶抽样，它是指抽样后的脉冲幅度（顶部）随被抽样信号 $m(t)$ 变化，或者说保持了 $m(t)$ 的变化规律。自然抽样的脉冲调幅原理框图如图 6-10 所示。

设模拟基带信号 $m(t)$ 的波形及频谱如图 6-11a 所示，脉冲载波以 $s(t)$ 表示，它是宽

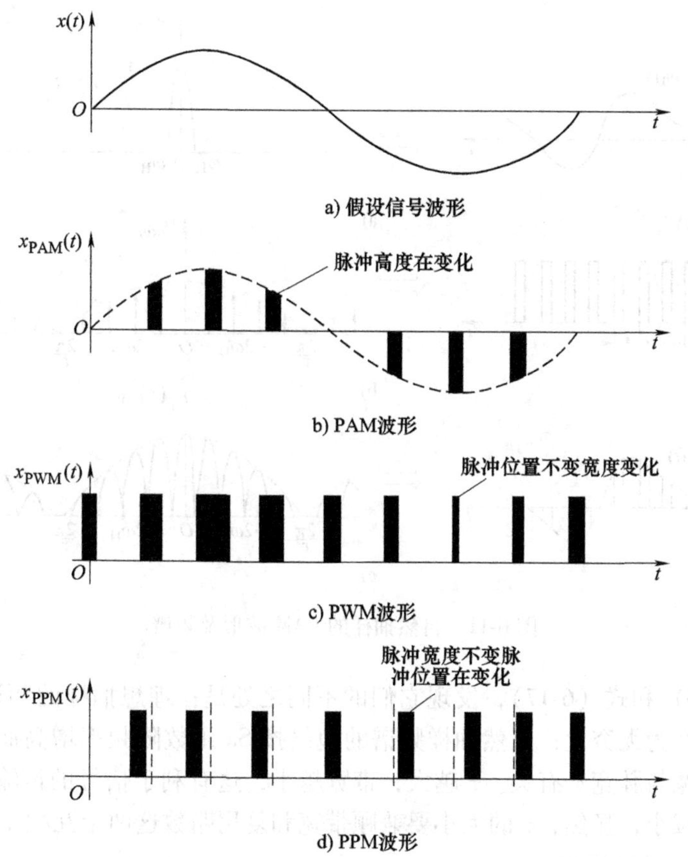

图 6-9　PAM、PWM、PPM 信号波形

度为 τ、周期为 T_s 的矩形窄脉冲序列，其中 T_s 是按抽样定理确定的，这里取 $T_s=1/(2f_H)$。$s(t)$ 的波形及频谱如图 6-11b 所示，则自然抽样 PAM 信号 $m_s(t)$（波形见图 6-11c）为 $m(t)$ 与 $s(t)$ 的乘积，即

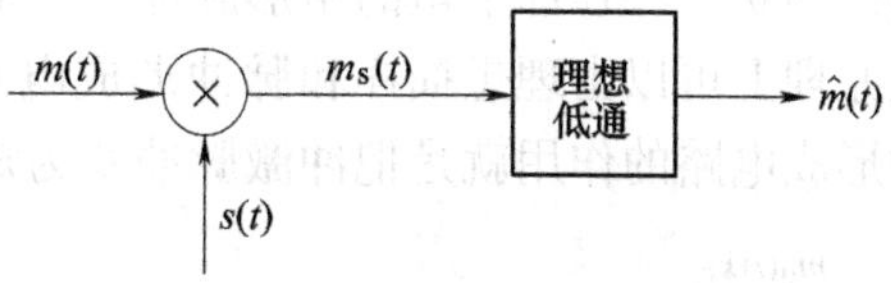

图 6-10　自然抽样的 PAM 原理框图

$$m_s(t)=m(t)s(t) \tag{6-15}$$

其中，$s(t)$ 的频谱表达式为

$$S(\omega)=\frac{2\pi\tau}{T_s}\sum_{n=-\infty}^{\infty}\mathrm{Sa}(n\tau\omega_H)\delta(\omega-2n\omega_H) \tag{6-16}$$

由频域卷积定理知，$m_s(t)$ 的频谱为

$$M_s(\omega)=\frac{1}{2\pi}[M(\omega)*S(\omega)]=\frac{A\tau}{T_s}\sum_{n=-\infty}^{\infty}\mathrm{Sa}(n\tau\omega_H)M(\omega-2n\omega_H) \tag{6-17}$$

其频谱如图 6-11c 所示，它与理想抽样（采用冲激序列抽样）的频谱非常相似，也是由无限多个间隔为 $\omega_s=2\omega_H$ 的 $M(\omega)$ 频谱之和组成。其中，$n=0$ 的成分是 $(\tau/T_s)M(\omega)$，与原信号谱 $M(\omega)$ 只差一个比例常数 (τ/T_s)，因而也可用低通滤波器从 $M_s(\omega)$ 中滤出 $M(\omega)$，从而恢复出基带信号 $m(t)$。

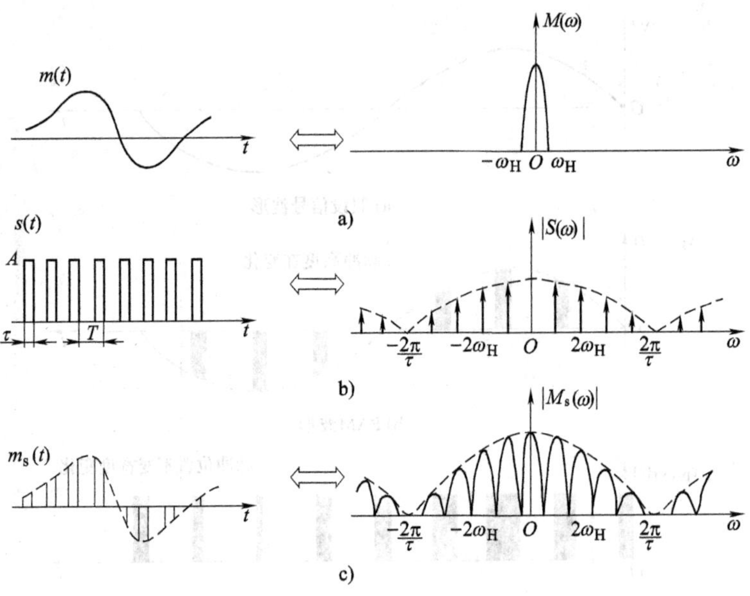

图 6-11　自然抽样的 PAM 波形及频谱

比较式（6-6）和式（6-17），发现它们的不同之处是：理想抽样的频谱被常数 $1/T_s$ 加权，因而信号带宽为无穷大；自然抽样频谱的包络按 Sa 函数随频率增高而下降，因而带宽是有限的，且带宽与脉宽 τ 有关。τ 越大，带宽越小，这有利于信号的传输，但 τ 大会导致时分复用的路数减小，显然，τ 的大小要兼顾带宽和复用路数这两个互相矛盾的要求。

2. 平顶抽样的脉冲调幅

平顶抽样又叫瞬时抽样，它与自然抽样的不同之处在于它抽样后信号中的脉冲均具有相同的形状——顶部平坦的矩形脉冲，矩形脉冲的幅度即为瞬时抽样值。平顶抽样 PAM 信号在原理上可以由理想抽样和脉冲形成电路产生，其原理框图及波形如图 6-12 所示，其中脉冲形成电路的作用就是把冲激脉冲变为矩形脉冲。

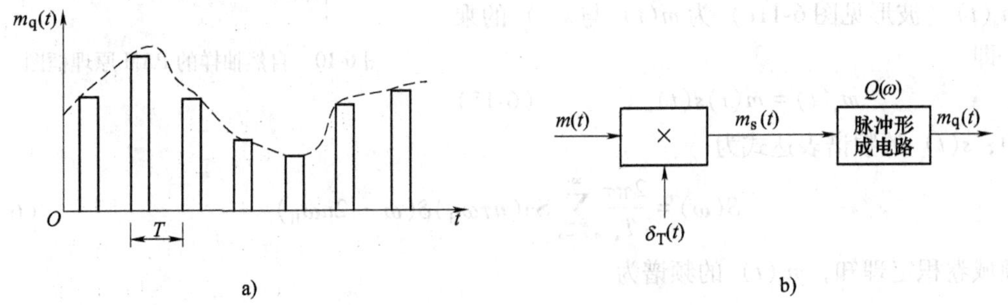

图 6-12　平顶抽样信号及其产生原理框图

设基带信号为 $m(t)$，矩形脉冲形成电路的冲激响应为 $q(t)$，$m(t)$ 经过理想抽样后得到的信号 $m_s(t)$ 可用式（6-4）表示，即

$$m_s(t) = \sum_{n=-\infty}^{\infty} m(nT_s)\delta(t - nT_s)$$

这就是说，$m_s(t)$ 是由一系列被 $m(nT_s)$ 加权的冲激序列组成，而 $m(nT_s)$ 就是第 n 个抽样值幅度。经过矩形脉冲形成电路，每当输入一个冲激信号，在其输出端便产生一个幅度为 $m(nT_s)$ 的矩形脉冲 $q(t)$，因此在 $m_s(t)$ 作用下，输出便产生一系列被 $m(nT)$ 加权的矩形脉冲序列，这就是平顶抽样 PAM 信号 $m_q(t)$。它表示为

$$m_q(t) = \sum_{n=-\infty}^{\infty} m(nT_s)q(t - nT_s) \tag{6-18}$$

波形如图 6-12a 所示。

设脉冲形成电路的传输函数为 $Q(\omega) \leftrightarrow q(t)$，则输出的平顶抽样信号频谱 $M_q(\omega)$ 为

$$m_q(t) \leftrightarrow M_q(\omega) = M_s(\omega)Q(\omega) \tag{6-19}$$

利用式（6-6）的结果，式（6-19）变为

$$M_q(\omega) = \frac{1}{T_s}Q(\omega)\sum_{n=-\infty}^{\infty} M(\omega - 2n\omega_H) = \frac{1}{T_s}\sum_{n=-\infty}^{\infty} Q(\omega)M(\omega - 2n\omega_H) \tag{6-20}$$

由式（6-20）看出，平顶抽样的 PAM 信号频谱 $M_q(\omega)$ 是由 $Q(\omega)$ 加权后的周期性重复的 $M(\omega)$ 所组成，由于 $Q(\omega)$ 是 ω 的函数，如果直接用低通滤波器恢复，得到的是 $Q(\omega)M(\omega)/T_s$，它必然存在失真。

为了从 $m_q(t)$ 中恢复原基带信号 $m(t)$，可采用图 6-13 所示的解调原理框图。在滤波之前先用特性为 $1/Q(\omega)$ 频谱校正网络加以修正，则低通滤波器便能无失真地恢复原基带信号 $m(t)$。

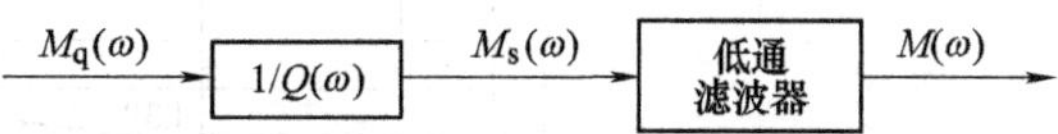

图 6-13　平顶抽样 PAM 信号的解调原理框图

在实际应用中，平顶抽样信号采用抽样保持电路来实现，得到的脉冲为矩形脉冲。在后面将讲到的脉冲编码调制（PCM）系统的编码中，编码器的输入就是经抽样保持电路得到的平顶抽样脉冲。

在实际应用中，恢复信号的低通滤波器也不可能是理想的，因此考虑到实际滤波器可能实现的特性，抽样速率 f_s 要比 $2f_H$ 选得大一些，一般 $f_s = (2.5 \sim 3)f_H$。例如语音信号频率一般为 300~3400Hz，抽样速率 f_s 一般取 8000Hz。

按以上自然抽样和平顶抽样的方法均能构成 PAM 通信系统，也就是说，可以在信道中直接传输抽样后的信号，但由于它们抗干扰能力差，目前已很少使用，被性能良好的 PCM 所取代。

6.3　脉冲编码调制（PCM）

脉冲编码调制（PCM）简称脉码调制，它是一种用一组二进制数字代码来代替连续信号的抽样值，从而实现通信的方式。由于这种通信方式抗干扰能力强，它在光纤通信、数字微波通信、卫星通信中均获得了极为广泛的应用。

PCM 是一种最典型的语音信号数字化的波形编码方式，其系统原理框图如图 6-14 所示。首先，在发送端进行波形编码（主要包括抽样、量化和编码三个过程），把模拟信号变换为二进制码组。编码后的 PCM 码组的数字传输方式可以是直接的基带传输，也可以是对微波、光波等载波调制后的调制传输。在接收端，二进制码组经译码后还原为量化后的样值脉冲序

列，然后经低通滤波器滤除高频分量，便可得到重建信号 $m(t)$。

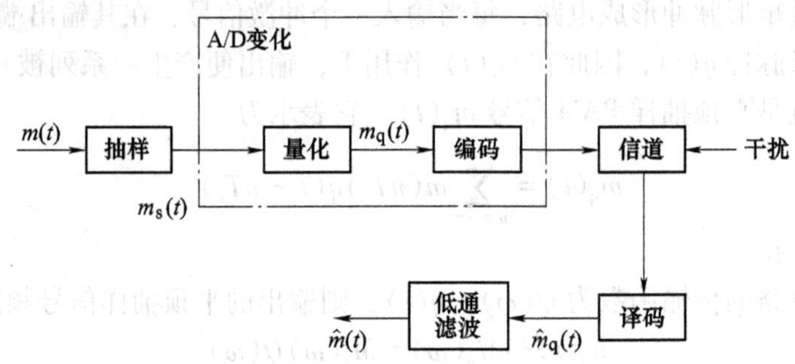

图 6-14　PCM 系统原理框图

抽样是按抽样定理把时间上连续的模拟信号转换成时间上离散的抽样信号；量化是把幅度上仍连续（无穷多个取值）的抽样信号进行幅度离散，即指定 M 个规定的电平，把抽样值用最接近的电平表示；编码是用二进制码组表示量化后的 M 个样值脉冲。图 6-15 给出了 PCM 信号形成的示意图。

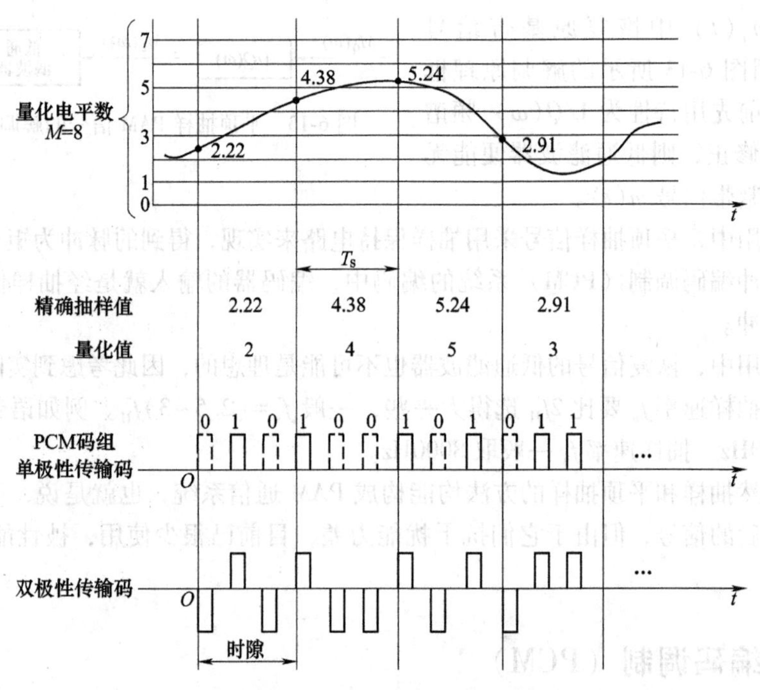

图 6-15　PCM 信号形成示意图

综上所述，PCM 信号的形成是模拟信号经过“抽样、量化、编码”三个步骤实现的。其中，抽样的原理已经介绍，下面主要讨论量化和编码。

6.3.1　量化

利用预先规定的有限个电平来表示模拟信号抽样值的过程称为量化。时间连续的模拟信号经抽样后的样值序列，虽然在时间上离散，但在幅度上仍然是连续的，即抽样值 $m(kT)$

可以取无穷多个可能值，因此仍属模拟信号。如果用 N 位二进制码组来表示该样值的大小，以便利用数字传输系统来传输的话，那么，N 位二进制码组只能同 $M=2^N$ 个电平样值相对应，而不能同无穷多个可能取值相对应。这就需要把取值无限的抽样值划分成有限的 M 个离散电平，此电平被称为量化电平。

量化的物理过程可通过图 6-16 所示的例子加以说明。其中，$m(t)$ 是模拟信号；抽样速率为 $f_s=1/T_s$；抽样值用“·”表示；第 k 个抽样值为 $m(kT_s)$；$m_q(t)$ 表示量化信号；$q_1 \sim q_M$ 是预先规定好的 M 个量化电平（这里 $M=7$）；m_i 为第 i 个量化区间的终点电平（分层电平）；电平之间的间隔 $\Delta_i=m_i-m_{i-1}$，也称为量化间隔。那么，量化就是将抽样值 $m(kT_s)$ 转换为 M 个规定电平 $q_1 \sim q_M$ 之一，即

$$m_q(kT_s)=q_i, \text{如果 } m_{i-1} \leqslant m(kT_s) \leqslant m_i \tag{6-21}$$

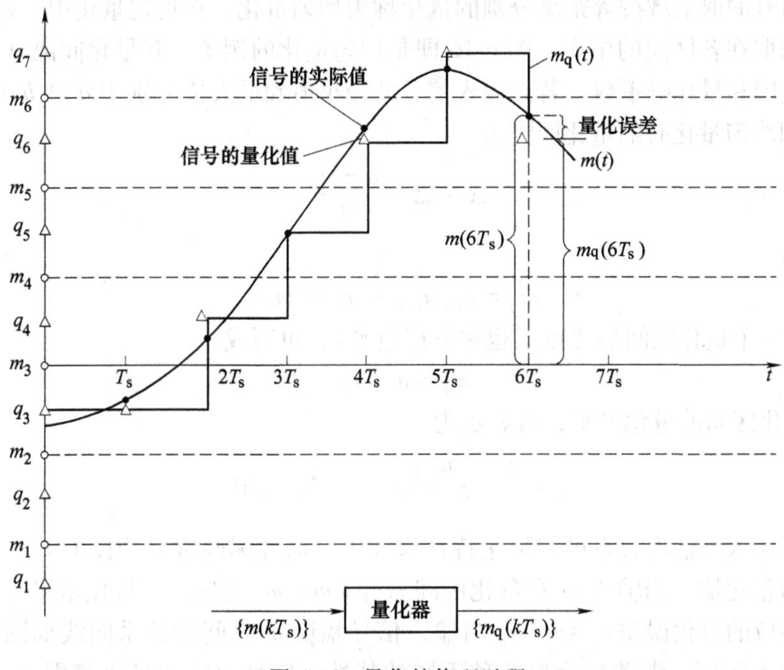

图 6-16　量化的物理过程

例如在图 6-16 中，$t=6T_s$ 时的抽样值 $m(6T_s)$ 在 m_5 和 m_6 之间，此时按规定量化值为 q_6。量化器输出是图中的阶梯波形 $m_q(t)$，其中

$$m_q(t)=m_q(kT_s)_i, \quad kT_s \leqslant t \leqslant (k+1)T_s \tag{6-22}$$

从上面结果可以看出，量化后的信号 $m_q(t)$ 是对原来信号 $m(t)$ 的近似，当抽样速率一定，量化级数目（量化电平数）增加，并且量化电平选择适当时，可以使 $m_q(t)$ 与 $m(t)$ 的近似程度提高。

$m_q(kT_s)$ 与 $m(kT_s)$ 之间的误差称为量化误差。对于语音、图像等随机信号，量化误差也是随机的，它像噪声一样影响通信质量，因此又称为量化噪声，通常用均方误差来度量。为方便起见，假设 $m(t)$ 是均值为零，概率密度为 $f(x)$ 的平稳随机过程，并用简化符号 m 表示 $m(kT_s)$，m_q 表示 $m_q(kT_s)$，则量化噪声的均方误差（即平均功率）为

$$N_q=E[(m-m_q)^2]=\int_{-\infty}^{\infty}(x-m_q)^2 f(x)\mathrm{d}x \tag{6-23}$$

若把积分区间分割成 M 个量化间隔，则式（6-23）可表示成

$$N_q = \sum_{i=1}^{M} \int_{m_{i-1}}^{m_i} (x - q_i)^2 f(x) \mathrm{d}x \tag{6-24}$$

这是在不过载时求量化误差的基本公式。在给定信息源的情况下，$f(x)$ 是已知的。因此，量化误差的平均功率与量化间隔的分割有关，如何使量化误差的平均功率最小或符合一定规律，是量化理论所要研究的问题。

图 6-16 中，量化间隔是均匀的，这种量化称为均匀量化。还有一种是量化间隔不均匀的非均匀量化，非均匀量化克服了均匀量化的缺点，是语音信号实际应用的量化方式，下面分别加以讨论。

1. 均匀量化

把输入信号的取值域按等距离分割的量化称为均匀量化。在均匀量化中，每个量化区间的量化电平均取在各区间的中点，图 6-16 即是均匀量化的例子。其量化间隔 Δ_i 取决于输入信号的变化范围和量化电平数。若设输入信号的最小值和最大值分别用 a 和 b 表示，量化电平数为 M，则均匀量化时的量化间隔为

$$\Delta_i = \Delta = \frac{b - a}{M} \tag{6-25}$$

量化器输出为

$$m_q = q_i, m_{i-1} \leqslant m \leqslant m_i \tag{6-26a}$$

式中，m_i是第 i 个量化区间的终点（也称分层电平），可写成

$$m_i = a + i\Delta \tag{6-26b}$$

q_i 是第 i 个量化区间的量化电平，可表示为

$$q_i = \frac{m_i + m_{i-1}}{2}, i = 1, 2, \cdots, M \tag{6-26c}$$

量化器的输入与输出关系可用量化特性来表示，语音编码常采用图 6-17a 所示输入-输出特性的均匀量化器，当输入 m 在量化区间 $m_{i-1} \leqslant m \leqslant m_i$ 变化时，量化电平 q_i 是该区间的中点值。而相应的量化误差 $e_q = m - m_q$ 与输入信号幅度 m 之间的关系曲线如图 6-17b 所示。对于不同的输入范围，误差显示出两种不同的特性：信号幅度在量化范围（量化区）内，量化误差的绝对值 $|e_q| \leqslant \Delta/2$；当信号幅度超出量化范围，量化值 m_q 保持不变，$|e_q| > \Delta/2$，此时称为过载或饱和。过载区的误差特性是线性增长的，因而过载误差比量化误差大，对重建信号有很坏的影响。在设计量化器时，应考虑输入信号的幅度范围，使信号幅度不进入过载区，或者只能有极小的概率进入过载区。

上述的量化误差 $e_q = m - m_q$ 通常称为绝对量化误差，它在每一量化间隔内的最大值均为 $\Delta/2$。在衡量量化器性能时，单看绝对误差的大小是不够的，因为信号有大有小，同样大的噪声对大信号的影响可能不算什么，但对小信号而言有可能造成严重的后果，因此在衡量系统性能时，应看噪声与信号的相对大小，把绝对量化误差与信号之比称为相对量化误差。相对量化误差的大小反映了量化器的性能，通常用量化信噪比（S/N_q）来衡量，它被定义为信号功率与量化噪声功率之比，即

$$\frac{S}{N_q} = \frac{E[m^2]}{E[(m - m_q)^2]} \tag{6-27}$$

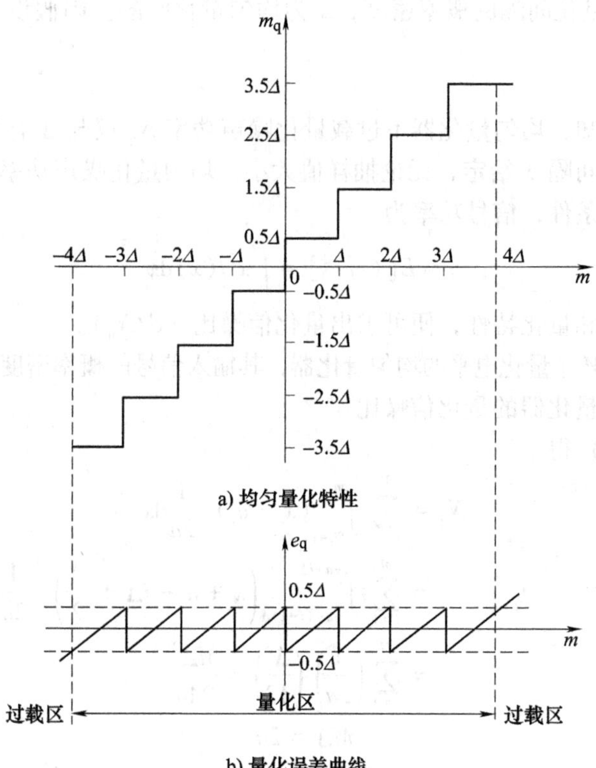

图 6-17　均匀量化特性及量化误差曲线

式中，E 表示求统计平均，S 为信号功率，N_q 为量化噪声功率。显然，S/N_q越大，量化性能越好。下面来分析均匀量化时的量化信噪比。

设输入的模拟信号 $m(t)$ 是均值为零，概率密度为 $f(x)$ 的平稳随机过程，m 的取值范围为（a, b），且设不会出现过载量化，则由式（6-24）得量化噪声功率 N_q 为

$$N_q = E[(m - m_q)]^2 = \int_a^b (x - m_q)^2 f(x)\,\mathrm{d}x$$

$$= \sum_{i=1}^{M} \int_{m_{i-1}}^{m_i} (x - q_i)^2 f(x)\,\mathrm{d}x \tag{6-28}$$

这里

$$m_i = a + i\Delta$$

$$q_i = a + i\Delta - \frac{\Delta}{2}$$

一般来说，量化电平数 M 很大，量化间隔 Δ 很小，因而可认为在 Δ 内不变，以 p_i 表示，且假设各层之间量化噪声相互独立，则 N_q 表示为

$$N_q = \sum_{i=1}^{M} p_i \int_{m_{i-1}}^{m_i} (x - q_i)^2 \mathrm{d}x$$

$$= \frac{\Delta^2}{12}\sum_{i=1}^{M} p_i\Delta = \frac{\Delta^2}{12} \tag{6-29}$$

式中，p_i 代表第 i 个量化间隔的概率密度，Δ 为均匀量化间隔。因假设不出现过载现象，故 $\sum_{i=1}^{M} p_i\Delta = 1$。

由式（6-29）可知，均匀量化器不过载量化噪声功率 N_q 仅与 Δ 有关，而与信号的统计特性无关，一旦量化间隔 Δ 给定，无论抽样值大小，均匀量化噪声功率 N_q 都是相同的。

按照上面给定的条件，信号功率为

$$S = E[(m)^2] = \int_a^b x^2 f(x)\mathrm{d}x \tag{6-30}$$

若给出信号特性和量化特性，便可求出量化信噪比（S/N_q）。

【例 6-1】 设一 M 个量化电平的均匀量化器，其输入信号的概率密度函数在区间 [$-a$, a] 内均匀分布，试求该量化器的量化信噪比。

解 由式（6-28）得

$$\begin{aligned} N_q &= \sum_{i=1}^{M} \int_{m_{i-1}}^{m_i} (x - q_i)^2 \frac{1}{2a}\mathrm{d}x \\ &= \sum_{i=1}^{M} \int_{-a+(i-1)\Delta}^{-a+i\Delta} \left(x + a - i\Delta + \frac{\Delta}{2}\right)^2 \frac{1}{2a}\mathrm{d}x \\ &= \sum_{i=1}^{M} \left(\frac{1}{2a}\right)\left(\frac{\Delta^3}{12}\right) = \frac{M\Delta^3}{24a} \end{aligned}$$

因为

$$M\Delta = 2a$$

所以

$$N_q = \frac{\Delta^2}{12}$$

可见，结果同式（6-29）。又由式（6-30）得信号功率

$$S = \int_{-a}^{a} x^2 \frac{1}{2a}\mathrm{d}x = \frac{\Delta}{12}M^2$$

因而，量化信噪比为

$$\frac{S}{N_q} = M^2 \tag{6-31}$$

或

$$\left(\frac{S}{N_q}\right)_{\mathrm{dB}} = 20\lg M \tag{6-32}$$

由式（6-32）可知，量化信噪比随量化电平数 M 的增加而提高，信号的逼真度越好。通常量化电平数应根据对量化信噪比的要求来确定。

均匀量化器广泛应用于线性 A/D 转换接口，例如在计算机的 A/D 转换（A/D）中，N 为 A/D 转换器的位数，常用的有 8 位、12 位、16 位等不同精度。另外，在遥测遥控系统、仪表、图像信号的数字化接口等设备中，也都使用均匀量化器。

但在语音信号数字化通信（或叫数字电话通信）系统中，均匀量化则有一个明显的不足：量化噪比随信号电平的减小而下降。产生这一现象的原因是均匀量化的量化间隔 Δ 为固定值量化电平分布均匀，因而无论信号大小如何，量化噪声功率固定不变，这样，小信号时的量化信噪比就难以达到给定的要求。通常，把满足信噪比要求的输入信号的取值范围定义为动态范围。因此，均匀量化时输入信号的动态范围将受到较大的限制。为了克服均匀量化的缺点，实际中往往采用非均匀量化。

2. 非均匀量化

非均匀量化是一种在整个动态范围内量化间隔不相等的量化。换言之，非均匀量化是根据输入信号的概率密度函数来分布量化电平，以改善量化性能。由均方误差式（6-23），即

$$N_q = E[(m - m_q)^2] = \int_{-\infty}^{\infty} (x - m_q)^2 f(x)\,dx$$

可见，在$f(x)$ 大的地方，设法降低量化噪声 $(m-m_q)^2$，从而降低均方误差，可提高信噪比。这意味着量化电平必须集中在幅度密度高的区域。

在商业电话中，一种简单而又稳定的非均匀量化器为对数量化器，该量化器在出现频率高的低幅度语音信号处，运用小的量化间隔，而在不经常出现的高幅度语音信号处，运用大的量化间隔。

实现非均匀量化的方法之一是把输入量化器的信号 x 先进行压缩处理，再把压缩的信号 y 进行均匀量化。所谓压缩器就是一个非线性变换电路，微弱的信号被放大，强的信号被压缩。压缩器的输入-输出关系表示为

$$y = f(x) \tag{6-33}$$

接收端采用一个与压缩特性相反的扩张器来恢复 x。图 6-18 画出了压缩与扩张的示意图。通常使用的压缩器中，大多采用对数式压缩，即 $y=\ln x$。广泛采用的两种对数压扩特性是 μ 律压扩和 A 律压扩。美国采用 μ 律压扩，我国和欧洲各国均采用 A 律压扩，下面分别讨论这两种压扩的原理。

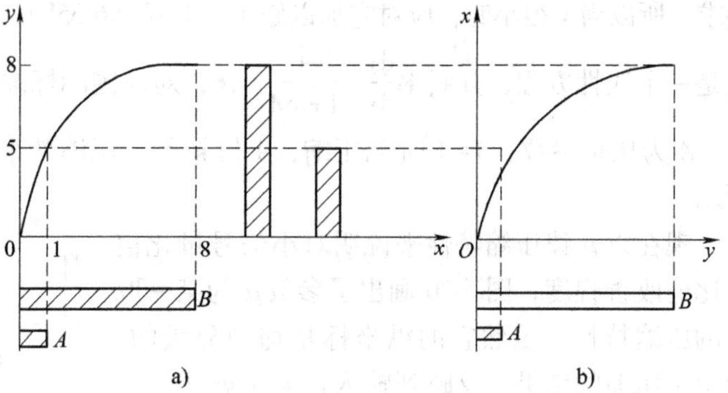

图 6-18　压缩与扩张的示意图

μ 律压扩特性

$$y = \frac{\ln(1+\mu x)}{\ln(1+\mu)}, 0 \leqslant x \leqslant 1 \tag{6-34}$$

式中，x 为归一化输入，y 为归一化输出。归一化是指信号电压与信号最大电压之比，所以归一化的最大值为 1。μ 为压扩参数，表示压扩程度。不同 μ 值压缩特性如图 6-19a 所示。由图可见，当 $\mu=0$ 时，压缩特性是一条通过原点的直线，故没有压缩效果，小信号性能得不到改善；μ 值越大，压缩效果越明显，一般当 $\mu=100$ 时，压缩效果就比较理想了。在国际标准中取 $\mu=255$。另外，需要指出的是，μ 律压缩特性曲线是以原点奇对称的，图中只画出了正向部分。

A 律压扩特性

$$y = \begin{cases} \dfrac{Ax}{1+\ln A}, 0 \leqslant x \leqslant \dfrac{1}{A} & (6\text{-}35a) \\[2ex] \dfrac{1+\ln Ax}{1+\ln A}, \dfrac{1}{A} \leqslant x \leqslant 1 & (6\text{-}35b) \end{cases}$$

其中，式（6-35b）是 A 律的主要表达式，但它当 $x=0$ 时，$y\to-\infty$，这样不满足对压缩特性的

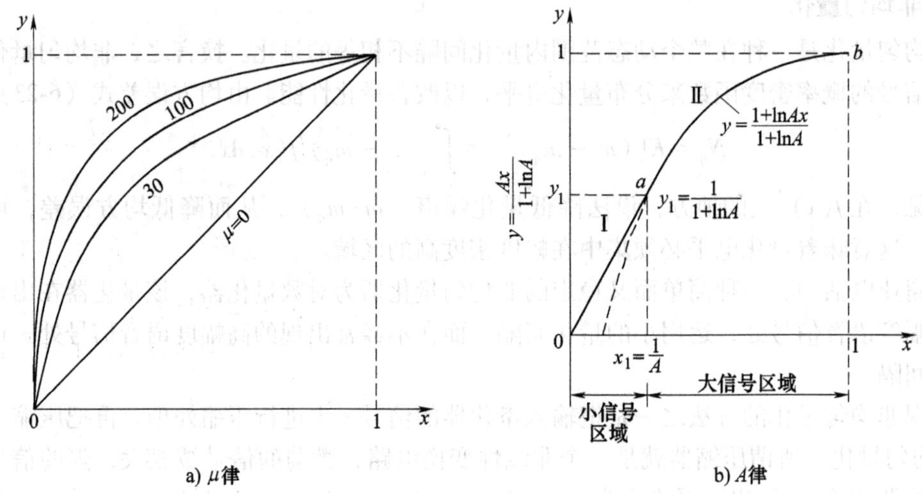

图 6-19　对数压缩特性

要求，所以当 x 很小时，应对它加以修正。对式（6-35b）过零点作切线，这就是式（6-35a），它是一个线性方程，其斜率$\frac{\mathrm{d}y}{\mathrm{d}x}=\frac{A}{1+\ln A}=16$，对应国际标准取值 $A=87.6$。

A 为压扩参数，$A=1$ 时无压缩，A 值越大，压缩效果越明显。A 律压缩特性如图 6-19b 所示。

现在以 μ 律压缩特性来说明对小信号量化信噪比的改善程度，图 6-20 画出了参数 μ 为某一取值的压缩特性。虽然它的纵坐标是均匀分级的，但由于压缩的结果，反映到输入信号 x 就成为非均匀量化了，即信号小时量化间隔 Δx 小，信号大时量化间隔 Δx 也大，而在均匀量化中，量化间隔却是固定不变的。下面举例来计算压缩对量化信噪比的改善量。

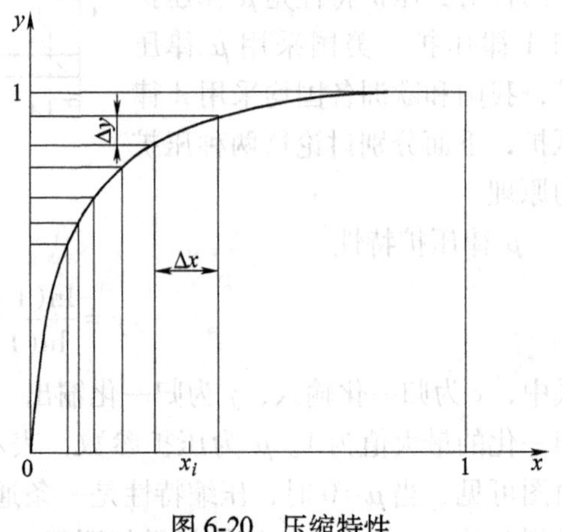

图 6-20　压缩特性

【例 6-2】 求 $\mu=100$ 时，压缩对大、小信号的量化信噪比的改善量，并与无压缩时（$\mu=0$）的情况进行对比。

解 因为压缩特性 $y=f(x)$ 为对数曲线，当量化级划分较多时，在每一量化级中压缩特性曲线均可看作直线，所以

$$\frac{\Delta y}{\Delta x}=\frac{\mathrm{d}y}{\mathrm{d}x}=y' \tag{6-36}$$

对式（6-34）求导可得

$$\frac{\mathrm{d}y}{\mathrm{d}x}=\frac{\mu}{(1+\mu x)\ln(1+\mu)}$$

又由式（6-36）有

$$\Delta x = \frac{1}{y}\Delta y$$

因此，量化误差为

$$\frac{\Delta x}{2} = \frac{1}{y'} \cdot \frac{\Delta y}{2} = \frac{\Delta y}{2} \cdot \frac{(1+\mu x)\ln(1+\mu)}{\mu}$$

当μ>1 时，$\Delta y/\Delta x$ 的比值大小反映了非均匀量化（有压缩）对均匀量化（无压缩）的信噪比的改善程度。当用分贝表示，并用符号 Q 表示信噪比的改善量时，有

$$[Q]_{dB} = 20\lg\left(\frac{\Delta y}{\Delta x}\right) = 20\lg\left(\frac{dy}{dx}\right)$$

对于小信号（$x \to 0$），有

$$\left(\frac{dy}{dx}\right)_{x\to 0} = \frac{\mu}{(1+\mu x)\ln(1+\mu)}\bigg|_{x\to 0} = \frac{\mu}{\ln(1+\mu)} = \frac{100}{4.62}$$

该比值大于 1，表示非均匀量化的量化间隔 Δx 比均匀量化间隔 Δy 小。这时，信噪比的改善量为

$$[Q]_{dB} = 20\lg\left(\frac{dy}{dx}\right) = 26.7dB$$

对于大信号（$x=1$），有

$$\left(\frac{dy}{dx}\right)_{x=1} = \frac{\mu}{(1+\mu x)\ln(1+\mu)}\bigg|_{x=1} = \frac{100}{(1+100)\ln(1+100)} = \frac{1}{4.67}$$

该比值小于 1，表示非均匀量化的量化间隔 Δx 比均匀量化间隔 Δy 大，故信噪比下降。以分贝表示为

$$[Q]_{dB} = 20\lg\left(\frac{dy}{dx}\right) = 20\lg\left(\frac{1}{4.67}\right)\ dB = -13.3dB$$

即大信号信噪比下降 13.3dB。

根据以上关系计算得到的信噪比的改善程度与输入电平的关系见表 6-1。这里，最大允许输入电平为 0dB（即 $x=1$）；$[Q]_{dB}$>0 表示提高的信噪比，而$[Q]_{dB}$<0 表示损失的信噪比。图 6-21 画出了有无压扩时的比较曲线，其中$\mu=0$ 表示无压扩时的信噪比，$\mu=100$ 表示有压扩时的信噪比。由图可见，无压扩时，信噪比随输入信号的减小而迅速下降；有压扩时，信噪比随输入信号的下降比较缓慢。若要求量化信噪比大于 20dB，则对于$\mu=0$ 时的输入信号必须大于−18dB，而对于$\mu=100$ 时的输入信号只要大于−36dB 即可。可见，采用压扩提高了小信号的量化信噪比，相当于扩大了输入信号的动态范围。

表 6-1　信噪比的改善程度与输入电平的关系

x	1	0.316	0.1	0.0312	0.01	0.003
输入信号电平/dB	0	−10	−20	−30	−40	−50
$[Q]_{dB}$/dB	−13.3	−3.5	5.8	14.4	20.6	24.4

早期的 A 律和μ 律压扩特性是用非线性模拟电路获得的。由于对数压扩特性是连续曲线，且随压扩参数而不同，在电路上实现这样的函数规律是相当复杂的，因而精度和稳定度都受到限制。随着数字电路特别是大规模集成电路的发展，另一种压扩技术——数字压扩，

日益获得广泛的应用。它是利用数字电路形成许多折线来逼近对数压扩特性。在实际中常采用的方法有两种：一种是采用 13 折线近似 A 律压缩特性，另一种是采用 15 折线近似 μ 律压缩特性。A 律 13 折线主要用于英、法、德等欧洲各国的 PCM30/32 路基群中，我国的 PCM30/32 路基群也采用 A 律 13 折线压缩特性。μ 律 15 折线主要用于美国、加拿大和日本等国的 PCM24 路基群中。CCITT 建议 G. 711 规定上述两种折线近似压缩律为国际标准，且在国际数字系统相互连接时，要以 A 律为标准。因此这里重点介绍 A 律 13 折线。

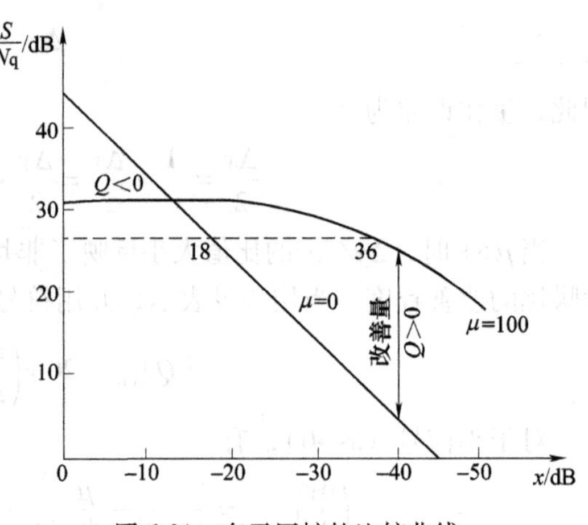

图 6-21　有无压扩的比较曲线

(1) A 律 13 折线　A 律 13 折线的产生是从不均匀量化的基点出发，设法用 13 段折线逼近 $A=87.6$ 的 A 律压缩特性。具体方法是：把输入 x 轴和输出 y 轴用两种不同的方法划分。对 x 轴在 0~1（归一化）范围内不均匀分成 8 段，分段的规律是每次以 1/2 对分，第一次在 0~1 之间的 1/2 处对分，第二次在 0~1/2 之间的 1/4 处对分，第三次在 0~1/4 之间的 1/8 处对分，其余类推。对 y 轴在 0~1（归一化）范围内采用等分法，均匀分成 8 段，每段间隔均为 1/8。然后把 x、y 各对应段的交点连接起来构成 8 段直线，得到如图 6-22 所示的折线压扩特性。其中第 1、2 段斜率相同（均为 16），因此可视为一条直线段，故实际上只有 7 根斜率不同的折线。以上分析的是正方向，由于语音信号是双极性信号，因此在负方向也有与正方向对称的一组折线，也是 7 根，但其中靠近零点的第 1、2 段斜率也都等于 16，与正方向的第 1、2 段斜率相同，又可以合并为一根，因此，正、负双向共有 $2\times(8-1)-1=13$ 折，故称其为 13 折线。但在定量计算时，仍以正、负各有 8 段为准。

下面考察 13 折线与 A 律（$A=87.6$）压缩特性的近似程度。在 A 律对数特性的小信号区分界点 $x=1/A=1/87.6$ 处，相应的 y 根据式（6-35a）表示的直线方程可得

$$y=\frac{Ax}{1+\ln A}=\frac{A\cdot\dfrac{1}{A}}{1+\ln A}=\frac{1}{1+\ln 87.6}\approx 0.183$$

因此，当 $y<0.183$ 时，x、y 满足式（6-35a），因此由该式可得

$$y=\frac{Ax}{1+\ln A}=\frac{87.6}{1+\ln 87.6}x=16x \tag{6-37}$$

由于 13 折线中 y 是均匀划分的，y 的取值在第 1、2 段起始点小于 0.183，故这两段起始点 x、y 的关系可分别由式（6-37）求得：当 $y=0$ 时，$x=0$；当 $y=1/8$ 时，$x=1/128$。当 $y>0.183$ 时，由式（6-35b）得

$$y-1=\frac{\ln x}{1+\ln A}=\frac{\ln x}{\ln eA}$$

$$\ln x=(y-1)\ln eA$$

$$x=\frac{1}{(eA)^{1-y}} \tag{6-38}$$

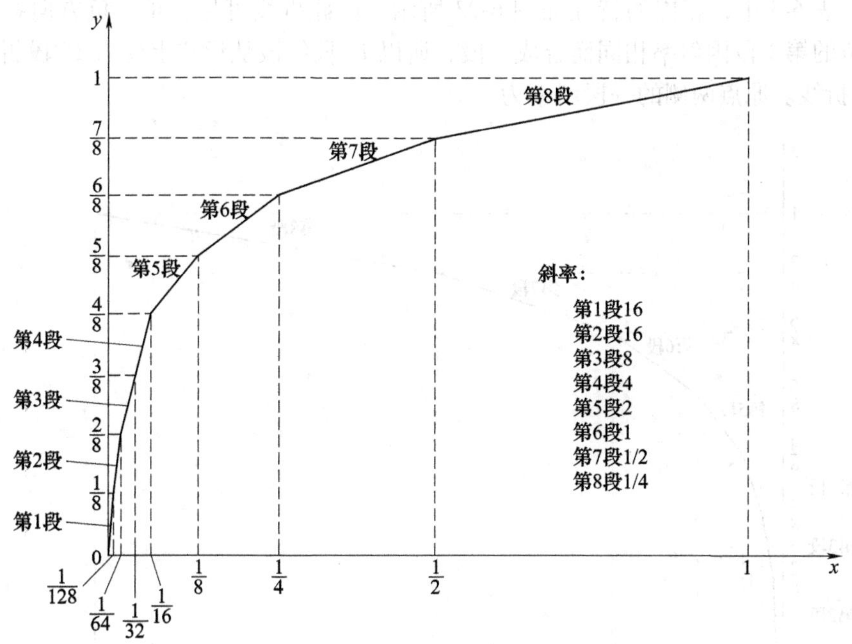

图 6-22　A 律 13 折线

其余 6 段用 $A=87.6$ 代入式（6-38）计算的 x 值列入表 6-2 中的第二行，并与按折线分段时的 x 值（第三行）进行比较。由表可见，13 折线各段落的分界点与 $A=87.6$ 曲线十分逼近，并且两特性起始段的斜率均为 16，这就是说，13 折线的压缩特性非常逼近 $A=87.6$ 的对数压缩特性。

表 6-2　A=87.6 的对数压缩特性与 13 折线压缩特性的比较

y	0	$\frac{1}{8}$	$\frac{2}{8}$	$\frac{3}{8}$	$\frac{4}{8}$	$\frac{5}{8}$	$\frac{6}{8}$	$\frac{7}{8}$	1	…
x	0	$\frac{1}{128}$	$\frac{1}{60.6}$	$\frac{1}{30.6}$	$\frac{1}{15.4}$	$\frac{1}{7.79}$	$\frac{1}{3.93}$	$\frac{1}{1.98}$	1	…
按折线分段时的 x	0	$\frac{1}{128}$	$\frac{1}{64}$	$\frac{1}{32}$	$\frac{1}{16}$	$\frac{1}{8}$	$\frac{1}{4}$	$\frac{1}{2}$	1	…
段落	1	2	3	4	5	6	7	8		…
斜率	16	16	8	4	2	1	1/2	1/4		…

在 A 律特性分析中可以看出，取 $A=87.6$ 有两个目的：一是使特性曲线原点附近的斜率凑成 16，二是使 13 折线逼近时，x 的 8 个段落量化分界点近似于按 2 的幂次递减分割，有利于数字化。

（2）μ 律 15 折线　采用 15 折线逼近 μ 律压缩特性（$\mu=255$）的原理与 A 律 13 折线类似，也是把 y 轴均分 8 段，对应于 y 轴分界点 $i/8$ 处的 x 轴分界点的值根据式（6-34）来计算，即

$$x=\frac{256^{y}-1}{255}=\frac{256^{i/8}-1}{255}=\frac{2^{i}-1}{255} \tag{6-39}$$

其结果列入表 6-3 中，相应的特性如图 6-23 所示。由此折线可见，正、负方向各有 8 段线段，正、负的第 1 段因斜率相同而合成一段，所以 16 段线段从形式上变为 15 段折线，故称其 μ 律 15 折线。原点两侧的一段斜率为

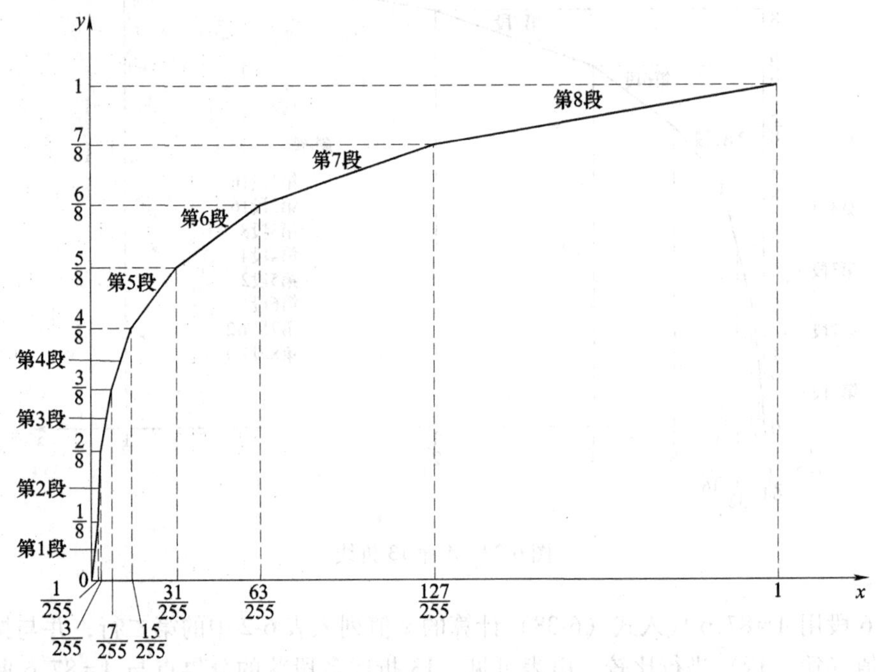

图 6-23　μ 律 15 折线

$$\frac{1/8}{1/255}=\frac{255}{8}=32$$

它是 A 律 13 折线的相应段斜率的两倍。因此，小信号的量化信噪比也将比 A 律大一倍多。

表 6-3　μ 律 15 折线参数表

i	0	1	2	3	4	5	6	7	8	…
$y=\frac{i}{8}$	0	$\frac{1}{8}$	$\frac{2}{8}$	$\frac{3}{8}$	$\frac{4}{8}$	$\frac{5}{8}$	$\frac{6}{8}$	$\frac{7}{8}$	1	…
$x=\frac{2^i-1}{255}$	0	$\frac{1}{255}$	$\frac{3}{255}$	$\frac{7}{255}$	$\frac{15}{255}$	$\frac{31}{255}$	$\frac{63}{255}$	$\frac{127}{255}$	1	…
段落	1	2	3	4	5	6	7	8		…
斜率×$\frac{8}{255}$	1	1/2	1/4	1/8	1/16	1/32	1/64	1/128		…

以上详细讨论了 A 律和 μ 律的压缩原理。我们知道，信号经过压缩后会产生失真，要补偿这种失真，则要在接收端相应位置采用扩张器。在理想情况下，扩张特性与压缩特性是对应互逆的，除量化误差外，信号通过压缩再扩张不应引入另外的失真。

我们注意到，在前面讨论量化的基本原理时，并未涉及量化的电路，这是因为量化过程不是以独立的量化电路来实现的，而是在编码过程中实现的，故原理电路框图将在编码中

讨论。

6.3.2　编码和译码

把量化后的信号电平值变换成二进制码组的过程称为编码，其逆过程称为解码或译码。

模拟信息源输出的模拟信号 $m(t)$ 经抽样和量化后，得到的输出脉冲序列是一个 M 进制（一般常用 128 或 256）的多电平数字信号，如果直接传输的话，抗噪声性能很差，因此还要经过编码器转换成二进制数字信号（PCM 信号）后，再经数字信道传输。在接收端，二进制码组经过译码器还原为 M 进制的量化信号，再经低通滤波器恢复原模拟基带信号 $m(t)$，完成这一系列过程的系统就是图 6-14 所示的 PCM 系统。其中，量化与编码的组合称为 A/D 转换器；译码与低通滤波的组合称为 D/A 转换器。下面主要介绍二进制码及编、译码器的工作原理。

1. 码字和码型

二进制码具有抗干扰能力强，易于产生等优点，因此 PCM 中一般采用二进制码。对于 M 个量化电平，可以用 N 位二进制码来表示，其中的每一个码组称为一个码字。为保证通信质量，目前国际上多采用 8 位编码的 PCM 系统。

码型指的是代码的编码规律，其含义是把量化后的所有量化级，按其量化电平的大小次序排列起来，并列出各对应的码字，这种对应关系的整体就称为码型。在 PCM 中常用的二进制码型有三种：自然二进制码、折叠二进制码和格雷二进制码（反射二进制码）。表 6-4 列出了用 4 位码表示 16 个量化级时的这三种码型。

表 6-4　常用二进制码型

样值脉冲极性	自然二进制码	折叠二进制码	格雷二进制码	量化级序号
正极性部分	1111	1111	1000	15
	1110	1110	1001	14
	1101	1101	1011	13
	1100	1100	1010	12
	1011	1011	1110	11
	1010	1010	1111	10
	1001	1001	1101	9
	1000	1000	1100	8
负极性部分	0111	0000	0100	7
	0110	0001	0101	6
	0101	0010	0111	5
	0100	0011	0110	4
	0011	0100	0010	3
	0010	0101	0011	2
	0001	0110	0001	1
	0000	0111	0000	0

自然二进制码就是一般的十进制正整数的二进制表示，编码简单、易记，而且译码可以逐比特独立进行。若把自然二进制码从低位到高位依次给以 2 倍的加权，就可变换为十进

数。如设二进制码为（a_{n-1}，a_{n-2}，…，a_1，a_0），则

$$D = a_{n-1}2^{n-1} + a_{n-2}2^{n-2} + \cdots + a_1 2^1 + a_0 2^0$$

便是其对应的十进制数（表示量化电平值）。这种“可加性”可简化译码器的结构。

折叠二进制码是一种符号幅度码。左边第一位表示信号的极性，信号为正，用“1”表示，信号为负，用“0”表示；第二位至最后一位表示信号的幅度。由于正、负绝对值相同时，折叠二进制码的上半部分与下半部分相对零电平对称折叠，故名折叠码。其幅度码从小到大按自然二进码规则编码。

与自然二进制码相比，折叠二进制码的一个优点是，对于语音这样的双极性信号，只要绝对值相同，则可以采用单极性编码的方法，使编码过程大大简化。另一个优点是，如果在传输过程中出现误码，对小信号影响较小。例如由大信号的 1111 误为 0111，从表 6-4 可见，自然二进制码由 15 错到 7，误差为 8 个量化级，而对于折叠二进制码，误差为 15 个量化级。显见，大信号时误码对折叠二进制码影响很大。如果误码发生在由小信号的 1000 误为 0000，这时情况就大不相同了，对于自然二进制码，误差还是 8 个量化级，而对于折叠二进制码，误差却只有 1 个量化级。这一特性是十分可贵的，因为语音信号小幅度出现的概率比大幅度的大，所以，折叠二进制码着眼点在于小信号的传输效果。

格雷二进制码的特点是任何相邻电平的码组，只有一位码位发生变化，即相邻码字的距离恒为 1。译码时，若传输或判决有误，量化电平的误差小。另外，这种码除极性码外，当正、负极性信号的绝对值相等时，其幅度码相同，故又称反射二进制码。但这种码不是“可加的”，不能逐比特独立进行，需先转换为自然二进制码后再译码。因此，这种码在采用编码管进行编码时才用，在采用电路进行编码时，一般均用折叠二进制码和自然二进制码。

通过以上三种码型的比较，在 PCM 通信编码中，折叠二进制码比自然二进制码和格雷二进制码优越，它是 A 律 13 折线 PCM30/32 路基群设备中所采用的码型。

2. 码位的选择与安排

至于码位数的选择，它不仅关系到通信质量的好坏，而且还涉及设备的复杂程度。码位数的多少，决定了量化分层的多少，反之，若信号量化分层数一定，则编码位数也被确定。在信号变化范围一定时，用的码位数越多，量化分层越细，量化误差就越小，通信质量当然就更好。但码位数越多，设备越复杂，同时还会使总的传码率增加，传输带宽加大。一般从话音信号的可懂度来说，采用 3~4 位非线性编码即可，若增至 7~8 位时，通信质量就比较理想了。

在 13 折线编码中，普遍采用 8 位二进制码，对应有 $M = 2^8 = 256$ 个量化级，即正、负输入幅度范围内各有 128 个量化级。这需要将 13 折线中的每个折线段再均匀划分 16 个量化级，由于每个段落长度不均匀，因此正或负输入的 8 个段落被划分成 8×16 = 128 个不均匀的量化级。按折叠二进制码的码型，这 8 位码的安排如下：

极性码	段落码	段内码
C_1	$C_2C_3C_4$	$C_5C_6C_7C_8$

其中，第 1 位码 C_1 的数值“1”或“0”分别表示信号的正、负极性，称为极性码。对于正、负对称的双极性信号，在极性判决后被整流（相当取绝对值），以后则按信号的绝对值进行编码，因此只要考虑 13 折线中正方向的 8 段折线就行了。这 8 段折线共包含 128 个量

化级，正好用剩下的 7 位幅度码 $C_2C_3C_4C_5C_6C_7C_8$ 表示。

第 2~4 位码 $C_2C_3C_4$ 为段落码，表示信号绝对值处在哪个段落，3 位码的 8 种可能状态分别代表 8 个段落的起点电平。但应注意，段落码的每一位不表示固定的电平，只是用它们的不同排列码组表示各段的起始电平。段落码和 8 个段落之间的关系见表 6-5 和图 6-24 所示。

表 6-5　段落码

段落序号	段落码 C_2	C_3	C_4
8	1	1	1
7	1	1	0
6	1	0	1
5	1	0	0
4	0	1	1
3	0	1	0
2	0	0	1
1	0	0	0

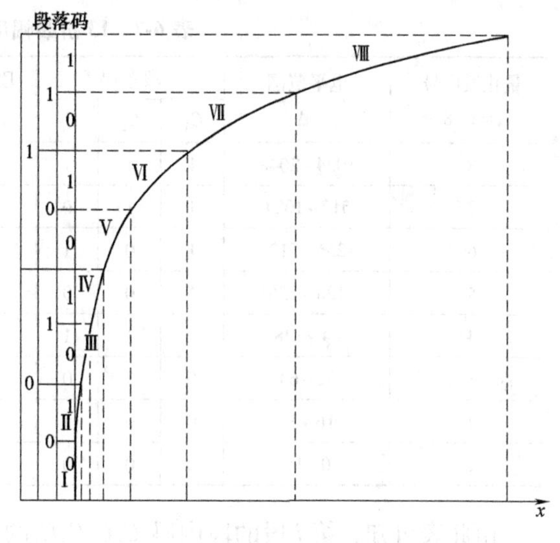

图 6-24　段落码与各段的关系

第 5~8 位码 $C_5C_6C_7C_8$ 为段内码，这 4 位码的 16 种可能状态用来分别代表每一段落内的 16 个均匀划分的量化级。段内码与 16 个量化级之间的关系见表 6-6。

表 6-6　段内码

电平序号	段内码 $C_5C_6C_7C_8$	电平序号	段内码 $C_5C_6C_7C_8$
15	1111	7	0111
14	1110	6	0110
13	1101	5	0110
12	1100	4	0101
11	1011	3	0011
10	1010	2	0010
9	1001	1	0001
8	1000	0	0000

注意：在 13 折线编码方法中，虽然各段内的 16 个量化级是均匀的，但因段落长度不等，故不同段落间的量化级是非均匀的。小信号时，段落短，量化间隔小；反之，量化间隔大。13 折线中的第 1、2 段最短，只有归一化的 1|128，再将它等分为 16 小段，每一小段长度为 $\frac{1}{128}\times\frac{1}{16}=\frac{1}{2048}$。这是最小的量化级间隔，它仅有输入信号归一化值的 1/2048，记为 Δ，

代表一个量化单位。第 8 段最长，它是归一化值的 1/2，将它等分 16 小段后，每一小段归一化长度为 1/32，包含 64 个最小量化间隔，记为 64Δ。如果以非均匀量化时的最小量化间隔 Δ=1/2048 作为输入 x 轴的单位，那么各段的起点电平分别是 0、16、32、64、128、256、512、1024 个量化单位。表 6-7 列出了 A 律 13 折线每一量化段的起始电平 I_i、量化间隔 Δ_i 及各位幅度码的权值（对应电平）。

表 6-7　13 折线幅度码及其对应电平

量化段序号 $i=1\sim8$	电平范围 /Δ	段落码			段落起始电平 I_{si}/Δ	量化间隔 Δ_i/Δ	段内码对应权值/Δ			
		C_1	C_2	C_3			C_5	C_6	C_7	C_8
8	1024~2048	1	1	1	1024	64	512	256	128	64
7	512~1024	1	1	0	512	32	256	128	64	32
6	256~512	1	0	1	256	16	128	64	32	16
5	128~256	1	0	0	128	8	64	32	16	8
4	64~128	0	1	1	64	4	32	16	8	4
3	32~64	0	1	0	32	2	16	8	4	2
2	16~32	0	0	1	16	1	8	4	2	1
1	0~16	0	0	0	0	1	8	4	2	1

由此表可知，第 i 段的段内码 $C_5C_6C_7C_8$ 的权值（对应电平）分别如下：

$$C_5\text{ 的权值 }-8\Delta_i;C_6\text{ 的权值 }-4\Delta_i;C_7\text{ 的权值 }-2\Delta_i;C_8\text{ 的权值 }-\Delta_i$$

由此可见，段内码的权值符合二进制数的规律，但段内码的权值不是固定不变的，它是随 Δ_i 值而变，这是由非均匀量化造成的。

以上讨论的是非均匀量化的情况，现在与均匀量化做比较。假设以非均匀量化时的最小量化间隔 Δ=1/2048 作为均匀量化的量化间隔，那么从 13 折线的第 1~8 段的各段所包含的均匀量化级数分别为 16、16、32、64、128、256、512、1024，总共有 2048 个均匀量化级，而非均匀量化只有 128 个量化级。按照二进制编码位数 N 与量化级数 M 的关系 $M=2^N$，均匀量化需要编 11 位码，而非均匀量化只要编 7 位码。通常把按非均匀量化特性的编码称为非线性编码，按均匀量化特性的编码称为线性编码。

可见，在保证小信号时的量化间隔相同的条件下，7 位非线性编码与 11 位线性编码等效。由于非线性编码的码位数减少，因此设备简化，所需传输系统带宽减小。

3. 编码原理

实现编码的具体方法和电路很多，如有低速编码和高速编码，线性编码和非线性编码，逐次比较型、级联型和混合型编码器。这里只讨论目前常用的逐次比较型编码器原理。

编码器的任务是根据输入的样值脉冲编出相应的 8 位二进制代码。除第一位极性码外，其他 7 位二进制代码是通过类似天平称重物的过程来逐次比较确定的。这种编码器就是 PCM 通信中常用的逐次比较型编码器。

逐次比较型编码的原理与天平称重物的方法相类似，样值脉冲信号相当于被测物，标准电平相当于天平的砝码。预先规定好的一些作为比较用的标准电流（或电压），称为权值电流，用符号 I_W 表示。I_W 的个数与编码位数有关。当样值脉冲 I_s 到来后，用逐步逼近的方法有规律地用各标准电流 I_W 去和样值脉冲比较，每比较一次出一位码。当 $I_s>I_W$ 时，出“1”码，反之出“0”码，直到 I_W 和抽样值 I_s 逼近为止，完成对输入样值的非线性量化和编码。

实现 A 律 13 折线压扩特性的逐次比较型编码器的原理框图如图 6-25 所示，它由整流器、极性判决电路、保持电路、比较器及本地译码电路等组成。

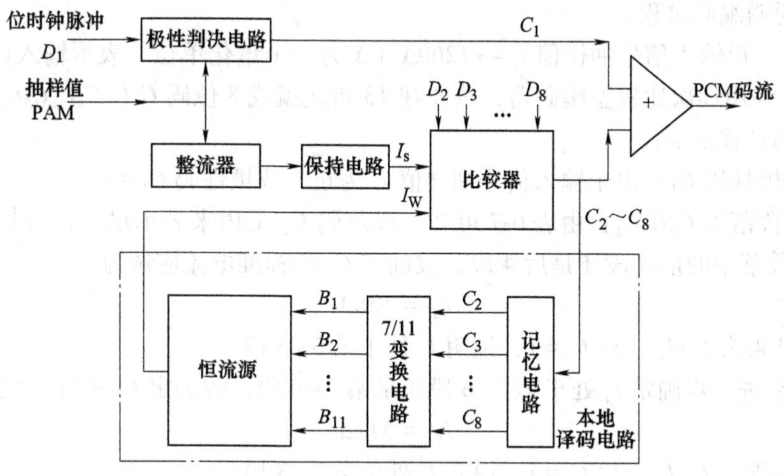

图 6-25　逐次比较型编码器的原理框图

极性判决电路用来确定信号的极性。输入 PAM 信号是双极性信号，其样值为正时，在位脉冲到来时刻输出“1”码；样值为负时，输出“0”码；同时将该信号经过全波整流变为单极性信号。

比较器是编码器的核心。它的作用是通过比较样值电流 I_s 和标准电流 I_W，从而对输入信号抽样值实现非线性量化和编码。每比较一次输出一位二进制代码，且当 $I_s>I_W$ 时，输出“1”码，反之输出“0”码。由于在 13 折线法中用 7 位二进制代码来代表段落和段内码，所以对一个输入信号的抽样值需要进行 7 次比较。每次所需的标准电流 I_W 均由本地译码电路提供。

本地译码电路包括记忆电路、7/11 变换电路和恒流源。记忆电路用来寄存二进制代码，因为除第一次比较外，其余各次比较都要依据前几次比较的结果来确定标准电流 I_W 值。因此，7 位码组中的前 6 位状态均应由记忆电路寄存下来。

恒流源也称为 11 位线性解码电路或电阻网络，它用来产生各种标准电流 I_W。在恒流源中有数个基本的权值电流支路，其个数与量化级数有关。按 A 律 13 折线编出的 7 位码，需要 11 个基本的权值电流支路，每个支路都有一个控制开关。每次应该哪个开关接通形成比较用的标准电流 I_W，是由前面的比较结果经变换后得到的控制信号来控制的。

7/11 变换电路就是前面非均匀量化中谈到的数字压缩器。由于按 A 律 13 折线只编 7 位码，加至记忆电路的码也只有 7 位，而线性解码电路（恒流源）需要 11 个基本的权值电流支路，这就要求有 11 个控制脉冲对其控制。因此，需通过 7/11 变换电路将 7 位非线性码转换成 11 位线性码，其实质就是完成非线性和线性之间的变换。

保持电路的作用是在整个比较过程中保持输入信号的幅度不变。由于逐次比较型编码器编 7 位码（极性码除外）需要在一个抽样周期 T_s 以内完成 I_s 与 I_W 的 7 次比较，在整个比较过程中，都应保持输入信号的幅度不变，因此要求将样值脉冲展宽并保持。这在实际中要用平顶抽样，通常由抽样保持电路实现。

附带指出，原理上讲模拟信号数字化的过程是抽样、量化以后才进行编码。但实际上量化是在编码过程中完成的，也就是说，编码器本身包含了量化和编码的两个功能。下面通过一个例子来说明编码过程。

【例 6-3】 设输入信号抽样值 $I_s=+1260\Delta$（Δ 为一个量化单位，表示输入信号归一化值的 1/2048），采用逐次比较型编码器，按 A 律 13 折线编成 8 位码 $C_1C_2C_3C_4C_5C_6C_7C_8$。

解 编码过程如下：

1）确定极性码 C_1：由于输入信号抽样值 I_s 为正，故极性码 $C_1=1$。

2）确定段落码 $C_2C_3C_4$：由表 6-7 可知，段落码 C_2 是用来表示输入信号抽样值 I_s 处于 13 折线 8 个段落中的前 4 段还是后 4 段，故确定 C_2 的标准电流应选为

$$I_W = 128\Delta$$

第 1 次比较结果为 $I_s>I_W$，故 $C_2=1$，说明 I_s 处于第 5~8 段。

C_3 是用来进一步确定 I_s 处于第 5~6 段还是第 7~8 段，故确定 C_3 的标准电流应选为

$$I_W = 512\Delta$$

第 2 次比较结果为 $I_s>I_W$，故 $C_3=1$，说明 I_s 处于第 7~8 段。

同理，确定 C_4 的标准电流应选为

$$I_W = 1024\Delta$$

第 3 次比较结果为 $I_s>I_W$，所以 $C_4=1$，说明 I_s 处于第 8 段。

经过以上 3 次比较得段落码 $C_2C_3C_4$ 为“111”，I_s 处于第 8 段，起始电平为 1024Δ。

3）确定段内码 $C_5C_6C_7C_8$：段内码是在已知输入信号抽样值 I_s 所处段落的基础上，进一步表示 I_s 在该段落的哪一量化级（量化间隔）。由表 6-7 可知，第 8 段的 16 个量化间隔均为 $\Delta_8=64\Delta$，故确定 C_5 的标准电流应选为

$$I_W = \text{段落起始电平} + 8 \times (\text{量化间隔}) = 1024\Delta + 8 \times 64\Delta = 1536\Delta$$

第 4 次比较结果为 $I_s<I_W$，故 $C_5=0$，由表 6-6 可知 I_s 处于前 8 级（0~7 量化间隔）。

同理，确定 C_6 的标准电流为

$$I_W = 1024\Delta + 4 \times 64\Delta = 1280\Delta$$

第 5 次比较结果为 $I_s>I_W$，故 $C_6=0$，表示 I_s 处于前 4 级（0~4 量化间隔）。

确定 C_7 的标准电流为

$$I_W = 1024\Delta + 2 \times 64\Delta = 1152\Delta$$

第 6 次比较结果为 $I_s>I_W$，故 $C_7=1$，表示 I_s 处于 2~3 量化间隔。

最后，确定 C_8 的标准电流为

$$I_W = 1024\Delta + 3 \times 64\Delta = 1216\Delta$$

第 7 次比较结果为 $I_s>I_W$，故 $C_8=1$，表示 I_s 处于序号为 3 的量化间隔。

由以上过程可知，非均匀量化（压缩及均匀量化）和编码实际上是通过非线性编码一次实现的。经过以上 7 次比较，对于模拟抽样值$+1260\Delta$，编出的 PCM 码组为 11110011。它表示输入信号抽样值 I_s 处于第 8 段序号为 3 的量化级，其量化电平为 1216Δ，故量化误差等于 44Δ。

顺便指出，若使非线性码与线性码的码字电平相等，即可得出非线性码与线性码间的关

系，见表 6-8。编码时，非线性码与线性码间的关系是 7/11 变换关系，如上例中除极性码外的 7 位非线性码 1110011，相对应的 11 位线性码为 10011000000。

表 6-8　*A* 律 13 折线非线性码与线性码间的关系

量化段序号	段落标志	非线性码（幅度码）						线性码（幅度码）											
		起始电平/Δ	段落码 $M_2M_3M_4$	段内码的权值/Δ				B_1	B_2	B_3	B_4	B_5	B_6	B_7	B_8	B_9	B_{10}	B_{11}	B_{12}
				M_5	M_6	M_7	M_8	1024	512	256	128	64	32	16	8	4	2	1	Δ/2
8	C_8	1024	1 1 1	512	256	128	64	1	M_5	M_6	M_7	M_8	1*	0	0	0	0	0	0
7	C_7	512	1 1 0	256	128	64	32	0	1	M_5	M_6	M_7	M_8	1*	0	0	0	0	0
6	C_6	256	1 0 1	128	64	32	16	0	0	1	M_5	M_6	M_7	M_8	1*	0	0	0	0
5	C_5	128	1 0 0	64	32	16	8	0	0	0	1	M_5	M_6	M_7	M_8	1*	0	0	0
4	C_4	64	0 1 1	32	16	8	4	0	0	0	0	1	M_5	M_6	M_7	M_8	1*	0	0
3	C_3	32	0 1 0	16	8	4	2	0	0	0	0	0	1	M_5	M_6	M_7	M_8	1*	0
2	C_2	16	0 0 1	8	4	2	1	0	0	0	0	0	0	1	M_5	M_6	M_7	M_8	1*
1	C_1	0	0 0 0	8	4	2	1	0	0	0	0	0	0	0	M_5	M_6	M_7	M_8	1*

还应指出，上述编码得到的码组所对应的是输入信号的分层电平 m_k，对于处在同一量化间隔内的信号电平值 $m_k \leqslant m < m_{k+1}$，编码的结果是唯一的。为使落在该量化间隔内的任意信号电平的量化误差均小于 $\Delta_i/2$，在译码器中都有一个加 $\Delta_i/2$ 电路。这等效于将量化电平移到量化间隔的中间，因此带有加 $\Delta_i/2$ 电路的译码器，最大量化误差一定不会超过 $\Delta_i/2$。因此译码时，非线性码与线性码间的关系是 7/12 变换关系，这时要考虑表 6-8 中带"＊"号的项。如上例中，I_s 位于第 8 段的序号为 3 的量化级，7 位幅度码 1110011 对应的分层电平为 1216Δ，则译码输出为

$$1216 + \Delta_i/2 = 1216\Delta + 64\Delta/2 = 1248\Delta$$

量化误差为

$$1260\Delta - 1248\Delta = 12\Delta$$

$12\Delta < 64\Delta/2$，即量化误差小于量化间隔的一半。

这时，7 位非线性幅度码 1110011 所对应的 12 位线性幅度码为 100111000000。

4. PCM 信号的码元速率和带宽

由于 PCM 要用 N 位二进制代码表示一个抽样值，即一个抽样周期 T_s 内要编 N 位码，因此每个码元宽度为 T_s/N，码位越多，码元宽度越小，占用带宽越大。显然，传输 PCM 信号所需要的带宽要比模拟基带信号 $m(t)$ 的带宽大得多。

（1）码元速率　设 $m(t)$ 为低通信号，最高频率为 f_H，按照抽样定理的抽样速率 $f_s \geqslant 2f_H$，如果量化电平数为 M，则采用二进制代码的码元速率为

$$f_b = f_s \log_2 M = f_s N \tag{6-40}$$

式中，N 为二进制编码位数。

（2）传输 PCM 信号所需的最小带宽　抽样速率的最小值 $f_s = 2f_H$，这时码元传输速率为 $f_b = 2f_H N$，按照第 5 章数字基带传输系统中分析的结论，在无码间串扰和采用理想低通传输特性的情况下，所需最小传输带宽（NY 带宽）为

$$B = \frac{f_b}{2} = \frac{Nf_s}{2} = Nf_H \tag{6-41}$$

实际中用升余弦的传输特性，此时所需传输带宽为

$$B = f_b = Nf_s \tag{6-42}$$

以常用的 $N=8$，$f_s=8\text{kHz}$ 为例，实际应用的 $B=Nf_s=64\text{kHz}$，显然比直接传输语音信号 $m(t)$ 的带宽（4kHz）要大得多。

5. 译码原理

译码的作用是把收到的 PCM 信号还原成相应的 PAM 样值信号，即进行 D/A 转换。

A 律 13 折线译码器原理框图如图 6-26 所示，它与逐次比较型编码器中的本地译码器基本相同，所不同的是增加了极性控制部分和带有寄存读出的 7/12 位码变换电路，下面简单介绍各部分电路的作用。

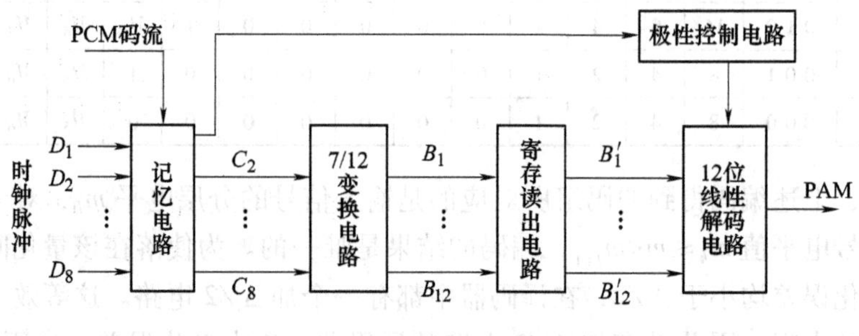

图 6-26　译码器原理框图

串/并变换记忆电路的作用是将加进的串行 PCM 码变为并行码，并记忆下来，与编码器中译码电路的记忆作用基本相同。

极性控制电路的作用是根据收到的极性码 C_1 是“1”还是“0”来控制译码后 PAM 信号的极性，恢复原信号极性。

7/12 变换电路的作用是将 7 位非线性码转变为 12 位线性码。在编码器的本地译码器中采用 7/11 位码变换，使得量化误差有可能大于本段落量化间隔的一半。译码器中采用 7/12 变换电路，是为了增加了一个 $\Delta_i/2$ 恒流电流，人为地补上半个量化级，使最大量化误差不超过 $\Delta_i/2$，从而改善量化信噪比。7/12 变换关系见表 6-8。两种码之间的转换原则是两个码组在各自的意义上所代表的权值必须相等。

寄存读出电路是将输入的串行码在存储器中寄存起来，待全部接收后再一起读出，送入解码网络。实质上是进行串/并变换。

12 位线性解码电路主要是由恒流源和电阻网络组成，与编码器中的解码网络类同。它是在寄存读出电路的控制下，输出相应的 PAM 信号。

6.3.3　PCM 系统的抗噪声性能

分析 PCM 系统的性能将涉及两种噪声：量化噪声和信道加性噪声。由于这两种噪声的产生机理不同，故可认为它们是互相独立的。因此，先讨论它们单独存在时的系统性能，然后再分析它们共同存在时的系统性能。

考虑两种噪声时，图 6-14 所示的 PCM 系统接收端低通滤波器的输出为

$$m(t) = m(t) + n_q(t) + n_e(t)$$

式中，$m(t)$ 为输出端所需信号成分；$n_q(t)$ 为由量化噪声引起的输出噪声，其功率用 N_q 表示；$n_e(t)$ 为由信道加性噪声引起的输出噪声，其功率用 N_e 表示。因此，通常用系统输出端总的信噪比衡量 PCM 系统的抗噪声性能，其定义为

$$\frac{S_o}{N_o} = \frac{E[m^2(t)]}{E[n_q^2(t)] + E[n_e^2(t)]} \tag{6-43}$$

设输入信号 $m(t)$ 在区间 $[-a, a]$ 上概率密度均匀分布，对 $m(t)$ 进行均匀量化，其量化级数为 M，在不考虑信道噪声条件下，由量化噪声引起的输出量化信噪比 S_o/N_q 与前面已讨论过的式（6-31）的结果相同，即

$$\frac{S_o}{N_q} = M^2 = 2^{2N} \tag{6-44}$$

式中，二进码位数 N 与量化级数 M 的关系为 $M=2^N$。

由式（6-44）可见，PCM 系统输出端的量化信噪比将依赖于每一个编码组的位数 N，并随 N 按指数增加。若根据式（6-41）表示的 PCM 系统最小带宽 $B=Nf_H$，式（6-44）又可表示为

$$\frac{S_o}{N_q} = 2^{2B/f_H} \tag{6-45}$$

式（6-45）表明，PCM 系统输出端的量化信噪比与系统带宽 B 成指数关系，充分体现了带宽与信噪比的互换关系。

下面讨论信道加性噪声的影响。信道噪声对 PCM 系统性能的影响表现在接收端的判决误码上，二进制“1”码可能误判为“0”码，而“0”码可能误判为“1”码。由于 PCM 信号中每一码组代表着一定的量化抽样值，所以若出现误码，被恢复的量化抽样值将与发端原抽样值不同，从而引起误差。

在假设加性噪声为高斯白噪声的情况下，每一码组中出现的误码可以认为是彼此独立的，并设每个码元的误码率皆为 P_e。另外，考虑到实际中 PCM 的每个码组中出现多于 1 位误码的概率很低，所以通常只需要考虑仅有 1 位误码的码组错误。例如，若 $P_e=10^{-4}$，在 8 位长码组中有 1 位误码的码组错误概率为 $P_1=8P_e=1/1250$，表示平均每发送 1250 个码组就有一个码组发生错误；而有 2 位误码的码组错误概率为 $P_2=C_8^2P_e^2=2.8\times10^{-7}$。显然 $P_2 \ll P_1$，因此只要考虑 1 位误码引起的码组错误就够了。

由于码组中各位码的权值不同，因此，误差的大小取决于误码发生在码组的哪一位上，而且与码型有关。以 N 位长自然二进码为例，自最低位到最高位的加权值分别为 2^0，2^1，2^2，2^{i-1}，…，2^{N-1}，若量化间隔为 Δ，则发生在第 i 位上的误码所造成的误差为 $\pm(2^{i-1}\Delta)$，所产生的噪声功率便是 $(2^{i-1}\Delta)^2$。显然，发生误码的位置越高，造成的误差越大。由于已假设每位码元所产生的误码率 P_e 是相同的，所以一个码组中如有一位误码产生的平均功率为

$$N_e = E[n_e^2(t)] = P_e\sum_{i=1}^{N}(2^{i-1}\Delta)^2 = \Delta^2P_e\frac{2^{2N}-1}{3} \approx \Delta^2P_e\frac{2^{2N}}{3} \tag{6-46}$$

已假设信号 $m(t)$ 在区间 $[-a, a]$ 为均匀分布，借助例 6-1 的分析，输出信号功率为

$$S_o = E[m^2(t)] = \int_{-a}^{a}x^2\frac{1}{2a}\mathrm{d}x = \frac{\Delta^2}{12}M^2 = \frac{\Delta^2}{12}2^{2N} \tag{6-47}$$

由式（6-46）和式（6-47），得到仅考虑信道加性噪声时，PCM 系统的输出信噪比为

$$\frac{S_o}{N_e}=\frac{1}{4P_e} \tag{6-48}$$

在上面分析的基础上，同时考虑量化噪声和信道加性噪声时，PCM 系统输出端的总信噪功率比为

$$\frac{S_o}{N_o}=\frac{E[m^2(t)]}{E[n_q^2(t)]+E[n_e^2(t)]}=\frac{2^{2N}}{1+4P_e2^{2N}} \tag{6-49}$$

由式（6-49）可知，在接收端输入大信噪比的条件下，即 $4P_e2^{2N}\ll 1$ 时，P_e 很小，可以忽略误码带来的影响，这时只考虑量化噪声的影响就可以了。在小信噪比的条件下，即 $4P_e2^{2N}\gg 1$ 时，P_e 较大，误码噪声起主要作用，总信噪比与 P_e 成反比。

应当指出，以上公式是在自然码、均匀量化以及输入信号为均匀分布的前提下得到的。

6.4　自适应差分脉冲编码调制（ADPCM）

64kbit/s 的 A 律或 μ 律的对数压扩 PCM 编码已经在大容量的光纤通信系统和数字微波系统中得到了广泛的应用。但 PCM 信号占用频带要比模拟通信系统中的一个标准话路带宽（3.1kHz）宽很多倍，这样，对于大容量的长途传输系统，尤其是卫星通信，采用 PCM 的经济性能很难与模拟通信相比。

以较低的速率获得高质量编码，一直是语音编码追求的目标。通常，人们把话路速率低于 64kbit/s 的语音编码方法，称为语音压缩编码技术。语音压缩编码方法很多，其中，自适应差分脉冲编码调制是语音压缩中复杂度较低的一种编码方法，它可在 32kbit/s 的比特率上达到 64kbit/s 的 PCM 数字电话质量。近年来，ADPCM 已成为长途传输中一种新型的国际通用的语音编码方法。ADPCM 是在差分脉冲编码调制（DPCM）的基础上发展起来的，为此，下面先介绍 DPCM 的编码原理与系统框图。

6.4.1　DPCM

在 PCM 中，每个波形样值都独立编码，与其他样值无关，这样，样值的整个幅值编码需要较多位数，比特率较高，造成数字化的信号带宽大大增加。然而，大多数以奈奎斯特或更高速率抽样的信源信号在相邻抽样间表现出很强的相关性，有很大的冗余度。利用信源的这种相关性，一种比较简单的解决方法是对相邻样值的差值而不是样值本身进行编码。由于相邻样值的差值比样值本身小，可以用较少的比特数表示差值。这样，用样点之间差值的编码来代替样值本身的编码，可以在量化台阶不变的情况下（即量化噪声不变），编码位数显著减少，信号带宽大大压缩。这种利用差值的 PCM 编码称为差分 PCM（DPCM）。如果将样值之差仍用 N 位编码传送，则 DPCM 的量化信噪比显然优于 PCM 系统。

实现差分编码的一个好办法是根据前面的 k 个样值预测当前时刻的样值。编码信号只是当前样值与预测值之间的差值的量化编码。DPCM 系统的框图如图 6-27 所示。图中，x_n 表示当前的信源样值，预测器的输入 x_n 代表重建语音信号。预测器的输出为

$$\tilde{x}_n = \sum_{i=1}^{k} a_i x_{n-i} \tag{6-50}$$

差值

$$e_n = x_n - \tilde{x}_n$$

e_n 作为量化器输入，e_{qn} 代表量化器输出，量化后的每个预测误差 e_{qn} 被编码成二进制数字序列，通过信道传送到目的地。该误差 e_{qn} 同时被加到本地预测值 $\tilde{x}_n$ 而得到 $\hat{x}_n$。

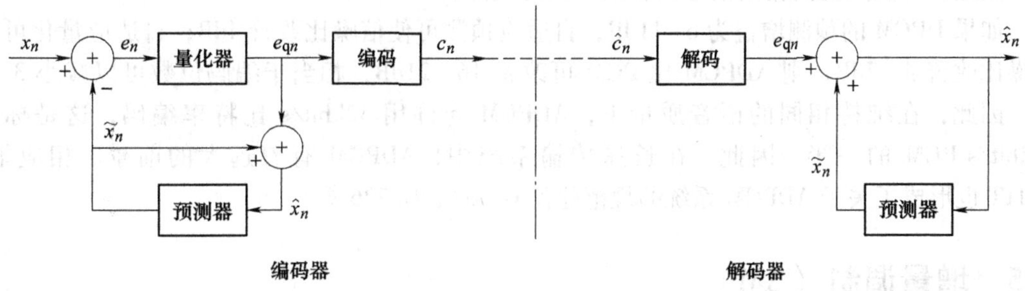

图 6-27　DPCM 系统原理框图

在接收端装有与发送端相同的预测器，它的输出 $\tilde{x}_n$ 与 e_{qn} 相加产生 $\hat{x}_n$。信号 $\tilde{x}_n$ 既是所要求的预测器的激励信号，也是所要求的解码器输出的重建信号。在无传输误码的条件下，解码器输出的重建信号 $\hat{x}_n$ 与编码器中的 $\tilde{x}_n$ 相同。

DPCM 系统的总量化误差应该定义为输入信号样值 x_n 与解码器输出样值 $\hat{x}_n$ 之差，即

$$\begin{aligned} n_{\mathrm{q}} &= x_n - \hat{x}_n = (e_n + \tilde{x}_n) - (\tilde{x}_n + e_{qn}) \\ &= e_n - e_{qn} \end{aligned} \tag{6-51}$$

由式（6-51）可知，这种 DPCM 的总量化误差 n_{q} 仅与差值信号 e_n 的量化误差有关。n_{q} 与 x_n 都是随机量，因此 DPCM 系统总的量化信噪比可表示为

$$\left(\frac{S}{N}\right)_{\mathrm{DPCM}} = \frac{E[x_n^2]}{E[n_{\mathrm{q}}^2]} = \frac{E[x_n^2]}{E[e_n^2]} \cdot \frac{E[e_n^2]}{E[n_{\mathrm{q}}^2]} = G_{\mathrm{P}}\left(\frac{S}{N}\right)_{\mathrm{q}} \tag{6-52}$$

式中，$(S/N)_{\mathrm{q}}$ 是把差值序列作为信号时量化器的量化信噪比，与 PCM 系统考虑量化误差时所计算的信噪比相当。G_{P} 可理解为 DPCM 系统相对于 PCM 系统而言的信噪比增益，称为预测增益。如果能够选择合理的预测规律，差值功率 $E[e_n^2]$ 就能远小于信号功率 $E[x_n^2]$，G_{P} 就会大于 1，该系统就能获得增益。对 DPCM 系统的研究就是围绕着如何使 G_{P} 和 $(S/N)_{\mathrm{q}}$ 这两个参数取最大值而逐步完善起来的。通常 G_{P} 为 6~11dB。

由式（6-52）可见，DPCM 系统总的量化信噪比远大于量化器的信噪比。因此，要求 DPCM 系统达到与 PCM 系统相同的信噪比，则可降低对量化器信噪比的要求，即可减小量化级数，从而减少码位数，降低比特率。

6.4.2　ADPCM

值得注意的是，DPCM 系统性能的改善是以最佳的预测和量化为前提的。但对语音信号

进行预测和量化是复杂的技术问题，这是因为语音信号在较大的动态范围内变化。为了能在相当宽的变化范围内获得最佳的性能，只有在 DPCM 基础上引入自适应系统。有自适应系统的 DPCM 称为自适应差分脉冲编码调制，简称 ADPCM。

ADPCM 的主要特点是用自适应量化取代固定量化，用自适应预测取代固定预测。自适应量化指量化台阶随信号的变化而变化，使量化误差减小；自适应预测指预测器系数 $\{a_i\}$ 可以随信号的统计特性而自适应调整，提高预测信号的精度，从而得到高预测增益。通过这两点改进，可大大提高输出信噪比和编码动态范围。

如果 DPCM 的预测增益为 6~11dB，自适应预测可使信噪比改善 4dB；自适应量化可使信噪比改善 4~7dB，则 ADPCM 比 PCM 可改善 16~21dB，相当于编码位数可以减小 3~4 位。因此，在维持相同的语音质量下，ADPCM 允许用 32kbit/s 比特率编码，这是标准 64kbit/s PCM 的一半。因此，在长途传输系统中，ADPCM 有着远大的前景。相应地，CCITT 也形成了关于 ADPCM 系统的规范建议 G. 721、G. 726 等。

6.5 增量调制（ΔM）

增量调制简称 ΔM 或 DM，它是继 PCM 后出现的又一种模拟信号数字传输的方法，可以看成是 DPCM 的一个重要特例。其目的在于简化语音编码方法。

ΔM 与 PCM 虽然都是用二进制代码去表示模拟信号的编码方式。但是，在 PCM 中，代码表示样值本身的大小，所需码位数较多，从而导致编译码设备复杂；而在 ΔM 中，它只用一位编码表示相邻样值的相对大小，从而反映出抽样时刻波形的变化趋势，与样值本身的大小无关。

ΔM 编码方式与 PCM 编码方式相比，它具有编译码设备简单、低比特率时的量化信噪比高、抗误码特性好等优点。在军事和工业部门的专用通信网和卫星通信中，ΔM 编码方式得到了广泛应用，近年来在高速超大规模集成电路中用作 A/D 转换器。本节将详细论述增量调制原理，并介绍几种改进型增量调制方式。

6.5.1 简单增量调制

1. 编译码的基本思想

不难想到，一个语音信号，如果抽样速率很高（远大于奈奎斯特速率），抽样间隔很小，那么相邻样点之间的幅度变化不会很大，相邻抽样值的相对大小（差值）同样能反映模拟信号的变化规律。若将这些差值编码传输，同样可传输模拟信号所含的信息。此差值又称“增量”，其值可正可负。这种用差值编码进行通信的方式，就称为“增量调制”（Delta Modulation），缩写为 DM 或 ΔM。

为了说明这个概念，来看图 6-28。图中，$m(t)$ 代表时间连续变化的模拟信号，可以用一个时间间隔为 Δt，相邻幅度差为 $+\sigma$ 或 $-\sigma$ 的阶段波形 $m'(t)$ 来逼近它。只要 Δt 足够小，即 $f_s=1/\Delta t$ 抽样速率足够高，且 σ 足够小，则阶段梯波 $m'(t)$ 就可近似代替 $m(t)$。其中，σ 为量化台阶，简称量阶；$\Delta t=T_s$ 为抽样间隔。

阶梯波 $m'(t)$ 有两个特点：第一，在每个 Δt 间隔内，$m'(t)$ 的幅值不变；第二，相邻间隔的幅值差不是 $+\sigma$（上升一个量化阶），就是 $-\sigma$（下降一个量化阶）。利用这两个特点，

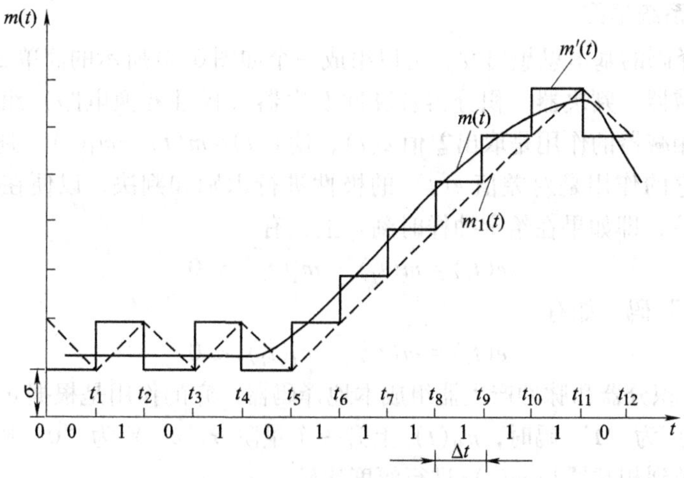

图 6-28　增量编码波形示意图

用“1”码和“0”码分别代表 $m'(t)$ 上升或下降一个量化阶 σ，则 $m'(t)$ 就被一个二进制序列表征（见图 6-28 横轴下面的序列）。于是，该序列也相当于表征了模拟信号 $m(t)$，实现了 A/D 转换。除了用阶梯波 $m'(t)$ 近似 $m(t)$ 外，还可用另一种形式，即图中虚线所示的斜变波 $m_1(t)$ 来近似 $m(t)$。斜变波 $m_1(t)$ 也只有两种变化：按斜率 $\sigma/\Delta t$ 上升一个量阶和按斜率 $-\sigma/\Delta t$ 下降一个量阶。用“1”码表示正斜率，用“0”码表示负斜率，同样可以获得二进制序列。由于斜变波 $m_1(t)$ 在电路上更容易实现，实际中常采用它来近似 $m(t)$。

与编码相对应，译码也有两种形式。一种是收到“1”码上升一个量阶（跳变），收到“0”码下降一个量阶（跳变），这样把二进制代码经过译码后变为 $m'(t)$ 这样的阶梯波。另一种是收到“1”码后产生一个正斜率电压，在 Δt 时间内上升一个量阶 σ，收到“0”码后产生一个负斜率电压，在 Δt 时间内下降一个量阶 σ，这样把二进制代码经过译码后变为如 $m_1(t)$ 这样的斜变波。考虑到电路上实现的简易程度，一般都采用后一种方法。这种方法可用一个简单的 RC 积分电路，即可把二进制代码变为 $m_1(t)$ 这样的波形，如图 6-29 所示。

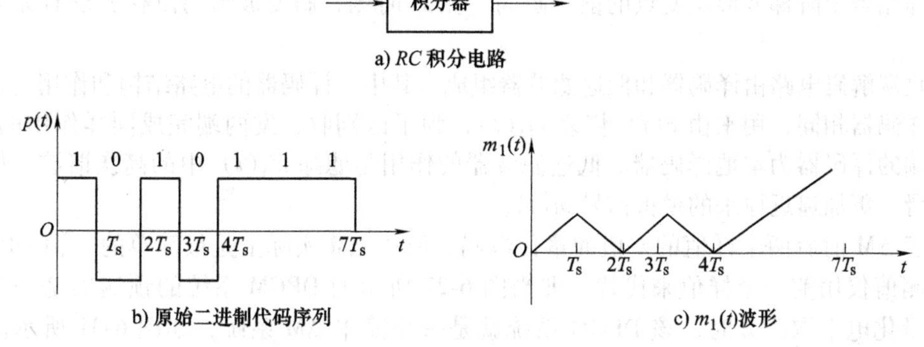

图 6-29　积分器译码原理

2. 简单 ΔM 系统框图

从 ΔM 编、译码的基本思想出发，可以组成一个如图 6-30 所示的简单 ΔM 系统框图。发送端编码器是相减器、判决器、积分器及脉冲发生器（极性变换电路）组成的一个闭环反馈电路。其中，相减器的作用是取出差值 $e(t)$，使 $e(t)=m(t)-m_1(t)$。判决器也称比较器或数码形成器，它的作用是对差值 $e(t)$ 的极性进行识别和判决，以便在抽样时刻输出数码（增量码）$c(t)$，即如果在给定抽样时刻 t_i 上，有

$$e(t_i)=m(t_i)-m_1(t_i)>0$$

则判决器输出“1”码；如有

$$e(t_i)=m(t_i)-m_1(t_i)<0$$

则输出“0”码。积分器和脉冲产生器组成本地译码器，它的作用是根据 $c(t)$，形成预测信号 $m_1(t)$，即 $c(t)$ 为“1”码时，$m_1(t)$ 上升一个量阶 σ，$c(t)$ 为“0”码时，$m_1(t)$ 下降一个量阶 σ，并送到相减器与 $m(t)$ 进行幅度比较。

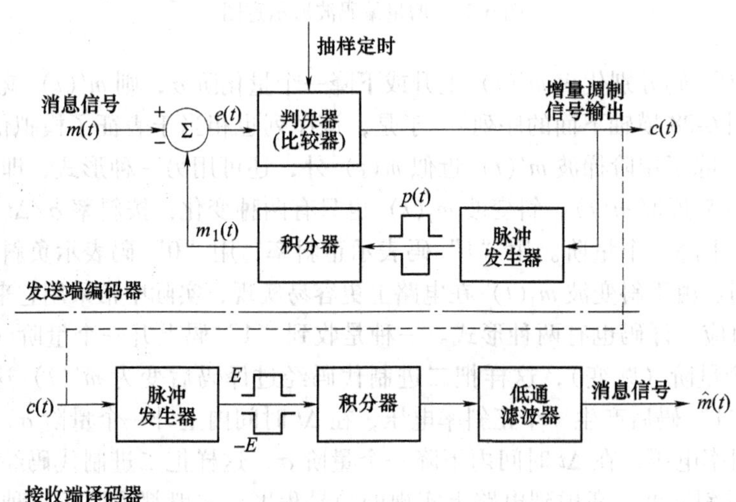

图 6-30 简单 ΔM 系统框图之一

注意，若用阶梯波 $m'(t)$ 作为预测信号，则抽样时刻 t_i 应改为 t_i^-，表示 t_i 时刻的前一瞬间，即相当于阶梯波形跃变点的前一瞬间。在 t_i^- 时刻，斜变波形与阶梯波形有完全相同的值。

接收端解码电路由译码器和低通滤波器组成。其中，译码器的电路结构和作用与发送端的本地译码器相同，用来由 $c(t)$ 恢复 $m_1(t)$，为了区别收、发两端完成同样作用的部件，称发送端的译码器为本地译码器。低通滤波器的作用是滤除 $m_1(t)$ 中的高次谐波，使输出波形平滑，更加逼近原来的模拟信号 $m(t)$。

由于 ΔM 前后两个样值的差值的量化编码，所以 ΔM 实际上是最简单的一种 DPCM 方案，预测值仅用前一个样值来代替，即当图 6-27 所示的 DPCM 系统的预测器是一个延迟单元，量化电平取为 2 时，该 DPCM 系统就是一个简单 ΔM 系统，如图 6-31 所示。用它进行理论分析将更准确、合理，但硬件实现 ΔM 系统时，采用图 6-30 所示的方式要简便得多。

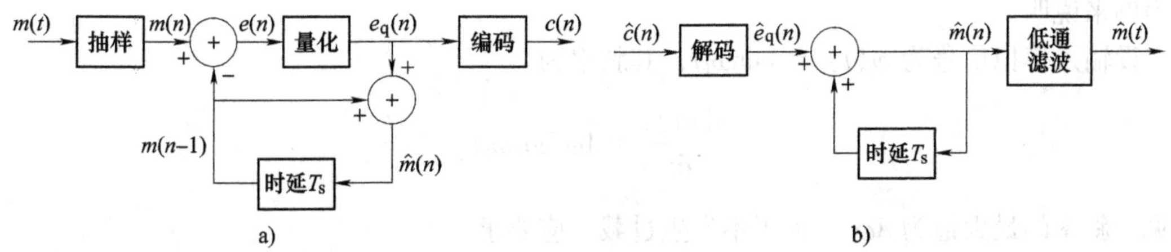

图 6-31　简单 ΔM 系统框图之二

6.5.2　增量调制的过载特性与动态编码范围

增量调制和 PCM 相似，在模拟信号的数字化过程中也会带来误差而形成量化噪声。如图 6-32 所示，误差 $e_q(t)=m(t)-m'(t)$ 表现为两种形式：一种称为过载量化误差，另一种称为一般量化误差。

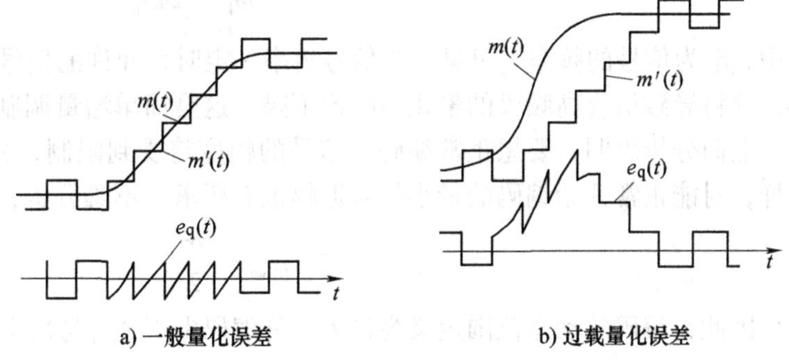

图 6-32　量化噪声

当输入模拟信号 $m(t)$ 斜率陡变时，本地译码器输出信号 $m'(t)$ 跟不上信号 $m(t)$ 的变化，如图 6-32b 所示。这时，$m'(t)$ 与 $m(t)$ 之间的误差明显增大，引起译码后信号的严重失真，这种现象叫作过载现象，产生的失真称为过载失真，或称为过载噪声。这是在正常工作时必须而且可以避免的噪声。设抽样间隔为 Δt（抽样速率为 $f_s=1/\Delta t$），则一个量阶 σ 上的最大斜率 K 为

$$K=\frac{\sigma}{\Delta t}=\sigma\cdot f_s \tag{6-53}$$

它被称为译码器的最大跟踪斜率。显然，当译码器的最大跟踪斜率大于或等于模拟信号 $m(t)$ 的最大变化斜率时，即

$$\left|\frac{\mathrm{d}m(t)}{\mathrm{d}t}\right|_{\max}\leqslant\sigma f_s \tag{6-54}$$

译码器输出 $m'(t)$ 能够跟上输入信号 $m(t)$ 的变化，不会发生过载现象，因而不会形成很大的失真。当然，这时 $m'(t)$ 与 $m(t)$ 之间仍存在一定的误差 $e_q(t)$，它局限在 $[-\sigma,\ \sigma]$ 区间内变化，如图 6-32a 所示，这种误差称为一般量化误差。

由式（6-54）可见，为了不发生过载，必须增大 σ 和 f_s。但 σ 增大，一般量化误差也大，由于简单增量调制的量阶 σ 是固定的，因此很难同时满足两方面的要求。不过，提高 f_s 对减小一般量化误差和减小过载噪声都有利。因此，ΔM 系统中的抽样速率要比 PCM 系统中的抽样速率高得多。ΔM 系统抽样速率的典型值为 16kHz 或 32kHz，相应单话路编码比特率为 16kbit/s 或 32kbit/s。

在正常通信中，不希望发生过载现象，这实际上是对输入信号的一个限制。现以正弦信

号为例来说明。

设输入模拟信号为 $m(t)=A\sin\omega_k t$，其斜率为

$$\frac{\mathrm{d}m(t)}{\mathrm{d}t}=A\omega_k\cos\omega_k t$$

可见，斜率的最大值为 $A\omega_k$。为了不发生过载，应要求

$$A\omega_k \leqslant \sigma f_s \tag{6-55}$$

所以，临界过载振幅（允许的信号幅度）为

$$A_{max}=\frac{\sigma f_s}{\omega_k}=\frac{\sigma f_s}{2\pi f_k} \tag{6-56}$$

式中，f_k 为信号的频率。可见，当信号斜率一定时，允许的信号幅度随信号频率的增加而减小，这将导致语音高频段的量化信噪比下降。这是简单增量调制不能实用的原因之一。

上面分析表明，要想正常编码，信号的幅度将受到限制，称 A_{max} 为最大允许编码电平。同样，对能正常开始编码的最小信号振幅也有要求。不难分析，最小编码电平 A_{min} 为

$$A_{min}=\frac{\sigma}{2} \tag{6-57}$$

因此，编码的动态范围定义为最大允许编码电平 A_{max} 与最小编码电平 A_{min} 之比，即

$$[D_c]_{dB}=20\lg\frac{A_{max}}{A_{min}} \tag{6-58}$$

这是编码器能够正常工作的输入信号振幅范围。将式（6-57）和式（6-58）代入得

$$[D_c]_{dB}=20\lg\left(\frac{\sigma f_s}{2\pi f_k}\bigg/\frac{\sigma}{2}\right)=20\lg\left(\frac{f_s}{\pi f_k}\right) \tag{6-59}$$

通常采用 $f_k=800\text{Hz}$ 为测试标准，所以

$$[D_c]_{dB}=20\lg\left(\frac{f_s}{800\pi}\right) \tag{6-60}$$

该式的计算结果列于表 6-9 中。

表 6-9　动态范围与抽样速率关系

抽样速率为 f_s/kHz	10	20	32	40	80	100
编码的动态范围 D_c/dB	12	18	22	24	30	32

由表 6-9 可见，简单增量调制的编码动态范围较小，在低传码率时，不符合话音信号要求。通常，话音信号动态范围要求为 40～50dB。因此，实用中的 ΔM 常用它的改进型，如增量总和调制、数字压扩自适应增量调制等。

6.5.3　增量调制系统的抗噪声性能

与 PCM 系统一样，增量调制系统的抗噪声性能也是用输出信噪比来表征的。在 ΔM 系统中同样存在两类噪声，即量化噪声和信道加性噪声。由于这两类噪声是互不相关的，可以

分别讨论。

1. 量化信噪功率比

从前面分析可知，量化噪声有两种，即过载噪声和一般量化噪声。由于在实际应用中都是防止工作到过载区域，因此这里仅考虑一般量化噪声。

在不过载情况下，误差 $e_q(t)=m(t)-m'(t)$ 限制在 $-\sigma\sim\sigma$ 范围内变化，若假定 $e_q(t)$ 值在（$-\sigma$，$+\sigma$）之间均匀分布，则 ΔM 调制的量化噪声的平均功率为

$$E[e_q^2(t)]=\int_{-\sigma}^{\sigma}\frac{e^2}{2\sigma}\mathrm{d}e=\frac{\sigma^2}{3} \tag{6-61}$$

考虑到 $e_q(t)$ 的最小周期大致是抽样频率 f_s 的倒数，而且大于 $1/f_s$ 的任意周期都可能出现。因此，为便于分析，可近似认为式（6-61）的量化噪声功率谱密度在（0，f_s）频带内均匀分布，则量化噪声的单边功率谱密度为

$$P(f)\approx\frac{E[e_q^2(t)]}{f_s}=\frac{\sigma^2}{3f_s} \tag{6-62}$$

若接收端低通滤波器的截止频率为 f_m，则经低通滤波器后输出的量化噪声功率为

$$N_q=P(f)f_m=\frac{\sigma^2 f_m}{3f_s} \tag{6-63}$$

由此可见，ΔM 系统输出的量化噪声功率与量化台阶 σ 及比值（f_m/f_k）有关，而与信号幅度无关。当然，这后一条性质是在未过载的前提下才成立的。

信号越大，信噪比越大。对于频率为 f_k 的正弦信号，临界过载振幅为

$$A_{\max}=\frac{\sigma f_s}{\omega_k}=\frac{\sigma f_s}{2\pi f_k}$$

所以信号功率的最大值为

$$S_o=\frac{A_{\max}^2}{2}=\frac{\sigma^2 f_s^2}{8\pi^2 f_k^2} \tag{6-64}$$

因此在临界振幅条件下，系统最大的量化信噪比为

$$\frac{S_o}{N_q}=\frac{3}{8\pi^2}\cdot\frac{f_s^3}{f_k^2 f_m}\approx 0.04\frac{f_s^3}{f_k^2 f_m} \tag{6-65}$$

用分贝表示为

$$\begin{aligned}\left(\frac{S_o}{N_q}\right)_{\mathrm{dB}}&=10\lg\left(0.04\frac{f_s^3}{f_k^2 f_m}\right)\\&=30\lg f_s-20\lg f_k-10\lg f_m-14\end{aligned} \tag{6-66}$$

式（6-66）是 ΔM 最重要的公式。它表明：

1）简单 ΔM 的信噪比与抽样速率 f_s 成三次方关系，即 f_s 每提高一倍，量化信噪比提高 9dB。因此，ΔM 系统的抽样速率至少要在 16kHz 以上，才能使量化信噪比达到 15dB 以上，而抽样速率在 32kHz 时，量化信噪比约为 26dB，只能满足一般通信质量的要求。

2）量化信噪比与信号频率 f_k 的二次方成反比，即 f_k 每提高一倍，量化信噪比下降 6dB。因此，简单 ΔM 时语音高频段的量化信噪比下降。

2. 误码信噪功率比

信道加性噪声会引起数字信号的误码，接收端由于误码而造成的误码噪声功率 N_e 为

$$N_e = \frac{2\sigma^2 f_s P_e}{\pi^2 f_1} \tag{6-67}$$

式中，f_1 为语音频带的下截止频率；P_e 为系统误码率。

由式（6-64）和式（6-67）可求得误码信噪比为

$$\frac{S_o}{N_e} = \frac{f_1 f_s}{16 P_e f_k^2} \tag{6-68}$$

可见，在给定 f_1、f_s、f_k 的情况下，ΔM 系统的误码信噪比与 P_e 成反比。

由 N_q 和 N_e，可以得到同时考虑量化噪声和误码噪声时的 ΔM 系统输出的总的信噪比为

$$\frac{S_o}{N_o} = \frac{S_o}{N_e + N_q} = \frac{3 f_1 f_s^3}{8\pi^2 f_1 f_m f_k^2 + 48 P_e f_k^2 f_s^2} \tag{6-69}$$

6.5.4　PCM 与 ΔM 系统的比较

PCM 和 ΔM 都是模拟信号数字化的基本方法。ΔM 实际上是 DPCM 的一种特例，所以有时把 PCM 和 ΔM 统称为脉冲编码。但应注意，PCM 是对样值本身编码，ΔM 是对相邻样值的差值的极性（符号）编码。这是 ΔM 与 PCM 的本质区别。

1. 抽样速率

PCM 系统中的抽样速率 f_s 是根据抽样定理来确定的。若信号的最高频率为 f_m，则 $f_s \geqslant f_m$。对语音信号，取 $f_s = 8\text{kHz}$。

在 ΔM 系统中传输的不是信号本身的样值，而是信号的增量（即斜率），因此其抽样速率 f_s 不能根据抽样定理来确定。由式（6-53）和式（6-69）可知，ΔM 的抽样速率与最大跟踪斜率和信噪比有关。在保证不发生过载，达到与 PCM 系统相同的信噪比时，ΔM 的抽样速率远远高于奈奎斯特速率。

2. 带宽

ΔM 系统在每一次抽样时，只传送一位代码，因此 ΔM 系统的数码率为 $f_b = f_s$，要求的最小带宽为

$$B_{\Delta M} = \frac{1}{2} f_s \tag{6-70}$$

实际应用时

$$B_{\Delta M} = f_s \tag{6-71}$$

而 PCM 系统的数码率为 $f_b = N f_s$。在同样的语音质量要求下，PCM 系统的数码率为 64kHz，因而要求最小信道带宽为 32kHz。而采用 ΔM 系统时，抽样速率至少为 100kHz，则最小带宽为 50kHz。通常，ΔM 速率采用 32kHz 或 16kHz 时，语音质量不如 PCM。

3. 量化信噪比

在相同的信道带宽（即相同的数码率 f_b）条件下：在低数码率时，ΔM 性能优越；在编码位数多，数码率较高时，PCM 性能优越。这是因为 PCM 量化信噪比为

$$\left(\frac{S_o}{N_q}\right)_{PCM} \approx 10\lg 2^{2N}\text{dB} \approx 6N\ \text{dB} \tag{6-72}$$

它与编码位数 N 呈线性关系，如图 6-33 所示。

ΔM 系统的数码率为 $f_b = f_s$，PCM 系统的数码率为 $f_b = 2Nf_m$。当 ΔM 与 PCM 的数码率 f_b 相同时，有 $f_s = 2Nf_m$，代入式（6-66）可得 ΔM 的量化信噪比为

$$\left(\frac{S_o}{N_q}\right)_{\Delta M} \approx 10\lg\left[0.32N^3\left(\frac{f_m}{f_k}\right)^2\right]\ \text{dB} \tag{6-73}$$

它与 N 成对数关系，并与 f_m/f_k 有关。当取 $f_m/f_k = 3000/1000$ 时，它与 N 的关系如图 6-33 所示。比较两者曲线可看出，若 PCM 系统的编码位数 N<4（码率较低）时，ΔM 的量化信噪比高于 PCM 系统。

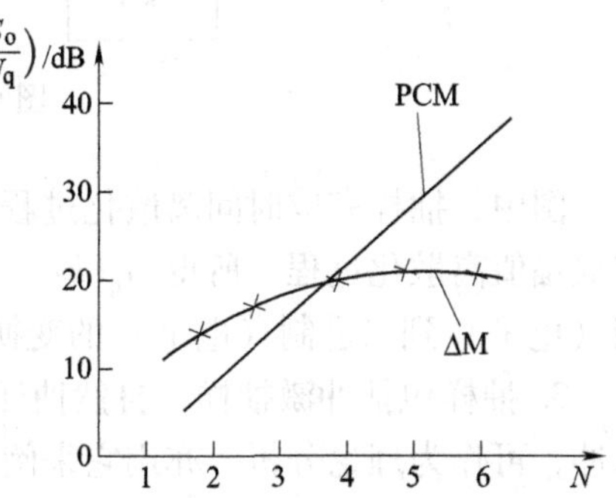

图 6-33　不同 N 值的 PCM 和 ΔM 的性能比较曲线

4. 信道误码的影响

在 ΔM 系统中，每一个误码代表造成一个量阶的误差，所以它对误码不太敏感，故对误码率的要求较低，一般在10^{-3} ~ 10^{-4}。而 PCM 系统的每一个误码会造成较大的误差，尤其高位码元，错一位可造成许多量阶的误差（例如，最高位的错码表示 2^{N-1}个量阶的误差）。所以误码对 PCM 系统的影响要比 ΔM 系统严重些，故对误码率的要求较高，一般为10^{-5} ~ 10^{-6}。由此可见，ΔM 允许用于误码率较高的信道条件，这是 ΔM 与 PCM 不同的一个重要条件。

5. 设备复杂度

PCM 系统的特点是多路信号统一编码，一般采用 8 位（对语音信号），编码设备复杂，但质量较好。PCM 系统一般用于大容量的干线（多路）通信。

ΔM 系统的特点是单路信号独用一个编码器，设备简单，单路应用时，不需要收发同步设备。但在多路应用时，每路独用一套编译码器，所以路数增多时设备成倍增加。ΔM 一般适用于小容量支线通信，话路上、下方便灵活。

目前，随着集成电路的发展，ΔM 的优点已不再那么显著。在传输语音信号时，ΔM 话音清晰度和自然度方面都不如 PCM。因此目前在通用多路系统中很少用或不用 ΔM。ΔM 一般用在通信容量小和质量要求不十分高的场合以及军事通信和一些特殊通信中。

6.6　本章小结

1. 模拟信号的数字传输是指把模拟信号先变换为数字信号，后再进行传输。由于与模拟传输（通信）相比，数字传输（通信）有着众多的优点，因而此技术越来越受到重视。此变换称为 A/D 转换。A/D 转换是把模拟基带信号变换为数字基带信号，尽管后者的带宽会比前者大得多，但本质上仍属于基带信号。此传输可直接采用基带传输，或经数字调制（第 7 章）后再进行频带传输。

2. A/D 转换包括抽样、量化、编码三个步骤，如图 6-34 所示。

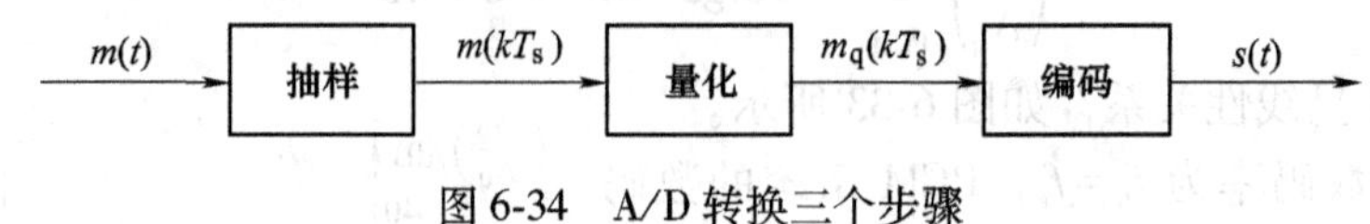

图 6-34　A/D 转换三个步骤

图中，抽样完成时间离散化过程，所得 $m(kT_s)$ 为 PAM 信号（仍是模拟信号）；量化完成幅值离散化过程，所得 $m_q(kT_s)$ 为多电平 PAM 信号（属于数字信号）；编码完成多进制（电平）到二进制（电平）的变换过程，所得 $s(t)$ 是二进制编码信号（数字信号）。

3. 抽样包括冲激抽样、自然抽样、平顶抽样。冲激抽样以冲激脉冲 $\delta(t)$ 序列作为抽样脉冲，可作为理论分析，亦用它来阐明抽样定理。自然抽样可采用模拟双向开关来实现，在接收端亦可用低通滤波器无失真恢复。平顶抽样可采用抽样-保持电路来实现，它所产生的失真（“孔径” 失真）可采用均衡滤波器来校正。为了保证 A/D 转换的正常工作，在变换期间应保持抽样值恒定，因此 A/D 转换中实际上应用了平顶抽样。抽样结果得到 PAM 信号，其信息包含在脉冲振幅中（仍可恢复），但时间上的离散为模拟信号的数字化以及 TDM 奠定了基础。

4. 量化是 A/D 转换的关键一步。正是它把模拟信号变成为数字信号，亦是它使得 A/D 转换出现了不可逆转的误差（量化误差），从而重建信号不能被无损恢复。量化分为均匀量化和非均匀量化。均匀量化是量化间隔（台阶）等长的量化，它所引起的量化噪声功率为定值，因而小信号时量化信噪比降低。非均匀量化的量化间隔随信号电平大小而变化，目的是使量化信噪比均匀（提升小信号信噪比，压减大信号信噪比）。非均匀量化包括对数压缩和均匀量化两部分。对数压缩有 A 律、μ 律之分，在实现时均采用折线近似。对应于发射端的压缩，在接收端需采用扩张。

5. 编码把 M 进制（M 是量化电平数）数字信号变换为二进制数字信号。每一电子对应于一个 Nbit 码组（$N=\log_2 M$）。对于均匀量化情况，服从 6dB 规律，即编码位数 N 每增加 1 位（对应于量化电平数 M 倍乘 2），量化信噪比增加 6dB。对应于均匀量化的编码称为线性 PCM，它广泛用于线性 A/D 转换接口，例如计算机、遥控遥测、仪表、图像通信等系统的数字化接口。对应于非均匀量化的编码称为对数 PCM，它主要用于电话通信。

6. A 律 PCM 编码采用 13 折线特性来近似 $A=87.6$ 的 A 律压缩特性。画这种特性时，在第一象限（第三象限亦是）内沿 x 轴对归一化值 0~1（2048Δ）按 2 的幂次分为 8 段，每段内再等分为 16 个量化间隔。第 1、2 段的量化间隔最小（Δ），第 8 段的量化间隔最大（64Δ），这正是非均匀量化之意。此外，归一化值 1 等于 2048（2^{11}）Δ，因此，就小信号量化信噪比而言，A 律 PCM 的 7 位（或 8 位）等效于线性 PCM 时的 11 位（或 12 位），可节省 4 位。PCM 信号的数码率 $R_b=Nf_s$，相应地，带宽 $B=Nf_s\geqslant 2Nf_H$。这表明 PCM 信号带宽至少是模拟信号带宽的 $2N$ 倍。

7. DPCM 对前后样本之差值进行量化、编码，DM 只用 1 位来表明差值的极性。与 PCM 相比，它们的数码率降低，从而带宽亦可减少。DM 的突出问题是应避免过载量化噪声。PCM 用于图像编码时更显其优点。

6.7　思考题与习题

一、思考题

1. 什么是低通型信号的抽样定理？什么是带通型信号的抽样定理？

2. 已抽样信号的频谱混叠是什么原因引起的？若要求从已抽样信号 $m_s(t)$ 中正确地恢复出原信号 $m(t)$，抽样速率 f_s 应满足什么条件？

3. 试比较理想抽样、自然抽样和瞬时抽样的异同点。

4. 什么是量化？为什么要进行量化？

5. 什么是均匀量化？它的主要缺点是什么？

6. 在非均匀量化时，为什么要进行压缩和扩张？

7. 什么是 A 律压缩？什么是 μ 律压缩？A 律 13 折线与 μ 律 15 折线相比，各有什么特点？

8. 什么是脉冲编码调制？在脉码调制中，选用折叠二进码为什么比选用自然二进码好？

9. 均匀量化脉冲编码调制系统的输出信号量噪比与哪些因素有关？

10. 什么是差分脉冲编码调制？什么是增量调制？它们与脉冲编码调制有何异同？

11. 增量调制系统输出的信号量噪比与哪些因素有关？DM 系统的量化噪声有哪些类型？

二、选择题

1. 已知某信号 $f(t)=\cos 4\times10^3\pi t+\cos 8\times10^3\pi t$，其最低抽样速率为（　　）。

　A. 2kHz　　B. 4kHz　　C. 6kHz　　D. 8kHz

2. 数字信号的脉冲宽度越窄，（　　）。

　A. 所占有的频带越宽　　B. 所占有的频带也越窄

　C. 其传输效率越高　　D. 其传输效率越低

3. 二进制 PCM 信号每个码字含 8bit 时，它所表示的量化电平数目为（　　）。

　A. 8　　B. 64　　C. 256　　D. 512

4. 均匀量化的量化阶距为 0.1V，其量化噪声的平均功率为（　　）。

　A. 0.1W　　B. 0.05W　　C. 0.83MW　　D. 0.83μW

5. N 路脉冲振幅调制信号进行时分复用，理论上需要的频带宽度为（　　）。

　A. 无限宽　　B. $\geqslant NW_m$　　C. $\geqslant N_nW_m$　　D. $\geqslant W_m$

6. 脉冲编码调制国际上通用的有（　　）种。

　A. 1　　B. 2　　C. 3　　D. 4

7. 采用 PCM30/32 路制式 A 律 13 折线压缩特性的国家有（　　）。

　A. 日本　　B. 加拿大　　C. 中国　　D. 美国

8. 采用 μ 律 15 折线压缩特性的国家是（　　）。

　A. 中国　　B. 英国　　C. 日本　　D. 法国

9. 压扩特性有（　　）体现。

　A. 非均匀量化　　B. 段内电平　　C. 编码位数　　D. 量化分层

10. 某模拟信号的抽样量化电平值为 3，若对其进行三位折叠二进制编码，其码为(　　)。

　A. 100　　B. 011　　C. 010　　D. 000

11. A 律 13 折线最小量化级为 1 个单位，已知抽样脉冲的幅值为 750 个单位，则非均匀量化的七位码为（　　）。

　A. 1100111　　B. 1010111　　C. 1101011　　D. 0110111

12. 增量调制的抽样频率（　　）。

A. 由奈奎斯特抽样定理决定　　B. 比脉冲编码调制的高
C. 比脉冲编码调制的低　　D. 由传输信道决定

13. 增量调制为了防止斜率过载失真要求（　　）。
A. 其抽样频率必须比 PCM 的高　　B. 其传输速率比 PCM 的低
C. 需要保持量化阶距不变　　D. 输入信号的频率不变

14. 在 ΔM 中输出的脉冲序列传送的是输入信号的（　　）信息。
A. 幅度　　B. 相位　　C. 积分　　D. 微分

15. 在 Δ-Σ 中输出的脉冲序列传送的是输入信号的（　　）信息。
A. 微分　　B. 积分　　C. 幅度　　D. 位置

16. 多路复用技术可以提高通信系统的（　　）。
A. 抗干扰性　　B. 可靠性　　C. 输出信噪比　　D. 有效性

三、填空题

1. 线性 PCM 的量化噪声与信号功率大小有关吗？________，它适用于动态范围________的信号。

2. 在对数 PCM 中，量化噪声功率与信号功率的定性关系是________，适用动态范围________的信号。

3. 工程上常用的 ΔM 是________，工程上常用的两种对数 PCM 是________和________，中国使用的是________。

4. 在对数 PCM 和自适应 ΔM 中，抗信道噪声能力较强的是________，量化噪声较小的是________。

5. 采用自适应 ΔM 的目的是________，采用 Δ−Σ 调制的目的是________。

6. 在对数 PCM 中采用折叠二进制码的好处是________，线性 PCM 的编码位增加 1 位，量化信噪比增大________ dB。

7. 简单增量调制器输入为单频正弦信号，当信号功率不变而采样频率增大 1 倍、信号频率减小 1 倍时，量化信噪比增大________ dB；若信号频率不变，采样频率不变，信号幅度减小 1 倍，则量化信噪比增大________ dB。

8. ADPCM 的量化信噪比与对数 PCM 基本相同，原因是在 ADPCM 中采取了两个重要措施，它们是________和________。

9. 当输入信号位 0 电平时，简单增量调制器的输出序列是________，A 律 13 折线脉码调制器的输出序列是________。

10. 在时分复用系统中，帧同步码的作用是________，用传输 1 路语音是否需要帧同步码？________。

11. 在时分复用中有两种复接方式，它们是________和________，两者的主要区别是________。

四、计算题

1. 某路模拟信号的最高频率为 6000Hz，抽样频率为奈奎斯特抽样频率，设传输信号的波形为矩形脉冲，脉冲宽度为 1μs，计算 PAM 系统的第一零点带宽。

2. 将正弦信号 $m(t)=\sin(1600\pi t)$ 以 4kHz 速率进行抽样，然后输入 A 律 13 折线 PCM 编码器，计算在一个正弦信号周期内所有样值 $m(kT_s)=\sin\dfrac{2k\pi}{5}$ 的 PCM 编码的输出码字。

3. 某路语音信号的最高频率为 3400Hz，采用 8000Hz 的抽样频率，按 A 律 13 折线编码得到 PCM 信号。试计算 PCM 信号的码元速率和信息速率。

4. 某路信号的最高频率为 4kHz，采用 PCM 方式传输，假定抽样频率不变，量化级数由 128 增加到 256，传输该信号的信息速率 R_b 增加到原来的多少倍？

5. 某路模拟信号的最高频率为 5000Hz，以 PCM 方式传输，假设抽样频率为奈奎斯特抽样频率。抽样后按照 256 级量化，并进行二进制编码。计算 PCM 系统的码元速率和信息速率。

6. A 律 13 折线编码器，输入的最大电压为 $U=4096\text{mV}$，已知一个抽样值为 $u=796\text{mV}$。

（1）试写出 8 位码 $C_1C_2C_3C_4C_5C_6C_7C_8$。

（2）计算量化电平和量化误差。

（3）将所编成的对数 PCM 码（不含极性码）转换成 12 位线性幅度码。

7. 某 A 律 13 折线 PCM 编码器的输入抽样脉冲值为 -870Δ，试计算该编码器的输出码字及其对应的量化电平和量化误差。

8. 采用 A 律 13 折线编解码电路，设接收端收到的码字为“10000111”，最小量化单位为 1 个单位。试问该解码器输出为多少单位？对应的 12 位线性码是多少？

9. 一个截止频率为 4000Hz 的低通信号 $m(t)$ 是一个均值为零的平稳随机过程，一维概率分布服从均匀分布，电平范围为 $-5\sim+5$V。

（1）对低通信号 $m(t)$ 进行均匀量化，量化间隔 $\Delta=0.01$V，计算量化信噪比的分贝值。

（2）对低通信号 $m(t)$ 抽样后进行 A 律 13 折线 PCM 编码，计算码字 11011110 出现的概率，该码字所对应的量化电平为多少？

10. 对一个在某区间均匀分布的模拟信号理想抽样后进行均匀量化，然后采用自然二进制编码，计算量化级数 $M=32$ 的 PCM 系统在信道误码率 $P_e=10^{-3}$ 情况下的总信噪比。

11. PCM30/32 路系统中一秒传多少帧？一帧有多少 bit？信息速率为多少？第 20 话路在哪一个时隙中传输？第 20 话路信令码的传输位置在哪里？

12. 北美和日本采用 PCM24 路时分复用系统。每路信号的抽样频率为 8000Hz，每个样值用 8bit 表示。每帧共有 24 个时隙，并加 1bit 作为帧同步信号。试计算该系统的信息速率。

13. 在 CD 播放器中，假设音乐是均匀分布的，抽样频率为 44.1kHz，对抽样值采用 16bit 的均匀量化的线性编码，试确定 1h 的音乐所需要的比特数，并计算量化信噪比的分贝值。

14. 有 10 路时间连续的模拟信号，其中每路信号的频率范围为 300Hz～30kHz，分别经过截止频率为 7kHz 的低通滤波器。然后对此 10 路信号分别抽样，时分复用后进行量化编码。

（1）每路信号的最小抽样频率为多少？

（2）如果抽样速率为 16000Hz，量化级数为 8，则输出的二进制基带信号的码元速率为多少？

15. 有 3 路独立信源的最高频率分别为 1kHz、2kHz、3kHz，如果每路信号的抽样频率为 8kHz，采用时分复用的方式进行传输，每路信号均采用 8 为二进制编码。

（1）帧长为多少？每帧多少时隙？

（2）计算信息速率。

16. 对 10 路最高频率为 4000Hz 的话音信号进行 TDM-PCM 传输，抽样频率为奈奎斯特抽样频率。抽样合路后对每个抽样值按照 256 级量化。

（1）计算 TDM-PCM 信号的传输速率。

（2）设传输信号的波形为矩形脉冲，占空比为 1，试计算 TDM-PCM 信号的第一零点带宽。

17. 已知信号 $x(t)$ 的振幅均匀分布在 0～2V 范围以内，频带限制在 5kHz 以内，以每秒 10^4 个抽样点进行抽样。这些抽样值量化后编为二进制代码，若量化电平间隔为 1/32V。试求：

（1）传输带宽。

（2）量化信噪比。

（3）若抽样值量化后编为四进制代码，传输带宽和量化信噪比有无变化？

18. 若要分别设计一个 PCM 系统和 ΔM 系统，使两个系统的输出信噪比都满足 30dB 要求，已知 $f_s=4$kHz。

（1）比较两个系统所要求的带宽。

（2）若 $f_1/f_x=0.04$，误码率 $P_e=10^{-3}$，PCM 系统的码位数 $k=5$，并使 ΔM 系统的传输带宽与 PCM 相同，试问此时两系统的输出信噪比分别为多少？

19. 在 PCM 系统中，输入模拟语音信号 $x(t)$ 的带宽为 4000Hz，对其进行 13 折线 A 律编码。已知编码器的输入信号范围为 ±5V，最小量化间隔为 1 个量化单位。试求：

（1）当输入抽样脉冲的幅度为−3.984375V 时，编码器的输出码组和量化误差。

（2）对应该码组的 11 位线性码（不含极性码）。

（3）译码电平和译码后的量化误差。

20. 采用 13 折线 A 律编码器电路，设接收端收到的码组“01010011”，最小量化单位为 1 个单位，并已知段内码为折叠二进制码。

（1）试问本地译码器输出多少单位？

（2）写出对应于该 7 位码（不包括极性码）的均匀量化 11 位码。

21. 对 10 路带宽均为 300~3400Hz 的模拟信号进行 PCM 时分复用传输。抽样频率为 8000Hz，抽样后进行 8 级量化，并编为自然二进制码，码元波形是宽度为 τ 的矩形脉冲，且占空比为 1。试求传输此时分复用 PCM 信号所需带宽。

22. 对 24 路最高频率为 4kHz 的信号进行时分复用，采用 PAM 方式传输。假定所用脉冲为周期性矩形脉冲，脉冲的宽度 τ 为每路应占用时间的一半，试求此 24 路 PAM 系统的最小带宽。

五、练习题

1. 某模拟信号 $m(t)$ 的最高频 $f_H=1000$Hz，最低频 $f_L=800$Hz，对 $m(t)$ 进行理想抽样。

（1）如果将当作低通信号处理，则抽样频率如何选择？

（2）如果将当作带通信号处理，则抽样频率如何选择？

2. 已知模拟信号抽样值的概率密度 $f(x)=\begin{cases}1-x, & 0\leqslant x\leqslant 1\\ 1+x, & -1\leqslant x\leqslant 0\\ 0, & 其他\end{cases}$，如果按照 4 电平均匀量化，计算量化噪声功率和对应的量化信噪比。

3. 一个信号 $x(t)=2\cos400\pi t+6\cos40\pi t$，用 $f_s=500$Hz 的抽样频率对它理想抽样，若已抽样后的信号经过一个截止频率为 400Hz 的理想低通滤波器，输出端将有哪些频率成分？

4. 信号 $x(t)$ 的最高频率为 f_x(Hz)，用 $f_s=2f_x$ 的抽样频率对它进行瞬时抽样，其中脉冲形成电路的冲激响应 $h(t)=q(t)$，$q(t)$ 的波形如图 6-35 所示。试确定已抽样信号 $x_H(t)$ 和它的频谱表示式（设 $T_s=1/2f_x=5\tau$）。

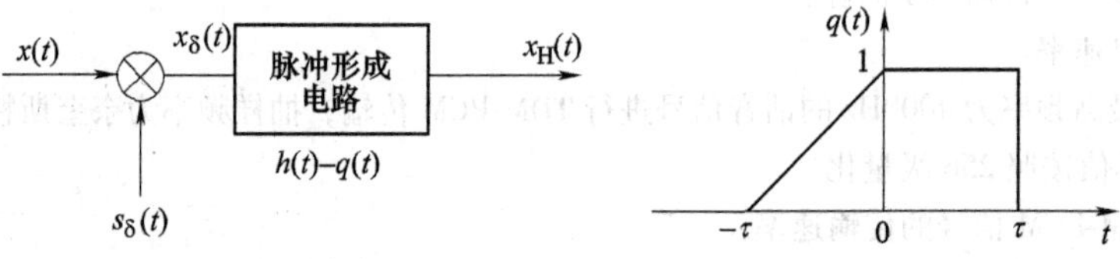

图 6-35　$q(t)$ 的波形

5. 设输入抽样器的信号为门函数 $G_\tau(t)$，宽度 $\tau=20$ms，若忽略其频谱第 10 个零点以外的频率分量，试求最小抽样速率。

6. 设信号 $m(t)=9+A\cos\omega t$，其中 $A\leqslant10$V。若 $m(t)$ 被均匀量化为 40 个电平，试确定所需的二进制码组的位数 N 和量化间隔 Δv。

7. 已知模拟信号抽样值的概率密度 $f(x)$ 如图 6-36 所示。若按四电平进行均匀量化，试计算信号量化噪声功率比。

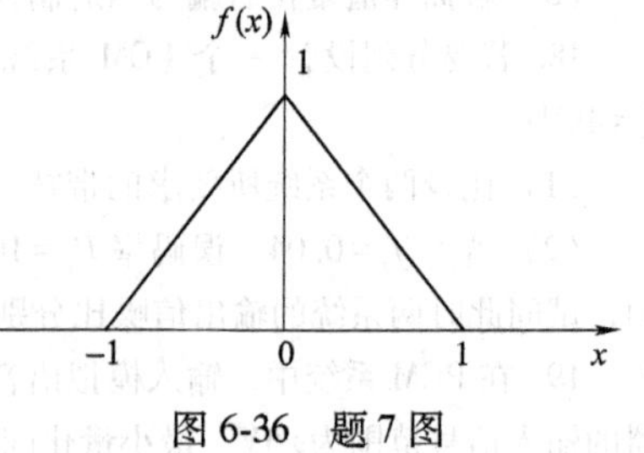

图 6-36　题 7 图

8. 对 10 路带宽均为 300~3400Hz 的模拟信号进行 PCM 时分复用传输。抽样速率为 8000Hz，抽样后进行 8 级量化，并编为自然二进制码，码元波形是宽度为 τ 的矩形脉冲，且占空比为 1。试求传输此时分复用 PCM 信号所需的奈奎斯特基带带宽。

9. 已知话音信号的最高频率 $f_m=3400$Hz，今用 PCM 系统传输，要求信号量化噪声比 S_o/N_q。不低于 30dB。试求此 PCM 系统所需的奈奎斯特基带频宽。

10. 采用对数压缩特性（μ 特性）对信号进行压缩，令 $\mu=100$，$0\leqslant x\leqslant x_{max}$。

（1）求出相应的扩张特性。

（2）若划分为 32 个量化级，试计算经压扩后对小信号量化误差改善了多少？

11. 设单路语音信号 $x(t)$ 的频率范围为 200~3000Hz，抽样频率为 8kHz，将所得的抽样值用 PAM 或 PCM 系统传输。

（1）计算 PAM 系统要求的最小信道带宽。

（2）在 PCM 系统中，抽样值按 128 级量化进行二进制编码，PCM 系统要求的最小信道带宽多大？并与上一问的结果进行比较。

12. 信号 $x(t)$ 的最高频率 $f_x=2.5$kHz，按照奈奎斯特速率进行抽样（即 $f_s=2f_x$）后，采用 PCM 方式传输，量化级数目 $Q=256$，采用二进制编码后再信道传输。假设系统的平均误码率为 $P_e=10^{-3}$，求传输 10s 以后错码的数目。

13. 设简单增量调制系统的量化台阶 $\sigma=50$mV，抽样频率为 32kHz，求当输入信号为 800Hz 正弦波时，允许的最大振幅为多大？

14. 设模拟信号 $m(t)$ 的幅值在［−2，2］服从均匀分布，最高频率为 6kHz，现对它作奈奎斯特速率抽样，并经过均匀量化后编为二进制码，设量化间隔为 1/64V，试求：

（1）该 PCM 系统信息速率 R_b。

（2）量化信噪比 S_o/N_q。

15. 12 路语音输入信号，每路信号的带宽为 4kHz，进行 TDM 和 FDM 复用传输。

（1）说明 PAM、PPM、PCM 是如何传输信息的。

（2）计算 FDM 和 TDM 系统的带宽。

（3）计算 TDM-PAM、TDM-PCM 的传输带宽。

16. 模拟信号 $x(t)$ 的带宽为 12kHz，其任何时刻的幅度是一随机变量，幅度的概率密度函数如图 6-37 所示。希望通过均匀量化 PCM 系统传输此信号。

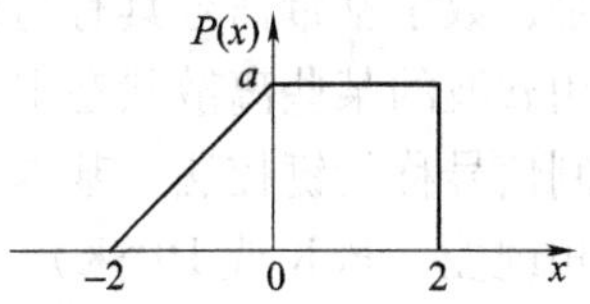

（1）求 a 值。

（2）求出 $x(t)$ 的功率。

（3）若采用 4 电平均匀量化的 PCM 系统，求量化信噪比 S_q/N_q(dB)。

P(x)
a
−2
0
2
x

图 6-37　幅度的概率密度函数

（4）若 PCM 数据以二进制方式进行基带传输，所需的无码间干扰传输的最小传输带宽是多少？

17. 对输入正弦信号 $x(t)=A_m\cos\omega t$ 分别进行 CPM 和 ΔM 调制编码。要求在 PCM 中采用均匀量化，量化级为 Q，在 ΔM 中，量化台阶 σ 和抽样频率 f_s 的选择信号不过载。

（1）分别求出 PCM 和 ΔM 的最小码元速率。

（2）若两者的码元速率相同，ΔM 中的量化台阶 σ 应如何取值。

第 7 章　数字频带传输系统

本章概述：在第 5 章数字基带传输系统中，为了使数字基带信号能够在信道中传输，要求信道具有低通形式的传输特性。然而，在实际信道中，大多数信道具有带通传输特性，数字基带信号不能直接在这种带通传输特性的信道中传输，因此，必须用数字基带信号对载波进行调制，产生各种已调数字信号。与模拟调制相同，可以用数字基带信号改变正弦型载波的幅度、频率或相位中的某个参数，产生相应的数字振幅调制、数字频率调制、数字相位调制，也可以用数字基带信号同时改变正弦型载波的幅度、频率或相位中的某几个参数，产生新型的数字调制。

知识点：

1. 了解振幅键控（ASK）、移频键控（FSK）和移相键控（PSK 或 DPSK）系统的原理及其抗噪声性能。
2. 重点掌握二进制数字调制系统的原理及其抗噪声性能。

7.1　二进制数字调制与解调原理

数字调制与模拟调制原理是相同的，一般可以采用模拟调制的方法实现数字调制信号，但是，数字基带信号具有与模拟基带信号不同的特点，其取值是有限的离散状态。这样，可以用载波的某些离散状态来表示数字基带信号的离散状态。采用数字键控的方法来实现数字调制信号称为键控法。基本的三种数字调制方式是振幅键控（ASK）、移频键控（FSK）和移相键控（PSK 或 DPSK）。

7.1.1　二进制振幅键控（2ASK）

振幅键控是正弦载波的幅度随数字基带信号而变化的数字调制。当数字基带信号为二进制时，则为二进制振幅键控。设发送的二进制符号序列由 0、1 序列组成，发送 0 符号的概率为 P，发送 1 符号的概率为 $1-P$，且相互独立。该二进制符号序列可表示为

$$s(t) = \sum_n a_n g(t - nT_s) \tag{7-1}$$

$$a_n = \begin{cases} 0, & \text{发送概率 } P \\ 1, & \text{发送概率 } 1 - P \end{cases} \tag{7-2}$$

$$g(t) = \begin{cases} 1, & 0 \leqslant t \leqslant T_s \\ 0, & \text{其他} \end{cases} \tag{7-3}$$

式中，T_s 为二进制基带信号时间间隔；$g(t)$ 为持续时间为 T_s 的矩形脉冲。则二进制振幅键控信号可表示为

$$e_{2ASK}(t) = \sum_n a_n g(t - nT_s)\cos\omega_c t \tag{7-4}$$

二进制振幅键控信号时间波型如图 7-1 所示。由图 7-1 可以看出，2ASK 信号的时间波

形 $e_{2ASK}(t)$ 随二进制基带信号 $s(t)$ 通断变化，所以又称为通断键控信号（OOK 信号）。二进制振幅键控信号的产生方法如图 7-2 所示，图 7-2a 是采用模拟相乘的方法实现，图 7-2b 是采用数字键控的方法实现。

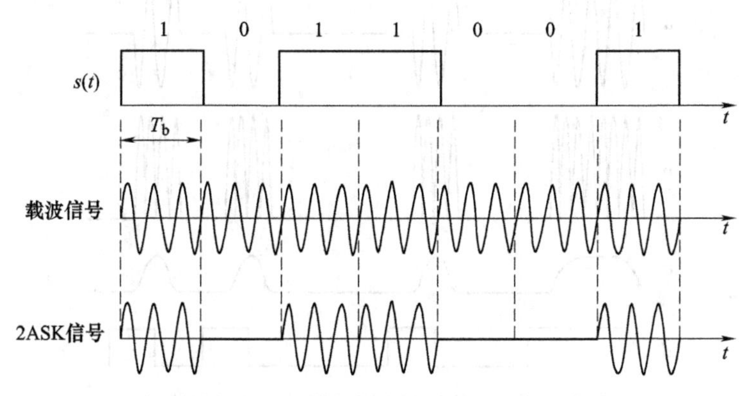

图 7-1　二进制振幅键控信号时间波形

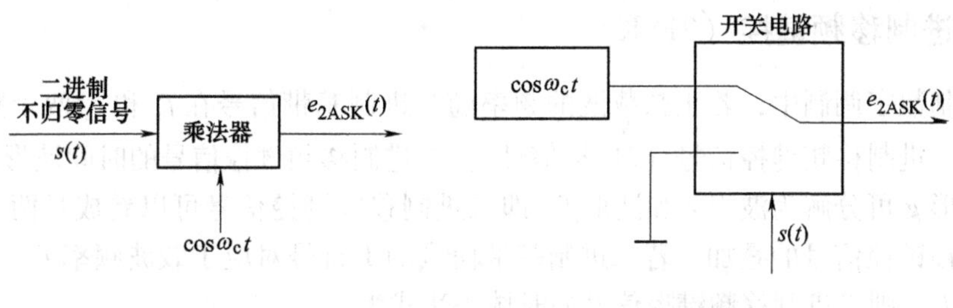

图 7-2　二进制振幅键控信号产生方法

由图 7-1 可以看出，2ASK 信号与模拟调制中的 AM 信号类似。所以，对 2ASK 信号也能够采用非相干解调（包络检波法）和相干解调（同步检测法）两种解调方法，其相应原理框图如图 7-3 所示。2ASK 信号非相干解调过程的时间波形如图 7-4 所示。

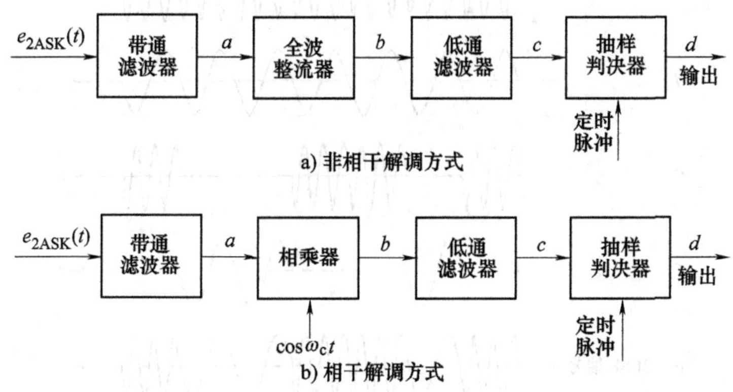

图 7-3　二进制振幅键控信号解调器原理框图

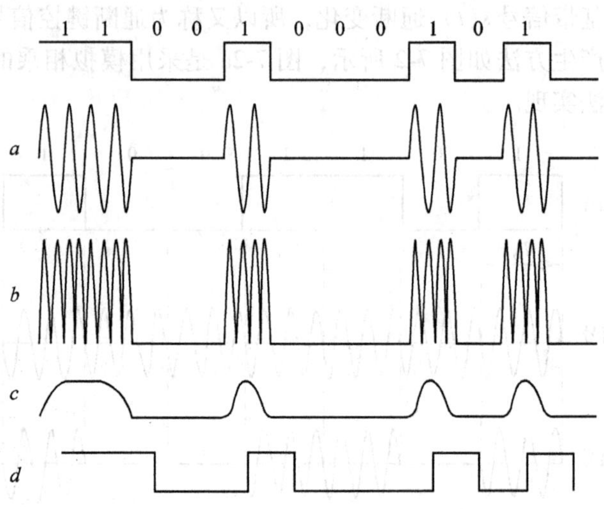

图 7-4 2ASK 信号非相干解调过程的时间波形

7.1.2 二进制移频键控（2FSK）

在二进制数字调制中，若正弦载波的频率随二进制基带信号在 f_1 和 f_2 两个频率点间变化，则产生二进制移频键控信号（2FSK 信号）。二进制移频键控信号的时间波形如图 7-5 所示，图中波形 g 可分解为波形 e 和波形 f，即二进制移频键控信号可以看成是两个不同载波的二进制振幅键控信号的叠加。若二进制基带信号的 1 符号对应于载波频率 f_1，0 符号对应于载波频率 f_2，则二进制移频键控信号的时域表达式为

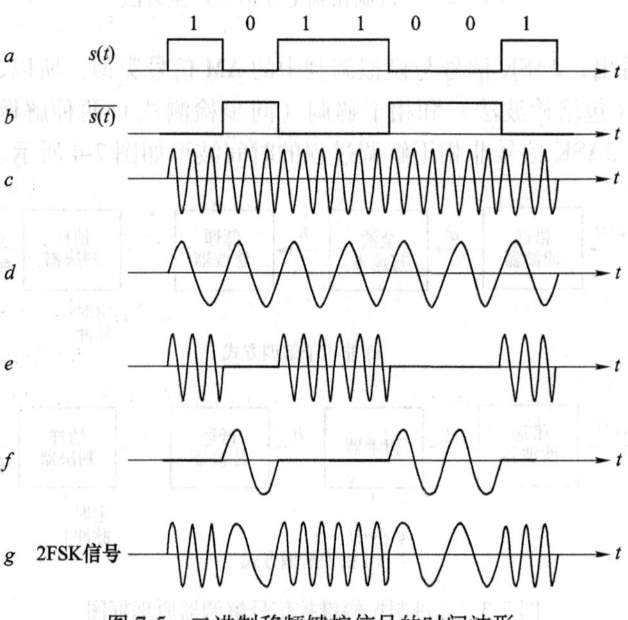

图 7-5 二进制移频键控信号的时间波形

$$e_{2FSK}(t)=\left[\sum_n a_n g(t-nT_s)\right]\cos(\omega_1 t+\varphi_n)+\left[\sum_n b_n g(t-nT_s)\right]\cos(\omega_2 t+\theta_n) \tag{7-5}$$

式中，

$$a_n=\begin{cases}0, & 发送概率为 P\\ 1, & 发送概率为 1-P\end{cases} \tag{7-6}$$

$$b_n=\begin{cases}0, & 发送概率为 1-P\\ 1, & 发送概率为 P\end{cases} \tag{7-7}$$

由图 7-5 可看出，b_n 是 a_n 的反码，即若 $a_n=1$，则 $b_n=0$，若 $a_n=0$，则 $b_n=1$，于是 $b_n=\overline{a_n}$。φ_n 和 θ_n 分别代表第 n 个信号码元的初始相位。在二进制移频键控信号中，φ_n 和 θ_n 不携带信息，通常可令 φ_n 和 θ_n 为零。因此，二进制移频键控信号的时域表达式可简化为

$$e_{2FSK}(t)=\left[\sum_n a_n g(t-nT_s)\right]\cos\omega_1 t+\left[\sum_n \overline{a_n} g(t-nT_s)\right]\cos\omega_2 t \tag{7-8}$$

二进制移频键控信号的产生可以采用模拟调频电路来实现，也可以采用数字键控的方法来实现。图 7-6 是数字键控法实现二进制移频键控信号的原理框图，图中两个振荡器的输出载波受输入的二进制基带信号控制，在一个码元 T_s 期间输出 f_1 或 f_2 两个载波之一。

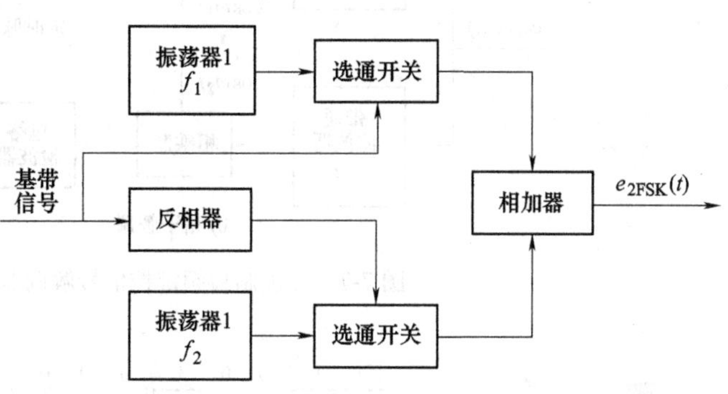

图 7-6　数字键控法实现二进制移频键控信号的原理框图

二进制移频键控信号的解调方法很多，有模拟鉴频法和数字检测法，有非相干解调方法也有相干解调方法。采用非相干解调和相干解调两种方法的原理框图如图 7-7 所示。其解调原理是将二进制移频键控信号分解为上、下两路二进制振幅键控信号，分别进行解调，通过对上、下两路抽样值进行比较，最终判决出输出信号。非相干解调过程的时间波形如图 7-8 所示。过零检测法解调器的原理框图和各点时间波形如图 7-9 所示。其基本原理是，二进制移频键控信号的过零点数随载波频率不同而异，通过检测过零点数从而得到频率的变化。在图 7-9 中，输入信号经过限幅后产生矩形波，经微分、整流、波形整形，形成与频率变化相关的矩形脉冲波，经低通滤波器滤除高次谐波，便恢复出与原数字信号对应的基带数字信号。

7.1.3　二进制移相键控（2PSK）

在二进制数字调制中，当正弦载波的相位随二进制数字基带信号离散变化时，则产生二进制移相键控（2PSK）信号。通常用已调信号载波的 0°和 180°分别表示二进制数字基带信号的 1 和 0。二进制移相键控信号的时域表达式为

$$e_{2PSK}(t)=\left[\sum_n a_n g(t-nT_s)\right]\cos\omega_c t \tag{7-9}$$

其中，a_n 与 2ASK 和 2FSK 时的不同，在 2PSK 调制中，a_n 应选择双极性，即

$$a_n=\begin{cases}1 & 发送概率为 P\\ -1 & 发送概率为 1-P\end{cases} \tag{7-10}$$

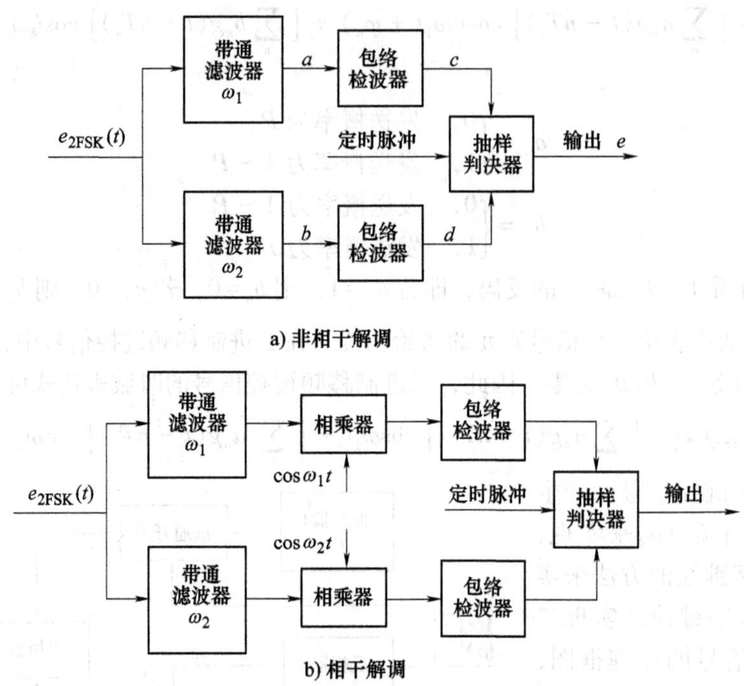

a) 非相干解调

b) 相干解调

图 7-7　二进制移频键控信号解调器原理框图

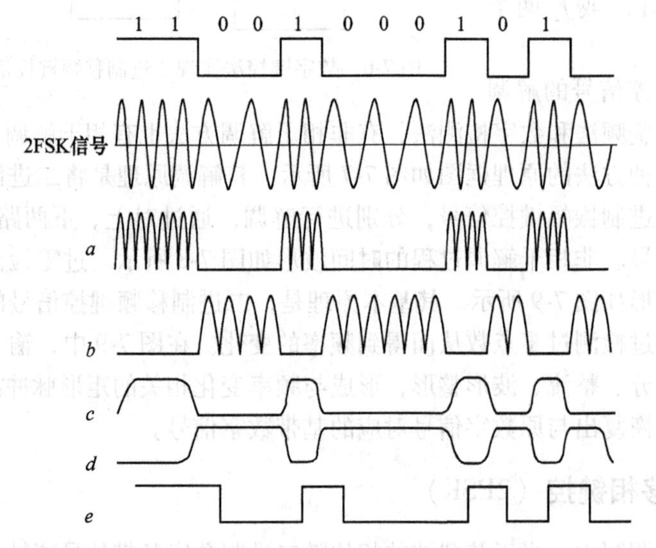

图 7-8　2FSK 非相干解调过程的时间波形

若 $g(t)$ 是脉宽为 T_s，高度为 1 的矩形脉冲时，则有

$$e_{2PSK}(t)=\begin{cases}\cos\omega_c t & \text{发送概率为 } P\\ -\cos\omega_c t & \text{发送概率为 } 1-P\end{cases} \tag{7-11}$$

由式（7-11）可看出，当发送二进制符号 1 时，已调信号 $e_{2PSK}(t)$ 取 0°相位，发送二进制符号 0 时，$e_{2PSK}(t)$ 取 180°相位。若用 φ_n 表示第 n 个符号的绝对相位，则有

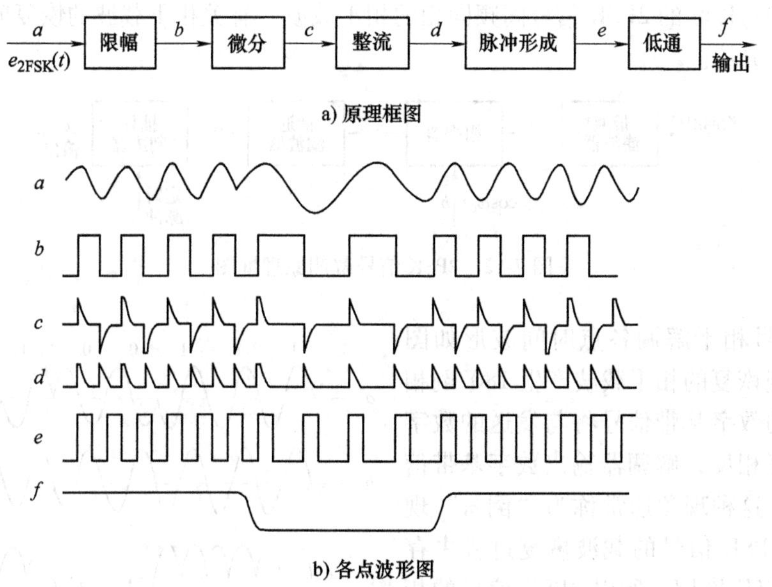

图 7-9　过零检测法原理图和各点时间波形

$$\varphi_n = \begin{cases} 0^\circ & \text{发送 1 符号} \\ 180^\circ & \text{发送 0 符号} \end{cases} \tag{7-12}$$

这种以载波相位的不同直接表示相应二进制数字信号的调制方式，称为二进制绝对移相方式。二进制移相键控信号的典型时间波形如图 7-10 所示。

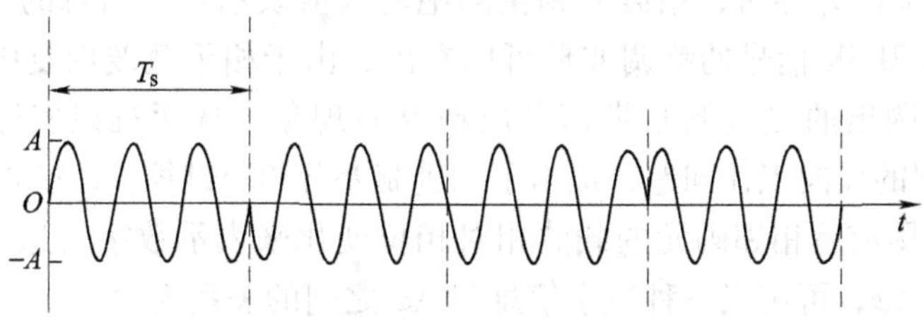

图 7-10　二进制移相键控信号的典型时间波形

二进制移相键控信号的调制原理框图如图 7-11 所示。其中图 7-11a 是采用模拟调制的方法产生 2PSK 信号，图 7-11b 是采用数字键控的方法产生 2PSK 信号。

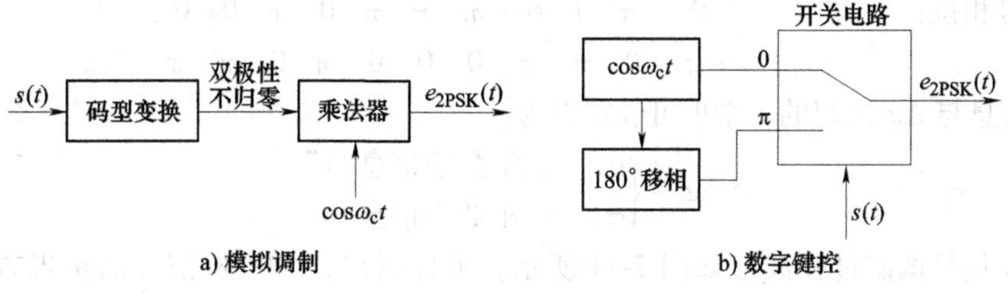

图 7-11　2PSK 信号的调制原理框图

2PSK 信号的解调通常都是采用相干解调，解调原理框图如图 7-12 所示。在相干解调过程中需要用到与接收的 2PSK 信号同频同相的相干载波，有关相干载波的恢复问题将在第 11 章同步原理中介绍。

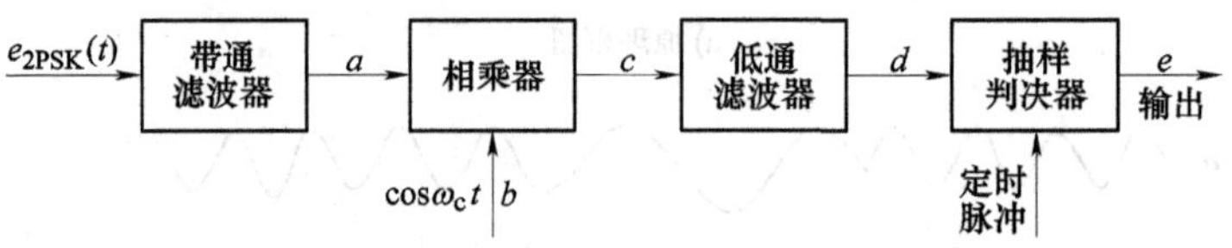

图 7-12　2PSK 信号解调原理框图

2PSK 信号相干解调各点时间波形如图 7-13 所示。当恢复的相干载波产生 180°倒相时，解调出的数字基带信号将与发送的数字基带信号正好相反，解调器输出数字基带信号全部出错。这种现象通常称为“倒 π”现象。由于在 2PSK 信号的载波恢复过程中存在着 180°的相位模糊，所以 2PSK 信号的相干解调存在随机的“倒 π”现象，从而使得 2PSK 方式在实际中很少采用。

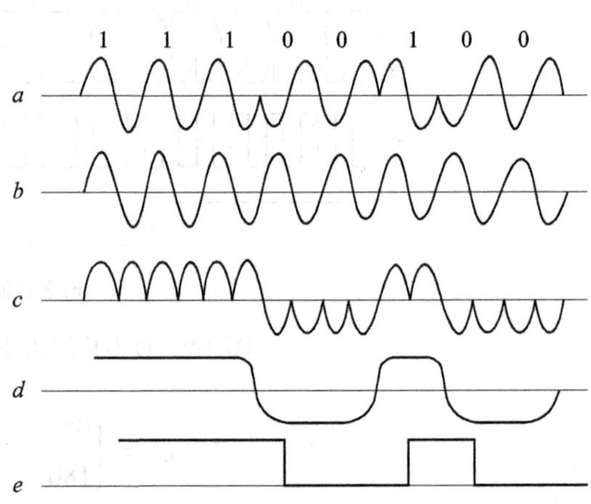

图 7-13　2PSK 信号相干解调各点时间波形

7.1.4　二进制差分相位键控（2DPSK）

在 2PSK 信号中，信号相位的变化是以未调正弦载波的相位作为参考，用载波相位的绝对数值表示数字信息的，所以称为绝对移相。由图 7-13 所示 2PSK 信号的解调波形可以看出，由于相干载波恢复中载波相位的 180°相位模糊，导致解调出的二进制基带信号出现反向现象，从而难以实际应用。为了解决 2PSK 信号解调过程的反向工作问题，提出了二进制差分相位键控（2DPSK）。

2DPSK 方式是用前后相邻码元的载波相对相位变化来表示数字信息。假设前后相邻码元的载波相位差为 $\Delta\varphi$，可定义一种数字信息与 $\Delta\varphi$ 之间的关系为

$$\Delta\varphi=\begin{cases}0, & \text{表示数字信息“0”}\\ \pi, & \text{表示数字信息“1”}\end{cases}$$

则一组二进制数字信息与其对应的 2DPSK 信号的载波相位关系如下所示：

二进制数字信息：		1	1	0	1	0	0	1	1	1	0
2DPSK 信号相位：	0	π	0	0	π	π	π	0	π	0	0
或	π	0	π	π	0	0	0	π	0	π	π

数字信息与 $\Delta\varphi$ 之间的关系也可以定义为

$$\Delta\varphi=\begin{cases}0, & \text{表示数字信息“1”}\\ \pi, & \text{表示数字信息“0”}\end{cases}$$

2DPSK 信号调制过程波形如图 7-14 所示。可以看出，2DPSK 信号的实现方法可以采用：首先对二进制数字基带信号进行差分编码，将绝对码表示二进制信息变换为用相对码表示二进制信息，然后再进行绝对调相，从而产生二进制差分相位键控信号。2DPSK 信号调制器原理框图如图 7-15 所示。

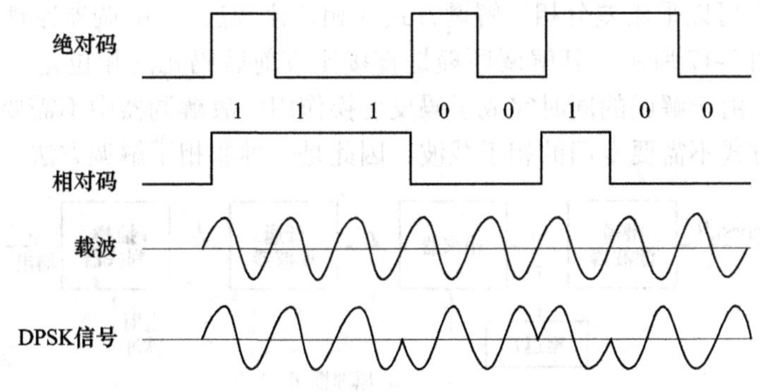

图 7-14　2DPSK 信号调制过程波形图

2DPSK 信号可以采用相干解调方式（极性比较法），解调器原理框图和解调过程各点时间波形如图 7-16 所示。其解调原理是：对 2DPSK 信号进行相干解调，恢复出相对码，再通过码反变换器变换为绝对码，从而恢复出发送的二进制数字信息。在解调过程中，若相干载波产生 180°相位模糊，解调出的相对码将产生倒置现象，但是经过码反变换器后，输出的绝对码不会发生任何倒置现象，从而解决了载波相位模糊度的问题。

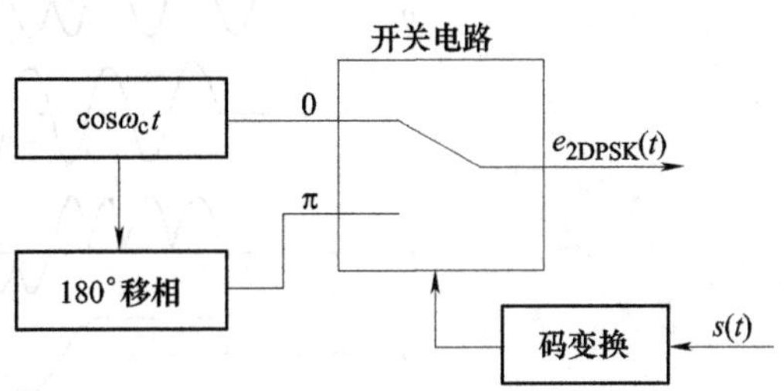

图 7-15　2DPSK 信号调制器原理框图

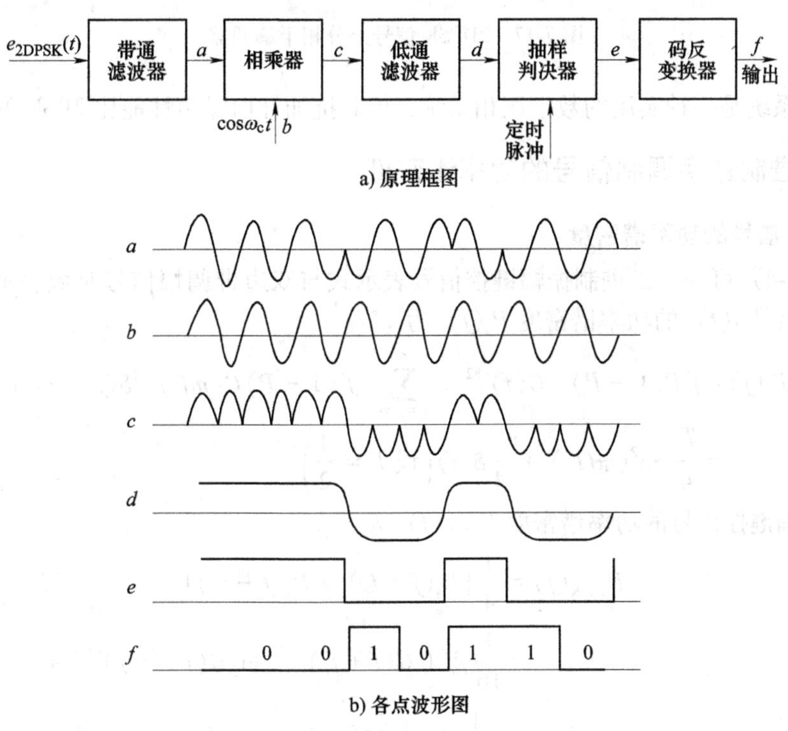

图 7-16　2DPSK 信号相干解调器

2DPSK 信号也可以采用差分相干解调方式（相位比较法），解调器原理框图和解调过程各点时间波形如图 7-17 所示。其解调原理是直接比较前后码元的相位差，从而恢复发送的二进制数字信息。由于解调的同时完成了码反变换作用，故解调器中不需要码反变换器。由于差分相干解调方式不需要专门的相干载波，因此是一种非相干解调方法。

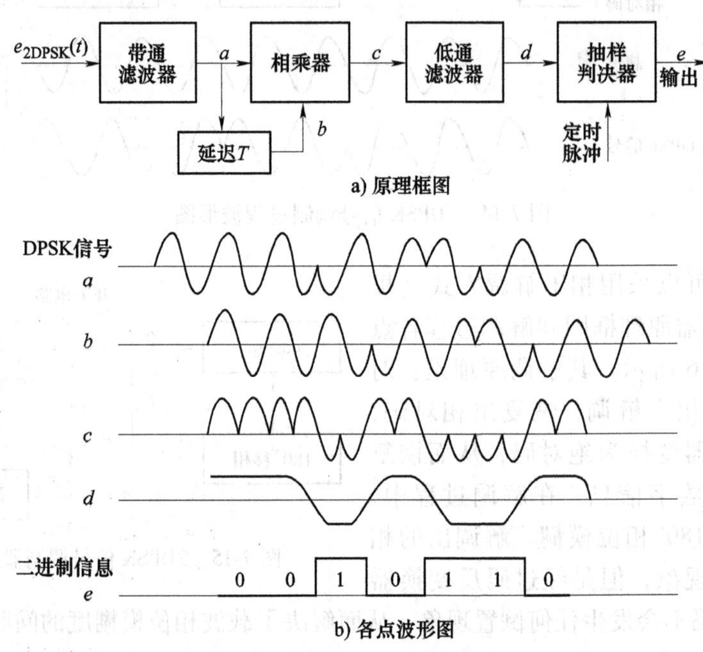

图 7-17　2DPSK 信号差分相干解调器

2DPSK 系统是一种实用的数字调相系统，但其抗加性白噪声性能比 2PSK 的要差。

7.1.5　二进制数字调制信号的功率谱密度

1. 2ASK 信号的功率谱密度

由式（7-4）可知，二进制振幅键控信号表示式与双边带调幅信号时域表示式类似。若二进制基带信号 $s(t)$ 的功率谱密度 $P_s(f)$ 为

$$P_s(f)=f_sP(1-P)\ |G(f)|^2+\sum_{m=-\infty}^{\infty}|f_s(1-P)G(mf_s)|^2\delta(f-mf_s)$$

$$=\frac{T_s}{4}\mathrm{Sa}^2(\pi fT_s)+\frac{1}{4}\delta(f)\left(设\ P=\frac{1}{2}\right) \tag{7-13}$$

则二进制振幅键控信号的功率谱密度 $P_{2ASK}(f)$ 为

$$P_{2ASK}(f)=\frac{1}{4}[P_s(f+f_c)+P_s(f-f_c)]$$

$$=\frac{1}{16}f_s[|G(f+f_c)|^2+|G(f-f_c)|^2]+$$

$$\frac{1}{16}f_s^2\ |G(0)|^2[\delta(f+f_c)+\delta(f-f_c)] \tag{7-14}$$

整理后可得

$$P_{2ASK}(f)=\frac{T_s}{16}\left[\left|\frac{\sin\pi(f+f_c)T_s}{\pi(f+f_c)T_s}\right|^2+\left|\frac{\sin\pi(f-f_c)T_s}{\pi(f-f_c)T_s}\right|^2\right]+\frac{1}{16}[\delta(f+f_c)+\delta(f-f_c)] \tag{7-15}$$

式（7-15）中用到 $P=1/2$，$f_s=1/T_s$。

二进制振幅键控信号的功率谱密度示意图如图 7-18 所示，其由离散谱和连续谱两部分组成。离散谱由载波分量确定，连续谱由基带信号波形 $g(t)$ 确定，二进制振幅键控信号的带宽 B_{2ASK} 是基带信号波形带宽的两倍，即 $B_{2ASK}=2B$。

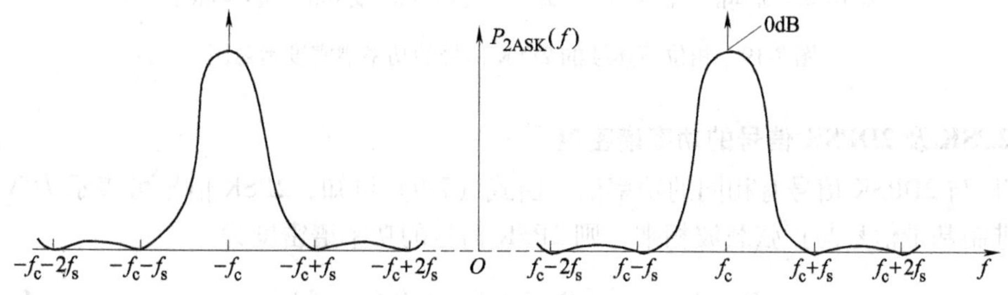

图 7-18　2ASK 信号的功率谱密度示意图

2. 2FSK 信号的功率谱密度

对相位不连续的二进制移频键控信号，可以看成由两个不同载波的二进制振幅键控信号的叠加，其中一个频率为 f_1，另一个频率为 f_2。因此，相位不连续的二进制移频键控信号的功率谱密度可以近似表示成两个不同载波的二进制振幅键控信号功率谱密度的叠加。

相位不连续的二进制移频键控信号的时域表达式为

$$e_{2FSK}(t)=s_1(t)\cos\omega_1 t+s_2(t)\cos\omega_2 t \tag{7-16}$$

根据二进制振幅键控信号的功率谱密度，我们可以得到二进制移频键控信号的功率谱密度 $P_{2FSK}(f)$ 为

$$P_{2FSK}(f)=\frac{1}{4}[P_{s_1}(f+f_1)+P_{s_1}(f-f_1)]+\frac{1}{4}[P_{s_2}(f+f_2)+P_{s_2}(f-f_2)] \tag{7-17}$$

令概率 $P=1/2$，将二进制数字基带信号的功率谱密度公式代入式（7-17）可得

$$\begin{aligned}P_{2FSK}(f)=&\frac{T_s}{16}\left[\left|\frac{\sin\pi(f+f_1)T_s}{\pi(f+f_1)T_s}\right|^2+\left|\frac{\sin\pi(f-f_1)T_s}{\pi(f-f_1)T_s}\right|^2\right]+\\&\frac{T_s}{16}\left[\left|\frac{\sin\pi(f+f_2)T_s}{\pi(f+f_2)T_s}\right|^2+\left|\frac{\sin\pi(f-f_2)T_s}{\pi(f-f_2)T_s}\right|^2\right]+\\&\frac{1}{16}[\delta(f+f_1)+\delta(f-f_1)+\delta(f+f_2)+\delta(f-f_2)]\end{aligned} \tag{7-18}$$

由式(7-18)可得，相位不连续的二进制移频键控信号的功率谱密度由离散谱和连续谱所组成，如图 7-19 所示。其中，离散谱位于两个载频 f_1 和 f_2 处；连续谱由两个中心位于 f_1 和 f_2 处的双边谱叠加形成；若两个载波频差小于 f_s，则连续谱在 f_c 处出现单峰；若载频差大于 f_s，则连续谱出现双峰。若以二进制移频键控信号功率谱密度第一个零点之间的频率间隔计算二进制移频键控信号的带宽，则该二进制移频键控信号的带宽 B_{2FSK} 为

$$B_{2FSK}=|f_2-f_1|+2f_s \tag{7-19}$$

其中，$f_s=1/T_s$。

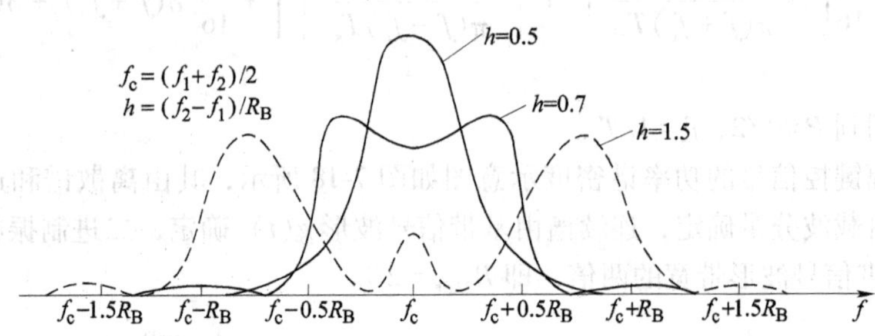

图 7-19 相位不连续的 2FSK 信号的功率谱密度示意图

3. 2PSK 及 2DPSK 信号的功率谱密度

2PSK 与 2DPSK 信号有相同的功率谱。由式（7-9）可知，2PSK 信号可表示为双极性不归零二进制基带信号与正弦载波相乘，则 2PSK 信号的功率谱密度为

$$P_{2PSK}(f)=\frac{1}{4}[P_s(f+f_c)+P_s(f-f_c)] \tag{7-20}$$

代入基带信号功率谱密度可得

$$P_{2PSK}(f)=f_sP(1-P)[|G(f+f_c)|^2+|G(f-f_c)|^2]+\frac{1}{4}f_s^2(1-2P)^2|G(0)|^2[\delta(f+f_c)+\delta(f-f_c)] \tag{7-21}$$

若二进制基带信号采用矩形脉冲，且“1”符号和“0”符号出现概率相等，即 $P=1/2$ 时，则 2PSK 信号的功率谱密度简化为

$$P_{2PSK}(f)=\frac{T_s}{4}\left[\left|\frac{\sin\pi(f+f_c)T_s}{\pi(f+f_c)T_s}\right|^2+\left|\frac{\sin\pi(f-f_c)T_s}{\pi(f-f_c)T_s}\right|^2\right] \tag{7-22}$$

由式（7-21）和式（7-22）可以看出，一般情况下二进制移相键控信号的功率谱密度由离散谱和连续谱所组成，其结构与二进制振幅键控信号的功率谱密度相类似，带宽也是基带信号带宽的两倍。当二进制基带信号的“1”符号和“0”符号出现概率相等时，则不存在离散谱。2PSK 信号的功率谱密度如图 7-20 所示。

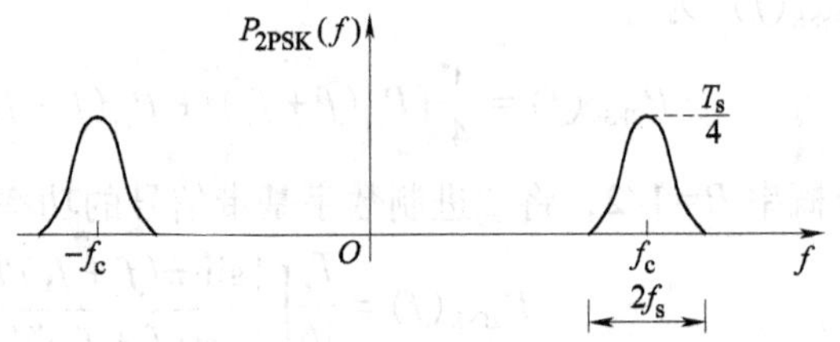

图 7-20 2PSK（2DPSK）信号的功率谱密度

7.2 二进制数字调制系统的抗噪声性能

在 7.1 节我们详细讨论了二进制数字调制系统的工作原理，给出了各种数字调制信号的产生和相应的解调方法。在数字通信系统中，信号的传输过程会受到各种干扰，从而影响对信号的恢复。从这一节开始，我们将对 2ASK、2FSK、2PSK、2DPSK 系统的抗噪声性能进行深入的分析。通信系统的抗噪声性能是指系统克服加性噪声影响的能力。在数字通信系统中，衡量系统抗噪声性能的重要指标是误码率，因此，分析二进制数字调制系统的抗噪声性

能，也就是分析在信道等效加性高斯白噪声的干扰下系统的误码性能，得出误码率与信噪比之间的数学关系。

在二进制数字调制系统抗噪声性能分析中，假设信道特性是恒参信道，在信号的频带范围内其具有理想矩形的传输特性（可取传输系数为 K）。噪声为等效加性高斯白噪声，其均值为零，方差为 σ^2。

7.2.1　二进制振幅键控（2ASK）系统的抗噪声性能

由 7.1 节可知，对二进制振幅键控信号可采用包络检波法进行解调，也可以采用同步检测法进行解调。但两种解调器结构形式不同，因此分析方法也不同。下面将分别针对两种解调方法进行分析。

1. 同步检测法的系统性能

对于 2ASK 系统，同步检测法的系统性能分析模型如图 7-21 所示。在一个码元的时间间隔 T_s 内，发送端输出的信号波形 $s_T(t)$ 为

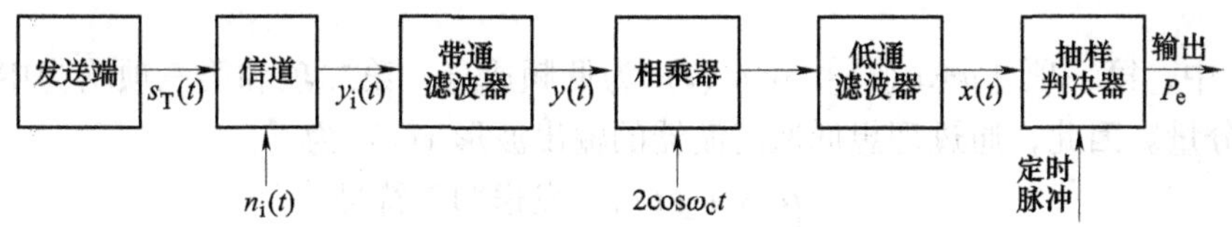

图 7-21　2ASK 信号同步检测法的系统性能分析模型

$$s_T(t)=\begin{cases}u_T(t), & \text{发送“1”符号}\\ 0, & \text{发送“0”符号}\end{cases} \tag{7-23}$$

其中，

$$u_T(t)=\begin{cases}A\cos\omega_c t, & 0<t<T_s\\ 0, & \text{其他}\end{cases} \tag{7-24}$$

式中，ω_c为载波角频率；T_s 为码元时间间隔。在（0，T_s）时间间隔，接收端带通滤波器输入合成波形 $y_i(t)$ 为

$$y_i(t)=\begin{cases}u_i(t)+n_i(t), & \text{发送“1”符号}\\ n_i(t), & \text{发送“0”符号}\end{cases} \tag{7-25}$$

式中，$u_i(t)$ 为发送信号经信道传输后的输出，

$$u_i(t)=\begin{cases}AK\cos\omega_c t, & 0<t<T_s\\ 0, & \text{其他}\end{cases}$$
$$=\begin{cases}a\cos\omega_c t, & 0<t<T_s\\ 0, & \text{其他}\end{cases} \tag{7-26}$$

$n_i(t)$ 为加性高斯白噪声，其均值为零，方差为 σ^2。

设接收端带通滤波器具有理想矩形传输特性，恰好使信号完整通过，则带通滤波器的输出波形 $y(t)$ 为

$$y(t)=\begin{cases}u_i(t)+n(t), & \text{发送“1”符号}\\ n(t), & \text{发送“0”符号}\end{cases} \tag{7-27}$$

由第 2 章随机信号分析可知，$n(t)$ 为窄带高斯噪声，其均值为零，方差为 σ_n^2，且可表

示为

$$n(t)=n_c(t)\cos\omega_c t-n_s(t)\ \sin\omega_c t \tag{7-28}$$

于是输出波形 $y(t)$ 可表示为

$$y(t)=\begin{cases}a\cos\omega_c t+n_c(t)\cos\omega_c t-n_s(t)\sin\omega_c t\\ n_c(t)\cos\omega_c t-n_s(t)\sin\omega_c t\end{cases}$$

$$=\begin{cases}[a+n_c(t)]\cos\omega_c t-n_s(t)\ \sin\omega_c t, & \text{发送“1”符号}\\ n_c(t)\cos\omega_c t-n_s(t)\sin\omega_c t, & \text{发送“0”符号}\end{cases} \tag{7-29}$$

与相干载波 $2\cos\omega_c t$ 相乘后的波形 $z(t)$ 为

$$z(t)=2y(t)\cos\omega_c t=\begin{cases}2[a+n_c(t)]\cos^2\omega_c t-2n_s(t)\sin\omega_c t\cos\omega_c t\\ 2n_c(t)\cos^2\omega_c t-2n_s(t)\sin\omega_c t\cos\omega_c t\end{cases}$$

$$=\begin{cases}[a+n_c(t)]+[a+n_c(t)]\cos2\omega_c t-n_s(t)\sin2\omega_c t, & \text{发送“1”符号}\\ n_c(t)+n_c(t)\cos2\omega_c t-n_s(t)\sin2\omega_c t, & \text{发送“0”符号}\end{cases} \tag{7-30}$$

式（7-30）中，第一项 $[a+n_c(t)]$ 和 $n_c(t)$ 为低频成分，第二项和第三项均为中心频率在 $2f_c$ 的带通分量。因此，通过理想低通滤波器的输出波形 $x(t)$ 为

$$x(t)=\begin{cases}a+n_c(t), & \text{发送“1”符号}\\ n_c(t), & \text{发送“0”符号}\end{cases} \tag{7-31}$$

式中，a 为信号成分，$n_c(t)$ 为低通型高斯噪声，其均值为零，方差为 σ_n^2。

设对第 k 个符号的抽样时刻为 kT_s，则 $x(t)$ 在 kT_s 时刻的抽样值 x 为

$$x=\begin{cases}a+n_c(kT_s)\\ n_c(kT_s)\end{cases}=\begin{cases}a+n_c, & \text{发送“1”符号}\\ n_c, & \text{发送“0”符号}\end{cases} \tag{7-32}$$

式中，n_c 是均值为零、方差为 σ_n^2 的高斯随机变量。由随机信号分析可得，发送“1”符号时的抽样值 $x=a+n_c$ 的一维概率密度函数 $f_1(x)$ 为

$$f_1(x)=\frac{1}{\sqrt{2\pi}\sigma_n}\exp\left[-\frac{(x-a)^2}{2\sigma_n^2}\right] \tag{7-33}$$

发送“0”符号时的抽样值 $x=n_c$ 的一维概率密度函数 $f_0(x)$ 为

$$f_0(x)=\frac{1}{\sqrt{2\pi}\sigma_n}\exp\left(-\frac{x^2}{2\sigma_n^2}\right) \tag{7-34}$$

$f_1(x)$ 和 $f_0(x)$ 的曲线如图 7-22 所示。

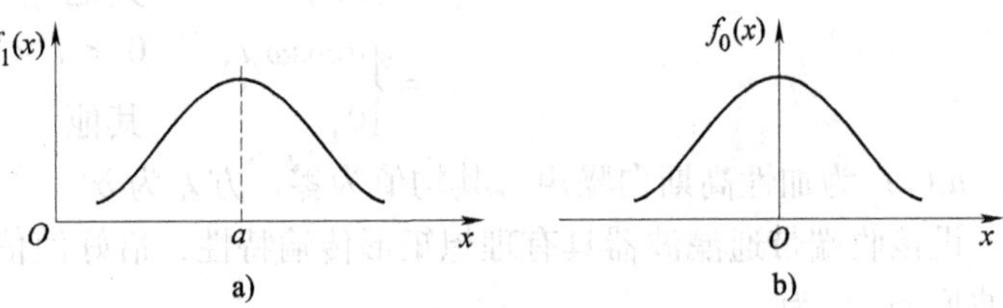

图 7-22 抽样值 x 的一维概率密度函数

假设抽样判决器的判决门限为 b，则抽样值 $x>b$ 时判为“1”符号输出，若抽样值 $x\leqslant b$ 时判为“0”符号输出。当发送的符号为“1”时，若抽样值 $x\leqslant b$ 判为“0”符号输出，则发生将“1”符号判决为“0”符号的错误；当发送的符号为“0”时，若抽样值 $x>b$ 判为“1”符号输出，则发生将“0”符号判决为“1”符号

的错误。

若发送的第 k 个符号为“1”，则错误接收的概率 $P(0|1)$ 为

$$P(0|1) = P(x \leqslant b) = \int_{-\infty}^{b} f_1(x)\mathrm{d}x$$
$$= \frac{1}{\sqrt{2\pi}\sigma_n}\int_{-\infty}^{b}\exp\left[-\frac{(x-a)^2}{2\sigma_n^2}\right]\mathrm{d}x = 1 - \frac{1}{2}\operatorname{erfc}\left(\frac{b-a}{\sqrt{2}\sigma_n}\right) \tag{7-35}$$

式中，

$$\operatorname{erfc}(x) = \frac{2}{\sqrt{\pi}}\int_{x}^{\infty}\exp(-y^2)\mathrm{d}y$$

同理，当发送的第 k 个符号为“0”时，错误接收的概率 $P(1|0)$ 为

$$P(1|0) = P(x > b) = \int_{b}^{\infty} f_0(x)\mathrm{d}x$$
$$= \frac{1}{\sqrt{2\pi}\sigma_n}\int_{b}^{\infty}\exp\left(-\frac{x^2}{2\sigma_n^2}\right)\mathrm{d}x = \frac{1}{2}\operatorname{erfc}\left(\frac{b}{\sqrt{2}\sigma_n}\right) \tag{7-36}$$

系统总的误码率为将“1”符号判为“0”符号的错误概率，与将“0”符号判为“1”符号的错误概率的统计平均，即

$$P_e = P(1)P(0|1) + P(0)P(0|1) = P(1)\int_{-\infty}^{b} f_1(x)\mathrm{d}x + P(0)\int_{b}^{\infty} f_0(x)\mathrm{d}x \tag{7-37}$$

式（7-37）表明，当符号的发送概率 $P(1)$、$P(0)$ 及概率密度函数 $f_1(x)$、$f_0(x)$ 一定时，系统总的误码率 P_e 将与判决门限 b 有关，其几何表示如图 7-23 所示。误码率 P_e 等于图中阴影的面积。改变判决门限 b，阴影的面积将随之改变，也即误码率 P_e 的大小将随判决门限 b 而变化。进一步分析可得，当判决门限 b 取 $P(1)f_1(x)$ 与 $P(0)f_0(x)$ 两条曲线相交点 b^* 时，阴影的面积最小。即判决门限取为 b^* 时，此时系统的误码率 P_e 最小。这个门限就称为最佳判决门限。

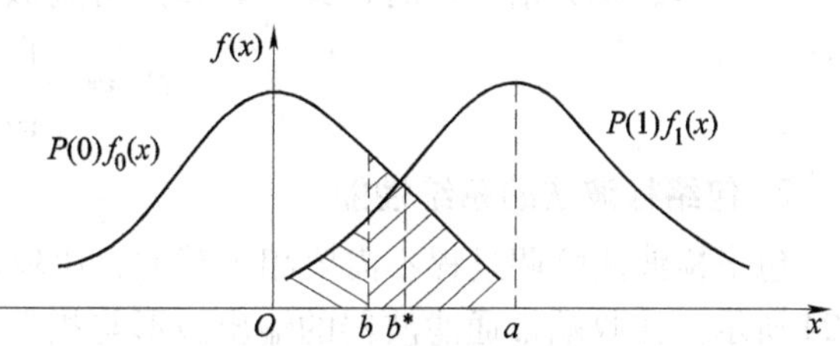

图 7-23　同步检测时误码率的几何表示

最佳判决门限也可通过求误码率 P_e 关于判决门限 b 的最小值的方法得到，令

$$\frac{\partial P_e}{\partial b} = 0 \tag{7-38}$$

可得

$$P(1)f_1(b^*) - P(0)f_0(b^*) = 0$$

即

$$P(1)f_1(b^*) = P(0)f_0(b^*) \tag{7-39}$$

将式（7-33）和式（7-34）代入式（7-39）可得

$$\frac{P(1)}{\sqrt{2\pi}\sigma_n}\exp\left[-\frac{(b^*-a)^2}{2\sigma_n^2}\right] = \frac{P(0)}{\sqrt{2\pi}\sigma_n}\exp\left[-\frac{(b^*)^2}{2\sigma_n^2}\right]$$

化简上式可得

$$\exp\left[-\frac{(b^{*}-\mathrm{a})^{2}}{2\sigma_{\mathrm{n}}^{2}}\right]=\frac{P(0)}{P(1)}\exp\left[-\frac{(b^{*})^{2}}{2\sigma_{\mathrm{n}}^{2}}\right]$$

$$b^{*}=\frac{a}{2}+\frac{\sigma_{\mathrm{n}}^{2}}{a}\ln\frac{P(0)}{P(1)} \tag{7-40}$$

式（7-40）就是所需的最佳判决门限。

当发送的二进制符号“1”和“0”等概出现，即 $P(1)=P(0)$ 时，最佳判决门限 b^{*} 为

$$b^{*}=\frac{a}{2} \tag{7-41}$$

式（7-41）说明，当发送的二进制符号“1”和“0”等概时，最佳判决门限 b^{*} 为信号抽样值的1/2。

当发送的二进制符号“1”和“0”等概，且判决门限取 $b^{*}=\frac{a}{2}$ 时，对 2ASK 信号采用同步检测法进行解调时的误码率 P_{e} 为

$$P_{\mathrm{e}}=\frac{1}{2}\operatorname{erfc}\left(\sqrt{\frac{r}{4}}\right) \tag{7-42}$$

式中，r 为信噪比，$r=\frac{a^{2}}{2\sigma_{\mathrm{n}}^{2}}$。

当 $r\gg1$，即大信噪比时，式（7-42）可近似表示为

$$P_{\mathrm{e}}\approx\frac{1}{\sqrt{\pi r}}\mathrm{e}^{-\frac{r}{4}} \tag{7-43}$$

2. 包络检波法的系统性能

包络检波法解调过程不需要相干载波，比较简单。包络检波法的系统性能分析模型如图 7-24 所示。接收端带通滤波器的输出波形与相干检测法的相同，即

$$y(t)=\begin{cases}[a+n_{\mathrm{c}}(t)]\cos\omega_{\mathrm{c}}t-n_{\mathrm{s}}(t)\sin\omega_{\mathrm{c}}t, & \text{发送“1”符号}\\ n_{\mathrm{c}}(t)\cos\omega_{\mathrm{c}}t-n_{\mathrm{s}}(t)\sin\omega_{\mathrm{c}}t, & \text{发送“0”符号}\end{cases}$$

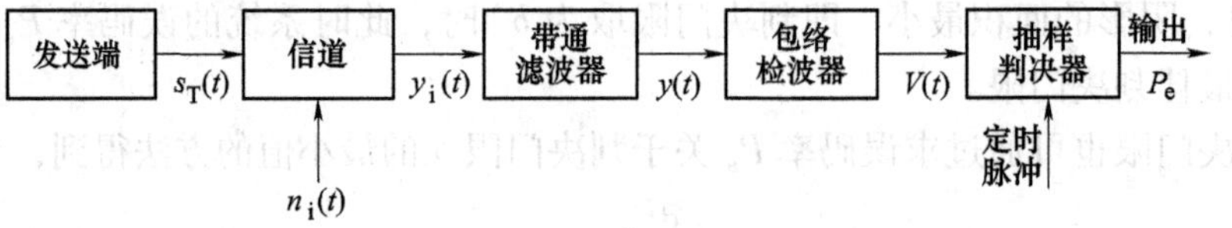

图 7-24　包络检波法的系统性能分析模型

包络检波器能检测出输入波形包络的变化。包络检波器输入波形 $y(t)$ 可进一步表示为

$$y(t)=\begin{cases}\sqrt{[a+n_{\mathrm{c}}(t)]^{2}+n_{\mathrm{s}}^{2}(t)}\cos[\omega_{\mathrm{c}}t+\varphi_{1}(t)], & \text{发送“1”符号}\\ \sqrt{n_{\mathrm{c}}^{2}(t)+n_{\mathrm{s}}^{2}(t)}\cos[\omega_{\mathrm{c}}t+\varphi_{0}(t)], & \text{发送“0”符号}\end{cases} \tag{7-44}$$

式中，$\sqrt{[a+n_{\mathrm{c}}(t)]^{2}+n_{\mathrm{s}}^{2}(t)}$ 和 $\sqrt{n_{\mathrm{c}}^{2}(t)+n_{\mathrm{s}}^{2}(t)}$ 分别为发送“1”符号和发送“0”符号时的包络。

当发送“1”符号时，包络检波器的输出波形 $V(t)$ 为

$$V(t)=\sqrt{[a+n_c(t)]^2+n_s^2(t)} \tag{7-45}$$

当发送“0”符号时，包络检波器的输出波形 $V(t)$ 为

$$V(t)=\sqrt{n_c^2(t)+n_s^2(t)} \tag{7-46}$$

在 kT_s 时刻包络检波器输出波形的抽样值为

$$V=\begin{cases}\sqrt{[a+n_c]^2+n_s^2}, & \text{发送“1”符号}\\ \sqrt{n_c^2+n_s^2}, & \text{发送“0”符号}\end{cases} \tag{7-47}$$

由第 2 章随机信号分析可知，发送“1”符号时的抽样值是广义瑞利型随机变量；发送“0”符号时的抽样值是瑞利型随机变量，它们的一维概率密度函数分别为

$$f_1(V)=\frac{V}{\sigma_n^2}\mathrm{I}_0\left(\frac{aV}{\sigma_n^2}\right)\mathrm{e}^{-(V^2+a^2)/2\sigma_n^2} \tag{7-48}$$

$$f_0(V)=\frac{V}{\sigma_n^2}\mathrm{e}^{-V^2/2\sigma_n^2} \tag{7-49}$$

式中，σ_n^2 为窄带高斯噪声 $n(t)$ 的方差。

当发送符号为“1”时，若抽样值 V 小于等于判决门限 b，则发生将“1”符号判为“0”符号的错误，其错误概率 $P(0|1)$ 为

$$\begin{aligned}P(0|1)&=P(V\leqslant b)=\int_0^b f_1(V)\mathrm{d}V=1-\int_b^\infty f_1(V)\mathrm{d}V\\&=1-\int_b^\infty\frac{V}{\sigma_n^2}\mathrm{I}_0\left(\frac{aV}{\sigma_n^2}\right)\mathrm{e}^{-(V^2+a^2)/2\sigma_n^2}\mathrm{d}V\end{aligned} \tag{7-50}$$

式（7-50）中的积分值可以用 MarcumQ 函数计算，Q 函数定义为

$$Q(\alpha,\beta)=\int_\beta^\infty t\mathrm{I}_0(\alpha t)\mathrm{e}^{-(t^2+\alpha^2)/2}\mathrm{d}t$$

将 Q 函数代入式（7-50）可得

$$P(0|1)=1-Q(\sqrt{2r},b_0) \tag{7-51}$$

式中，b_0 可看为归一化门限值，$b_0=\dfrac{b}{\sigma_n}$；r 为信噪比，$r=\dfrac{a^2}{2\sigma_n^2}$。

同理，当发送符号为“0”时，若抽样值 V 大于判决门限 b，则发生将“0”符号判为“1”符号的错误，其错误概率 $P(1|0)$ 为

$$\begin{aligned}P(1|0)&=P(V>b)=\int_b^\infty f_0(V)\mathrm{d}V\\&=\int_b^\infty\frac{V}{\sigma_n^2}\mathrm{e}^{-V^2/2\sigma_n^2}\mathrm{d}V=\mathrm{e}^{-b^2/2\sigma_n^2}=\mathrm{e}^{-b_0^2/2}\end{aligned} \tag{7-52}$$

若发送“1”符号的概率为 $P(1)$，发送“0”符号的概率为 $P(0)$，则系统的总误码率 P_e 为

$$P_e=P(1)P(0|1)+P(0)P(1|0)=P(1)[1-Q(\sqrt{2r},b_0)]+P(0)\mathrm{e}^{-b_0^2/2} \tag{7-53}$$

与同步检测法类似，在系统输入信噪比一定的情况下，系统误码率将与归一化门限值 b_0 有关。

最佳归一化判决门限 b_0^* 也可通过求极值的方法得到，令

$$\frac{\partial P_e}{\partial b}=0$$

可得

$$P(1)f_1(b^*)=P(0)f_0(b^*) \tag{7-54}$$

当 $P(1)=P(0)$ 时，有

$$f_1(b^*)=f_0(b^*) \tag{7-55}$$

式中，最佳判决门限 $b^*=b^*_0\sigma_n$。将式（7-48）、式（7-49）代入式（7-55），化简后可得

$$\frac{a^2}{2\sigma_n^2}=\ln I_0\left(\frac{ab^*}{\sigma_n}\right) \tag{7-56}$$

在大信噪比（$r\gg1$）的条件下，式（7-56）可近似为

$$\frac{a^2}{2\sigma_n^2}=\frac{ab^*}{\sigma_n^2}$$

此时，最佳判决门限 b^* 为

$$b^*=\frac{a}{2} \tag{7-57}$$

最佳归一化判决门限 b_0^* 为

$$b_0^*=\frac{b^*}{\sigma_n^2}=\sqrt{\frac{r}{2}} \tag{7-58}$$

在小信噪比（$r\ll1$）的条件下，式（7-56）可近似为

$$\frac{a^2}{2\sigma_n^2}=\frac{1}{4}\left(\frac{ab^*}{\sigma_n^2}\right)^2$$

此时，最佳判决门限 b^* 为

$$b^*=\sqrt{2\sigma_n^2} \tag{7-59}$$

最佳归一化判决门限 b_0^* 为

$$b_0^*=\frac{b^*}{\sigma_n}=\sqrt{2} \tag{7-60}$$

在实际工作中，系统总是工作在大信噪比的情况下，因此最佳归一化判决门限应取 $b^*_0=\sqrt{\frac{r}{2}}$。此时系统的总误码率 P_e 为

$$P_e=\frac{1}{4}\mathrm{erfc}\left(\sqrt{\frac{r}{4}}\right)+\frac{1}{2}\mathrm{e}^{-r/4} \tag{7-61}$$

当 $r\to\infty$ 时，式（7-61）的下界为

$$P_e=\frac{1}{2}\mathrm{e}^{-r/4} \tag{7-62}$$

比较式（7-42）、式（7-43）和式（7-62）可以看出：在相同的信噪比条件下，同步检测法的误码性能优于包络检波法的性能；在大信噪比条件下，包络检波法的误码性能将接近同步检测法的性能。另外，包络检波法存在门限效应，同步检测法无门限效应。

【例 7-1】 设某 2ASK 系统中二进制码元传输速率为 9600Baud，发送“1”符号和“0”符号的概率相等，接收端分别采用同步检测法和包络检波法对该 2ASK 信号进行解调。已知接收端输入信号幅度 $a=1\text{mV}$，信道等效加性高斯白噪声的双边功率谱密度 $\frac{n_0}{2}=4\times10^{-13}\text{W/Hz}$。试求：（1）同步检测法解调时系统总的误码率；（2）包络检波法解调时系统总的误码率。

解　（1）对于 2ASK 信号，信号功率主要集中在其频谱的主瓣上。因此，接收端带通滤波器带宽可取 2ASK 信号频谱的主瓣宽度，即

$$B = 2R_B = 2\times9600\text{Hz} = 19200\text{Hz}$$

带通滤波器输出噪声平均功率为

$$\sigma_n^2 = \frac{n_0}{2}\times2B = 4\times10^{-13}\times2\times19200\text{W} = 1.536\times10^{-8}\text{W}$$

信噪比为

$$r = \frac{a^2}{2\sigma_n^2} = \frac{1\times10^{-6}}{2\times1.536\times10^{-8}} = \frac{1\times10^{-6}}{3.072\times10^{-8}} \approx 32.55$$

因为信噪比 $r\approx32.55\gg1$，所以同步检测法解调时系统总的误码率为

$$P_e = \frac{1}{2}\text{erfc}\left(\sqrt{\frac{r}{4}}\right) \approx \frac{1}{\sqrt{\pi r}}e^{-\frac{r}{4}} = \frac{1}{\sqrt{3.1416\times32.55}}e^{-8.138} = 2.89\times10^{-5}$$

（2）包络检波法解调时系统总的误码率为

$$P_e = \frac{1}{2}e^{-\frac{r}{4}} = \frac{1}{2}e^{-8.138} = 1.46\times10^{-4}$$

比较两种方法解调时系统总的误码率可以看出，在大信噪比的情况下，包络检波法解调性能接近同步检测法解调性能。

7.2.2　二进制移频键控（2FSK）系统的抗噪声性能

由 7.1 节分析可知，对 2FSK 信号解调同样可以采用同步检测法和包络检波法，下面分别对两种方法的解调性能进行分析。

1. 同步检测法的系统性能

2FSK 信号采用同步检测法性能分析模型如图 7-25 所示。在码元时间宽度 T_s 区间，发送端产生的 2FSK 信号可表示为

$$s_T(t) = \begin{cases} u_{1T}(t), & \text{发送“1”符号} \\ u_{0T}(t), & \text{发送“0”符号} \end{cases} \tag{7-63}$$

其中：

$$u_{1T}(t) = \begin{cases} A\cos\omega_1 t, & 0<t<T_s \\ 0 & \text{其他} \end{cases} \tag{7-64}$$

$$u_{0T}(t) = \begin{cases} A\cos\omega_2 t, & 0<t<T_s \\ 0, & \text{其他} \end{cases} \tag{7-65}$$

式中，ω_1 和 ω_2 分别为发送“1”符号和“0”符号的载波角频率；T_s 为码元时间间隔。

在（0，T_s）时间间隔，信道输出合成波形 $y_i(t)$ 为

$$y_i(t)=\begin{cases}Ku_{1T}(t)+n_i(t)\\Ku_{0T}(t)+n_i(t)\end{cases}=\begin{cases}a\cos\omega_1 t+n_i(t) & \text{发送“1”符号}\\a\cos\omega_2 t+n_i(t) & \text{发送“0”符号}\end{cases}\tag{7-66}$$

式中，$n_i(t)$ 为加性高斯白噪声，其均值为零，方差为 σ^2。

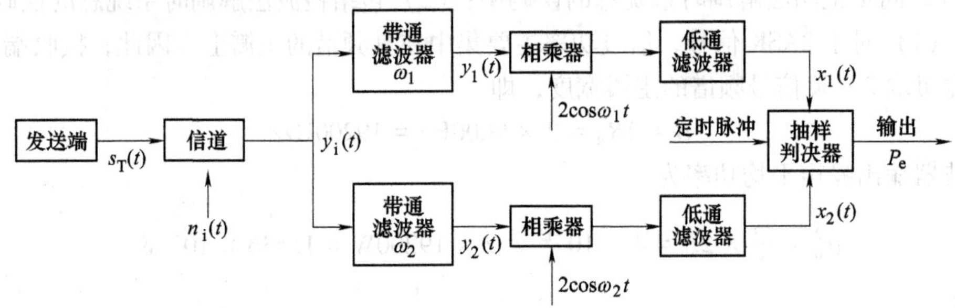

图 7-25　2FSK 信号采用同步检测法性能分析模型

在图 7-25 中，解调器采用两个带通滤波器来区分中心频率分别为 ω_1 和 ω_2 的信号。中心频率为 ω_1 的带通滤波器只允许中心频率为 ω_1 的信号频谱成分通过，而滤除中心频率为 ω_2 的信号频谱成分；中心频率为 ω_2 的带通滤波器只允许中心频率为 ω_2 的信号频谱成分通过，而滤除中心频率为 ω_1 的信号频谱成分。这样，接收端上、下支路两个带通滤波器的输出波形 $y_1(t)$ 和 $y_2(t)$ 分别为

$$y_1(t)=\begin{cases}a\cos\omega_1 t+n_1(t)\\n_1(t)\end{cases}=\begin{cases}[a+n_{1c}(t)]\cos\omega_1 t-n_{1s}(t)\sin\omega_1 t, & \text{发送“1”符号}\\n_{1c}(t)\cos\omega_1 t-n_{1s}(t)\sin\omega_1 t, & \text{发送“0”符号}\end{cases}\tag{7-67}$$

同理

$$y_2(t)=\begin{cases}n_2(t)\\a\cos\omega_2 t+n_2(t)\end{cases}=\begin{cases}n_{2c}(t)\cos\omega_2 t-n_{2s}(t)\sin\omega_2 t, & \text{发送“1”符号}\\[a+n_{2c}(t)]\cos\omega_2 t-n_{2s}(t)\sin\omega_2 t, & \text{发送“0”符号}\end{cases}\tag{7-68}$$

假设在（0，T_s）发送“1”信号，则上、下支路两个带通滤波器的输出波形 $y_1(t)$ 和 $y_2(t)$ 分别为

$$y_1(t)=[a+n_{1c}(t)]\cos\omega_1 t-n_{1s}(t)\sin\omega_1 t$$

$$y_2(t)=n_{2c}(t)\cos\omega_2 t-n_{2s}(t)\sin\omega_2 t$$

$y_1(t)$ 与相干载波 $2\cos\omega_1 t$ 相乘后的波形 $z_1(t)$ 为

$$\begin{aligned}z_1(t)&=2y_1(t)\cos\omega_1 t\\&=[a+n_{1c}(t)]+[a+n_{1c}(t)]\cos2\omega_1 t-n_{1s}(t)\sin2\omega_1 t\end{aligned}\tag{7-69}$$

$y_2(t)$ 与相干载波 $2\cos\omega_2 t$ 相乘后的波形 $z_2(t)$ 为

$$\begin{aligned}z_2(t)&=2y_2(t)\cos\omega_2 t\\&=n_{2c}(t)+n_{2c}(t)\cos2\omega_2 t-n_{2s}(t)\sin2\omega_2 t\end{aligned}\tag{7-70}$$

$z_1(t)$ 和 $z_2(t)$ 分别通过上下两个支路低通滤波器的输出 $x_1(t)$ 和 $x_2(t)$ 为

$$x_1(t)=a+n_{1c}(t)\tag{7-71}$$

$$x_2(t)=n_{2c}(t)\tag{7-72}$$

式中，a 为信号成分；$n_{1c}(t)$ 和 $n_{2c}(t)$ 均为低通型高斯噪声，其均值为零，方差为 σ_n^2。因此，$x_1(t)$ 和 $x_2(t)$ 在 kT_s 时刻抽样值的一维概率密度函数分别为

$$f(x_1)=\frac{1}{\sqrt{2\pi}\sigma_n}\exp\left[-\frac{(x_1-a)^2}{2\sigma_n^2}\right] \tag{7-73}$$

$$f(x_2)=\frac{1}{\sqrt{2\pi}\sigma_n}\exp\left(-\frac{x_2^2}{2\sigma_n^2}\right) \tag{7-74}$$

当 $x_1(t)$ 的抽样值 x_1 小于 $x_2(t)$ 的抽样值 x_2 时，判决器输出“0”符号，发生将“1”符号判为“0”符号的错误，其错误概率 $P(0|1)$ 为

$$P(0|1)=P(x_1<x_2)=P(x_1-x_2<0)=P(z<0)$$

式中，$z=x_1-x_2$。由第2章随机信号分析可知，z 是高斯型随机变量，其均值为 a，方差为 $\sigma_z^2=2\sigma_n^2$，z 的一维概率密度函数 $f(z)$ 为

$$f(z)=\frac{1}{\sqrt{2\pi}\sigma_z}\exp\left[-\frac{(z-a)^2}{2\sigma_z^2}\right]=\frac{1}{2\sqrt{\pi}\sigma_n}\exp\left[-\frac{(z-a)^2}{4\sigma_n^2}\right] \tag{7-75}$$

因此，错误概率 $P(0|1)$ 为

$$\begin{aligned}P(0|1)&=P(x_1<x_2)=P(z<0)\\&=\int_{-\infty}^{0}f(z)\,\mathrm{d}z=\frac{1}{\sqrt{2\pi}\sigma_z}\int_{-\infty}^{0}\exp\left[-\frac{(x-a)^2}{2\sigma_z^2}\right]\mathrm{d}z\\&=\frac{1}{2}\mathrm{erfc}\left(\sqrt{\frac{r}{2}}\right)\end{aligned} \tag{7-76}$$

同理可得，发送“0”错判为“1”概率 $P(1|0)$ 为

$$P(1|0)=P(x_1>x_2)=\frac{1}{2}\mathrm{erfc}\left(\sqrt{\frac{r}{2}}\right)$$

于是可得2FSK信号采用同步检测时系统总误码率 P_e 为

$$P_e=P(1)P(0|1)+P(0)P(1|0)=\frac{1}{2}\mathrm{erfc}\left(\sqrt{\frac{r}{2}}\right) \tag{7-77}$$

式中，r 为信噪比，$r=\dfrac{a^2}{2\sigma_n^2}$。在大信噪比条件下，即 $r\gg1$ 时，式（7-77）可近似表示为

$$P_e=\frac{1}{\sqrt{2\pi r}}e^{-\frac{r}{2}} \tag{7-78}$$

2. 包络检波法的系统性能

与2ASK信号解调相似，2FSK信号也可以采用包络检波法解调，性能分析模型如图7-26所示。与同步检测法解调相同，接收端上下支路两个带通滤波器的输出波形 $y_1(t)$ 和 $y_2(t)$ 分别表示为式（7-67）和式（7-68），若在（0，T_s）发送“1”，上、下支路两个带通滤波器的输出波形 $y_1(t)$ 和 $y_2(t)$ 分别为

$$\begin{aligned}y_1(t)&=[a+n_{1c}(t)]\cos\omega_1t-n_{1s}(t)\sin\omega_1t\\&=\sqrt{[a+n_{1c}(t)+n_{1s}^2(t)}\cos[\omega_1t+\varphi_1(t)]\end{aligned} \tag{7-79}$$

$$y_2(t)=n_{2c}(t)\cos\omega_2t-n_{2s}(t)\sin\omega_2t$$

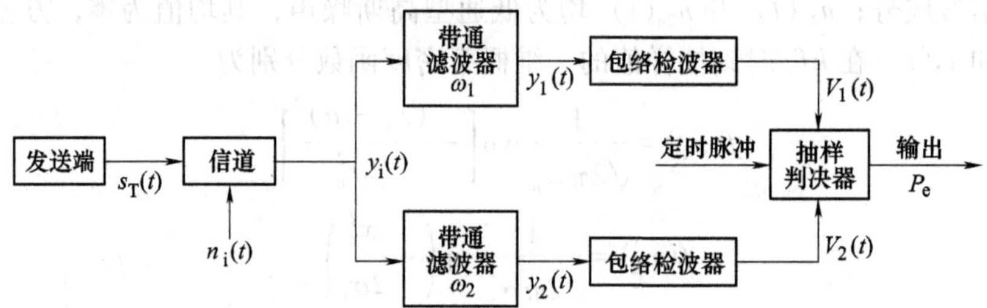

图 7-26　2FSK 信号采用包络检测波法解调性能分析模型

$$=\sqrt{n_{2c}^2(t)+n_{2s}^2(t)}\cos[\omega_2 t+\varphi_2(t)] \tag{7-80}$$

式中，$V_1(t)=\sqrt{[a+n_{1c}(t)]^2+n_{1s}^2(t)}$ 是 $y_1(t)$ 的包络；$V_2(t)=\sqrt{n_{2c}^2(t)+n_{2s}^2(t)}$ 是 $y_2(t)$ 的包络。在 kT_s 时刻，抽样判决器的抽样值分别为

$$V_1=\sqrt{[a+n_{1c}]^2+n_{1s}^2} \tag{7-81}$$

$$V_2=\sqrt{n_{2c}^2+n_{2s}^2} \tag{7-82}$$

由随机信号分析可知，V_1 服从广义瑞利分布，V_2 服从瑞利分布。V_1、V_2 的一维概率密度函数分别为

$$f(V_1)=\frac{V_1}{\sigma_n^2}I_0\left(\frac{aV_1}{\sigma_n^2}\right)e^{-(V_1^2+a^2)/2\sigma_n^2} \tag{7-83}$$

$$f(V_2)=\frac{V_2}{\sigma_n^2}e^{-V_2^2/2\sigma_n^2} \tag{7-84}$$

在 2FSK 信号的解调器中，抽样判决器的判决过程与 2ASK 不同。在 2ASK 信号解调中，判决是与一个固定的门限比较。在 2FSK 信号解调中，判决是对上下两路包络的抽样值进行比较，即：当 $V_1(t)$ 的抽样值 V_1 大于 $V_2(t)$ 的抽样值 V_2 时，判决器输出为“1”，此时是正确判决；当 $V_1(t)$ 的抽样值小于 $V_2(t)$ 的抽样值 V_2 时，判决器输出为“0”，此时是错误判决，错误概率为

$$\begin{aligned}P(0\mid1)=P(V_1\leqslant V_2)&=\iint_c f(V_1)f(V_2)\,dV_1dV_2\\&=\int_0^{\infty}f(V_1)\left[\int_{V_2=V_1}^{\infty}f(V_2)\,dV_2\right]dV_1\\&=\int_0^{\infty}\frac{V_1}{\sigma_n^2}I_0\left(\frac{aV_1}{\sigma_n^2}\right)e^{-(V_1^2+a^2)/2\sigma_n^2}\left(\int_{V_2=V_1}^{\infty}\frac{V_2}{\sigma_n^2}e^{-V_2^2/2\sigma_n^2}dV_2\right)dV_1\\&=\int_0^{\infty}\frac{V_1}{\sigma_n^2}I_0\left(\frac{aV_1}{\sigma_n^2}\right)e^{-(2V_1^2+a^2)/2\sigma_n^2}dV_1\end{aligned}$$

令 $t=\dfrac{\sqrt{2}V_1}{\sigma_n}$，$z=\dfrac{a}{\sqrt{2}\sigma_n}$，可得

$$P(0\mid1)=\int_0^{\infty}\frac{1}{\sqrt{2}\sigma_n}\left(\frac{\sqrt{2}V_1}{\sigma_n}\right)I_0\left(\frac{a}{\sqrt{2}\sigma_n}\cdot\frac{\sqrt{2}V_1}{\sigma_n}\right)e^{-V_1^2/\sigma_n^2}e^{-a^2/2\sigma_n^2}\left(\frac{\sigma_n}{\sqrt{2}}\right)d\left(\frac{\sqrt{2}V_1}{\sigma_n}\right)$$

$$= \frac{1}{2}\int_0^{\infty} t\mathrm{I}_0(zt)\,\mathrm{e}^{-t^2/2}\mathrm{d}t = \frac{1}{2}\mathrm{e}^{-z^2/2}\int_0^{\infty} t\mathrm{I}_0(zt)\,\mathrm{e}^{-(t^2+z^2)/2}\mathrm{d}t$$

$$= \frac{1}{2}\mathrm{e}^{-z^2/2} = \frac{1}{2}\mathrm{e}^{-r/2}$$

式中，$r=z^2=\dfrac{a^2}{2\sigma_n^2}$。

同理可得发送“0”符号时判为“1”的错误概率 $P(1|0)$ 为

$$P(1|0) = P(V_1 > V_2) = \frac{1}{2}\mathrm{e}^{-r/2}$$

2FSK 信号包络检波法解调时系统总的误码率 P_e 为

$$P_e = P(1)P(0|1) + P(0)P(1|0) = \frac{1}{2}\mathrm{e}^{-r/2} \tag{7-85}$$

比较式（7-77）和式（7-85）可以看出，在大信噪比条件下，2FSK 信号采用包络检波法解调性能与同步检测法解调性能接近，同步检测法性能较好。对 2FSK 信号还可以采用其他方式进行解调，有兴趣的读者可以参考其他有关书籍。

7.2.3　二进制移相键控（2PSK）和二进制差分相位键控（2DPSK）系统的抗噪声性能

在二进制移相键控方式中，有绝对调相和相对调相两种调制方式，相应的解调方法也有相干解调和差分相干解调，下面分别讨论相干解调和差分相干解调系统的抗噪声性能。

1. 2PSK 相干解调系统性能

2PSK 信号的解调通常都是采用相干解调方式（又称为极性比较法），其性能分析模型如图 7-27 所示。在码元时间宽度 T_s 区间，发送端产生的 2PSK 信号可表示为

$$s_T(t) = \begin{cases} u_{1T}(t) & \text{发送“1”符号} \\ u_{0T}(t) = -u_{1T}(t) & \text{发送“0”符号} \end{cases} \tag{7-86}$$

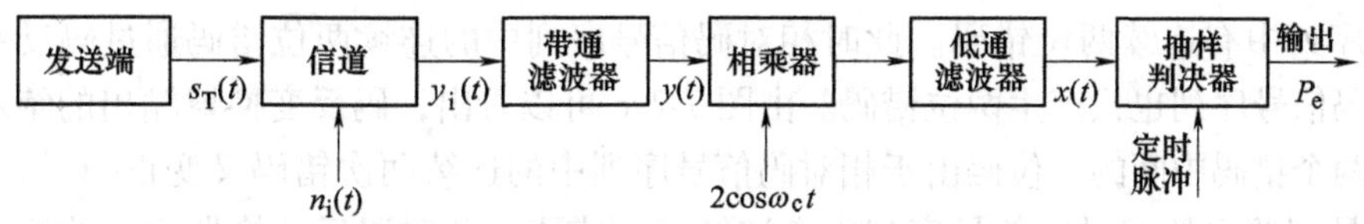

图 7-27　2PSK 信号相干解调系统性能分析模型

$$u_{1T}(t) = \begin{cases} A\cos\omega_c t, & 0 < t < T_s \\ 0, & \text{其他} \end{cases}$$

2PSK 信号采用相干解调方式与 2ASK 信号采用相干解调方式分析方法类似。在发送“1”符号和发送“0”符号概率相等时，最佳判决门限 $b^* = 0$。此时，2PSK 系统的总误码率 P_e 为

$$P_e = P(1)P(0|1) + P(0)P(0|1) = \frac{1}{2}\mathrm{erfc}(\sqrt{r}) \tag{7-87}$$

在大信噪比（$r\gg1$）条件下，式（7-87）可近似表示为

$$P_e \approx \frac{1}{2\sqrt{\pi r}}e^{-r} \tag{7-88}$$

2. 2DPSK 信号相干解调系统性能

2DPSK 信号有两种解调方式，一种是差分相干解调，另一种是相干解调加码反变换器。首先讨论相干解调加码反变换器方式，分析模型如图 7-28 所示。由图 7-28 可知，2DPSK 信号采用相干解调加码反变换器方式解调时，码反变换器输入端的误码率即是 2PSK 信号采用相干解调时的误码率，由式（7-87）确定。该点信号序列是相对码序列，还需要通过码反变换器变成绝对码序列输出。因此，此时只需要再分析码反变换器对误码率的影响即可。

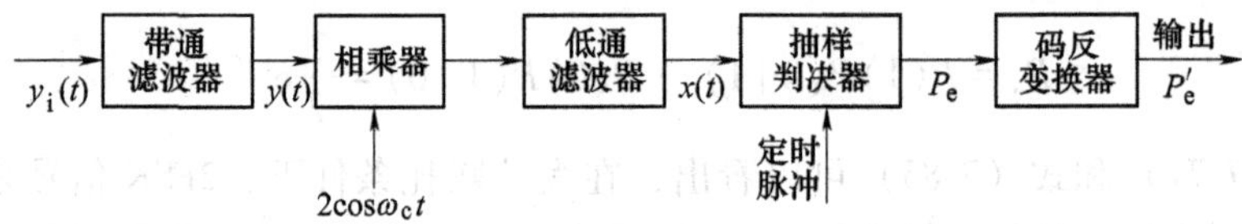

图 7-28　2DPSK 信号相干解调系统性能分析模型

为了分析码反变换器对误码的影响，我们用一组图形来加以说明。图 7-29a 所示波形是解调出的相对码信号序列，没有错码，因此通过码反变换器变成绝对码信号序列输出也没有错码。图 7-29b 所示波形是解调出的相对码信号序列，有一位错码。通过分析可得：相对码信号序列中的一位错码通过码反变换器输出的绝对码信号序列将产生两位错码。图 7-29c 所示波形是解调出的相对码信号，序列中有连续两位错码。此时相对码信号序列中的连续两位错码通过码反变换器输出的绝对码信号序列也只产生两位错码。由图 7-29c 可以看出，码反变换器输出的绝对码信号序列中，两个错码中间的一位码由于相对码信号序列中的连续两次错码又变正确了。图 7-29d 所示波形是解调出的相对码信号序列中有连续五位错码。此时码反变换器输出的绝对码信号序列也只产生两位错码。由于相对码信号序列中有前后两个错码从而使得输出绝对码序列中两个错码之间的四位码都变正确了。依次类推，若码反变换器输入相对码信号序列中出现连续 n 个错码，则输出绝对码信号序列中也只有两个错码。

	发送绝对码		0	0	1	0	1	1	0	1	1	1
	发送相对码	0	0	0	1	1	0	1	1	0	1	0
a)	无错：接收相对码		0	0	1	1	0	1	1	0	1	0
	绝对码			0	1	0	1	1	0	1	1	1
b)	错1：接收相对码		0	0	1	$0_\times$	0	1	1	0	1	0
	绝对码			0	1	$1_\times$	$0_\times$	1	0	1	1	1
c)	错2：接收相对码		0	0	1	$0_\times$	$1_\times$	1	1	0	1	0
	绝对码			0	1	$1_\times$	1	$0_\times$	0	1	1	1
d)	错5：接收相对码		0	0	1	$0_\times$	$1_\times$	$0_\times$	$0_\times$	$1_\times$	1	0
	绝对码			0	1	$1_\times$	1	1	0	1	$0_\times$	1

图 7-29　码反变换器对错码的影响（用×表示错码位置）

相对码信号序列的错误情况由连续一个错码、连续两个错码、……、连续 n 个错码、…… 图样所组成。设 P_e 为码反变换器输入端相对码序列的误码率，并假设每个码出错概率相等且统计独立，P'_e为码反变换器输出端绝对码序列的误码率，由以上分析可得

$$P'_e = 2P_1 + 2P_2 + \cdots + 2P_n + \cdots \tag{7-89}$$

式中，P_n 为码反变换器输入端相对码序列连续出现 n 个错码的概率，由图 7-29 分析可得

$$P_1 = (1 - P_e)P_e(1 - P_e) = (1 - P_e)^2P_e$$

$$P_2 = (1 - P_e)P_e^2(1 - P_e) = (1 - P_e)^2 P_e^2$$

$$\vdots$$

$$P_n = (1 - P_e)P_e^n(1 - P_e) = (1 - P_e)^2 P_e^n \tag{7-90}$$

将式（7-90）代入式（7-89）可得

$$\begin{aligned} P'_e &= 2(1 - P_e)^2(P_e + P_e^2 + \cdots + P_e^n + \cdots) \\ &= 2(1 - P_e)^2 P_e(1 + P_e + P_e^2 + \cdots + P_e^n + \cdots) \end{aligned} \tag{7-91}$$

因为误码率 $P_e<1$，所以式（7-92）成立：

$$P'_e = 2(1 - P_e)P_e \tag{7-92}$$

将 2PSK 信号采用相干解调时的误码率表示式（7-87）代入式（7-92），则可得到 2DPSK 信号采用相干解调加码反变换器方式解调时的系统误码率为

$$P'_e = \frac{1}{2}[1 - (\mathrm{erf}\sqrt{r})^2] \tag{7-93}$$

当相对码的误码率 $P_e \ll 1$ 时，式（7-92）可近似表示为

$$P'_e = 2P_e \tag{7-94}$$

即此时码反变换器输出端绝对码序列的误码率是码反变换器输入端相对码序列误码率的两倍。可见，码反变换器的影响是使输出误码率增大。

3. 2DPSK 信号差分相干解调系统性能

2DPSK 信号差分相干解调方式也称为相位比较法，一种非相干解调方式，其性能分析模型如图 7-30 所示。由解调器原理图可以看出，解调过程中需要对间隔为 T_s 的前后两个码元进行比较。假设当前发送的是“1”符号，并且前一个时刻发送的也是“1”符号，则带通滤波器输出 $y_1(t)$ 和延迟器输出 $y_2(t)$ 分别为

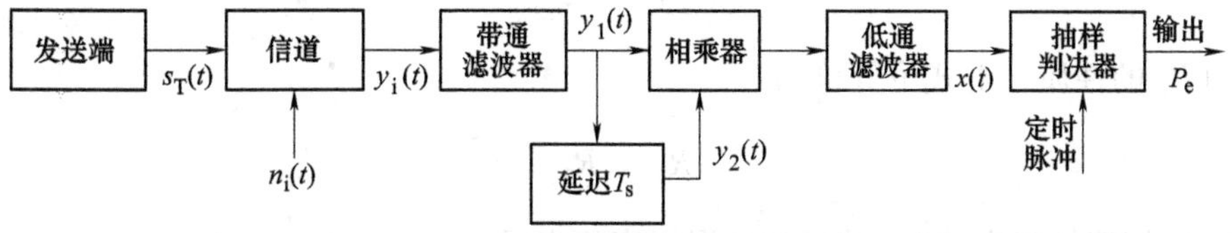

图 7-30　2DPSK 信号差分相干解调系统性能分析模型

$$y_1(t) = a\cos\omega_c t + n_1(t) = [a + n_{1c}(t)]\cos\omega_c t - n_{1s}(t)\sin\omega_c t \tag{7-95}$$

$$y_2(t) = a\cos\omega_c t + n_2(t) = [a + n_{2c}(t)]\cos\omega_c t - n_{2s}(t)\sin\omega_c t \tag{7-96}$$

式中，$n_1(t)$ 和 $n_2(t)$ 分别为无延迟支路的窄带高斯噪声和有延迟支路的窄带高斯噪声，并且 $n_1(t)$ 和 $n_2(t)$ 相互独立。低通滤波器的输出在抽样时刻的样值为

$$x = \frac{1}{2}[(a + n_{1c})(a + n_{2c}) + n_{1s}n_{2s}] \tag{7-97}$$

若 $x>0$，则判决为“1”符号，即正确判决；若 $x<0$，则判决为“0”符号，即错误判决。

“1”符号判为“0”符号的概率为

$$P(0|1) = P\{x < 0\} = P\left\{\frac{1}{2}(a + n_{1c})(a + n_{2c}) + n_{1s}n_{2s} < 0\right\} \tag{7-98}$$

利用恒等式

$$x_1x_2 + y_1y_2 = \frac{1}{4}\{[(x_1 + x_2)^2 + (y_1 + y_2)^2] - [(x_1 - x_2)^2 + (y_1 - y_2)^2]\} \tag{7-99}$$

令式（7-99）中 $x_1=a+n_{1c}$，$x_2=a+n_{2c}$，$y_1=n_{1s}$，$y_2=n_{2s}$，则式（7-97）可转换为

$$x = \frac{1}{8}[(2a + n_{1c} + n_{2c})^2 + (n_{1s} + n_{2s})^2 - (n_{1c} - n_{2c})^2 - (n_{1s} + n_{2s})^2] \tag{7-100}$$

若判为“0”符号，则有

$$\begin{aligned} &\frac{1}{8}[(2a + n_{1c} + n_{2c})^2 + (n_{1s} + n_{2s})^2 - (n_{1c} - n_{2c})^2 - (n_{1s} + n_{2s})^2] < 0 \\ &(2a + n_{1c} + n_{2c})^2 + (n_{1s} + n_{2s})^2 - (n_{1c} - n_{2c})^2 - (n_{1s} + n_{2s})^2 < 0 \\ &(2a + n_{1c} + n_{2c})^2 + (n_{1s} + n_{2s})^2 < (n_{1c} - n_{2c})^2 + (n_{1s} + n_{2s})^2 \end{aligned} \tag{7-101}$$

令

$$R_1 = \sqrt{(2a + n_{1c} + n_{2c})^2 + (n_{1s} + n_{2s})^2}$$

$$R_2 = \sqrt{(n_{1c} - n_{2c})^2 + (n_{1s} - n_{2s})^2}$$

则式（7-101）可化简为

$$R_1^2 < R_2^2$$

根据 R_1^2 和 R_2^2 的性质，上式可等价为

$$R_1 < R_2$$

此时，将“1”符号判为“0”符号的错误概率可表示为

$$P(0\,|\,1) = P\{x < 0\} = P\{R_1 < R_2\}$$

因为 n_{1c}、n_{2c}、n_{1s}、n_{2s}是相互独立的高斯随机变量，且均值为0，方差相等为 σ_n^2，根据高斯随机变量之和仍为高斯随机变量，且均值为各随机变量的均值的代数和，方差为各随机变量方差之和的性质，则 $n_{1c}+n_{2c}$是零均值、方差为 $2\sigma_n^2$ 的高斯随机变量。同理，$n_{1s}+n_{2s}$、$n_{1c}-n_{2c}$、$n_{1s}-n_{2s}$都是零均值、方差为$2\sigma_n^2$的高斯随机变量。由随机信号分析理论可知，R_1 的一维分布服从广义瑞利分布，R_2 的一维分布服从瑞利分布，其概率密度函数分别为

$$f(R_1) = \frac{R_1}{2\sigma_n^2} I_0\left(\frac{aR_1}{\sigma_n^2}\right) e^{-(R_1^2+4a^2)/4\sigma_n^2} \tag{7-102}$$

$$f(R_2) = \frac{R_2}{2\sigma_n^2} e^{-R_2^2/4\sigma_n^2} \tag{7-103}$$

将式（7-100）代入式（7-98）可得

$$\begin{aligned}P(0|1) &= P\{x<0\} = P\{R_1<R_2\}\\ &= \int_0^\infty f(R_1)\left[\int_{R_2=R_1}^\infty \mathrm{f}(R_2)\,\mathrm{d}R_2\right]\mathrm{d}R_1\\ &= \int_0^\infty \frac{R_1}{2\sigma_n^2}\mathrm{I}_0\left(\frac{aR_1}{\sigma_n^2}\right)\mathrm{e}^{-(R_1^2+4a^2)/4\sigma_n^2}\left[\int_{R_2=R_1}^\infty \frac{R_2}{\sigma_n^2}\mathrm{e}^{-R_2^2/2\sigma_n^2}\mathrm{d}R_2\right]\mathrm{d}R_1\\ &= \int_0^\infty \frac{R_1}{2\sigma_n^2}\mathrm{I}_0\left(\frac{aR_1}{\sigma_n^2}\right)\mathrm{e}^{-(2R_1^2+4a^2)/4\sigma_n^2}\mathrm{d}R_1\\ &= \frac{1}{2}\mathrm{e}^{-r}\end{aligned}$$

式中，$r=\dfrac{a^2}{2\sigma_n^2}$。

同理可以求得将“0”符号错判为“1”符号的概率 $P(1|0)=P(0|1)$，即

$$P(1|0)=\frac{1}{2}\mathrm{e}^{-r}$$

因此，2DPSK 信号差分相干解调系统的总误码率 P_e 为

$$P_e=\frac{1}{2}\mathrm{e}^{-r} \tag{7-104}$$

【例 7-2】 若采用 2DPSK 方式传送二进制数字信息，已知发送端发出的信号振幅为 5V，输入接收端解调器的高斯噪声功率 $\sigma_n^2=3\times10^{-12}$W，今要求误码率 $P_e=10^{-5}$。试求：

（1）采用差分相干接收时，由发送端到解调器输入端的衰减为多少？

（2）采用相干解调-码反变换接收时，由发送端到解调器输入端的衰减为多少？

解　（1）2DPSK 方式传输，采用差分相干接收，其误码率为

$$P_e=\frac{1}{2}\mathrm{e}^{-r}=10^{-5}$$

可得

$$r=10.82$$

又因为

$$r=\frac{a^2}{2\sigma_n^2}$$

可得

$$a=\sqrt{2\sigma_n^2 r}=\sqrt{6.492\times10^{-11}}=8.06\times10^{-6}$$

衰减分贝数为

$$k=20\lg\frac{5}{a}=20\lg\frac{5}{8.06\times10^{-6}}\mathrm{dB}=115.9\mathrm{dB}$$

（2）采用相干解调-码反变换接收时误码率为

$$P_e\approx 2P=\mathrm{erfc}(\sqrt{\pi})\approx\frac{1}{\sqrt{\pi r}}\mathrm{e}^{-r}=10^{-5}$$

可得

$$r = 9.8$$

$$a = \sqrt{2\sigma_n^2 r}\sqrt{5.88 \times 10^{-11}} = 7.67 \times 10^{-6}$$

衰减分贝数为

$$k = 20\lg\frac{5}{a} = 20\lg\frac{5}{7.76 \times 10^{-6}}\text{dB} = 116.3\text{dB}$$

由分析结果可以看出，当系统误码率较小时，2DPSK 系统采用差分相干方式接收与采用相干解调-码反变换方式接收的性能很接近。

7.3　二进制数字调制系统的性能比较

在数字通信中，误码率是衡量数字通信系统的重要指标之一，7.2 节我们对各种二进制数字通信系统的抗噪声性能进行了详细的分析。下面将对二进制数字通信系统的误码率、频带利用率、对信道的适应能力等方面的性能做进一步的比较。

1. 误码率

二进制数字调制方式有 2ASK、2FSK、2PSK 及 2DPSK，每种数字调制方式又有相干解调方式和非相干解调方式。表 7-1 列出了各种二进制数字调制系统的误码率 P_e 与输入信噪比 r 的数学关系。

表 7-1　二进制数字调制系统的误码率公式一览表

调制方式	误码率	
	相干解调	非相干解调
2ASK	$\frac{1}{2}\text{erfc}\left(\sqrt{\frac{r}{4}}\right)$	$\frac{1}{2}e^{-\frac{r}{4}}$
2FSK	$\frac{1}{2}\text{erfc}\left(\sqrt{\frac{r}{2}}\right)$	$\frac{1}{2}e^{-\frac{r}{2}}$
2PSK/2DPSK	$\frac{1}{2}\text{erfc}(\sqrt{r})$	$\frac{1}{2}e^{-r}$

由表 7-1 可以看出，从横向来比较，对同一种数字调制信号，采用相干解调方式的误码率低于采用非相干解调方式的误码率。从纵向来比较，在误码率 P_e 一定的情况下，2PSK、2FSK、2ASK 系统所需要的信噪比关系为

$$r_{2ASK} = 2r_{2FSK} = 4r_{2PSK} \tag{7-105}$$

式（7-105）表明，若都采用相干解调方式，在误码率 P_e 相同的情况下，所需要的信噪比 2ASK 是 2FSK 的 2 倍，2FSK 是 2PSK 的 2 倍，2ASK 是 2PSK 的 4 倍；若都采用非相干解调方式，在误码率 P_e 相同的情况下，所需要的信噪比 2ASK 是 2FSK 的 2 倍，2FSK 是 2DPSK 的 2 倍，2ASK 是 2DPSK 的 4 倍。

将式（7-105）转换为分贝表示式为

$$(r_{2ASK})_{dB} = 3dB + (r_{2FSK})_{dB} = 6dB + (r_{2PSK})_{dB} \tag{7-106}$$

式（7-106）表明，若都采用相干解调方式，在误码率 P_e 相同的情况下，所需要的信噪比 2ASK 比 2FSK 高 3dB，2FSK 比 2PSK 高 3dB，2ASK 比 2PSK 高 6dB；若都采用非相干解调方式，在误码率 P_e 相同的情况下，所需要的信噪比 2ASK 比 2FSK 高 3dB，2FSK 比 2DPSK 高 3dB，2ASK 比 2DPSK 高 6dB。

反过来，若信噪比 r 一定，2PSK 系统的误码率低于 2FSK 系统，2FSK 系统的误码率低于 2ASK 系统。

根据表 7-1 所画出的三种数字调制系统的误码率 P_e 与信噪比 r 的关系曲线如图 7-31 所示。可以看出，在相同的信噪比 r 下，相干解调的 2PSK 系统的误码率 P_e 最小。

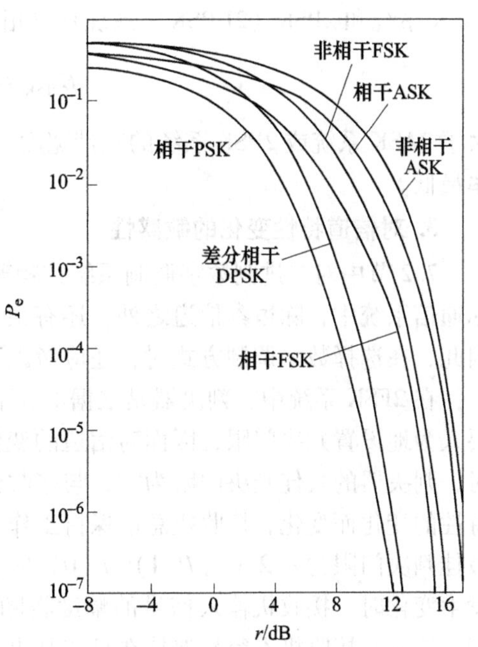

图 7-31　误码率 P_e 与信噪比 r 的关系曲线

例如，在误码率 $P_e = 10^{-5}$ 的情况下，相干解调时三种二进制数字调制系统所需的信噪比见表 7-2。

表 7-2　$P_e = 10^{-5}$ 时 2ASK、2FSK 和 2PSK 所需要的信噪比

方式	信噪比 r	
	倍数	分贝数
2ASK	36.4	15.6
2FSK	18.2	12.6
2PSK	9.1	9.6

若信噪比 $r = 10$，三种二进制数字调制系统所达到的误码率见表 7-3。

表 7-3　$r = 10$ 时 2ASK、2FSK、2PSK/2DPSK 的误码率

方式	误码率	
	相干解调	非相干解调
2ASK	1.26×10^{-2}	4.1×10^{-2}
2FSK	7.9×10^{-4}	3.37×10^{-3}
2PSK/2DPSK	3.9×10^{-6}	2.27×10^{-5}

2. 频带宽度

若传输的码元时间宽度为 T_s，则 2ASK 系统和 2PSK（2DPSK）系统的频带宽度近似为 $2/T_s$，即

$$B_{2ASK} = B_{2PSK} = \frac{2}{T_s}$$

2ASK 系统和 2PSK（2DPSK）系统具有相同的频带宽度。2FSK 系统的频带宽度近似为

$$B_{2FSK} = | f_2 - f_1 | + \frac{2}{T_s} \tag{7-107}$$

大于 2ASK 系统或 2PSK 系统的频带宽度。因此，从频带利用率上看，2FSK 系统的频带利用率最低。

3. 对信道特性变化的敏感性

7.2 节中对二进制数字调制系统抗噪声性能分析，都是针对恒参信道条件进行的。在实际通信系统中，除恒参信道之外，还有很多信道属于随参信道，也即信道参数随时间变化。因此，在选择数字调制方式时，还应考虑系统对信道特性的变化是否敏感。

在 2FSK 系统中，判决器是根据上、下两个支路解调输出样值的大小来做出判决，不需要人为地设置判决门限，因而对信道的变化不敏感。在 2PSK 系统中，当发送符号概率相等时，判决器的最佳判决门限为零，与接收机输入信号的幅度无关。因此，判决门限不随信道特性的变化而变化，接收机总能保持工作在最佳判决门限状态。对于 2ASK 系统，判决器的最佳判决门限为 $a/2$（当 $P(1)=P(0)$ 时），它与接收机输入信号的幅度有关。当信道特性发生变化时，接收机输入信号的幅度将随着发生变化，从而导致最佳判决门限也将随之而变。这时，接收机不容易保持在最佳判决门限状态，因此，2ASK 对信道特性变化敏感，性能最差。

通过从几个方面对各种二进制数字调制系统进行比较可以看出，对调制和解调方式的选择需要考虑的因素较多。通常，只有对系统的要求做全面的考虑，并且抓住其中最主要的要求，才能做出比较恰当的选择。在恒参信道传输中，如果要求较高的功率利用率，则应选择相干 2PSK 和 2DPSK，而 2ASK 最不可取；如果要求较高的频带利用率，则应选择相干 2PSK、2DPSK 及 2ASK，而 2FSK 最不可取。若传输信道是随参信道，则 2FSK 具有更好的适应能力。

7.4　多进制数字调制系统

二进制数字调制系统是数字通信系统最基本的方式，具有较好的抗干扰能力。由于二进制数字调制系统频带利用率较低，使其在实际应用中受到一些限制。在信道频带受限时，为了提高频带利用率，通常采用多进制数字调制系统，其代价是增加信号功率和实现上的复杂性。

由信息传输速率 R_b、码元传输速率 R_B 和进制数 M 之间的关系

$$R_B = \frac{R_b}{\log_2 M}(\text{Baud})$$

可知，在信息传输速率不变的情况下，通过增加进制数 M，可以降低码元传输速率，从而减小信号带宽，节约频带资源，提高系统频带利用率。由关系式

$$R_b = R_B \log_2 M(\text{bit/s})$$

可以看出，在码元传输速率不变的情况下，通过增加进制数 M，可以增大信息传输速率，从而在相同的带宽中传输更多的信息量。

在多进制数字调制中，每个符号时间间隔 $0 \leqslant t \leqslant T_s$，可能发送的符号有 M 种，分别为

$s_1(t), s_2(t), \cdots, s_M(t)$。在实际应用中，通常取 $M=2^N$，N 为大于 1 的正整数。与二进制数字调制系统相类似，若用多进制数字基带信号去调制载波的振幅、频率或相位，则可相应地产生多进制数字振幅调制、多进制数字频率调制和多进制数字相位调制。下面分别介绍三种多进制数字调制系统的原理。

7.4.1　多进制数字振幅调制系统

多进制数字振幅调制又称多电平调制，它是二进制数字振幅键控方式的推广。M 进制数字振幅调制信号的载波幅度有 M 种取值，在每个符号时间间隔 T_s 内发送 M 个幅度中的一种幅度的载波信号。M 进制数字振幅调制信号可表示为 M 进制数字基带信号与正弦载波相乘的形式，其时域表达式为

$$e_{\mathrm{MASK}}(t) = \sum_n a_n g(t - nT_s)\cos\omega_c t \tag{7-108}$$

式中，$g(t)$ 为基带信号波形；T_s 为符号时间间隔；a_n 为幅度值。a_n 共有 M 种取值，通常可选择为 $a_n \in \{0, 1, \cdots, M-1\}$，若 M 种取值的出现概率分别为 P_0，P_1，…，P_{M-1}，则

$$a_n = \begin{cases} 0, & \text{发送概率为 } P_0 \\ 1, & \text{发送概率为 } P_1 \\ \vdots & \quad\vdots \\ M-1, & \text{发送概率为 } P_{M-1} \end{cases} \tag{7-109}$$

且

$$\sum_{i=0}^{M-1} p_i = 1 \tag{7-110}$$

一种四进制数字振幅调制信号的时间波形如图 7-32 所示。

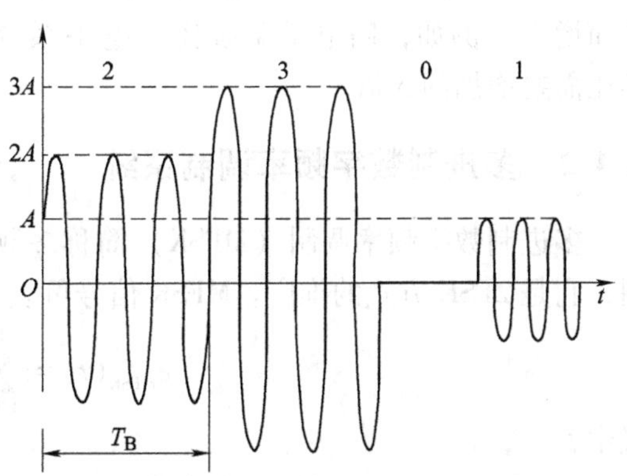

图 7-32　M 进制数字振幅调制信号的时间波形

由式（7-108）可以看出，M 进制数字振幅调制信号的功率谱与 2ASK 信号具有相似的形式。它是 M 进制数字基带信号对正弦载波进行双边带调幅，已调信号带宽是 M 进制数字基带信号带宽的两倍。M 进制数字振幅调制信号每个符号可以传送 $\log_2 M$ 比特信息。在信息传输速率相同时，码元传输速率降低为 2ASK 信号的 $1/\log_2 M$，因此 M 进制数字振幅调制信号的带宽是 2ASK 信号的 $1/\log_2 M$。

除了双边带调制外，多进制数字振幅调制还有多电平残留边带调制、多电平相关编码单边带调制及多电平正交调幅等方式。在多进制数字振幅调制中，基带信号 $g(t)$ 可以采用矩形波形，为了限制信号频谱 $g(t)$ 也可以采用其他波形、如升余弦滚降波形、部分响应波形等。

多进制数字振幅调制信号的解调与 2ASK 信号解调相似，可以采用相干解调方式，也可以采用非相干解调方式。

假设发送端产生的多进制数字振幅调制信号的幅度分别为±d，±$3d$，⋯，±$(M-1)d$，则发送波形可表示为

$$s_T(t)=\begin{cases}\pm u_1(t), & \text{发送 } \pm d \text{ 电平时}\\ \pm u_2(t), & \text{发送 } \pm 3d \text{ 电平时}\\ \vdots & \vdots\\ \pm u_{M/2}(t), & \text{发送 } \pm(M-1)d \text{ 电平时}\end{cases} \tag{7-111}$$

式中，

$$\pm u_1(t)=\begin{cases}\pm d\cos\omega_c t, & 0\leqslant t<T_s\\ 0, & \text{其他}\end{cases}$$

$$\pm u_2(t)=\begin{cases}\pm 3d\cos\omega_c t, & 0\leqslant t<T_s\\ 0, & \text{其他}\end{cases}$$

$$\pm u_{M/2}(t)=\begin{cases}\pm (M-1)d\cos\omega_c t, & 0\leqslant t<T_s\\ 0, & \text{其他}\end{cases}$$

对该M进制数字振幅调制信号进行相干解调，则系统总的误码率P_e为

$$P_e=\left(\frac{M-1}{M}\right)\text{erfc}\left(\frac{3r}{M^2-1}\right) \tag{7-112}$$

式中，r为信噪比，$r=\frac{s}{\sigma_n^2}$。当M取不同值时，M进制数字振幅调制系统总的误码率P_e与信噪比r关系曲线如图 7-33 所示。由此图可以看出，为了得到相同的误码率P_e，所需的信噪比随M增加而增大。例如，四电平系统比二电平系统信噪比需要增加约 5 倍。

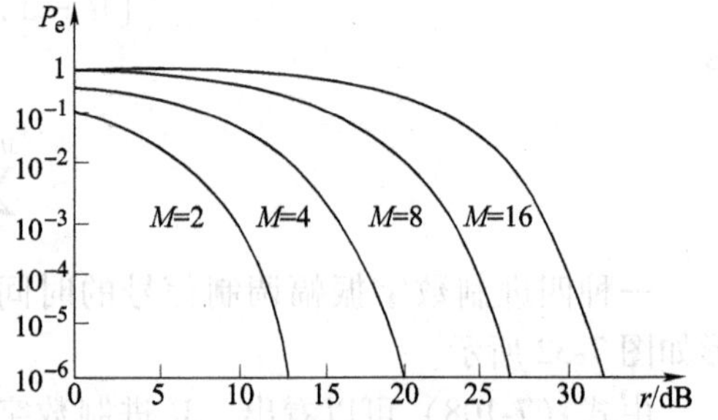

图 7-33　M进制数字振幅调制系统的误码率P_e性能曲线

7.4.2　多进制数字频率调制系统

多进制数字频率调制（MFSK）简称多频调制，它是 2FSK 方式的推广。MFSK 信号可表示为

$$e_{\text{MFSK}}(t)=\sum_{i=1}^{M}s_i(t)\cos\omega_i t \tag{7-113}$$

式中，

$$s_i(t)=\begin{cases}A, & \text{当在时间间隔 } 0\leqslant t<T_s\text{，发送符号为 } i \text{ 时}\\ 0, & \text{当在时间间隔 } 0\leqslant t<T_s\text{，发送符号不为 } i \text{ 时}\end{cases}\quad i=1,2,\cdots,M$$

ω_i为载波角频率，共有M种取值。通常可选载波频率$f_i=\frac{n}{2T_s}$，n为正整数，此时M种发送信号相互正交。

图 7-34 是多进制数字频率调制系统的组成框图。发送端采用键控选频的方式，在一个码元期间T_s内，只有M个频率中的一个被选通输出。接收端采用非相干解调方式，输入的

MFSK 信号通过 M 个中心频率分别为 $f_1, f_2, \cdots, f_M$ 的带通滤波器，分离出发送的 M 个频率，再通过包络检波器、抽样判决器和逻辑电路，从而恢复出二进制信息。

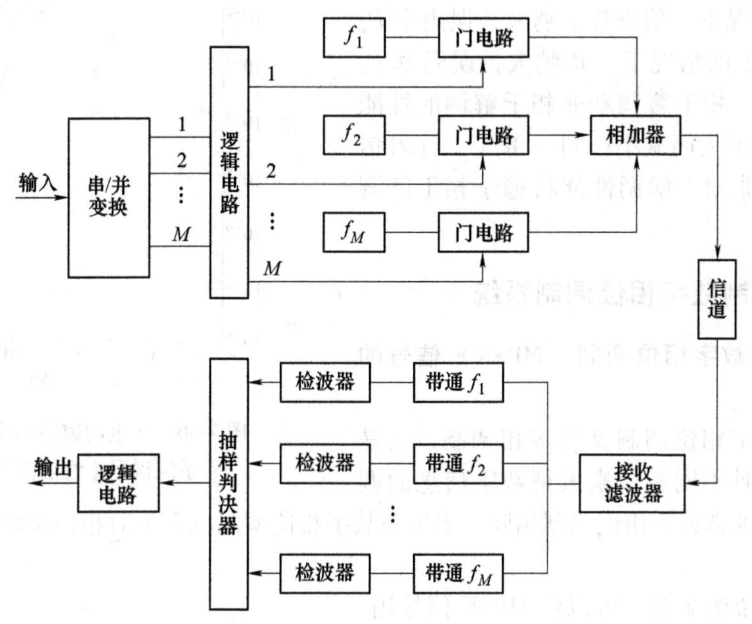

图 7-34　多进制数字频率调整系统的组成框图

多进制数字频率调制信号的带宽近似为

$$B = |f_M - f_1| + \frac{2}{T_s}$$

可见，MFSK 信号具有较宽的频带，因而它的信道频带利用率不高。多进制数字频率调制一般在调制速率不高的场合应用。图 7-35 是无线寻呼系统中四电平调频（4FSK）频率配置方案。

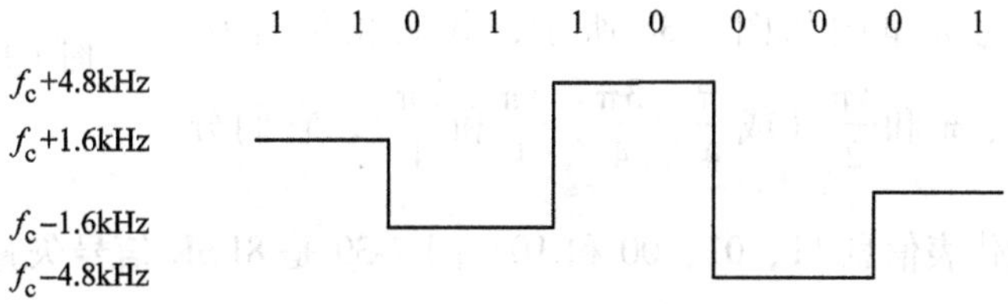

1　1　0　1　1　0　0　0　0　1

f_c+4.8kHz

f_c+1.6kHz

f_c−1.6kHz

f_c−4.8kHz

图 7-35　无线寻呼系统 4FSK 信号频率关系

MFSK 信号采用非相干解调时的误码率为

$$P_e = \int_0^{\infty} x e^{-[(z^2+a^2)/\sigma_n^2]/2} I_0\left(\frac{xa}{\sigma_n}\right)\left[1 - (1 - e^{-z^2/2})^{M-1}\right] dz \approx \left(\frac{M-1}{2}\right) e^{-\frac{r}{2}} \tag{7-114}$$

式中，r 为平均接收信号的信噪比。

MFSK 信号采用相干解调时的误码率为

$$P_e = \frac{1}{\sqrt{2\pi}} \int_{-\infty}^{\infty} e^{-\frac{1}{2[(x-a)/\sigma_n]^2}} \left[1 - \left(\frac{1}{\sqrt{2\pi}}\right) \int_{-\infty}^{x} e^{-u^2/2} du\right]^{M-1} dx \approx \left(\frac{M-1}{2}\right) \operatorname{erfc}\left(\sqrt{\frac{r}{2}}\right) \tag{7-115}$$

多进制数字频率调制系统误码率性能曲线如图 7-36 所示。图中，实线为采用相干解调方式，虚线为采用非相干解调方式。可以看出，在 M 一定的情况下，信噪比 r 越大，误码率 P_e 越小；在 r 一定的情况下，M 越大，误码率 P_e 也越大。另外，相干解调和非相干解调的性能差距将随 M 的增大而减小；同一 M 下，随着信噪比 r 的增加非相干解调性能将趋于相干解调性能。

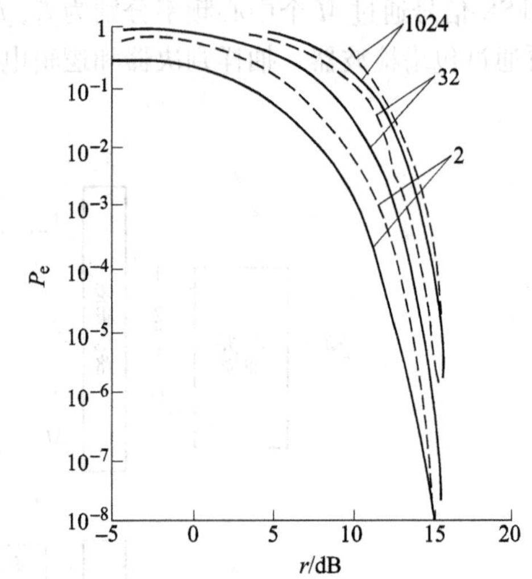

图 7-36　多进制数字频率调制系统误码率性能曲线

7.4.3　多进制数字相位调制系统

1. 多进制数字相位调制（MPSK）信号的表示形式

多进制数字相位调制又称多相调制，它是利用载波的多种不同相位来表征数字信息的调制方式。与二进制数字相位调制相同，多进制数字相位调制也有绝对相位调制和差分相位调制两种。

为了便于说明概念，可以将 MPSK 信号用信号矢量图来描述。图 7-37 是二进制数字相位调制信号矢量图，以 0°载波相位作为参考相位。载波相位只有 0 和 π 或 $\pm\frac{\pi}{2}$ 两种取值，它们分别代表信息 1 和 0。四进制数字相位调制信号矢量图如图 7-38 所示，载波相位有 0、$\frac{\pi}{2}$、π 和 $\frac{3\pi}{2}$（或 $\frac{\pi}{4}$、$\frac{3\pi}{4}$、$\frac{5\pi}{4}$ 和 $\frac{7\pi}{4}$），它们分别代表信息 11、01、00 和 10。图 7-39 是 8PSK 信号矢量图，8 种载波相位分别为 $\frac{\pi}{8}$、$\frac{3\pi}{8}$、$\frac{5\pi}{8}$、$\frac{7\pi}{8}$、$\frac{9\pi}{8}$、$\frac{11\pi}{8}$、$\frac{13\pi}{8}$ 和 $\frac{15\pi}{8}$，分别表示信息 111、110、010、011、001、000、100 和 101。

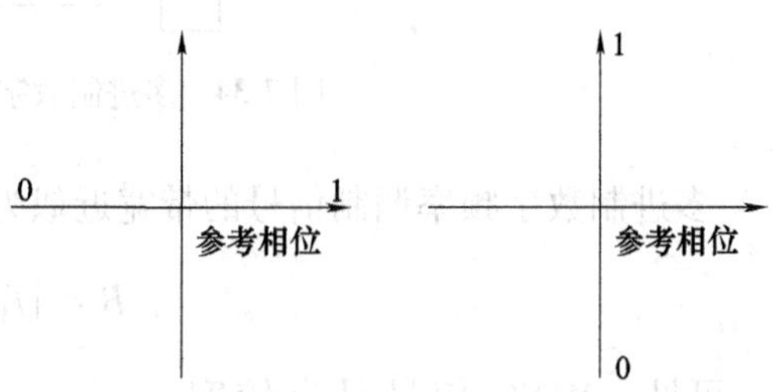

图 7-37　二进制数字相位调制信号矢量图

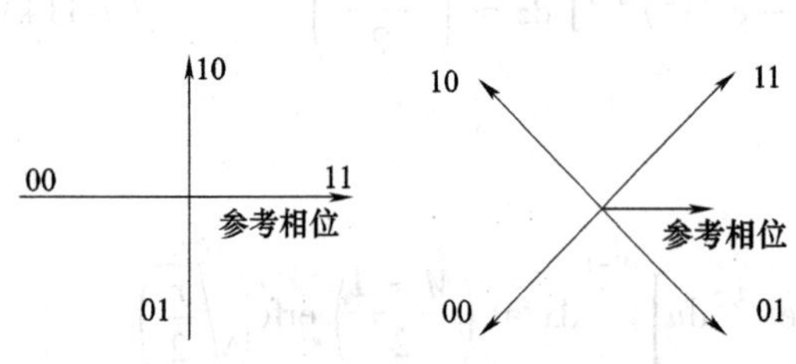

图 7-38　四进制数字相位调制信号矢量图

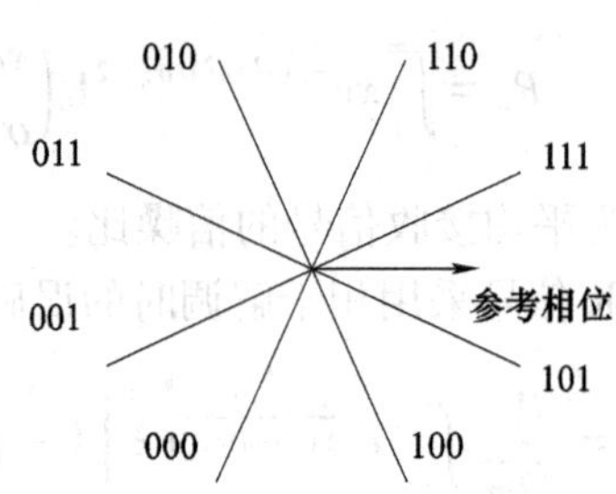

图 7-39　8PSK 信号矢量图

在 M 进制数字相位调制中，是以载波相位的 M 种不同取值分别表示数字信息，因此 M 进制数字相位调制信号可以表示为

$$e_{\mathrm{MPSK}}(t)=\sum_n g(t-nT_\mathrm{s})\cos(\omega_\mathrm{c}t+\varphi_n) \tag{7-116}$$

式中，$g(t)$ 为信号包络波形，通常为矩形波，幅度为 1；T_s 为码元时间宽度；ω_c 为载波角频率；φ_n 为第 n 个码元对应的相位，共有 M 种取值。

对于二相调制，φ_n 可取 0 和 π；对于四相调制，φ_n 可取 0、$\frac{\pi}{2}$、π 和$\frac{3\pi}{2}$；对于八相调制，φ_n 可取$\frac{\pi}{8}$、$\frac{3\pi}{8}$、$\frac{5\pi}{8}$、$\frac{7\pi}{8}$、$\frac{9\pi}{8}$、$\frac{11\pi}{8}$、$\frac{13\pi}{8}$、$\frac{15\pi}{8}$。

M 进制数字相位调制信号也可以表示为正交形式

$$\begin{aligned}e_{\mathrm{MPSK}}(t)&=\Big[\sum_n g(t-nT_\mathrm{s})\cos\varphi_n\Big]\cos\omega_\mathrm{c}t-\Big[\sum_n g(t-nT_\mathrm{s})\sin\varphi_n\Big]\sin\omega_\mathrm{c}t\\&=\Big[\sum_n a_n g(t-nT_\mathrm{s})\Big]\cos\omega_\mathrm{c}t-\Big[\sum_n b_n g(t-nT_\mathrm{s})\Big]\sin\omega_\mathrm{c}t\\&=I(t)\cos\omega_\mathrm{c}t-Q(t)\sin\omega_\mathrm{c}t\end{aligned} \tag{7-117}$$

式中，

$$I(t)=\sum_n a_n g(t-nT_\mathrm{s}) \tag{7-118}$$

$$Q(t)=\sum_n b_n g(t-nT_\mathrm{s}) \tag{7-119}$$

此时，对于四相调制

$$\begin{cases}a_n\ 取\ 0,\quad \pm1\\ b_n\ 取\ 0,\quad \pm1\end{cases}或\begin{cases}a_n\ 取\ \pm1\\ b_n\ 取\ \pm1\end{cases} \tag{7-120}$$

M 进制数字相位调制信号的功率谱密度如图 7-40 所示，图中给出了信息速率相同时，2PSK、4PSK 和 8PSK 信号的单边功率谱密度。可以看出，M 越大，功率谱密度主瓣越窄，从而频带利用率越高。

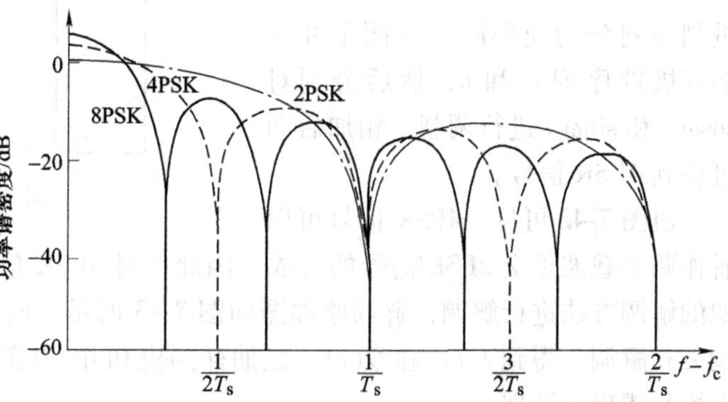

图 7-40　M 进制数字相位调制信号功率谱密度

2. 4PSK 信号的产生与解调

在 M 进制数字相位调制中，四进制绝对移相键控（4PSK）和四进制差分相位键控（4DPSK）两种调制方式应用最为广泛。下面分别讨论这两种调制信号的产生原理。

四进制绝对移相键控利用载波的四种不同相位来表示数字信息。由于每一种载波相位代表两个比特信息，因此每个四进制码元可以用两个二进制码元的组合来表示。两个二进制码元中的前一比特用 a 表示，后一比特用 b 表示，则双比特 ab 与载波相位的关系见表 7-4。

表 7-4　双比特 ab 与载波相位的关系

双比特码元		载波上相位（φ_n）	
a	b	A 方式	B 方式
0	0	0°	225°
1	0	90°	315°
1	1	80°	45°
0	1	70°	135°

由式（7-116）可以看出，在一个码元时间间隔 T_s，4PSK 信号为载波 4 个相位中的某一个。因此，可以用相位选择法产生 4PSK 信号，其原理图如图 7-41 所示。图中，四相载波产生器输出 4PSK 信号所需的 4 种不同相位的载波。输入二进制数据流经串/并变换器输出双比特码元，逻辑选相电路根据输入的双比特码元，每个时间间隔 T_s 选择其中一种相位的载波作为输出，然后经带通滤波器滤除高频分量。

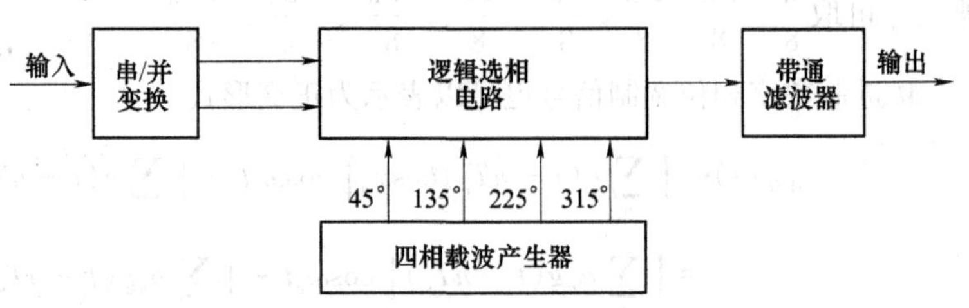

图 7-41　相位选择法产生 4PSK 信号原理图

由式（7-117）可以看出，4PSK 信号也可以采用正交调制的方式产生，正交调制器原理图如图 7-42 所示，它可以看成由两个载波正交的 2PSK 调制器构成。

图中，串/并变换器将输入的二进制序列分为速率减半的两个并行的双极性序列 a 和 b，然后分别对 $\cos\omega_c t$ 和 $\sin\omega_c t$ 进行调制，相加后即可得到 4PSK 信号。

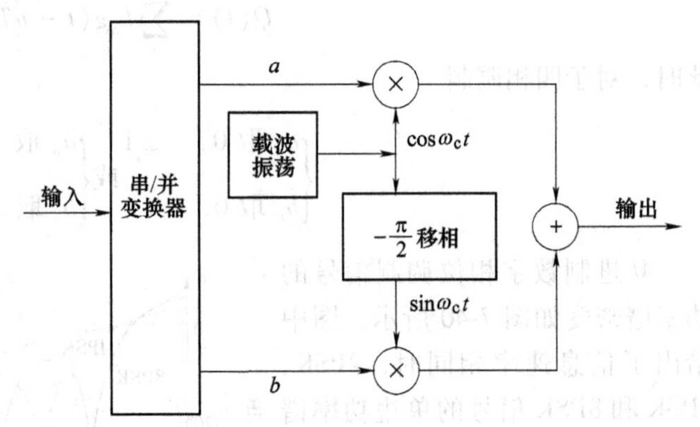

图 7-42　4PSK 正交调制器

由图 7-42 可见，4PSK 信号可以看作两个载波正交 2PSK 信号的合成。因此，对 4PSK 信号的解调可以采用与 2PSK 信号类似的解调方法进行解调，解调原理图如图 7-43 所示。同相支路和正交支路分别采用相干解调方式解调，得到 $I(t)$ 和 $Q(t)$，经抽样判决和并/串变换器，将上、下支路得到的并行数据恢复成串行数据。

在 2PSK 信号相干解调过程中会产生 180°相位模糊。同样，对 4PSK 信号相干解调也会产生相位模糊问题，并且是 0°、90°、180°和 270°4 个相位模糊。因此，在实际中更实用的是四相相对移相调制，即 4DPSK 方式。

3. 4DPSK 信号的产生与解调

4DPSK 信号是利用前后码元之间的相对相位变化来表示数字信息。若以前一双比特码

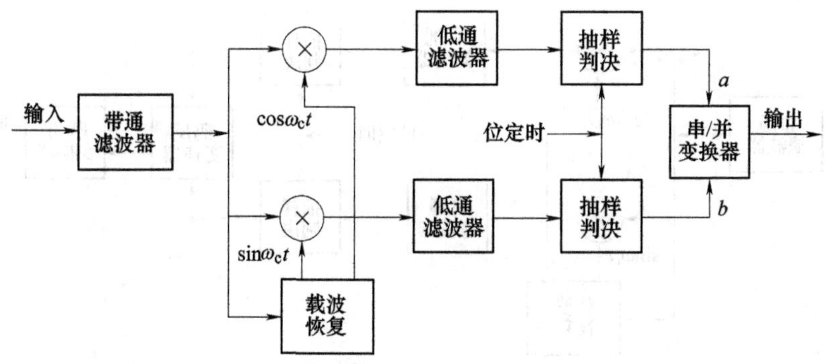

图 7-43　4PSK 信号相干解调原理图

元相位作为参考，$\Delta\varphi_n$ 为当前双比特码元与前一双比特码元初相位差，则信息编码与载波相位变化关系见表 7-5。4DPSK 信号产生原理图如图 7-44 所示。图中，串/并变换器将输入的二进制序列分为速率减半的两个并行序列 a 和 b，再通过差分编码器将其编为四进制差分码，然后用绝对调相的调制方式实现 4DPSK 信号。

表 7-5　信息编码与载波相位变化关系

双比特码元		载波下相位（$\Delta\varphi_n$）
a	b	
0	0	0°
0	1	90°
1	1	180°
1	0	270°

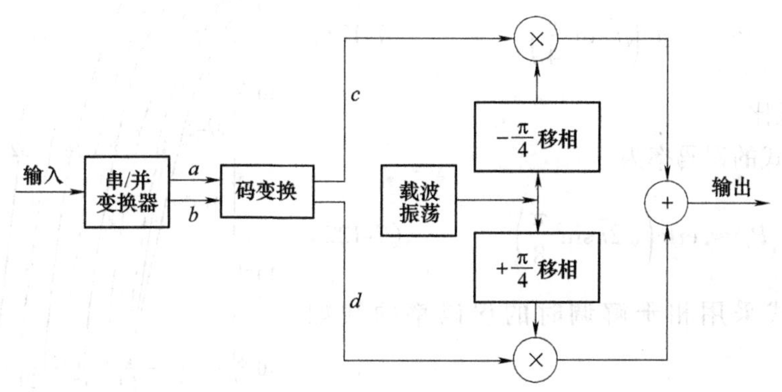

图 7-44　4DPSK 信号产生原理图

4DPSK 信号的解调可以采用相干解调加码反变换器方式（极性比较法），也可以采用差分相干解调方式（相位比较法）。4DPSK 信号相干解调加码反变换器方式原理图如图 7-45 所示。与 4PSK 信号相干解调不同之处在于，串/并变换之前需要增加码反变换器。4DPSK 信号差分相干解调方式原理图如图 7-46 所示。

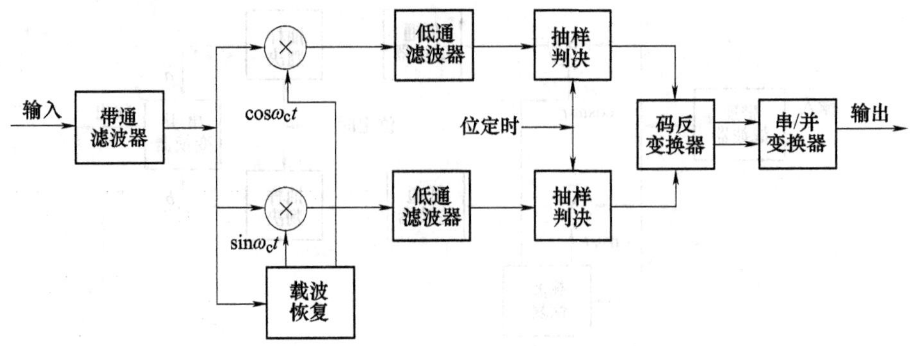

图 7-45 4DPSK 信号相干解调加码反变换器方式原理图

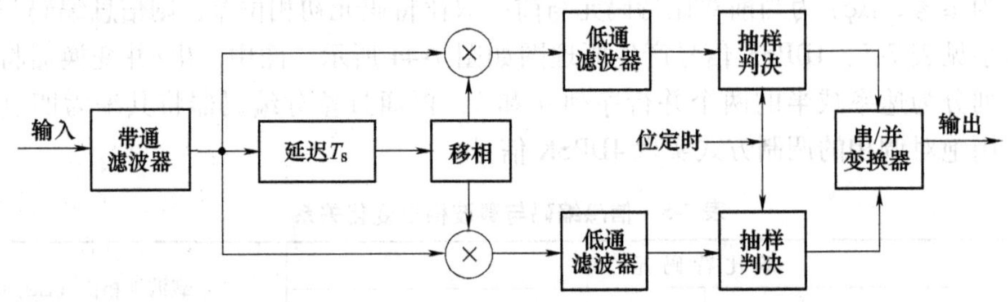

图 7-46 4DPSK 信号差分相干解调方式原理图

4. 4PSK 及 4DPSK 系统的误码率性能

对 4PSK 信号，采用相干解调器，系统总的误码率 P_e 为

$$P_e \approx \mathrm{erfc}\left(\sqrt{r}\sin\frac{\pi}{4}\right) \tag{7-121}$$

式中，r 为信噪比。

4DPSK 方式的误码率为

$$P_e \approx \mathrm{erfc}\left(\sqrt{2r}\sin\frac{\pi}{8}\right) \tag{7-122}$$

MPSK 方式采用相干解调时的误码率曲线如图 7-47 所示。

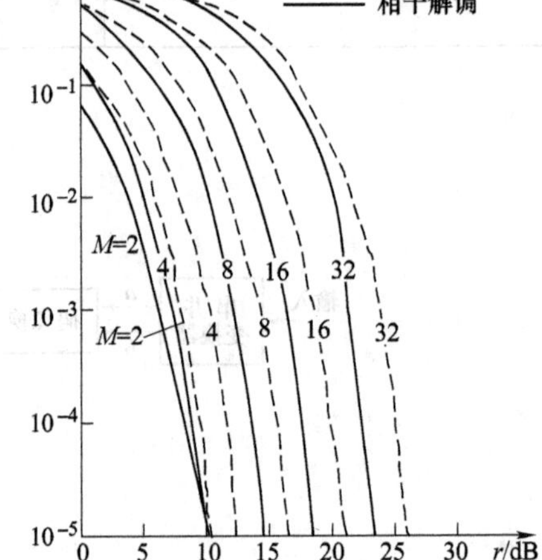

图 7-47 MPSK 系统的误码率性能曲线

7.5 本章小结

1. 数字调制是指调制信号是数字信号，载波是正弦波的调制。由于数字信号可视作模拟信号的特例（取值离散），因而数字调制亦可视作模拟调制的特例。

2. 二进制数字调制系统比较。二进制数字调制系统的比较见表 7-6。

表 7-6　二进制数字调制系统的比较

类型	载波受控参量	对应的模拟调制	表达式	功率谱密度
2ASK（OOK）	振幅	AM	$s(t)\cos\omega_c t$ $s(t)$：单极性 NRZ	连续谱 离散谱（$\pm f_c$）
2FSK	频率	FM	$s(t)\cos\omega_1 t+\overline{s(t)}\cos\omega_2 t$ $s(t)$：单极性 NRZ	连续谱 离散谱（$\pm f_1$，$\pm f_2$）
2PSK	绝对相位	DSB-SC	$s(t)\cos\omega_c t$ $s(t)$：双极性 NRZ	连续谱
2DPSK	相对相位	DSB-SC	$s(t)\cos\omega_c t$ $s(t)$：双极性 NRZ	连续谱

类型	带宽 B	频带利用率 η_b	产生方法	解调方法	误码率 P_e
2ASK（OOK）	$2f_s$	0.5	1. 模拟调幅 2. 键控	相干解调	$\frac{1}{2}\text{erfc}\left(\sqrt{\frac{r}{4}}\right)$
				非相干解调	$\frac{1}{2}\exp\left(-\frac{r}{4}\right)$
2FSK	$\lvert f_2-f_1\rvert+2f_s$	$\frac{f_s}{\lvert f_2-f_1\rvert+2f_s}$	1. 模拟调频 2. 键控	相干解调	$\frac{1}{2}\text{erfc}\left(\sqrt{\frac{r}{2}}\right)$
				非相干解调	$\frac{1}{2}\exp\left(-\frac{r}{2}\right)$
2PSK	$2f_s$	0.5	1. 模拟调幅 2. 键控	相干解调	$\frac{1}{2}\text{erfc}\ (\sqrt{r})$
2DPSK	$2f_s$	0.5	差分编码+ 2PSK 调制	相干解调	$\frac{1}{2}\text{erfc}\ (\sqrt{r})$
				差分相干解调	$\frac{1}{2}\exp\ (-r)$

注：1. $s(t)$ 为矩形脉冲（等概），带宽为谱零点带宽，r 为接收机解调器输入信噪比。

2. 一个 2ASK 信号，可视为一个有直流的数字基带信号 $s(t)$ 与载波相乘的结果；一个 2FSK 信号可视为两个 2ASK 信号之和。一个 2PSK 信号可视为一个无直流的数字基带信号 $s(t)$ 与载波相乘的结果。这样，就可以以 2ASK 信号为基础来理解 2FSK、2PSK 信号（包括表达式、功率谱密度、带宽、产生、解调方法等）。

3. 一个 2DPSK 信号（对于绝对码），对于相对码而言就是一个 2PSK 信号，因而除了增加一个差分编（译）码器外，2DPSK 信号与 2PSK 信号的表达式、功率谱密度、带宽等基本相同。由于 2DPSK 信号克服了 2PSK 信号的相位模糊问题，因而获得了广泛应用（取代 2PSK），尽管它的误码率性能会稍差些。

3. 与二进制数字调制相比，多进制数字调制的优点是：可以提高频带利用率 η_b。这样，在传输带宽 B 相同时，可提高信息传输速率 R_b；或者，在信息传输速率 R_b 相同时，可减小传输带宽 B。两者均表明提高了有效性。对于 MASK、MPSK（含 MDPSK）、MQAM，其 η_b 是 2ASK、2PSK 的$\log_2 M$ 倍。另一方面，其代价是降低了可靠性。

4. 在三种多进制数字调制系统中，MASK 的可靠性更差（比 2ASK）、MFSK 的 η_b 增大有限（由于带宽亦相应增大），因而仅 MPSK（实为 MDPSK，下同）获得广泛应用。但由于可靠性的限制，MPSK 只用到 4PSK、8PSK。

7.6 思考题与习题

一、思考题

1. 什么是数字调制？它和模拟调制有哪些异同点？
2. 什么是振幅键控？2ASK 信号的波形有什么特点？
3. 2ASK 信号的产生及解调方法如何？
4. 2ASK 信号的功率谱密度有何特点？
5. 什么是移频键控？2FSK 信号的波形有什么特点？
6. 2FSK 信号的产生及解调方法如何？
7. 相位不连续的 2FSK 信号的功率谱密度有什么特点？
8. 什么是绝对移相？什么是相对移相？它们有何区别？
9. 2PSK 信号和 2DPSK 信号可以用哪些方法产生和解调？它们是否可以采用包络检波法解调？为什么？
10. 2PSK 信号及 2DPSK 信号的功率谱密度有何特点？试将它们与 2ASK 信号的功率谱密度加以此较。
11. 试比较 2ASK 系统、2FSK 系统、2PSK 系统以及 2DPSK 系统的抗信道加性噪声的性能。
12. 试述多进制数字调制的特点。

二、选择题

1. 二进制频带传输系统，采用相干解调方式，在相同误码率条件下，对接收机输人信噪比的要求（　　）。

A. PSK 最低，其次是 FSK、ASK　　B. PSK 最低，其次是 ASK、FSK
C. PSK 最高，其次是 ASK、FSK　　D. PSK 最高，其次是 FSK、ASK

2. 在比特速率相同时，采用多电平传输会使（　　）。

A. 码元间隔下降　　B. 传码率上升　　C. 传码率下降　　D. 奈氏带宽上升

3. 一种用载波信号的相位变化来传送数字消息的方法称为（　　）。

A. PM　　B. FSK　　C. PSK　　D. FM

4. 一个码速为 300Baud，相位不连续的 2FSK 系统，它的“0”码频率 f_0 与“1”码频率 f_1 之差为 200Hz，传输这一信号所需的频带宽度约为（　　）。

A. 300Hz　　B. 400Hz　　C. 800Hz　　D. 1000Hz

5. 2PSK 信号所占的带宽（　　）。

A. 大于 2ASK 信号所占的带宽　　B. 等于 2ASK 信号所占的带宽
C. 小于 2ASK 信号所占的带宽　　D. 小于等于 2ASK 信号所占的带宽

6. 在数字调制中抗噪声性能最差的是（　　）。

A. ASK　　B. FSK　　C. PSK　　D. DPSK

7. （　　）是恒包络调制。

A. AM　　B. ASK　　C. MSK　　D. QAM

8. （　　）克服了 FSK 的相位不连续。

A. QAM　　B. OQPSK　　C. π/4QPSK　　D. MSK

9. MSK 的最小频差为（　　）。

A. $0.5f_s$　　B. f_s　　C. $1.5f_s$　　D. $2f_s$

10. （　　）克服了 QPSK 的 180°相位跳变。

A. QAM　　B. OQPSK　　C. DPSK　　D. MSK

11. （　　）是一种幅度-相位联合键控调制方式。

A. DPSK　　B. OQPSK　　C. MSK　　D. QAM

12. 星座图中两个点之间的距离越大，说明（　　）。

A. 码组重量越大　　B. 两个相位的差值越大

C. 分辨率越高　　D. 系统的抗干扰性能越好

三、填空题

1. 设信息速率为 10^6 bit/s，则 2ASK、2DPSK、MSK、QPSK 以及 16QAM 信号的谱零点带宽分别为________ Hz、________ Hz、________ Hz、________ Hz、________ Hz。

2. 线性多进制数字调制系统的优点是________，缺点是________。

3. MSK 信号的相位路途曲线的两个特点是________、________。

4. 设 16QAM 系统与 16PSK 系统的接收机信噪比相等，则误码率较小的是________，原因是________。

5. 设信息速率为 10^6bit/s，用 2PSK 信号传播此信息时所占用的最小信道带宽为________，用 QPSK 信号传播此信息时所占用的最小信道带宽为________。

6. 将 2ASK、2FSK 和 2PSK 进行比较，其中抗噪声性最好的为________，频道利用率最高的为________，抗衰落性能最好的为________。

7. 当载波幅度均为 A_0时，2ASK 与 2FSK 信号的平均功率分别为________和________，两者相比抗噪声性能较好的是________，频带利用率较好的是________。

8. 速率为 $R_b=1/T$ 的 PCM 脉冲序列，采用 ASK 系统传输，基带调制信号为________码型，ASK 信号相当于模拟调制的________信号，其频谱成分包括________和________。

9. PSK 系统的基带调制信号为________码型，PSK 相当于模拟调制系统中的________调制方式。

10. MSK 的主要特点是________，其二进制 MSK 信号的表达式为________，与 FSK 信号的差别在于________。

11. 当 R_b相同时，2PSK 与 MSK 信号相比，带宽较小的是________。

12. OQPSK 克服了 QPSK ________的缺点；MSK 克服了 FSK ________的缺点。

13. QAM 是一种________联合键控调制方式，16QAM 的抗干扰性能________ 16PSK。

14. 速率为 $R_b=1/T_B$的双极性四电平脉冲序列，采用____载波调制称为 QAM，其信道带宽利用率较 2ASK 提高________倍。

四、计算题

1. 一相位不连续的 2FSK 信号，发 1 及 0 时，波形分别为 $s_1(t)=A\cos(2000\pi t+\varphi_1)$ 及 $s_0(t)=A\cos(8000\pi t+\varphi_0)$。码元速率为 600Baud，采用普通分路滤波器检测，系统频带宽度最小应为多少？

2. 一个相干 2FSK 系统每秒传输 2000Baud，在传输过程中混入均值为 0 的高斯白噪声，接收机输入端信号幅度为 12μV，白噪声的双边功率谱密度 $n_0=0.5\times10^{-15}\text{V}^2/\text{Hz}$，抽样判决前接有电压放大倍数为 1000 的放大器，求输出码流的误码率。

3. 比较相干 2PSK 与差分 2DPSK 系统抗噪声性能的差异。在大信噪比条件下，求：

（1）误码率相同，接收机输入信噪功率比之间的关系。

（2）接收机输入信噪比相等，误码率之间的关系。

4. 已知接收机输入平均信噪功率比 $\rho=10\text{dB}$，试分别计算单极性非相干 4ASK、单极性相干 4ASK、双极性相干 4ASK 系统的误码率。

5. 已知接收机输入信噪功率比 $\rho=10\text{dB}$，试分别计算差分 4DPSK、相干 4PSK 系统的误码率。在大信噪比条件下，若误码率相同，求两者输入信噪功率比之间的关系。

6. 2DPSK 数字调制系统，传输频带为 800～820kHz，发送载波幅度 $A_0=6\text{V}$，解调器输入端白噪声功率谱 $n_0=10^{-9}\text{W/Hz}$，信道衰减为 0.2dB/km。

（1）计算 $\rho=\dfrac{A}{\sqrt{2}\sigma_n}$为 9 时的最大传输距离。

（2）给出信息速率 R_b 及频带利用率。

（3）计算接收误信率 P_b。

（4）若改为 2ASK 传输方式，其他条件不变且非相干误比特率与 DPSK 相同，需要多大的发送信号功率？最大传输距离是否与（1）相同？

7. 二进制相移键控信号的幅值 2V，进入解调器的噪声平均功率为 0.1W，载波频率为 1MHz，试分别求：

（1）PSK 信号相干解调的误码率。

（2）DPSK 信号相干解调-差分码反变换的误码率。

（3）DPSK 信号差分相干解调的误码率。

8. 16PSK 信号的码速率为 1200Baud，载波频率 $f_0=1.8\text{kHz}$，载波幅值为 $A=1\text{V}$，信道噪声功率谱为 $n_0=10^{-6}\text{W/Hz}$，试求：

（1）信号的带宽及传输信道的通带范围。

（2）信号解调的误符号率及误码率。

9. 码速率 1000Baud，信道噪声 $n_0=5\times10^{-6}\text{W/Hz}$，载波幅值 $A=1\text{V}$，分别求相干解调 ASK，非相干解调 ASK，差分相干解调 DPSK，非相干解调 FSK 误码率。

10. 对 FSK 和 PSK 信号进行相干解调，输入噪声平均功率相同，如果误码率相同，求两种信号平均功率之比 P_{FSK}/P_{PSK}。

11. 8ASK 信号，$d=0.1\text{V}$，$\sigma_n^2=0.01\text{W}$。试求：

（1）求信号的平均功率 P_s 和功率信噪比 r。

（2）对信号进行相干解调，求误符号概率 P_{eM}。

12. 8PSK 信号系统，信息传输速率为 3kbit/s，高斯型噪声的功率谱密度 $n_0=10^{-6}\text{W/Hz}$，载波幅度为 2V，求误符号概率 P_{eM}。

五、练习题

1. 一相位不连续的 2FSK 信号，为了节省频带，提高抗干扰能力，采用动态滤波器进行分路滤波，设码元速率为 600B，求发送频率 f_1、f_0 之间的最小间隔及系统带宽。

2. 已知接收机输入信噪功率比 $\rho=10\text{dB}$，试分别计算非相干 4FSK、相干 4FSK 系统的误码率。

3. 已知 2FSK 系统的两个信号波形为 $s_i(t)=\sin(2i\pi t)\,(i=1,2,0\leqslant t\leqslant T_b)$，其中 $T_b=1\text{s}$，$s_1(t)$ 与 $s_2(t)$ 等概率出现。

（1）求出两信号波形的相关系统 ρ_{12}。

（2）如果 2FSK 信号在信道传输中受到功率谱密度为 $n_0/2$ 的加性高斯白噪声的干扰，则

① 在高斯白噪声干扰下最佳接收时的判决量是多少？

② 发送 $s_1(t)$、$s_2(t)$ 时判决量的概率密度函数分别是多少？

③ 平均误信率是多少？

4. 2ASK 信号，码速率为 1000Baud，信号幅值为 1V，噪声的功率频谱密度为 $n_0/2=10^{-8}\text{W/Hz}$。

（1）包络检波法解调，求误码率。

（2）相干解调，求误码率并画出解调系统框图。

5. 对 ASK 信号进行相干解调，试推导误码率公式。

6. 对 PSK 信号进行相干解调，试推导误码率公式。

7. 4ASK 信号相干解调，1 码和 0 码等概率，载波的幅值为 3V、1V、−1V、−3V，噪声功率为 $\sigma_n^2=0.01\text{W}$，求误符号概率 P_{eM}。

8. 求 PSK 信号的功率谱。已知 1 码和 0 码等概率，码元速率为 1000Baud，载波频率为 10kHz，载波幅度为 2V。

9. 若采用 2ASK 方式传送二进制数字信息。已知发送端发出的信号振幅为 5V，输入接收端解调器的高斯噪声功率 $\sigma_n^2=3\times10^{-12}$W，今要求误码率 $P_e=10^{-4}$。试求：

（1）非相干接收时，由发送端到解调器输入端的衰减应为多少？

（2）相干接收时，由发送端到解调器输入端的衰减应为多少？

10. 对 2ASK 信号进行相干接收，已知发送“1”（有信号）的概率为 P，发送“0”（无信号）的概率为 $1-P$；已知发送信号的峰值振幅为 5V，带通滤波器出端的正态噪声功率为 3×10^{-12}W。

（1）若 $P=1/2$、$P_e=10^{-4}$，则发送信号传输到解调器输入端时共衰减多少分贝？这时的最佳门限值为多大？

（2）试说明 $P>1/2$ 时的最佳门限比 $P=1/2$ 时的大还是小？

（3）若 $P=1/2$，$r=10$dB，求 P_e。

11. 若某 2FSK 系统的码元传输速率为 2×10^6Baud，数字信息为“1”时的频率 f_1 为 10MHz，数字信息为“0”时的频率 f_2 为 10.4MHz。输入接收端解调器的信号峰值振幅 $A=40\mu$V。信道加性噪声为高斯白噪声，且其单边功率谱密度 $n_0=6\times10^{-18}$W/Hz。试求：

（1）2FSK 信号的第一零点带宽。

（2）非相干接收时，系统的误码率。

（3）相干接收时，系统的误码率。

12. 若采用 2FSK 方式传送二进制数字信息，其他条件与题 8 相同。试求：

（1）非相干接收时，由发送端到解调器输入端的衰减为多少？

（2）相干接收时，由发送端到解调器输入端的衰减为多少？

13. 在二进制移相键控系统中，已知解调器输入端的信噪比 $r=10$dB，试分别求出相干解调 2PSK、极性比较法解调和差分相干解调 2DPSK 信号时的系统误码率。

14. 若相干 2PSK 和差分相干 2DPSK 系统的输入噪声功率相同，系统工作在大信噪比条件下，试计算它们达到同样误码率所需的相对功率电平（$k=r_{DPSK}/r_{PSK}$）；若要求输入信噪比一样，则系统性能相对比值（P_{ePSK}/P_{eDPSK}）为多大？讨论以上结果。

15. 已知码元传输速率 $R_B=10^3$Baud，接收机输入噪声的双边功率谱密度 $n_0/2=10^{-10}$W/Hz，要求误码率 $P_e=10^{-5}$。试分别计算出相干 2ASK、非相干 2FSK、差分相干 2DPSK 以及 2PSK 等系统所要求的输入信号功率。

16. 已知数字信息为“1”时，发送信号的功率为 1kW，信道衰减为 60dB，接收端解调器输入的噪声功率为10^{-4}W。试求非相干 2ASK 系统及相干 2PSK 系统的误码率。

第 8 章　数字信号的最佳接收

本章概述： 在数字通信系统中，信道的传输特性和传输过程中噪声的存在是影响通信性能的两个主要因素。人们总是希望在一定的传输条件下，达到最好的传输性能。本章要讨论的最佳接收，就是研究在噪声干扰中如何有效地检测出信号。最佳接收理论又称信号检测理论，它是利用概率论和数理统计的方法研究信号检测的问题。信号统计检测所研究的主要问题可以归纳为三类。第一类是假设检验问题，它所研究的是在噪声中判决有用信号是否出现。例如，第 7 章所研究的各种数字信号的解调就属于此类问题。第二类是参数估值问题，它所研究的是在噪声干扰的情况下以最小的误差定义对信号的参量做出估计。第三类是信号滤波问题，它所研究的是在噪声干扰的情况下以最小的误差定义连续地将信号过滤出来。本章研究的内容属于第一类和第三类。

知识点：

1. 了解最佳接收准则，推导在一定准则下的最佳接收机结构及性能。

2. 通过对匹配滤波器的介绍，给出匹配滤波器形式的最佳接收机结构，并讨论数字基带系统的最佳化。

3. 重点掌握二进制确知信号的最佳接收机结构及性能、二进制随机信号的最佳接收机结构及性能。

4. 重点掌握匹配滤波器形式的最佳接收机、数字基带系统的最佳化。

8.1　最佳接收准则

所谓最佳接收，就是研究在随机噪声存在的条件下，使接收机最佳地完成接收和判决信号的一般性理论，显然，最佳接收以接收问题作为自己的研究对象。它将要系统地、定量地综合出存在噪声干扰时的最佳接收机结构，并推导出这种系统的极限性能。可以说，这里研究的接收机是对含有噪声的观测值进行数学运算。

在通信中，对信号质量的衡量有多种不同的标准，所谓最佳是在某种标准下系统性能达到最佳，最佳标准也称最佳准则。因此，最佳接收是一个相对的概念，在某种准则下的最佳系统，在另外一种准则下就不一定是最佳的。在某些特定条件下，几种最佳准则也可能是等价的。因此，在最佳接收理论中，选择什么样的准则将是重要问题。

8.1.1　统计判决模型

从数字通信系统的接收端考虑，接收到的波形可能是发送信号受到信道非线性影响而发生畸变的、混入随机噪声的混合波形，它具有不确定性和随机性。这种波形可以通过掌握接收波形的统计资料，获得满意的接收效果，这就是一个统计判决的过程。

数字通信系统的统计判决模型可用图 8-1 表示，其中，消息空间、信号空间、噪声空间、观察空间及判决空间分别代表消息、信号、接收波形及判决的所有可能状态的集合。

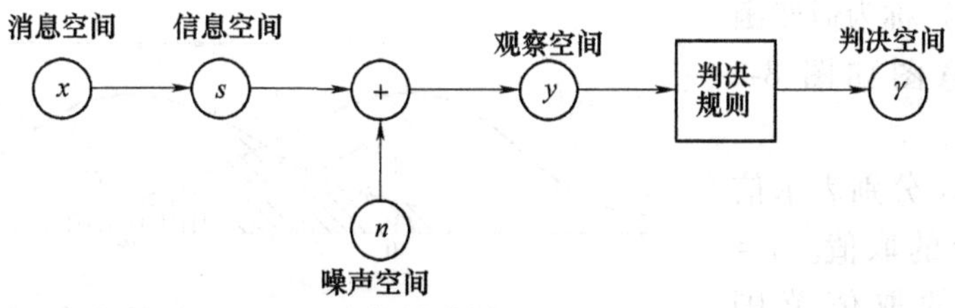

图 8-1　统计判决模型图

对于离散消息源发出的 m 种消息，消息空间和信号空间可统计描述为

$$\begin{bmatrix} x_1, & x_2, & \cdots, & x_m \\ P(x_1), & P(x_2), & \cdots, & P(x_m) \end{bmatrix} \quad \begin{bmatrix} s_1, & s_2, & \cdots, & s_m \\ P(s_1), & P(s_2), & \cdots, & P(s_m) \end{bmatrix}$$

式中，$\sum_{i=1}^{\infty} P(x_i)=1$，$\sum_{i=1}^{\infty} P(s_j)=1$。$P(x_i)$ 和 $P(s_j)$ 分别为 x_i 和 s_j 的概率，x 与 s 之间建立一一对应的关系。n 表示信道中零均值高斯白噪声的取值，在时间（0，T）内，取 k 个抽样点 n 的概率密度函数为

$$f(n)=\frac{1}{(\sqrt{2\pi}\sigma_n)^k}\exp\left(\sum_{i=1}^{k}\frac{-n_i^2}{2\sigma_n^2}\right) \tag{8-1}$$

由于 $y=s+n$，故发送 s_j 收到 y 的概率密度函数为

$$f_{s_j}(y)=\frac{1}{(\sqrt{2\pi}\sigma_n)^k}\exp\left[\sum_{i=1}^{k}-\frac{(y_i-s_j)^2}{2\sigma_n^2}\right] \tag{8-2}$$

举一个 s 为二进制的例子来说明图 8-1。消息空间发出先验概率分别为 $P(x_1)$ 和 $P(x_2)=1-P(x_1)$ 的 x_1 和 x_2，由于消息本身不能传输，故必须把消息变换成合适的发送信号 s_1 和 s_2，其对应消息的先验概率分别为 $P(s_1)$ 和 $P(s_2)=1-P(s_1)$。信号在信道中传输，必然会受到噪声影响，因此到达观察空间的 $y=n+s_j$（$j=1$，2）。再利用某种判决规则来判决 y 到底是 γ_1 还是 γ_2，若判决是 γ_1，则认为发送端发出的是 s_1 信号。γ_1 中除了确实发送端发出的是 s_1 信号的正确判决外，还有由于噪声 n 对 s_2 信号的干扰，使 $y=s_2+n$ 落入 γ_1 的判决空间而被判成 s_1 信号的错误判决。同理，若判为 γ_2，则认为发送端发出的是 s_2 信号，其中包含有正确判决和发 s_1 判成 s_2 的错误判决两种。

8.1.2　最佳判决准则

数字通信系统中的最佳接收机一般是在最小差错概率准则下建立的。在数字通信系统中，我们期望错误接收的概率越小越好，因此采用最小差错概率准则是直观和合理的。下面从最小差错概率准则出发，以二进制信号为例，推导出似然比判决准则。

设二进制消息为 x_1、x_2，$P(s_1)$ 和 $P(s_2)$ 是与消息相对应的信号 s_1 和 s_2 的先验概率，出现信号 s_1、s_2 时，y 的概率密度可表示为

$$f_{s_1}(y)=\frac{1}{(\sqrt{2\pi}\sigma_n)^k}\exp\left[-\sum_{i=1}^{k}\frac{(y_i-s_1)^2}{2\sigma_n^2}\right] \tag{8-3}$$

$$f_{s_2}(y)=\frac{1}{(\sqrt{2\pi}\sigma_n)^k}\exp\left[-\sum_{i=1}^{k}\frac{(y_i-s_2)^2}{2\sigma_n^2}\right] \tag{8-4}$$

把 $f_{s_1}(y)$ 和 $f_{s_2}(y)$ 称为似然函数，其关系示意图如图 8-2 所示。

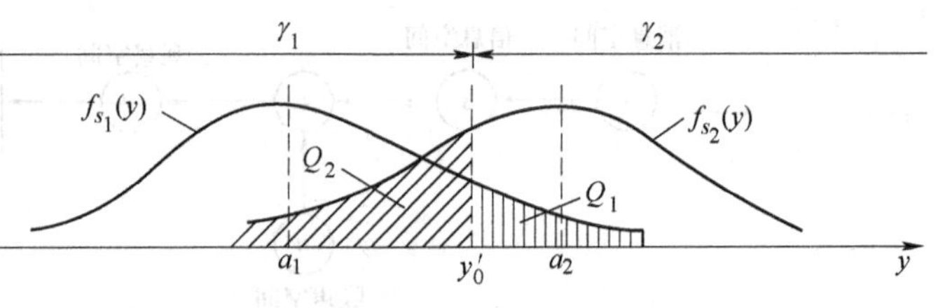

图 8-2　$f_{s_1}(y)$ 与 $f_{s_2}(y)$ 的关系示意图

图中，a_1、a_2 分别表示信号在观测时刻上的取值。$y=s_j+n$（$j=1,2$）的取值范围在（$-\infty$，∞）内，它有可能是发送信号 s_1 得到的，也有可能是发送信号 s_2 得到的，$f_{s_1}(y)$ 与 $f_{s_2}(y)$ 反映的是发出信号 s_1 或 s_2 条件下出现 y 的可能性大小。在判决时，若选定判决门限为 y'_0，则 $y>y'_0$，判为 γ_2；$y<y'_0$，则判为 γ_1，γ_1 和 γ_2 中有发 s_1 而判为 s_2 的错误概率 Q_1 和发 s_2 而被判决为 s_1 的错误概率 Q_2，它们可表示为

$$Q_1=\int_{y'_0}^{\infty} f_{s_1}(y)\,\mathrm{d}y \tag{8-5}$$

$$Q_2=\int_{-\infty}^{y'_0} f_{s_2}(y)\,\mathrm{d}y \tag{8-6}$$

系统中每一次判决的平均错误概率可表示为

$$\begin{aligned}P_{\mathrm{e}}&=P(s_1)Q_1+P(s_2)Q_2\\&=P(s_1)\int_{y'_0}^{\infty} f_{s_1}(y)\,\mathrm{d}y+P(s_2)\int_{-\infty}^{y'_0} f_{s_2}(y)\,\mathrm{d}y\end{aligned} \tag{8-7}$$

由于式（8-7）中 $P(s_1)$ 和 $P(s_2)$ 是确知的，因此 P_{e} 的大小取决于 y'_0。按照最小差错概率准则找出的 y'_0，应能使 P_{e} 最小。为了找出使 P_{e} 最小的最佳判决点 y'_0，可做如下推算：

$$\frac{\partial P_{\mathrm{e}}}{\partial y'_0}=0=-P(s_1)f_{s_1}(y'_0)+P(s_2)f_{s_2}(y'_0)$$

$$\frac{f_{s_1}(y'_0)}{f_{s_2}(y'_0)}=\frac{P(s_2)}{P(s_1)} \tag{8-8}$$

由此得到结论：如果按如下规则判决，则能使 P_{e} 最小

$$\begin{cases}\dfrac{f_{s_1}(y)}{f_{s_2}(y)}>\dfrac{P(s_2)}{P(s_1)},\text{判为 }\gamma_1\\[2ex]\dfrac{f_{s_1}(y)}{f_{s_2}(y)}<\dfrac{P(s_2)}{P(s_1)},\text{判为 }\gamma_2\end{cases} \tag{8-9}$$

通常称式（8-9）为最小差错概率准则。

若式（8-9）中 $P(s_1)=P(s_2)$，则有式（8-10），即

$$\begin{cases}f_{s_1}(y)>f_{s_2}(y),\quad\text{判为 }\gamma_1\\f_{s_1}(y)<f_{s_2}(y),\quad\text{判为 }\gamma_2\end{cases} \tag{8-10}$$

对于式（8-10）的 $m(m>2)$ 进制表达式为

$$\begin{cases}f_{s_i}(y)>f_{s_j}(y),\qquad\text{判为 }\gamma_i\\i、j=1,2,\cdots,m,\quad i\neq j\end{cases} \tag{8-11}$$

8.2　确知信号的最佳接收及性能

所谓确知信号，是指到达接收机的信号参数（幅度、频率、相位、到达时间等）都确知的信号，数字信号通过恒参信道后的信号被认为是确知信号。如果信号除相位外，其他参数都是确知的，则称为随相信号，本节将主要介绍二进制确知信号的最佳接收机结构及其性能。

8.2.1　二进制确知信号最佳接收机结构

为了突出重点，对二进制确知信号和噪声做以下假设：

信号：$s(t)=\begin{cases}s_1(t)\\ s_2(t)\end{cases}$（持续时间为 $0\sim T$；先验概率为 $P(s_1)$、$P(s_2)$）；

噪声：$n(t)$ 为高斯白噪声，均值为 0，方差为 σ_n^2，单边谱密度为 n_0。

要建立的最佳接收机是在噪声干扰下，以最小差错概率准则，在观察时间（0，T）内，检测判决信号的接收机。

根据假设及对设计接收机的要求，推算如下。

二进制信号的似然函数如式（8-3）、式（8-4）所示，把它们代入最小差错概率准则，并令 $k\to\infty$ 求极限，可推导出如下表示式：

$$P(s_1)\exp\left\{-\frac{1}{n_0}\int_0^T[y(t)-s_1(t)]^2\mathrm{d}t\right\}>$$

$$P(s_2)\exp\left\{-\frac{1}{n_0}\int_0^T[y(t)-s_2(t)]^2\mathrm{d}t\right\}\quad 判为\ \gamma_1$$

$$P(s_1)\exp\left\{-\frac{1}{n_0}\int_0^T[y(t)-s_1(t)]^2\mathrm{d}t\right\}<$$

$$P(s_2)\exp\left\{-\frac{1}{n_0}\int_0^T[y(t)-s_2(t)]^2\mathrm{d}t\right\}\quad 判为\ \gamma_2$$

经过对上式取自然对数并化简整理得

$$\begin{cases}\displaystyle\int_0^T s_2(t)y(t)\mathrm{d}t-\int_0^T s_1(t)y(t)\mathrm{d}t<V_T,判为\ \gamma_1\\ \displaystyle\int_0^T s_2(t)y(t)\mathrm{d}t-\int_0^T s_1(t)y(t)\mathrm{d}t<V_T,判为\ \gamma_2\end{cases}\tag{8-12}$$

式中，

$$V_T=\frac{n_0}{2}\left\{\ln[P(s_1)/P(s_2)]+\frac{1}{n_0}\int_0^T[s_2^2(t)-s_1^2(t)]\mathrm{d}t\right\}\tag{8-13}$$

式（8-12）就是按最小差错概率准则建立的最佳接收机数学表达式，建立模型如图 8-3 所示，图中，V_T 称判决门限。对照式（8-12）、式（8-13）和图 8-3 可讨论如下。

1）判决门限 V_T 与信号 $s_1(t)$ 和 $s_2(t)$、噪声 $n(t)$、判决准则、先验概率有关，当信号先验等概率（$P(s_1)=P(s_2)$）、等能量 $\left(\int_0^T s_1^2(t)\mathrm{d}t=\int_0^T s_2^2(t)\mathrm{d}t\right)$ 时，$V_T=0$，接收机判决准则可简化为

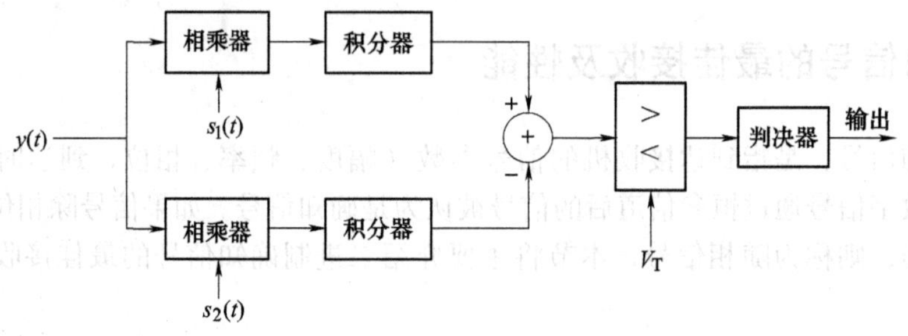

图 8-3　二进制确知信号最佳接收机结构

$$\begin{cases}\int_0^T s_2(t)y(t)\mathrm{d}t < \int_0^T s_1(t)y(t)\mathrm{d}t, \text{判为 } \gamma_1 \\ \int_0^T s_2(t)y(t)\mathrm{d}t > \int_0^T s_1(t)y(t)\mathrm{d}t, \text{判为 } \gamma_2\end{cases} \tag{8-14}$$

式（8-14）模型如图 8-4 所示。

2）从最佳接收机结构可以看出，接收机是 $s_2(t)$、$s_1(t)$ 与 $y(t)$ 相关构成的，故又称相关接收机或相关检测器，相关器可用匹配滤波器代替（将在 8.4 节介绍）。

3）判决时刻应选在 T 时刻，如果偏离此时刻，将直接影响判决效果，从而影响接收机的最佳性能。

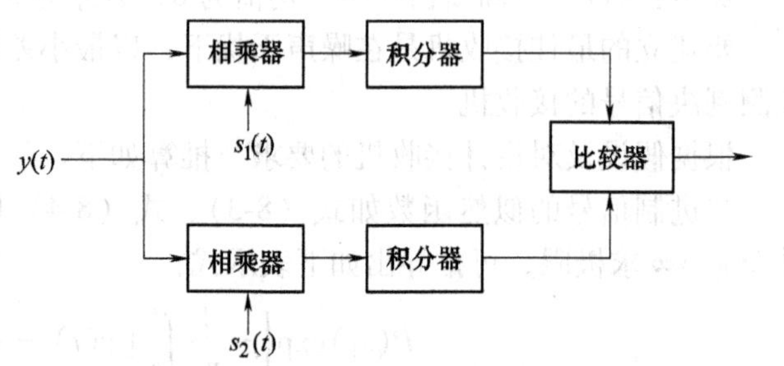

图 8-4　二进制确知信号先验等概等能量的最佳接收机结构

8.2.2　二进制确知信号最佳接收机性能

讨论二进制确知信号最佳接收机的性能就是讨论它的误码率。这里将通过对式（8-12）的分析推导，给出二进制确知信号最佳接收机的误码率表示式。

误码有两种情况，一种是发送端发送 $s_1(t)$ 信号，此时 $y(t)=s_1(t)+n(t)$，而判决时又满足 $\int_0^T s_2(t)y(t)\mathrm{d}t - \int_0^T s_1(t)y(t)\mathrm{d}t > V_T$，$y'(t)$ 被判决为 $s_2(t)$。此情况下的误码率用 $P_{s_1}(s_2)$ 表示，它表示发送 $s_1(t)$ 条件下，判为出现 $s_2(t)$ 的概率。同理，当发送 $s_2(t)$ 信号时，$y(t)=s_2(t)+n(t)$，而判决时又满足 $\int_0^T s_2(t)y(t)\mathrm{d}t - \int_0^T s_1(t)y(t)\mathrm{d}t < V_T$，$y(t)$ 被判为 $s_1(t)$，误码率用 $P_{s_2}(s_1)$ 表示，它表示发送 $s_2(t)$ 条件下，判为出现 $s_1(t)$ 的概率。$P_{s_1}(s_2)$ 和 $P_{s_2}(s_1)$ 的分析推导过程相同，下面仅给出 $P_{s_1}(s_2)$ 的推导过程。

当发送端发出 $s_1(t)$ 时，接收到的波形为 $y(t)=s_1(t)+n(t)$，设式（8-12）左边为 v_1，则

$$\begin{aligned} v_1 &= \int_0^T [s_2(t) - s_1(t)][s_1(t) + n(t)]\mathrm{d}t \\ &= \int_0^T [s_2(t) - s_1(t)]n(t)\mathrm{d}t - (1-\rho)E \end{aligned} \tag{8-15}$$

式中，E 是 $s_1(t)$、$s_2(t)$ 信号能量，$E=\int_0^T s_1^2(t)\mathrm{d}t=\int_0^T s_2^2(t)\mathrm{d}t$；$\rho$ 是 $s_1(t)$ 和 $s_2(t)$ 的互相关系数，可表示为

$$\rho=\frac{1}{E}\int_0^T s_1(t)s_2(t)\mathrm{d}t \tag{8-16}$$

从以上推导和式（8-12）可以看出，求发送 $s_1(t)$ 而被判成 $s_2(t)$ 的概率为 $P_{s_1}(s_2)$，也就是求 $v_1>V_\mathrm{T}$ 的概率。因此，只要求出 v_1 的概率密度函数 $f(v_1)$，再对 $f(v_1)$ 在 V_T 到∞积分，即得 $P_{s_1}(s_2)$。

因为 $s_1(t)$、$s_2(t)$ 为确知信号，E、ρ 也可求出，$n(t)$ 又是高斯白噪声，故可根据“高斯过程经线性变换后的过程仍为高斯过程”的结论得到 v_1 是一个高斯变量，只要确定了它的均值 $Ev_1=m_{v_1}$ 和方差 $Dv_1=\sigma_{v_1}^2$，就可写出 $f(v_1)$。

$$\begin{aligned}Ev_1=m_{v_1}&=E\left\{\int_0^T[s_2(t)-s_1(t)]n(t)\mathrm{d}t-(1-\rho)E\right\}\\&=\int_0^T[s_2(t)-s_1(t)]E\{n(t)\}\mathrm{d}t-(1-\rho)E\end{aligned}$$

因为前已假设噪声的均值 $E[n(t)]$ 为 0，故

$$\begin{aligned}m_{v_1}&=-(1-\rho)E\\Dv_1=\sigma_{v_1}^2&=E[(v_1-m_{v_1})^2]\\&=\int_0^T\int_0^T[s_2(t)-s_1(t)]^2E[n(t)n(t')]\mathrm{d}t\mathrm{d}t'\end{aligned} \tag{8-17}$$

对于高斯白噪声

$$E[n(t)n(t')]=\frac{n_0}{2}\delta(t'-t)=\begin{cases}\dfrac{n_0}{2}\delta(0), & t=t'\\0, & t\neq t'\end{cases}$$

故

$$\begin{aligned}\sigma_{v_1}^2&=\frac{n_0}{2}\int_0^T[s_2(t)-s_1(t)]^2\mathrm{d}t\\&=\frac{n_0}{2}(2E-2E_1\rho)\\&=n_0(1-\rho)E\end{aligned} \tag{8-18}$$

从而

$$f(v_1)=\frac{1}{\sqrt{2\pi}\sigma_{v_1}}\exp\left[-\frac{(v_1-m_{v_1})^2}{2\sigma_{v_1}^2}\right] \tag{8-19}$$

$$\begin{aligned}P_{s_1}(s_2)&=\int_{V_\mathrm{T}}^{\infty}f(v_1)\mathrm{d}v_1\\&=\int_{V_\mathrm{T}}^{\infty}\frac{1}{\sqrt{2\pi}\sigma_{v_1}}\exp\left[-\frac{(v_1-m_{v_1})^2}{2\sigma_{v_1}^2}\right]\mathrm{d}v_1\end{aligned} \tag{8-20}$$

把式（8-17）、式（8-18）、式（8-13）和式（8-19）代入式（8-20），化简整理得

$$P_{s_1}(s_2)=\frac{1}{\sqrt{2\pi}}\int_{Z_{T_1}}^{\infty}\exp\left(-\frac{z^2}{2}\right)\mathrm{d}z$$

式中

$$Z=\frac{v_1+(1-\rho)E}{\sqrt{n_0(1-\rho)E}},Z_{T_1}=\frac{\frac{n_0}{2}\ln[P(s_1)/P(s_2)]+(1-\rho)E}{\sqrt{n_0(1-\rho)E}}$$

同理，若发送端发出 $s_2(t)$，$y(t)=s_2(t)+n(t)$，此时设 v_2 等于式（8-12）左边，可求得 $P_{s_2}(s_1)$ 为

$$P_{s_2}(s_1)=\frac{1}{\sqrt{2\pi}}\int_{-\infty}^{Z_{T_2}}\exp\left(-\frac{z^2}{2}\right)\mathrm{d}z$$

式中

$$Z_{T_2}=\frac{\frac{n_0}{2}\ln[P(s_1)/P(s_2)]-(1-\rho)E}{\sqrt{n_0(1-\rho)E}}$$

满足式（8-12）且等能量的接收机平均误码率为

$$\begin{aligned}P_e&=P(s_1)P_{s_1}(s_2)+P(s_2)P_{s_2}(s_1)\\&=P(s_1)\frac{1}{\sqrt{2\pi}}\int_{Z_{T_1}}^{\infty}\exp\left(-\frac{z^2}{2}\right)\mathrm{d}z+P(s_2)\frac{1}{\sqrt{2\pi}}\int_{-\infty}^{Z_{T_2}}\exp\left(-\frac{z^2}{2}\right)\mathrm{d}z\end{aligned}\tag{8-21}$$

下面对式（8-21）进行讨论：

1）P_e 与信号的先验概率 $P(s_1)$、$P(s_2)$、信号的能量 E 和 $s_1(t)$ 与 $s_2(t)$ 的相关性有关，还与噪声的功率谱密度 n_0 有关，与 $s_1(t)$、$s_2(t)$ 本身的结构无关。

2）当 $P(s_1)=P(s_2)$ 时，$Z_{T_1}=-Z_{T_2}$，可求得

$$P_e=\frac{1}{2}\mathrm{erfc}\sqrt{\frac{(1-\rho)E}{2n_0}}\tag{8-22}$$

此时的 P_e 是最大的，也即先验等概时的误码率大于先验不等概时的误码率。图 8-5 画出式（8-22）所示曲线，并同时画出 $P(s_1)/P(s_2)=10$ 或 0.1 情况下的曲线。实际中，先验概率 $P(s_1)$、$P(s_2)$ 不易确知，故常选择先验等概的假设，并按图 8-4 设计最佳接收机结构。

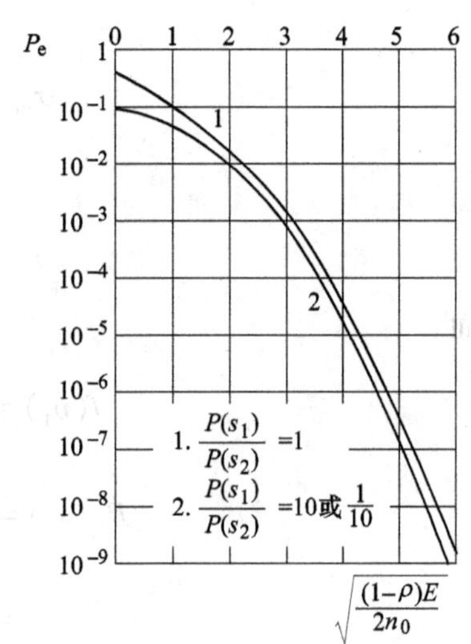

图 8-5 P_e 与 $\sqrt{(1-\rho)E/2n_0}$ 关系曲线

8.2.3 几种二进制确知信号的性能

从图 8-5 可见，E 增加或者 n_0 减小都可使 P_e 减小，亦即改善接收质量。另一个影响 P_e 的因素是互相关系数 ρ，它代表信号 $s_1(t)$ 和 $s_2(t)$ 之间的相关程度，可定义为

$$\rho=\frac{1}{E}\int_0^T s_1(t)s_2(t)\mathrm{d}t\tag{8-23}$$

式中，E 为信号 $s_1(t)$ 和 $s_2(t)$ 的平均能量。下面以第 7 章介绍过的 2ASK、2FSK 和 2PSK 为例，讨论它们信号之间的相关程度 ρ，并由此给出先

验等概时，以最佳接收机形式接收信号的错误概率 P_e，从中也可以看出二进制确知信号的最佳形式应为 $\rho=-1$ 的形式。

1. 2ASK 信号

设 2ASK 信号为

$$\begin{cases} s_1(t) = 0 \\ s_2(t) = A\cos\omega_c t, 0 \leqslant t \leqslant T \end{cases}$$

则可求得

$$\rho = 0$$

$$E = \frac{1}{2}\int_0^T (A\cos\omega_c t)^2 \mathrm{d}t = \frac{A^2 T}{4}$$

先验等概时的误码率表示式为式（8-22），代入 ρ、E 得

$$P_e = \frac{1}{2}\mathrm{erfc}\sqrt{\frac{E}{2n_0}} = \frac{1}{2}\mathrm{erfc}\sqrt{\frac{A^2 T}{8n_0}} \tag{8-24}$$

2. 2FSK 信号

设 2FSK 信号为

$$\begin{cases} s_1(t) = A\cos\omega_1 t \\ s_2(t) = A\cos\omega_2 t \end{cases}, 0 \leqslant t \leqslant T$$

选择概率为 $\omega_2-\omega_1=n\pi/T$，$\omega_2+\omega_1=m\pi/T$，m、n 为整数，可以求得

$$\rho = \frac{1}{E}\int_0^T s_1(t)s_2(t)\mathrm{d}t = 0$$

$$E = \int_0^T (A\cos\omega_1 t)^2 \mathrm{d}t = \int_0^T (A\cos\omega_2 t)^2 \mathrm{d}t = \frac{A^2 T}{2}$$

把 ρ、E 代入式（8-22）得

$$P_e = \frac{1}{2}\mathrm{erfc}\sqrt{\frac{E}{2n_0}} = \frac{1}{2}\mathrm{erfc}\sqrt{\frac{A^2 T}{4n_0}} \tag{8-25}$$

3. 2PSK 信号

设 2PSK 信号为

$$\begin{cases} s_1(t) = A\cos\omega_c t \\ s_2(t) = -A\cos\omega_c t = -s_1(t) \end{cases}, 0 \leqslant t \leqslant T$$

则可求得

$$\rho = \frac{1}{E}\int_0^T s_1(t)s_2(t)\mathrm{d}t = -1$$

$$E = \int_0^T s_1^2(t)\mathrm{d}t = \int_0^T s_2^2(t)\mathrm{d}t = \frac{A^2 T}{2}$$

把 ρ、E 代入式（8-22）得

$$P_e = \frac{1}{2}\mathrm{erfc}\sqrt{\frac{E}{n_0}} = \frac{1}{2}\mathrm{erfc}\sqrt{\frac{A^2 T}{2n_0}} \tag{8-26}$$

4. 讨论

1）由于 erfc（·）是递减函数，因此，就式（8-24）、式（8-25）和式（8-26）比较，抗噪声性能最好的是 $\rho=-1$ 的信号形式，所以 2PSK 被称为二进制确知信号的最佳形式。

2）2ASK 和 2FSK 信号的 $\rho=0$，但 2ASK 信号的平均能量仅是 2FSK 的一半，因此，当 2ASK 非零码和 2FSK 信号振幅相等时，2ASK 的抗噪声性能比 2FSK 的抗噪声性能差，具体地说是差 3dB。

8.2.4 实际接收机与最佳接收机比较

把由第 7 章所得到的二进制数字调制系统相干接收误码率公式与本节得到二进制确知信号最佳接收的误码率公式进行比较，发现在公式形式上它们是一样的，见表 8-1。

表 8-1 实际接收机与最佳接收机性能比较

名 称	实际接收机相干解调	最佳接收机	备 注
2PSK	$P_e=\frac{1}{2}\mathrm{erfc}\sqrt{r}$	$P_e=\frac{1}{2}\mathrm{erfc}\sqrt{\frac{E}{n_0}}$	r 既是 1 码的信噪功率比，也是 1、0 码的平均信噪功率比
2FSK	$P_e=\frac{1}{2}\mathrm{erfc}\sqrt{\frac{r}{2}}$	$P_e=\frac{1}{2}\mathrm{erfc}\sqrt{\frac{E}{2n_0}}$	E 既是 1 码一个周期内的能量，也是 1、0 码一个周期内的平均能量
2ASK	$P_e=\frac{1}{2}\mathrm{erfc}\sqrt{\frac{r}{4}}$	$P_e=\frac{1}{2}\mathrm{erfc}\sqrt{\frac{E_1}{4n_0}}$	r 是 1 码的信噪功率比，E_1 是 1 码一个周期内的能量

在 $s(t)$ 和 n_0 相同的条件下，对于实际接收机来说，平均信噪功率比 r 可表示为

$$r=\frac{S}{N}=\frac{S}{n_0B} \tag{8-27}$$

式中，B 为接收端带通滤波器带宽，它让信号顺利通过；噪声功率 N 为噪声在带通滤波器通带内形成的功率。

对于最佳接收机，由于 $E=ST$，故 E/n_0 可表示为

$$\frac{E}{n_0}=\frac{ST}{n_0}=\frac{S}{n_0\left(\frac{1}{T}\right)} \tag{8-28}$$

要使实际接收误码率等于最佳接收误码率，从表 8-1 可见，必须使 $r=E/n_0$，也即 $B=1/T$。$1/T$ 是基带数字信号的重复频率，对于矩形脉冲波形而言，$1/T$ 是频谱的第一个零点。为了使实际接收机的带通滤波器让信号顺利通过，以便减少波形失真，一般需要让第二个零点之内的基带信号频谱成分通过，因此，带通滤波器的带宽 $B\approx 4/T$。此时，为了获得相同误码性能，实际接收系统的信噪比要比最佳接收系统的信噪比大。即在相同输入条件下，实际接收机的性能比最佳接收机的差。

8.2.5 多进制确知信号最佳接收机结构及性能

设先验等概、等能量、相互正交的多进制信号为 $\{s_1(t),\ s_2(t),\ \cdots,\ s_m(t)\}$，则利用先验等概的二进制确知信号最佳接收机的讨论结果，有

$$\int_0^T y(t)s_i(t)\mathrm{d}t > \int_0^T y(t)s_j(t)\mathrm{d}t,$$

判为 $s_i(i,j=1,2,\cdots,m,i\neq j)$　(8-29)

由式（8-29）画出最佳接收机模型，如图 8-6 所示。

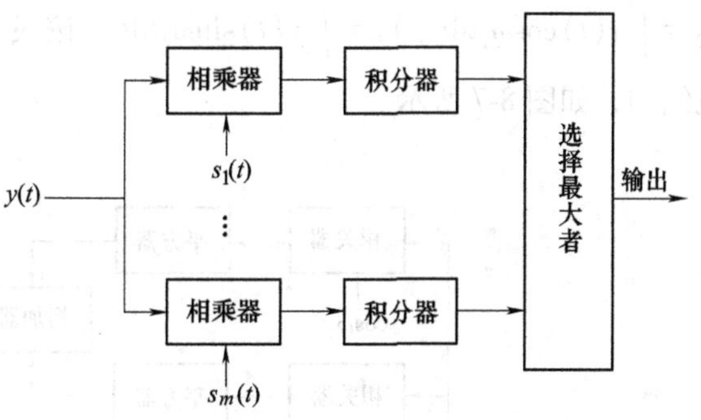

图 8-6　多进制确知信号的最佳接收机结构

多进制确知信号的性能分析的思路是：在满足式（8-29）条件下，先求出发 s_i 无误码的概率 P_c，则平均误码率 $P_e=1-P_c$。可以证明

$$P_e = 1 - P_c = 1 - \frac{1}{\sqrt{2\pi}}\int_{-\infty}^{\infty}\left[\int_{-\infty}^{y+\left(\frac{2E}{n_0}\right)^{\frac{1}{2}}}\frac{1}{\sqrt{2\pi}}\exp\left(-\frac{z^2}{2}\right)\right]^{m-1}\exp\left(-\frac{y^2}{2}\right)\mathrm{d}y \tag{8-30}$$

式中，P_e 不仅与 E/n_0 有关，还与进制数 m 有关，在相同 P_e 情况下，所需信号能量随 m 的增大而减小。

8.3　随相信号的最佳接收

对于相位随即变化的随机信号，也有最佳接收的问题，分析思路与 8.2 节相仿，这里略去分析过程，仅给出最佳接收机结构和误码率的表示式。

8.3.1　二进制随相信号的最佳接收机

设到达接收机两个等可能出现的随相信号为

$$\begin{cases} s_1(t,\varphi_1) = A_0\cos(\omega_1 t + \varphi_1) \\ s_2(t,\varphi_2) = A_0\cos(\omega_2 t + \varphi_2) \end{cases} \tag{8-31}$$

式中，ω_1 与 ω_2 为两个使信号满足“正交”的载频；φ_1 与 φ_2 为每个信号的唯一参数，它们在观测时间（0，T）内的取值服从均匀分布。$s_1(t,\ \varphi_1)$ 与 $s_2(t,\ \varphi_2)$ 的持续时间为（0，T），且能量相等：

$$\int_0^T s_1^2(t,\varphi_1)\mathrm{d}t = \int_0^T s_2^2(t,\varphi_2)\mathrm{d}t = E$$

接收机接收到的波形 $y(t)$ 为

$$y(t) = \begin{cases} s_1(t,\varphi_1) + n(t) \\ s_2(t,\varphi_2) + n(t) \end{cases}$$

则根据最小差错概率准则建立的二进制随相信号最佳接收机为

$$\begin{cases} M_1 > M_2,\text{判为 } s_1 \text{ 出现} \\ M_1 < M_2,\text{判为 } s_2 \text{ 出现} \end{cases} \tag{8-32}$$

式中，$M_1=(X_1^2+Y^2)^{1/2}$，而 $X_1=\int_0^T y(t)\cos\omega_1 t\mathrm{d}t$；$Y_1=\int_0^T y(t)\sin\omega_1 t\mathrm{d}t$；$M_2=(X_2^2+Y_2^2)^{1/2}$，而

$X_2=\int_0^T y(t)\cos\omega_2 t\mathrm{d}t$，$Y_2=\int_0^T y(t)\sin\omega_2 t\mathrm{d}t$。按式（8-32）可建立二进制随相信号的最佳接收机结构，如图 8-7 所示。

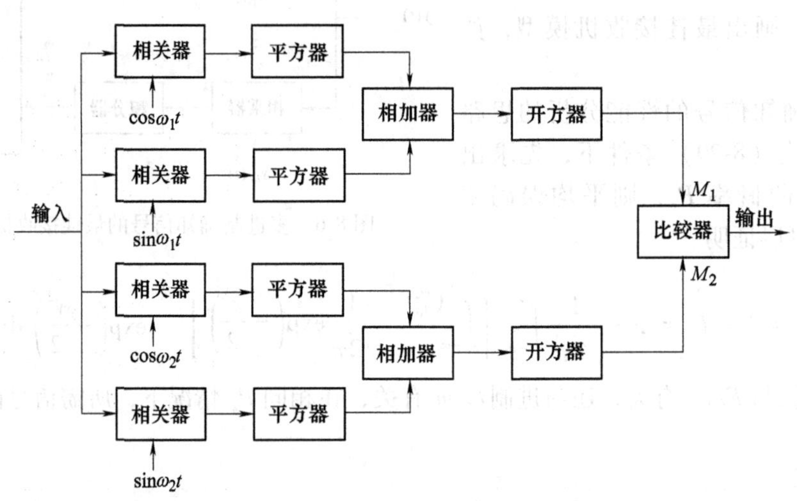

图 8-7　二进制随相信号的最佳接收机结构

仿照对二进制确知信号的性能分析，可得满足式（8-32）条件的误码率 P_e 为

$$P_e=\frac{1}{2}\exp\left(-\frac{h^2}{2}\right) \tag{8-33}$$

式中，$h^2=E_b/n_0$，E_b 表示信号每比特能量。式（8-33）表明，等概、等能量及相互正交的二进制随相信号的最佳接收机误码率，仅与归一化输入信噪比（E_b/n_0）有关。

8.3.2　多进制随相信号的最佳接收机

设接收机输入端有 m 个先验等概、互不相交及等能量的随相信号 $s_1(t,\varphi_1),s_2(t,\varphi_2),\cdots,s_m(t,\varphi_m)$。那么，在接收机输入端收到的波形为

$$y(t)=\begin{cases} s_1(t,\varphi_1)+n(t) \\ s_2(t,\varphi_2)+n(t) \\ \vdots \\ s_m(t,\varphi_m)+n(t) \end{cases} \quad (0,T)$$

仿照式（8-32），可得最佳接收机为

$$M_i>M_j;i、j=1,\ 2,\ \cdots,m,但 j\neq i 判为 s_i 出现 \tag{8-34}$$

式中

$$M_i=\sqrt{X_i^2+Y_i^2}=\left\{\left[\int_0^T y(t)\cos\omega_i t\mathrm{d}t\right]^2+\left[\int_0^T y(t)\sin\omega_i t\mathrm{d}t\right]^2\right\}^{1/2}$$

$$M_j=\sqrt{X_j^2+Y_j^2}=\left\{\left[\int_0^T y(t)\cos\omega_j t\mathrm{d}t\right]^2+\left[\int_0^T y(t)\sin\omega_j t\mathrm{d}t\right]^2\right\}^{1/2}$$

按式（8-34）画出最佳接收机结构，如图 8-8 所示。

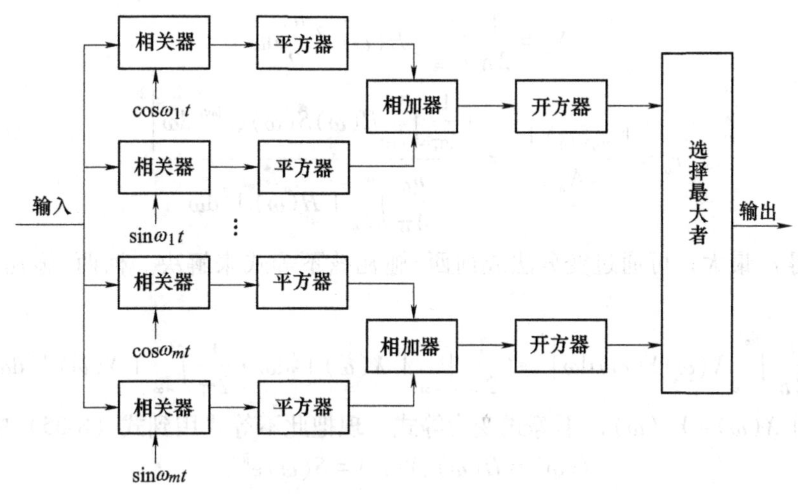

图 8-8　多进制随相信号的最佳接收机结构

8.4　最佳接收机的匹配滤波器形式

最佳接收机中的相关器可用匹配滤波器代替，这就是最佳接收机的匹配滤波器形式。本节将首先介绍匹配滤波器，再介绍由匹配滤器形成的最佳接收机结构。

8.4.1　匹配滤波器

符合最大信噪比准则的最佳线性滤波器称为匹配滤波器，它在检测数字信号和雷达信号中具有特别重要的意义。因为在数字信号和雷达信号检测中，主要关心的是在噪声背景中能否正确地判断信号存在与否。因此希望当信号和噪声加到滤波器输入端时，滤波器能够在噪声中最有利地识别信号，这就是要使滤波器输出端在判决时刻取得最大信噪比，可以取得最好检测性能。这样，获得最大输出信噪比的最佳线性滤波器就具有重要的实际意义。下面根据最大信噪比准则，来研究匹配滤波器。

设有一个线性滤波器，框图如图 8-9 所示。图中输入 $x(t)=s(t)+n(t)$，假定噪声的功率谱密度为 $n_0/2$ 的白噪声，信号 $s(t)\leftrightarrow S(\omega)$；输出 $y(t)=s_o(t)+n_o(t)$，线性滤波器的传输函数：$h(t)\leftrightarrow H(\omega)$。求在上述最大输出信噪比准则下的最佳线性滤波器的传输函数 $H(\omega)$。

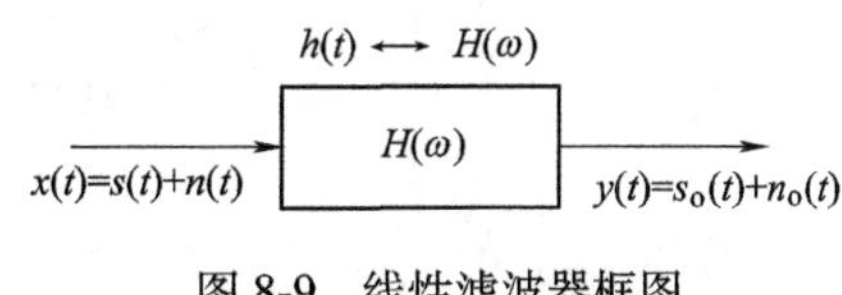

图 8-9　线性滤波器框图

根据最大输出信噪比准则，只要求出在某时刻 t_0 输出信号功率 $|s_o(t_0)|^2$ 和输出噪声功率 N_o，并让输出信噪比 $r_o=|s_o(t)|^2/N_o$ 为最大，此时的 $H(\omega)$ 即为所需的匹配滤波器传输函数。

$$|s_o(t_0)|^2=\left|\frac{1}{2\pi}\int_{-\infty}^{\infty}H(\omega)S(\omega)\mathrm{e}^{\mathrm{j}\omega t_0}\mathrm{d}\omega\right|^2$$

$$N_o = \frac{1}{2\pi}\int_{-\infty}^{\infty} |H(\omega)|^2 \frac{n_0}{2} d\omega$$

$$r_o = \frac{|s_o(t_0)|^2}{N_o} = \frac{\left|\frac{1}{2\pi}\int_{-\infty}^{\infty} H(\omega)S(\omega)e^{-j\omega t_0}d\omega\right|^2}{\frac{n_0}{4\pi}\int_{-\infty}^{\infty}|H(\omega)|^2 d\omega} \tag{8-35}$$

为了求得 r_o 最大，可通过变分法或柯西-施瓦兹不等式来解决。柯西-施瓦兹不等式可表示为

$$\left|\frac{1}{2\pi}\int_{-\infty}^{\infty} X(\omega)Y(\omega)d\omega\right|^2 \leqslant \frac{1}{2\pi}\int_{-\infty}^{\infty}|X(\omega)|^2 d\omega \cdot \frac{1}{2\pi}\int_{-\infty}^{\infty}|Y(\omega)|^2 d\omega$$

只要满足条件 $X(\omega)=Y^*(\omega)$，不等式变为等式。现把此不等式用到式（8-35）中去，假设

$$X(\omega)=H(\omega),Y(\omega)=S(\omega)e^{j\omega t_0}$$

则在满足 $H(\omega)=S^*(\omega)e^{-j\omega t_0}$ 条件时，式（8-35）可写成

$$r_{omax} = \frac{\frac{1}{2\pi}\int_{-\infty}^{\infty}|S(\omega)e^{j\omega t_0}|^2 d\omega \cdot \frac{1}{2\pi}\int_{-\infty}^{\infty}|S^*(\omega)e^{-j\omega t_0}|^2 d\omega}{\frac{n_0}{4\pi}\int_{-\infty}^{\infty}|S^*(\omega)e^{-j\omega t_0}|^2 d\omega}$$

$$= \frac{\frac{1}{2\pi}\int_{-\infty}^{\infty}|S(\omega)|^2 d\omega \cdot \frac{1}{2\pi}\int_{-\infty}^{\infty}|S^*(\omega)|^2 d\omega}{\frac{n_0}{4\pi}\int_{-\infty}^{\infty}|S^*(\omega)|^2 d\omega}$$

$$= \frac{1}{\pi n_0}\int_{-\infty}^{\infty}|S(\omega)|^2 d\omega = \frac{2E}{n_0} \tag{8-36}$$

式中，E 是信号的总能量，$E=\frac{1}{2\pi}\int_{-\infty}^{\infty}|S(\omega)|^2 d\omega$。

从以上推导可见，只有当 $H(\omega)=S^*(\omega)e^{-j\omega t_0}$ 时，$r_o=r_{omax}$，且 $r_{omax}=2E/n_0$。$H(\omega)=S^*(\omega)e^{-j\omega t_0}$ 就是匹配滤波器的传输函数。下面通过 $H(\omega)$ 的傅里叶反变换，来研究匹配滤波器的冲击响应 $h(t)$。

$$h(t) = \frac{1}{2\pi}\int_{-\infty}^{\infty} H(\omega)e^{j\omega t}d\omega$$

$$= \frac{1}{2\pi}\int_{-\infty}^{\infty} S^*(\omega)e^{-j\omega(t_0-t)}d\omega$$

设 $s(t)$ 为实函数，则 $S^*(\omega)=S(-\omega)$，因此

$$h(t) = \frac{1}{2\pi}\int_{-\infty}^{\infty} S(-\omega)e^{-j\omega(t_0-t)}d\omega = s(t_0-t) \tag{8-37}$$

式（8-37）表明，匹配滤波器的冲击响应是输入信号 $s(t)$ 的镜像信号 $s(-t)$，在时间上再平移 t_0。

为了获得物理可实现的匹配滤波器，要求在 $t<0$ 时，$h(t)=0$，故式（8-37）可写为

$$h(t) = \begin{cases} s(t_0-t), & t>0 \\ 0, & t<0 \end{cases} \tag{8-38}$$

即

$$s(t_0 - t) = 0, t < 0$$

或

$$s(t) = 0, t > t_0 \tag{8-39}$$

式（8-39）条件表明，物理可实现的匹配滤波器的输入端信号 $s(t)$ 必须在它输出最大信噪比的时刻 t_0 之前消失（等于零），或者说物理可实现的 $h(t)$，最大信噪比时刻应选在信号消失时刻之后的某一时刻。若设某信号 $s(t)$ 的消失时刻为 t_1，则只有选 $t_0 \geqslant t_1$ 时，$h(t)$ 才是物理可实现的，一般希望 t_0 小些，故通常选择 $t_0 = t_1$。

已经求得了 $H(\omega) \leftrightarrow h(t)$，那么信号 $s(t)$ 通过 $H(\omega) \leftrightarrow h(t)$，其输出信号波形 $s_o(t)$ 为

$$s_o(t) = \int_{-\infty}^{\infty} s(t - \tau) s(t_0 - \tau) \mathrm{d}\tau = R_s(t - t_0) \tag{8-40}$$

可见，匹配滤波器的输出信号波形是输入信号的自相关函数 $R_s(t-t_0)$，当 $t = t_0$ 时，其值为输入信号的总能量 E。

总结以上关于匹配滤波器的讨论，有以下结论：

1）最大信噪比准则下的匹配滤波器可表示为 $H(\omega) = S^*(\omega) \mathrm{e}^{-\mathrm{j}\omega t_0}$ 或 $h(t) = s(t_0 - t)$，其中 t_0 为最大信噪比时刻，t_0 应选在信号结束时刻之后。

2）t_0 时刻的最大信噪比 $r_{\mathrm{omax}} = \dfrac{2E}{n_0}$。

3）匹配滤波器输出信号 $S_o(t) = R_s(t_0 - t)$。

【例 8-1】 输入信号为单个矩形脉冲，求匹配滤波器的 $h(t)$ 及 $s_o(t)$。

解 设单个矩形脉冲为 $s(t) = \begin{cases} 1 & 0 \leqslant t \leqslant T \\ 0 & \text{其他} \end{cases}$，波形如图 8-10a 所示。

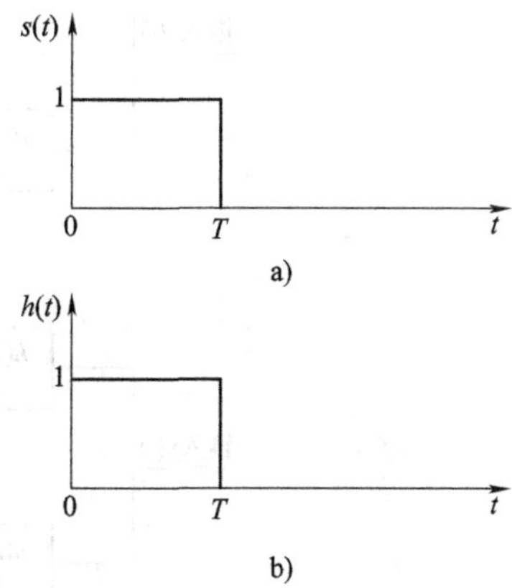

根据 $s(t)$，可设 $t_0 = T$，则

$$h(t) = s(T - t) = \begin{cases} 1, 0 \leqslant t \leqslant T \\ 0, \text{其他} \end{cases}$$

波形如图 8-10b 所示。输出信号 $s_o(t)$ 为

$$s_o(t) = s(t) * h(t) = \begin{cases} t, & 0 \leqslant t \leqslant T \\ 2T - t, & T \leqslant t \leqslant 2T \end{cases}$$

波形如图 8-10c 所示。

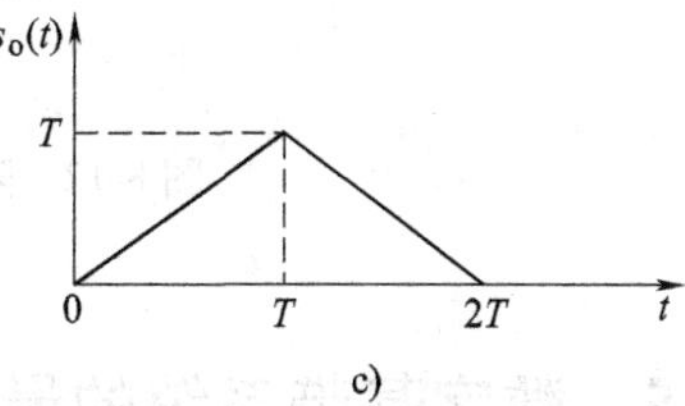

图 8-10　对单个矩形脉冲匹配的波形

8.4.2　匹配滤波器组成的最佳接收机

以二进制确知信号最佳接收机式（8-14）或图 8-4 为例，若 $y(t)$ 通过 $s_1(t)$ 的匹配滤波器 $h(t) = s_1(T - t)$，输出波形为

$$y(t) * h(t) = \int_0^T y(t - \tau) s_1(T - \tau) \mathrm{d}\tau$$

设 $T - \tau = t'$，则

$$y(t) * h(t) = \int_0^T y(t - T + t')s_1(t')\mathrm{d}t'$$

抽样判决时刻选在 $t=T$，则上式为

$$y(t) * h(t) = \int_0^T y(t')s_1(t')\mathrm{d}t'$$

正好是 $y(t)$ 通过 $s_1(t)$ 相关器输出，因此匹配滤波器可代替相关器。先验等概的二进制确知信号最佳接收机的匹配滤波器组成形式如图 8-11a 所示，同理可得 m 进制的匹配滤波器最佳接收机如图 8-11b 所示。

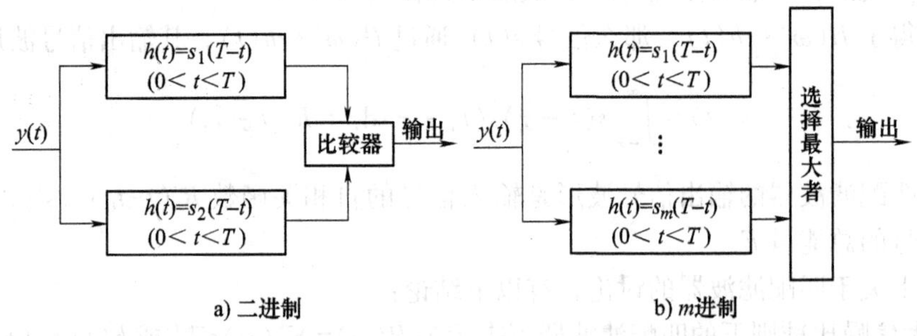

图 8-11　确知信号最佳接收机的匹配滤波器结构形式

可以证明，随相信号的二进制及 m 进制的匹配滤波器最佳接收机结构如图 8-12a、b 所示。

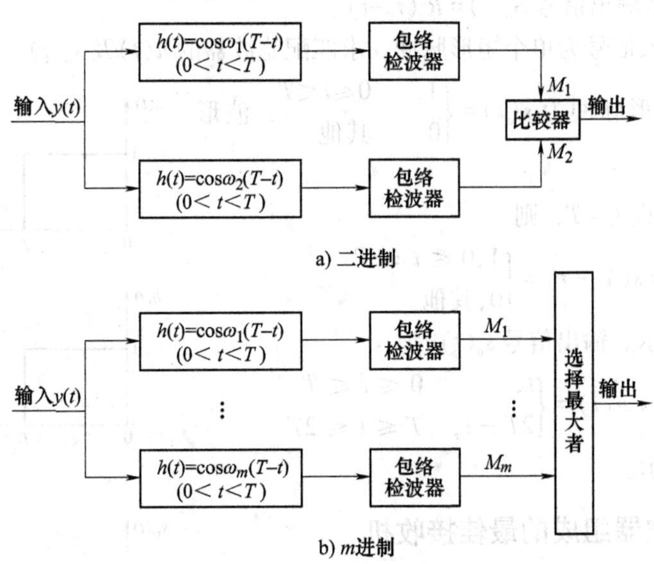

图 8-12　随相信号最佳接收机的匹配滤波器结构形式

8.5　数字基带系统的最佳化

所谓最佳数字基带系统，是指消除了码间串扰而抗噪性能最理想（错误概率最小）的系统。本节将从理想信道和非理想信道两种情况下，讨论最佳基带系统。

8.5.1　理想信道下的最佳基带系统

理想信道是指 $C(\omega)=1$ 或常数的情况。在 5.4 节中，若 $C(\omega)=1$，则 $H(\omega)=G_T(\omega)G_R(\omega)$，且满足 $H_{eq}(\omega)=\sum_i H\left(\omega+\frac{2\pi i}{T_s}\right)=\begin{cases}T_s, & |\omega|\leqslant\frac{\pi}{T_s}\\ 0, & |\omega|>\frac{\pi}{T_s}\end{cases}$ 的无码间串扰条件。因此，$C(\omega)=1$ 情况下的最佳基带系统主要讨论的是，在 $H(\omega)=G_T(\omega)G_R(\omega)$ 已确定情况下的 $G_T(\omega)$ 和 $G_R(\omega)$。

在加性高斯白噪声下，要使系统的错误概率最小，就要使 $G_R(\omega)$ 满足：

$$G_R(\omega)=G_T^*(\omega)e^{-j\omega t_0} \tag{8-41}$$

考虑到 $H(\omega)=G_T(\omega)G_R(\omega)$，可得联合方程

$$\begin{cases}H(\omega)=G_T(\omega)G_R(\omega)\\ G_R(\omega)=G_T^*(\omega)e^{-j\omega t_0}\end{cases} \tag{8-42}$$

式（8-42）中的第 1 式抽样时刻为 $t=0$，而第 2 式抽样时刻为 $t=t_0$，统一式（8-42）两式的抽样时刻为 $t=0$，则可将第 2 式延迟因子 $e^{-j\omega t_0}$去掉，得

$$\begin{cases}H(\omega)=G_T(\omega)G_R(\omega)\\ G_R(\omega)=G_T^*(\omega)\end{cases} \tag{8-43}$$

由此解得

$$|G_R(\omega)|=|H(\omega)|^{\frac{1}{2}}$$

由于 $G_R(\omega)$ 的相移网络可任意选择，故选择一个适当的相移网络，使式（8-44）成立：

$$G_R(\omega)=H^{\frac{1}{2}}(\omega) \tag{8-44}$$

代入式（8-43）得

$$G_T(\omega)=H^{\frac{1}{2}}(\omega) \tag{8-45}$$

当 $H(\omega)$ 满足无码间串扰条件，且 $G_T(\omega)=G_R(\omega)=H^{\frac{1}{2}}(\omega)$ 时的基带系统是理想信道的最佳基带系统，其框图如图 8-13 所示。

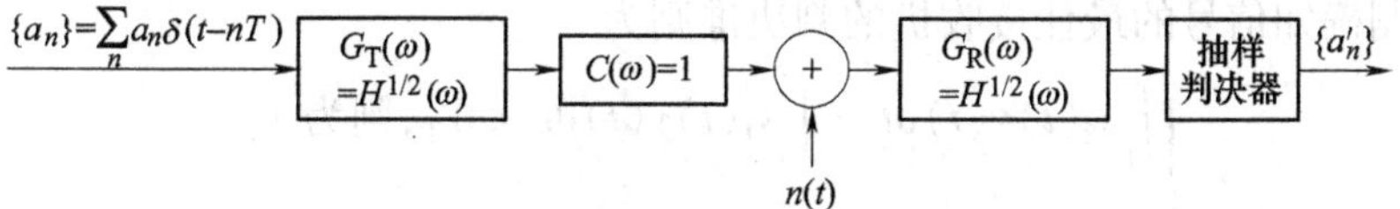

图 8-13　理想信道下的最佳基带系统

8.5.2　非理想信道下的最佳基带系统

非理想信道的 $C(\omega)\neq$常数，其总传输特性 $H(\omega)=G_T(\omega)C(\omega)G_R(\omega)$，若 $H(\omega)$ 满足无码间串扰的条件，并假设 $G(\omega)C(\omega)$ 为已知，让 $G_R(\omega)$ 按 $G_T(\omega)C(\omega)$ 的特性设计，仿照 $C(\omega)=$常数时的分析，得

$$G_R(\omega) = G_T^*(\omega) C^*(\omega) \tag{8-46}$$

此时

$$H(\omega) = G_T(\omega) C(\omega) G_R(\omega) = | G_T(\omega) |^2 | C(\omega) |^2 \tag{8-47}$$

若 $H(\omega)$ 不能满足无码间串扰的条件，应在基带系统 $G_R(\omega)$ 后加上均衡器 $T(\omega)$（例如时域横向滤波器），使 $H(\omega) = G_T(\omega) C(\omega) G_R(\omega) T(\omega)$ 无码间串扰。根据式（8-47）可知，此时的 $T(\omega)$ 可为

$$T(\omega) = \frac{T_s}{\sum_i \left| G\left(\omega + \frac{2\pi i}{T_s}\right) \right|^2 \left| C\left(\omega + \frac{2\pi i}{T_s}\right) \right|^2} \tag{8-48}$$

非理想信道下的最佳基带系统框图如图 8-14 所示。

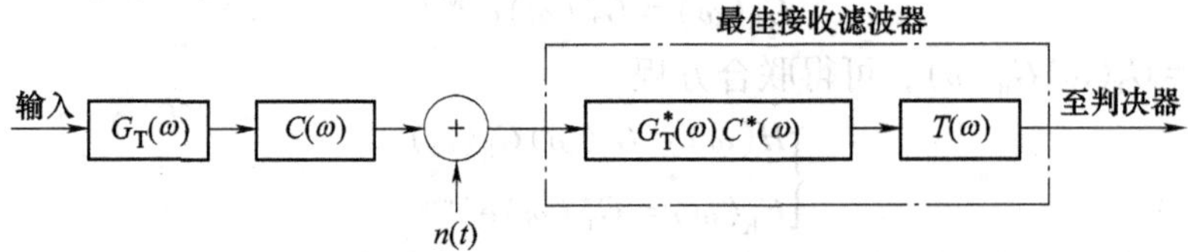

图 8-14　非理想信道时最佳基带系统的结构

8.6　本章小结

1. 噪声和数字信号混合波形的接收，是一个统计接收问题。从统计的观点看，数字通信可以用一个统计模型来表述，如图 8-1 所示。

2. 最佳接收机是在某种准下则的最佳接收机，本章给出了最小差错概率准则的最佳接收机。当噪声是高斯白噪声时，最小差错概率准则为

$$\begin{cases} \dfrac{f_{s_1}(y)}{f_{s_2}(y)} > \dfrac{P(s_2)}{P(s_1)}, \text{判为 } \gamma_1 \\ \dfrac{f_{s_1}(y)}{f_{s_2}(y)} < \dfrac{P(s_2)}{P(s_1)}, \text{判为 } \gamma_2 \end{cases}$$

3. 二进制确知信号的最佳接收机的判决准则为

$$\begin{cases} \int_0^T s_2(t) y(t)\,dt - \int_0^T s_1(t) y(t)\,dt < V_T, \text{判为 } \gamma_1 \\ \int_0^T s_2(t) y(t)\,dt - \int_0^T s_1(t) y(t)\,dt > V_T, \text{判为 } \gamma_2 \end{cases}$$

其中，$V_T = \frac{n_0}{2}\left\{\ln[P(s_1)/P(s_2)] + \frac{1}{n_0}\int_0^T [s_2^2(t) - s_1^2(t)]\,dt\right\}$，先验等概等能量时，$V_T = 0$，从而判决准则为

$$\begin{cases} \int_0^T s_2(t) y(t)\,dt < \int_0^T s_1(t) y(t)\,dt, \text{判为 } \gamma_1 \\ \int_0^T s_2(t) y(t)\,dt > \int_0^T s_1(t) y(t)\,dt, \text{判为 } \gamma_2 \end{cases}$$

此时接收机的误码率可表示为

$$P_e = \frac{1}{2}\mathrm{erfc}\sqrt{\frac{(1-\rho)E_s}{2n_0}}$$

式中，ρ 是互相关系数，$\rho = \frac{1}{E_s}\int_0^T s_1(t)s_2(t)\,\mathrm{d}t$。从 P_e 的表示式可见，二进制确知信号的最佳形式是 $\rho=-1$ 的形式。一般来说，数字调制信号的实际接收性能比最佳接收性能差。

4. 二进制随相信号的最佳接收机可表示为

$$\begin{cases} M_1 > M_2, \text{判为 } s_1 \text{ 出现} \\ M_1 < M_2, \text{判为 } s_2 \text{ 出现} \end{cases}$$

式中

$$M_1 = \left\{\left[\int_0^T y(t)\cos\omega_1 t\,\mathrm{d}t\right]^2 + \left[\int_0^T y(t)\sin\omega_1 t\,\mathrm{d}t\right]^2\right\}^{1/2}$$

$$M_2 = \left\{\left[\int_0^T y(t)\cos\omega_2 t\,\mathrm{d}t\right]^2 + \left[\int_0^T y(t)\sin\omega_2 t\,\mathrm{d}t\right]^2\right\}^{1/2}$$

其误码率可表示为

$$P_e = \frac{1}{2}\exp\left\{-\frac{E_b}{2n_0}\right\}$$

5. 多进制确知信号和随相信号的最佳接收机可仿照二进制得到。

6. 匹配滤波器是最大信噪比准则下建立起的最佳线性滤波器，其传输函数 $H(\omega)$ 为

$$H(\omega) = S^*(\omega)\mathrm{e}^{-\mathrm{j}\omega t_0}$$

冲击响应 $H(\omega)\leftrightarrow h(t)$ 为

$$h(t) = s(t_0 - t)$$

对于物理可实现的匹配滤波器，其 t_0 应该大于或等于信号结束时刻。t_0 时刻最大输出信噪比为

$$r_{\mathrm{omax}} = \frac{2E}{n_0}$$

式中

$$E = \frac{1}{2\pi}\int_{-\infty}^{\infty}|s(\omega)|^2\mathrm{d}\omega$$

7. 匹配滤波器可代替最佳接收机中的相关器。

8. 最佳数字基带系统是指消除了码间串扰而抗噪性能最理想（P_e 最小）的系统。在 $C(\omega)=1$ 或常数的理想信道中，$H(\omega)=G_T(\omega)G_R(\omega)$ 满足无码间串扰条件，且 $G_T(\omega)=G_R(\omega)=H^{\frac{1}{2}}(\omega)$。在 $C(\omega)\neq$常数的非理想信道中，$G_R(\omega)=G_T^*(\omega)C^*(\omega)$，$G_R(\omega)$ 后级联的横向滤波器 $T(\omega)$ 满足

$$T(\omega) = \frac{T_s}{\sum_i \left|G_T\left(\omega + \frac{2\pi i}{T_s}\right)\right|^2 \left|C\left(\omega + \frac{2\pi i}{T_s}\right)\right|^2}$$

8.7　思考题与习题

一、思考题

1. 在数字通信中，为什么说“最小差错概率准则”是最直观和最合理的准则？

2. 什么是确知信号？什么是随相信号？什么是起伏信号？

3. 二进制确知信号的最佳接收机结构如何？它是怎样得到的？

4. 什么是二进制确知信号的最佳形式？

5. 试述确知的二进制 PSK、FSK 及 ASK 信号的最佳接收机的误码性能有何不同？并加以解释。

6. 试述对于二进制随相信号最佳接收机结构的确定与二进制确知信号有何异同？

7. 如何才能使普通接收机的误码性能达到最佳接收机的水平？

8. 什么是匹配滤波器？对于与矩形包络调制信号相匹配的滤波器的实现方法有哪些？它们各有什么特点？

9. 什么是最佳基带传输系统？

10. 什么是理想信道？在理想信道下的最佳基带传输系统的结构具有什么特点？

11. 什么是非理想信道？在该信道下的最佳基带传输系统的结构具有什么特点？

二、填空题

1. 匹配滤波器所依据的最佳准则是________，设输入信号 $s(t)$ 的频谱为 $S(\omega)$，则匹配滤波器的传输函数为________。

2. 在匹配滤波器中的匹配是指________和________之间的匹配。

3. 在____准则下所采用的最佳线性滤波器称为匹配滤波器，“匹配”是________。

4. 最佳接收的准则有________、________、________，其中匹配滤波器是在________准则下的最佳线性滤波器。

5. 匹配滤波器的匹配是指滤波器的传递函数与________之间匹配。

6. 在最大信噪比准则下获得的最佳线性滤波器为________。

三、计算题

1. 在二进制双极性基带传输系统中，设信道输出信号是峰值等于 $2A$ 的矩形脉冲，信道噪声是单边功率谱密度为 n_0 的高斯噪声。试证明，最佳接收机的误码率不大于非最佳接收机的误码率。

2. 已知矩形脉冲波形 $p(t)=A[U(t)-U(t-T)]$，$U(t)$ 为阶跃函数。

（1）求匹配滤波器的冲激响应。

（2）求匹配滤波器的输出波形。

（3）在什么时刻输出可以达到最大值？并求最大值。

3. 在高频信道上使用 2ASK 信号传输数据，信息速率为 4.8×10^6 bit/s，接收机输入的信号幅度为 $A=1$mV，信道噪声功率谱密度 $n_0=10^{-15}$W/Hz，系统的频带利用率为 $\frac{2}{3}$bit/s。

（1）求相干和非相干接收机的误比特率。

（2）求最佳相干和最佳非相干接收机的误比特率。

4. 若理想信道基带系统的总特性满足下式：

$$H_{eq}(\omega)=\begin{cases}\sum_i H\left(\omega+\frac{2\pi i}{T_s}\right)=T_s, & |\omega|\leqslant\frac{\pi}{T_s}\\ 0, & |\omega|>\frac{\pi}{T_s}\end{cases}$$

信道噪声的功率谱密度为 $n_0/2$(W/Hz)，信号的可能电平为 L，即 0，$2d$，…，$2(L-1)d$ 等概率出现。

（1）求接收滤波器输出噪声功率 N_0。

（2）求系统最小误码率 P_e。

5. 设 PSK 方式的最佳接收机与实际接收机有相同的输入信噪比 E_b/n_0，如果 $E_b/n_0=10\text{dB}$，实际接收机的带通滤波器带宽为 $6/T$(Hz)，T 是码元宽度，则两种接收机的误码性能相差多少？

6. 某二进制数字基带传输系统如图 8-15 所示。图中 $\{a_n\}$ 与 $\{a'_n\}$ 分别为发送的数字序列和恢复的数字序列，已知发送滤波器的传输函数 $G_T(\omega)$ 为

$$G_T(\omega)=\begin{cases}\sqrt{\dfrac{1}{2}\left(1+\cos\dfrac{\omega T_s}{2}\right)}, & |\omega|\leqslant\dfrac{2\pi}{T_s}\\ 0, & |\omega|>\dfrac{2\pi}{T_s}\end{cases}$$

信道传输函数，是双边功率谱密度为、均值为零的高斯白噪声。

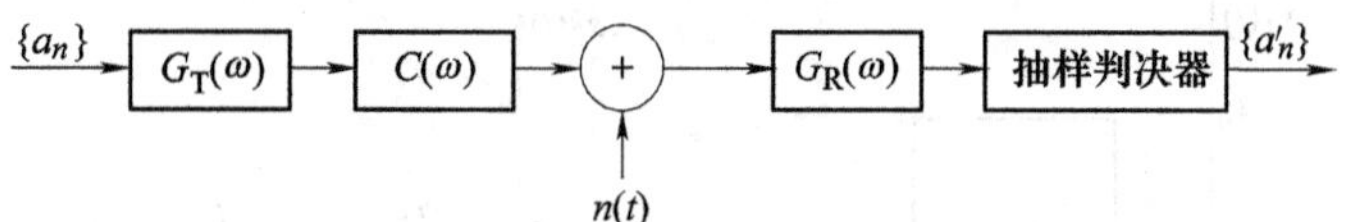

图 8-15　某二进制数字基带传输系统

（1）若要使该基带传输系统最佳化，试问 $G_R(\omega)$ 应如何选择？

（2）该系统无码间干扰的最高码元传输速率为多少？

（3）若发送的二进制基带信号为双极性信号，接收信号中码元能量为 E，并且 $p(0)=p(1)$，试推导该系统的最佳判决门限和最小误码率。

四、练习题

1. 假设 H_1 为真时，接收信号幅度 $S_1=1$；H_0 为真时，接收信号 $S_0=-1$，加性噪声是均值为 0，方差 $\sigma_n^2=1$ 的高斯白噪声，$P(H_0)=P(H_1)=1/2$。求用错误概率最小准则时的误码率 P_e。

2. 设 PSK 方式的最佳接收机与实际接收机有相同的输入信噪比 E/n_0。如果 $E/n_0=10\text{dB}$，实际接收机的带通滤波器带宽为 $6/T$（Hz），问两种接收机的误码性能相差多少？

3. 对 $s(t)$ 匹配的最佳线性滤波器 $h(t)$ 如图 8-16 所示（取匹配条件的系数 $k=1$），输入噪声单边功率谱密度 $n_0=10^{-12}\text{W/Hz}$，最佳时刻 $t_0=T=4\mu\text{s}$。

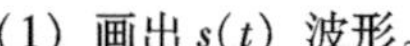

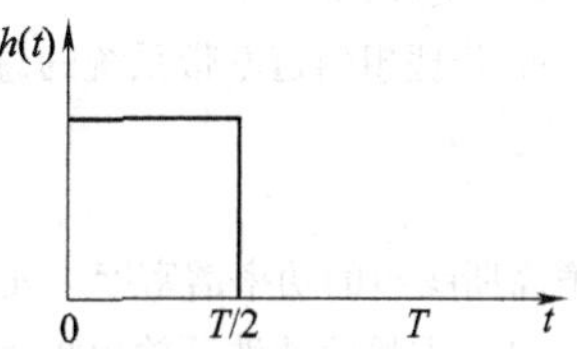

图 8-16　最佳线性滤波器 $h(t)$

（1）画出 $s(t)$ 波形。

（2）若要求 $\gamma_{omax}\geqslant 10\text{dB}$，则 A 应满足何条件？

4. 试构成先验等概的二进制确知 ASK 信号的最佳接收机结构。若非零信号的码元能量为 E_b 时，试求该系统的抗高斯白噪声的性能。

5. 设二进制 FSK 信号为

$$\begin{cases}s_1(t)=A\sin\omega_1 t, 0\leqslant t\leqslant T_s\\ s_2(t)=A\sin\omega_2 t, 0\leqslant t\leqslant T_s\end{cases}$$

且 $\omega_1=\dfrac{4\pi}{T_s}$、$\omega_2=2\omega_1$、$s_1(t)$ 和 $s_2(t)$ 等可能出现。

（1）求构成相关检测器形式的最佳接收机结构。

（2）画出各点可能的工作波形。

（3）若接收机输入高斯噪声功率谱密度为 $n_0/2$(W/Hz)，试求系统的误码率。

6. 设到达接收机输入端的二进制信号码元 $s_1(t)$ 及 $s_2(t)$ 的波形如图 8-17 所示，输入高斯噪声功率谱

密度为 $n_0/2$(W/Hz)。

(1) 画出匹配滤波器形式的最佳接收机结构。

(2) 确定匹配滤波器的单位冲激响应及可能的输出波形。

(3) 求系统的误码率。

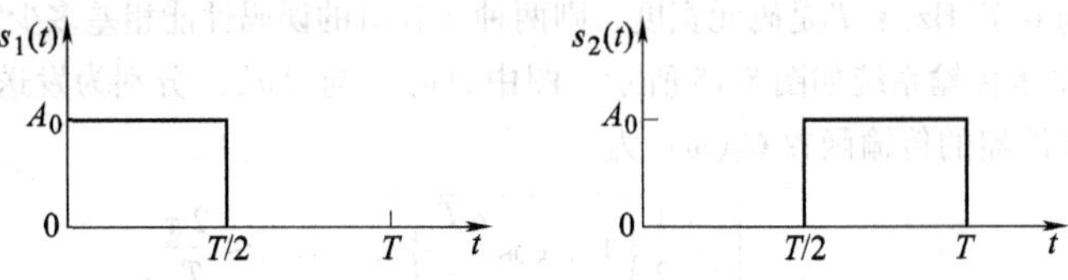

图 8-17　二进制信号码元 $s_1(t)$ 和 $s_2(t)$ 的波形

7. 将 $s_1(t)$ 及 $s_2(t)$ 改为如图 8-18 所示的波形，试重做上题。

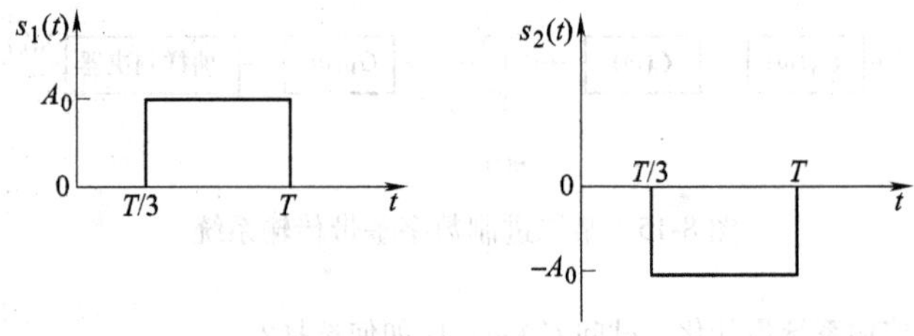

图 8-18　题 7 图

8. 在高斯白噪声下最佳接收二进制信号 $s_1(t)$ 及 $s_2(t)$，这里

$$\begin{cases} s_1(t) = A\sin(\omega_1 t + \varphi_1), 0 < t < T \\ s_2(t) = A\sin(\omega_2 t + \varphi_2), 0 < t < T \end{cases}$$

式中，在 $(0, T)$ 内 ω_1 与 ω_2 满足正交要求；φ_1 及 φ_2 分别是服从均匀分布的随机变量。

(1) 试求构成匹配滤波器形式的最佳接收机结构。

(2) 试用两种不同方法分析上述结构中抽样判决器输入信号样值的统计特性。

(3) 求系统的误码率。

9. 若理想信道基带系统的总特性满足下式

$$\sum_i H\left(\omega + \frac{2\pi i}{T_s}\right) = T_s, \ |\omega| \leqslant \frac{\pi}{T_s}$$

信道高斯噪声的功率谱密度为 $n_0/2$(W/Hz)，信号的可能电平为工，即 0，$2d$，…，$2(L-1)d$ 等概率出现。

(1) 求接收滤波器输出噪声功率。

(2) 求系统最小误码率。

第9章 差错控制编码

本章概述：通常，在设计数字通信系统时，首先应从合理地选择调制制度、解调方法及发送功率等方面考虑。若采取上述措施仍难以满足要求，则就要考虑采用本章所述的差错控制措施了。从差错控制角度看，按加性干扰引起的错码分布规律的不同，信道可以分为三类，即随机信道、突发信道和混合信道。在随机信道中，错码的出现是随机的，且错码之间是统计独立的。在突发信道中，错码是成串集中出现的，也就是说，在一些短促的时间区间内会出现大量错码，而在这些短促的时间区间之间却又存在较长的无错码区间。把既存在随机错码又存在突发错码，且哪一种都不能忽略不计的信道，称为混合信道。对于不同类型的信道，应采用不同的差错控制技术。

知识点：

1. 了解分析差错控制编码的基本方法及纠错编码的基本原理。
2. 重点掌握常用检错码、线性分组码及卷积码的构造原理及其应用。

9.1 概述

差错控制编码又称信道编码、可靠性编码、抗干扰编码或纠错码，它是提高数字信号传输可靠性的有效方法之一。它产生于20世纪50年代初，到20世纪70年代趋向成熟。本章将主要分析差错控制编码的基本方法及纠错编码的基本原理，常用检错码、线性分组码及卷积码的构造原理及其应用。

9.1.1 信道编码

在数字通信中，根据不同的目的，编码可分为信源编码和信道编码。信源编码是为了提高数字信号的有效性以及为了使模拟信号数字化而采取的编码。信道编码是为了降低误码率，提高数字通信的可靠性而采取的编码。

数字信号在传输过程中，加性噪声、码间串扰等都会产生误码。为了提高系统的抗干扰性能，可以加大发射功率，降低接收设备本身的噪声，以及合理选择调制、解调方法等。此外，还可以采用信道编码技术。

正如第1章在通信系统模型中所述，信源编码是去掉信源的多余度；而信道编码是按一定的规则加入多余度。具体地讲，就是在发送端的信息码元序列中，以某种确定的编码规则，加入监督码元，以便在接收端利用该规则进行解码，才有可能发现错误、纠正错误。

9.1.2 差错控制方式

常用的差错控制方式有3种：检错重发、前向纠错和混合纠错，它们的系统构成如图9-1所示。

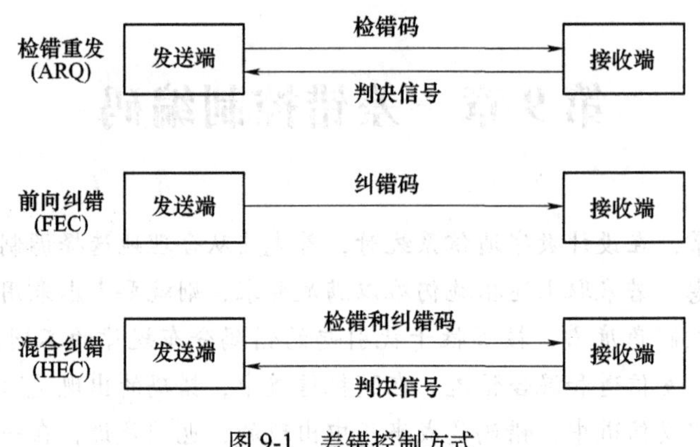

图 9-1　差错控制方式

1. 检错重发方式

检错重发方式又称自动请求重传（automatic repeat request，ARQ）方式。由发送端送出能够发现错误的码，由接收端判决传输中无错误产生，如果发现错误，则通过反向信道把这一判决结果反馈给发送端，然后，发送端把接收端认为错误的信息再次重发，从而达到正确传输的目的。其特点是需要反馈信道，译码设备简单，对突发错误和信道干扰较严重时有效，但实时性差，主要在计算机数据通信中得到应用。

2. 前向纠错方式

前向纠错（forward error-correction，FEC）方式中，发送端发送能够纠正错误的码，接收端收到信码后自动地纠正传输中的错误。其特点是单向传输，实时性好，但译码设备较复杂。

3. 混合纠错方式

混合纠错（hybrid error-correction，HEC）方式是 FEC 和 ARQ 方式的结合。发送端发送具有自动纠错同时又具有检错能力的码。接收端收到码后，检查差错情况，如果错码在码的纠错能力范围以内，则自动纠错；如果超过了码的纠错能力，但能检测出来，则经过反馈信道请求发送端重发。这种方式具有前向纠错方式和检错重发方式的优点，可达到较低的误码率，因此，近年来得到广泛应用。

另外，按照噪声或干扰的变化规律，可把信道分为三类：随机信道、突发信道和混合信道。恒参高斯白噪声信道是典型的随机信道，其中错码的出现是随机的，而且错码之间是统计独立的。具有脉冲干扰的信道是典型的突发信道，错码是成串成群出现的，即在短时间内出现大量错误。短波信道和对流层散射信道是混合信道的典型例子，随机错码和成串错码都占有相当比例。对于不同类型的信道，应采用不同的差错控制方式。

9.1.3　纠错码的分类

纠错码的分类方法如下：

1）根据纠错码各码组信息元和监督元的函数关系，可分为线性码和非线性码。如果函数关系是线性的，即满足一组线性方程式，则称为线性码，否则称为非线性码。

2）根据上述关系涉及的范围，可分为分组码和卷积码。分组码的各码元仅与本组的信息元有关；卷积码中的码元不仅与本组的信息元有关，而且还与前面若干组的信息元有关。

3）根据码的用途，可分为检错码和纠错码。检错码以检错为目的，不一定能纠错；而纠错码以纠错为目的，一定能检错。

另外，还可以根据纠错码组中信息元是否隐蔽来分，根据纠（检）错误的类型来分，根据码元取值的进制来分等多种方式，这里不再一一赘述。

9.1.4 纠错编码的基本原理

下面以分组码为例来说明纠错码检错和纠错的基本原理。

1. 分组码

分组码一般可用（n，k）表示。其中，k 是每组二进制信息码元的数目，n 是编码码组的码元总位数，又称为码组长度，简称码长。$n-k=r$ 为每个码组中的监督码元数目。简单地说，分组码是对每段 k 位长的信息组以一定的规则增加 r 个监督元，组成长为 n 的码字。在二进制情况下，共有 2^k 个不同的信息组，相应地可得到 2^k 个不同的码字，称为许用码组。其余 2^n-2^k 个码字未被选用，称为禁用码组。

在分组码中，非零码元的数目称为码字的汉明（Hamming）重量，简称码重。例如，码字 10110，码重 $\omega=3$。

两个等长码组之间相应位取值不同的数目称为这两个码组的汉明距离，简称码距。例如 11000 与 10011 之间的距离 $d=3$。码组集中任意两个码字之间距离的最小值称为码的最小距离，用 d_0 表示。最小码距是码的一个重要参数，它是衡量码检错、纠错能力的依据。

2. 检错和纠错能力

以重复码为例说明为什么纠错码能够检错或纠错。若分组码码字中的监督元在信息元之后，而且是信息元的简单重复，则称该分组码为重复码。它是一种简单实用的检错码，并有一定的纠错能力。例如（2，1）重复码，两个许用码组是 00 与 11，$d_0=2$，接收端译码，出现 01、10 禁用码组时，可以发现传输中的一位错误。如果是（3，1）重复码，两个许用码组是 000 与 111，$d_0=3$；当接收端出现两个或三个 1 时，判为 1，否则判为 0。此时，可以纠正单个错误，或者检出两个错误。

从上面的例子中可以看出，码的最小距离 d_0 直接关系着码的检错和纠错能力；任一（n，k）分组码，若要在码字内：

1）检测 e 个随机错误，则要求码的最小距离 $d_0\geqslant e+1$。

2）纠正 t 个随机错误，则要求码的最小距离 $d_0\geqslant 2t+1$。

3）纠正 t 个同时检测 e（$\geqslant t$）个随机错误，则要求码的最小距离 $d_0\geqslant t+e+1$。

3. 编码效率

用差错控制编码提高通信系统的可靠性，是以降低有效性为代价换来的。我们定义编码效率 R 来衡量有效性：

$$R=k/n$$

式中，k 为信息元的个数；n 为码长。

对纠错码的基本要求是：检错和纠错能力尽量强，编码效率尽量高，编码规律尽量简单。实际中要根据具体指标要求，保证纠错码有一定纠错、检错能力和编码效率，并且易于实现。

9.2 常用的几种简单分组码

纠错码的种类很多，较早出现的、应用较多的大多属于分组码。本节仅介绍其中一些较为常用的简单编码。

9.2.1 奇偶监督码

奇偶监督码是在原信息码后面附加一个监督元，使得码组中“1”的个数是奇数或偶数。或者说，它是含一个监督元，码重为奇数或偶数的（n，$n-1$）系统分组码。奇偶监督码又分为奇监督码和偶监督码。

设码字 $\boldsymbol{A}=[a_{n-1},a_{n-2},\cdots,a_1,a_0]$，对偶监督码有

$$a_{n-1}\oplus a_{n-2}\oplus\cdots\oplus a_1\oplus a_0=0 \tag{9-1}$$

式中，a_{n-1}，a_{n-2}，…，a_1 为信息元，a_0 为监督元。由于该码的每一个码字均按同一规则构成式（9-1），故又称为一致监督码。接收端译码时，按式（9-1）将码组中的码元模 2 相加，若结果为“0”，就认为无错；结果为“1”，就可断定该码组经传输后有奇数个错误。

奇监督码情况与偶监督码相似，只是码组中“1”的数目为奇数，即满足条件

$$a_{n-1}\oplus a_{n-2}\oplus\cdots\oplus a_0=1 \tag{9-2}$$

而检错能力与偶监督码相同。

奇偶监督码的编码效率 R 为

$$R=(n-1)/n$$

9.2.2 行列监督码

奇偶监督码不能发现偶数个错误。为了改善这种情况，引入行列监督码。这种码不仅对水平（行）方向的码元，而且对垂直（列）方向的码元实施奇偶监督。这种码既可以逐行传输，也可以逐列传输。一般地，$L\times M$ 个信息元附加 $L+M+1$ 个监督元，组成（$LM+L+M+1$，LM）行列监督码的一个码字（$L+1$ 行，$M+1$ 列）。图 9-2 是（66，50）行列监督码的一个码字。

1	1	0	0	1	0	1	0	0	0	0
0	1	0	0	0	0	1	1	0	1	0
0	1	1	1	1	0	0	0	0	1	1
1	0	0	1	1	1	0	0	0	0	0
1	0	1	0	1	0	1	0	1	0	1
1	1	0	0	0	1	1	1	1	0	0

图 9-2 （66，50）行列监督码

这种码具有较强的检测能力，适于检测突发错误，还可用于纠错。

9.2.3 恒比码

码字中 1 的数目与 0 的数目保持恒定比例的码称为恒比码。由于恒比码中，每个码组均含有相同数目的 1 和 0，因此恒比码又称等重码、定 1 码。这种码在检测时，只要计算接收码元中 1 的数目是否正确，就知道有无错误。

目前我国电传通信中普遍采用 3∶2 码，又称“5 中取 3”的恒比码，即每个码组的长度为 5，其中 3 个“1”。这时可能编成的不同码组数目等于从 5 中取 3 的组合数 10，这 10 个许用码组恰好可表示 10 个阿拉伯数字，见表 9-1。而每个汉字又是以 4 位十进制数来表示

的。实践证明，采用这种码后，我国汉字电报的差错率大为降低。

表 9-1 3：2 恒比码

数字	码 字	数字	码 字
0	0 1 1 0 1	5	0 0 1 1 1
1	0 1 0 1 1	6	1 0 1 0 1
2	1 1 0 0 1	7	1 1 1 0 0
3	1 0 1 1 0	8	0 1 1 1 0
4	1 1 0 1 0	9	1 0 0 1 1

目前国际上通用的 ARQ 电报通信系统中，采用 3：4 码，即“7 中取 3”的恒比码。

9.3 线性分组码

9.3.1 基本概念

在（n，k）分组码中，若每一个监督元都是码组中某些信息元按模 2 和而得到的，即监督元是按线性关系相加而得到的，则称线性分组码。或者说，可用线性方程组表述码规律性的分组码称为线性分组码。线性分组码是一类重要的纠错码，应用很广泛。

现以（7，4）分组码为例来说明线性分组码的特点。设其码字为 $\boldsymbol{A}=[a_6a_5a_4a_3a_2a_1a_0]$，其中前 4 位是信息元，后 3 位是监督元，可用下列线性方程组来描述该分组码，产生监督元。

$$\begin{cases}a_2 = a_6 + a_5 + a_4 \\ a_1 = a_6 + a_5 \qquad + a_3 \\ a_0 = a_6 \qquad + a_4 + a_3\end{cases} \tag{9-3}$$

显然，这 3 个方程是线性无关的。经计算可得（7，4）码的全部码字，见表 9-2。

表 9-2 （7，4）码的码字表

序号	码字		序号	码字	
	信息元	监督元		信息元	监督元
0	0 0 0 0	0 0 0	8	1 0 0 0	1 1 1
1	0 0 0 1	0 1 1	9	1 0 0 1	1 0 0
2	0 0 1 0	1 0 1	10	1 0 1 0	0 1 0
3	0 0 1 1	1 1 0	11	1 0 1 1	0 0 1
4	0 1 0 0	1 1 0	12	1 1 0 0	0 0 1
5	0 1 0 1	1 0 1	13	1 1 0 1	0 1 0
6	0 1 1 0	0 1 1	14	1 1 1 0	1 0 0
7	0 1 1 1	0 0 0	15	1 1 1 1	1 1 1

不难看出，上述（7，4）码的最小码距 $d_0=3$，它能纠正一个错误或检测两个错误。

9.3.2 监督矩阵和生成矩阵

式（9-3）所述（7，4）码的 3 个监督方程式可以改写为

$$\begin{cases}1\cdot a_6+1\cdot a_5+1\cdot a_4+0\cdot a_3+1\cdot a_2+0\cdot a_1+0\cdot a_0=0\\1\cdot a_6+1\cdot a_5+0\cdot a_4+1\cdot a_3+0\cdot a_2+1\cdot a_1+0\cdot a_0=0\\1\cdot a_6+0\cdot a_5+1\cdot a_4+1\cdot a_3+0\cdot a_2+0\cdot a_1+1\cdot a_0=0\end{cases}\tag{9-4}$$

这组线性方程可用矩阵形式表示为

$$\begin{bmatrix}1&1&1&0&1&0&0\\1&1&0&1&0&1&0\\1&0&1&1&0&0&1\end{bmatrix}\begin{bmatrix}a_6&a_5&a_4&a_3&a_2&a_1&a_0\end{bmatrix}^{\mathrm{T}}=\begin{bmatrix}0\\0\\0\end{bmatrix}\tag{9-5}$$

并简记为

$$\boldsymbol{HA}^{\mathrm{T}}=\boldsymbol{0}^{\mathrm{T}},\text{或}\boldsymbol{AH}^{\mathrm{T}}=\boldsymbol{0}\tag{9-6}$$

其中，$\boldsymbol{A}^{\mathrm{T}}$ 是 $\boldsymbol{A}$ 的转置，$\boldsymbol{0}^{\mathrm{T}}$ 是 $\boldsymbol{0}=[0\quad 0\quad 0]$ 的转置，$\boldsymbol{H}^{\mathrm{T}}$ 是 $\boldsymbol{H}$ 的转置。

$$\boldsymbol{H}=\begin{bmatrix}1&1&1&0&1&0&0\\1&1&0&1&0&1&0\\1&0&1&1&0&0&1\end{bmatrix}\tag{9-7}$$

$\boldsymbol{H}$ 称为监督矩阵，一旦 $\boldsymbol{H}$ 给定，信息位和监督位之间的关系也就确定了。$\boldsymbol{H}$ 为 $r\times n$ 阶矩阵，$\boldsymbol{H}$ 矩阵每行之间是彼此线性无关的。式（9-7）所示的 $\boldsymbol{H}$ 矩阵可分成两部分

$$\boldsymbol{H}=\left[\begin{array}{cccc|ccc}1&1&1&0&1&0&0\\1&1&0&1&0&1&0\\1&0&1&1&0&0&1\end{array}\right]=[\boldsymbol{P}\quad\boldsymbol{I}_r]\tag{9-8}$$

式中，$\boldsymbol{P}$ 为 $r\times k$ 阶矩阵，$\boldsymbol{I}_r$ 为 $r\times r$ 阶单位矩阵。可以写成 $\boldsymbol{H}=[\boldsymbol{P}\quad\boldsymbol{I}_r]$ 形式的矩阵称为典型监督矩阵。$\boldsymbol{HA}^{\mathrm{T}}=\boldsymbol{0}^{\mathrm{T}}$，说明 $\boldsymbol{H}$ 矩阵与码字的转置乘积必为零，可以用来作为判断接收码字 $\boldsymbol{A}$ 是否出错的依据。

若把监督方程补充为

$$\begin{cases}a_6=a_6\\a_5=\quad a_5\\a_4=\quad\quad a_4\\a_3=\quad\quad\quad a_3\\a_2=a_6+a_5+a_4\\a_1=a_6+a_5\quad+a_3\\a_0=a_6\quad+a_4+a_3\end{cases}\tag{9-9}$$

可改写为矩阵形式

$$\begin{bmatrix}a_6\\a_5\\a_4\\a_3\\a_2\\a_1\\a_0\end{bmatrix}=\begin{bmatrix}1&0&0&0\\0&1&0&0\\0&0&1&0\\0&0&0&1\\1&1&1&0\\1&1&0&1\\1&0&1&1\end{bmatrix}\begin{bmatrix}a_6\\a_5\\a_4\\a_3\end{bmatrix}\tag{9-10}$$

即

$$A^{\mathrm{T}}=G^{\mathrm{T}}\begin{bmatrix}a_6\\a_5\\a_4\\a_3\end{bmatrix} \tag{9-11}$$

变换为

$$A=[a_6\quad a_5\quad a_4\quad a_3]G$$

其中

$$G=\begin{bmatrix}1&0&0&0&1&1&1\\0&1&0&0&1&1&0\\0&0&1&0&1&0&1\\0&0&0&1&0&1&1\end{bmatrix} \tag{9-12}$$

称为生成矩阵，由 G 和信息组就可以产生全部码字。G 为 $k\times n$ 阶矩阵，各行也是线性无关的。生成矩阵也可以分为两部分，即

$$G=[I_k\quad Q] \tag{9-13}$$

其中

$$Q=\begin{bmatrix}1&1&1\\1&1&0\\1&0&1\\0&1&1\end{bmatrix}=P^{\mathrm{T}} \tag{9-14}$$

Q 为 $k\times r$ 阶矩阵，I_k 为 k 阶单位阵。可以写成式（9-13）形式的 G 矩阵，称为典型生成矩阵。非典型形式的矩阵经过运算也一定可以化为典型矩阵形式。

9.3.3　伴随式（校正子）

设发送码组 $A=[a_{n-1},a_{n-2},\cdots,a_1,a_0]$，在传输过程中可能发生误码。接收码组 $B=[b_{n-1},b_{n-2},\cdots,b_1,b_0]$，则收发码组之差定义为错误图样 E，也称为误差矢量，即

$$E=B-A \tag{9-15}$$

其中 $E=[e_{n-1},e_{n-2},\cdots,e_1,e_0]$，且

$$e_i=\begin{cases}0, & b_i=a_i\\1, & b_i\neq a_i\end{cases} \tag{9-16}$$

式（9-15）也可写作

$$B=A+E \tag{9-17}$$

令 $S=BH^{\mathrm{T}}$，称为伴随式或校正子。

$$S=BH^{\mathrm{T}}=(A+E)H^{\mathrm{T}}=EH^{\mathrm{T}} \tag{9-18}$$

由此可见，伴随式 S 与错误图样 E 之间有确定的线性变换关系。接收端译码器的任务就是从伴随式确定错误图样，然后从接收到的码字中减去错误图样。

从表 9-3 中可以看出，伴随式 S 的 2^r 种形式分别代表 A 码无错和 2^r-1 种有错的图样。

汉明码是能够纠正单个错误的线性分组码。其特点为：最小码距 $d_0=3$；码长 n 与监督

位满足 $n=2^r-1$ 的关系。上述的（7，4）就是一个汉明码。

表 9-3 （7，4）码 S 与 E 的对应关系

序号	错误码位	E							S		
		e_6	e_5	e_4	e_3	e_2	e_1	e_0	s_2	s_1	s_0
0	—	0	0	0	0	0	0	0	0	0	0
1	b_0	0	0	0	0	0	0	1	0	0	1
2	b_1	0	0	0	0	0	1	0	0	1	0
3	b_2	0	0	0	0	1	0	0	1	0	0
4	b_3	0	0	0	1	0	0	0	0	1	1
5	b_4	0	0	1	0	0	0	0	1	0	1
6	b_5	0	1	0	0	0	0	0	1	1	0
7	b_6	1	0	0	0	0	0	0	1	1	1

9.4 循环码

循环码是一类重要的线性分组码，它除了具有线性码的一般性质外，还具有循环性，即循环码组中任一码字循环移位所得的码字仍为该码组中的一个码字。表 9-4 中给出一种（7，3）循环码的全部码字。

表 9-4 （7，3）循环码

序号	码 字	序号	码 字
0	0 0 0 0 0 0 0	4	1 0 0 1 1 1 0
1	0 0 1 1 1 0 1	5	1 0 1 0 0 1 1
2	0 1 0 0 1 1 1	6	1 1 0 1 0 0 1
3	0 1 1 1 0 1 0	7	1 1 1 0 1 0 0

在代数理论中，为了便于计算，常用码多项式表示码字。（n，k）循环码的码字，其码多项式（以降幂顺序排列）为

$$A(x)=a_{n-1}x^{n-1}+a_{n-2}x^{n-2}+\cdots+a_1x+a_0 \tag{9-19}$$

如表 9-4 中第 4 号码字可用下面多项式表示：

$$A_4(x)=x^6+x^3+x^2+x$$

9.4.1 生成多项式及生成矩阵

如果一种码的所有码多项式都是多项式 $g(x)$ 的倍式，则称 $g(x)$ 为该码的生成多项式。在（n，k）循环码中任意码多项式 $A(x)$ 都是最低次码多项式的倍式。如表 9-4 的（7，3）循环码中

$$g(x)=A_1(x)=x^4+x^3+x^2+1$$

其他码多项式都是 $g(x)$ 的倍式，即

$$A_0(x) = 0 \cdot g(x)$$
$$A_2(x) = (x+1)g(x)$$
$$A_3(x) = xg(x)$$
$$\vdots$$
$$A_7(x) = x^2 g(x)$$

因此，循环码中次数最低的多项式（全 0 码字除外）就是生成多项式 $g(x)$。可以证明，$g(x)$ 是常数项为 1 的 $r=n-k$ 次多项式，是 x^n+1 的一个因式。

循环码的生成矩阵常用多项式的形式来表示，如

$$\boldsymbol{G}(x) = \begin{bmatrix} x^{k-1}g(x) \\ x^{k-2}g(x) \\ \vdots \\ xg(x) \\ g(x) \end{bmatrix} \tag{9-20}$$

其中

$$g(x) = x^r + g_{r-1}x^{r-1} + \cdots + g_1 x + 1 \tag{9-21}$$

例如（7，3）循环码，$n=7$，$k=3$，$r=4$，其生成多项式及生成矩阵分别为

$$g(x) = A_1(x) = x^4 + x^3 + x^2 + 1$$

$$\boldsymbol{G}(x) = \begin{bmatrix} x^2 g(x) \\ xg(x) \\ g(x) \end{bmatrix} = \begin{bmatrix} x^6 + x^5 + x^4 + x^2 \\ x^5 + x^4 + x^3 + x \\ x^4 + x^3 + x^2 + 1 \end{bmatrix}$$

即

$$\boldsymbol{G} = \begin{bmatrix} 1 & 1 & 1 & 0 & 1 & 0 & 0 \\ 0 & 1 & 1 & 1 & 0 & 1 & 0 \\ 0 & 0 & 1 & 1 & 1 & 0 & 1 \end{bmatrix}$$

9.4.2　监督多项式及监督矩阵

为了便于对循环码编译码，通常还定义监督多项式，令

$$h(x) = \frac{x^n + 1}{g(x)} = x^k + h_{k-1}x^{k-1} + \cdots + h_1 x + 1 \tag{9-22}$$

式中，$g(x)$ 为常数项为 1 的 r 次多项式，是生成多项式；$h(x)$ 为常数项为 1 的 k 次多项式，称为监督多项式。同理，可得监督矩阵 $\boldsymbol{H}$

$$\boldsymbol{H}(x) = \begin{bmatrix} x^{n-k-1}h^*(x) \\ \vdots \\ xh^*(x) \\ h^*(x) \end{bmatrix} \tag{9-23}$$

其中

$$h^*(x) = x^k + h_1(x)x^{k-1} + h_2(x)x^{k-2} + \cdots + h_{k-1}x + 1 \tag{9-24}$$

是 $h(x)$ 的逆多项式。例如（7，3）循环码，有

$$g(x) = x^4 + x^3 + x^2 + 1$$

则

$$h(x) = \frac{x^7+1}{g(x)} = x^3 + x^2 + 1$$

$$h^*(x) = x^3 + x + 1$$

$$\boldsymbol{H}(x) = \begin{bmatrix} x^6 + x^4 + x^3 \\ x^5 + x^3 + x^2 \\ x^4 + x^2 + x \\ x^3 + x + 1 \end{bmatrix}$$

即

$$\boldsymbol{H} = \begin{bmatrix} 1 & 0 & 1 & 1 & 0 & 0 & 0 \\ 0 & 1 & 0 & 1 & 1 & 0 & 0 \\ 0 & 0 & 1 & 0 & 1 & 1 & 0 \\ 0 & 0 & 1 & 0 & 1 & 1 & 0 \\ 0 & 0 & 0 & 1 & 0 & 1 & 1 \end{bmatrix}$$

9.4.3 编码方法和电路

在编码时，首先要根据给定的（n，k）值选定生成多项式 $g(x)$，即应在 x^n+1 的因式中选一 $r=n-k$ 次多项式作为 $g(x)$。设编码前的信息多项式 $m(x)$ 为

$$m(x) = a_1 + a_2x + a_3x^2 + \cdots + a_kx^{k-1} \tag{9-25}$$

$m(x)$ 的最高幂次为 $k-1$。循环码中的所有码多项式都可被 $g(x)$ 整除，根据这条原则，就可以对给定的信息进行编码。用 x^r 乘 $m(x)$，得到 $x^rm(x)$ 的次数小于 n。用 $g(x)$ 去除 $x^rm(x)$，得到余式 $R(x)$，$R(x)$ 的次数必小于 $g(x)$ 的次数，即小于（$n-k$）。将此余式加于信息位之后作为监督位，即将 $R(x)$ 与 $x^rm(x)$ 相加，得到的多项式必为一码多项式，因为它必能被 $g(x)$ 整除，且商的次数不大于（$k-1$）。循环码的码多项式可表示为

$$A(x) = x^rm(x) + R(x) \tag{9-26}$$

式中，$x^rm(x)$ 为信息位；$R(x)$ 为 $x^rm(x)$ 与 $g(x)$ 相除得到的余式，代表监督位。

编码电路的主体由生成多项式构成的除法电路，再加上适当的控制电路组成。$g(x)=x^4+x^3+x^2+1$ 时，（7，3）循环码的编码电路如图 9-3 所示。

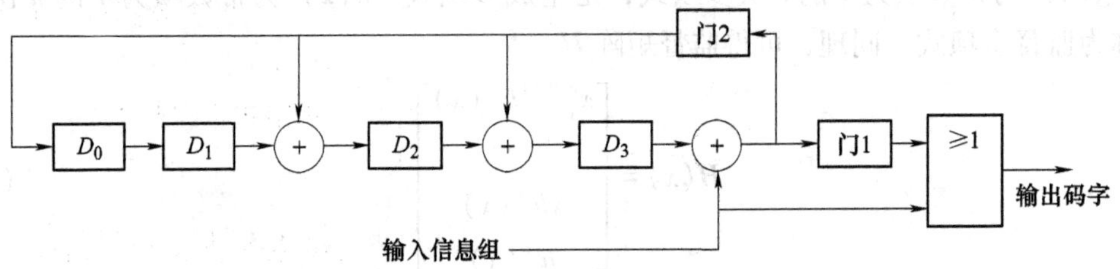

图 9-3　（7，3）循环码的编码电路

$g(x)$ 的次数等于移位寄存器的级数；$g(x)$ 的 x^0、x^1、x^2、…、x^r 的非零系数对应移位寄存器的反馈抽头。首先，移位寄存器清零，3 位信息元输入时，门 1 断开，门 2 接通，直接输出信息元。第 3 次移位脉冲到来时将除法电路运算所得的余数存入移位寄存器。第 4~7 次移位时，门 2 断开，门 1 接通，输出监督元。具体编码过程见表 9-5，此时输入信息元为 110。

表 9-5　(7, 3) 循环码的编码过程

移位次序	输入	门 1	门 2	移位寄存器 D_0 D_1 D_2 D_3	输出
0	—	断开	接通	0　0　0　0	—
1	1			1　0　1　1	1
2	1			0　1　0　1	1
3	0			1　0　0　1	0
4	0	接通	断开	0　1　0　0	1
5	0			0　0　1　0	0
6	0			0　0　0　1	0
7	0			0　0　0　0	1

9.4.4　译码方法和电路

接收端译码的目的是检错和纠错。由于任一码多项式 $A(x)$ 都应能被生成多项式 $g(x)$ 整除，所以在接收端可以将接收码组 $B(x)$ 用生成多项式去除。当传输中未发生错误时，接收码组和发送码组相同，即 $A(x)=B(x)$，故接收码组 $B(x)$ 必定能被 $g(x)$ 整除。若码组在传输中发生错误，则 $A(x)\neq B(x)$，$B(x)$ 除以 $g(x)$ 时除不尽而有余项，所以，可以用余项是否为 0 来判别码组中有无误码。在接收端采用译码方法来纠错自然比检错更复杂。同样，为了能够纠错，要求每个可纠正的错误图样必须与一个特定余式有一一对应关系。图 9-4 为 (7, 3) 循环码的译码电路，具体纠错过程这里不再详述。

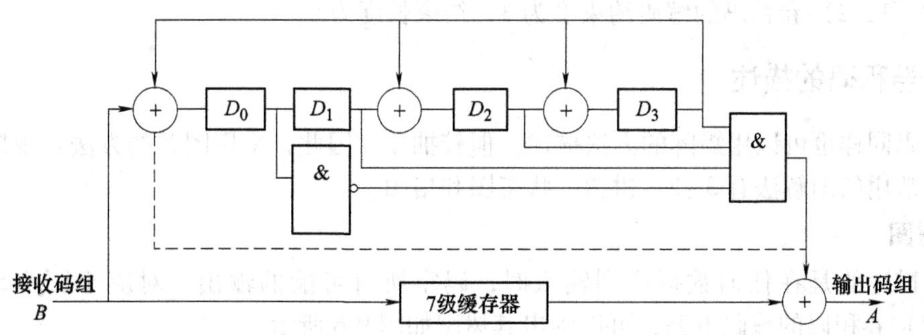

图 9-4　(7, 3) 循环码的译码电路

9.5 卷积码

9.5.1 基本概念

卷积码又称连环码，是 1955 年提出来的一种纠错码，它和分组码有明显的区别。(n, k) 线性分组码中，本组 $r=n-k$ 个监督元仅与本组 k 个信息元有关，与其他各组无关，也就是说，分组码编码器本身并无记忆性。卷积码则不同，每个 (n, k) 码段（也称子码，通常较短）内的 n 个码元不仅与该码段内的信息元有关，而且与前面 m 段的信息元有关。通常称 m 为编码存储。卷积码常用符号 (n, k, m) 表示。

图 9-5 是卷积码（2，1，2）的编码器。它由移位寄存器、模 2 加法器及开关电路组成。

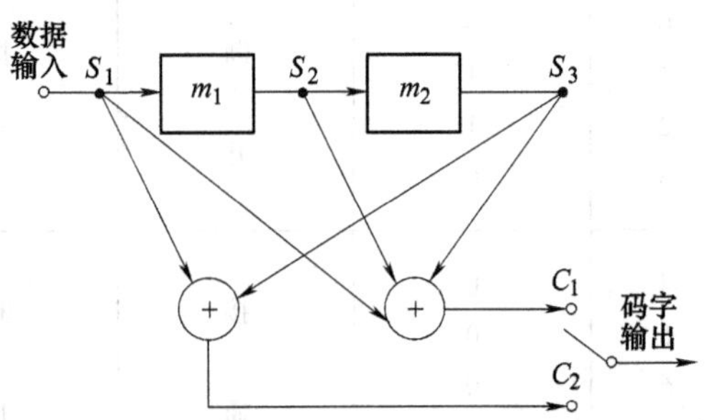

图 9-5　卷积码（2，1，2）编码器

起始状态，各级移位寄存器清零，即 $S_1S_2S_3$ 为 000。S_1 等于当前输入数据，而移位寄存器状态 S_2S_3 存储以前的数据，输出码字 C 由下式确定：

$$\begin{cases} C_1 = S_1 \oplus S_2 \oplus S_3 \\ C_2 = S_1 \oplus S_3 \end{cases}$$

当输入数据 $\boldsymbol{D}=[1\quad 1\quad 0\quad 1\quad 0]$ 时，输出码字可以计算出来，具体计算过程见表 9-6。另外，为了保证全部数据通过寄存器，还必须在数据位后加 3 个 0。

表 9-6　(2，1，2) 编码器的工作过程

S_1	1	1	0	1	0	0	0	0
S_3S_2	00	01	11	10	01	10	00	00
C_1C_2	11	01	01	00	10	11	00	00
状态	a	b	d	c	b	c	a	a

从上述的计算可知，每 1 位数据影响 $(m+1)$ 个输出子码，称 $(m+1)$ 为编码约束度。每个子码有 n 个码元，在卷积码中有约束关系的最大码元长度则为 $(m+1)n$，称为编码约束长度。(2，1，2) 卷积码的编码约束度为 3，约束长度为 6。

9.5.2 卷积码的描述

卷积码同样也可以用矩阵的方法描述，但较抽象。因此，采用图解的方法直观描述其编码过程。常用的图解法有 3 种：树图、状态图和格图。

1. 树图

树图描述的是在任何数据序列输入时，码字所有可能的输出。对应于图 9-5 所示的（2，1，2）卷积码的编码电路，可以画出其树图如图 9-6 所示。

以 $S_1S_2S_3=000$ 作为起点，用 a、b、c 和 d 表示出 S_3S_2 的 4 种可能状态：00、01、10 和 11。若第一位数据 $S_1=0$，输出 $C_1C_2=00$，从起点通过上支路到达状态 a，即 $S_3S_2=00$；若

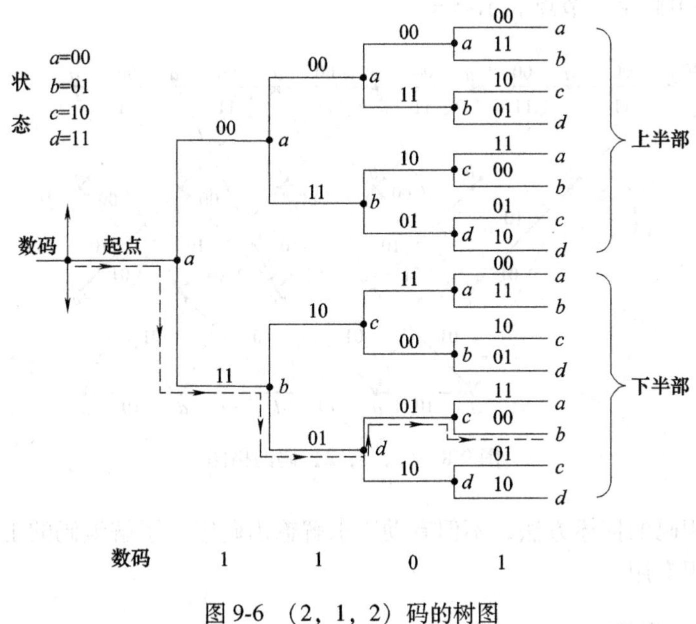

图 9-6 （2，1，2）码的树图

$S_1=1$，输出 $C_1C_2=11$，从起点通过下支路到达状态 b，即 $S_3S_2=01$，依次类推，可得整个树图。输入不同的信息序列，编码器就走不同的路径，输出不同的码序列。例如，当输入数据为 11010 时，其路径如图 9-6 中箭头方向所示，并得到输出码序列为 11010100…，与表 9-6 的结果一致。

2. 状态图

除了用树图表示编码器的工作过程外，还可以用状态图来描述。图 9-7 所示就是该（2，1，2）卷积编码器的状态图。

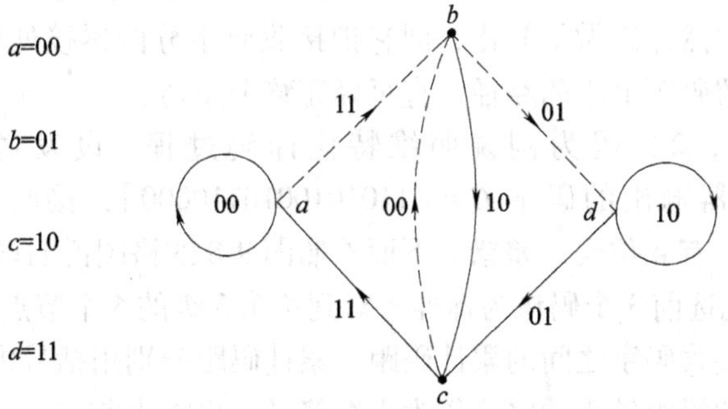

图 9-7 （2，1，2）码的状态图

在图中有 4 个节点 a、b、c、d，同样分别表示 S_3S_2 的 4 种可能状态。每个节点有两条线离开该节点，实线表示输入数据为 0，虚线表示输入数据为 1，线旁的数字即为输出码字。

3. 格图

格图也称网络图或篱笆图，它由状态图在时间上展开而得到，如图 9-8 所示。图中画出了所有可能的数据输入时，状态转移的全部可能轨迹，实线表示数据为 0，虚线表示数据为

1，线旁数字为输出码字，节点表示状态。

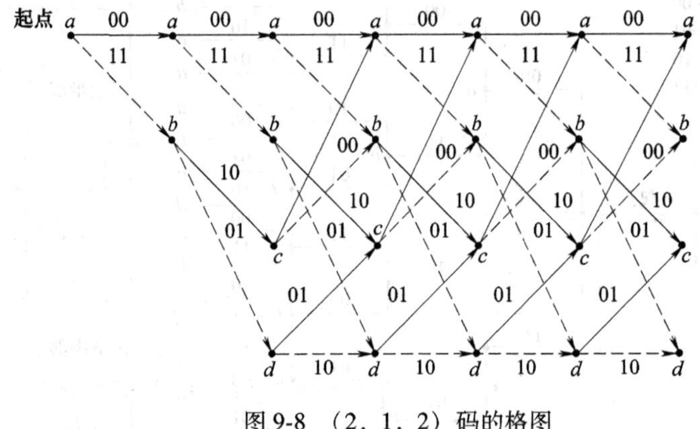

图 9-8 （2，1，2）码的格图

以上 3 种卷积码的描述方法，不但有助于求解输出码字，了解编码的工作过程，而且对研究解码方法也很有用。

9.5.3 卷积码的译码

卷积码的译码可分为代数译码和概率译码两大类。代数译码是利用生成矩阵和监督矩阵来译码的，最主要的方法是大数逻辑译码。概率译码比较实用的有两种：维特比译码和序列译码。目前，概率译码已成为卷积码最主要的译码方法。本节将简要讨论维特比译码和序列译码。

1. 维特比译码

维特比译码是一种最大似然译码算法。最大似然译码算法的基本思路是：把接收码字与所有可能的码字比较，选择一种码距最小的码字作为解码输出。由于接收序列通常很长，所以维特比译码时最大似然译码做了简化，即它把接收码字分段累接处理，每接收一段码字，计算、比较一次，保留码距最小的路径，直至译完整个序列。

现以上述（2，1，2）码为例说明维特比译码过程。设发送端的信息数据 $D=[11010000]$，由编码器输出的码字 $C=[1101010010110000]$，接收端接收的码序列 $B=[0101011010010010]$，有 4 位码元差错。下面参照图 9-8 的格图说明译码过程。

如图 9-9 所示，先选前 3 个码作为标准，对到达第 3 级的 4 个节点的 8 条路径进行比较，逐步算出每条路径与接收码字之间的累计码距。累计码距分别用括号内的数字标出，对照后保留一条到达该节点的码距较小的路径作为幸存路径。再将当前节点移到第 4 级，计算、比较、保留幸存路径，直至最后得到到达终点的一条幸存路径，即为解码路径，如图 9-9 中实线所示。根据该路径，得到解码结果。

2. 序列译码

当 m 很大时，可以采用序列译码法。其过程如下：译码先从码树的起始节点开始，把接收到的第一个子码的 n 个码元与自始节点出发的两条分支按照最小汉明距离进行比较，沿着差异最小的分支走向第二个节点。在第二个节点上，译码器仍以同样原理到达下一个节点，以此类推，最后得到一条路径。若接收码组有错，则自某节点开始，译码器就一直在不

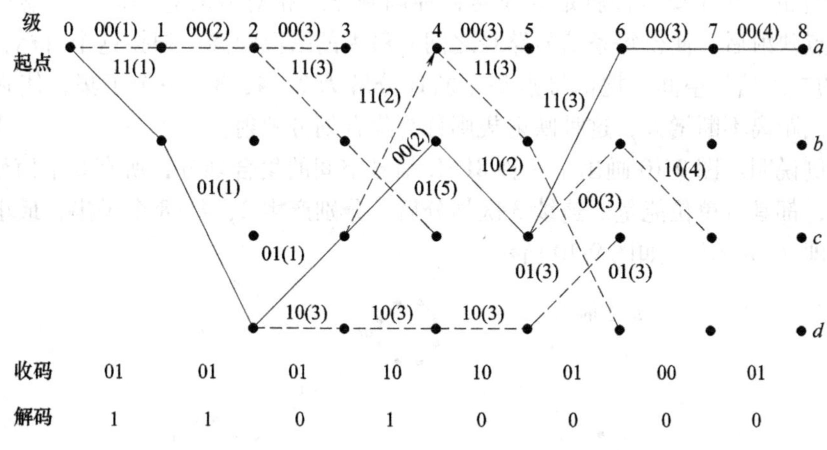

图 9-9　维特比译码格图

正确的路径中行进，译码也一直错误。因此，译码器有一个门限值，当接收码元与译码器所走的路径上的码元之间的差异总数超过门限值时，译码器判定有错，并且返回试走另一分支。经数次返回找出一条正确的路径，最后译码输出。

9.6　网格编码调制（TCM）

在数字通信系统中，调制解调和纠错编码是两个主要技术，它们也是提高通信系统传输速率、降低误码率的两个关键技术。过去这两个问题是分别考虑的，如前面讨论的差错编码，在发送端编码和调制是分开设计的，同样在接收端译码和解调也是分开完成的。我们在码流中增加监督元以达到检错或纠错的目的，但这样会使码流的比特速率增加，从而使传输带宽增加，也就是说，用频带利用率的降低来换取可靠性的改善。

在带限信道中，总是既希望能提高频带利用率，又希望降低差错率。为了解决这个问题，引入了编码和调制相结合统一进行设计的方法，也就是网络编码调制（trellis coded modulation，TCM）技术。它是利用编码效率为 $n/(n+1)$ 的卷积码，并将每一码段映射为 2^{n+1} 个调制信号集中的一个信号。在接收端信号解调后，经反映射变换为卷积码，再送入维特比译码器译码。它有两个基本特点：

1）在信号空间中的信号点数目比无编码的调制情况下对应的信号点数目要多，这些增加的信号点使编码有了冗余，而不牺牲带宽。

2）采用卷积码的编码规则，使信号点之间相互依赖。仅有某些信号点图样或序列是允许用的信号序列，并可模型化成为网格状结构，因此又称为“格状”编码。

在信号星座图中，通常把信号点之间的几何距离称为欧几里得距离，简称欧氏距离。其中，最短距离称为最小欧氏距离，记作 $d_{\min}$。当编码调制后的信号序列经过一个加性高斯白噪声的信道以后，在接收端采用最大似然解调和译码，用维特比算法寻找最佳格状路径，以最小欧氏距离为准则，解出接收的信号序列。注意，这与前面讨论的卷积码维特比译码采用的汉明距离不同。

TCM 设计的一个主要目标就是寻找与各种调制方式相对应的卷积码，当卷积码的每个分支与信号点映射后，使得每条信号路径之间有最大的欧氏距离。根据这个目标，对于多电平/多相位的二维信号空间，把信号点集不断地分解为 2，4，8，…个子集，使它们中信号点的最小欧氏距离不断增大，这种映射规则称为集合划分映射。

下面举例说明。图 9-10 画出了一种 8PSK 信号空间的集合划分，所有 8 个信号点分布在一个圆周上，都具有单位能量。连续 3 次划分后，分别产生 2，4，8 个子集，最小欧氏距离逐次增大，即 $d_0<d_1<d_2$，如图 9-10 所示。

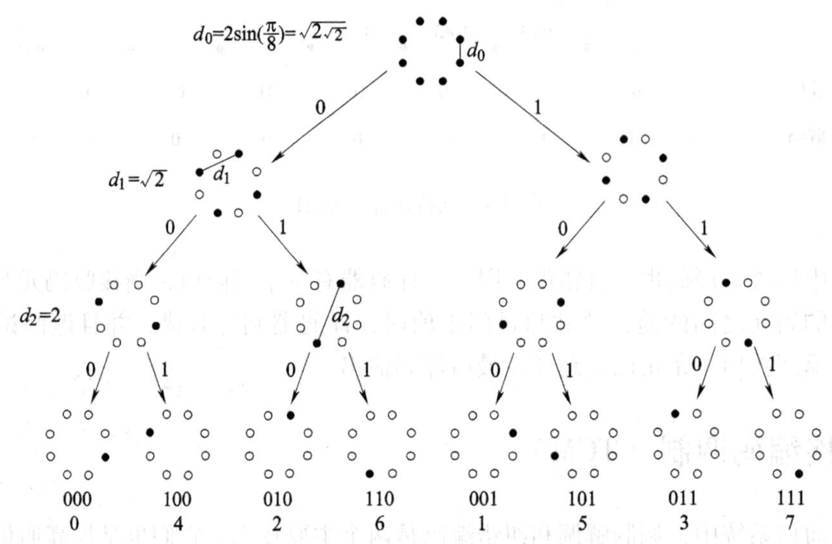

图 9-10　8PSK 信号空间的集合划分

根据上述思想，可以得到 TCM 的编码调制器的系统框图，如图 9-11 所示。

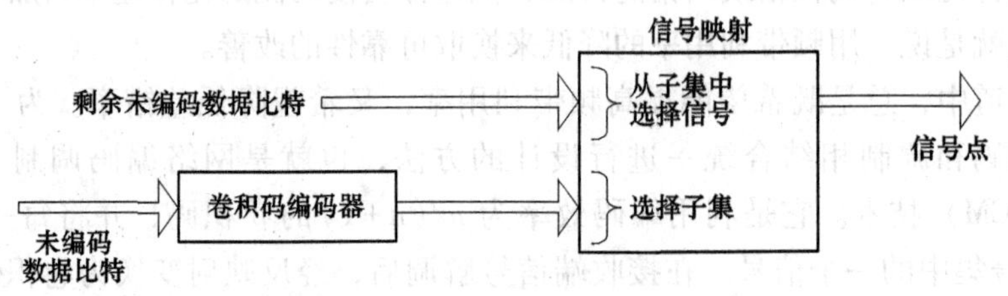

图 9-11　TCM 编码调制器框图

设输入码字有 n 比特，在采用多电平/多相位调制时，有同相分量和正交分量，因此在无编码的调制时，在二维信号空间中应有 2^n 个信号点与它对应。在应用编码调制时，为增加冗余度，有 2^{n+1} 个信号点。在图 9-10 中，可划分为 4 个子集，对应于码字的 1 比特加到编码效率为 1/2 的卷积码编码器输入端，输出 2 比特，选择相应的子集。码字的剩余的未编码数据比特确定信号与子集中信号点之间的映射关系。

在接收端采用维特比算法执行最大似然检测。编码网格状图中的每一条支路对应于一个子集，而不是一个信号点。检测的第一步是确定每个子集中的信号点，在欧氏距离意义下，这个子集是最靠近接收信号的子集。

图 9-12a 描述了最简单的传输 2 比特码字的 8PSK TCM 编码方案。它采用了效率为 1/2 的卷积码编码器，对应的格图如图 9-12b 所示。该结构有 4 个状态，每个状态对应于图 9-10 中距离为 d_2 的 4 个子集。

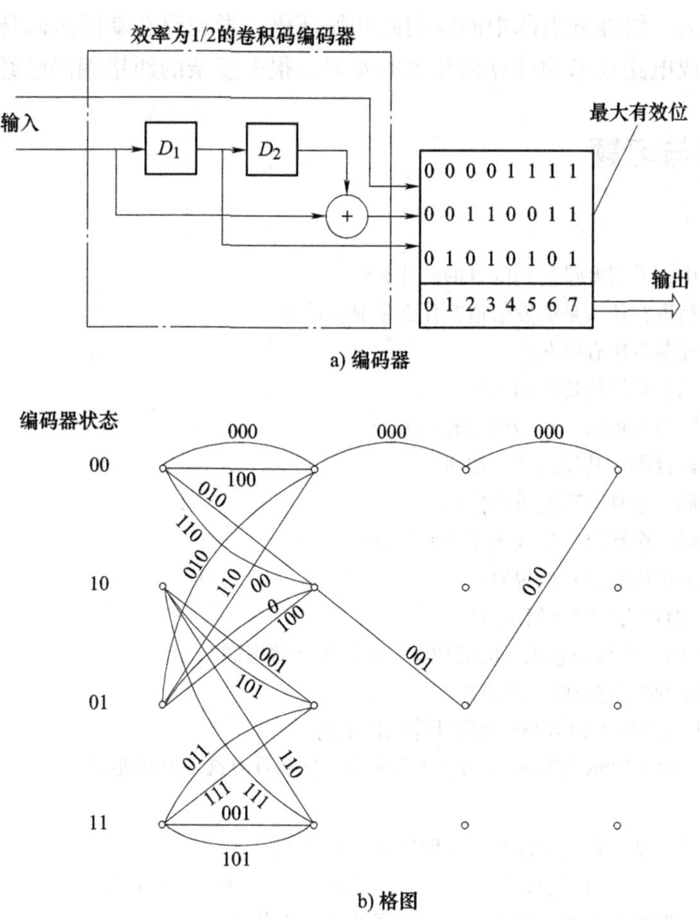

a) 编码器

b) 格图

图 9-12　8PSK TCM 编码方案

9.7　本章小结

1. 所谓误差控制，就是在发送端利用信道编码器在数字信息中增加一些冗余码元（冗余度），接收端的信道译码器利用这些码元的内在规律来减少错误。差错控制编码是提高数字传输可靠性的一种技术，当然它是以牺牲数字传输的有效性为代价的。

2. 差错控制的方式有 3 种，即前向纠错（FEC）方式、自动请求重传（ARQ）方式以及混合纠错（HEC）方式。它们在不同的通信方式中都得到了广泛应用。

3. 信号的差错类型主要有两类：一是随机差错，差错是互相独立的，不相关的；二是突发差错，它是成串出现的错误，错误与错误之间有相关性，一个错误往往要影响到后面一串字。在纠正错编码技术中，码的设计与错误性质有关，对纠正随机错误有效的码，往往对纠正突发差错的效果不好，所以要根据错误的性质来设计方案，才会有较好的效果。实际上两种错误在信道上往往是同时并存的，一般是以一种为主进行设计的。如果两种差错同时产生，那就要寻找同时能够纠正两种错误的码。

4. 差错控制编码的类型很多，大致可分为检错码、线性分组码和卷积码。目前应用较多的是一些检错的、线性分组码中的汉明码和循环码，卷积码在新的编码技术中也得到了广泛应用。随着集成电路技术和计算机技术的发展，很多复杂的纠错编码已经进入实用领域。

9.8 思考题与习题

一、思考题

1. 在通信系统中，采用差错控制的目的是什么？
2. 什么是随机信道？什么是突发信道？什么是混合信道？
3. 常用的差错控制方法有哪些？
4. 什么是分组码？其结构特点如何？
5. 码的最小码距与其检错、纠错能力有何关系？
6. 什么是奇偶监督码？其检错能力如何？
7. 什么是线性码？它具有哪些重要性质？
8. 什么是循环码？循环码的生成多项如何确定？
9. 什么是系统分组码？试举例说明。
10. 什么是缩短循环码？它有何优点？
11. 什么是卷积码？什么是卷积码的码树图、网格图和状态图？
12. 什么是编码调制？它有哪些特点？
13. 什么是 PSK 星座图？以 8PSK 为例计算欧氏距离。
14. 解释 4 状态网格 8PSK 编码调制的星座图集分割法和计算最小欧氏距离。

二、选择题

1. （　　）差错控制方式实时性好，特别适用于移动通信。

A. 前向纠错　　B. 检错重发　　C. 混合　　D. 信息反馈

2. 在差错控制的四种方式中，只有（　　）不需要反馈信道。

A. 前向纠错　　B. 检错重发　　C. 混合差错控制　　D. 信息反馈

3. 奇偶监督码，可以检测（　　）个错码。

A. 任意　　B. 奇数　　C. 偶数　　D. 突发

4. 已知两个码组分别为（101101）和（110011），若只用于纠错，能纠（　　）位错。

A. 1　　B. 2　　C. 3　　D. 4

5. 已知某线性分组码的最小码距为4，它同时纠、检错能力为（　　）。

A. 纠 1 同时检 2　　B. 纠 1 同时检 3　　C. 纠 2　　D. 检 4

6. 为了纠 3 个差错，纠错码之间的最小汉明距离为（　　）。

A. 4　　B. 5　　C. 7　　D. 3

7. 汉明码的纠错能力为（　　）位。

A. 1　　B. 2　　C. 3　　D. 4

8. 设一（7，4）线性分组码，其监督位应为（　　）位。

A. 4　　B. 3　　C. 2　　D. 1

9. （　　）是（7，3）循环码的生成多项式。

A. x^3+x^2+x+1　　B. $x^4+x^3+x^2+1$

C. $x^5+x^3+x^2+1$　　　　D. $x^4+x^3+x^2+x$

三、填空题

1. 在差错控制的四种方式中只有________不需要反馈信道，但需要发送________码。

2. 前向纠错发送端发送的是________码，而检错重发发送端发送的是________。

3. 纠错编码器输出信号的传信率________输入信号的传信率。

4. 差错控制的根本目的是________，它是以牺牲________为代价的。

5. 若利用 5 位码作为码字，共________个许用码组，此时抗扰能力为________，若利用“五中取三”码，许用码组________个，它具有抗干扰能力表现为________，这实质上是________纠错方式。

6. （n，6）分组码中，最小汉明距离 d_0 对于差错控制能力的关系是：若欲纠 t 位错需满足________；若需检出 2 位差错，则需满足________；若需检测 e 位，而同时纠 t 位差错，需满足________。

7. 某线性分组码的监督矩阵 $\boldsymbol{H}=\begin{bmatrix}1&1&0&1&0&0&0\\0&1&1&0&1&0&0\\0&0&1&1&0&1&0\\1&0&1&0&0&0&1\end{bmatrix}$，该码有________位信息。

8. （7，3）线性分组码的一个码组中，信息码元的位数是________，监督码元的位数是________。

9. 循环码的生成多项式 $g(x)$ 的最高项的次数为________，其常数项为________。

10. （n，k）循环码的生成多项式为 $g(x)=x^4+x^3+x^2+1$，该码的监督位长度为________，可纠________位码，可检________位码。

11. 卷积码常用（n，k，m）表示，其约束度为________，约束长度为________。

12. 已知循环码的生成多项式为 $x^4+x^3+x^2+1$，此循环码可纠________位错，可检________位错。

13. 已知（n，k）循环码的生成多项式为 $x^4+x^3+x^2+1$，该码的监督位长度为________。

14. 线性分组码（63，51）的编码效率为________，卷积码（2，13）的编码效率为________。

15. 已知 $x^{15}+1=(x+1)(x^4+x+1)(x^4+x^3+1)(x^4+x^3+x^2+x+1)(x^2+x+1)$，构成（15，7）循环码的其中一个生成多项式为________。

四、计算题

1. 已知码组集中有 8 个码组为（000000）、（001110）、（010101）、（011011）、（100011）、（101101）、（110110）、（111000），若用于检错，能检出几位错码？若用于纠错，能纠正几位错码？

2. 一码长 $n=15$ 的汉明码，监督位 r 应为多少？编码效率为多少？

3. 已知（7，3）循环码的监督关系式为

$$a_6+a_3+a_2+a_1=0$$
$$a_5+a_2+a_1+a_0=0$$
$$a_6+a_5+a_1=0$$
$$a_5+a_4+a_0=0$$

（1）求该循环码的典型监督矩阵和典型生成矩阵。

（2）输入信息码元为 101001，求编码后的系统码。

4. 已知（7，4）循环码的生成多项式

$$g(x)=x^3+x+1$$

（1）求其生成矩阵及监督矩阵。

（2）写出系统循环码的全部码字。

5. 已知一种（7，3）循环码的全部码组为

0000000　0101110　1001011　1100101

0010111　0111001　1011100　1110010

试求：

（1）该循环码的生成多项式 $g(x)$、典型生成矩阵 $\boldsymbol{G}$ 和典型监督矩阵 $\boldsymbol{H}$。

（2）若信息码为 110，按除法电路的工作过程编出相应的码组。

6. 已知某（7，4）码的生成矩阵为

$$\boldsymbol{G}=\begin{bmatrix}1&1&1&0&0&1&0\\1&0&0&0&1&1&0\\0&0&1&0&1&0&1\\1&0&1&1&0&0&0\end{bmatrix}$$

（1）将 $\boldsymbol{G}$ 转化为典型矩阵。

（2）写出该码中所有这样的码字，其前两个比特是 11。

（3）写出该码的校验矩阵 $\boldsymbol{H}$。

（4）求接收矢量 $\boldsymbol{R}$=［1101011］的伴随式。

7. 已知某线性码监督矩阵为 $\boldsymbol{H}=\begin{bmatrix}1&1&1&0&1&0&0\\1&1&0&1&0&1&0\\1&0&1&1&0&0&1\end{bmatrix}$，列出所有许用码组。

8. 已知（7，4）循环码的生成多项式

$$g(x) = x^2 + x + 1$$

假设码字自左至右对应码多项式的次数自高至低，系统位在左。

（1）求信息 0111 的编码结果。

（2）若译码器输入是 0101001，求其码多项式模 $g(x)$ 所得的伴随式，并给出译码结果。

（3）写出该码的系统码形式的生成矩阵及相应的监督矩阵。

9. 某激光唱盘（CD）记录系统采用 PCM 方式将单声道音乐转换为数字信号（A/D）。抽样率为 44.1kHz，每样值用 16bit 表示。

（1）若 A/D 的输入是在动态范围内均匀分布的测试信号，请求出 D/A 复原后信号的输出信噪比。

（2）若将数字化的音乐数据比特经过（28，24）循环码编码再输出，求输出的信息速率。

（3）若一张 CD 盘片能储存按（2）的方式产生的 2 小时音乐的比特流，求这张 CD 所需要的存储量是多少字节。

10. （7，4）循环码的生成多项式为：$g(x)=x^3+x^2+1$。

（1）求其系统码形式的生成矩阵。

（2）请问 $V(x)=x^6+x^5+x^3+x+1$ 是该循环码的码字多项式码？说明理由。

11. 已知 $x^7+1=(x^3+x^2+1)(x^3+x+1)(x+1)$，令 $g_1(x)=x^3+x^2+1, g_2(x)=x^3+x+1$，$g_3(x)=x+1$。试分别讨论：

（1）$g(x) = g_1(x)\,g_2(x)$。

（2）$g(x) = g_2(x)\,g_3(x)$。

两种情况下，由 $g(x)$ 生成的 7 位循环码的检错与纠错能力。

五、练习题

1. 设线性码的生成矩阵为

$$\boldsymbol{G}=\begin{bmatrix}0&0&1&0&1&1\\1&0&0&1&0&1\\0&1&0&1&1&0\end{bmatrix}$$

（1）求监督矩阵 $\boldsymbol{H}$，确定（n，k）码中 n 和 k。

（2）写出监督位的关系式及该（n，k）的所有码字。

（3）确定最小码距 d_0。

2. （15，7）循环码由生成多项式 $g(x) = x^8 + x^7 + x^6 + x^4 + 1$ 生成。接收码组 $R(x) = x^{14} + x^5 + x + 1$。试问该循环码组在传输中是否发生错误，为什么？

3. 已知循环码生成多项式为 $g(x) = x^4 + x^2 + x + 1$，若输入信息码元为 101，求编码后的系统码码组。

4. 已知两码组为（0000）、（1111）。若该码集合用于检错，能检出几位错码？若用于纠错，能纠正几位错码？若同时用于检错与纠错，问各能纠、检几位错码？

5. 若方阵码中的码元错误情况如图 9-13 所示，试问能否检测出来？

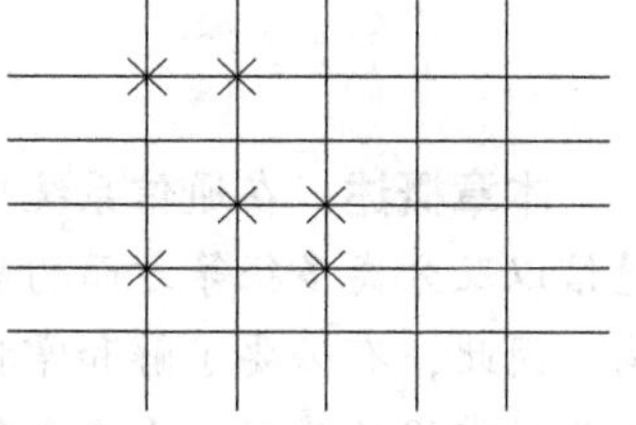

图 9-13　方阵码中的码元错误情况

6. 已知（7，4）循环码的全部码组为

0000000	1000101
0001011	1001110
0010110	1010011
0011101	1011000
0100111	1100010
0101100	1101001
0110001	1110100
0111010	1111111

试写出该循环码的生成多项式 $g(x)$ 和生成矩阵 $\boldsymbol{G}(x)$，并将 $\boldsymbol{G}(x)$ 化成典型阵。

第 10 章　伪随机序列及编码

本章概述：在通信系统中，对误码率的测量、通信加密、数据序列的扰码和解码、扩频通信以及分离多径等方面均要用到伪随机序列，伪随机序列的特性对系统的性能有重要的影响，因此，有必要了解和掌握伪随机序列的概念和特性。伪随机序列的种类很多，本章仅介绍几种常用的序列，重点介绍 m 序列。

知识点：

1. 了解伪随机序列的概念和特性、常用伪随机序列及伪随机序列的应用。
2. 重点掌握 m 序列的性质及应用。

10.1　伪随机序列的概念

在通信技术中，随机噪声是造成通信质量下降的重要因素，因而它最早受到人们的关注。如果信道中存在着随机噪声，对于模拟信号来说，输出信号就会产生失真；对于数字信号来说，解调输出就会出现误码。另外，如果信道的信噪比下降，那么信道的传输容量将会受到限制。

人们一方面试图设法消除和减小通信系统中的随机噪声，同时也希望获得随机噪声，并充分利用之，实现更有效的通信。根据香农编码理论，只要信息速率小于信道容量，总可以找到某种编码方法，在码周期相当长的条件下，能够几乎无差错地从受到高斯噪声干扰的信号中恢复原始信号。香农理论还指出，在某些情况下，为了实现更有效的通信，可采用有白噪声统计特性的信号来编码。白噪声是一种随机过程，它的瞬时值服从正态分布，功率谱密度在很宽频带内都是均匀的，具有良好的相关特性。

我们知道，可以预先确定又不能重复实现的序列称为随机序列。随机序列的特性和噪声性能类似，因此，随机序列又称为噪声序列。具有随机特性，貌似随机序列的确定序列就称为伪随机序列。所以，伪随机序列又称为伪随机码或者伪噪声序列（PN 码）。

伪随机序列应当具有类似随机序列的性质。在工程上常用二元｛0，1｝序列来产生伪随机码，它具有以下几个特点：

1）在随机序列的每一个周期内，0 和 1 出现的次数近似相等。

2）每一周期内，长度为 n 的游程取值（相同码元的码元串）出现的次数，比长度为 $n+1$的游程取值出现的次数多 1 倍。

3）随机序列的自相关类似于白噪声自相关函数的性质。

10.2　正交码与伪随机码

若 M 个周期为 T 的模拟信号 $s_1(t)$，$s_2(t)$，…，$s_M(t)$ 构成正交信号集合，则有

$$\int_0^T s_i(t)s_j(t)\,dt \qquad (10\text{-}1)$$

设序列周期为 p 的编码中，码元只取值+1 和−1，而 x 和 y 是其中两个码组：

$$x=(x_1, x_2, \cdots, x_n)$$

$$y=(y_1, y_2, \cdots, y_n)$$

式中，x_i，$y_i \in (+1, -1)$，$i=1, 2, \cdots, n$，则 x 和 y 之间的互相关函数定义为

$$\rho(x, y)=\sum x_i y_i/p, \quad -1 \leqslant \rho \leqslant +1 \tag{10-2}$$

若码组 x 和 y 正交，则有 $\rho(x, y)=0$。

如果一种编码码组中任意两者之间的相关系数都为 0，即码组两两正交，这种两两正交的编码就称为正交编码。由于正交码各码组之间的相关性很弱，受到干扰后不容易互相混淆，因而具有较强的抗干扰能力。

类似地，对于长度为 ρ 的码组 x 的自相关函数定义为

$$\rho_x(j)=\sum_{i=1}^{n} x_i x_{i+j}/p \tag{10-3}$$

对于｛0，1｝二进制码，式（10-2）的互相关函数定义可简化为

$$\rho(x,y)=(A-D)/(A+D)=(A-D)/p \tag{10-4}$$

式中，A 为 x 和 y 中对应码元相同的个数；D 为 x 和 y 中对应码元不同的个数。

式（10-3）的自相关函数也表示为

$$\rho_x(j)=(A-D)/(A+D)=(A-D)/p \tag{10-5}$$

式中，A 为码字 x_i 与其位移码字 x_{i+j} 的对应码元相同的个数：D 为对应码元不同的个数。

伪随机码具有白噪声的统计特性，因此，对伪随机码定义可写为

1）凡自相关函数具有

$$\rho_x(j)=\begin{cases}\sum_{i=1}^{n} x_i^2/p=1\ , & j=0\\ \sum_{i=1}^{n} x_i x_{i+j}/p=-1/p, & j\neq 0\end{cases} \tag{10-6}$$

形式的码，称为伪随机码，又称为狭义伪随机码。

2）凡自相关函数具有

$$\rho_x(j)=\begin{cases}\sum_{i=1}^{n} x_i^2/p=1, & j=0\\ \sum_{i=1}^{n} x_i x_{i+j}/p=a<1, & j\neq 0\end{cases} \tag{10-7}$$

形式的码，称为广义伪随机码。

狭义伪随机码是广义伪随机码的特例。

10.3　伪随机序列的产生

编码理论的数学基础是抽象代数的有限域理论。一个有限域是指集合 F 元素个数是有限的，而且满足所规定的加法运算和乘法运算中的交换律、结合律、分配律等。常用的只含（0，1）两个元素的二元集 F_2，由于受自封性的限制，这个二元集只有对模 2 加和模 2 乘

才是一个域。

一般来说，对整数集 $F_p=\{0,1,2,\cdots,p-1\}$，若 p 为素数，对于模 p 的加法和乘法来说，F_p 是一个有限域。

可以用移位寄存器作为伪随机码产生器，产生二元域 F_2 及其扩展域 F_{2^m} 中的各个元，m 为正整数。可用域上多项式来表示一个码组，域上多项式定义为

$$f(x)=a_0+a_1x+a_2x^2+\cdots+a_nx^n=\sum a_ix^i \tag{10-8}$$

式中，a_i 为 F 的元；a_nx^n 为 $f(x)$ 的首项；a_n 是 $f(x)$ 的首项系数。$f(x)$ 为 F 的 n 阶多项式，加号为模 2 和。记 F 域上所有多项式组成的集合为 $F(x)$。

若 $g(x)$ 是 $F(x)$ 中的另一多项式

$$g(x)=\sum_{i=0}^{m}b_ix^i \tag{10-9}$$

如果 $n\geqslant m$，规定 $f(x)$ 和 $g(x)$ 的模 2 和为

$$f(x)+g(x)=\sum_{i=0}^{n}(a_i+b_i)x^i \tag{10-10}$$

其中，$b_{m+1}=b_{m+2}=\cdots=b_n=0$。规定 $f(x)$ 和 $g(x)$ 的模 2 乘为

$$f(x)g(x)=\sum_{i=0}^{n+m}\sum_{j=0}^{i}(a_ib_{i-j})x^i \tag{10-11}$$

若 $g(x)\neq0$，则在 $F(x)$ 总能找到一对多项式 $q(x)$（称为商）和 $r(x)$（称为余式）使得

$$f(x)=q(x)g(x)+r(x) \tag{10-12}$$

这里 $r(x)$ 的阶数小于 $g(x)$ 的阶数。

式（10-12）称为带余除法算式，当余式 $r(x)=0$，就说 $f(x)$ 可被 $g(x)$ 整除。

图 10-1 所示是一个 4 级移位寄存器，用它就可产生伪随机序列。规定称移位寄存器的状态是各级存数从右至左的顺序排列而成的序列为正状态或简称状态；反之，称移位寄存器状态是各级存数从左至右的顺序排列而成的序列为反状态。图 10-1 中的反馈逻辑为

$$a_n=a_{n-3}\oplus a_{n-4} \tag{10-13}$$

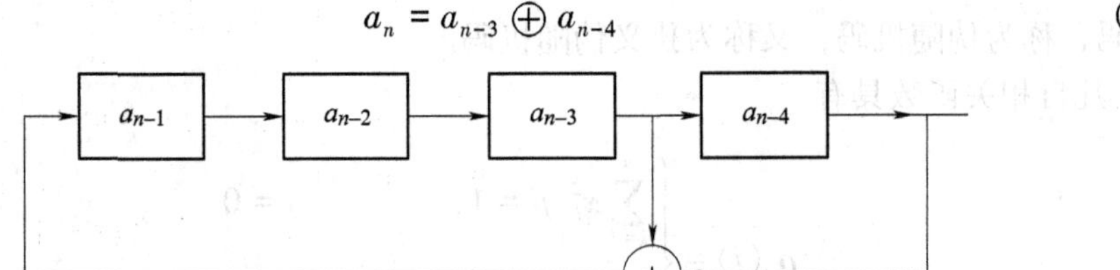

图 10-1 4 级移位寄存器

当移位寄存器的初始状态是 1000 时，即 $a_{n-4}=1$，$a_{n-3}=0$，$a_{n-2}=0$，$a_{n-1}=0$，经过一个时钟节拍后，各级状态自左向右移到下一级，末级输出一位数，与此同时模 2 加法器输出加到移位寄存器第一级，从而形成移位寄存器的新状态，下一个时钟节拍到来又继续上述过程，末级输出序列就是伪随机序列。在这种条件下，图 10-1 产生的伪随机序列是

$$\{a_{n-4}\}=\underbrace{100010011010111}_{p=15}100010011010111\cdots$$

这是一个周期长度 $p=15$ 的随机序列。

当图 10-1 的初始状态是 0 状态时，即 $a_{n-4}=a_{n-3}=a_{n-2}=a_{n-1}=0$，移位寄存器的输出是一

个 0 序列。

4 级移位寄存器共有 16 个状态，除去一个 0 状态外，还有 15 个状态。对于图 10-1 来说，只要随机序列的周期达到最大值，这时无论如何改变移位寄存器的初始状态，其输出只改变序列的初相，序列的排序规律不会改变。

但是，如果改变图 10-1 中 4 级移位寄存器的反馈逻辑，其输出序列就会发生变化。例如，当反馈逻辑变成

$$a_n = a_{n-2} \oplus a_{n-4} \tag{10-14}$$

时，给定不同的初始状态 1111、0001、1011，可以得到 3 个完全不同的输出序列

111100111100…，000101000001…，101101101101…

它们的周期分别是 6、6 和 3。

由此，我们可以得出以下几点结论：

1）线性移位寄存器的输出序列是一个周期序列。

2）当初始状态是 0 状态时，线性移位寄存器的输出是一个 0 序列。

3）级数相同的线性移位寄存器的输出序列与寄存器的反馈逻辑有关。

4）序列周期 $p<2^n-1$（n 级线性移位寄存器）的同一个线性移位寄存器的输出还与起始状态有关。

5）序列周期 $p=2^n-1$ 的线性移位寄存器，改变移位寄存起初始状态只改变序列的起始相位，而周期序列排序规律不变。

10.4　*m* 序列

根据 10.3 节的叙述，n 级线性移位寄存器能产生的序列最大可能周期是 $p=2^n-1$，这样序列称为最大长度序列，或称为 m 序列。要获得 m 序列，关键是要找到满足一定条件的线性寄存器的反馈逻辑。

10.4.1　线性反馈移位寄存器的特征多项式

图 10-2 给出了产生 m 序列的线性移位寄存器的一般结构图。它由 n 级移位寄存器和若干模 2 加法器组成线性反馈逻辑网络和时钟脉冲发生器（省略未通）连接而成。图中，移位寄存器的状态用 a_i 表示（$i=0, 1, \cdots, n-1$），c_i 表示反馈线的连接状态，相当于反馈系数。$c_i=1$ 表示此线接通，参与反馈逻辑运算；$c_i=0$ 表示此线断开，不参与运算；$c_0=c_n=1$。

1. 线性反馈移位寄存器的递推关系式

递推关系式又称为反馈逻辑函数或递推方程。设图 10-2 所示的线性反馈移位寄存器的初始状态为（$a_0a_1\cdots a_{n-2}a_{n-1}$），经一次移位线性反馈，移位寄存器左端第一级的输入为

$$a_n = c_1a_{n-1} + c_2a_{n-2} + \cdots + c_{n-1}a_1 + c_na_0 = \sum_{i=1}^{n} c_ia_{n-i}$$

若经 k 次移位，则第一级的输入为

$$a_l = \sum_{i=1}^{n} c_ia_{l-i} \tag{10-15}$$

其中，$l=n+k-1\geqslant n$，$k=1, 2, 3, \cdots$。

由此可见，移位寄存器第一级的输入，由反馈逻辑及移位寄存器的原状态所决定。式（10-15）称为递推关系式。

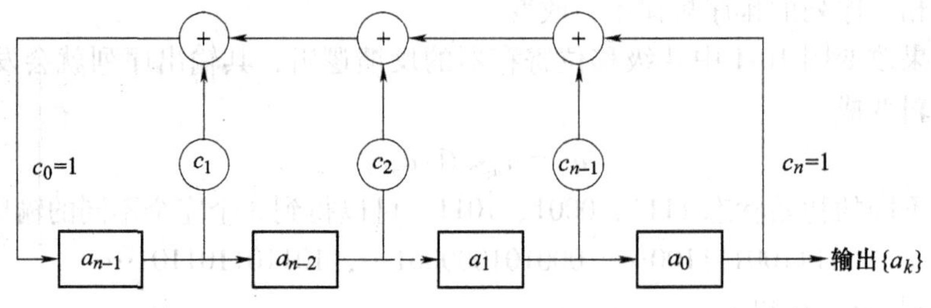

图 10-2　n 级线性反馈移位寄存器

2. 线性反馈移位寄存器的特征多项式

用多项式$f(x)$来描述线性反馈移位寄存器的反馈连接状态

$$f(x)=c_0+c_1x+\cdots+c_nx^n=\sum_{i=0}^{n}c_ix^i \tag{10-16}$$

式（10-16）称为特征多项式或特征方程。其中，x^i 存在，表明 $c_i=1$，否则 $c_i=0$，x 本身的取值并无实际意义。c_i 的取值决定了移位寄存器的反馈连接。由于 $c_0=c_n=1$，因此，$f(x)$ 是一个常数项为 1 的 n 次多项式，n 为移位寄存器级数。

可以证明，一个 n 级线性反馈移位寄存器能产生 m 序列的充要条件是它的特征多项式为一个 n 次本原多项式。若一个 n 次多项式$f(x)$满足下列条件：

1）$f(x)$ 为既约多项式（即不能分解因式的多项式）；

2）$f(x)$ 可整除（x^p+1），$p=2^n-1$；

3）$f(x)$ 除不尽（x^q+1），$q<p$。

则称$f(x)$为本原多项式。以上为我们构成 m 序列提供了理论根据。

10.4.2　m 序列产生器

用线性反馈移位寄存器构成 m 序列产生器，关键是由特征多项式$f(x)$来确定反馈连接的状态，而且特征多项式$f(x)$必须是本原多项式。

现以 $n=4$ 为例来说明 m 序列产生器的构成。用 4 级线性反馈移位寄存器产生的 m 序列，其周期为 $p=2^4-1=15$，其特征多项式$f(x)$是 4 次本原多项式，能整除（$x^{15}+1$）。先将（$x^{15}+1$）分解因式，使各因式为既约多项式，再寻找$f(x)$。

$$x^{15}+1=(x+1)(x^2+x+1)(x^4+x+1)(x^4+x^3+1)(x^4+x^3+x^2+x+1)$$

其中，4 次既约多项式有 3 个，但（$x^4+x^3+x^2+x+1$）能整除（x^5+1），故它不是本原多项式。因此找到两个 4 次本原多项式（x^4+x+1）和（x^4+x^3+1）。由其中任何一个都可产生 m 序列。用$f(x)=(x^4+x+1)$构成的 m 序列产生器如图 10-3 所示。

设 4 级移位寄存器的初始状态为 1 0 0 0。$c_4=c_1=c_0=1$，$c_3=c_2=0$。输出序列 $\{a_k\}$ 的周期长度为 15。

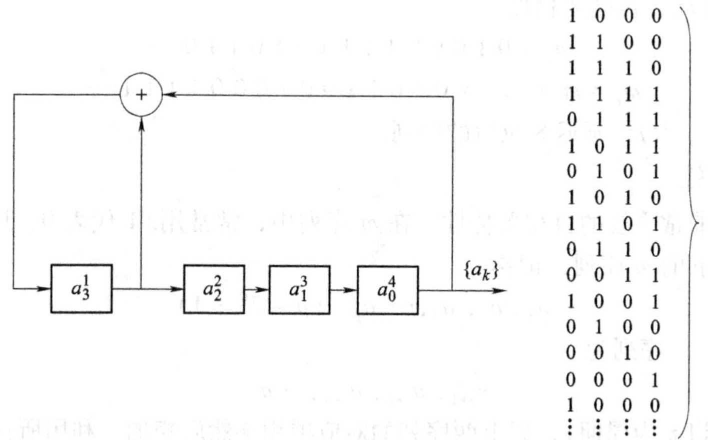

图 10-3　m 序列产生器

10.4.3　*m* 序列的性质

1. 均衡特性（平衡性）

m 序列每一周期中 1 的个数比 0 的个数多 1 个。由于 $p=2^n-1$ 为奇数，因而在每一周期中 1 的个数为 $(p+1)/2=2^{n-1}$（偶数），而 0 的个数为 $(p-1)/2=2^{n-1}-1$（奇数）。上例中 $p=15$，1 的个数为 8，0 的个数为 7。当 p 足够大时，在一个周期中 1 与 0 出现的次数基本相等。

2. 游程特性（游程分布的随机性）

我们把一个序列中取值（1 或 0）相同连在一起的元素合称为一个游程。在一个游程中元素的个数称为游程长度。例如图 10-2 中给出的 m 序列：

$$\{a_k\}=0\ 0\ 0\ 1\ 1\ 1\ 1\ 0\ 1\ 0\ 1\ 1\ 0\ 0\ 1\ \cdots$$

在其一个周期的 15 个元素中，共有 8 个游程，其中长度为 4 的游程 1 个，即 1 1 1 1；长度为 3 的游程 1 个，即 0 0 0；长度为 2 的游程 2 个，即 1 1 与 0 0；长度为 1 的游程 4 个，即 2 个 1 与 2 个 0。

m 序列的一个周期（$p=2^n-1$）中，游程总数为 2^{n-1}。其中，长度为 1 的游程个数占游程总数的 1/2；长度为 2 的游程个数占游程总数的 $1/2^2=1/4$；长度为 3 的游程个数占游程总数的 $1/2^3=1/8$；其余依次类推。一般地，长度为 k 的游程个数占游程总数的 $1/2^k=2^{-k}$，其中 $1\leqslant k\leqslant(n-2)$。而且，在长度为 k 的游程中，连 1 游程与连 0 游程各占 1/2，长为 $(n-1)$ 的游程是连 0 游程，长为 n 的游程是连 1 游程。

3. 移位相加特性（线性叠加性）

m 序列和它的位移序列模 2 相加后，所得序列仍是该 m 序列的某个位移序列。设 m_r 是周期为 p 的 m 序列 m_p 的 r 次延迟移位后的序列，那么

$$m_p \oplus m_r = m_s \tag{10-17}$$

式中，m_s 为 m_p 某次延迟移位后的序列。例如，

$$m_p=0\ 0\ 0\ 1\ 1\ 1\ 1\ 0\ 1\ 0\ 1\ 1\ 0\ 0\ 1\ \cdots$$

m_p 延迟两位后得 m_r，再模 2 相加

$$m_r = 0\,1\,0\,0\,0\,1\,1\,1\,1\,0\,1\,0\,1\,1\,0\cdots$$

$$m_s = m_p \oplus m_r = 0\,1\,0\,1\,1\,0\,0\,1\,0\,0\,0\,1\,1\,1\,1\cdots$$

可见，$m_s = m_p \oplus m_r$ 为 m_p 延迟 8 位后的序列。

4. 自相关特性

m 序列具有非常重要的自相关特性。在 m 序列中，常常用+1 代表 0，用−1 代表 1。此时定义：设长为 p 的 m 序列，记作

$$a_1,\ a_2,\ a_3,\cdots,a_p \quad (p = 2^n - 1)$$

经过 j 次移位后，m 序列为

$$a_{j+1},\ a_{j+2},\ a_{j+3},\cdots\ a_{j+p}$$

其中，$a_{i+p}=a_i$（以 p 为周期），以上两序列的对应项相乘然后相加，利用所得的总和

$$a_1a_{j+1} + a_2a_{j+2} + a_3a_{j+3} + \cdots + a_pa_{j+p} = \sum_{i=1}^{p} a_ia_{j+1}$$

来衡量一个 m 序列与它的 j 次移位序列之间的相关程度，并把它叫作 m 序列（a_1，a_2，a_3，…，a_p）的自相关函数。记作

$$R(j) = \sum_{i=1}^{p} a_ia_{j+i} \tag{10-18}$$

当采用二进制数字 0 和 1 代表码元的可能取值时，式（10-18）可表示为

$$R(j) = \frac{A - D}{A + D} = \frac{A - D}{p} \tag{10-19}$$

式中，A、D 分别为 m 序列与其 j 次移位的序列在一个周期中对应元素相同、不相同的数目。式（10-19）还可以改写为

$$R(j) = \frac{[a_i \oplus a_{i+j} = 0]\text{ 的数目} - [a_i \oplus a_{i+j} = 1]\text{ 的数目}}{p} \tag{10-20}$$

由移位相加特性可知，$a_i \oplus a_{i+j}$ 仍是 m 序列中的元素，所以式（10-20）中分子就等于 m 序列中一个周期中 0 的数目与 1 的数目之差。另外由 m 序列的均衡性可知，在一个周期中 0 比 1 的个数少一个，故得 $A-D=-1$（j 为非零整数时）或 p（j 为零时）。因此得

$$R(j) = \begin{cases} 1, & j = 0 \\ \dfrac{-1}{p}, & j = \pm 1,\ \pm 2,\cdots,\ \pm(p - 1) \end{cases} \tag{10-21}$$

如图 10-4 所示。

m 序列的自相关函数只有两种取值（1 和 $-1/p$）。$R(j)$ 是一个周期函数，即

$$R(j) = R(j + kp) \tag{10-22}$$

式中，$k=1, 2, \cdots, p$，$p=(2^n-1)$ 为周期。而且 $R(j)$ 是偶函数，即

$$R(j) = R(-j),\quad j = \text{整数} \tag{10-23}$$

5. 伪噪声特性

如果对一个正态分布白噪声取样，若取样值为正，记为+1，若取样值为负，记为−1，将每次取样所得极性排成序列，可以写成

$$\cdots+1,\ -1,\ +1,\ +1,\ +1,\ -1,\ -1,\ -1,\ -1\cdots$$

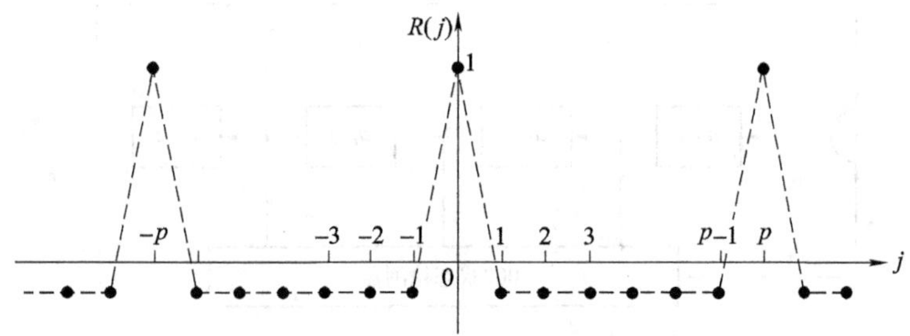

图 10-4　m 序列的自相关函数

这是一个随机序列，它具有如下基本性质：

1）序列中+1 和−1 出现的概率相等。

2）序列中长度为 1 的游程约占 1/2，长度为 2 的游程约占 1/4，长度为 3 的游程约占 1/8,⋯，一般地，长度为 k 的游程约占 $1/2^k$，而且+1、−1 游程的数目各占一半。

3）由于白噪声的功率谱密度为常数，因此其自相关函数为一冲激函数 $\delta(\tau)$。

把 m 序列与上述随机序列比较，当周期长度 p 足够大时，m 序列与随机序列的性质是十分相似的。可见，m 序列是一种伪噪声特性较好的伪随机序列，且易产生，因此应用十分广泛。

10.5　*M* 序列

M 序列是一种非线性的伪随机序列，它是最长序列，是由非线性移位寄存器产生的码长为 2^n 的周期序列。*M* 序列已达到 n 级移位寄存器所能达到的最长周期，所以又称为全长序列。

M 序列的构造可以在 m 序列基础上实现。因为 m 序列包含了 2^n-1 个非零状态，仅缺一个 0 状态，因此，只要在 m 序列适当的位置上插入一个 0 状态，即可完成码长为 2^n-1 的 m 序列向码长为 2^n 的 *M* 序列的转换。

一般地讲，0 状态插入应在状态 $x_nx_{n-1}x_{n-2}\cdots x_1=100\cdots0$ 之后，同时紧跟 0 状态的后继序列状态应当是原 m 序列状态，后继状态应是 0⋯001。因此，重要是检测后 $n-1$ 个 0，即检测 *M* 序列的状态 $x_{n-1}x_{n-2}\cdots x_1$，然后加上原反馈逻辑 f_0（x_1，x_2，⋯，x_n），得到新的反馈逻辑

$$f(x_1,x_2,\cdots,x_n)=f_0(x_1,x_2,\cdots,x_n)+\bar{x}_{n-1}\bar{x}_{n-2}\cdots\bar{x}_1 \tag{10-24}$$

现以本原多项式 $f(x)=1+x+x^4$ 产生的码长为 15 的 m 序列，加长码长为 16 的 *M* 序列 4 级移位寄存器为例说明。4 级 *M* 序列发生器的原理图如图 10-5 所示。反馈逻辑函数为

$$f(x_1,x_2,x_3,x_4)=x_4+x_3+\bar{x}_3\bar{x}_2\bar{x}_1 \tag{10-25}$$

图 10-5 中的 000 状态检测器可检测到 1000 和 0000 两个状态。当检测到 1000 状态时，检测器输出为 1，这个 1 与反馈输入 a_n（此时为 1）模 2 加得到 0，输入到 a_{n-1}，使后续状态成为 0 状态；在 0 状态时检测器继续输出 1，此 1 与反馈输入 a_n（此时为 0）模 2 加得到 1，输入到 a_{n-1}，使 0 状态的后续状态保持原来的循环状态 0001。这样就把 0 状态插进原始序列之中。

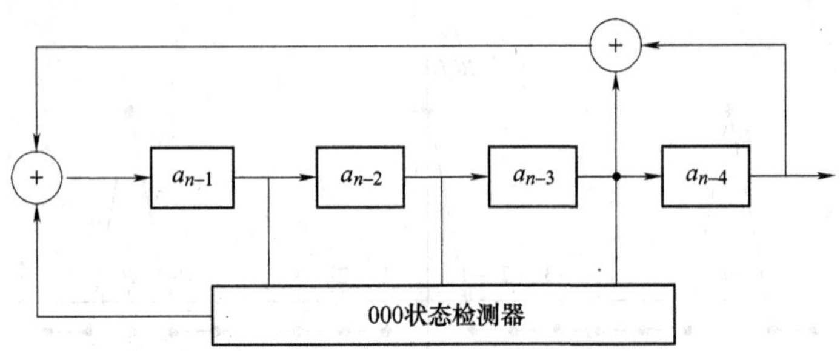

图 10-5　4 级 M 序列发生器原理框图

下面给出 M 序列状态流程，设初始状态为 0100。

0100→1001→0011→0110→1101→1010→1011→0111→1111→

1110→1100→1000→0000→0001→0010→0100（初态）→…

构成 M 序列的方法很多，但实现起来并非易事，要能方便、简练地得到 M 序列，仍需做不懈努力。

周期为 $p=2^n$ 的 M 序列的随机特性有下列几点：

1）在一个周期内，序列中 0 和 1 的元素各占一半，即各为 2^{n-1}。

2）在每一个周期内共有 2^{n-1} 个游程，其中同样长度的 0 游程和 1 游程的个数相等。当 $1 \leqslant k \leqslant n-2$ 时，长为 k 的游程占总游程数的一半，长为 $n-1$ 的游程不存在，长为 n 的游程有两个。

3）归一化自相关函数 $R_M(\tau)$ 具有如下相关值：

① $R_M(0)=1$

② $R_M(\pm\tau)=0 \quad 0<\tau<n$

③ $R_M(\pm n)=1-4W(f_0)/p \neq 0$

其中，$W(f_0)$ 是 M 序列发生器的反馈逻辑函数，表示成

$$f(x_1,x_2,\cdots,x_n)=f_0(x_1,x_2,\cdots,x_{n-1})+x_n$$

的形式时，f_0 取值为 1 的个数。通常把 $W(f_0)$ 叫作 f_0 的权重。

当 $\tau>n$ 时，$R_M(\tau)$ 无确定表示式，只能从给定的 M 序列中逐点移位计算得到。

以上特点说明，M 序列的自相关函数是多值的，而且有较大的旁峰。长度相同的 M 序列具有不同的自相关特性。M 序列的自相关特性也是多值的。

对于任意的自然数 n，一定有 n 级 M 序列以及产生此 M 序列的 n 级移位寄存器存在。n 级 M 序列的总长为

$$M_n=2^{(2^{n-1}-n)} \tag{10-26}$$

表 10-1 列出了不同 n 值时所得到的 M 序列和 m 序列的数目。可以看出，当 $n>4$ 时，M 序列比 m 序列的数目多得多，这对于某些需要地址序列很多的应用场合提供了选择的灵活性。

表 10-1　M 序列和 m 序列数目的比较

级数	3	4	5	6	7	8	9	10
m 序列	2	3	6	6	18	16	48	60
M 序列	2	2^4	2^{11}	2^{26}	2^{57}	2^{120}	2^{247}	2^{502}

10.6　伪随机序列的应用

伪随机序列在通信领域中得到广泛应用，它可以应用在扩频通信、卫星通信的码分多址，数字（数据）通信中的加密、扰码、同步、误码率测量等领域中。本书仅将一些有代表性的应用做简要介绍。

10.6.1　扩展频谱通信

扩展频谱通信系统是将待传送的基带信号在频域上扩展为很宽的频谱，远远大于原来信号的带宽；在接收端再把已扩展频谱的信号变换到原来信号的频带上，恢复出原来的基带信号。该系统的框图如图 10-6 所示。

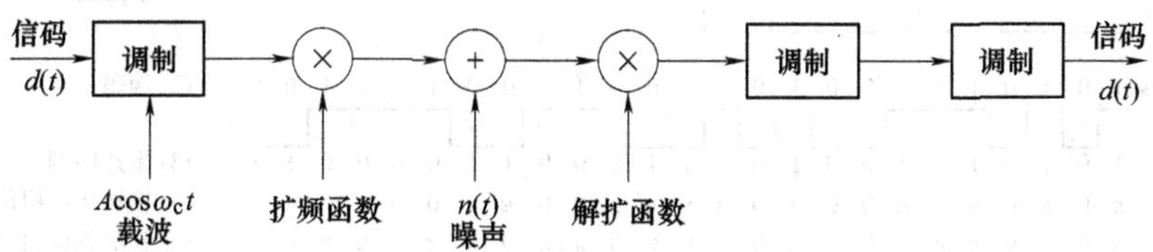

图 10-6　扩展频谱通信系统框图

扩展频谱技术的理论基础是香农公式。对于加性高斯白噪声的连续信道，其信道容量 C 与信道传输带宽 B 及信噪比 S/N 之间的关系可以用式（10-27）表示：

$$C = B\log_2\left(1 + \frac{S}{N}\right) \tag{10-27}$$

这个公式表明，在保持信息传输速率不变的条件下，信噪比和带宽之间具有互换关系。就是说，可以用扩展信号的频谱作为代价，换取用很低的信噪比传送信号，同样可以得到很低的差错率。

扩频系统有以下特点：

1）具有选择地址能力。

2）信号的功率谱密度很低，有利于信号的隐蔽。

3）有利于加密，防止窃听。

4）抗干扰性强。

5）抗衰落能力强。

6）可以进行高分辨率的测距。

扩频通信系统的工作方式有：直接序列扩频、跳变频率扩频、跳变时间扩频和混合式扩频。

1. 直接序列扩频方式

直接序列扩频（direct sequence spread spectrum）又称为直扩（DS），它是用高速率的伪随机序列与信息序列模 2 加后的序列去控制载波的相位而获得直扩信号的。图 10-7a、b 就是直扩系统的原理框图和扩频信号传输图。

在图 10-7 中，信息码与伪码模 2 加后产生发送序列，进行 2PSK 调制后输出。在接收端用一个和发射端同步的伪随机码所调制的本地信号，与接收到的信号进行相关处理，相关器输出中频信号，经中频电路和解调器后，恢复原信息。

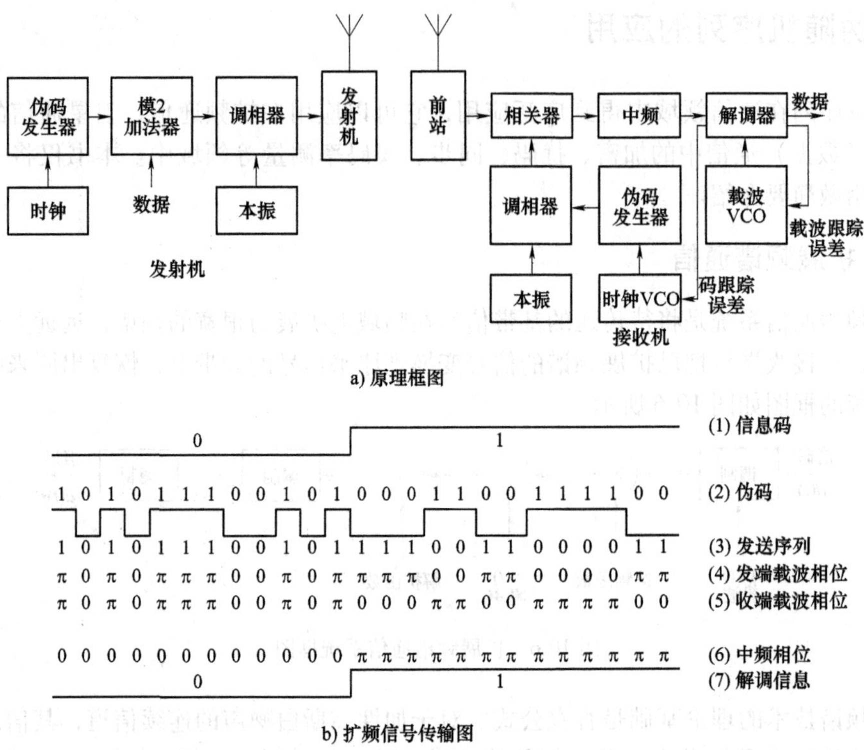

图 10-7　直扩系统原理框图和扩频信号传输图

该方式同其他工作方式比较，实现频谱扩展方便，因此是一种最典型的扩频系统。

2. 跳变频率扩频方式

跳变频率扩频（frequency hopping spread spectrum）又称跳频（FH），它是用伪码构成跳频指令来控制频率合成器，并在多个频率中进行选择的移频键控方式。跳频指令由所传信息码与伪随机码模 2 加的组合来构成，它又称为跳频图案。

跳频系统原理图如图 10-8 所示。在发送端信息码与伪码调制后，按不同的跳频图案去

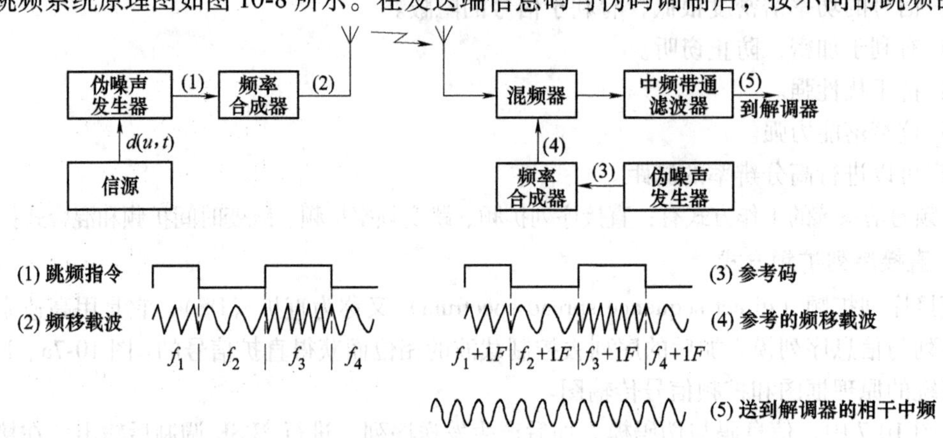

图 10-8　跳频系统原理图

控制频率合成器，使其输出频率在信道里随机跳跃地变化。

在接收端，为了对输入信号解跳，需要有与发送端相同的本地伪码发生器构成的跳频图案去控制频率合成器，使其输出的跳频信号能在混频器中与接收到的跳频信号差频出一个固定中频信号。经中频放大器后，送到解调器恢复出原信息。

3. 跳变时间扩频方式

跳变时间扩频（time hopping spread spectrum）又称为跳时（TH），该系统是用伪码序列来启闭信号的发射时刻和持续时间的。该方式一般和其他方式混合使用。

以上 3 种工作方式是基本的工作方式，最常用的是直扩方式和跳频方式两种。

4. 混合式扩频方式

在实际系统中，仅仅采用单一工作方式不能达到所希望的性能时，往往采用两种或两种以上工作方式的混合式扩频，如 FH/DS、DS/TH、FH/TH 等。

10.6.2　码分多址（CDMA）通信

多址系统是指多个用户通过一个共同的信道交换消息的通信系统。传统的信号划分方式有频分和时分，相应地可构成频分多址系统和时分多址系统。

一种新的多址方式是码分多址系统，它给每个用户分配一个多址码。要求这些码的自相关特性尖锐，而互相关特性的峰值尽量小，以便准确识别和提取有用信息。同时，各个用户间的干扰可减小到最低限度。

码分多址扩频通信方式如图 10-9 所示，同时工作的通信用户共有 k 个，各自使用不同的伪随机码 $PN_i(t)$（$i=1, 2, \cdots, k$），发射的信息数据分别是 $d_i(t)$($i=1, 2, \cdots, k$)。对于扩频通信系统中的某一接收机，尽管只想接收第 i 个通信用户发送来的信息数据 $d_i(t)$，但实际进入接收机的信号除第 i 个通信用户发来的信号外，还有其他（$k-1$）个用户发射出来的信号。由于伪随机码的相关特性，该接收机可以识别和提取有用信息，而把其他用户的干扰减小到最低。

码分多址扩频通信系统在移动通信网和卫星通信网中应用较广。

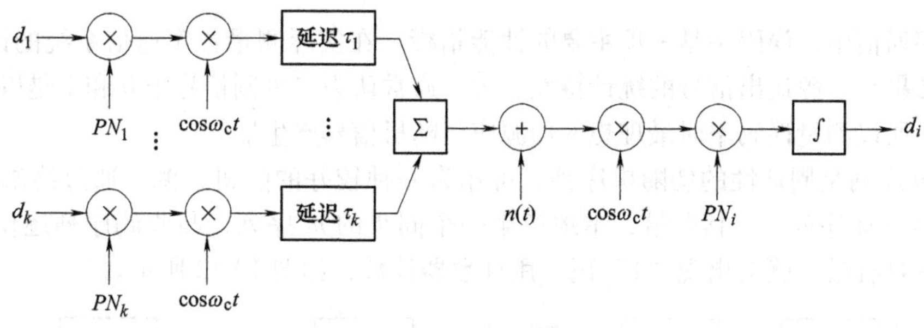

图 10-9　码分多址扩频通信系统模型

10.6.3　通信加密

数字通信的一个重要优点是容易做到加密，在这方面 m 序列应用很多。数字加密的基本原理如图 10-10 所示。将信源产生的二进制数字消息和一个周期很长的 m 序列模 2 相加，这样就将原消息变成不可理解的另一序列。将这种加密序列在信道中传输，被他人窃听也不会泄露内容。在接收端再加上一同样的 m 序列，就能恢复为原发送消息。

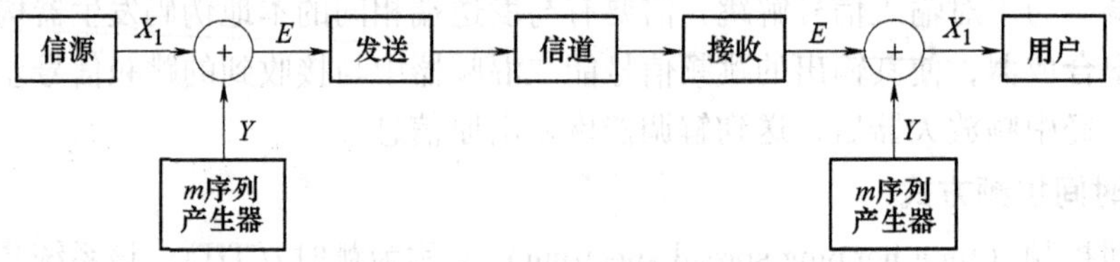

图 10-10　利用 m 序列加密原理框图

设信源发送的数码为 $X_1=\{1\,0\,1\,1\,0\,1\,0\,0\,1\,1\cdots\}$，$m$ 序列 $Y=\{1\,1\,0\,0\,0\,0\,1\,0\,1\,1\cdots\}$。数码 X_1 与 m 序列 Y 的各对应位分别进行模 2 加运算后，获得序列 E，显然 E 不同于 X_1，它已失去了原信息的意义。如果不知道 m 序列 Y，就无法解出携带原信息的数码 X_1，从而起到保密作用。假设信道传输过程中无误码，序列 E 到达接收端后，与 m 序列 Y 再进行模 2 加运算，可恢复原数码 X_1，即

$$E\oplus Y=X_1\oplus Y\oplus Y=X_1$$

上述工作过程如图 10-11 所示。

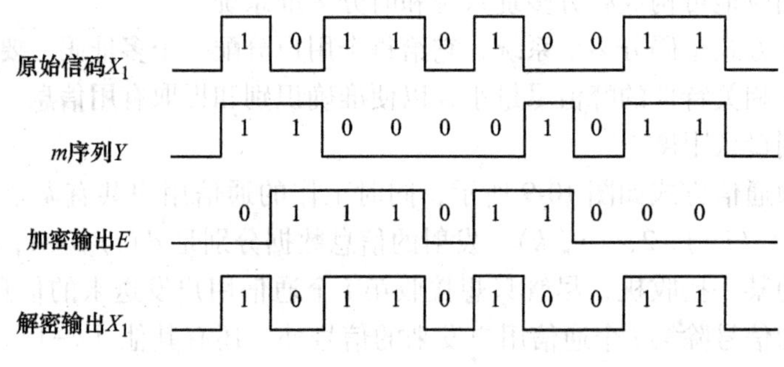

图 10-11　数字信号的加密与解密

10.6.4　误码率的测量

在数字通信中，误码率是一项主要的性能指标。在实际测量数字通信系统的误码率时，一般测量结果与信源送出信号的统计特性有关。通常认为二进制信号中 0 和 1 是以等概率随机出现的，所以测量误码率时最理想的信源应是随机信号产生器。

由于 m 序列是周期性的伪随机序列，可作为一种较好的随机信源。通过终端机和信道后，输出仍为 m 序列。在接收端，本地产生一个同步的 m 序列，与收码序列逐位进行模 2 加运算，一旦有错，就会出现“1”码，用计数器计数，如图 10-12 所示。

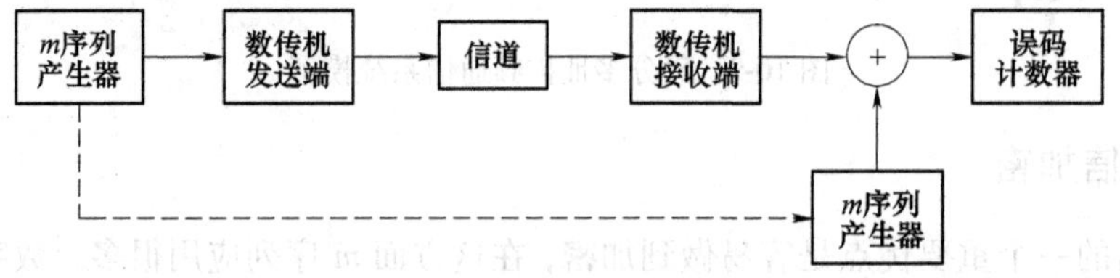

图 10-12　误码率的测量

10.6.5　数字信息序列的扰码与解扰

数字通信系统的设计及其性能都与所传输的数字信号的统计特性有关。如果我们能够先将信源产生的数字信号变换成具有近似于白噪声统计特性的数字序列，再进行传输，在接收端收到这个序列后先变换成原始数字信号，再送给用户，这样就可以给数字通信系统的设计和性能估计带来很大方便。

所谓加扰技术，就是不用增加多余度而搅乱信号，改变数字信号统计特性，使其近似于白噪声统计特性的一种技术。具体做法是使数字信号序列中不出现长游程，且使数字信号的最小周期足够长。这种技术是建立在伪随机序列理论的基础之上的。

采用加扰技术的通信系统通常在发送端用加扰器来改变原始数字信号的统计特性，而接收端用解扰器恢复出原始数字信号，图 10-13 中给出一种由 7 级移位寄存器组成的自同步加扰器和解扰器的原理框图。由图可以看出，加扰器是一个反馈电路，解扰器是一个前馈电路，它们分别都是由 5 级移位寄存器和两个模 2 加法电路组成的。

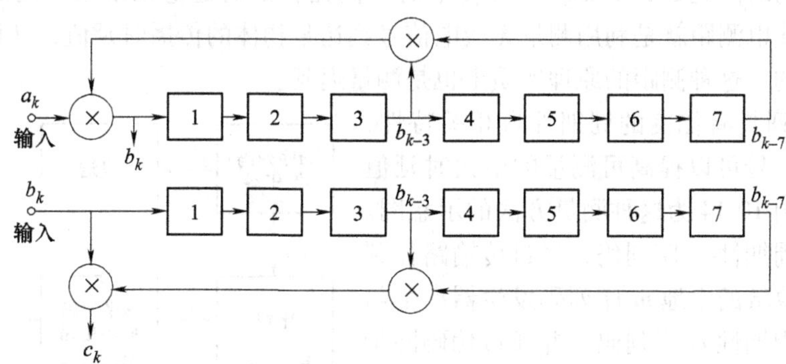

图 10-13　自同步加扰器和解扰器原理框图

设加扰器的输入数字序列为 $\{a_k\}$，输出为 $\{b_k\}$；解扰器的输入数字序列为 $\{b_k\}$，输出为 $\{c_k\}$。加扰码器的输出为

$$b_k = a_k \oplus b_{k-3} \oplus b_{k-7} \tag{10-28}$$

而解扰器的输出为

$$b_k = a_k \oplus b_{k-3} \oplus b_{k-7} = a_k \tag{10-29}$$

式（10-28）和式（10-29）表明，解扰后的序列与加扰前的序列相同。

这种解扰器是自同步的，因为如果信道干扰造成错码，它的影响只位于移位寄存器内的一段时间，即最多影响连续 7 个输出码元。

如果断开输入端，扰码器就变成一个线性反馈移位寄存器序列产生器，其输出为一周期性序列，一般设计反馈抽头的位置，使其构成为 m 序列产生器。这样可以最有效地将输入序列搅乱，使输出数字码元之间相关性最小。

加扰器的作用可以看作是使输出码元成为输入序列许多码元的模 2 和。因此可以把它当作是一种线性序列滤波器；同理，解扰器也可看作是一个线性序列滤波器。

10.6.6　噪声产生器

测量通信系统的性能时，常常要使用噪声产生器，由它产生具有所要求的统计特性和频率特性的噪声，并且可以随意控制其强度，以便得到不同信噪比条件下的系统性能。

在实际测量中，往往需要用到带限高斯白噪声，使用噪声二极管这类噪声源构成的噪声发生器，由于受外部因素的影响，其统计特性是时变的，因此，测量得到的误码率常常很难重复得到。

m 序列的功率谱密度的包络是 $(\sin x/x)^2$。设 m 序列的码元宽度为 T_1，则在 0～$(1/T_1)\times 45\%$的频率范围内，可以认为它具有均匀的功率谱密度。将 m 序列进行滤波，就可得到上述功率谱密度均匀的部分并将其作为输出。所以，可以用 m 序列的这一部分频谱作为噪声产生器的噪声输出，虽然，这种输出是伪噪声，但是对于多次进行的某一测量，具有较好的可重复性，且性能稳定，噪声强度可控。

10.6.7　时延测量

时延测量可以用于时间测量和距离测量。在通信系统中，有时需要测量信号经过某一传输路径所受到的时间迟延，例如，多径传播时不同路径的时延值以及某一延迟线的时间延迟。另外，无线电测距就是利用测量无线电信号到达某物体的传播时延值，从而折算出到达此物体的距离的，这种测距的原理实质上也是测量迟延。

由于 m 序列具有优良的周期性自相关特性，利用它作测量信号可以提高可测量的最大时延值和测量精度。图 10-14 为这种测量方法的示意图。发送端发送一周期性 m 序列码，经过传输路径到达接收端。接收端的本地 m 序列码发生器产生与发送端相同的周期性 m 序列码，并通过伪码同步电路使本地 m 序列码与接收到的 m 序列码同步。比较接收端本地 m 序列码与发送端的 m 序列码的时延差，即为传输路径的时延。

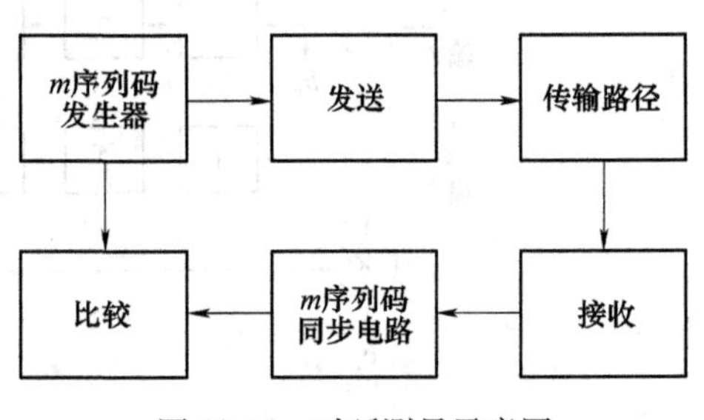

图 10-14　时延测量示意图

一般情况下，这种方法只能闭环测量，即收发端在同一地方。测量精度取决于伪码同步电路的精度及 m 序列码的码元宽度。m 序列码的周期即为可测量的最大时延值。由于伪码同步电路具有相关积累作用，因此，即使接收到的 m 序列码信号的平均功率很小，只要 m 序列码的周期足够大，在伪码同步电路中仍可得到很高的信噪比，从而保证足够的测量精度。

除 m 序列外，其他具有良好自相关特性的伪随机序列都可用于测量时延。

10.7　本章小结

1. 线性反馈移位寄存器产生的最长周期序列简称 m 序列。线性反馈移位寄存器结构可用特征多项式描述。产生 m 序列的线性反馈移位寄存器的充要条件是，n 级线性反馈移位寄存器的特征多项式必须是 n 次本原多项式。这样，就可产生周期 $P=(2^n-1)$的 m 序列。

2. m 序列具有重要的伪随机特性：均衡性、游程特性、移位相加特性、自相关特性和伪噪声特性。因此，m 序列在实际领域内应用很广泛。

3. M 序列也是由反馈移位寄存器产生的，是一种非线性反馈移位寄存器序列，周期长

度 $P=2^n$，达到了 n 级反馈移位寄存器能够得到的最长周期，因而称为全长序列或 M 序列。在级数 n 较大时，M 序列比 m 序列数目多得多。

4. 伪随机码的应用领域很广，不限于文中列出的几种，有必要熟练掌握其内容。

10.8　思考题与习题

一、思考题

1. 什么是 m 序列？
2. 何谓本原多项式？
3. 反馈移位寄存器产生 m 序列的充要条件是什么？
4. 本原多项式的逆多项式是否也是本原多项式？为什么？
5. 什么是 m 序列的均衡性？
6. 什么是“游程”？m 序列“游程”分布的一般规律如何？
7. m 序列的移位相加特性如何？
8. 为什么说 m 序列属于伪噪声（伪随机）序列？
9. 什么是 M 序列？它与 m 序列有何异同？
10. 如何利用 m 序列来测量通信系统的误码率？
11. 如何利用 m 序列来测量信号经过某一传输路径的时间迟延？
12. 什么是通信加密？什么是数据加乱？它们有何异同？
13. 什么是扩展频谱通信？这种通信方式有哪些优点？
14. 什么是码分多址通信？这种多址方式与频分多址、时分多址相比有哪些突出的优点？

二、填空题

1. 用八进制表示的本原多项式系数为 $(103)_8$，此本原多项式为________，用它产生 m 序列的时候应该采用________级移位寄存器，此 m 序列的一个周期中含有的码元个数为________，最多连 1 个数是________，最多连 0 个数是________。

2. 用 4 级移位寄存器构成自同步加扰器，加扰器输出序列中最多的连 1 个数为________，最多的连 0 个数为________。

3. 扩频通信系统的 m 序列扩频码速率为 1023kBaud，信息速率为 1kbit/s，此扩频系统的扩频增益为________，产生此扩频码的移位寄存器级数为________。

三、计算题

1. 一个由 9 级移位寄存器所产生的 m 序列，求出在每一周期内所有可能的游程长度的个数。

2. 一个 4 级反馈移位寄存器的特征方程为 $f(x)=x^4+x^3+x^2+x+1$，证明由它所产生的序列不是 m 序列。

3. 证明下面码组是正交编码。

s_1：+1，+1，+1，+1

s_2：+1，+1，−1，−1

s_3：+1，−1，−1，+1

s_4：+1，−1，+1，−1

4. 验证由下面 3 个码字构成的码组是超正交码。

s_1：(0，1，1)

s_2：(1，1，0)

s_3：(1，0，1)

5. 试由下列码组构成一个双正交编码。

$$\begin{bmatrix}1 & 1 & 1 & 1\\1 & 1 & 0 & 0\\1 & 0 & 0 & 1\\1 & 0 & 1 & 0\end{bmatrix}$$

6. 若用一个由9级移位寄存器产生的m序列进行测距，已知最远目标为1500km，求加于移位寄存器的定时脉冲的最短周期应为多少？

7. 写出$P=7$和$P=11$的二次剩余序列。

8. 一个三级反馈移位寄存器，已知其特征方程为$f(x)=x^3+x^2+1$，试验证它为本原多项式。

9. 已知优选对m_1、m_2的特征多项式分别为$f_1(x)=x^3+x+1$和$f_2(x)=x^3+x^2+1$，写出由此优选对产生的所有格雷码，并求其中两个周期互相关函数。

10. 已知三级移位寄存器的原始状态为111，试写出两种m序列的输出序列。

11. 一个由9级移位寄存器所组成的m序列产生器，其第3、6、9级移位寄存器的输出分别为Q_3、Q_6、Q_9，试说明：

(1) 将它们通过“或”门后得到一新的序列，2^9-1仍为所得序列的周期，并且“1”的符号率约为7/8。

(2) 将它们通过“与”门后得到一新的序列，2^9-1仍为所得序列的周期，并且“1”的符号率约为1/8。

四、练习题

1. 已知某线性反馈移位寄存器的特征多项式系数的八进制表示为107，若移位寄存器的起始状态全为1。

(1) 求末级输出序列。

(2) 输出序列是否为m序列。

2. 计算$(x^4+x^3+x^2+x+1)(x+1)$。

3. $(x^{15}+1)\div(x^4+x^3+x^2+x+1)$能否整除？

4. 写出一个由7级移位寄存器所产生的M序列，在一个周期内所有可能的游程长度的个数。

5. 如果用一个7级移位寄存器产生的m序列进行测距，已知目标距离为1000km，试求加于移位寄存器的定时脉冲的最短周期为多少？

6. 判断下面两个码组是否是正交编码。

s_1：+1，+1，+1，+1，+1，+1

s_2：+1，−1，+1，−1，+1，−1

s_3：−1，+1，−1，+1，−1，+1

s_4：−1，−1，−1，−1，−1，−1

x_1：+1，+1，+1，+1，−1，−1，−1，−1

x_2：−1，−1，−1，−1，+1，+1，+1，+1

x_3：+1，+1，+1，+1，+1，+1，+1，+1

x_4：−1，−1，−1，−1，−1，−1，−1，−1

第11章　同步原理

本章概述：同步是数字通信系统以及某些采用相干解调的模拟通信系统中一个重要的实际问题。由于收、发双方不在一地，要使它们能步调一致地协调工作，必须要由同步系统来保证。

知识点：

1. 了解同步的基本原理、实现方法、同步的性能指标及其对通信系统性能的影响。
2. 重点掌握载波同步、位同步、群同步的实现方法。
3. 重点掌握同步的性能指标及其对通信系统性能的影响。

11.1　概述

所谓同步是指收发双方在时间上步调一致，故又称定时。在数字通信中，按照同步的功用分为载波同步、位同步、群同步和网同步。

（1）载波同步　载波同步是指在相干解调时，接收端需要提供一个与接收信号中的调制载波同频、同相的相干载波。这个载波的获取称为载波提取或载波同步。在第4章的模拟调制以及第7章的数字调制学习过程中，我们了解到要想实现相干解调，必须有相干载波。因此，载波同步是实现相干解调的先决条件。

（2）位同步　位同步又称码元同步。在数字通信系统中，任何消息都是通过一连串码元序列传送的，所以接收时需要知道每个码元的起止时刻，以便在恰当的时刻进行抽样判决。例如图8-3所示最佳接收机结构中，需要对积分器或匹配滤波器的输出进行抽样判决，判决时刻应对准每个接收码元的终止时刻。这就要求接收端必须提供一个位定时脉冲序列，该序列的重复频率与码元速率相同，相位与最佳抽样判决时刻一致。我们把提取这种定时脉冲序列的过程称为位同步。

（3）群同步　群同步包含字同步、句同步、分路同步，它有时也称为帧同步。在数字通信中，信息流是用若干码元组成一个“字”，又用若干个“字”组成“句”。在接收这些数字信息时，必须知道这些“字”“句”的起止时刻，否则接收端无法正确恢复信息。对于数字时分多路通信系统，如PCM30/32电话系统，各路信码都安排在指定的时隙内传送，形成一定的帧结构。为了使接收端能正确分离各路信号，在发送端必须提供每帧的起止标记，在接收端检测并获取这一标志的过程，称为帧同步。因此，在接收端产生与“字”“句”及“帧”起止时刻相一致的定时脉冲序列的过程统称为群同步。

（4）网同步　在获得了以上讨论的载波同步、位同步、群同步之后，两点间的数字通信就可以有序、准确、可靠地进行了。然而，随着数字通信的发展，尤其是计算机通信的发展，多个用户之间的通信和数据交换，构成了数字通信网。显然，为了保证通信网内各用户之间可靠地通信和数据交换，全网必须有一个统一的时间标准时钟，这就是网同步的问题。

同步也是一种信息，按照获取和传输同步信息方式的不同，又可分为外同步法和自同步法。

（1）外同步法　由发送端发送专门的同步信息（常被称为导频），接收端把这个导频提取出来作为同步信息的方法，称为外同步法。

（2）自同步法　发送端不发送专门的同步信息，接收端设法从收到的信号中提取同步信息的方法，称为自同步法。

自同步法是人们最希望的同步方法，因为可以把全部功率和带宽分配给信号传输。在载波同步和位同步中，两种方法都有采用，但自同步法正得到越来越广泛的应用。而群同步一般都采用外同步法。

同步信息本身虽然不包含所要传送的信息，但只有收发设备之间建立了同步后才能开始传送信息，所以同步是进行信息传输的必要和前提。同步性能的好坏又将直接影响着通信系统的性能。如果出现同步误差或失去同步就会导致通信系统性能下降或通信中断。因此，同步系统应具有比信息传输系统更高的可靠性和更好的质量指标，如同步误差小、相位抖动小、同步建立时间短以及保持时间长等。

11.2　载波同步

提取相干载波的方法有两种：直接法和插入导频法。

11.2.1　直接法

直接法也称自同步法，这种方法是设法从接收信号中提取同步载波。有些信号，如DSB-SC、PSK等，它们虽然本身不直接含有载波分量，但经过某种非线性变换后，将具有载波的谐波分量，因而可从中提取出载波分量来。下面介绍几种常用的方法。

1. 平方变换法和平方环法

此方法广泛用于建立抑制载波的双边带信号的载波同步。设调制信号 $m(t)$ 无直流分量，则抑制载波的双边带信号为

$$s_m(t) = m(t)\cos\omega_c t \tag{11-1}$$

接收端将该信号经过非线性变换——平方律器件后得到

$$e(t) = [m(t)\cos\omega_c t]^2 = \frac{1}{2}m^2(t) + \frac{1}{2}m^2(t)\cos 2\omega_c t \tag{11-2}$$

式（11-2）的第二项包含有载波的倍频 $2\omega_c$ 的分量。若用一窄带滤波器将 $2\omega_c$ 频率分量滤出，再进行二分频，就可获得所需的相干载波。基于这种构思的平方变换法提取载波的框图如图11-1所示。

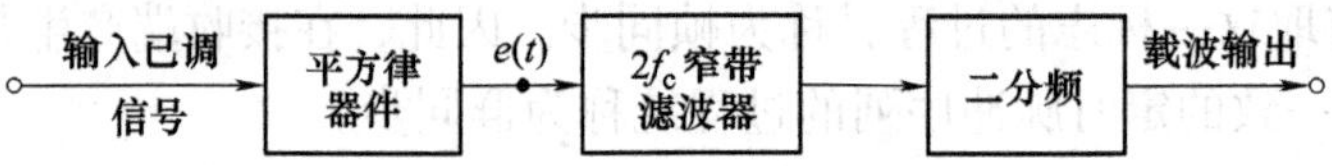

图11-1　平方变换法提取载波

若 $m(t)=\pm1$，则抑制载波的双边带信号就成为二相移相信号（2PSK），这时

$$e(t) = [m(t)\cos\omega_c t]^2 = \frac{1}{2} + \frac{1}{2}\cos 2\omega_c t \tag{11-3}$$

因而，同样可以通过图 11-1 所示的方法提取载波。

在实际中，伴随信号一起进入接收机的还有加性高斯白噪声，为了改善平方变换法的性能，使恢复的相干载波更为纯净，图 11-1 中的窄带滤波器常用锁相环代替，构成如图 11-2 所示的框图，称为平方环法提取载波。由于锁相环具有良好的跟踪、窄带滤波和记忆功能，平方环法比一般的平方变换法具有更好的性能。因此，平方环法提取载波得到了较广泛的应用。

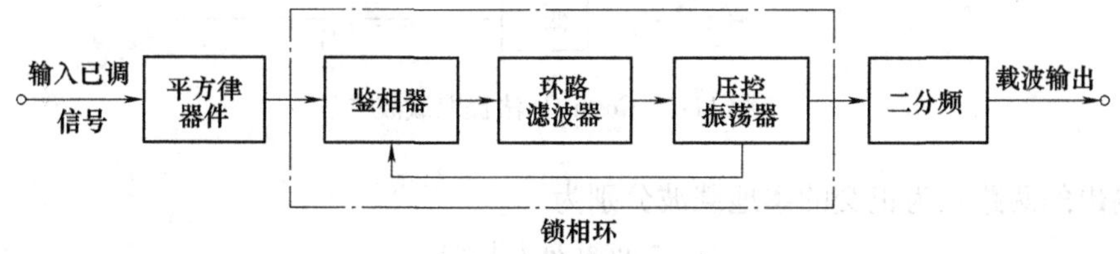

图 11-2　平方环法提取载波

下面以 2PSK 信号为例，来分析采用平方环的情况。2PSK 信号平方后得到

$$e(t) = \sum_n [a_n g(t - nT_s)]^2 \cos^2 \omega_c t \tag{11-4}$$

当 $g(t)$ 为矩形脉冲时，有

$$e(t) = \frac{1}{2} + \frac{1}{2}\cos 2\omega_c t \tag{11-5}$$

假设环路锁定，压控振荡器（VCO）的频率锁定在 $2\omega_c$ 频率上，其输出信号为

$$v_0(t) = A\sin(2\omega_c t + 2\theta) \tag{11-6}$$

这里，θ 为相位差。经鉴相器（由相乘器和低通滤波器组成）后输出的误差电压为

$$v_d = K_d \sin 2\theta \tag{11-7}$$

式中，K_d 为鉴相灵敏度，是一个常数。v_d 仅与相位差有关，它通过环路滤波器去控制 VCO 的相位和频率，环路锁定之后，θ 是一个很小的量。因此，VCO 的输出经过二分频后，就是所需的相干载波。

应当注意，载波提取的框图中用了一个二分频电路，由于分频起点的不确定性，使其输出的载波相对于接收信号相位有 180° 的相位模糊。相位模糊对模拟通信关系不大，因为人耳听不出相位的变化。但对数字通信的影响就不同了，它有可能使 2PSK 相干解调后出现“反向工作”的问题，克服相位模糊度对相干解调影响的最常用而又有效的方法是对调制器输入的信息序列进行差分编码，即采用相对移相（2DPSK），并且在解调后进行差分译码恢复信息。

2. 同相正交环法

同相正交环法又叫科斯塔斯（Costas）环法，它的原理框图如图 11-3 所示。在此环路中，压控振荡器（VCO）提供两路互为正交的载波，与输入接收信号分别在同相和正交两个鉴相器中进行鉴相，经低通滤波之后的输出均含调制信号，两者相乘后可以消除调制信号的影响，经环路滤波器得到仅与相位差有关的控制压控，从而准确地对压控振荡器（VCO）进行调整。

设输入的抑制载波双边带信号为 $m(t)\cos\omega_c t$，并假定环路锁定，且不考虑噪声的影响，

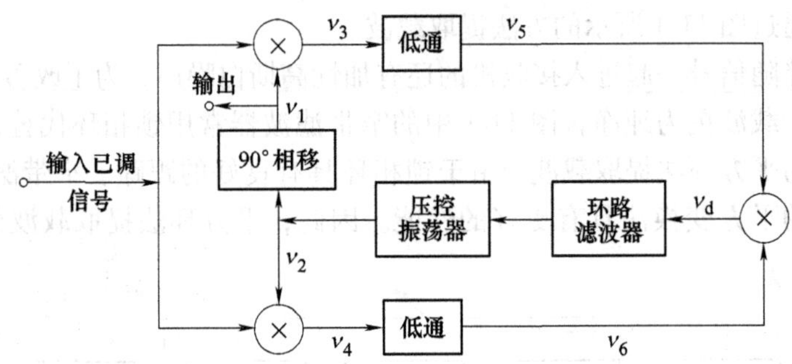

图 11-3　Costas 环法提取载波

则 VCO 输出的两路互为正交的本地载波分别为

$$v_1 = \cos(\omega_c t + \theta) \tag{11-8}$$

$$v_2 = \sin(\omega_c t + \theta) \tag{11-9}$$

式中，θ 为 VCO 输出信号与输入已调信号载波之间的相位误差。

信号 $m(t)\cos\omega_c t$ 分别与 v_1、v_2 相乘后得

$$v_3 = m(t)\cos\omega_c t \cdot \cos(\omega_c t + \theta) = \frac{1}{2}m(t)[\cos\theta + \cos(2\omega_c t + \theta)] \tag{11-10}$$

$$v_4 = m(t)\cos\omega_c t \cdot \sin(\omega_c t + \theta) = \frac{1}{2}m(t)[\sin\theta + \sin(2\omega_c t + \theta)] \tag{11-11}$$

经低通滤波器后分别为

$$v_5 = \frac{1}{2}m(t)\cos\theta \tag{11-12}$$

$$v_6 = \frac{1}{2}m(t)\sin\theta \tag{11-13}$$

低通滤波器应该允许 $m(t)$ 通过。v_5、v_6 相乘产生误差信号

$$v_d = \frac{1}{8}m^2(t)\sin 2\theta \tag{11-14}$$

当 $m(t)$ 为矩形脉冲的双极性数字基带信号时，$m^2(t) = 1$。即使 $m(t)$ 不为矩形脉冲序列，式中的 $m^2(t)$ 可以分解为直流和交流分量。由于锁相环作为载波提取环时，其环路滤波器的带宽设计得很窄，只有 $m(t)$ 中的直流分量可以通过，因此 v_d 可写成

$$v_d = K_d \sin 2\theta \tag{11-15}$$

如果把图 11-3 中除环路滤波器（LF）和压控振荡器（VCO）以外的部分看成一个等效鉴相器（PD），其输出 v_d 正是我们所需要的误差电压。它通过环路滤波器滤波后去控制 VCO 的相位和频率，最终使稳态相位误差减小到很小的数值，而没有剩余频差（即频率与 ω_c 同频）。此时 VCO 的输出 $v_1=\cos(\omega_c t+\theta)$，即所需的同步载波，而 $v_5=\frac{1}{2}m(t)\cos\theta\approx\frac{1}{2}m(t)$，就是解调输出。

比较式（11-7）与式（11-15）可知，Costas 环与平方环具有相同的鉴相特性（v_d-θ 曲线），如图 11-4 所示。由图可知，$\theta=n\pi$（n 为任意整数）为锁相环（PLL）的稳定平衡点。PLL 工作时可能锁定在任何一个稳定平衡点上，考虑到在周期 π 内 θ 取值可能为 0 或 π，这意味着恢复出的载波可能与理想载波同相，也可能反相。这种相位关系的不确定性，称为

0，π 的相位模糊度。这是用 PLL 从抑制载波的双边带信号（2PSK 或 DSB）中提取载波时不可避免的共同问题。这种问题不但在上述两种环路中存在，在其他类型的载波恢复环路，如逆调制环、判决反馈环、松尾环等性能更好的环路中也同样存在；不但在 2PSK 时存在，在多相移相信号（MPSK）也同样存在。

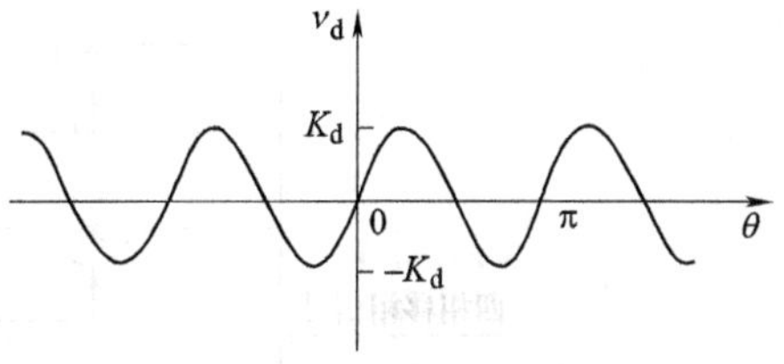

图 11-4　平方环和 Costas 环的鉴相特性

Costas 环与平方环都是利用锁相环（PLL）提取载波的常用方法。Costas 环与平方环相比，虽然在电路上要复杂一些，但它的工作频率即为载波频率，而平方环的工作频率是载波频率的两倍。显然，当载波频率很高时，工作频率较低的 Costas 环易于实现；另外，当环路正常锁定后，Costas 环可直接获得解调输出，而平方环则没有这种功能。

3. 多相移相信号（MPSK）的载波提取

当数字信息通过载波的 M 相调制发送时，可将上述方法推广，以获取同步载波。一种基于平方变换法或平方环法的推广，是 M 次方变换法或 M 方环法，如图 11-5 所示。例如从 4PSK 信号中提取同步载波的四次方环，其鉴相器输出的误差电压为

$$v_d = K_d \sin 4\theta \tag{11-16}$$

因此，θ 为四次方环的稳定平衡点，$\theta = n\dfrac{\pi}{2}$（n 为任意整数），即有 0、π/2、π、3π/2 的稳定工作点。这种现象称为四重相位模糊度，或称 90°的相位模糊。同理，M 次方环具有 M 重相位模糊度，即所提取的载波具有 360°/M 的相位模糊。解决的方法是采用 MDPSK。

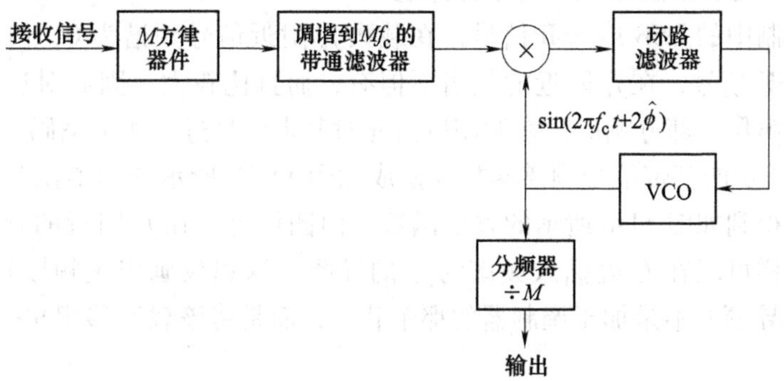

图 11-5　M 方环提取载波

另一种方法基于 Costas 环的推广，图 11-6 示出了从 4PSK 信号中提取载波的 Costas 环。可以求得它的等效鉴相特性与式（11-16）一样。提取的载波也具有 90°的相位模糊。这种方法实现起来比较复杂，在实际中一般不采用。

11.2.2　插入导频法

抑制载波的双边带信号（如 DSB、等概的 2PSK）本身不含有载波，残留边带（VSB）信号虽含有载波分量，但很难从已调信号的频谱中把它分离出来。对这些信号的载波提取，可以用插入导频法（外同步法）。尤其是单边带（SSB）信号，它既没有载波分量又不能用直接法提取载波，只能用插入导频法。因此有必要对插入导频法做一些介绍。

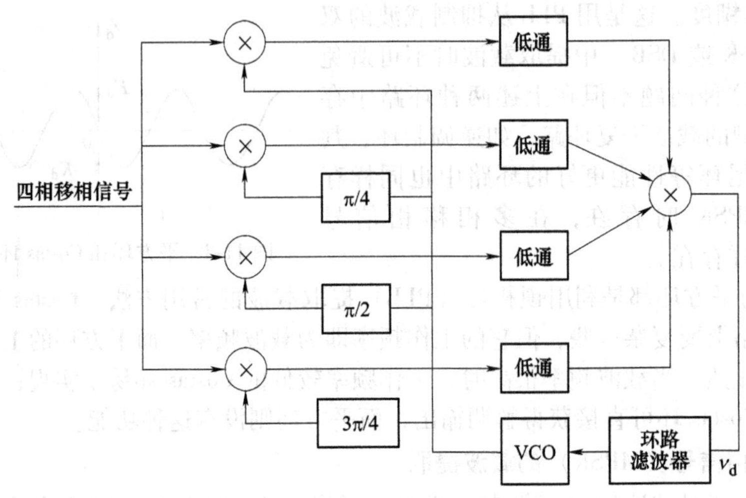

图 11-6　四相 Costas 环法的载波提取

1. 在抑制载波的双边带信号中插入导频

所谓插入导频，就是在已调信号频谱中额外插入一个低功率的线谱，以便接收端作为载波同步信号加以恢复，此线谱对应的正弦波称为导频信号。采用插入导频法应注意：①导频的频率应当是与载波有关的或者就是载波的频率；②插入导频的位置与已调信号的频谱结构有关。总的原则是在已调信号频谱中的零点插入导频，且要求其附近的信号频谱分量尽量小，这样便于插入导频以及解调时易于滤除它。

对于模拟调制中的 DSB 或 SSB 信号，在载频 f_c 附近信号频谱为 0，但对于数字解调中的 2PSK 或 2DPSK 信号，在 f_c 附近的频谱不但有，而且比较大，因此对这样的信号，可参考第 5 章介绍的第Ⅳ类部分响应，在调制以前先对基带信号进行相关编码。相关编码的作用是把如图 11-7a 所示的基带信号频谱函数变换成如图 11-7b 所示的频谱函数，这样经过双边带调制以后可以得到如图 11-8 所示的频谱函数。由图可见，在 f_c 附近的频谱函数很小，且没有离散谱，这样可以在 f_c 处插入频率为 f_c 的导频（这里仅画出正频域）。但应注意，在图 11-8中插入的导频并不是加于调制器的那个载波，而是将该载波移相 90°后的所谓的“正交载波”。

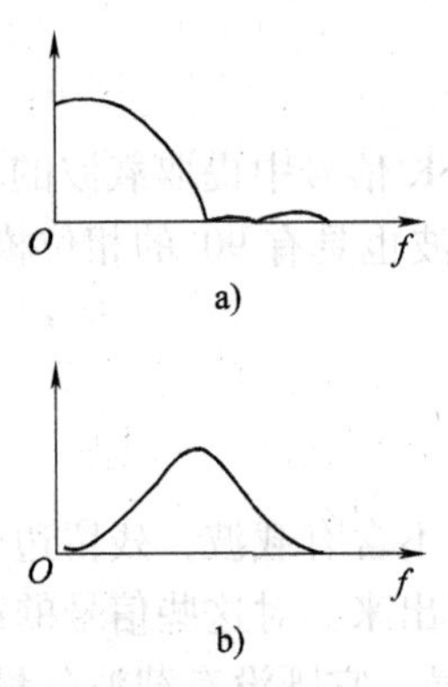

图 11-7　相关编码进行频谱变换

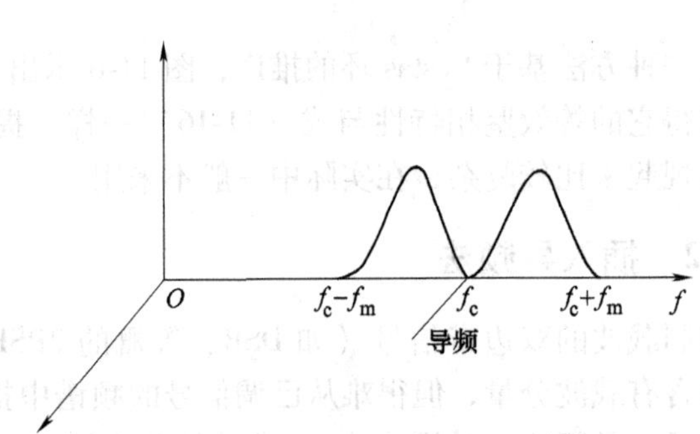

图 11-8　抑制载波双边带信号的导频插入

这样，就可组成插入导频的发送端框图，如图 11-9 所示。设调制信号 $m(t)$ 中无直流分量，被调载波为 $a\sin\omega_c t$，将它经 90°移相形成插入导频（正交载波）$-a\sin\omega_c t$，其中 a 是插入导频的振幅。于是输出信号为

$$u_o(t) = am(t)\sin\omega_c t - a\cos\omega_c t \tag{11-17}$$

设收到的信号就是发送端输出 $u_o(t)$，则接收端用一个中心频率为 f_c 的窄带滤波器提取导频 $-a\sin\omega_c t$，再将它经 90°移相后得到与调制载波同频同相的相干载波 $\sin\omega_c t$，接收端的解调框图如图 11-10 所示。

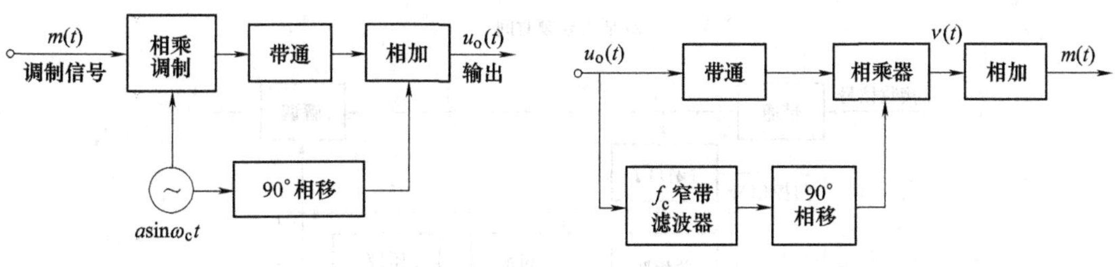

图 11-9　插入导频法发送端框图　　图 11-10　插入导频法接收端框图

前面已经提示，发送端是以正交载波作为导频，其原因解释如下。

由图 11-10 可知，解调输出为

$$\begin{aligned} v(t) &= u_o(t)\sin\omega_c t = am(t)\sin^2\omega_c t - a\cos\omega_c t\sin\omega_c t \\ &= \frac{a}{2}m(t) - \frac{a}{2}m(t)\cos 2\omega_c t - \frac{a}{2}\sin 2\omega_c t \end{aligned} \tag{11-18}$$

经过低通滤除高频部分后，就可恢复出调制信号 $m(t)$。如果发送端加入的导频不是正交载波，而是调制载波，则接收端 $v(t)$ 中还有一个不需要的直流成分，这个直流成分通过低通滤波器对数字信号产生影响，这就是发端正交插入导频的原因。

2PSK 和 DSB 信号都属于抑制载波的双边带信号，所以上述插入导频方法对两者均适用。对于 SSB 信号，导频插入的原理也与上述相同。

2. 时域插入导频

这种方法在时分多址通信卫星中应用较多。前面介绍的插入导频都属于频域插入，它们的特点是插入的导频在时间上是连续的，即信道中自始至终都有导频信号传送。时域插入导频方法是按照一定的时间顺序，在指定的时间内发送载波标准，即把载波标准插到每帧的数字序列中，如图 11-11a 所示。图中，$t_2 \sim t_3$ 就是插入导频的时间，它一般插入在群同步脉冲之后。这种插入的结果只是在每帧的一小段时间内才出现载波标准，在接收端应用控制信号将载波标准取出。从理论上讲，可以用窄带滤波器直接取出这个载波，但实际应用上是困难的，这是因为导频在时间上是断续传送的，并且只在很小一部分时间存在，用窄带滤波器取出这个间断的载波是不能实现的。所以，时域插入导频法常用锁相环来提取同步载波，框图如图 11-11b 所示。

11.2.3　载波同步系统的性能及相位误差对解调性能的影响

1. 载波同步系统的性能

载波同步系统的性能指标主要有效率、精度、同步建立时间和同步保持时间。载波同步

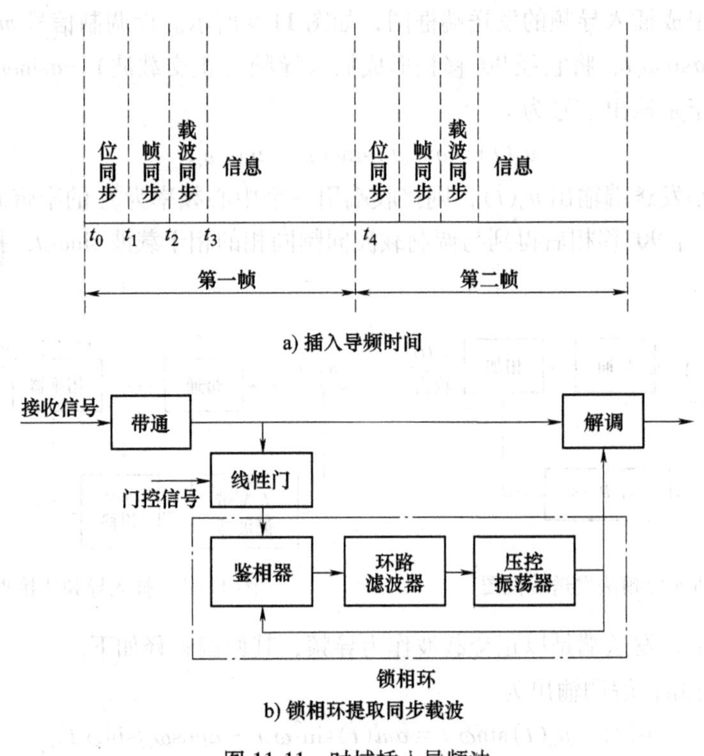

图 11-11 时域插入导频法

追求的是高效率、高精度、同步建立时间快以及同步保持时间长。

1）高效率指为了获得载波信号而尽量少消耗发送功率。在这方面，直接法由于不需要专门发送导频，因而效率高，而插入导频法由于插入导频要消耗一部分发送功率，因而效率要低一些。

2）高精度指接收端提取的载波与需要的载波标准比较，应该有尽量小的相位误差。如需要的同步载波为 $\cos\omega_c t$，提取的同步载波为 $\cos(\omega_c t+\Delta\varphi)$，则 $\Delta\varphi$ 就是载波相位误差，$\Delta\varphi$ 应尽量小。通常，$\Delta\varphi$ 分为稳态相位差 θ_e 和随机相位差 σ_φ 两部分，即

$$\Delta\varphi = \theta_e + \sigma_\varphi \tag{11-19}$$

稳态相位差与提取的电路密切相关，而随机相位差则是由噪声引起。

3）同步建立时间 t_s 指从开机或失步到同步所需要的时间。显然 t_s 越小越好。

4）同步保持时间 t_c 指同步建立后，若同步信号小时，系统还能维持同步的时间。t_c 越大越好。

这些指标与提取的电路、信号及噪声的情况有关。当采用性能优越的锁相环提取载波时，这些指标主要取决于锁相环的性能。如稳态相差就是锁相环的剩余相位差，即 $\theta_e=\dfrac{\Delta\omega}{K_v}$，其中 $\Delta\omega$ 为压控振荡器（VCO）角频率与输入载波角频率之差，K_v 是环路直流总增益；随机相位差 σ_φ 实际是由噪声引起的输出相位抖动，它与环路等效噪声带宽 B_L 及输入噪声功率谱密度等有关，B_L 的大小反映了环路对输入噪声的滤除能力，B_L 越小，σ_φ 越小。又如同步建立时间 t_s 具体表现为锁相环的捕捉时间，而同步保持时间 t_c 具体表现为锁相环的同步保持时间。有关这方面的详细讨论，请感兴趣的读者参阅锁相环相关教材。

2. 载波相位误差对解调性能的影响

载波相位误差对解调性能的影响主要体现为所提取的载波与接收信号中的载波的相位误差 $\Delta\varphi$。相位误差 $\Delta\varphi$ 对不同信号的解调所带来的影响是不同的。我们首先研究 DSB 和 PSK 的解调情况。DSB 和 2PSK 信号都属于双边带信号，具有相似的表示形式。设 DSB 信号为 $m(t)\cos\omega_c t$，所提取的相干载波为 $\cos(\omega_c t+\Delta\varphi)$，这时解调输出 $m'(t)$ 为

$$m'(t)=\frac{1}{2}m(t)\cos\Delta\varphi \tag{11-20}$$

若没有相位差，即 $\Delta\varphi=0$，$\cos\Delta\varphi=1$，则解调输出 $m'(t)=\frac{1}{2}m(t)$，这时信号有最大幅度；若存在相位差，即 $\Delta\varphi\neq0$ 时，$\cos\Delta\varphi<1$，解调后信号幅度下降，使功率和信噪功率比下降为原来的 $\cos^2\Delta\varphi$。

对于 2PSK 信号，信噪功率比下降将使误码率增加。若 $\Delta\varphi=0$ 时

$$P_e=\frac{1}{2}\text{erfc}(\sqrt{E/n_0}) \tag{11-21}$$

则 $\Delta\varphi\neq0$ 时

$$P_e=\frac{1}{2}\text{erfc}(\sqrt{E/n_0}\cos\varphi) \tag{11-22}$$

以上说明，载波相位误差 $\Delta\varphi$ 引起双边带解调系统的信噪比下降，误码率增加。当 $\Delta\varphi$ 近似为常数时，不会引起波形失真。然而，对单边带和残留边带解调而言，相位误差 $\Delta\varphi$ 不仅引起信噪比下降，而且还引起输出波形失真。

下面以单边带信号为例，说明这种失真是如何产生的。设单音基带信号 $m(t)=\cos\Omega t$，且单边带信号取上边带 $\frac{1}{2}\cos(\omega_c+\Omega)t$，所提取的相干载波为 $\cos(\omega_c t+\Delta\varphi)$，相干载波与已调信号相乘得

$$\frac{1}{2}\cos(\omega_c+\Omega)t\cos(\omega_c t+\Delta\varphi)=\frac{1}{4}[\cos(2\omega_c t+\Omega t+\Delta\varphi)+\cos(\Omega t-\Delta\varphi)]$$

经低通滤除高频，即得解调输出

$$m'(t)=\frac{1}{4}\cos(\Omega t-\Delta\varphi)=\frac{1}{4}\cos\Omega t\cos\Delta\varphi+\frac{1}{4}\sin\Omega t\sin\Delta\varphi \tag{11-23}$$

式（11-23）中的第一项与原基带信号相比，由于 $\cos\Delta\varphi$ 的存在，使信噪比下降了；第二项是与原基带信号正交的项，它使恢复的基带信号波形失真，推广到多频信号时也将引起波形的失真。若用来传输数字信号，波形失真会产生码间串扰，使误码率大大增加，因此应尽可能使 $\Delta\varphi$ 减小。

11.3　位同步

位同步是指在接收端的基带信号中提取码元定时的过程。它与载波同步有一定的相似和区别。载波同步是相干解调的基础，不论模拟通信还是数字通信只要是采用相干解调都需要载波同步，并且在基带传输时没有载波同步问题，所提取的载波同步信息是载频为 f_c 的正

弦波，要求它与接收信号的载波同频同相。实现方法有插入导频法和直接法。

位同步是正确取样判决的基础，只有数字通信才需要，并且不论基带传输还是频带传输都需要位同步；所提取的位同步信息是频率等于码速率的定时脉冲，相位则根据判决时信号波形决定，可能在码元中间，也可能在码元终止时刻或其他时刻。实现方法也有插入导频法和直接法。

11.3.1　插入导频法

这种方法与载波同步时的插入导频法类似，也是在基带信号频谱的零点处插入所需的位定时导频信号，如图 11-12 所示。其中，图 11-12a 为常见的双极性不归零基带信号的功率谱，插入导频的位置是 $1/T$；图 11-12b 表示经某种相关变换的基带信号，其功率谱的第一个零点为 $1/(2T)$，插入导频应在 $1/(2T)$ 处。

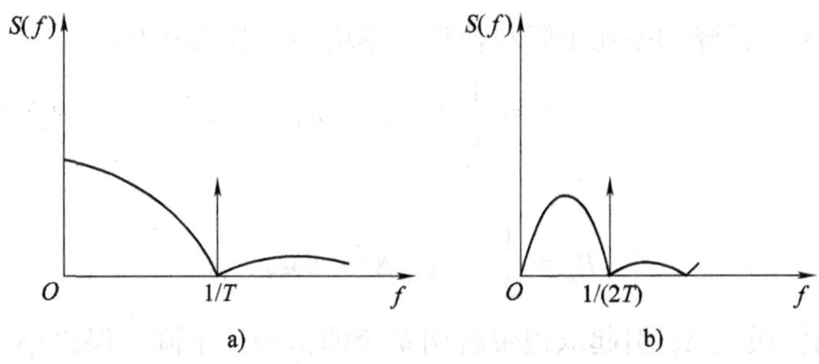

图 11-12　插入导频法频谱图

在接收端，对图 11-12a 的情况，经中心频率为 $1/T$ 的窄带滤波器，就可从解调后的基带信号中提取出位同步所需的信号，这时，位同步脉冲的周期与插入导频的周期一致；对图 11-12b 的情况，窄带滤波器的中心频率应为 $1/(2T)$，所提取的导频需经倍频后，才得所需的位同步脉冲。

图 11-13 画出了插入位定时导频的系统框图，它对应于图 11-12b 所示功率谱的情况。发

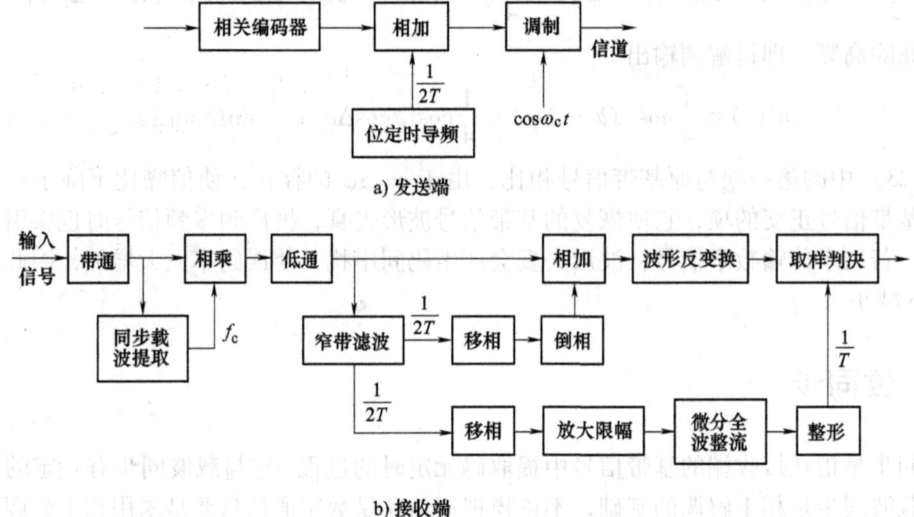

图 11-13　插入位定时导频系统框图

送端插入的导频为 $1/(2T)$，接收端在解调后设置了 $1/(2T)$ 窄带滤波器，其作用是取出位定时导频。移相、倒相和相加电路是为了从信号中消去插入导频，使进入抽样判决器的基带信号没有插入导频。这样做是为了避免插入导频对抽样判决的影响。与插入载波导频法相比，它们消除插入导频影响的方法各不相同，载波同步中采用正交插入，而位同步中采用反向相消的办法。这是因为载波同步在接收端进行相干解调时，相干解调器有很好的抑制正交载波的能力，它不需另加电路就能抑制正交载波，因此载波同步采用正交插入。而位定时导频是在基带加入，它没有相干解调器，故不能采用正交插入。为了消除导频对基带信号抽样判决的影响，位同步采用了反相相消的方法。

此外，由于窄带滤波器取出的导频为 $1/(2T)$，图中微分全波整流起到了倍频的作用，产生与码元速率相同的位定时信号 $1/T$。图中两个移相器都是用来消除窄带滤波器等引起的相移的，这两个移相器可以合用。

另一种导频插入的方法是包络调制法。这种方法是用位同步信号的某种波形对移相键控或移频键控这样的恒包络数字已调信号进行附加的幅度调制，使其包络随着位同步信号波形变化。在接收端只要进行包络检波，就可以形成位同步信号。

设移相键控的表达式为

$$s_1(t)=\cos[\omega_c t+\varphi(t)] \tag{11-24}$$

利用含有位同步信号的某种波形对 $s_1(t)$ 进行幅度调制，若这种波形为升余弦波形，则其表示式为

$$m(t)=\frac{1}{2}(1+\cos\Omega t) \tag{11-25}$$

式中，$\Omega=2\pi/T$，T 为码元宽度。幅度调制后的信号为

$$s_2(t)=\frac{1}{2}(1+\cos\Omega t)\cos[\omega_c t+\varphi(t)] \tag{11-26}$$

接收端对 $s_2(t)$ 进行包络检波，包络检波器的输出为 $\frac{1}{2}(1+\cos\Omega t)$，除去直流分量后，就可获得位同步信号 $\frac{1}{2}\cos\Omega t$。

除了以上两种在频域内插入位同步导频之外，还可以在时域内插入导频，其原理与载波时域插入方法类似，参见图 11-11a。

11.3.2　直接法

这一类方法是发送端不专门发送导频信号，而直接从接收的数字信号中提取位同步信号。这种方法在数字通信中得到了最广泛的应用。

直接提取位同步的方法又分滤波法和锁相法。

1. 滤波法

（1）波形变换-滤波法　不归零的随机二进制序列，不论是单极性还是双极性的，当 $P(0)=P(1)=1/2$ 时，都没有 $f=1/T$、$2/T$ 等线谱，因而不能直接滤出 $f=1/T$ 的位同步信号分量。但是，若对该信号进行某种变换，例如，变成归零的单极性脉冲，其谱中含有 $f=1/T$ 的分量，然后用窄带滤波器取出该分量，再经移相调整后就可形成位定时脉冲。这种方法的

原理图如图 11-14 所示。它的特点是先形成含有位同步信息的信号，再用滤波器将其取出。图中的波形变换电路可以用微分、整流来实现。

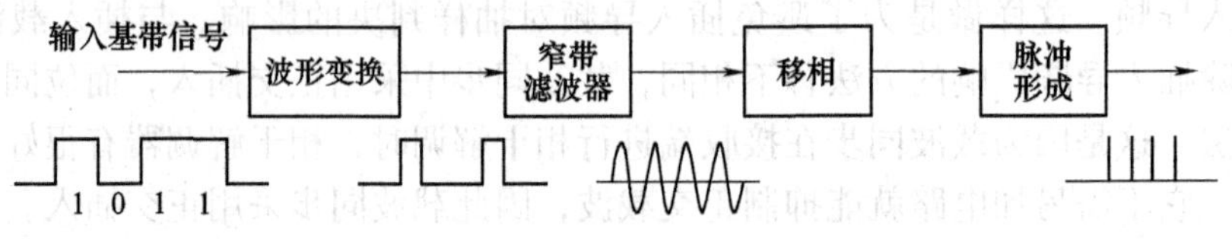

图 11-14　滤波法原理图

（2）包络检波-滤波法　这是一种从频带受限的中频 PSK 信号中提取位同步信息的方法，其波形图如图 11-15 所示。当接收端带通滤波器的带宽小于信号带宽时，使频带受限的 2PSK 信号在相邻码元相位反转点处形成幅度的“陷落”。经包络检波后得到图 11-15b 所示的波形，它可看成是一直流与图 11-15c 所示的波形相减，而图 11-15c 所示波形是具有一定脉冲形状的归零脉冲序列，含有位同步的线谱分量，可用窄带滤波器取出。

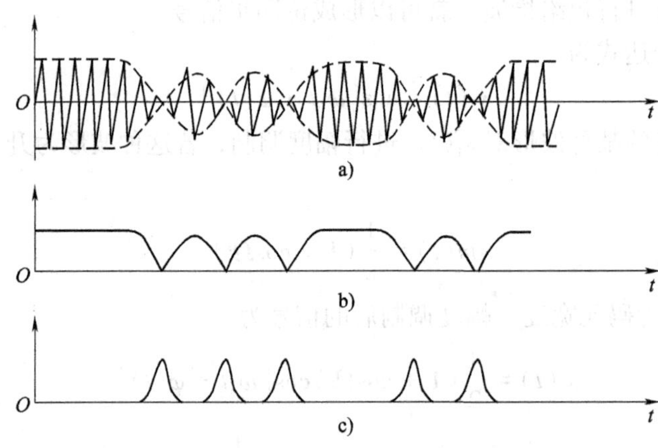

图 11-15　从 2PSK 信号中提取位同步信息

2. 锁相法

位同步锁相法的基本原理与载波同步的类似，在接收端利用鉴相器比较接收码元和本地产生的位同步信号的相位，若两者相位不一致（超前或滞后），鉴相器就产生误差信号去调整位同步信号的相位，直至获得准确的位同步信号为止。前面介绍的滤波法中的窄带滤波器可以是简单的单调谐回路或晶体滤波器，也可以是锁相环路。

我们把采用锁相环来提取位同步信号的方法称为锁相法。通常分为两类：一类是环路中误差信号去连续地调整位同步信号的相位，这一类属于模拟锁相法；另有一类锁相环位同步法是采用高稳定度的振荡器（信号钟），从鉴相器所获得的与同步误差成比例的误差信号不是直接用于调整振荡器，而是通过一个控制器在信号钟输出的脉冲序列中附加或扣除一个或几个脉冲，这样同样可以调整加到减相器上的位同步脉冲序列的相位，达到同步的目的。这种电路可以完全用数字电路构成全数字锁相环路。由于这种环路对位同步信号相位的调整不是连续的，而是存在一个最小的调整单位，也就是说对位同步信号相位进行量化调整，故这种位同步环又称为量化同步器。这种构成量化同步器的全数字环是数字锁相环的一种典型应用。

用于位同步的全数字锁相环的原理框图如图 11-16 所示，它由信号钟、控制器、分频器、相位比较器等组成。其中，信号钟包括一个高稳定度的振荡器（晶体）和整形电路。若接收码元的速率为 $F=1/T$，那么振荡器频率设定在 nF，经整形电路之后，输出周期性脉冲序列，其周期 $T_0=1/(nF)=T/n$。控制器包括图中的扣除门（常开）、附加门（常闭）和或门，它根据比相器输出的控制脉冲（“超前脉冲”或“滞后脉冲”）对信号钟输出的序列实施扣除（或添加）脉冲。

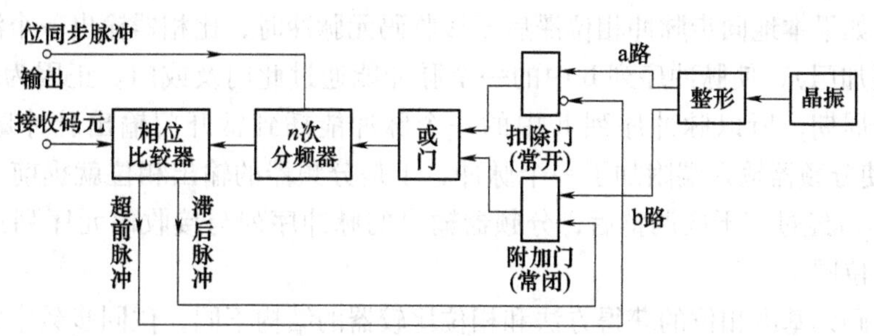

图 11-16　全数字锁相环原理框图

分频器是一个计数器，每当控制器输出 n 个脉冲时，它就输出一个脉冲。控制器与分频器的共同作用的结果就是调整了加至比相位比较器的位同步信号的相位。这种相位前、后移的调整量取决于信号钟的周期，每次的时间阶跃量为 T_0，相应的相位最小调整量为 $\Delta=2\pi T_0/T=2\pi/n$。

相位比较器将接收脉冲序列与位同步信号进行相位比较，以判别位同步信号究竟是超前还是滞后，若超前就输出超前脉冲，若滞后就输出滞后脉冲。

位同步数字环的工作过程简述如下：由高稳定晶体振荡器产生的信号，经整形后得到周期为 T_0 和相位差 $T_0/2$ 的两个脉冲序列，如图 11-17a、b 所示。脉冲序列 a 通过常开门、或

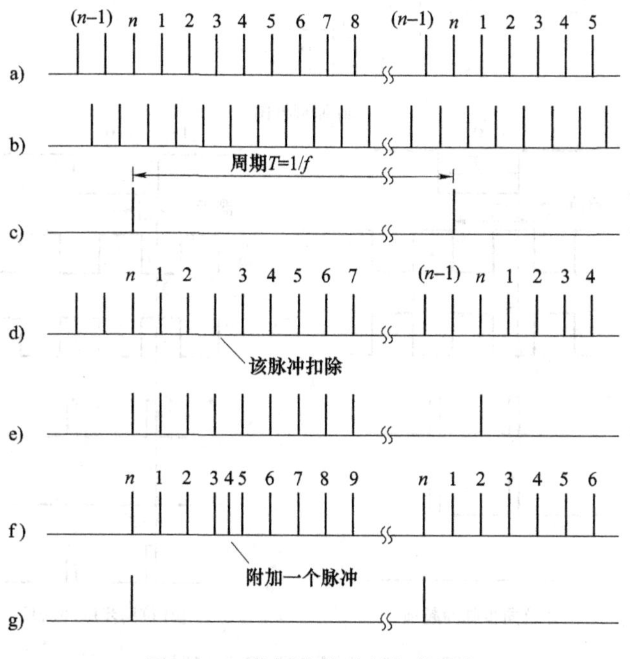

图 11-17　位同步脉冲的相位调整

门并经 n 次分频后，输出本地位同步信号，如图 11-17c 所示。为了与发端时钟同步，分频器输出与接收到的码元序列同时加到相位比较器进行比相。如果两者完全同步，此时相位比较器没有误差信号，本地位同步信号作为同步时钟。如果本地位同步信号相位超前于接收码元序列时，相位比较器输出一个超前脉冲加到常开门（扣除门）的禁止端将其关闭，扣除一个 a 路脉冲（见图 11-17d），使分频器输出脉冲的相位滞后 $1/n$ 周期（$360°/n$），如图 11-17e 所示。如果本地同步脉冲相位滞后于接收码元脉冲时，比相器输出一个滞后脉冲去打开常闭门（附加门），使脉冲序列 b 中的一个脉冲能通过此门及或门。正因为两脉冲序列 a 和 b 相差半个周期，所以脉冲序列 b 中的一个脉冲能插到常开门输出脉冲序列 a 中（见图 11-17f），使分频器输入端附加了一个脉冲，于是分频器的输出相位就提前 $1/n$ 周期，如图 11-17g 所示。经过若干次调整后，分频器输出的脉冲序列与接收码元序列达到同步的目的，即实现了位同步。

根据接收码元基准相位的获得方法和相位比较器的结构不同，位同步数字锁相环又分为微分整流型数字锁相环和同相正交积分型数字锁相环两种。这两种环路的区别仅仅是基准相位的获得方法和鉴相器的结构不同，其他部分工作原理相同。下面重点介绍鉴相器的具体构成及工作情况。

（1）微分整流型鉴相器　微分整流型鉴相器如图 11-18a 所示，假设接收信号为不归零脉冲（波形 a）。将每个码元的宽度分为两个区，前半码元称为“滞后区”，即若位同步脉

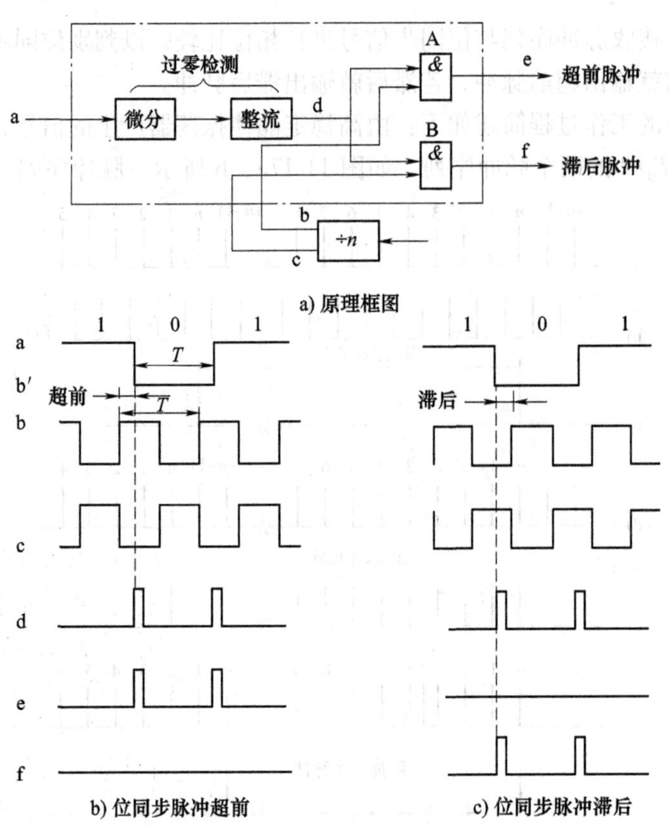

a) 原理框图

b) 位同步脉冲超前

c) 位同步脉冲滞后

图 11-18　微分整流型鉴相器

冲（波形 b′）落入此区，表示位同步脉冲的相位滞后于接收码元的相位；同样，后半码元称为“超前区”。接收码元经过零检测（微分、整流）后，输出一窄脉冲序列（波形 d）。分频器输出两列相差 180°的矩形脉冲 b 和 c。位同步脉冲波形 b′是 n 次分频器 b 端的输出，取其上升沿而形成的脉冲位于超前区时，波形 d 和 b 使与门 A 产生一超前脉冲（波形 e），与此同时，与门 B 关闭，无脉冲输出。

位同步脉冲超前的情况如图 11-18b 所示。同理，位同步脉冲滞后的情况如图 11-18c 所示。

（2）同相正交积分型鉴相器　采用微分整流型鉴相器的数字锁相环，是从基带信号的过零点中提取位同步信息的。当信噪比较低时，过零点位置受干扰很大，不太可靠。如果应用匹配滤波的原理，先对输入的基带信号进行最佳接收，然后提取同步信号，可减少噪声干扰的影响，使位同步性能有所改善。这种方案就是采用同相正交积分型鉴相器的数字锁相环。

图 11-19a 示出了积分型鉴相器的原理框图。设接收的双极性不归零码元为图中波形 a 所示的波形，送入两个并联的积分器。积分器的积分时间都为码元周期 T，但加入这两个积分器作定时脉冲的相位相差 $T/2$。这样，同相积分器的积分区间与位同步脉冲的区间重合，而正交积分器的积分区间正好跨在两相邻位同步脉冲的中点之间（这里的正交就是指两积分器的积分起止时刻相差半个码元宽度）。在两个积分器的输出如波形 b 和 c 所示。

两个积分器的输出电压加于抽样保持电路，它是对积分结果的极性进行抽样，并保持一码元宽度时间 T，分别得到波形 d 和 e。波形 d 实际上就是由匹配滤波法检测所输出的信号波形。虽然输入的信号波形 a 可能由于受干扰影响变得不太规整，但原理图中 d 点的波形却是将干扰的影响大大减弱的规整信号。这正是同相正交积分型数字锁相优于微分整流型数字锁相的原因。d 点的波形极性取决于码元极性，与同步的超前或滞后无关，将它进行过零检测后，就可获得反映码元转换与否的信号 i。而正交积分保持输出 e 的极性，则不仅与码元转换的方向有关，还与同步的超前或滞后有关。对于同一种码元转换方向而言，同步超前与同步滞后时，e 的极性是不同的。因此，将两个积分清除电路的输出，经保持和硬限幅（保持极性）之和模 2 相加，可以得到判别同步信号是超前还是滞后的信号 h。此信号 h 加至与门 A 和 B，可控制码元转换信号从哪一路输出。在该电路中，在位同步信号超前的情况下，当 i 脉冲到达时信号 h 为正极性，将与门 A 开启，送出超前脉冲，如图 11-19b 所示。在位同步信号滞后的情况下，当 i 脉冲到达时 h 为负极性，反相后加至与门 B，使之开启，送出滞后脉冲，如图 11-19c 所示。

积分型鉴相器由于采用了积分电路以及保持电路，使得它既充分利用了码元的能量，又有效地抑制了信道的高斯噪声，因而可在较低的信噪比条件下工作，其性能上优于微分型鉴相器。

3. 数字锁相环抗干扰性能的改善

在前面的数字锁相法电路中，由于噪声的干扰，使接收到的码元转换时间产生随机抖动，甚至产生虚假的转换，相应在鉴相器输出端就有随机的超前或滞后脉冲，这导致锁相环进行不必要的来回调整，引起位同步信号的相位抖动。仿照模拟锁相环鉴相器后加有环路滤波器的方法，在数字锁相环鉴相器后加入一个数字滤波器。插入数字滤波器的作用就是滤除这些随机的超前、滞后脉冲，提高环路的抗干扰能力。这类环路常用的数字滤波器有 N 先于 M 滤波器和随机徘徊滤波器两种。

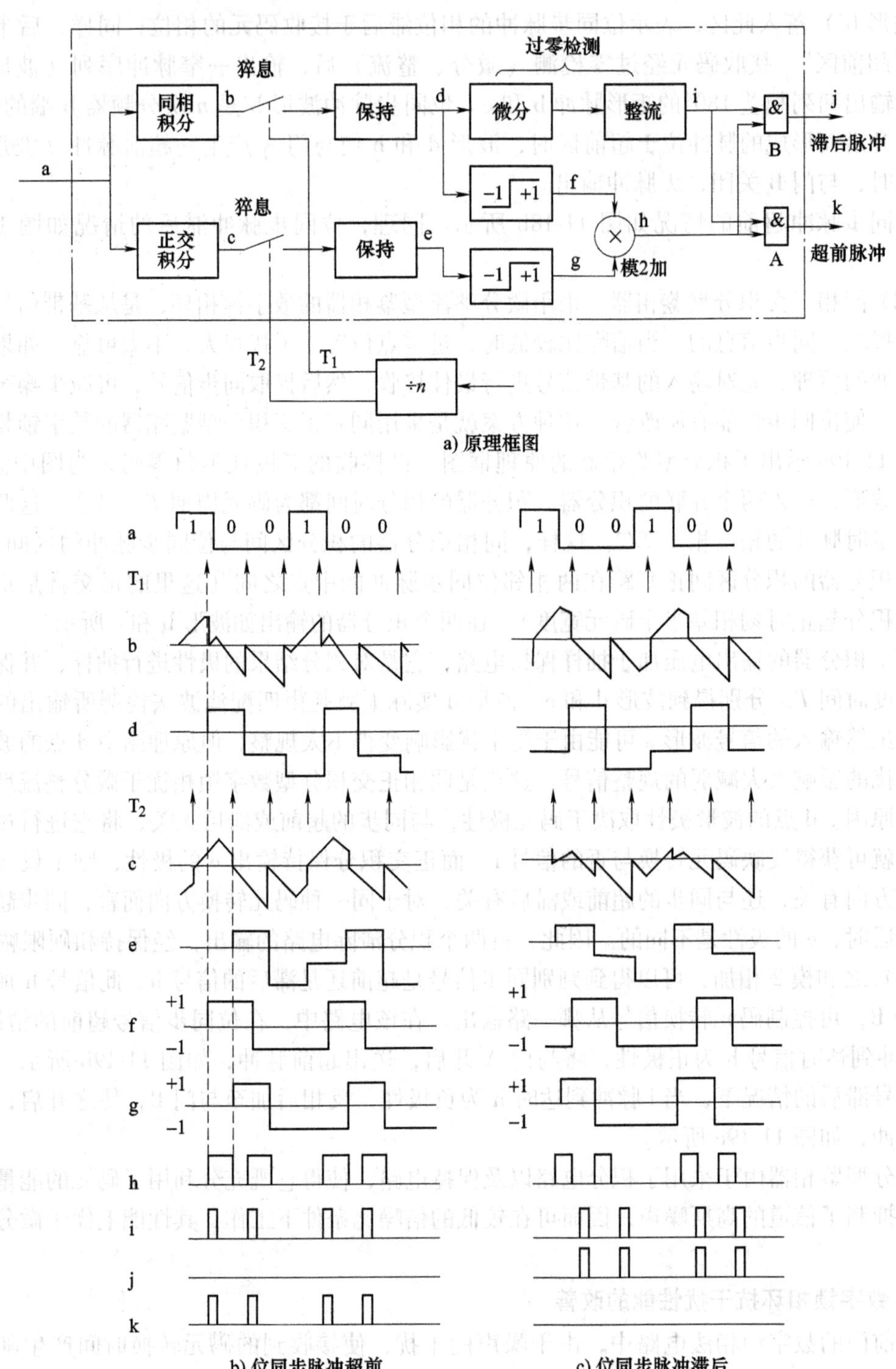

a) 原理框图

b) 位同步脉冲超前　　c) 位同步脉冲滞后

图 11-19　同相正交积分型鉴相器

N 先于 M 滤波器如图 11-20a 所示，它包括一个计超前脉冲数和一个计滞后脉冲数的 N 计数器，超前脉冲或滞后脉冲还通过或门加于一 M 计数器（所谓 N 或 M 计数器，就是当计数器置“0”后，输入 N 或 M 个脉冲，该计数器输出一个脉冲)。选择 $N<M<2N$，无论哪个计数器计满，都会使所有计数器重新置“0”。

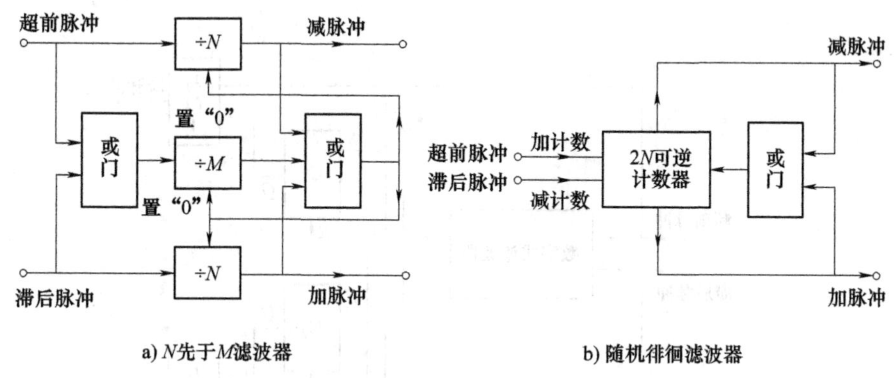

图 11-20　两种数字式滤波方案

当鉴相器送出超前脉冲或滞后脉冲时，滤波器并不马上将它送去进行相位调整，而是分别对输入的超前脉冲（或滞后脉冲）进行计数。如果两个 N 计数器中的一个，在 M 计数器计满的同时或未计满前就计满了，则滤波器就输出一个“减脉冲”（或“加脉冲”）控制信号去进行相位调整，同时将三个计数器都置“0”(即复位)，准备再对后面的输入脉冲进行处理。如果是由于干扰的作用，使鉴相器输出零星的超前或滞后脉冲，而且这两种脉冲随机出现，那么，当两个 N 计数器的任何一个都未计满时，M 计数器就很可能已经计满了，并将三个计数器又置“0”，因此滤波器没有输出，这样就消除了随机干扰对同步信号相位的调整。

随机徘徊滤波器如图 11-20b 所示，它是一个既能进行加法计数又能进行减法计数的可逆计数器。当有超前脉冲（或滞后脉冲）输入时，触发器（未画出）使计数器接成加法（或减法）状态。如果超前脉冲超过滞后脉冲的数目达到计数容量 N，就输出一个“减脉冲”控制信号，通过控制器和分频器使位同步信号相位后移。反之，如果滞后脉冲超过超前脉冲的数目达到计数容量 N，就输出一个“加脉冲”控制信号，调整位同步信号相位前移。在进入同步之后，没有因同步误差引起的超前或滞后脉冲进入滤波器，而噪声抖动则是正负对称的，由它引起的随机超前、滞后脉冲是零星的，不会是连续多个的。因此，随机超前与滞后脉冲之差数达到计数容量 N 的概率很小，滤波器通常无输出。这样一来就滤除了这些零星的超前、滞后脉冲，即滤除了噪声对环路的干扰作用。

上述两种数字式滤波器的加入的确提高了锁相环的抗干扰能力，但是由于它们应用了累计计数，输入 N 个脉冲才能输出一个加（或减）控制脉冲，必然使环路的同步建立过程加长。可见，提高锁相环的抗干扰能力（希望 N 大）与加快相位调整速度（希望 N 小）是一对矛盾。为了缓和这一对矛盾，缩短相位调整时间，可附加闭锁门电路如图 11-21 所示。当输入连续的超前（或滞后）脉冲多于 N 个后，数字式滤波器输出一超前（或滞后）脉冲，使触发器 C_1（或 C_2）输出高电平，打开与门 1（或与门 2），输入的超前（或滞后）脉冲就通过这两个与门加至相位调整电路。如果鉴相器这时还连续输出超前（或滞后）脉冲，那么，由于这时触发器的输出已使与门打开，这些脉冲就可以连续地送至相位调整电路，而不需再待数字式滤波器计满 N 个脉冲后才能再输出一个脉冲，这样就缩短了相位调整时间。

对随机干扰来说，鉴相器输出的是零星的超前（或滞后）脉冲，这些零星脉冲会使触发器置“0”，这时整个电路的作用就和一般数字式滤波器的作用类似，仍具有较好的抗干扰性能。

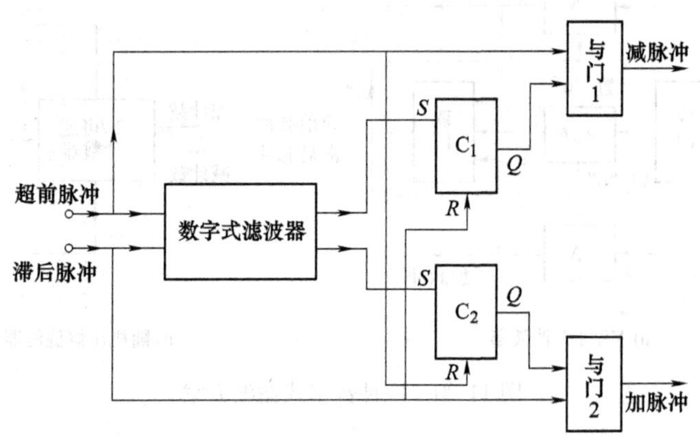

图 11-21 缩短相位调整时间原理图

11.3.3 位同步系统的性能及其相位误差对性能的影响

与载波同步系统相似，位同步系统的性能指标主要有相位误差、同步建立时间、同步保持时间及同步带宽等。下面结合数字锁相环介绍这些指标，并讨论相位误差对误码率的影响。

1. 位同步系统的性能

（1）相位误差 θ_e 位同步信号的平均相位和最佳相位之间的偏差称为静态相差。对于数字锁相法提取位同步信号而言，相位误差主要是由于位同步脉冲的相位在跳变地调整所引起的。每调整一步，相位改变 $2\pi/n$（对应时间 T/n），n 是分频器的分频次数，故最大的相位误差为

$$\theta_e = \frac{360°}{n} \tag{11-27}$$

若用时间差 T_e 来表示相位误差，因每码元的周期为 T，故得

$$T_e = \frac{T}{n} \tag{11-28}$$

（2）同步建立时间 t_s 同步建立时间是指开机或失去同步后重新建立同步所需的最长时间。由前面分析可知，当位同步脉冲相位与接收基准相位差 π（对应时间 $T/2$）时，调整时间最长。这时所需的最大调整次数为

$$N = \frac{\pi}{2\pi/n} = \frac{n}{2} \tag{11-29}$$

由于接收码元是随机的，对二进制码而言，相邻两个码元（01、10、11、00）中，有或无过零点的情况各占一半。在前面所讨论的两种数字锁相法中都是从数据过零点中提取作比相用的基准脉冲的，因此平均来说，每两个脉冲周期（$2T$）可能有一次调整，所以同步建立时间为

$$t_s = 2TN = nT \tag{11-30}$$

（3）同步保持时间 t_c　当同步建立后，一旦输入信号中断，或出现长连“0”、连“1”码时，锁相环就失去调整作用。由于收发双方位定时脉冲的固有重复频率之间总存在频差 ΔF，接收端同步信号的相位就会逐渐发生漂移，时间越长，相位漂移量越大，直至漂移量达到某一准许的最大值，就算失去同步了。由同步到失步所需要的时间，称为同步保持时间。

设收发两端固有的码元周期分别为 $T_1=1/F_1$ 和 $T_2=1/F_2$，则每个周期的平均时间差为

$$\Delta T = |T_1 - T_2| = \left|\frac{1}{F_1} - \frac{1}{F_2}\right| = \frac{|F_2 - F_1|}{F_2 F_1} = \frac{\Delta F}{F_0^2} \tag{11-31}$$

式中，F_0 为收发两端固有码元重复频率的几何平均值，且有

$$T_0 = \frac{1}{F_0} \tag{11-32}$$

由式（11-31）可得

$$F_0 = |T_1 - T_2| = \frac{\Delta F}{F_0} \tag{11-33}$$

再由式（11-32），式（11-33）可写为

$$\frac{|T_1 - T_2|}{T_0} = \frac{\Delta F}{F_0} \tag{11-34}$$

$\Delta F \neq 0$ 时，每经过 T_0 时间，收发两端就会产生 $|T_1-T_2|$ 的时间漂移，单位时间内产生的误差为 $|T_1-T_2|/T_0$。

若规定两端允许的最大时间漂移（误差）为 T_0/K（K 为一常数），则达到此误差的时间就是同步保持时间 t_c。代入式（11-34）后，得

$$\frac{T_0/K}{t_c} = \frac{\Delta F}{F_0} \tag{11-35}$$

解得

$$t_c = \frac{1}{\Delta F K} \tag{11-36}$$

若同步保持时间 t_c 的指标给定，也可由式（11-36）求出对收、发两端振荡器频率稳定度的要求为

$$\Delta F = \frac{1}{t_c K}$$

此频率误差是由收、发两端振荡器造成的。

若两振荡器的频率稳定度相同，则要求每个振荡器的频率稳定度不能低于

$$\frac{\Delta F}{2F_0} = \pm \frac{1}{2t_c K F_0} \tag{11-37}$$

（4）同步带宽 Δf_s　同步带宽是指能够调整到同步状态所允许的收、发振荡器最大频差。由于数字锁相环平均每两个周期（$2T$）调整一次，每次所能调整的时间为 T/n（$T/n \approx T_0/n$），所以在一个码元周期内平均最多可调整的时间为 $T_0/2n$。很显然，如果输入信号码元的周期与收端固有位定时脉冲的周期之差为

$$|\Delta T| > \frac{T_0}{2n}$$

则锁相环将无法使收端位同步脉冲的相位与输入信号的相位同步，这时，由频差所造成的相位差就会逐渐积累。因此，我们根据

$$\Delta T = \frac{T_0}{2n} = \frac{1}{2nF_0}$$

求得

$$\frac{|\Delta f_s|}{F_0^2} = \frac{1}{2nF_0}$$

解出

$$|\Delta f_s| = \frac{F_0}{2n} \tag{11-38}$$

式（11-38）就是求得的同步带宽表示式。

2. 位同步相位误差对性能的影响

位同步的相位误差 θ_e 主要是造成位定时脉冲的位移，使抽样判决时刻偏离最佳位置。在第5、7章推导的误码率公式，都是在最佳抽样判决时刻得到的。当位同步存在相位误差 θ_e（或 T_e）时，必然使误码率 P_e 增大。

为了方便起见，用时差 T_e 代替相差 θ_e 对系统误码率的影响。设解调器输出的基带数字信号如图11-22a所示，并假设采用匹配滤波器法检测，即对基带信号进行积分、取样和判决。若位同步脉冲有相位误差 T_e（见图11-22b），则脉冲的取样时刻就会偏离信号能量的最大点。从图11-22c可以看到，相邻码元的极性无交变时，位同步的相位误差不影响取样点的积分输出能量值，在该点的取样值仍为整个码元能量 E，图11-22c中的 t_4 和 t_6 时刻就是这种情况。而当相邻码元的极性交变时，位同步的相位误差使取样点的积分能量减小，如图11-22c中 t_3 点的值只是（$T-2T_e$）时间内的积分值。由于积分能量与时间成正比，故积分能量减小为$(1-2T_e/T)E$。

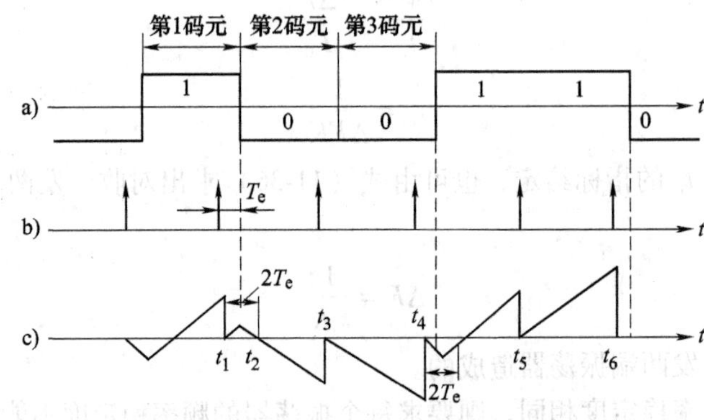

图11-22　相位误差对性能的影响

通常，随机二进制数字信号相邻码元有变化和无变化的概率各占1/2，所以系统的误码率分为两部分来计算。相邻码元无变化时，仍按原来相应的误码率公式计算；相邻码元有变化时，按信噪比（或能量）下降后计算。以2PSK信号最佳接收为例，考虑到相位误差影响时，其误码率为

$$P_e = \frac{1}{4}\mathrm{erfc}\sqrt{\frac{E}{n_0}} + \frac{1}{4}\mathrm{erfc}\sqrt{E\left(1-\frac{2T_e}{T}\right)/n_0} \tag{11-39}$$

11.4　群同步

数字通信时，一般总是以若干个码元组成一个字，若干个字组成一个句，即组成一个个的“群”进行传输。群同步的任务就是在位同步的基础上识别出这些数字信息群（字、句、帧）“开头”和“结尾”的时刻，使接收设备的群定时与接收到的信号中的群定时处于同步状态。为了实现群同步，通常采用的方法是起止式同步法和插入特殊同步码组的同步法。而插入特殊同步码组的方法有两种：一种为连贯式插入法，另一种为间隔式插入法。

11.4.1　起止式同步法

数字电传机中广泛使用的是起止式同步法。在电传机中，常用的是 5 单位码。为标志每个字的开头和结尾，在 5 单位码的前后分别加上 1 个单位的起码（低电平）和 1.5 个单位的止码（高电平），共 7.5 个码元组成一个字，如图 11-23 所示。接收端根据高电平第一次转到低电平这一特殊标志来确定一个字的起始位置，从而实现字同步。

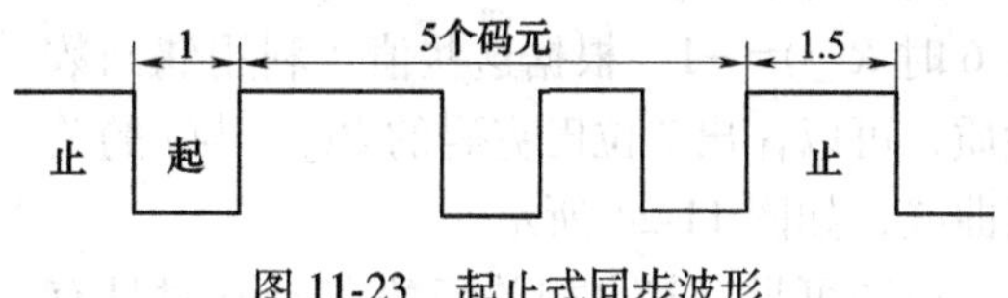

图 11-23　起止式同步波形

这种 7.5 单位码（码元的非整数倍）给数字通信的同步传输带来一定困难。另外，在这种同步方式中，7.5 个码元中只有 5 个码元用于传递消息，因此传输效率较低。

11.4.2　连贯式插入法

连贯式插入法又称集中插入法。它是指在每一信息群的开头集中插入作为群同步码组的特殊码组，该码组应在信息码中很少出现，即使偶尔出现，也不可能依照群的规律周期出现。接收端按群的周期连续数次检测该特殊码组，这样便获得群同步信息。

连贯式插入法的关键是寻找实现群同步的特殊码组。对该码组的基本要求是：具有尖锐单峰特性的自相关函数；便于与信息码区别；码长适当，以保证传输效率。

符合上述要求的特殊码组有：全 0 码、全 1 码、1 与 0 交替码、巴克码、电话基群帧同步码 0011011。目前常用的群同步码组是巴克码。

1. 巴克码

巴克码是一种有限长的非周期序列。它的定义如下：一个 n 位长的码组 $\{x_1, x_2, x_3, \cdots, x_n\}$，其中 x_i 的取值为+1 或−1，若它的局部相关函数 $R(j)=\sum_{i=1}^{n-j} x_i x_{i+j}$ 满足

$$R(j)=\sum_{i=1}^{n-j} x_i x_{i+j}=\begin{cases} n, & j=0 \\ 0 \text{ 或 } \pm 1, & 0<j<n \\ 0, & j \geqslant n \end{cases} \tag{11-40}$$

则称这种码组为巴克码，其中 j 表示错开的位数。目前已找到的所有巴克码组见表 11-1。其中的+、−号表示 x_i 的取值为+1、−1，分别对应二进制码的“1”或“0”。

表 11-1　巴克码组

n	巴克码组
2	++(11)
3	++-(110)
4	+++-(1110);++-+(1101)
5	+++-+(11101)
7	+++--+-(1110010)
11	+++---+--+-(11100010010)
13	+++++--++-+-+(1111100110101)

以 7 位巴克码组{+ + + - - + -}为例，它的局部自相关函数如下：

当 $j=0$ 时，$R(j)=\sum_{i=1}^{7}x_i^2=1+1+1+1+1+1+1=7$

当 $j=1$ 时，$R(j)=\sum_{i=1}^{6}x_ix_{i+1}=1+1-1+1-1-1=0$

同样可求出 $j=3,5,7$ 时 $R(j)=0$；$j=2,4,6$ 时 $R(j)=-1$。根据这些值，利用偶函数性质，可以作出 7 位巴克码的 $R(j)$ 与 j 的关系曲线，如图 11-24 所示。

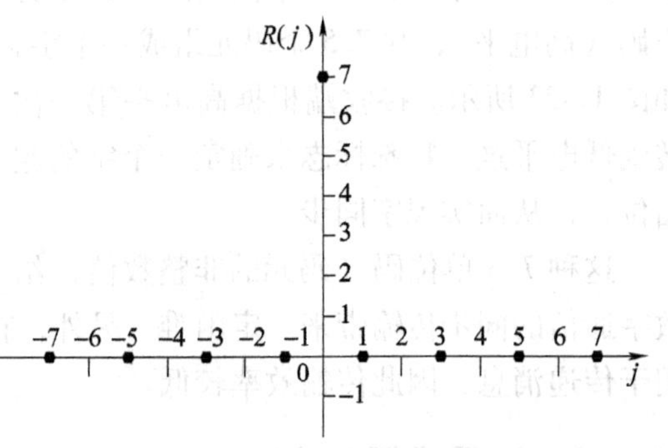

图 11-24　7 位巴克码的自相关函数

由图可见，其自相关函数在 $j=0$ 时具有尖锐的单峰特性。这一特性正是连贯式插入群同步码组的主要要求之一。

2. 巴克码识别器

仍以 7 位巴克码为例。用 7 级移位寄存器、相加器和判决器就可以组成一个巴克码识别器，如图 11-25 所示。当输入码元的“1”进入某移位寄存器时，该移位寄存器的 1 端输出电平为+1，0 端输出电平为-1。反之，进入“0”码时，该移位寄存器的 0 端输出电平为+1，1 端输出电平为-1。各移位寄存器输出端的接法与巴克码的规律一致，这样识别器实际上是对输入的巴克码进行相关运算。当一帧信号到来时，首先进入识别器的是群同步码组，只有当 7 位巴克码在某一时刻（图 11-26a 中的 t_1）正好已全部进入 7 位寄存器时，7 位

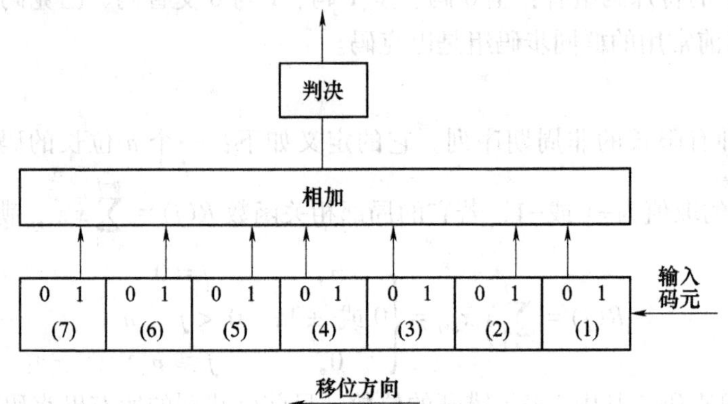

图 11-25　巴克码识别器

移位寄存器输出端都输出+1，相加后得最大输出+7，其余情况相加结果均小于+7。若判别器的判决门限电平定为+6，那么就在 7 位巴克码的最后一位 0 进入识别器时，识别器输出一个同步脉冲表示一群的开头，如图 11-26b 所示。

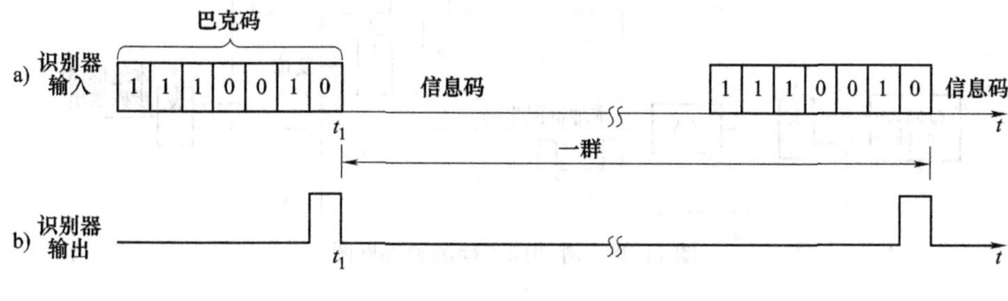

图 11-26　识别器的输出波形

巴克码用于群同步是常见的，但并不是唯一的，只要具有良好特性的码组均可用于群同步，例如 PCM30/32 路电话基群的连贯隔帧插入的帧同步码为 0011011。

11.4.3　间隔式插入法

间隔式插入法又称为分散插入法，它是将群同步码以分散的形式均匀插入信息码流中。这种方式比较多地用在多路数字电路系统中，如 PCM24 路基群设备以及一些简单的 ΔM 系统，一般都采用 1、0 交替码型作为帧同步码间隔插入的方法，即一帧插入“1”码，下一帧插入“0”码，如此交替插入。由于每帧只插一位码，那么它与信码混淆的概率则为 1/2，这样似乎无法识别同步码，但是这种插入方式在同步捕获时不是检测一帧两帧，而是连续检测数十帧，每帧都符合“1”“0”交替的规律才确认同步。

分散插入的最大特点是同步码不占用信息时隙，每帧的传输效率较高，但是同步捕获时间较长，它较适合于连续发送信号的通信系统，若是断续发送信号，每次捕获同步需要较长的时间，反而降低效率。

分散插入常用滑动同步检测电路。所谓滑动检测，它的基本原理是接收电路开机时处于捕捉态，当收到第一个与同步码相同的码元，先暂认为它就是群同步码，按码同步周期检测下一帧相应位码元，如果也符合插入的同步码规律，则再检测第三帧相应位码元，如果连续检测 M 帧（M>10），每帧均符合同步码规律，则同步码已找到，电路进入同步状态。如果在捕捉态接收到的某个码元不符合同步码规律，则码元滑动一位，仍按上述规律周期性地检测，看它是否符合同步码规律，一旦检测不符合，又滑动一位……如此反复进行下去。若一帧共有 N 个码元，则最多滑动（N−1）位，一定能把同步码找到。

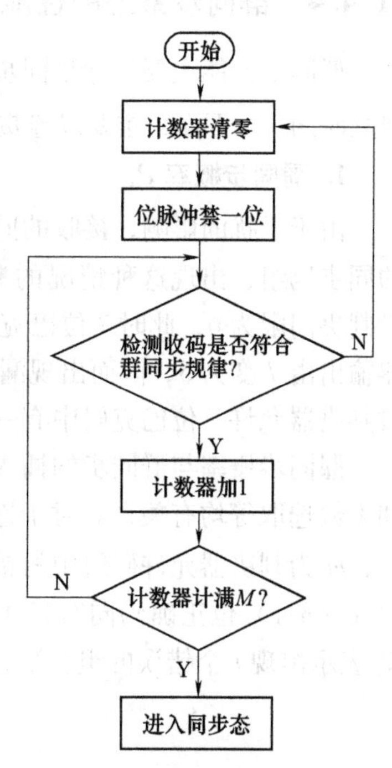

图 11-27　滑动同步检测软件流程图

滑动同步检测可用软件实现，也可用硬件实现。软件流程图如图 11-27 所示。

图 11-28 所示为硬件实现滑动检测的框图，假设群同步码每帧均为“1”码，N 为每帧的码元个数，M 为确认同步时需检测帧的个数。

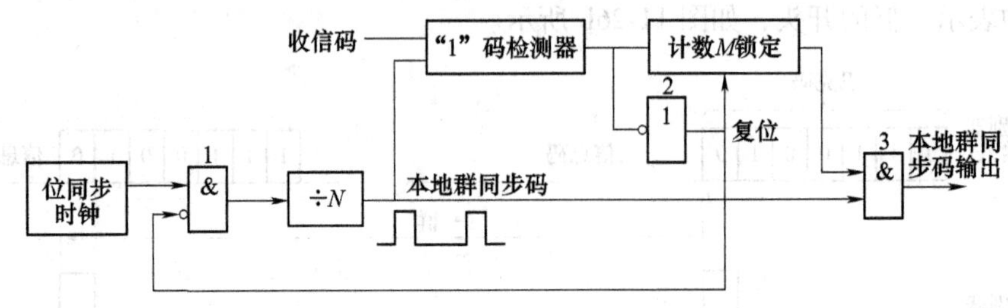

图 11-28 滑动同步检测硬件框图

图 11-28 中“1”码检测器是在本地群同步码到来时检测信码，若信码为“1”则输出正脉冲，若信码为“0”则输出负脉冲。如果本地群码与收码中群同步码对齐，则“1”码检测器将连续输出正脉冲，计数器计满 M 个正脉冲后输出高电位并锁定，它使与门 3 打开，本地群码输出，系统处于同步态。如果本地群码与收信码中群同步尚未对齐，“1”码检测器只要检测到信码中的“0”码，便输出负脉冲，该负脉冲经非门 2 使计数器 M 复位，从而与门 3 关闭，本地群码不输出，系统处于捕捉态。同时非门 2 输出的正脉冲延时 T 后封锁一个位脉冲，使本地群码滑动一位，随后“1”码检测器继续检测信码，若遇“0”码，本地群码又滑动一位，直到滑动到与信息码中群同步码对齐，并连续检验 M 帧后进入同步态。图 11-28 所示是群同步码每帧均为“1”，若群同步码为“0”“1”码交替插入，则电路还要复杂些。

11.4.4 群同步系统的性能

群同步性能主要指标是同步可靠性（包括漏同步概率 P_1 和假同步概率 P_2）及同步平均建立时间 t_s。下面，主要以连贯插入法为例进行分析。

1. 漏同步概率 P_1

由于干扰的影响，接收的同步码组中可能出现一些错误码元，从而使识别器漏识已发出的同步码组，出现这种情况的概率称为漏同步概率，记为 P_1。以 7 位巴克码识别器为例，设判决门限为 6，此时 7 位巴克码只要有一位码出错，7 位巴克码全部进入识别器时，相加器输出由 7 变为 5，因而出现漏同步。如果将判决门限由 6 降为 4，则不会出现漏识别，这时判决器允许 7 位巴克码中有一位码出错。

漏同步概率与群同步的插入方式、群同步码的码组长度、系统的误码概率及识别器电路和参数选取等均有关系。对于连贯式插入法，设 n 为同步码组的码元数，P_e 为码元错误概率，m 为判决器允许码组中的错误码元最大数，则 $P^r(1-P)^{n-r}$ 表示 n 位同步码组中，r 位错码和（$n-r$）位正确码同时发生的概率。当 $r \leqslant m$ 时，错码的位数在识别器允许的范围内，C_n^r 表示出现 r 个错误的组合数，所有这些情况，都能被识别器识别，因此未漏概率为

$$\sum_{r=0}^{m} C_n^r P^r (1-P)^{n-r} \tag{11-41}$$

故漏同步概率为

$$P_1 = 1 - \sum_{r=0}^{m} C_n^r P^r (1-P)^{n-r} \tag{11-42}$$

2. 假同步概率 P_2

假同步是指信息的码元中出现与同步码组相同的码组，这时信息码会被识别器误认为同步码，从而出现假同步信号。发生这种情况的概率称为假同步概率，记为 P_2。

假同步概率 P_2 是信息码元中能判为同步码组的组合数与所有可能的码组数之比。设二进制数字码流中，1、0码等概率出现，则由其组合成 n 位长的所有可能的码组数为 2^n 个，而其中能被判为同步码组的组合数显然也与 m 有关。如果错0位时被判为同步码，则只有 C_n^0 个（即一个）；如果出现 r 位错也被判为同步码的组合数为 C_n^r，则出现 $r \leqslant m$ 种错都被判为同步码的组合数为 $\sum_{r=0}^{m} C_n^r$，因而可得假同步概率为

$$P_2 = 2^{-n} \sum_{r=0}^{m} C_n^r \tag{11-43}$$

比较式（11-42）和式（11-43）可见，m 增大（即判决门限电平降低），P_1 减小，P_2 增大，所以两者对判决门限电平的要求是矛盾的。另外，P_1 和 P_2 对同步码长 n 的要求也是矛盾的，因此，在选择有关参数时，必须兼顾二者的要求。国际电报电话咨询委员会（CCITT）建议PCM基群帧同步码选择7位码。

3. 同步平均建立时间 t_s

对于连贯式插入法，假设漏同步和假同步都不出现，在最不利的情况，实现群同步最多需要一群的时间。设每群的码元数为 N（其中 n 位为群同步码），每码元的时间宽度为 T，则一群的时间为 NT。在建立同步过程中，如出现一次漏同步，则建立时间要增加 NT；如出现一次假同步，建立时间也要增加 NT，因此，帧同步的平均建立时间为

$$t_s \approx (1 + P_1 + P_2) NT \tag{11-44}$$

由于连贯式插入同步的平均建立时间比较短，因而在数字传输系统中被广泛应用。

11.4.5 群同步的保护

同步系统的稳定和可靠对于通信设备是十分重要的。在群同步的性能分析中我们知道，漏同步和假同步都是影响同步系统稳定可靠工作的因素，而且漏同步概率 P_1 与假同步概率 P_2 对电路参数的要求往往是矛盾的。为了保证同步系统的性能可靠，提高抗干扰能力，在实际系统中要有相应的保护措施，这一保护措施也是根据群同步的规律而提出来的，它应尽量防止假同步混入，同时也要防止真同步漏掉。最常用的保护措施是将群同步的工作划分为两种状态，即捕捉态和维持态。

为了保证同步系统的性能可靠，就必须要求漏同步概率 P_1 和假同步概率 P_2 都要低，但这一要求对识别器判决门限的选择是矛盾的。因此，我们把同步过程分为两种不同的状态，以便在不同状态对识别器的判决门限电平提出不同的要求，达到降低漏同步和假同步的目的。

捕捉态：判决门限提高，即 m 减小，使假同步概率 P_2 下降。

维持态：判决门限降低，即 m 增大，使漏同步概率 P_1 下降。

连贯式插入法群同步保护的原理图如图 11-29 所示。在同步未建立时，系统处于捕捉态，状态触发器的 Q 端为低电平，此时同步码组识别器的判决电平较高，因而减小了假同步的概率。一旦识别器有输出脉冲，由于触发器的$\overline{Q}$端此时为高电平，于是经或门使与门 1 有输出。与门 1 的一路输出至分频器使之置“1”，这时分频器就输出一个脉冲加至与门 2，该脉冲还分出一路输出，经过或门又加至与门 1。与门 1 的另一路输出加至状态触发器，使系统由捕捉态转为维持态，这时 Q 端变为高电平，打开与门 2，分频器输出的脉冲就通过与门 2 形成群同步脉冲输出，因而同步建立。

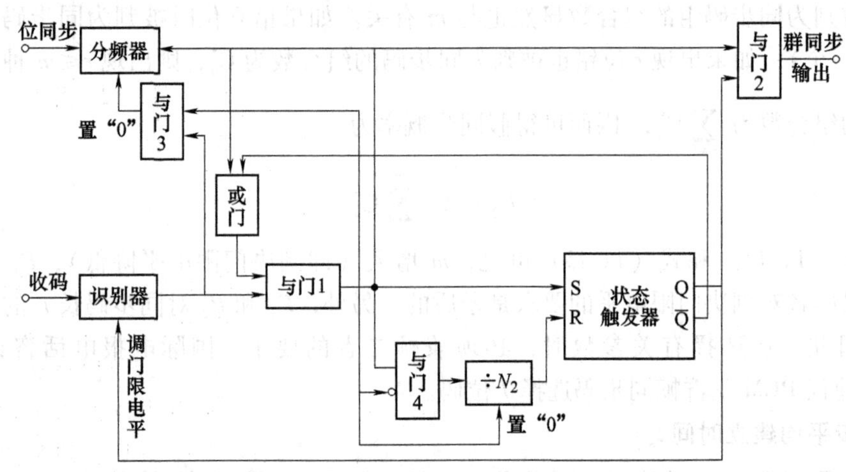

图 11-29　连贯式插入法群同步保护的原理图

同步建立以后，系统处于维持态。为了提高系统的抗干扰和抗噪声的性能以减小漏同步概率，具体做法就是利用触发器在维持态时，Q 端输出高电平去降低识别器的判决门限电平，这样就可以减小漏同步概率。另外，同步建立以后，若在分频器输出群同步脉冲的时刻，识别器无输出，这可能是系统真的失去同步，也可能是由偶然的干扰引起的，只有连续出现 N_2 次，这种情况才能认为真的失去同步。这时与门 1 连续无输出，经“非”后加至与门 4 的便是高电平，分频器每输出一脉冲，与门 4 就输出一脉冲。这样连续 N_2 个脉冲使“$\div N_2$”电路计满，随即输出一个脉冲至状态触发器，使状态由维持态转为捕捉态。当与门 1 不是连续无输出时，“$\div N_2$”电路未计满就会被置“0”，状态就不会转换，因此增加了系统在维持态时的抗干扰能力。

同步建立以后，信息码中的假同步码组也可能使识别器有输出而造成干扰，然而在维持态下，这种假识别的输出与分频器的输出是不会同时出现的，因而这时与门 1 就没有输出，故不会影响分频器的工作，因此这种干扰对系统没有影响。

11.5　本章小结

1. 同步是使接收信号与发射信号保持正确节拍，从而能正确地提取信息的一种技术，是通信系统中重要的，不可缺少的部分。同步方法可分为外同步和自同步两类。同步内容包括载波同步、位同步、帧（群）同步和网同步。本章主要介绍了前 3 种，见表 11-2。

表 11-2　三种同步的比较

<table>
<tr><th rowspan="2">分类</th><th rowspan="2">适用系统</th><th rowspan="2">具体应用</th><th colspan="2">同步方法</th></tr>
<tr><th>外同步法</th><th>自同步法</th></tr>
<tr><td>载波同步</td><td>数字/模拟通信</td><td>相干解调</td><td rowspan="2">插入导频{频域插入
时域插入</td><td rowspan="2">直接法{非线性变换-滤波法
特殊 PLL 法</td></tr>
<tr><td>位同步</td><td>数字通信</td><td>抽样判决等</td></tr>
<tr><td>帧同步</td><td>数字通信</td><td>分清每帧起止点</td><td>外同步法{起止式同步法
间隔式插入法
连贯式插入法</td><td>自同步法</td></tr>
</table>

2. 载波同步实为载波提取，即在接收端恢复载波，以用于相干解调。插入导频法是载波同步的一类方法，有频域插入和时域插入两种。频域插入时，导频就是指专门设置的，含有载波信息的单频信号。工作时应把它插入信号频谱零点位置上，以使得相互影响尽可能小；在接收端以窄带 BPF 析出，再用于相干解调。由于导频分量不大，因而不会引起明显的功率损耗，这是它与 AM 信号的不同之处。需要时，亦可以载波频率的倍频（分频）作为插入导频；在接收端，只需相应地分频（倍频）即可得到恢复载波。不论采用什么方法，导频的插入都不应越出信号频谱范围，以免增大带宽。时域插入时，在一帧中专设一个时隙用于传输载波信息，在接收端，只需相应地取出，再展宽于全帧时间（用窄带滤波器或 PLL）即可。时域插入亦可同样用于位同步、帧同步。

直接法就是直接从接收信号中来提取恢复载波的方法，包括非线性变换-滤波法和特殊锁相环法。对于像 DSB-SC 那样的接收信号，并不存在载波（ω_c）分量，因而需采用非线性变换来产生载频（或与之有关的）分量，后再以窄带 BPF 滤出，这就是非线性变换-滤波法。平方变换法就是一种非线性变换，它产生 $2\omega_c$ 分量，再二分频即可得到 ω_c 分量。平方环法是以锁相环取代平方变换法中的 BPF，性能更佳。特殊锁相环的典型例子是科斯塔斯环，又称同相正交环。它除了可提取载波外，还有解调功能，且工作频率为 ω_c，比平方变换法低。平方变换法和同相正交环可用于 DSB、2PSK 信号。对 4PSK 信号，可采用四次方器件或四相科斯塔斯环，以此类推。

载波同步中的一个重要问题是相位模糊，对 2PSK 又称倒 π 现象。在平方变换法中，相位模糊源于 2 分频，在同相正交环法中，相位模糊源于鉴相器输出正比于 $\sin 2\theta$。为克服这种缺点，应采用 DPSK。

3. 位同步是要找到与接收码元位置相对应的一系列脉冲。从抽样判决要求看，位同步脉冲（用作抽样脉冲）应出现于接收码元波形的最大值点上。此外，位同步还用于码反变换、帧同步等单元中。与载波同步一样，位同步的方法亦可分为插入导频法和直接法两类四种。它们的不同之处在于：载波同步是在已调信号层面上进行，而位同步是在基带信号层面上进行。例如，位同步的导频信号应在基带信号频谱零点处插入，而载波导频则应在已调信号频谱零点处插入。前已说过，在接收端，载波同步先于位同步而出现，亦证明了此点。

4. 帧同步又称群同步，在接收端位同步之后出现。其功能是对接收端已解调（载波同步）、并抽样判决整形（位同步）后的一系列串行码元（比特）流进行群组识别，即分清哪些码元组成某一个群组（字，字节，码组，帧等），或说识别每个群组的起、止点。帧同步的方法亦分为自同步和外同步两类。在外同步法中，起止式同步法用于电传报，间隔式插入法用于 T1 PCM 系统等，连贯式插入法的应用最为广泛。在连贯式插入法中，巴克码具有良好的相位分辨率，从而可用作为帧同步码组，遗憾的是目前找到的最长巴克码仅 13 位。

11.6 思考题与习题

一、思考题

1. 对抑制载波的双边带信号、残留边带信号和单边带信号用插入导频法实现载波同步时，所插入的导频信号形式有何异同点？

2. 用四次方部件法和四相科斯塔斯环法提取四相移相信号中的载波，是否都存在相位模糊问题？

3. 对抑制载波的双边带信号，试叙述用插入导频法和直接法实现载波同步各有什么优缺点。

4. 在采用数字锁相法提取位同步中，微分整流型和同相正交积分型方法在抗干扰能力、同步时间和同步精度上有何异同。

5. 一个采用非相干解调方式的数字通信系统是否必须有载波同步和位同步？其同步性能的好坏对通信系统的性能有何影响？

6. 已知由 3 个符号所组成的三位码，最多能组成 8 个无逗号码字，若组成四位码最多能组成的无逗号码字数为多少？若分别在这两种情况下将其中的第一位用作同步码元而实现逐码移位法群同步，问最多能组成的可能码字分别为多少？

7. 当用滑动相关法和前置同步码法实现初始同步时，它们所花的搜索时间分别与什么因素有关？

8. 试画出双 Δ 值延迟锁定环跟踪的原理框图；画出它的复合相关特性并标出跟踪点。

9. 我国采用的数字复接等级中，二次群的码元速率为 8448kbit/s，它是由四个基群复合而成的，而基群的码元速率为 2048kbit/s，试解释为什么不使二次群的码元速率定为 8192kbit/s（基群码元速率的四倍）？这里的码速调整是正码速调整还是负码速调整？

二、选择题

1. (　　) 不能直接提取位同步信息。

A. 差分码　　B. 双相码　　C. CMI　　D. 密勒码

2. (　　) 可采用包络检波法提取同步。

A. PCM　　B. AMI　　C. 2PSK　　D. QPSK

3. 当 7 位巴克码的 $j=3$ 时，其 $R(j)$ 为（　　）。

A. +1　　B. 0　　C. −1　　D. 7

4. (　　) 为 5 位巴克码组。

A. −−++−　　B. +++−+　　C. +−++−　　D. +−+−+

5. 7 位巴克码组的组成是（　　）。

A. +++−−++　　B. ++−+−+−

C. +++−−+−　　D. ++−−++−

6. PCM30/32 路基群的帧结构中，在偶帧 T_0 时隙插入的帧同步码是（　　）。

A. 1110010　　B. 0111110　　C. 1011111　　D. 0011011

三、填空题

1. 采用插入导频法的载波同步系统中，插入导频位置应该在________的位置，插入的导频应该是________的载波。

2. 双极性不归零码，因其________同步信息，可采用________提取同步信号；单极性归零码，因其________同步信息，可采用________提取同步信号。

3. 集中插入方式的帧同步码（巴克码）是利用其________特性，其识别器由________、________、________组成。

4. PCM30/32 路基群的帧结构是：帧同步码占用________时隙，采用________插入方式，标识码占用________时隙，信息码占用________时隙，其传码率为________。

5. n 位巴克码组的局部自相关函数为________。

6. 为了减少假同步出现的概率，应________帧同步的位数，________识别器的判决门限。

7. 在 PCM30/32 时分多路复用中，帧同步码为________，其主要作用是________，一般放在帧结构的________时隙。

8. PCM30/32 路基群的帧同步码插入到________帧的________时隙，插入的同步码为________，帧长为________ bit，帧频为________ s，帧周期为________。

9. 若增大判决门限，则识别器的漏同步概率________，假同步概率________；若增大同步码的位数，则识别器的漏同步概率________，假同步概率________。

10. 设 $R_b=4\text{Mbit/s}$，四进制系统接收机抽样判决器定时信号的重复频率为________。

11. 写出长度为 7 位的巴克码组________，其局部自相关函数 $R(3)$ 为________。

12. PCM30/32 路基群帧宽度为________时隙，每个时隙为________ μs，含有________ bit 二进制码元，每个码元持续时间为________ μs，帧频为________帧/s，帧周期为________ μs，帧长为________ bit，因此基群总传信率为________ Mbit/s。

四、计算题

1. 传输速率为 1kbit/s 的一个通信系统，设误码率 $P_e=10^{-4}$，群同步采用连贯式插入的方法，同步码组的位数 $n=7$，试分别计算 $m=0$ 和 $m=1$ 时漏同步概率 P_1 和假同步概率 P_2 各为多少？若每群中的信息位数为 153，估算群同步的平均建立时间。

2. 在 2PSK 相干解调系统中，需要解决以下问题：

（1）若用平方环法提取本地载波，它对信号解调有什么影响？如何克服不良影响？

（2）画出位同步提取原理框图，简述工作过程。

3. 已知 PCM30/32 终端机帧同步码周期 $T_s=250\mu s$，每帧比特数 $N=512$，帧同步码长度为 7bit。

（1）试计算平均捕捉时间。

（2）如果在它的终端机同步系统中，保护计数器有 3 级，在信道误信率 $P_b=10^{-4}$ 情况下，计算误失步平均周期。

4. 设某数字传输系统中的群同步采用 7 位长的巴克码（1110010），采用连贯式插入法。

（1）试画出群同步码识别器原理方框图。

（2）若输入二进制序列 01011100111100100，试画出群同步码识别器输出波形（设判决门限电平为 4.5）。

（3）若码元错误概率为 P_e，识别器判决门限电平为 4.5，试求该识别器的假同步概率。

5. 长度为 7 的巴克码，其局部自相关函数 $R(3)$ 为多少？

五、练习题

1. 已知单边带信号为 $x_s(t)=x(t)\cos\omega_c t+\hat{x}(t)\sin\omega_c t$，试证明不能用图 11-30 所示的平方变换法提取同步载波。

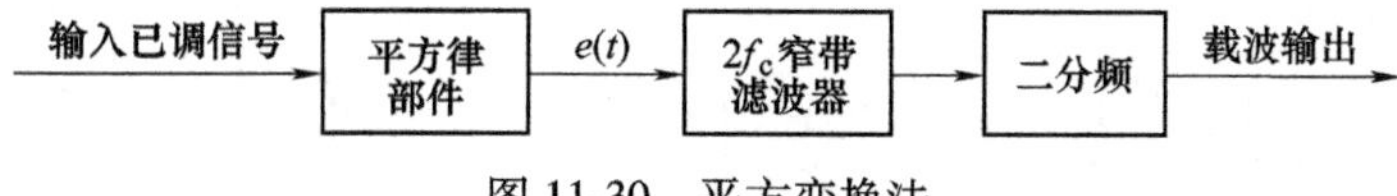

图 11-30　平方变换法

2. 用单谐振电路作为滤波器提取同步载波，已知同步载波频率为1000kHz，回路 $Q=100$，把达到稳定值40%的时间作为同步建立时间（和同步保持时间），求载波同步的建立时间 t_s 和保持时间 t_c。

3. 如果用 $Q=100$ 的单谐振电路作为窄带滤波器提取同步载波，设同步载波频率为1000kHz，求单谐振电路自然谐振频率分别为999kHz、995kHz和990kHz时的稳态相位差 $\Delta\varphi$。

4. 同上题，如果用这三个同步载波对 $x(t)\cos(2\pi\times10^6 t)$ 信号解调，将引起什么后果（假设有稳态相位差同步载波的振幅与没有稳态相位差的同步载波的幅度相同）。

5. 已知单边带信号的表示式为

$$s(t) = m(t)\cos\omega_c t + \hat{m}(t)\sin\omega_c t$$

若采用与抑制载波双边带信号导频插入完全相同的方法，试证明接收端可正确解调；若发端插入的导频是调制载波，试证明解调输出中也含有直流分量，并求出该值。

6. 在滑动相关法中，滑动速率的提高受相关器后面低通滤波器带宽的限制。为减少噪声，此带宽要窄，但带宽太窄将使滤波器阶跃响应的上升时间加长，该上升时间与带宽BW的关系可用0.35/BW表示。设相对滑动的速率为 ΔR_c，那么为使相关器输出的峰值能通过低通滤波器，要求滑过两码元的时间大于滤波器的上升时间，即

$$\frac{2}{\Delta R_c} \geqslant \frac{0.35}{\mathrm{BW}}$$

现有一带宽为1kHz的低通滤波器，试问：

（1）最大的相对滑动速率为多少？

（2）若所用伪码的周期长为 10^8，最坏情况下所需的搜索时间为多少？

7. 设一个数字通信网采用水库法进行码速调整，已知数据速率为32Mbit/s，存储器的容量 $2n=200$ 位，时钟的频率稳定度为

$$\left|\pm\frac{\Delta f}{f}\right| = 10^{-10}$$

试计算每隔多少时间需对同步系统校正一次？

第12章　MATLAB在通信仿真中的应用

本章概述： MATLAB是进行系统仿真的实用而强大的工具。系统仿真就是进行模型实验，是指通过系统模型实验去研究一个已经存在的或者正在设计的系统的过程。系统仿真不是对原型的简单再现，而是按照研究的侧重点对系统进行提炼，以利用研究者抓住问题的本质，这种建立在模型系统上的实验技术就是仿真技术或模拟技术。本章将简要地介绍通信原理和技术以及它们在MATLAB中的实现。

知识点：

1. 了解MATLAB中专用的通信工具箱和MATLAB提供的通信方面的函数。

2. 重点掌握实现通信系统的信源编译码、调制解调技术和通信仿真输出的MATLAB仿真方法与技巧。

12.1　信息论基础

通信系统传递的是消息，如何度量消息中的信息是一个值得研究的问题。消息是以具体信号的形式表现出来，携带有抽象的信息，为了衡量通信系统，应当对被传输的消息进行定量的测量。一个消息中包含有多少信息，我们称为信息量。

12.1.1　信息的度量

消息源可以产生连续消息和离散消息，通常认为一个消息源产生消息的规律是按一定概率随机分布的，可以是连续的，也可以是离散的。根据香农的信息论，以类似于物理学中的熵来定义一个消息源含有的信息的量，也称其为熵。

1. 原理与分析

对离散信源，设其概率分布为

$$\begin{pmatrix} x_1 & x_2 & \cdots & x_N \\ P(x_1) & P(x_2) & \cdots & P(x_N) \end{pmatrix} \quad \sum_{i=1}^{N} P(x_i) = 1$$

则定义此信源的平均信息量（熵）（单位为bit）为

$$H(X) = -\sum_{i=1}^{N} P(x_i)\log_2 P(x_i) \tag{12-1}$$

也可以用其他数作为对数的底，如以e为底，单位由bit（比特）改为nit（奈特）。

连续信源的信息量定义与此类似，设该信源的概率密度函数为$f(x)$，则信源的平均信息量（单位为bit）为

$$H(X) = -\int_{-\infty}^{\infty} f(x)\log_2 f(x)\,\mathrm{d}x \tag{12-2}$$

对二元的消息源X和Y，定义联合平均信息量（单位为bit）如下：

$$H(XY) = -\sum_i \sum_j P(x_i y_j) \log_2 P(x_i y_j) \tag{12-3}$$

条件平均信息量（单位为 bit）如下：

$$H(Y \mid X) = -\sum_i \sum_j P(x_i y_j) \log_2 P(y_j \mid x_i) \tag{12-4}$$

式（12-4）表示已知信源 X 中出现 x_i 条件下，Y 中出现的 y_i 的条件平均信息量。也可以定义在已知信源 Y 中出现 y_i 条件下，X 中出现 x_i 的条件平均信息量（单位为 bit）为

$$H(X \mid Y) = -\sum_i \sum_j P(x_i y_j) \log_2 P(x_i \mid y_j) \tag{12-5}$$

平均互信息量（单位为 bit）为：

$$I(X, Y) = -\sum_i \sum_j P(x_i y_j) \log_2 \left[\frac{P(x_i \mid y_j)}{P(x_i]}\right] \tag{12-6}$$

$$= -\sum_i \sum_j P(x_i y_j) \log_2 \left[\frac{P(y_j \mid x_i)}{P(y_j)}\right]$$

2. 示例及 MATLAB 实现

以最简单的二元离散信源为例。若二元信源的统计特性为 $\begin{bmatrix} x_1 & x_2 \\ p & q \end{bmatrix}$，$p + q = 1$。计算该信源的平均信息量 $H(X)$，并作图观察 p 与 $H(X)$ 的关系。

由前面介绍，对单个离散信息源的平均信息量计算可得到

$$H(X) = -p \log_2 p - q \log_2 q \tag{12-7}$$

用 MATLAB 来计算信息量如下：

```
%用于计算离散信源平均信息量的函数文件 message.m
function r = message(x, n)   %参数 x 按概率分布,n 是离散信源的分布值数目
r = 0;
for i = 1:n
r = r-x(i)*log(x(i))/log(2);
end
disp('此离散信源的平均信息量为');
r                    %直接在命令窗口中调用 message 函数,也可以在其他函数中调用
message([0.1,0.9],2)
此离散信源的平均信息量为
r = 0.4690
```

上面是求离散信源的信息量的函数，对于某些离散信源可以求其最大平均信息量，如对二元信源。作出平均信息量与概率 p 的关系图（见图 12-1），一目了然。

```
x = 0.001:0.001:0.999;          %定义数据点
y = -(x.*log(x)/log(2)+(1-x).*log(1-x)/log(2));
plot(x,y)                        %画图
xlabel('概率 p');
ylabel('平均信息量 H(x)');
```

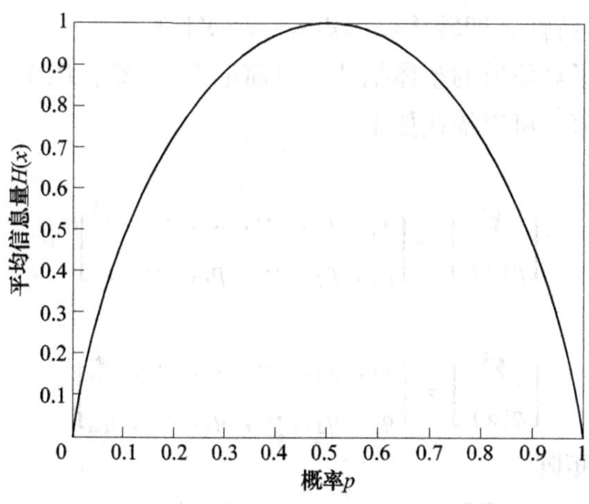

图 12-1　二元信源的平均信息量分布

由图 12-1 可见，该离散信源的最大平均信息量出现在 $p=0.5$ 时。对连续信源，求其平均信息量要使用积分。

```
%计算连续信息源的平均信息量函数 cmessage.m
function r = cmessage(f)
t = -f*log(f)/log(2);
r = int(t, -inf, inf)
disp('平均信息量为');
r = double(r)
```

例如求一个正态分布的信源平均信息量，运行函数如下：

```
syms x u o
u = 3                                          %定义正态分布函数的均值
o = 2;                                         %定义正态分布函数的方差
f = exp(-(x-u)^2/2*o^2)*sqrt(2*pi);            %定义正态分布函数 f
cmessage(f)                                    %调用求平均信息量的函数 cmessage
```

平均信息量为：

```
r = 0.6214
```

12.1.2　信道容量的计算

信道是所传信息的载体，信号所要通过的通道。在信息系统中，信道的主要作用是传输与存储信息，而在通信系统中的主要作用是传输信息，我们主要来讨论后者。

1. 原理与分析

信道有多种分类，比如离散与连续、有记忆与无记忆、有干扰与无干扰等。对信道的统计描述包括：

1）信道输入的统计概率空间：$[\boldsymbol{X}^k, p(x)]$，k 代表输出消息个数。

2）信道输出的统计概率空间：$[\boldsymbol{Y}^k, p(y)]$，k 代表接收消息个数。

3）信道本身的统计特性，即转移概率矩阵：$\boldsymbol{P}(\boldsymbol{Y}|\boldsymbol{X})$。

上面的三要素构成了对信道的整体描述，可简记为：$[\boldsymbol{X}^k,\ P(\boldsymbol{Y}|\boldsymbol{X}),\ \boldsymbol{Y}^k]$。

比如对一个离散信道，可以描述如下：

（1）输入概率矩阵

$$\begin{bmatrix} \boldsymbol{X}^k \\ \boldsymbol{p}(x) \end{bmatrix} = \begin{bmatrix} x_1, & x_2, & \cdots, & x_r, & \cdots, & x_n^k \\ p_1, & p_2, & \cdots, & p_r, & \cdots, & p_n \end{bmatrix} \tag{12-8}$$

（2）输出概率矩阵

$$\begin{bmatrix} \boldsymbol{Y}^k \\ \boldsymbol{q}(x) \end{bmatrix} = \begin{bmatrix} y_1, & y_2, & \cdots, & y_r, & \cdots, & y_m^k \\ q_1, & q_2, & \cdots, & q_r, & \cdots, & q_m \end{bmatrix} \tag{12-9}$$

（3）信道转移概率矩阵

$$\boldsymbol{P} = \begin{bmatrix} P(y_1 | x_1) & \cdots & P(y_m | x_1) \\ \vdots & & \vdots \\ P(y_1 | x_n) & \cdots & P(y_m | x_n) \end{bmatrix}_{n\times m} \tag{12-10}$$

对无干扰的离散信道，信道的最大传信率应等于信源的最大熵。最大熵的求法上面已有讲述。

对有干扰的离散信道，假设通信系统发送端每秒发出 r 个符号，则该信道的信息传输速率为

$$R = I(X,\ Y)_r = [H(X) - H(X/Y)]_r = [H(Y) - H(Y/X)]_r \tag{12-11}$$

而信道容量 C 就是 R 的最大值 $\max(R)$。

在 $H(Y/X)$ 一定时（这是一般情况），当 $H(Y)$ 达到最大值时，信道容量 C 也达到最大值，通常在我们涉及的信道中，信道输入的符号的等概率分布和输出符号的等概率分布是同时存在的，对一个对称信道而言，信源熵有最大值时，信道容量达最大。

2. 示例及 MATLAB 实现

信道输入为等概率分布，即 $p_i=1/4$，$I=1,\ 2,\ 3,\ 4$，有下列两个信道的转移概率矩阵，可以用上面讲述的方法来计算各自的信道容量。

$$(P_{ji}^1) = \begin{bmatrix} 1/2 & 0 & 0 & 0 \\ 0 & 1/2 & 1/2 & 0 \\ 0 & 0 & 1/2 & 1/2 \\ 1/2 & 0 & 0 & 1/2 \end{bmatrix}$$

$$(P_{ji}^2) = \begin{bmatrix} 1/2 & 1/4 & 1/4 & 0 & 0 & 0 & 0 & 0 \\ 0 & 0 & 1/2 & 1/4 & 1/4 & 0 & 0 & 0 \\ 0 & 0 & 0 & 0 & 1/2 & 1/4 & 1/4 & 0 \\ 1/4 & 0 & 0 & 0 & 0 & 0 & 1/2 & 1/4 \end{bmatrix}$$

利用上面的求熵的程序可以求出两个信道的信道容量。

求互信息量的函数文件 hmessage. m：

```
function r = hmessage(x, f, nx, my)
%x 为输出的概率分布,f 为转移概率矩阵,nx 为输出的符号的可选个数,即 x 的元素个数
```

```
%nx 同时也是矩阵 f 的行数,my 是矩阵的列数,也即输出概率空间中的元素个数
sum = 0;
for i=1: nx
     for j=1: my
%通过式子 p(x,y)=p(x)p(y/x)来求 p(x,y),用 t 表示
     t=f(i,j)*x(i)
%求平均互信息量
     sum=sum-t*log(f(i,j))/log(2);
end; end;
r = sum;
disp('平均互信息量为');
double(r)                          %返回结果
```

我们利用函数 dmessage 来求信源的熵，利用函数 hmessage 来求平均互信息量，并最终得到信道容量。实现如下：

```
x = [0.25,0.25,0.25,0.25]
f1 =[1/2,   1/2,    0,     0        %定义信道概率转移矩阵
      0,    1/2,   1/2,    0
      0,     0,    1/2,   1/2
     1/2,    0,     0,    1/2]
hf1 = hmessage(x, f1, 4, 4)         %求平均互信息量
平均互信息量为 hf1=1
hx = dmessage (x,4)
此离散信源的平均信息量为 hx=2
c1= hx-hf1;
信道 1 的信道容量为:c1=1
%对第二个信道
f2 =[ 1/2,  1/4,  1/4,   0,    0,    0,    0,    0
       0,    0,   1/2,  1/4  1/4    0     0     0
       0     0     0     0   1/2   1/4   1/4    0
      1/4    0     0     0    0     0    1/2  1/4]
hf2 = hmessage(x, f2, 4, 8)
平均互信息量为 hf2=1.5000
hx = dmessage(x, 4)
此离散信源的平均信息量为 hx=2
c2 = hx - hf2;
信道 2 的信道容量为:c2=0.5000
```

3. 补充介绍

对连续信道，其信道容量与前述有所不同，信道容量与该连续信道的带宽和信噪比有关系，对无干扰的连续信道其信道容量类似离散信道容量的表示：

$$C = \max[H(X) - H(X/Y)] \cdot 2W = \max[H(Y) - H(Y/X)] \cdot 2W \quad (12\text{-}12)$$

这里 W 表示该连续信道的带宽，从式（12-12）来看，当 W 无限增大时，信道容量也可

以无限增大，但在实际生活中遇到的信道都是带有噪声的，没有上述的理想情况，通常信道中的噪声为加性的白色高斯噪声，此时的信道容量为

$$C = W\log_2(1 + S/N) \qquad (\text{bit/s}) \tag{12-13}$$

时间 T 内的信息量为 $WT\log_2(1 + S/N)$ bit。

上面这个公式称为香农公式，它有着重要的用途，下面简单讨论其用途。

上面公式表明信息量与时间 T、频带 W、信噪比 S/N 都有着联系，我们可以改变其中某一项来获得满足要求的结果，由此提供了不同的通信体制的基本原理。

1）用频带来换取信噪比，这是现代扩频通信系统的基本原理。

这样可以提高通信系统的可靠性。例如，模拟通信中采用增大调频指数，增加带宽来提高信噪比；数字通信中的移动通信采用伪码直接扩频、跳频、时频编码等扩频手段以提高可靠性。

2）用信噪比来换取频带，这是多进制调制通信方式的基本原理。

在优质信道中，信噪比有富裕，而频带紧张，这时采用与1）相反的措施，例如在光缆、电缆信道中，在卫星和微波接力的优质信道中。

3）用时间换取信噪比，这是弱信号累积接收的原理。

由于信号的规则性和噪声的随机性，对噪声强于信号的时候采用此种方式，随着时间积累，信号由弱变强，噪声由强变弱，从而实现弱信号的接收。

由香农公式计算信道容量相对简单，此处就不举例了。

12.1.3　信源编码

通信的根本问题是如何将信源输出的信息在接收端的信宿精确或近似地复制出来。为更有效地实现复制，信源编码就相当重要，因为它能实现通信系统与信源统计特性的匹配。

1. 原理与分析

若接收端要求无失真地精确复制信源输出的消息，这时的信源编码是无失真编码。只有对离散信源可以实现无失真编码，对连续信源其输出的信息量可以为无限大，因此是不可能实现无失真编码的。离散信源的无失真编码实际上是一种概率匹配编码，它可以进一步分为有记忆和无记忆的编码。

若接收端可以容许一定的失真范围，我们就可以计算在给定条件下的编码方案和此时信源所必须传送的最小信息量，这是限定条件下的信源编码问题。信息论原理中关于编码有定长编码定理和变长编码定理，在此不多做赘述，仅使用它来进行讨论。

我们主要讨论无失真编码中的最佳变长编码——哈夫曼编码。

在哈夫曼编码方案中，其步骤为：

1）将信源消息（符号）按概率大小顺序排队。

2）从最小概率的两个消息开始编码，并给以一定的规则，如小概率的下支路编为1（或0），大概率的上支路编为0（或1）。

3）将已编码的两个消息对应的概率合并，并重新按概率大小排序，重复步骤2。

4）重复步骤3，直到合并概率得到了1为止。

5）编程的码字按后出先编的方式，即从概率归一的树根逆行至对应消息（可以参看图

12-2 加以理解）。

2. 示例与求解

有一离散无记忆信源如下：

$$\begin{bmatrix} \boldsymbol{U} \\ \boldsymbol{P} \end{bmatrix} = \begin{bmatrix} U_1 & U_2 & U_3 & U_4 & U_5 & U_6 & U_7 \\ 0.20 & 0.19 & 0.18 & 0.17 & 0.15 & 0.10 & 0.01 \end{bmatrix}$$

对上述这一信源，我们可以对其进行作为一元信源的哈夫曼编码并得到编码效率，相应的二元信源的哈夫曼编码及其编码效率。

1）在哈夫曼编码中，为出现概率小的信源输出分配较长的码字，而对出现概率较大的信源输出分配较短的码字。对一元信源得到的编码方法如图 12-2 所示。

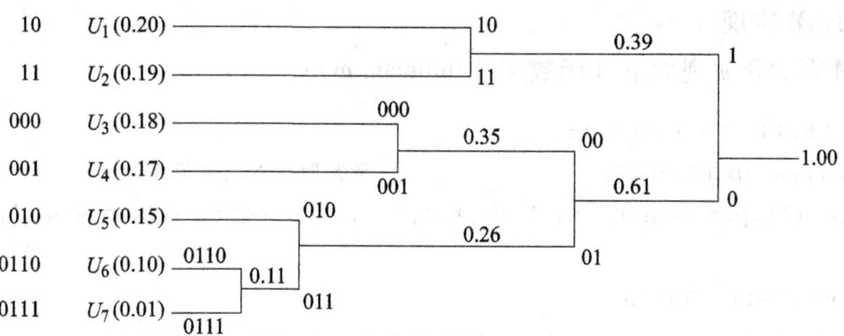

图 12-2　哈夫曼编码树

所得的编码为

$$\begin{bmatrix} U_1 & U_2 & U_3 & U_4 & U_5 & U_6 & U_7 \\ 10 & 11 & 000 & 001 & 010 & 0110 & 0111 \end{bmatrix}$$

信源的熵 $H(u)$ 为 2.6087bit。

而上述编码的平均码长 K 为

$$2\times(0.20+0.19)\text{bit}+3\times(0.18+0.17+0.15)\text{bit}+4\times(0.10+0.01)\text{bit}=2.72\text{bit}$$

效率为

$$\eta=\frac{H(u)}{K}=\frac{2.6087}{2.72}=0.9591$$

2）对信源进行二次扩展得到二元信源，由于一元信源为 7 个符号，则二元信源 $P(X, Y)$ 有 49 个符号，表示如下：

$P(X, Y)$	U_1	U_2	U_3	U_4	U_5	U_6	U_7
U_1	0.0400	0.0380	0.0360	0.0340	0.0300	0.0200	0.0020
U_2	0.0380	0.0361	0.0342	0.0323	0.0285	0.0190	0.0019
U_3	0.0360	0.0342	0.0324	0.0306	0.0270	0.0180	0.0018
U_4	0.0340	0.0323	0.0306	0.0289	0.0255	0.0170	0.0017
U_5	0.0300	0.0285	0.0270	0.0255	0.0225	0.0150	0.0015
U_6	0.0200	0.0190	0.0180	0.0170	0.0150	0.0100	0.0010
U_7	0.0020	0.0019	0.0018	0.0017	0.0015	0.0010	0.0001

其哈夫曼编码为：0000，11101，11001，10011，01011，111110，101111010，11110，11011，10101，10000，01000，111000，101111000，11010，10110，10010，01101，00101，110000，001110110，10100，10001，01110，01010，00011，011111，001110100，01100，01001，00110，00100，00010，001111，001110010，111111，111001，110001，101110，011110，1011111，0011100011，101111011，101111001，001110111，001110101，001110011001110000，0011100010。此编码顺序是按上面列表的行来进行的，即将上面各行连起来成为一个大的一维分布，再对其求哈夫曼编码。

此二元信源的平均信息量为 5.2174（bit）

哈夫曼编码的平均码长为 5.2387（bit）

编码效率为 0.9959，比一元信源提高了。

3. MATLAB 实现

本例的 MATLAB 实现如下（函数文件 huffman.m）：

```
function [h,l] = huffman(p);
if length(find(p<0))~=0,                              %判断输入是否概率分布
    error('Input is not a prob.vector,there is negative component')
end
if abs(sum(p)-1)>10e-10
    error('Input is not a prob.vector,the sum of the components is not equal to 1.')
end
n = length(p);                                        %得到输入的元素个数
q = p;                                                m = zeros(n-1,n);
for i=1:n-1
    [q,l]=sort(q);                                    %判断输入是否概率分布
    m(i,:)=[l(1:n-i+1),zeros(1,i-1)];                q = [q(1)+q(2),q(3:n),1];
end
for i=1:n-1
    c(i,:)=blanks(n*n);
end
c(n-1,n)='0';                                         c(n-1,2*n)='1';
for i=2:n-1
    c(n-i,1:n-1)=c(n-i+1,n*(find(m(n-i+1,:)==1))-(n-2):  n*(find(m(n-i+
    1,:)==1)));
    c(n-i,n) = '0';                                   c(n-i,n+1:2*n-1)=c(n-i,1:n-1);
    c(n-i,2*n) = '1';
    for j=1:i-1
        c(n-i,(j+1)*n+1:(j+2)*n)=c(n-i+1,n*(find(m(n-i+1,;)==j+1)-1)+
        1:n*find(m(n-i+1,:)==j+1));
end; end
for i=1:n
    h(i,1:n)=c(1,n*(find(m(1,:)==i)-1)+1:find(m(1,:)==i)*n);
    ll(i)=length(find(abs(h(i,:))~=32));
```

```
end
l=sum(p.*ll);
```

在计算信源平均信息量的时候调用了前面介绍的函数 dmessage。

通常哈夫曼编码的效率是小于 1 的，但是当信源为某些特殊情况时，效率可以达到 1，不过是不可能超过 1 的。如

$$p=\begin{bmatrix} U_1 & U_2 & U_3 & U_4 & U_5 \\ 1/2 & 1/4 & 1/8 & 1/16 & 1/16 \end{bmatrix}$$

分别调用 huffman.m 和 dmessage.m 函数计算如下：

```
p=[1/2,1/4,1/8,1/16,1/16]                        %定义概率序列
p=0.50000.25000.12500.06250.0625
i= dmessage(p, 5)                                %求平均信息量
此离散信源的平均信息量为
i=1.8750
[h, l]= huffman(p)                               %求哈夫曼编码及其平均码长
h=       1                                       %得到的结果
             01                                  %按概率的大小排列
              001
             0000
             0001
l=1.8750                                         %信源的平均信息量
n=i/l                                            %求编码效率
n=1
```

当概率分布的所有概率都是 1/2 的正数次幂时，编码效率能达到 1。

12.2　模拟线性调制

在数字信号通信快速发展以前主要是模拟通信，由于为了合理使用频带资源、提高通信质量，需要使用模拟调制技术，通常连续波的模拟调制是以正弦波为载波的调制方式，它分为线性调制和非线性调制。线性调制是指调制后的信号频谱为调制信号频谱的平移或线性变换，而非线性调制则没有这个性质。

本节将介绍几种模拟信号的连续波线性调制，主要就是幅度调制，它包括常规幅度调制、抑制载波双边带调幅、单边带调幅和残留边带调幅几种方法。每一种调制都通过几个特点来表征：

1）调制信号的时域表达式。

2）调制信号的频域表达式。

3）调制信号的带宽。

4）调制信号的功率分布。

5）调制信号的信噪比。

在介绍调制方式时，我们将尽量讲清楚每种方式的特点（优劣处）和实现方式。

12.2.1　常规双边带调幅（AM）

1. 原理与分析

在常规双边带调幅中，载波的幅度包络与输入的调制信号成正比，其时域表达式为

$$S_{AM}(t) = [A_0 + f(t)]\cos(\omega_c t + \theta_c) \tag{12-14}$$

式中，A_0 为外加的直流分量；$f(t)$ 为调制信号，可以是确定性信号，也可以是随机信号，通常认为其平均值为 0。

注意常规调幅必须保证 $A_0 + f(t)$ 的绝对值大于零。ω_c 为载波的角频率；θ_c 为载波的初始相位。如果调制信号为单频余弦波，即

$$f(t) = A_m\cos(\Omega_m t + \theta_m) \tag{12-15}$$

则称 A_m/A_0 为调制系数。

典型的时域波形如图 12-3 所示。

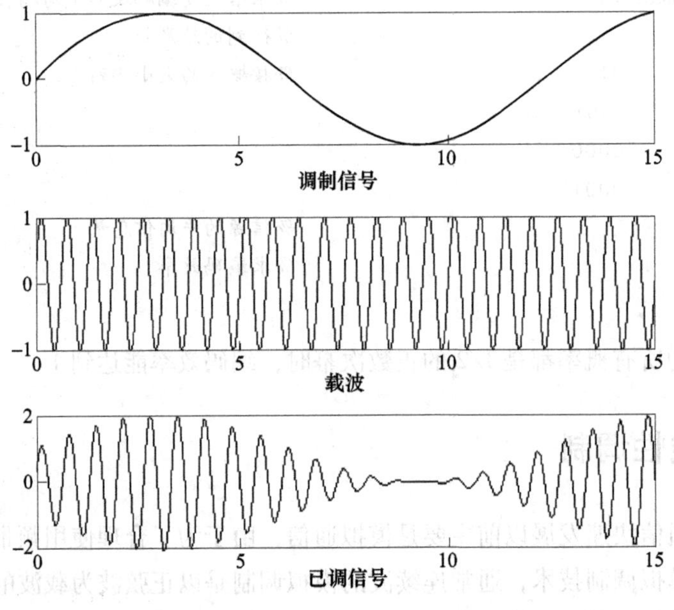

图 12-3　常规幅度调制的典型时域波形

若记 $F(f)$ 为调制信号的频域表达式，则已调信号的频域表达式为

$$S_{AM}(f) = \frac{A_0}{2}\delta(f - f_c) + \frac{A_0}{2}\delta(f + f_c) + \frac{1}{2}F(f - f_c) + \frac{1}{2}F(f + f_c) \tag{12-16}$$

从频域表达式可以看出，已调信号的频带宽度是调制信号的频带的两倍：

$$B_T = 2W_0 \tag{12-17}$$

此种调制方式占用频带较宽。由于被调信号的包络就是调制信号叠加一个直流，因此易于实现峰值包络解调。在频域表达式中可以看出包含有正弦载波分量，即有部分功率耗用在载波上，没有用于信息的传送，从效率上看，常规幅度调制方式效率较低，但由于其调制和

解调都简单，因而得到广泛的应用。

典型的常规幅度调制的频域图如图 12-4 所示。

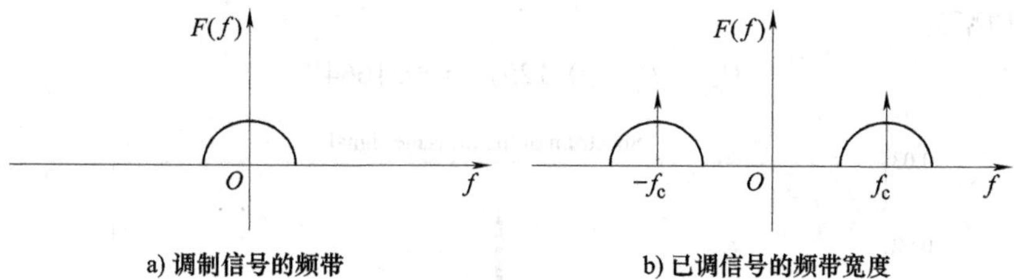

a) 调制信号的频带　　b) 已调信号的频带宽度

图 12-4　常规幅度调制的频域图

2. 示例与求解

有一有限长度信号 $S(t)$，其表达式为

$$S(t)=\begin{cases} t,\ 0<t<t_0/4 \\ -t+t_0/4,\ t_0/4<t<3t_0/4 \\ t-t_0,\ 3t_0/4<t<t_0 \end{cases}$$

将其调制在载波 $C(t)=\cos 2\pi f_c t$ 上，假设 $t_0=0.5\text{s}$，$f_a=50\text{Hz}$，调制系数为 $a=0.8$，求出已调制信号的时域表达式和时域波形，以及未调信号和已调信号的频谱关系图，计算出已调信号和未调信号的功率，并且考虑有噪声的情况，假设信噪比为 10dB，求出噪声功率。

1）已调信号的时域表达式为

$$M(t)=[1+0.8S(t)]\cos 2\pi f_c t$$

这里时域表达式给 $S(t)$ 乘上了 0.8 是因为调制时要进行归一化，将 $S(t)$ 除以最大值，这样就可以保证了调制系数的正确性。

其波形如图 12-5 所示。

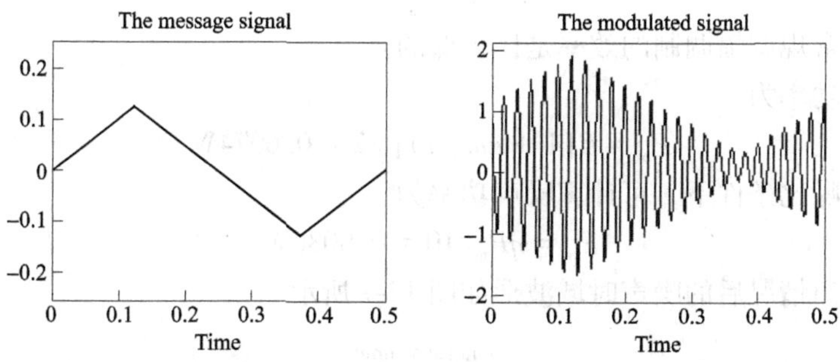

图 12-5　三角脉冲常规调幅的波形

从图形可以看出，已调信号的包络就是未调信号，因此我们可以用峰值包络进行解调。

2）未调信号的频谱以及已调信号的频谱如图 12-6 所示。

从频谱图可以看出，原信号的频率分量主要集中在低频但是直流并不多，经调制后，频谱被搬移到载波的频率附近，并且出现了较多的载频分量，事实上这是两个冲激函数，原因就是调制时给未调信号叠加直流，而直流调频后就成为载频。

未调信号的功率 P_S 由下式计算：

$$P_S = \frac{1}{0.5}\left[\int_0^{0.125} t^2 dt + \int_{0.125}^{0.375} (0.25 - t)^2 dt + \int_{0.375}^{0.5} (t - 0.5)^2 dt\right] = 0.0026$$

归一化功率为

$$P_{S_n} = P_S / (0.125)^2 = 0.1664\mathrm{W}$$

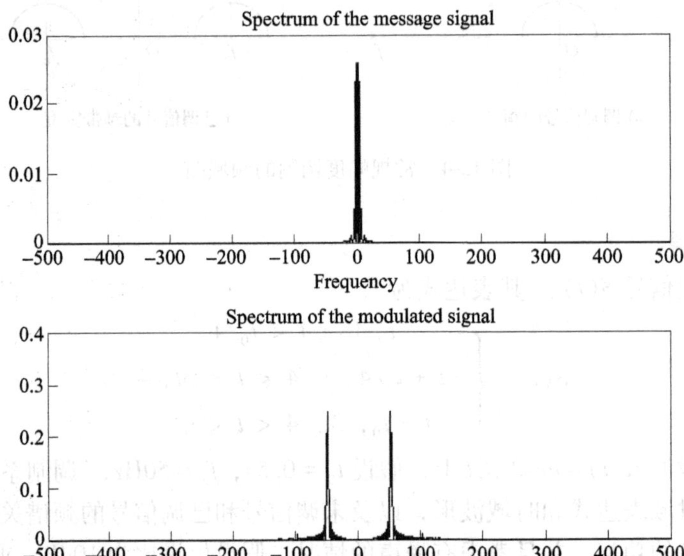

图 12-6　三角脉冲常规调幅的频谱图

调制效率为

$$\eta = \frac{a^2 P_{S_n}}{1 + a^2 P_{S_n}} = 0.0955$$

可以看出，常规调幅调制的效率是比较低的。

调制信号的功率为

$$P_m = E[1 + am_n(t)]/2 = 0.6074\mathrm{W}$$

在给定的信噪比条件下，可计算噪声功率为

$$P_n = \eta P_m / 10 = 0.0086\mathrm{W}$$

在考虑了噪声情况后的噪声时域波形如图 12-7 所示。

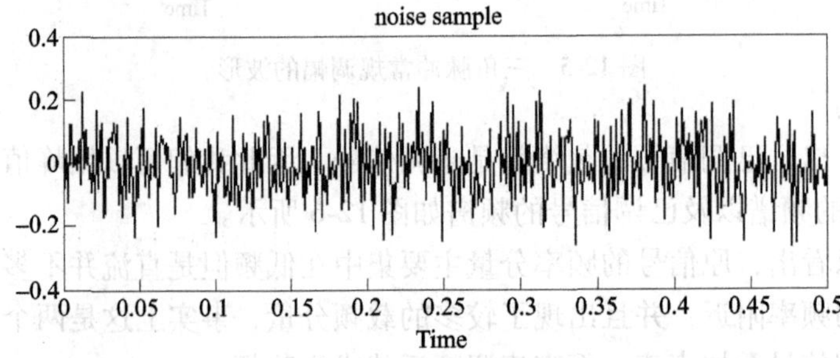

图 12-7　噪声的时域波形表示

叠加了噪声信号的时域波形如图 12-8 所示。

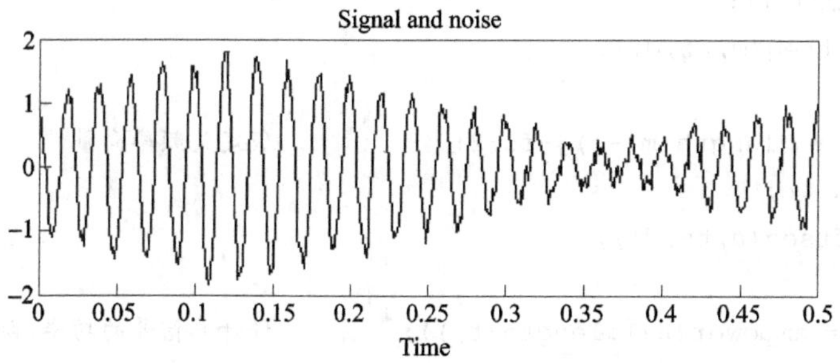

图 12-8　叠加了噪声的已调制信号时域波形图

叠加了噪声信号的频谱图如图 12-9 所示。

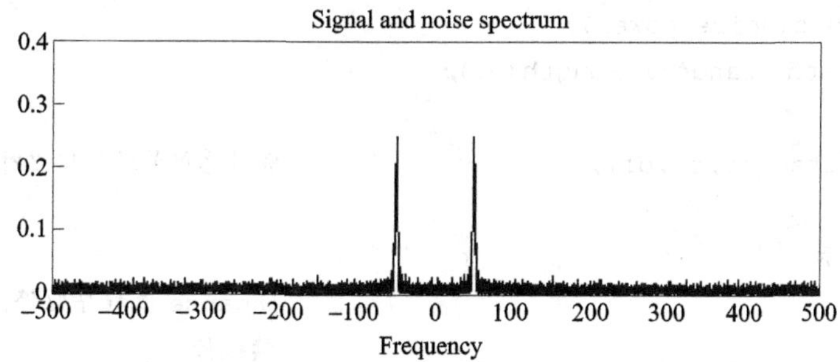

图 12-9　叠加了噪声的已调制信号的频谱图

3. MATLAB 实现

上面是计算结果，下面来看看如何用 MATLAB 来实现上述解题过程。以下是主要计算过程及画图的脚本文件 amodulate. m。

```
echo on
fz=1/tz;
df=0.2;
snr_lin=10^(snr/10);
t0=0.5;
tz=0.001;
fa=50;
snr= 10;
a=0.8;
t=[0:tz:t0];
%定义信号 m
m=zeros(1,501);
for i=1:1:125,m(i)=i;                      end
for i=126:1:375,m(i)=m(125)-i+125;         end
for i=376:1:501,m(i)=m(375)+i-375;         end
m=m/1000;
```

```
c=cos(2*pi*fa.*t);
m_n= m/max(abs(m));
[M,m,df1]=fftseq(m,tz,df);
M=M/fz;
f=[0:df1:df1*(length(m)-1)]-fz/2;                %定义频率向量
u=(1+a*m_n).*c;
[U,u,df1]=fftseq(u,tz,df);
U= U/fz;
signal_power= ampower(u(1:length(t)));           %计算信号的功率,函数 ampower 程序段
                                                 见后
pmn= ampower(m(1:length(t)))/(max(abs(m)))^2;    %计算调制信号的功率
eta=(a^2*pmn)/(1+a^2*pmn);
noise_power=eta*signal_power/snr_lin;            %计算噪声功率
noise_std =sqrt(noise_power);
noise=noise_std*randn(1,length(u));
r=u+noise;
[R,r,df1]= fftseq(r,tz,df);                      %对总信号进行傅里叶变换
R=R/fz;
%以下为结果显示
pause                                            %pause 使程序暂停,用户按任意键后继
                                                 续执行
signal_power                                     %显示信号功率
pause
eta                                              %显示调制效率
pause
subplot(2,2,1)
plot(t,m(1:length(t)))                           %作出调制信号的曲线
axis([0 0.5 -0.25 0.25]);
xlabel('Time')
title('The message signal');
pause
subplot(2,2,2)
plot(t,u(1:length(t)))                           %作出已调制信号的曲线
axis([0 0.5 -2.1 2.1]);
xlabel('Time')
title('The modulated signal');
pause
subplot(2, 2, 3)
plot(t,c(1:length(t)))%作出载波的曲线
axis([0 0.15 -2.1 2.1]);
xlabel('Time')
title('The carrier');
pause
```

```
subplot(2,1,1)
plot(f,abs(fftshift(M)))                              %作出频域的调制信号
xlabel('Frequency');
title('Spectrum of the message signal')
pause;
subplot(2,1,2)
plot(f,abs(fftshift(U)))                              %作出频域的已调制信号
title('Spectrum of the modulated signal');
xlabel('Frequency')
pause
subplot(2,1,1)
plot(t,noise(1:length(t)))                            %作出噪声曲线
title('noise sample');
xlabel('Time')
pause
subplot(2,1,2)
plot(t,r(1:length(t)))                                %作出总信号的时域曲线
title('Signal and noise');
xlabel('Time')
pause
subplot(2,1,2)
plot(f,abs(fftshift(R)))                              %作出频域的总信号曲线
title('Signal and noise spectrum');
xlabel('Frequency')
```

以下是 fftseq. m 函数文件，此函数在后面的程序中还将使用。

```
function[ M,m,df]=fftseq(m,tz,df)
fz=1/tz;
if nargin==2                                          %判断输入参数的个数是否符合要求
n1=0;
else n1= fz/df;                                       %根据参数个数决定是否使用频率缩放
end
n2=length(m);
n=2^(max(nextpow2(n1),nextpow2(n2)));
M=fft(m,n);                                           %进行离散傅里叶变换
m=[m,zeros(1,n-n2)];
df=fz/n;
```

以下是 ampower. m 函数文件，此函数仅用于计算本题中的信号功率。

```
function p= ampower(x)
p=(norm(x)^2)/length(x);              %计算出信号能量
t0=0.15;
tz=0.001;
```

```
m=zeros(1,501);
for i=1:1:125                          %计算第一段信号值的功率
   m(i)=i;
end
for i=126:1:375                        %计算第二段信号值的功率
m(i)=m(125)-i+125;
end
fori=376:1:501                         %计算第三段信号值的功率
m(i)=m(375)+i-375;
end
m=m/1000;                              %功率归一化
m_hat=imag(hilbert(m));
```

12.2.2 抑制载波双边带调幅（DSB-SC）

1. 原理与分析

由于常规幅度调制的效率太低，耗用了大量功率，在小功率场合很不方便，而抑制载波双边带调幅就克服了效率低的缺点，它的特点是直接将未调信号与载波相乘，而不是先叠加一个直流在未调信号上然后再相乘。时域表达式为

$$S_{DSB}(t) = Af(t)\cos(\omega_c t + \theta_c) \tag{12-18}$$

若以单频余弦调制为例，则典型波形如图 12-10 所示（横坐标为时间，纵坐标为波形幅值）。读者可以将此图与常规幅度调制的图形进行比较，得出两者的不同之处。

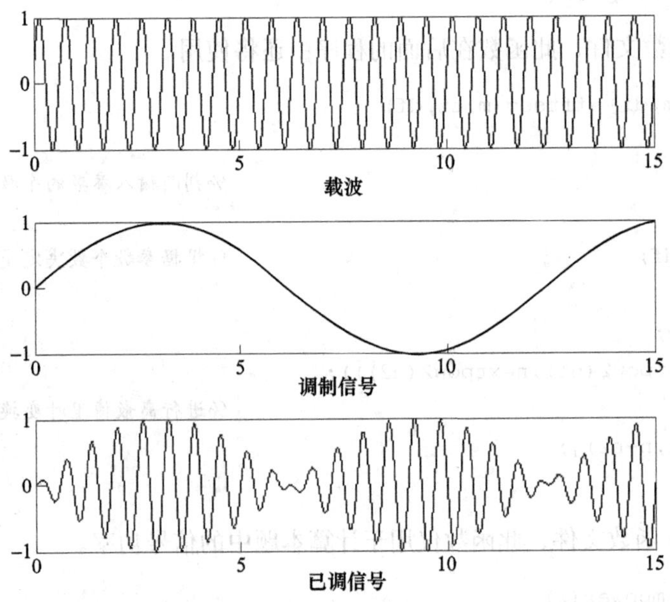

图 12-10　抑制载波调幅的时域波形

抑制载波双边带调制的频谱与常规调幅类似，但没有载频的冲激分量。若记 $F(f)$ 为调

制信号的频域表达式，则已调信号的频域表达式为

$$S_{\mathrm{DSB}}(f)=\frac{1}{2}F(f-f_c)+\frac{1}{2}F(f+f_c) \tag{12-19}$$

从频域表达式可以看出，已调信号的频带宽度仍是未调信号的频带的两倍：$B_T=2W$，如图 12-11 所示。

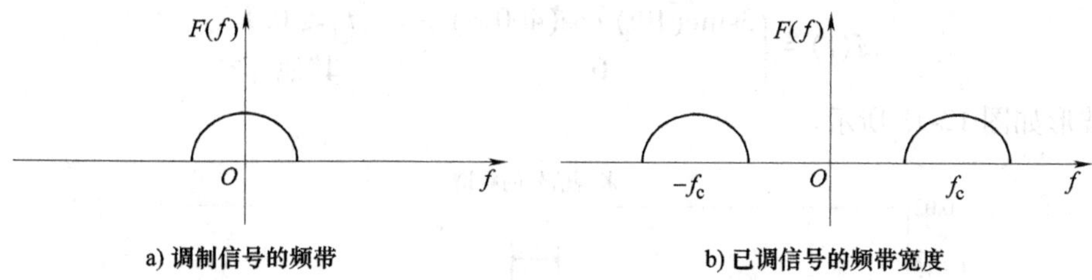

图 12-11　抑制载波调幅的频谱图

如对上一节的例子求其抑制载波的双边带调制，只需改变主文件 amodulate. m 中 u 的定义，改为

```
u=(a*m_n).*c;                            %将调制信号调制在载波上
```

得到的波形和频谱如图 12-12 所示。

注意这里 a 不再叫作调制系数了，它仅仅是一个改变幅度的常数。

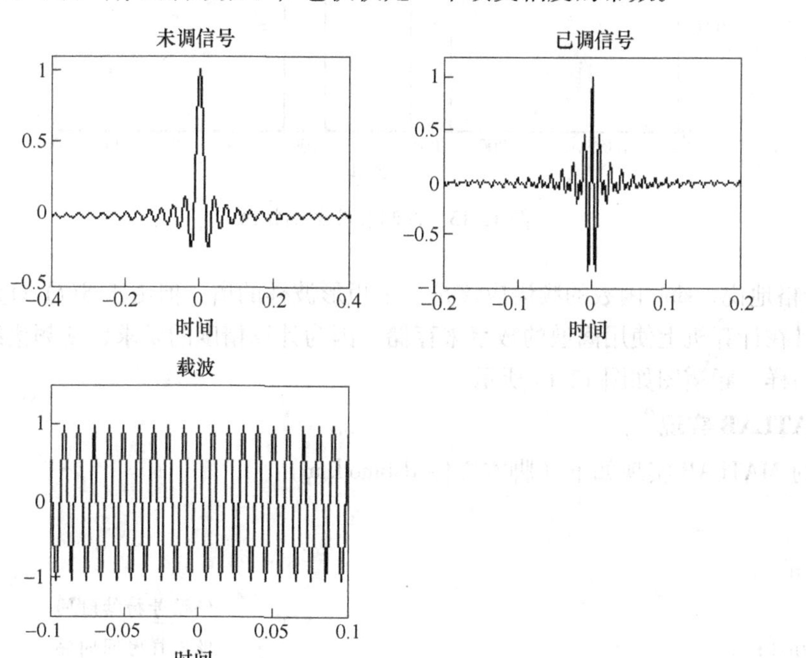

图 12-12　抑制载波调幅波形和频谱

2. 示例与求解

下面我们举一个带限信号的抑制载波双边带调幅的例子，未调制信号为

$$S(t)=\begin{cases}\mathrm{sinc}(200t), & |t|\leqslant t_0\\ 0, & \text{其他}\end{cases}$$

式中，t_0 取2s，载波为 $C(t)=\cos 2\pi f_c t$，$f_c=100\mathrm{Hz}$，用抑制载波调幅来调制信号，给出调制信号 $M(t)$ 波形，画出 $S(t)$ 和 $M(t)$ 的频谱。

1）$M(t)=S(t)C(t)$，即

$$M(t)=\begin{cases}3\mathrm{sinc}(10t)\cos(400\pi t), & |t|\leqslant 0.1\\ 0, & \text{其他}\end{cases}$$

其时域波形如图12-13所示。

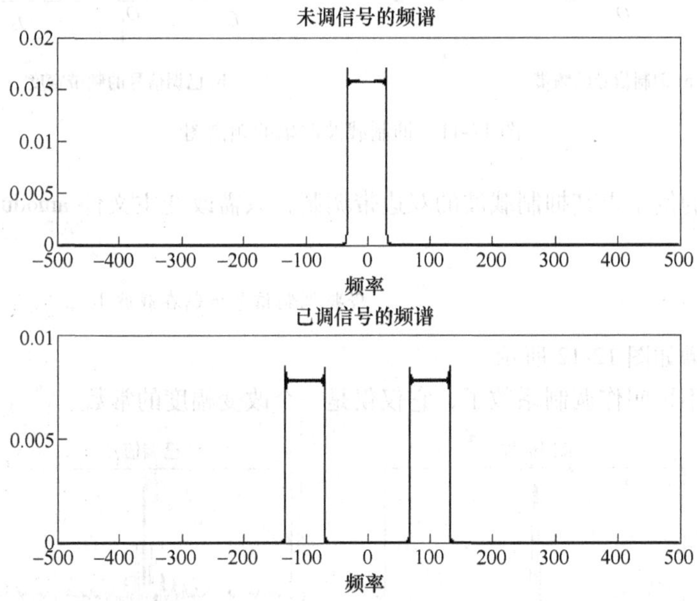

图12-13　抑制载波调幅频谱

2）严格地说，sinc函数的频谱应该是一个矩形波样的谱，但由于 $S(t)$ 只是sinc函数的一段，并且在计算机上使用离散的数字来存储，因为计算精度的要求，使频谱结果与矩形波谱不完全一样。频谱图如图12-13所示。

3. MATLAB实现

本例的MATLAB实现如下（脚本文件dsbmod.m）：

```
clear
echo on
t0=2;                                   %信号持续时间
ts=0.001;                               %采样时间间隔
fc=100;                                 %载波频率
fs=1/ts;
df=0.3;                                 %频率分辨率
t=[-t0/2:ts:t0/2];                      %定义时间序列
%以下三句为定义信号序列
```

```
x=sin(200*t);
m=x./(200*t);
m(1001)=1;                          %避免产生无穷大的值
c=cos(2*pi*fc.*t);                  %载波
u=m.*c;                             %抑制载波调制
[M,m,df1]=fftseq(m,ts,df);          %傅里叶变换
M=M/fs;
[U,u,df1]=fftseq(u,ts,df);          %傅里叶变换
U=U/fs;                             %频率压缩
f=[0:df1:df1*(length(m)-1)]-fs/2;
pause
clf
subplot(2,2,1)
plot(t,m(1:length(t)))              %作出未调信号的波形
axis([-0.4,0.4,-0.5,1.1])
xlabel('时间');
title('未调信号')
pause;                              %暂停程序,待按键后继续执行
subplot(2,2,3)
plot(t,c(1:length(t)))
axis([-0.1,0.1,-1.5,1.5])
xlabel('时间');
title('载波')
pause
subplot(2,2,2)
plot(t,u(1:length(t)))
axis([-0.2,0.2,-1,1.2])
xlabel('时间');
title('已调信号')
pause
subplot(2,1,1)
plot(f,abs(fftshift(M)))
xlabel('频率');
title('未调信号的频谱');            subplot(2,1,2)
plot(f,abs(fftshift(U)))
xlabel('频率');
title('已调信号的频谱');
```

12.2.3 单边带调幅（SSB）

前面讲述的常规双边带调幅和抑制载波双边带调幅都有一个缺点，就是占用频带资源过宽，从频谱图能看出有一半的频带资源被浪费了，为此人们又给出了单边带（SSB）调幅调制方式，此种方式的优点是调制效率高，占用频带资源相对较少。

1. 原理与分析

单边带调幅方式的时域表达式比较复杂，有上边带（USB）和下边带（LSB）两种方式，表达式分别如下：

$$\begin{cases} S_{\mathrm{USB}}(t) = \dfrac{1}{2}f(t)\cos\omega_c t - \dfrac{1}{2}f(\hat{t})\sin\omega_c t \\ S_{\mathrm{LSB}}(t) = \dfrac{1}{2}f(t)\cos\omega_c t + \dfrac{1}{2}f(\hat{t})\sin\omega_c t \end{cases} \tag{12-20}$$

式中，$f(\hat{t})$ 为$f(t)$ 的希尔伯特变换，从时域上来讲两者有以下关系式：

$$\begin{cases} f(\hat{t}) = \dfrac{t}{\pi} * f(t) = \dfrac{1}{\pi}\displaystyle\int_{-\infty}^{+\infty}\dfrac{f(u)}{t-u}\mathrm{d}u \\ f(t) = \dfrac{t}{\pi} * f(\hat{t}) = -\dfrac{1}{\pi}\displaystyle\int_{-\infty}^{+\infty}\dfrac{f(\hat{u})}{t-u}\mathrm{d}u \end{cases} \tag{12-21}$$

从频域上来讲两者的关系式为

$$\begin{cases} F(\hat{\omega}) = -\mathrm{j}\,\mathrm{sgn}(\omega)\,F(\omega) \\ F(\omega) = -\mathrm{j}\,\mathrm{sgn}(\omega)\,F(\hat{\omega}) \end{cases} \tag{12-22}$$

单边带变换的频域表达式为

$$\begin{cases} S_{\mathrm{USSB}}(f) = F(f-f_c) + F(f+f_c)\ ,\ f_c \leqslant |f| \\ S_{\mathrm{LSSB}}(f) = F(f-f_c) - F(f+f_c)\ ,\ f_c \leqslant |f| \end{cases} \tag{12-23}$$

通常单边带调幅的频谱变化如图 12-14 和图 12-15 所示。

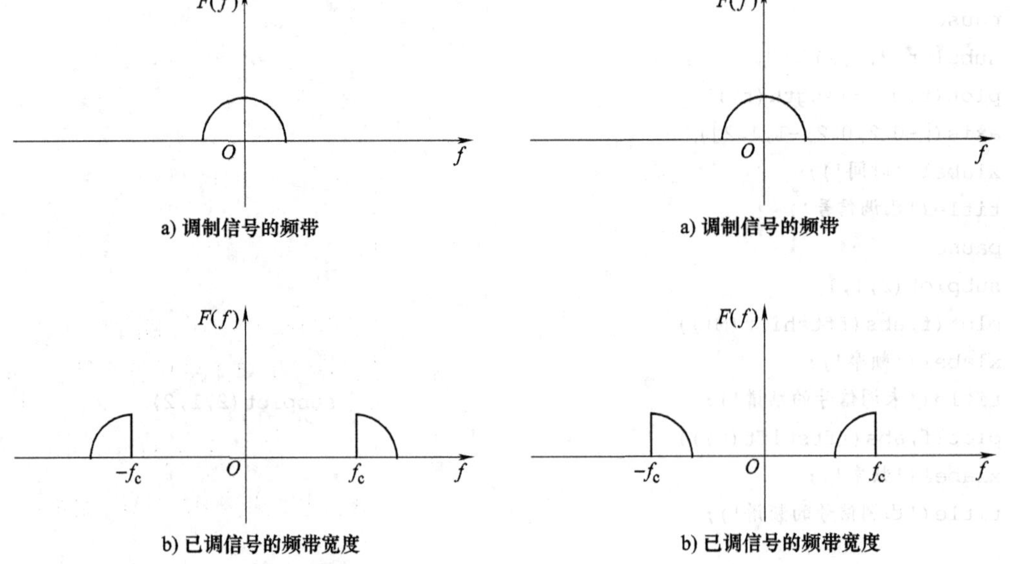

图 12-14　上边带（USB）调幅波的频谱图　　　图 12-15　下边带（LSB）调幅波的频谱图

从图上可以看出，单边带调幅的带宽为 $B_r = W$。

2. 示例与求解

下面我们举一个带限信号的单边带调幅的例子，未调制信号为

$$S(t)=\begin{cases}[\mathrm{sinc}(200t)]^2, & |t|\leqslant t_0\\ 0, & \text{其他}\end{cases}$$

式中，t_0 取 2s，载波为 $C(t)=\cos 2\pi f_c t$，$f_c=100\text{Hz}$，本例与抑制载波双边带调幅的例子类似，是上例的信号二次方而得，作出单边带调幅波 $M(t)$ 的波形，信号 $S(t)$ 和 $M(t)$ 的频谱。

单边带的时域表达式中含有希尔伯特变换，其表示式如下：

$$M_{\mathrm{USSB}}(t)=\frac{1}{2}[S(t)\cos 2\pi f_c t-S(\hat{t})\sin 2\pi f_c t]$$

$$M_{\mathrm{LSSB}}(t)=\frac{1}{2}[S(t)\cos 2\pi f_c t+S(\hat{t})\sin 2\pi f_c t]$$

作出图像如图 12-16 所示。

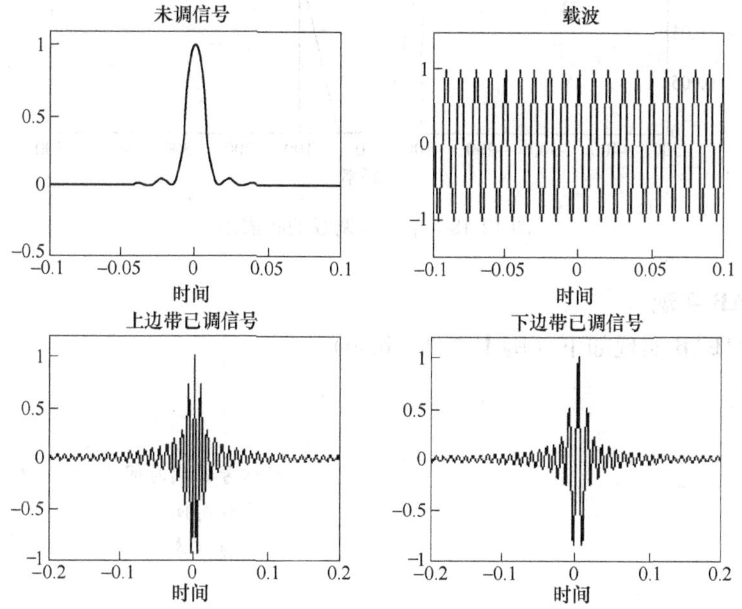

图 12-16　单边带调幅波形

从时域波形可以看出，单边带调幅波形的包络已经不能反映未调信号的幅度了，所以只能采用相干解调方式。另外，上、下边带的调制波形区别不是很大，因为它们的频谱具有某种对称性。

原信号的频谱图如图 12-17 所示，变换后的频谱图如图 12-18 所示。

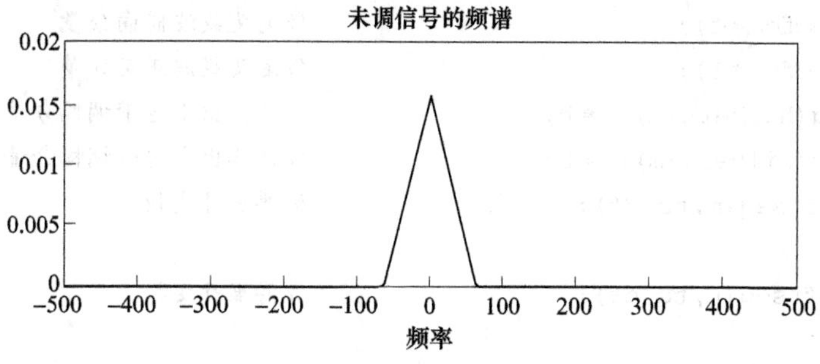

图 12-17　原信号的频谱

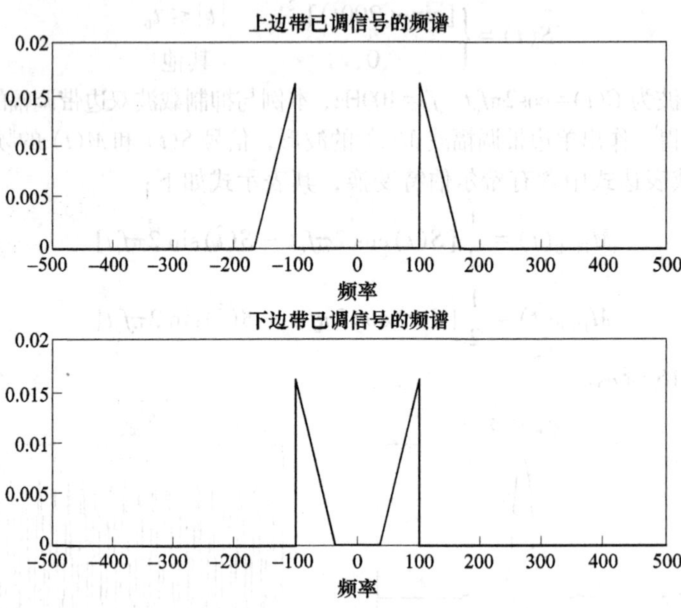

图 12-18　单边带调幅的频谱图

3. MATLAB 实现

本例的 MATLAB 实现如下（脚本文件 ssb. m）：

```
clear
echo on
t0=2;                                              %信号持续时间
ts=0.001;                                          %采样时间
fc=100;                                            %载波频率
fs=1/ts;
df=0.3;                                            %频率分辨力
t=[-t0/2:ts:t0/2];
%以下四句为定义信号序列
x=sin(200*t);
m=x./(200*t);
m(1001)=1;
m=m.*m;
c=cos(2*pi*fc.*t);                                 %定义载波同向分量
b=sin(2*pi*fc.*t);                                 %定义载波正交分量
v=m.*c+imag(hilbert(m)).*b;                        %计算出下边带调幅分量
u=m.*c-imag(hilbert(m)).*b;                        %计算出上边带调幅分量
[M,m,df1]=fftseq(m,ts,df);                         %傅里叶变换
M=M/fs;
[U,u,df1]=fftseq(u,ts,df);                         %傅里叶变换
U=U/fs;
[V,v,df1]=fftseq(v,ts,df);                         %傅里叶变换
```

```
V=V/fs;
f=[0:df1:df1*(length(m)-1)]-fs/2;
pause;
clf
subplot(2,2,1)
plot(t,m(1:length(t)));
axis([-0.1,0.1,-0.5,1.1])
xlabel('时间');
title('未调信号');
pause;
subplot(2,2,2)
plot(t,c(1:length(t)));
axis([-0.1,0.1,-1.5,1.5])
xlabel('时间');
title('载波');
pause;
subplot(2,2,3)
plot(t,u(1:length(t)));                                   %作出上边带信号波形
axis([-0.2,0.2,-1,1.2])
xlabel('时间');
title('上边带已调信号');
pause;
subplot(2,2,4)
plot(t,v(1:length(t)));                                   %作出下边带信号波形
axis([-0.2,0.2,-1,1.2])
xlabel('时间');
title('下边带已调信号');
pause;
subplot(2,1,1)
plot(f,abs(fftshift(M)));
xlabel('频率');
title('未调信号的频谱');
pause;
subplot(2,1,1)
plot(f,abs(fftshift(U)));
xlabel('频率');
title('上边带已调信号的频谱');
subplot(2,1,2)
plot(f,abs(fftshift(V)));
xlabel('频率');
title('下边带已调信号的频谱');
```

12.2.4 残留边带调幅（VSB）

残留边带调幅是介于单边带调幅和已知双边带调幅之间的一种调幅方式，在残留边带调制中传送一个边带，并且保留另一个边带的一部分。其主要优点是实现较简单，不似单边带调幅的具体实现那样困难，又比抑制载波双边带调幅节省频带。其关键在于实现残留边带调幅调制的滤波器传播特性 H_{VSB}。由于其实现较困难，并且应用不广，本书不做介绍。

12.3 模拟角度调制

模拟角度调制与线性调制（幅度调制）不同，角调制中已调信号的频谱与调制信号的频谱之间不存在对应关系，而是产生了与频谱搬移不同的新频率分量，因而呈现非线性过程的特征，又称为非线性调制。

角度调制分为频率调制和相位调制，通常使用较多的是频率调制，频率调制与相位调制可以互相转化。

12.3.1 频率调制

在模拟调制中，一个连续波有三个参数可以用来携带信息而构成已调信号。当幅度和相位保持不变时，改变载波的频率使之随未调信号的大小而改变，这就是调频的概念。

1. 原理与分析

调频调制方式的载波的瞬时角频率是调制信号的线性函数，即有：

瞬时角频率偏移为 $\Delta\omega = K_{\text{FM}}f(t)$， 瞬时角频率为 $\omega = \omega_c + K_{\text{FM}}f(t)$。其中，$K_{\text{FM}}$ 称为频偏常数。

2. 示例及求解

我们以单频调制为例，信号

$$S(t) = \begin{cases} 1, & 0 < t < t_0/3 \\ -2, & t_0/3 < t < 2t_0/3 \\ 0, & 2t_0/3 < t < t_0 \end{cases}$$

采用载波 $C(t)=\cos 2\pi f_c t$ 进行调频，$f=200\text{Hz}$，$t_0=0.15\text{s}$，偏移常数 $K_{\text{FM}}=50$，现给出未调信号和调制信号的波形以及未调信号和调制信号的频谱。

调制信号的时域表达式为

$$M(t) = A_c\cos\left(2\pi f_c t + 2\pi K_F\int_{-\infty}^{t} S(\tau)\,d\tau\right) \tag{12-24}$$

所以要画出波形，应当先对信号积分，然后画图得到图 12-19。从图形可以很直观地看出调频信号的频率随未调信号的幅度改变而改变，而频谱则如图 12-20 所示。

很显然，本例中调频信号的频谱同未调信号的频谱几乎没有相似性，这是调频与调幅最大的不同。给出的未调信号的频带宽度是无限的，为了定义出调制常数，我们使用未调信号的近似带宽：

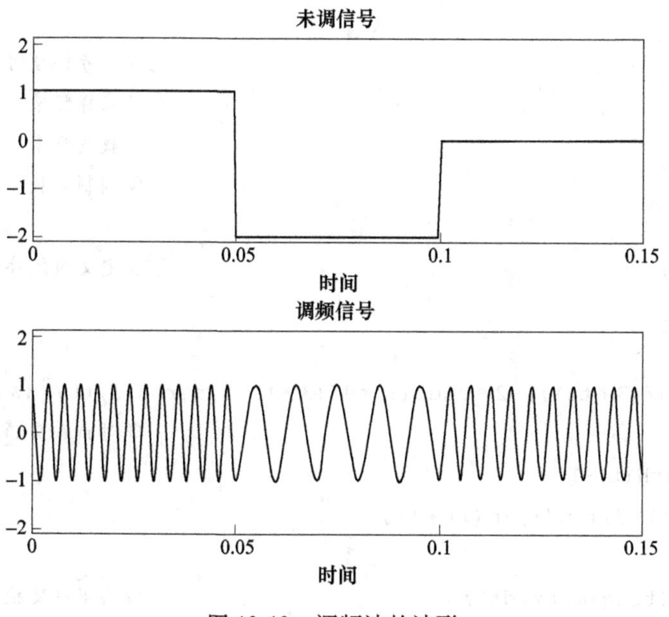

图 12-19　调频波的波形

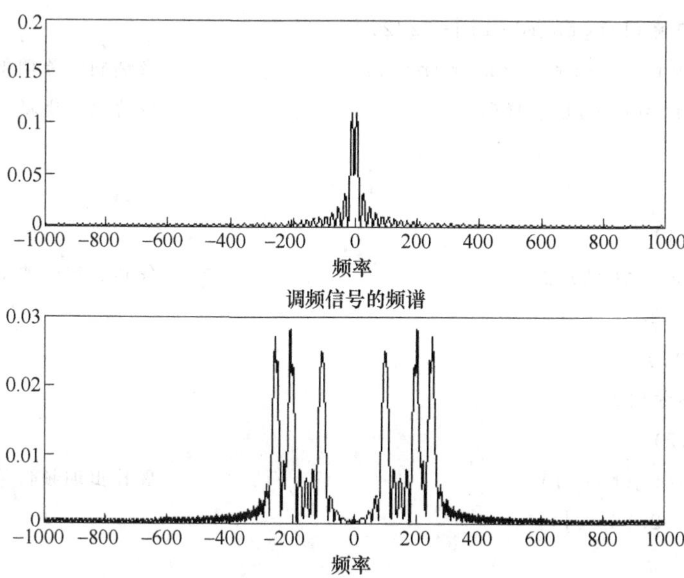

图 12-20　调频波的频谱图

$$\beta = \frac{K_F \max|m(t)|}{W} \tag{12-25}$$

例如定义带宽为 $S(t)$ 的主瓣宽度，则有 $W=20\text{Hz}$，可推算出 $\beta=5$。

调频信号的另一个特点是，它不改变总功率，而只是改变功率在各分量之间的分配关系，比如抑制载波上的功率，使某一边频的功率占的比例较大。

3. MATLAB 实现

MATLAB 的实现程序如下（函数文件 fm. m）：

```
echo on
t0=0.15;                                        %信号持续时间
tz=0.0005;                                      %采样频率
fc=200;                                         %载波频率
kf=50;                                          %调制系数
fz=1/tz;
t=[0:tz:t0];                                    %定义时间序列
df=0.25;
%定义信号序列
m=[ones(1,t0/(3*tz)),-2*ones(1,t0/(3*tz)),zeros(1,t0/(3*tz)+1)];
int_m(1)=0;                                     %对m积分,以便后面的调频
for i=1;length(t)-1
    int_m(i+1)=int_m(i)+m(i)*tz;
end
[M,m,df1]=fftseq(m,tz,df);                      %傅里叶变换
M=M/fz;
f=[0:df1:df1*(length(m)-1)]-fz/2;
u=cos(2*pi*fc*t+2*pi*kf*int_m);                 %调制信号调制在载波上
[U,u,df1]=fftseq(u,tz,df);                      %傅里叶变换
U=U/fz;
pause
subplot(2,1,1)
plot(t,m(1:length(t)))                          %作出信号波形
axis([0 0.15 -2.12.1]);
xlabel('时间');
title('未调信号');
subplot(2,1,2)
plot(t,u(1:length(t)))                          %作出调频信号波形
axis([0 0.15 -2.1 2.1]);
xlabel('时间');
title('调频信号');
pause
subplot(2,1,1)
plot(f,abs(fftshift(M)))                        %作出原信号频谱
xlabel('频率');
subplot(2,1,2)
plot(f,abs(fftshift(U)))                        %作出调频信号频谱
title('调频信号的频谱');
xlabel('频率');
```

12.3.2　相位调制

1. 原理与分析

如同调频一样，若对载波的相位进行调制，将信号的信息加在载波的相位上则形成调相信号，调相的表达式为

$$S_{PM}(t) = A\cos[\omega_c t + K_{PM}f(t) + \varphi_0] \tag{12-26}$$

式中，K_{PM} 为相移指数。这种调制方式，载波的幅度和角频率不变，而瞬时相位偏移是调制信号 $f(t)$ 的线性函数，称为相位调制。

当调制信号为单频时，调相波的表达式可改写为

$$S_{PM}(t) = A\cos(\omega_c + \beta_{PM}\omega_m \sin\omega_m t)t \tag{12-27}$$

式中，β_{PM}为调相指数，$\beta_{PM} = K_{PM}A_m$。典型图像如图 12-21 所示。

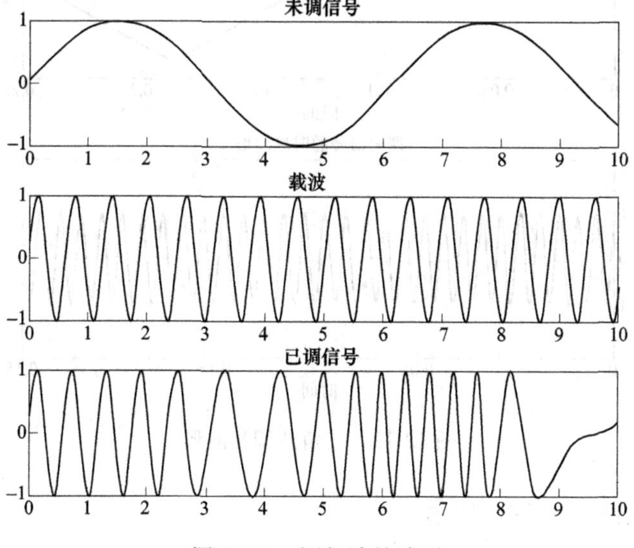

图 12-21　调相波的波形

调相与调频有着相当密切的关系，我们知道相位与频率有着如下关系式：

$$\omega = \frac{d\varphi(t)}{dt} = \omega_c + K_{FM}f(t) \tag{12-28}$$

$$\varphi(t) = \int \omega dt = \omega_c t + K_{FM}\int f(t)dt \tag{12-29}$$

所以在调相时可以先将调制信号进行微分后再进行频率调制，这样等效于调相，此方法称为间接调相。在调频时也可以先将调制信号进行积分后再进行调相，此方法称为间接调频。实际使用中，直接调相和间接调频受调节范围的影响，仅用于窄调制情况，直接调频和间接调相常用于宽调制。

调相的使用在模拟中并不是太多，主要用于数字信号的调相，称为数字相位键控（PSK），我们将在后面几节中做进一步讨论。

2. 示例及求解

下面我们举一个例子，信号为

$$
S(t)=\begin{cases} 40t, & 0<t<t_0/4 \\ -40t+10t_0, & t_0/4<t<3t_0/4 \\ 40t-40t_0, & 3t_0/4<t<t_0 \end{cases}
$$

现用调相将其调制到载波 $f(t)=\cos f_c t$ 上，我们通过画出调相信号的时域波形和频谱分布来对调相波做一介绍（$t_0=0.25\text{s}$，$f_c=50\text{Hz}$）。

时域波形如图 12-22 所示，可以看出由于信号的波形是渐变的，已调信号的变化不是太明显，而若采用突变的波形来调制就会得到变化明显的已调信号。

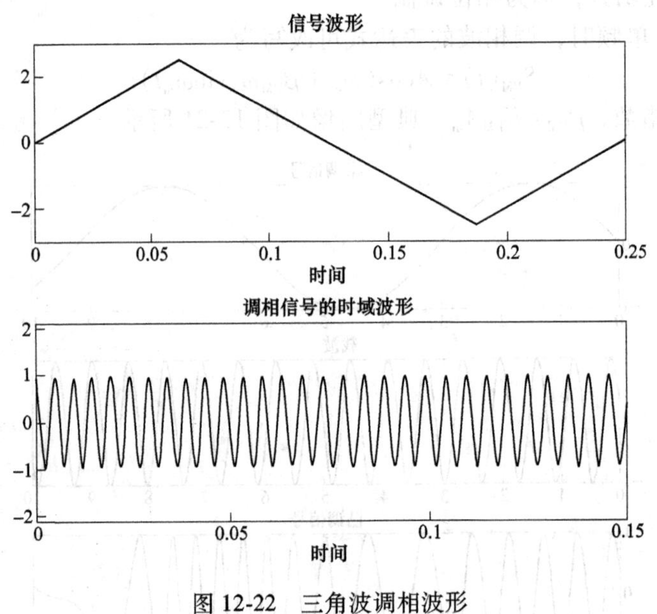

图 12-22　三角波调相波形

调相信号的频谱如图 12-23 所示。

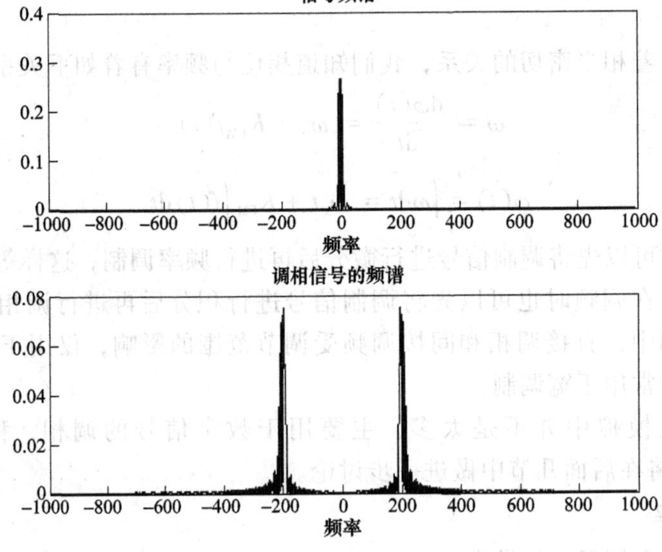

图 12-23　三角波调相波的频谱图

在这里调相的频谱变化类似于调幅，这是因为本例中的调相是窄带调相，其频谱类似于调幅的频谱。

3. MATLAB 实现

本例的 MATLAB 实现如下（函数文件 pm. m）：

```
clear
echo on
t0=0.25;                               %信号的持续时间
tz=0.0005;                             %采样周期
fc=200;                                %载波频率
kf=50;
fz=1/tz;                               %采样频率
t=[0:tz:t0];                           %时间序列
df=0.25;
%定义信号序列
m=zeros(1,501);
for i=1:1:125                          %前 125 个点值为对应标号
   m(i)=i;
end
for i=126:1:375                        %中央的 250 个点值呈下降趋势,线性方程如语句中所示
   m(i)=m(125)-i+125;
end
for i=376:1:501                        %最后 125 个点值又用另一条直线方程
   m(i)=m(375)+i-375;
end
m=m/50;                                %将信号幅度值变至要求
[M,m,df1]=fftseq(m,tz,df);             %傅里叶变换
M=M/fz;
f=[0:df1:df1*(length(m)-1)]-fz/2;
for i=1:length(t)                      %便于进行相位调制和作图
   mn(i)=m(i);
end
u=cos(2*pi*fc*t+mn);                   %相位调制
[U,u,df1]=fftseq(u,tz,df);             %傅里叶变换
U=U/fz;                                %频率压缩
pause;
subplot(2,1,1)
plot(t,m(1:length(t)))
axis([0 0.25 -3 3]);
xlabel('时间');
title('信号波形');
subplot(2,1,2)
plot(t,u(1:length(t)))
axis([0 0.15 -2.1 2.1]);
```

```
xlabel('时间');
title('调相信号的时域波形');
pause
subplot(2,1,1)
plot(f,abs(fftshift(M)))
xlabel('频率');
title('信号频谱');
subplot(2,1,2)
plot(f,abs(fftshift(U)))
xlabel('频率');
title('调相信号的频谱');
```

12.3.3　模拟调制总结

前面我们介绍了模拟调制中常用的几种调制方式的特点及其 MATLAB 实现，主要是利用编程来实现，事实上 MATLAB 中有一些函数是专门用于模拟调制的，在这里做一介绍。

1. modulate 函数

modulate 函数用来对给定的信号进行调制，如前面所述，调制过程需要指定未调信号，载波以及调制方法等，这几个项目可以在 modulate 函数的参数中给定。其格式如下：

```
y=modulate(x,Fc,Fs,'method')
y=modulate(x,Fc,Fs,'method',opt)
[y,t]=modulate(x,Fc,Fs)
```

其中，x 是要调制的信号序列，Fc 为载波频率，Fs 为采样频率，method 为采用的调制方法，opt 为 method 指定的调制方法所需的参数（并不是每种方法都需要附加参数）。

下面介绍参数 method 的选择：我们给出原信号以及各种调制信号的波形来体现 modulate，其中原信号及调幅波形如图 12-24 所示。

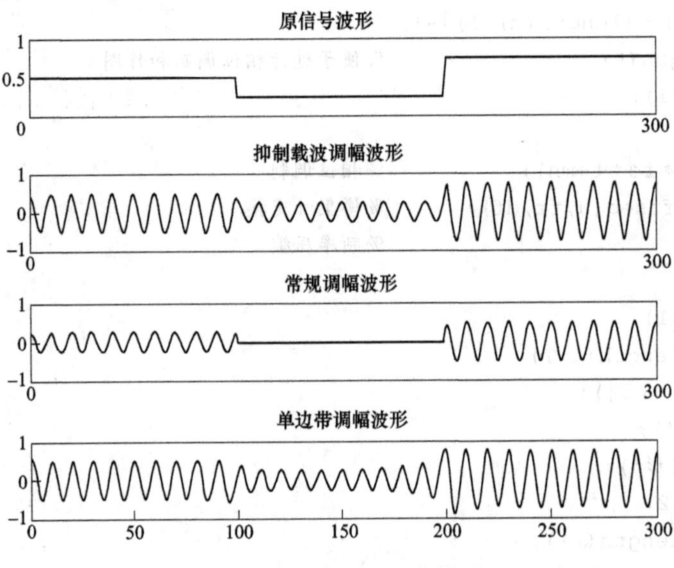

图 12-24　原信号及调幅波形

（1）amdsb-sc 或 am　抑制载波双边带调幅调制，获得输出序列的公式是 y=x. * cos(2 * pi * Fc * t)。

示例如下：

```
y=modulate(x,fc,fs,'am');
plot(y)
```

（2）amdsb-tc　常规双边带调幅调制，获得输出序列的公式是 y=(x-opt). * cos(2 * pi * Fc * t)，即将原信号减去一个直流分量后再与载波相乘，opt 参数的默认值为 min(x)，即在此种情况下使得 x-opt 恒为非负值且最小值为 0。

示例如下：

```
y=modulate(x,fc,fs, 'amdsb-tc');
plot(y)
```

（3）amssb　单边带幅度调制，实现公式为 y=x. * cos(2 * pi * Fc * t)+imag(hilbert(x)). * sin(2 * pi * Fc * t)，获得的是下边带幅度调制结果。

示例如下：

```
y=modulate(x,fc,fs,'amssb');
plot(y)
```

下面 4 种调制方式的波形如图 12-25 所示。

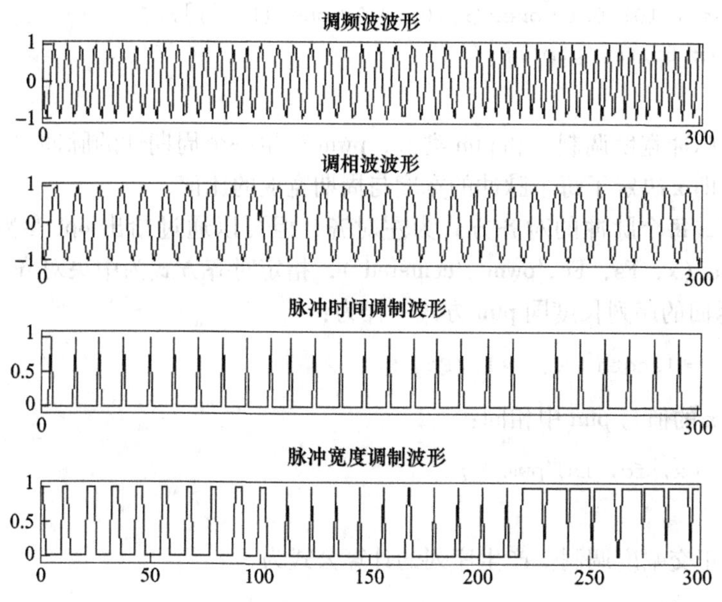

图 12-25　角度调制及脉冲调制波形

（4）fm　频率调制，产生频率随信号变化的载波，实现的公式为 y=cos(2 * pi * Fc * t+opt * cumsum(x))。

其中函数 cumsum 是利用矩形法求得的 x 的近似积分值，参数 opt 用于确定频偏常数，默认值是最大频偏为 Fc 的值，即 opt=(Fc/Fs) * 2 * pi/(max(max(x)))。

示例如下：

```
y=modulate(x,fc,fs,'fm');
plot(y)
```

(5) pm　相位调制，产生一个相位随信号变化的载波，实现公式为 y=cos(2 * pi * Fc * t+opt * x)。

参数 opt 用于确定调相指数，其默认值为使最大相偏为 Pi 的值，即：

```
opt= pi/(max( max(x)))
```

示例如下：

```
y=modulate(x,fc,fs,'pm');
plot(y)
```

(6) ptm　脉冲时间调制。此种调制方式产生周期脉冲，并使每个脉冲的起始时间随信号改变，每个脉冲的起始边沿对应的时间为 x 乘以周期的长度加上周期的起始时间，此种调制要求 x 的值位于 0 和 1 之间。返回序列 y 的长度由下式确定：

```
length(y)=length(x) * Fs/Fc
```

这里为了使 x 的值在 0 和 1 之间，我们重新定义 x，而 Fs，Fc 不变，示例如下：

```
x=[0.3 * ones(1,10),0.1 * ones(1,10),0.9 * ones(1,10)];
y=modulate(x,fc,fs,'ptm');
plot(y)
```

(7) pwm　脉冲宽度调制，和 ptm 类似，pwm 产生一个周期性的脉冲串。每个脉冲的宽度由信号决定，即 x 决定了每个脉冲的宽度与周期宽度的比值。

默认情况下，每个脉冲的对齐方式为左对齐，但可以通过给出 opt 参数来改变对齐方式，如：modulate (x, Fs, Fc,'pwm','centered')，指定对齐方式为中央对齐。

Pwm 方式返回的序列长度同 ptm 方式一样为：

```
length ( y )  = length ( x )  * Fs/Fc
```

示例如下，x 的值与 ptm 中相同：

```
y= modulate ( x, fc, fs,'pwm') ;
plot ( y )
```

(8) qam　正交幅度调制。产生序列的计算公式为

```
y=x. * cos(2 * pi * Fc * t)+opt. * sin(2 * pi * Fc * t)
```

其中，opt 参数为一与 x 有相同长度的序列，此方式相当于将两个信号调制在正交的分量上以后，再相加。

说明：method 参数默认值为 am 方式，除了 ptm 和 pwm 方式外，返回的序列长度与输入序列 x 的一样。

第三种格式中的 t 用于获得输出序列的对应采样点的时间值。

若 x 不是一个向量而是一个矩阵，则 modulate 函数针对 x 的每一列进行操作，并返回相应的列向量。

2. demod 函数和 vco 函数

demod 函数是 modulate 函数的反过程，MATLAB 通信工具箱用它来进行解调。使用格式为

```
x=demod(y,Fc,Fs,'method')
x=demod(y,Fc,Fs,'method',opt)
```

其中，y 表示调制信号，Fc 是载波频率，Fs 是采样频率，method 是采用的方法，其取值与 modulate 函数中的取值一样。

vco 函数用来仿真压控振荡，其使用格式为

```
y=vco(x,Fc,Fs)
```

其中，Fc 为载波频率，Fs 为采样频率，x 取值在-1~1 之间。

12.4 脉冲编码调制（PCM）

脉冲编码调制简称脉码调制，它是一种将模拟信号转变为数字信号的编码方式，主要用于语音传输。脉冲编码调制在光纤通信、卫星通信、数字微波通信中得到了广泛的应用，本节介绍脉码调制的基本步骤。

脉码调制包括采样、量化和编码三个过程。采样是把连续时间模拟信号转变成离散时间连续幅度的信号，而量化则将离散时间连续幅度进一步转化为离散幅度的数字信号，编码是将得到的数字信号用某种既定的规则编成二进制码组输出。从调制观点来看，脉码调制使模拟信号调制成一个二进制脉冲序列，载波是脉冲序列，调制脉冲序列为“0”或“1”，所以称为脉冲编码调制（pulse code modulate）。

12.4.1 模拟信号的采样

1. 低通采样定理

有一信号 $S(t)$ 如下：

$$S(t)=\mathrm{sinc}^2(200t)=\left[\frac{\sin\ (200t)}{200t}\right]^2$$

先分别用两种采样频率 $f_1=100\mathrm{Hz}$，$f_2=200\mathrm{Hz}$ 对其进行采样，作出采样后的图像及其频谱，并做出结论。

原信号为一带限信号，即我们常说的采样信号 $\mathrm{sinc}(x)=\sin(x)/x$ 的二次方，可作出其时域图像和频谱分布（见图 12-26）。

从图像来看，信号在时域内衰减较快，在大约 0.1s 时就衰减为 0，从频谱分布来看，原信号的频谱为一带限信号，在高频没有分量，低频从零频率开始。实现上述图像的 MATLAB 脚本文件如下（lowpsample.m 第一部分）：

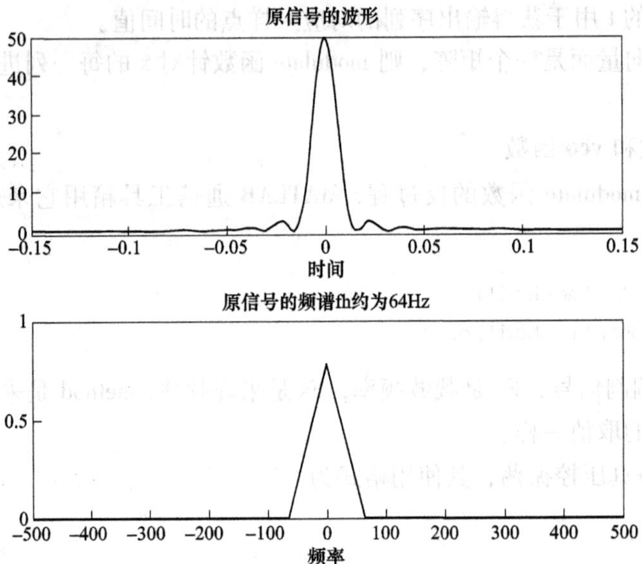

图 12-26　被采样信号的时域波形与频谱图

```
clear
t0=10;                                              %定义时间长度
ts=0.001;                                           %采样周期
ts1=0.01;                                           %欠采样周期
ts2=0.005;                                          %正确采样周期
fs=1/ts;  fs1=1/ts1;  fs2=1/ts2;
df=0.5;                                             %定义频率分辨力
t=[-t0/2:ts:t0/2];                                  %定义时间序列
%定义采样函数的二次方,即信号序列
x=sin(200*t);  m=x./(200*t);
w=t0/(2*ts)+1;                                      %确定 t=0 的点
m(w)=1;                                             %t=0 点的信号值为 1
m=m.*m;  m=50.*m;
[M,mn,dfy]=fftseq(m,ts,df);                         %傅里叶变换
M=M/fs;
f=[0:dfy:dfy*length(mn)-dfy]-fs/2;                  %定义频率序列
pause;
subplot(2,1,1);  plot(t,m)
xlabel('时间');
title('原信号的波形');
axis([-0.15,0.15,-1,50]);
subplot(2,1,2);  plot(f,abs(fftshift(M)))          %作出原信号频谱
xlabel('频率');
title('原信号的频谱 fh 约为 64Hz');
axis([-500,500,0,1])
```

这里有两点需要说明：

1）在上述 MATLAB 的脚本文件中，我们首先在定义信号时采用了该信号的函数表达式的形式，值得注意的是，由于有计算 $\sin(t)/t$ 这一式子，在 $t=0$ 时 MATLAB 会得出此时的函数值为 NaN，如果不加以修正的话，在后面计算傅里叶变换时就会出错。

2）在 MATLAB 中求连续信号的频谱，我们应用的是离散傅里叶变换，这样实际运算的仍是对连续信号的采样结果，在这里我们给予了足够高的采样频率，把其作为连续信号来考虑。

对于一个频带在（0，f_H）的连续信号，则该信号可以用等间隔的采样值来唯一的表示。而采样间隔必须不大于 $1/(2f_H)$，或者说，最低采样频率为 $2f_H$。

从物理概念上可对采样定理做如下解释，由于一个频带受限的信号波形绝不可能在很短的时间内产生独立的、实质的变化，它的最高变换速度受最高频率分量 f_H 的限制。因此，为了保留这一频率分量的全部信息，一个周期的间隔内至少要采样两次。

对采样来说，等于将信号与一系列冲激脉冲相乘，$f_1=100\text{Hz}$ 时，其表示式为

$$S(t)=\operatorname{sinc}^2(200t)\cdot\sum_{k=-\infty}^{\infty}\delta(t-T_1)$$
$$=\sum_{k=-\infty}^{\infty}\left[\frac{\sin 200(t-0.01k)}{200(t-0.01k)}\right]^2$$

原信号的频谱相应有移动，在 f_1 的条件下，作出的图像如图 12-27 所示。

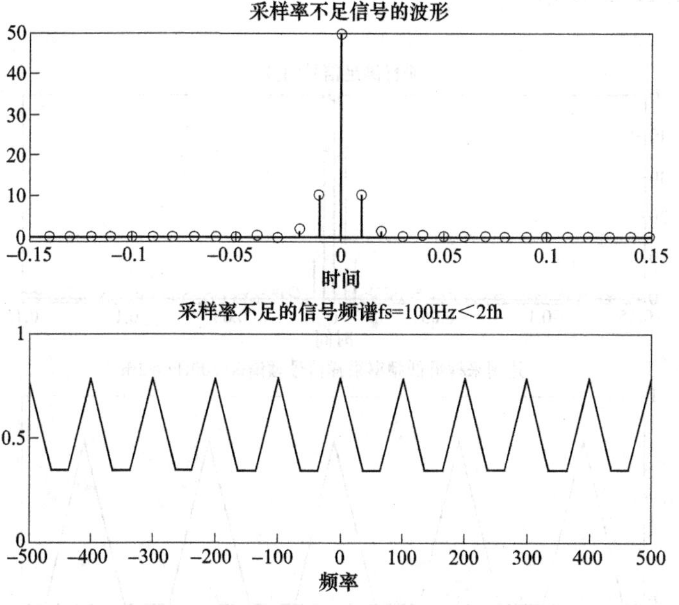

图 12-27　采样率不足的时域波形与频谱图

由于 $f_1<2f$，从两个图像的比较可以看出，时域波形中冲激串的包络已不能完整地表示原信号，有了失真，从频谱图看更是如此，不同的频谱带互相重叠，已经不能体现原频谱的特点了，在频谱中出现了频域的直流分量，这样恢复时将出现冲激信号，因此我们就无法正确地恢复信号。MATLAB 实现如下（lowpsample. m 脚本文件第二部分）：

```
t1=[-t0/2:ts1:t0/2];                    %定义采样时间序列
x1=sin(200*t1);                         %计算对应采样序列的信号序列
m1=x1./(200*t1);                        %计算函数序列
w1=t0/(2*ts1)+1;                        %由于除0产生了错误值,计算该值的标号
m1(w1)=1;                               %将错误值修正
m1=m1.*m1; m1=50.*m1;
[M1,mn1,df1]=fftseq(m1,ts1,df);%对采样序列进行傅里叶变换
M1=M1/fs1;
N1=[M1,M1,M1,M1,M1,M1,M1,M1,M1,M1,M1,M1,M1];
f1=[-7*df1*length(mn1):df1:6*df1*length(mn1)-df1]-fs1/2;
pause;subplot(2,1,1);stem(t1,m1);
xlabel('时间');
title('采样不足信号的波形');
axis([-0.15,0.15,-1,50]);
subplot(2,1,2);
plot(f1,abs(fftshift(N1)))
title('采样率不足的信号频谱 fs=100Hz<2fh');
axis([-500,500,0,1]);
xlabel('频率');
```

作出图像如图 12-28 所示。

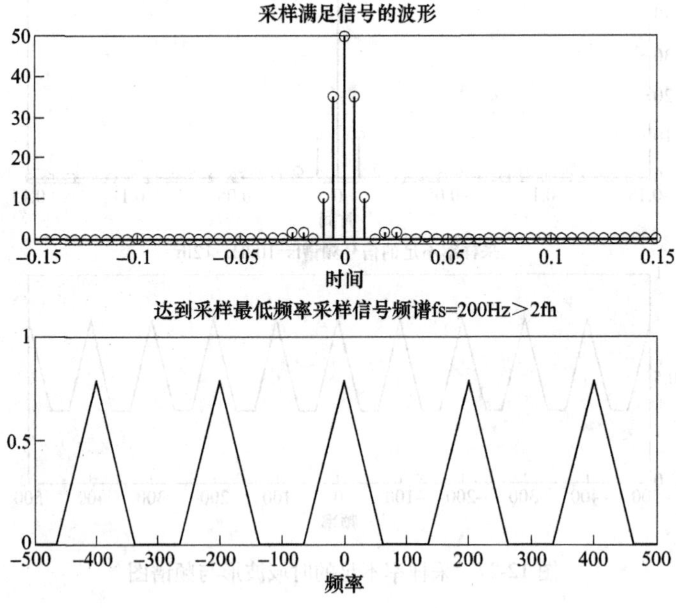

图 12-28　采样率足够的时域波形与频谱图

注意语句 [M1, mn1, df1] =fftseq (m1, ts1, df); 计算得出的是一个周期内的离散傅里叶变换值，为得到多个周期的图像，利用语句：

```
N1=[M1,M1,M1,M1,M1,M1,M1,M1,M1,M1,M1,M1,M1];
F1=[-7*df1*length(mn1):df1:6*df1*length(mn1)-df1]-fs1/2;
```

将一个周期的图像扩展到多个周期，这样得出的图像更有说服力。

对情况f_2=200Hz，其表示式为

$$S(t)=\mathrm{sinc}^2(200t)\cdot\sum_{k=-\infty}^{\infty}\delta(t-T_2)$$
$$=\sum_{k=-\infty}^{\infty}\left[\frac{\sin200(t-0.005k)}{200(t-0.005k)}\right]^2$$

由于$f_2>2f_H$，此次的采样是成功的，它能够恢复原信号，从时域波形可看出，比上面采样所得的冲激脉冲串包含的细节要多，在频域中也没有出现频谱的交叠，这样我们可以利用低通滤波器来得到所要的频谱，从而恢复信号的频谱。MATLAB 实现如下（lowpsample.m 第三部分）：

```
t2=[-t0/2:ts2:t0/2];                         %定义采样时间序列
x2=sin(200*t2);                              %计算对应时间序列的信号序列
m2=x2./(200*t2);                             %计算 sinc 函数序列
w2=t0/(2*ts2)+1;                             %计算除 0 产生的错误点
m2(w2)=1;                                    %修正该错误值
m2=m2.*m2; m2=50.*m2;
[M2,mn2,df2]=fftseq(m2,ts2,df);              %对采样信号进行傅里叶变换
M2=M2/fs2;
N2=[M2,M2,M2,M2,M2,M2,M2,M2,M2,M2,M2,M2,M2];
f2=[-7*df2*length(mn2):df2:6*df2*length(mn2)-df2]-fs2/2;
pause
subplot(2,1,1);
stem(t2,m2);
xlabel('时间');
title('采样满足信号的波形');
axis([-0.15,0.15,-1,50]);
subplot(2,1,2)
plot(f2,abs(fftshift(N2)))
title('达到采样最低频率采样信号频谱 fs=200Hz>2fh');
axis([-500,500,0,1]);
xlabel('频率');
```

2. 带通采样定理

一采样函数的信号如下：

$$S(t)=20\mathrm{sinc}(20t)$$

分别用采样频率为 10Hz 和 20Hz 的冲激脉冲序列对其进行采样，通过作图观察采样后信号的频谱同原信号频谱的区别和联系。

此信号为一带通信号，其频谱宽度约为 7Hz，在对其以 10Hz 进行采样后得到的信号为

$$S_1(t) = 20\mathrm{sinc}(20t)\sum_{k=-\infty}^{\infty}\delta(t - T_1)$$
$$= 20\sum_{k=-\infty}^{\infty}\frac{\sin 20(t - 0.1k)}{20(t - 0.1k)}$$

而以 20Hz 采样得到的信号为

$$S_2(t) = 20\mathrm{sinc}(20t)\sum_{k=-\infty}^{\infty}\delta(t - T_2)$$
$$= 20\sum_{k=-\infty}^{\infty}\frac{\sin 20(t - 0.05k)}{20(t - 0.05k)}$$

通过作图我们可以看到原信号的频谱及两次采样信号的频谱。

从图 12-29 中可以看出，以 10Hz 采样得到的信号频谱出现了交叠，无法从采样信号中恢复原信号，而以 20Hz 采样的采样信号却仍可以恢复原信号。值得注意的是，这里满足采样条件的采样频率 20Hz 并不是原信号中最高频率的两倍，它满足的是另一个采样定理——带通采样定理。

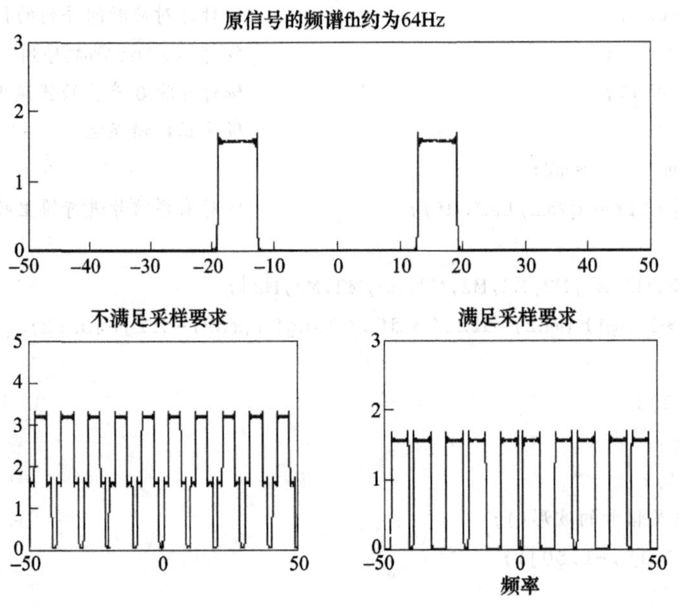

图 12-29　带通信号的采样频谱图

一个带通信号，其频带为（f_L，f_H），由于最低频率不是从零频率开始的，奈奎斯特频率不要求达到 $2f_H$，此时要求的采样频率最低值为

$$f_s = 2(f_H - f_L)(1 + M/N) \tag{12-30}$$

式中，N 为不超过 $f_H/(f_H - f_L)$ 的最大整数，$M = [f_H/(f_H - f_L)] - N$。即 $B = f_H - f_L$，则采样频率在 $2B$ 和 $4B$ 之间。将式（12-30）化简后可以得到

$$f_s = 2f_H/N \tag{12-31}$$

满足式（12-31）的采样频率即可恢复原信号。

本例的 MATLAB 实现如下（bandpsample. m 脚本文件）：

```
clear
t0=10;                                 %时间序列长度
ts=0.001;                              %画出原信号采用的采样周期,注意不是题中的采样周期
ts1=0.1;                               %欠采样时的周期
ts2=0.05;                              %采样条件满足的周期
fs=1/ts;                               %作图的采样频率
fs1=1/ts1;                             %欠采样的频率
fs2=1/ts2;                             %采样条件满足的频率
df=0.5;
t=[-t0/2:ts:t0/2];                     %计算信号序列第一步
x=sin(20*t);
m=x./t;                                %计算出 sinc 函数值
w=t0/(2*ts)+1;                         %计算错误值标号
m(w)=20;                               %修正错误值
m=m.*cos(100*t);                       %频谱搬移
[M,mn,dfy]=fftseq(m,ts,df);            %傅里叶变换
M=M/fs;                                %频率压缩
f=[0:dfy:dfy*length(mn)-dfy]-fs/2;
pause;
subplot(2,1,1);
plot(f,abs(fftshift(M)))
axis([-50,50,0,3]);
title('原信号的频谱 fh 约为 64Hz');
t1=[-t0/2:ts1:t0/2];                   %采样不足的信号序列
x1=sin(20*t1);                         %计算此时的信号采样值
m1=x1./t1;
w1=t0/(2*ts1)+1;
m1(w1)=20;
m1=m1.*cos(100*t1);                    %频谱搬移
[M1,mn1,df1]=fftseq(m1,ts1,df);        %傅里叶变换
M1=M1/fs1;                             %对应频率压缩
N1=[M1,M1,M1,M1,M1,M1,M1,M1,M1,M1,M1,M1,M1];
f1=[-7*df1*length(mn1):df1:6*df1*length(mn1)-df1]-fs1/2;
subplot(2,2,3)
plot(f1,abs(fftshift(N1)))
axis([-50,50,0,5]);
title('不满足采样要求');
t2=[-t0/2:ts2:t0/2];                   %满足采样要求的时间序列
x2=sin(20*t2);                         %计算此时的信号值序列
m2=x2./t2;
w2=t0/(2*ts2)+1;
m2(w2)=20;
m2=m2.*cos(100*t2);                    %频谱搬移
```

```
[M2,mn2,df2]=fftseq(m2,ts2,df);   %傅里叶变换
M2=M2/fs2;
N2=[M2,M2,M2,M2,M2,M2,M2,M2,M2,M2,M2,M2,M2];
f2=[-7*df2*length(mn2):df2:6*df2*length(mn2)-df2]-fs2/2;
subplot(2,2,4)
plot(f2,abs(fftshift(N2)))
axis([-50,50,0,3]);
title('满足采样要求');
xlabel('频率');
```

12.4.2 最佳量化及量化误差

量化就是将一个有连续幅度值的信号映射成幅度离散的信号的过程，从这个定义可以看出，由于是将连续的值改为离散的值，量化是一定有误差的，在此过程中丢失的信息是无法重新恢复的。研究量化的误差并找到使之最小的方案是一个主要问题。解题中要求寻找最小量化失真功率的特性，通常最佳量化特性可以是线性的也可以是非线性的。

量化方案可分为标量量化和矢量量化，标量量化中每个信源输出被分别量化，它又分为均匀量化和非均匀量化。均匀量化的量化区域是等长的，非均匀量化则是不等长的，正因为如此，非均匀量化的性能要优于均匀量化。矢量量化则是对信源组合进行整体量化。

在标量量化中，随机标量 X 的定义域划分为 N 个互不重叠的区域 R_i，$i=1, 2, \cdots, N$，R 称为量化间隔，在每个区域选择一个点作为量化基础，用 x_i 表示。落在该区域的点都用 x_i 表示，这样会带来误差。该均方误差为

$$D=\sum_{i=1}^{N}\int_{R_i}(x-x_i)^2 f(x)\,\mathrm{d}x \tag{12-32}$$

式中，$f(x)$ 为信源随机变量的概率密度函数。定义信号量化噪声比为

$$\mathrm{SQNR}=10\log_{10}\frac{E[X^2]}{D} \tag{12-33}$$

【例 12-1】 已知输入语音信号的概率密度为高斯分布：

$$p(y)=\frac{1}{\sqrt{2\pi\sigma}}\mathrm{e}^{-y^2/2\sigma^2}\qquad y\in(-\infty,\infty)$$

式中，σ 为信号的标准差。若要将其量化为 128 级电平的量化值，求具有最小量化失真功率的最佳非线性压缩特性。

解 在本题中，我们用 σ_q^2 来表示量化误差：

$$\sigma_q^2=\sum_{i=1}^{L}\int_{x_k}^{x_{k+1}}(x-y_k)^2 p_x(x)\,\mathrm{d}x$$

要使量化误差最小，应该满足条件

$$\frac{\partial\sigma_q^2}{\partial x_k}=0, k=2,3,\cdots,L$$

$$\frac{\partial\sigma_q^2}{\partial y_k}=0, k=2,3,\cdots,L$$

利用上述条件解出得到

$$x_{k,\ \mathrm{opt}} = \frac{1}{2}(y_{k,\ \mathrm{opt}} + y_{k+1,\ \mathrm{opt}}),\ k=2,\ 3,\ \cdots,\ L$$

$$x_{1,\ \mathrm{opt}} = -\infty$$

$$x_{L+1,\ \mathrm{opt}} = \infty$$

$$y_{k,\ \mathrm{opt}} = \int_{x_{k,\ \mathrm{opt}}}^{x_{k+1,\ \mathrm{opt}}} x\,p_x(x)\,\mathrm{d}x \Big/ \int_{x_{k,\ \mathrm{opt}}}^{x_{k+1,\ \mathrm{opt}}} p_x(x)\,\mathrm{d}x,\ k=2,\ \cdots,\ L$$

由上面的式子可以递推出所有的分层电平和重建电平，但一般情况下只有用迭代方法来求解。

12.4.3　均匀量化

1. 原理与分析

在均匀量化方式中，除第一个和最后一个区域，其他的区域都是等长的，即

$$R_1 = (-\infty,\ a]$$

$$R_2 = (a,\ a+\Delta]$$

$$R_3 = (a+\Delta,\ a+2\Delta]$$

$$\vdots$$

$$R_N = (a+(N-2)\Delta,\ \infty)$$

每一级都有一个重建电平，即落在该区域中的不同值都会被量化为同一值，通常每个量化间隔的重建电平也都取均匀分布的值。

2. 示例及求解

输入为正弦信号，其幅度为 A_m，现将其进行均匀量化，量化器的范围是（$-V$, V），共分为 L 级电平，这里 $A_m<V$。通过前面介绍，作出量化后的曲线即原曲线，并计算量化噪声（$A_m=1$，$V=1.5$，$L=64$ 和 8）。

在本例中我们给出的是 64 级电平（见图 12-30）和 8 级电平（见图 12-31）。MATLAB 实现及得到的结果如下：

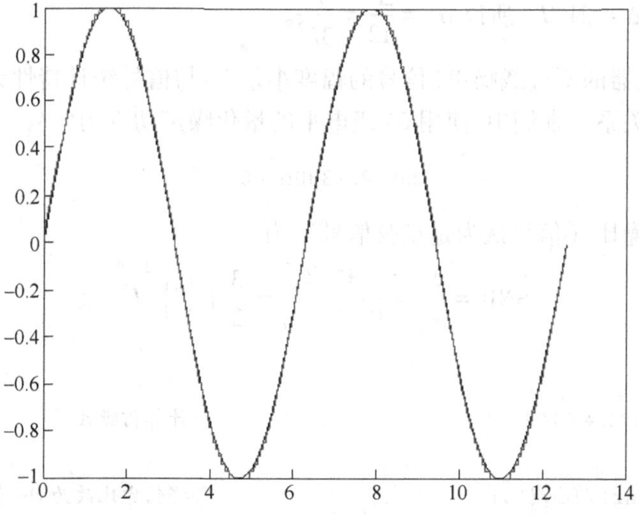

图 12-30　64 级电平均匀量化后的波形与原信号波形

```
x=[0:0.004:4*pi];          %定义时间序列
y=sin(x);                  %计算原信号值
w=junyun(y,1,64);          %计算量化值
plot(x,y,x,w)
```

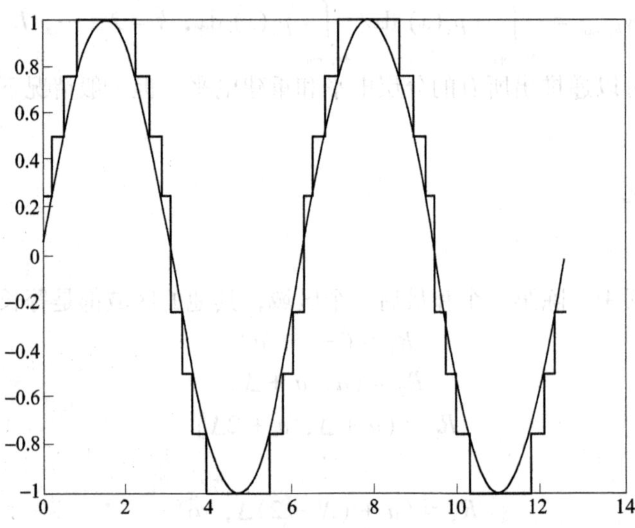

图 12-31 8 级电平均匀量化波形与原信号波形

从图上来看,量化后的值与原曲线值相差较小,阶梯形的量化曲线与原曲线比较吻合,较好地完成了量化任务。

在量化范围$(-V,V)$中,量化间隔数为 L 个,均匀量化器的量化间隔由上面可以得到。求量化噪声功率的公式在此可以简化为

$$\sigma_q^2 = \frac{1}{12}\sum_{k=1}^{L} P_k \Delta^2 = \frac{\Delta^2}{12}\sum_{k=1}^{L} P_k = \frac{\Delta^2}{12}$$

而由前述可知 $\Delta = 2V/L$, 所以 $\sigma_q^2 = \frac{\Delta^2}{12} = \frac{V^2}{3L^2}$。

因此,均匀量化器的不过载噪声(信号的幅度小于 V)与信号统计特性无关,只与量化间隔和量化的最大值有关系。本例中,使用 64 级电平的量化噪声功率为

```
nq=8.1380e-005
```

该量化器的信噪比（信号认为是正弦信号）为

$$\mathrm{SNR} = \frac{S}{\sigma_q^2} = \frac{A_m^2/2}{V^2/(3L^2)} = \frac{3}{2}\left(\frac{A_m}{V}\right)^2 L^2$$

则计算出

```
snr=1.5*(1/1)^2*64^2                    %计算信噪比
snr=6144
snr=10*log(snr)/log(10)                 %将信噪比改为 dB 表示
snr=37.8845
```

但使用 8 级电平的情况会完全不同，效果大大变差（见图 12-31）。

量化噪声功率为

```
nq=0.0052
```

信噪比为

```
snr=1.5*(1/1)^2*8^2
snr=96
snr=10*log(snr)/log(10)
snr=19.8227                                    %将信噪比改为 dB 表示
```

可以看出，噪声功率提高了几个数量级，量化效果明显变差。对正弦波，信噪比可以写作如下的形式：

$$\mathrm{SNR} = [S/\sigma_q^2]_{\mathrm{dB}} = 10\lg 3 + 20\lg D + 20\lg 2^n$$

其中

$$n = \log_2 L,\ D = A_m/(\sqrt{2}V)$$

从这个表示式可以看出，当 V 和 A_m 都固定的时候，通过增加 L 的数目，可以获得更高的信噪比，L 每增加一倍，即编码每增加一位，信噪比增加 6dB。

3. MATLAB 实现

本例的 MATLAB 实现如下（函数文件 junyun. m）：

```
functionh=junyun(f,V,L)                        %计算输入序列的均匀量化值及功率
%f 是量化的信号序列,V 是量化电平最大值,L 是量化电平数
n=length(f);
t=2*V/L;
p=zeros(1,L+1);
for i=1:L+1
    p(i)=-V+(i-1)*t;
end
for i=1:n
    if f(i)>V,h(i)=V;end
    if f(i)<=-V,h(i)=-V;end
    flag=0;                                    %设立标志
    for j=2:L/2+1
        if(flag==0)
            if(f(i)<p(j))
                h(i)=p(j-1);
                flag=1;
            end;
        end;
    end;
    for j=L/2+2:L+1
        if(flag==0)
```

```
            if(f(i)<p(j))
               h(i)=p(j);
               flag=1;
            end;
         end;
      end;
   end;
   nq=V^2/(3*L^2);                              %计算量化噪声功率
   nq                                           %显示量化噪声功率
```

均匀量化器只有对均匀分布的信号才是最佳量化器，但因为它的数学分析最简单，所以用它来作为例子使大家对量化器得到一个基本的认识。

12.4.4 对数量化器及 A 律 PCM 编码

首先介绍对数量化的一些知识。对数量化为非线性量化的一种，它是国际通用的标准，实现非线性量化的方法是将原信号进行一次非线性变换，再对变换后的信号进行均匀量化，同时结合了编码，最后在接收端进行一次逆变换得到原始信号。

在此先给出一个实际问题：若输入 A 律 PCM 编码器的正弦信号为 $x(t)=\sin(1600\pi t)$，采样序列为 $x(n)=\sin(0.2\pi n)$，$n=0, 1, 2, \cdots, 10$，将其进行 PCM 编码，给出编码器的输出码组序列 $y(n)$。

1. 国际标准的 A 律对数特性

国际标准的 A 律 PCM 编码的对数压缩特性如下：

$$f(x)=\begin{cases}\dfrac{Ax}{1+\ln A}, & 0\leqslant x\leqslant 1/A\\[2ex] \dfrac{1+\ln Ax}{1+\ln A}, & 1/A\leqslant x\leqslant 1\end{cases}\tag{12-34}$$

这里要求输入的信号必须进行归一化处理。上面的对数压缩特性的图像如图 12-32 所示。

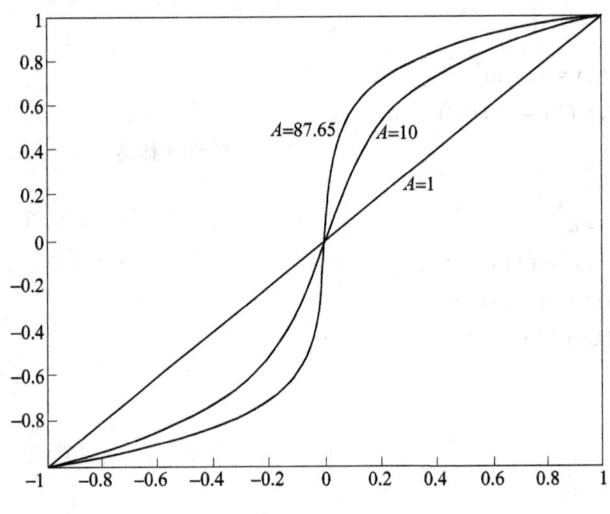

图 12-32 对数量化特性曲线

实现上面图形的语句如下：

```
x=[-1:0.001:1];                              %定义幅度序列
y2=Apcm(x,10);                               %参数为 10 的 A 律曲线
y1=Apcm(x,1);                                %参数为 1 的 A 律曲线
y3=Apcm(x,87.65);                            %参数为 87.65 的 A 律曲线
plot(x,y1,x,y2,x,y3);
```

运用上面的压缩特性来解本例得

```
x=0:1:10;
y=sin(0.2*pi*x);
z=Apcm(y,87.65)                              %求 sin(0)到 sin(10)的量化值
z=Columns 1 through 7
0    0.9029    0.9908    0.9908    0.9029    0.0000   -0.9029
  Columns 8 through 11
-0.9908   -0.9908   -0.9029   -0.0000
```

实现上面图像的 MATLAB 函数文件（Apcm. m）：

```
function y=Apcm(x,A)
%本函数实现将输入的序列 x 进行参数为 A 的对数 A 律量化
%将得到的结果存放在序列 y 中
%x 为一个序列,值在 0 到 1 之间,A 为一个正实数,大于 1
t=1/A;
for i=1:length(x)
    if(x(i)>=0)                              %判断该输入序列值是否大于 0
        if(x(i)<=t)
            y(i)=(A*x(i))/(1+log(A));        %若值小于 1/A,则采用此计算法
        else
            y(i)=(1+log(A*x(i)))/(1+log(A)); %若值大于 1/A,则采用另一种计算法
        end
    else
        if(x(i)>=-t)                         %若值小于 0,则算法有所不同
            y(i)=-(A*-x(i))/(1+log(A));
        else
            y(i)=-(1+log(A*-x(i)))/(1+log(A));
        end                                  %内层条件判断的结束
    end                                      %外层条件判断结束
end                                          %循环结束
```

2. *A* 律的 13 折线近似法

由于实现上的困难，国际上使用 13 折线法来近似 *A* 律 PCM，其方法是将输入信号幅度归一化，范围为（-1，1），将其分为不均匀的 16 段区间，正负方向相同，我们在此仅对正数范围（0，1）进行介绍。划分方法是：取 0～1/128 为第 1 区间，取 1/128～1/64 为第 2 区

间，取 1/64~1/32 为第 3 区间，一直到取 1/2~1 为第 8 区间；输出信号则均匀地划分为 8 个区间：1/8~2/8 为第 1 区间，……，7/8~1 为第 8 区间。将点（1/128，1/8）与（0，0）相连，将点（1/64，2/8）与（1/128，1/8）相连，……，这样得到由 8 段直线连成的一条折线（事实上由于第 1 区间与第 2 区间的直线斜率相等，只有 7 条直线）。此折线与 $A=87.6$ 的对数压缩特性曲线相近，作出图像如图 12-33 所示。

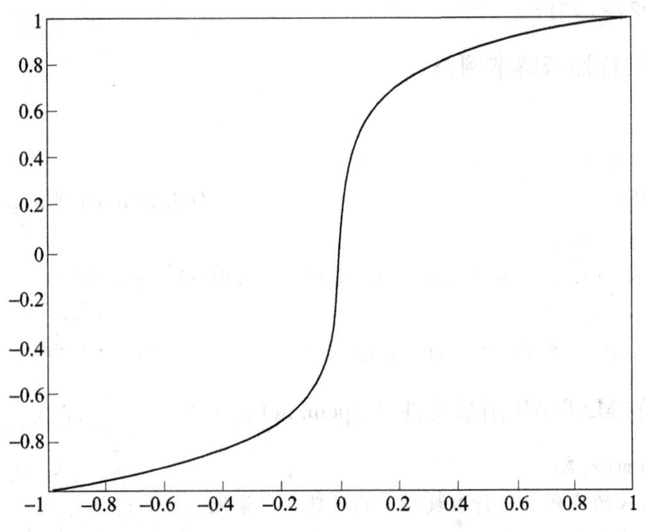

图 12-33　国际 A 律 13 折线近似对数量化特性曲线

```
x=-1:0.001:1;                                   %定义幅度序列
y=zhe13(x);                                     %进行 13 折线变换
plot(x,y)
```

用上述 13 折线法来求出本例的量化值，得

```
x=0:1:10;
y=sin(0.2*pi*x);                                %求 sin(0)到 sin(10)的量化值
z=zhe13(y)
z=Columns 1 through 7
0     0.9045    1.0000    1.0000    0.9045    0.0000   -0.9045
Columns 8 through 11
-1.0000   -1.0000   -0.9045   -0.0000
```

此折线的 MATLAB 实现如下（函数文件 zhel3. m）：

```
function y=Apcmreal(x)
%本函数实现国际通用的 PCM 量化 A 律 13 折线特性近似
%x 为输入的序列变换后的值赋给序列 y
x=x/max(x);                                     %求出序列的最大值,并同时归一化
z=sign(x);                                      %求得每一序列值的符号
x=abs(x);                                       %取序列的绝对值
for i=1:length(x);                              %直接将序列的绝对值量化
```

```
    if((x(i)>=0&(x(i)<1/64))                   %序列值位于第 1 和第 2 折线
       y(i)=16*x(i);
    else if(x(i)>=1/64&x(i)<1/32)              %若序列值位于第 3 折线
           y(i)=8*x(i)+1/8;
       else if(x(i)>=1/32&x(i)<1/16)           %若序列值位于第 4 折线
               y(i)=4*x(i)+2/8;
           else if(x(i)>=1/16&x(i)<1/8)        %若序列值位于第 5 折线
                  y(i)=2*x(i)+3/8;
               else if(x(i)>=1/8&x(i)<1/4)     %若序列值位于第 6 折线
                      y(i)=x(i)+4/8;
                 else if(x(i)>=1/4&x(i)<1/2)   %若序列值位于第 7 折线
                         y(i)=1/2*x(i)+5/8;
                    else if(x(i)>=1/2&x(i)<=1)%若序列值位于第 8 折线
                           y(i)=1/4*x(i)+6/8;
end;end;end;end;end;end;end;end;
y=z.*y;                                        %重新将符号代回到序列中
```

3. 量化值的编码

在量化以后得到的是可以进行线性量化的值，比如上例中的 $y(i)$。A 律 PCM 的编码表（正值）见表 12-1。

表 12-1　国际标准 PCM 对数 A 律量化表

线段编号	间隔数×量化间隔	线段终点值	分层电平编号	分层电平值	编码器输出 1 2 3 4 5 6 7 8	量化电平值	量化电平号
7	16×128	4096	(128)	(4096)	1 1 1 1 1 1 1 1	4032	128
		…	127	3968	1 1 1 1 1 1 1 0	…	…
		…	…	…	…	…	…
		2048	112	2048	1 1 1 1 0 0 0 0	2112	113
6	16×64	…	…	…	…	…	…
		…	97	1088	1 1 1 0 0 0 0 1	…	…
		1024	96	1024	1 1 1 0 0 0 0 0	1056	97
5	16×32	…	…	…	…	…	…
		…	81	544	1 1 0 1 0 0 0 1	…	…
		512	80	512	1 1 0 1 0 0 0 0	528	81
4	16×16	…	…	…	…	…	…
		…	65	272	1 1 0 0 0 0 0 1	…	…
		256	64	256	1 1 0 0 0 0 0 0	264	65
3	16×8	…	…	…	…	…	…
		…	49	136	1 0 1 1 0 0 0 1	…	…
		128	48	128	1 0 1 1 0 0 0 0	132	49
2	16×4	…	…	…	…	…	…
		…	33	68	1 0 1 0 0 0 0 1	…	…
		64	32	64	1 0 1 0 0 0 0 0	66	33
1	32×2	…	…	…	…	…	…
		…	1	2	1 0 0 0 0 0 0 1	…	…
		0	0	0	1 0 0 0 0 0 0 0	1	1

从表 12-1 中可以得出对应量化值的编码，在本例中，我们用 $x(i)$ 来表示采样值，$y(i)$ 来表示将采样值 $x(i)$ 进行对数压缩后的值，这样 $x(i)$ 对应表 12-1 中的分层电平值和量化电平值，而 $y(i)$ 对应表 12-1 中的分层电平值编号和量化电平值编号。

负值的量化与正值几乎完全相同，区别在于将编码的首位由 1 改为 0。

将上述得到的量化值进行编码。

13 折线法得到的编码如下：

```
z=zhe13(y);
f=pcmcode(z);
f = 1    0    0    0    0    0    0    0
    1    1    1    1    0    0    1    1
    1    1    1    1    1    1    1    1
    1    1    1    1    1    1    1    1
    1    1    1    1    0    0    1    1
    1    0    0    0    0    0    0    0
    0    1    1    1    0    0    1    1
    0    1    1    1    1    1    1    1
    0    1    1    1    1    1    1    1
    0    1    1    1    0    0    1    1
    0    0    0    0    0    0    0    0
```

对数压缩特性得到的编码如下：

```
z=Apcm(y,87.65);
f=pcmcode(z);
f = 1    0    0    0    0    0    0    0
    1    1    1    1    0    0    1    1
    1    1    1    1    1    1    1    0
    1    1    1    1    1    1    1    0
    1    1    1    1    0    0    1    1
    1    0    0    0    0    0    0    0
    0    1    1    1    0    0    1    1
    0    1    1    1    1    1    1    0
    0    1    1    1    1    1    1    0
    0    1    1    1    0    0    1    1
    0    0    0    0    0    0    0    0
```

可以看出这两种量化得到的值编码是一样的，而且 13 折线近似效果是相当好的。

上述编码过程的 MATLAB 实现如下（函数文件 pcmcode. m）：

```
function f=pcmcode(y)
%本函数实现将输入的值(已量化好)编码
%输入 y 为量化后的序列,其值应该在 0 到 1 之间
f=zeros(length(y),8);  %定义一个二维数组,每一行的 8 位代表了对应的输入值的编码(8 位)
z=sign(y);             %得到输入序列的符号,确定编码的首位
```

```
y=y*128;                  %将序列值扩展到 0~128,便于编码
y=fix(y);                 %将计算值取整
y=abs(y);                 %只计算绝对值的编码
for i=1:length(y)
    if(y(i)==128)         %如果输入为 1,得到 128,避免出现编码位为 2 的错误
        y(i)=127.999;     %将其值近似为 127.999
    end;
end;
for i=1:length(y)         %下面的一段循环是将十进制转化为二进制数
    for j=6:-1:0          %分别计算序列值除以从 64 到 1 的数的商
        f(i,8-j)=fix(y(i)/(2^j));
        y(i)=mod(y(i),(2^j));
    end;
end;
for i=1:length(y)
    if(z(i)==-1)          %输入值是负数
        f(i,1)=0;         %首位取 0
    else
        f(i,1)=1;         %输入是正数,首位取 1
    end;
end;
f                         %显示编码结果
```

12.5　数字信号基带传输

通信的根本任务是远距离传输信息，因而如何准确地传输数字信息是数字通信的重要组成部分。在数字传输系统中，通常其传输对象是二元数字信息，设计数字传输系统的基本考虑是选择一组有限的离散的波形来表示数字信息。这些离散波形可以是未经调制的不同电平信号，称为数字基带信号。在某些情况下，数字基带信号可以直接传输，称为数字信号基带传输。

12.5.1　数字基带信号的码型

用单极性非归零码、单极性归零码、双极性非归零码、双极性归零码、数字双相码、条件双相码和密勒码几种码来表示二元信息序列 100110000101。

由于数字基带信号是数字信息的电脉冲表示，不同形式的数字基带信号（又称为码型）具有不同的频谱结构和功率谱分布，合理设计数字基带信号以使数字信息变换为适合于给定信道传输特性的频谱结构，这样一个问题又称为数字信息的码型转换问题。

不同的码型有不同的优点，我们先给出码型表示二元序列的结果，然后再逐一介绍其用处和不足之处。

1. 单极性非归零码

用电平 1 来表示二元信息中的“1”，用电平 0 来表示二元信息中的“0”，电平在整个

码的时间里不变，记作 NRZ 码。波形如图 12-34 所示。

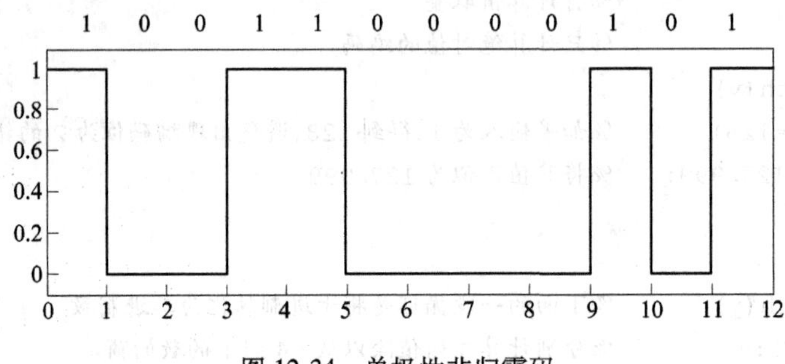

图 12-34　单极性非归零码

单极性非归零码的优点是实现简单，但由于含有直流分量，在带限信道中传输不利，另外当出现连续的 0 或连续的 1 时，电平长时间保持一个值，不利于提取时间信息以便获得同步。单极性非归零码的 MATLAB 实现如下（函数文件 snrz. m）：

```
function y=snrz(x)
%本函数实现将输入的一段二进制代码编为相应的单极性非归零码输出
%输入 x 为二进制码,输出 y 为编好的码
%给出计算每一个码元的点数,因为我们只有用离散的点来得出连续的函数表示
grid=300;
t=0:1/grid:length(x);
fori=1:length(x)                                    %计算码元的值
    if(x(i)==1                                      %如果信息为 1
        for j=1:grid                                %该码元对应的点值取 1
            y((i-1)* grid+j)=1;
        end
    else
        for j=1:grid                                %反之,信息为 0,码元对应点值取 0
            y((i-1)* grid+j)=0;
        end;
    end;
end
y=[y,x(i)];                                         %为了画图,注意要将 y 序列加上最后一位
M=max(y);  m=min(y);
subplot(2,1,1)
plot(t,y);
axis([0,i,m-0.1,M+0.1]);
%采用 title 命令来实现标记出各码元对应的二元信息
title('1  0  0  1  1  0
        0  0  0  1  0  1');
在命令窗口中键入如下指令,即会出现图 12-34 所示波形。
t=[1 0 0 1 1 0 0 0 0 1 0 1];
snrz(t);
```

2. 单极性归零码

单极性归零码与单极性非归零码的不同之处在于输入二元信息为 1 时，给出的码元前半时间为 1，后半时间为 0，输入 0 则完全相同，如图 12-35 所示。

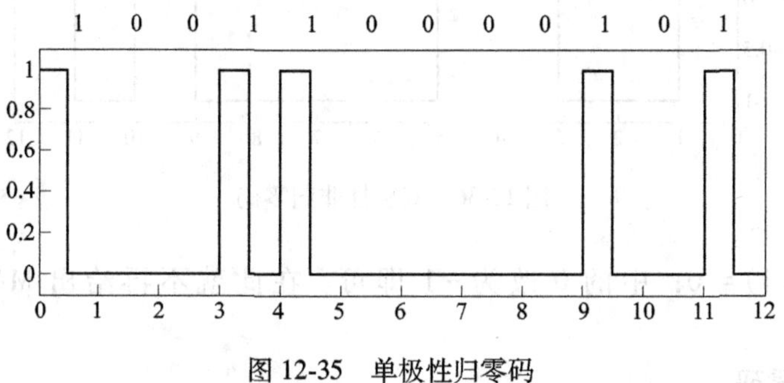

图 12-35　单极性归零码

单极性归零码部分解决了传输问题，直流分量减小，但遇到连续长 0 时同样无法给出定时信息。MATLAB 实现如下（函数文件 srz. m）：

```
function y=srz(x)
%本函数实现将输入的一段二进制代码编为相应的单极性归零码输出
%输入 x 为二进制码,输出 y 为编好的码
grid=200;
t=0:1/grid:length(x);                    %给出相应的时间序列
for i=1:length(x)                        %进行码型变换
    if(x(i)==1)                          %若输入信息为 1
        for j=1:grid/2
            y(grid/2* (2* i-2)+j)=1;     %定义前半时间值为 1
            y(grid/2* (2* i-1)+j)=0;     %定义后半时间值为 0
        end
    else
        for j=1:grid/2                   %反之,输入信息为 0
            y(grid* (i-1)+j)=0;          %定义所有时间值为 0
end;end;end;
y=[y,x(i)];                              %给序列 y 加上最后一位,便于作图
M=max(y);    m=min(y);
plot(t,y);
axis([0,i,m-0.1,M+0.1]);
title('1    0    0    1    1    0
       0    0    0    1    0    1');
```

3. 双极性非归零码

双极性非归零码与单极性非归零码类似，区别仅在于双极性使用电平-1 来表示信息 0。其表示如图 12-36 所示。

双极性非归零码的实现同单极性一样，只需将 snrz. m 中的判断得到 0 信息后的语句

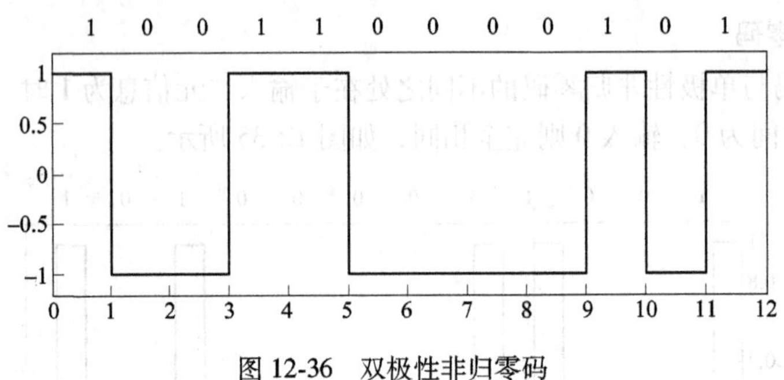

图 12-36　双极性非归零码

y((i-1) * grid+j) = 0; 中的 0 改为 -1 即可。在此就不再给出 MATLAB 函数文件（dnrz. m）了。

4. 双极性归零码

双极性归零码比较特殊，它使用前半时间 1、后半时间 0 来表示信息 1；采用前半时间 -1、后半时间 0 来表示信息 0。因此它具有 3 个电平，严格说来是一种三元码（电平 1，0，-1）。其表示如图 12-37 所示。

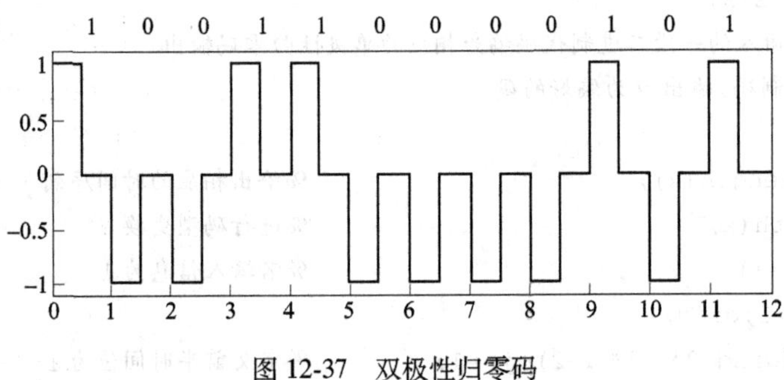

图 12-37　双极性归零码

双极性归零码包含了丰富的时间信息，每一个码元都有一个跳变沿，便于接收方定时。同时对随机信号，信息 1 和 0 出现的概率相同，所以此种码元几乎没有直流分量。MATLAB 实现如下（函数文件 drz. m）：

```
function y=drz(x)
%本函数实现将输入的一段二进制代码编为相应的双极性归零码输出
%输入 x 为二进制码，输出 y 为编好的码
grid=300;
t=0:1/grid:length(x);                  %定义对应时间序列
for i= 1:length(x)                     %进行编码
    if(x(i)==1)                        %若输入信息为 1
        for j=1:grid/2
            y(grid/2* (2* i-2)+j)=1;   %定义前半时间为 1
            y(grid/2* (2* i-1)+j)=0;   %定义后半时间为 0
        end
    else
```

```
    for j=1:grid/2                          %反之,输入信息为0
        y(grid/2* (2* i-2)+j)=-1;           %定义前半时间为-1
        y(grid/2* (2* i-1)+j)=0;            %定义后半时间为0
end;end;end
y=[y,x(i)];                                 %添加最后一位
M=max(y);       m=min(y);
subplot(2,1,1);
plot(t,y);
axis([0,i,m-0.1,M+0.1]);
title('1    0    0    1    1    0
    0    0    0    1    0    1');
```

5. 数字双相码

数字双相码又称为曼彻斯特（machester）码，此种码型采用在一个码元时间的中央时刻从 0 到 1 的跳变来表示信息 1，从 1 到 0 的跳变来表示信息 0。或者说用前半时间为 0、后半时间为 1 来表示信息 1；前半时间为 1、后半时间为 0 来表示信息 0。其表示如图 12-38 所示。

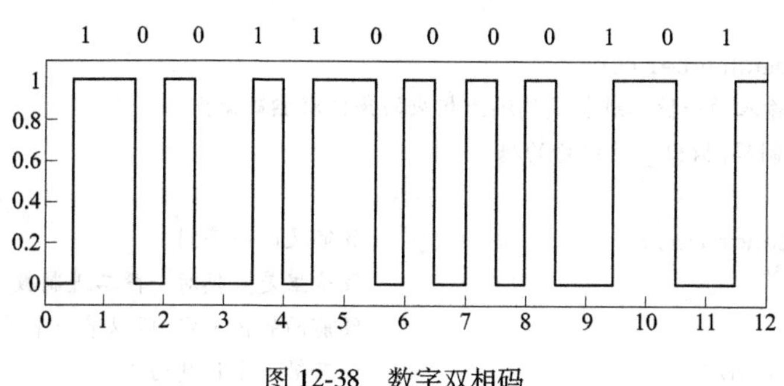

图 12-38　数字双相码

数字双相码的好处是含有丰富的定时信息，每一个码元都有跳变沿，遇到连续的 0 或 1 时不会出现长时间维持同一电平的现象。另外，虽然数字双相码有直流，但对每一个码元，其直流分量是固定的 0.5，只要叠加-0.5 就转换为没有直流了，实际上是没有直流的，方便传输。其 MATLAB 实现同双极性归零码的实现类似，只要将语句：

```
y(grid/2* (2* i-2)+j)=1;和      y(grid/2* (2* i-2)+j)=-1;
y(grid/2* (2* i-1)+j)=0;        y(grid/2* (2* i-1)+j)=0;
```

改为

```
y(grid/2* (2* i-2)+j)=0; 和     y(grid/2* (2* i-2)+j)=1;
y(grid/2* (2* i-1)+j)=1;        y(grid/2* (2* i-1)+j)=0;
```

即可（函数文件 machester. m）。

6. 条件双相码

前面介绍的几种码都是只与当前的二元信息 0 或 1 有关，而条件双相码又称差分曼彻斯特码，却不仅与当前的信息元有关，并且与前一个信息元也有关，确切地说，应该是同前一

个码元的电平有关。条件双相码也使用中央时刻的电平跳变来表示信息，与数字双相码的不同在于：对信息 1，则前半时间的电平与前一个码元的后半时间电平相同，在中央处再跳变；对信息 0，则前半时间的电平与前一个码元的后半时间电平相反（即遇 0 取 1，遇 1 取 0）。其表示如图 12-39 所示。

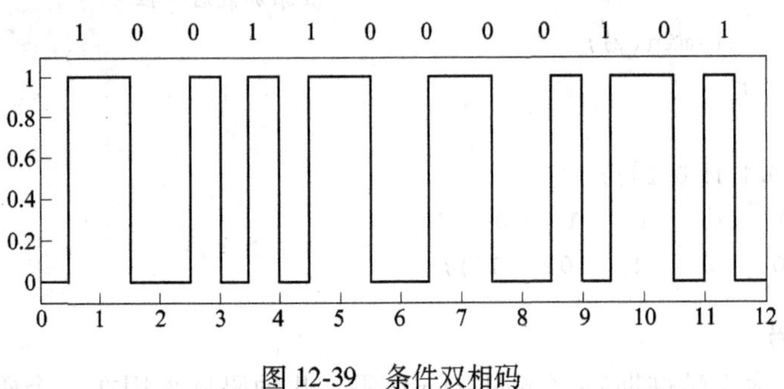

图 12-39　条件双相码

条件双相码的好处是当遇到传输中电平极性反转情况时，前面介绍的几种码都会出现译码错误，而条件双相码却不会受极性反转的影响。MATLAB 实现如下（函数文件 dmachester. m）：

```
function y=dmachester(x)
%本函数实现将输入的一段二进制代码编为相应的条件双相码输出
%输入 x 为二进制码,输出 y 为编好的码
grid=100;
t=0:1/grid:length(x);                 %定义时间序列
i=1;                                   %这里是直接对一段二进制数编码
if(x(i)==1)                            %前面的值不定,所以第一个值单独给出
    for j=1:grid/2                     %若第一个信息为 1
        y(grid/2*(2*i-2)+j)=0;         %前半时间为 0
        y(grid/2*(2*i-1)+j)=1;         %后半时间为 1
    end
else
    for j=1:grid/2                     %反之,输入信息为 0
        y(grid/2*(2*i-2)+j)=1;         %前半时间为 1
        y(grid/2*(2*i-1)+j)=0;         %后半时间为 0
    end
end
for i=2:length(x)                      %从第二个信息起编码与前面的码元有关系
    if(x(i)==1)                        %输入的是信息 1
        for j=1:grid/2
            %前半时间与前一码元后半时间值相反
            y(grid/2*(2*i-2)+j)=1-y(grid/2*(2*i-3)+grid/4);
            %后半时间值与本码元前半时间值相反
            y(grid/2*(2*i-1)+j)=1-y(grid/2*(2*i-2)+j);
        end
```

```
    else
       for j=1:grid/2                          %反之输入为信息 0
          %前半时间与前一码元后半时间值相同
          y(grid/2* (2* i-2)+j)=y(grid/2* (2* i-3)+grid/4);
          %后半时间值与本码元前半时间值相反
          y(grid/2* (2* i-1)+j)=1-y(grid/2* (2* i-2)+j);
end;end;end
y=[y,y(i* grid)];
M=max(y);    m=min(y);
subplot(2,1,1);
plot(t,y);   axis([0,i,m-0.1,M+0.1]);
title('1    0    0    1    1    0
      0    0    0    1    0    1');
```

7. 密勒码

密勒码是数字双相码的变形。它采用码元中央时刻跳变来表示信息 1，即前半时间的电平同前一码元后半时间的电平相同，中央跳变。遇到信息 0 做如下处理：首先，对 0 的码元在整个码元时间内都保持同一电平值；其次，若此 0 前一信息是 1，则码元的电平同前面信息 1 的码元后半时间电平相同，若前一信息为 0，则与前面码元的电平相反。其表示如图 12-40 所示。

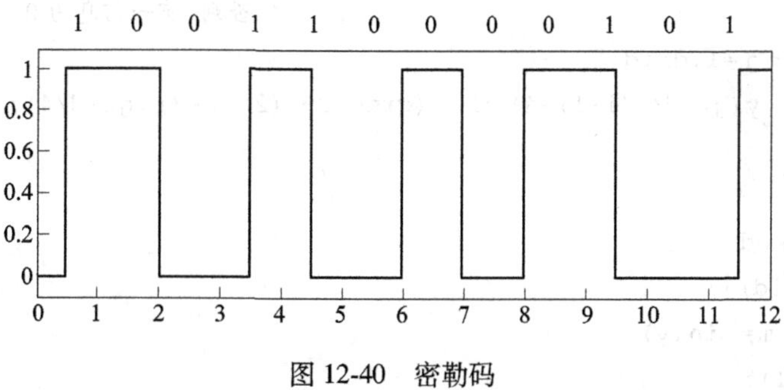

图 12-40　密勒码

密勒码同样克服了电平反转所带来的译码错误。密勒码中同一电平的最大宽度为两个码元时间，在遇到 101 这样的信息时。其 MATLAB 实现如下（函数文件 miler. m）：

```
function y=miler(x)
%本函数实现将输入的一段二进制代码编为相应的条件双相码输出
%输入 x 为二进制码,输出 y 为编好的码
grid=100;
t=0:1/grid:length(x);                          %定义时间序列
i=1;                                           %由于第一码元的编码不定,我们直接给出
if(x(i)==1)                                    %输入为 1
   for j=1:grid/2
      y(grid/2* (2* i-2)+j)=0;                 %前半时间为 0
      y(grid/2* (2* i-1)+j)=1;                 %后半时间为 1
```

```
    end
else
    for j=1:grid                                          %反之,输入为 0
        y(grid* (i-1)+j)=0;                               %所有时间为 0
    end
end
for i=2:length(x)                                         %开始进行密勒编码
    if(x(i)==1)                                           %输入为信息 1
        for j=1:grid/2
            y(grid/2* (2* i-2)+j)=y(grid/2* (2* i-3)+grid/4);   %前半时间与前一码
                                                                元后半时间值相同
            y(grid/2* (2* i-1)+j)=1-y(grid/2* (2* i-2)+j);     %后半时间与前半时
                                                                间相反
        end
    else
        if(x(i-1)==1)                                     %反之,若前一信息为 1,输入信息 0
          for j=1:grid
            y(grid* (i-1)+j)=y(grid/2* (2* i-3)+grid/4);       %所有时间与前一码
                                                                元后半时间值相同
          end
        else                                              %否则,前一信息为 0
          for j=1:grid
              y(grid* (i-1)+j)=1-y(grid/2* (2* i-3)+grid/4);   %所有时间与前一
                                                                码元后半时间值
                                                                相反
end;end;end;end
y=[y,y(i* grid)];
M=max(y);   m=min(y);
subplot(2,1,1);
plot(t,y);  axis([0,i,m-0.1,M+0.1]);
title('1    0    0    1    1    0
       0    0    0    1    0    1');
```

12.5.2　码型的功率谱分布

通过计算可以画出单极性非归零码、单极性归零码、双极性非归零码、双极性归零码、数字双相码和密勒码几种码的功率谱密度并加以分析介绍（假设传递的是纯随机信号，电压波形采用矩形波）。

数字基带信号一般是随机信号，因此分析随机信号的频谱特性要用功率谱密度来分析。一般来说，求解功率谱密度是一件相当困难的事，但由于上述几种码型比较简单，我们可以求出其功率谱密度。

假设数字基带信号为某种标准波形 $g(t)$ 在周期 T_s 内传出去，则数字基带信号可用

$$S(t) = \sum_{n=-\infty}^{\infty} a_n g(t - nT_s) \tag{12-35}$$

来表示，其中 $g(t)$ 为矩形波。式（12-35）中，a_n 是基带信号在时间 $nT_s < t < (n+1)T_s$ 内的幅度值，由编码规律和输入信码决定；T_s 为码元周期（即上面提及的码元时间）。

符号 $\{a_n\}$ 组成的离散随机过程的自相关函数为

$$R(k) = E(a_n\, a_{n+k}) \tag{12-36}$$

假设其为广义平稳，则基带信号的自相关函数为

$$R_s(t+\tau, t) = \sum_{m=-\infty}^{\infty}\sum_{n=-\infty}^{\infty} R(m-n) g(t+\tau-mT_s) g(t-nT_s) \tag{12-37}$$

上述的函数是以 T_s 为周期，可以称为周期性平稳随机过程。假设该周期性平稳随机过程为各态历经性的，则可导出平均功率谱密度计算公式为

$$\Phi_s(f) = \frac{1}{T_s} |G(f)|^2 \left\{R(0) - E^2(a) + 2\sum_{k=1}^{\infty} [R(k) - E^2(a)] \cos(2\pi k f T_s)\right\} \tag{12-38}$$

式中，$G(f)$ 为波形 $g(t)$ 的傅里叶变换。

$$E(a) = \overline{a_n} \tag{12-39}$$

$$R(k) = E\{a_n\, a_{n+k}\} = \frac{\forall n}{a_n\, a_{n+k}} \tag{12-40}$$

除了上式的连续谱以外，还在频率为 k/T_s 处有离散谱：

$$S\left(\frac{k}{T_s}\right) = \frac{2E^2(a)}{T_s^2} \left|G\left(\frac{k}{T_s}\right)\right|^2 \delta\left(f - \frac{n}{T_s}\right) \tag{12-41}$$

式（12-40）和式（12-41）适用于编码后只存在一种标准波形的情况。我们使用其来求解，为计算简化，取 $T_s = 1\text{s}$，则有

$$G(f) = \text{sinc}(\pi f) = \frac{\sin(\pi f)}{\pi f} \tag{12-42}$$

对单极性非归零码、单极性归零码、双极性非归零码和双极性归零码这 4 种码，由于统计的独立性，$R(k) = E^2(a)$，于是上面连续谱的式子可简化为

$$\Phi(f) = \frac{1}{T_s} |G(f)|^2 [R(0) - E^2(a)] \tag{12-43}$$

对单极性非归零码，由于输入的是随机序列，对应的 0 和 1 的概率应该相等，我们用电平 1 表示信息 1，电平 0 来表示信息 0，则有 a 的概率分布为

$$a_n = \begin{cases} 0, & \text{概率 } 1/2 \\ 1, & \text{概率 } 1/2 \end{cases}$$

单极性归零码的概率分布为

$$a_n = \begin{cases} 0, & \text{概率 } 3/4 \\ 1, & \text{概率 } 1/4 \end{cases}$$

双极性非归零码的概率分布为

$$a_n = \begin{cases} -1, & \text{概率 } 1/2 \\ 1, & \text{概率 } 1/2 \end{cases}$$

双极性归零码的概率分布为

$$a_n = \begin{cases} 0，概率 1/2 \\ 1，概率 1/4 \\ -1，概率 1/4 \end{cases}$$

计算出它们的均值和自相关函数（函数文件 jidaigailv. m）：

```
function v=jidaigailv(x)
%本函数计算输入的随机分布的均值和自相关函数在 0 的取值
%输入 x 为一离散随机分布的二维数组
%每一行第一个值表示随机变量取值,第二个值表示取该值的概率
E=0;  R0=0;  Rk=0;
for i=1:length(x)
  E=E+x(i,1)* x(i,2);                       %计算均值
  R0=R0+x(i,1)* x(i,1)* x(i,2);             %计算自相关函数在 0 的值
end
Rk=E* E;                                    %计算统计独立的自相关函数
disp('均值等于:');          E
disp('自相关函数等于:');    R0
```

计算结果如下：

```
snr=[0,0.5;1,0.5];                  %定义单极性非归零码概率分布
sr=[0,0.75;1,0.25];                 %定义单极性归零码概率分布
dnr=[1,0.5;-1,0.5];                 %定义双极性非归零码概率分布
dr=[1,0.25;-1,0.25;0,0.5];          %定义双极性归零码概率分布
jidaigailv(snr)                     %计算单极性非归零码的均值和自相关函数
均值等于:E=0.5000
自相关函数等于:R0=0.5000
jidaigailv(sr)                      %计算单极性归零码的均值和自相关函数
均值等于:E=0.2500
自相关函数等于:R0=0.2500
jidaigailv(dnr)                     %计算极双性非归零码的均值和自相关函数
均值等于:E=0
自相关函数等于:R0=1
jidaigailv(dr)                      %计算极双性归零码的均值和自相关函数
均值等于:E=0
自相关函数等于:R0=0.5000
```

可以看出，上述 4 种码型的功率谱分布基本相同，都是采样函数 sinc(f) 的形式，所不同的一是频率，由于归零码的变化是非归零码的两倍（中央有跳变），所以非归零码的 T_s 是归零码 T_s 的 2 倍；二是幅度，这从计算结果可以直接看出。

对数字双相码和密勒码则有所不同，我们直接给出计算公式，数字双相码其功率谱密度为（条件 $T_s=1$，幅度=1）

$$\Phi_s(f) = (1-2P)^2 \sum_{n=-\infty}^{\infty} \left[\left(\frac{2}{n\pi} \right)^2 \delta\left(f - \frac{n}{T_s} \right) \right] + 4P(1-P) \left[\frac{\sin^4(\pi f/2)}{(\pi f/2)^2} \right]$$

通常 $P=1/2$，因此没有离散谱分量。

密勒码的功率谱密度计算要用到概率论和随机过程中的马尔可夫过程的知识。根据其一步转移概率矩阵推出相关矩阵，从而求出功率谱密度为

$$\Phi(f)=\frac{23-2\cos x-22\cos 2x-12\cos 3x+5\cos 4x+12\cos 5x+2\cos 6x-8\cos 7x+2\cos 8x}{2x^2(17+8\cos 8x)}$$

画出上面所述的功率谱密度，以单极性非归零码作为前 4 种码的代表，如图 12-41 所示。

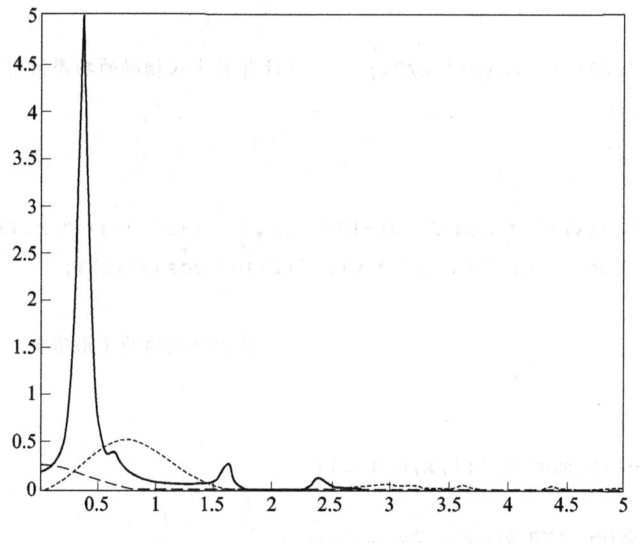

图 12-41　三种码的功率谱密度分布

这里为了方便读者观察，给出局部放大图，如图 12-42 所示。

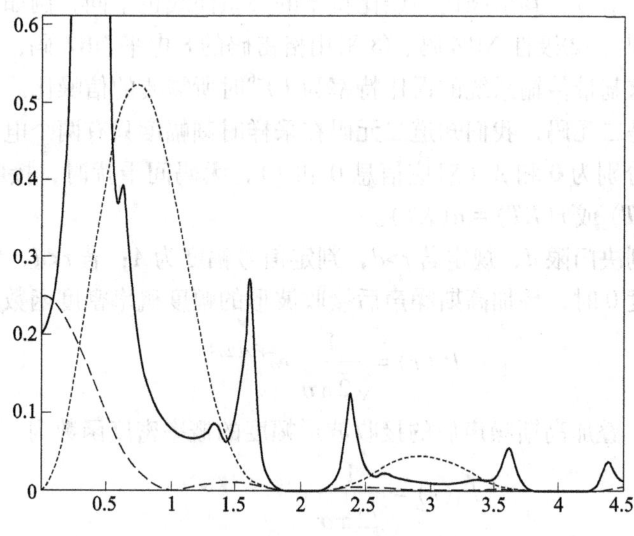

图 12-42　图 12-41 低幅部分的放大

作图的程序如下（脚本文件 gonglvpu. m）：

```
x=0:0.01:5
y=sin(pi* x);
y=y./(pi* x);
y(1)=1;
dan=y.* y;
dan=dan/4;                              %计算单极性非归零码的功率谱密度
y=sin(pi* x/2);
y=y./(pi* x/2);
y(1)=1;
mache=sin(pi* x/2).* sin(pi* x/2);      %计算数字双相码的功率谱密度
mache=mache.* y;
mache=mache.* y;
x=x* pi;
miler=(23-2* cos(x)-22* cos(2* x)-12* cos(3* x)+5* cos(4* x)+12* cos(5* x)+2
* cos(6* x)-8* cos(7* x)+2* cos(8* x))./(17+8* cos(8* x));
t=x.* x;
miler=miler./t;                         %计算密勒码的功率谱密度
miler(1)=0.2;
x=x/pi;
plot(x,dan,'--',x,mache,':',x,miler);
```

12.5.3 基带传输的误码率

1. 示例及分析

采用不同的基带信号，其信噪比与误比特率的关系曲线也不同，例如对下列 3 种基带信号：①单极性 NRZ 码、②极性 NRZ 码、③采用格雷码的 8 电平 NRZ 码，可以作图来比较其特性，并计算当要求基带传输系统的误比特率为 10^{-6}时所需要的信噪比。

①和②采用的是二元码，我们知道二元码在采样时刻幅度只有两个电平，先考虑单极性 NRZ 码。设其幅度分别为 0 和 A（对应信息 0 和 1），无码间干扰时，接收滤波器的输出信号 $r(KT)=A+n(KT)$ 或 $r(KT)=n(KT)$。

在接收端定一判决门限 d，规定若 $r>d$，判定信号幅度为 A；若 $r<d$，判定信号幅度为 0。

当发送信号幅度 0 时，叠加高斯噪声后接收波形的幅度概率密度函数为

$$P_0(r)=\frac{1}{\sqrt{2\pi}\sigma}\mathrm{e}^{-r^2/(2\sigma^2)} \tag{12-44}$$

发送信号幅度 A 时，叠加高斯噪声后的接收波形幅度的概率密度函数为

$$P_1(r)=\frac{1}{\sqrt{2\pi}\sigma}\mathrm{e}^{-(r-A)^2/(2\sigma^2)} \tag{12-45}$$

这样，若噪声幅度过大，就会造成接收端的误判。误判概率为

$$P_{b0}=\int_d^{\infty}\frac{1}{\sqrt{2\pi}\sigma}\mathrm{e}^{-r^2/(2\sigma^2)}\mathrm{d}r \tag{12-46}$$

$$P_{b1} = \int_{-\infty}^{d} \frac{1}{\sqrt{2\pi}\sigma} e^{-(r-A)^2/(2\sigma^2)} dr \tag{12-47}$$

总误判概率为 $P_b = P_0 P_{b0} + P_1 P_{b1}$，通常 $P_0 = P_1 = 1/2$，采用 $A/2$ 作为判决电平 d 是最佳的，此时的误比特率为

$$P_b = \int_{1/\sigma}^{\infty} \frac{1}{\sqrt{2\pi}} e^{-x^2/2} dx = Q\left(\frac{d}{\sigma}\right) \tag{12-48}$$

当二元码的基带信号波形为矩形时，平均信号功率为 $S=A^2/2$，噪声功率为 $N=\sigma^2/2$。于是有

$$P_b = Q(\sqrt{S/2N}) \tag{12-49}$$

对双极性码，信号功率为 $S=A^2/4$，所以 $P_b = Q(\sqrt{S/N})$。作出图像如图 12-43 所示。

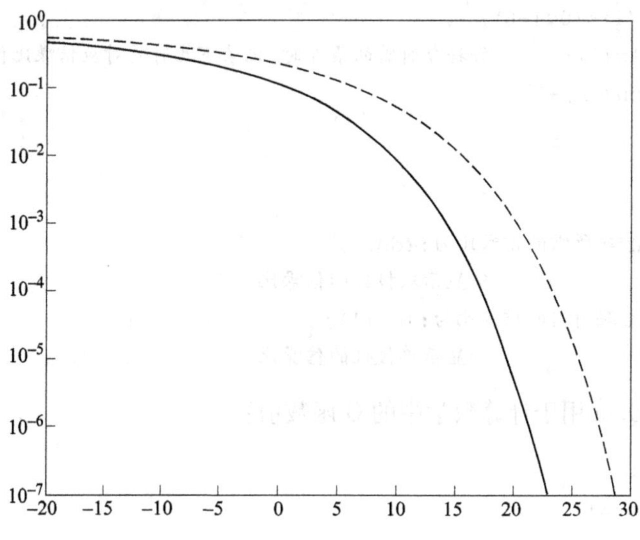

图 12-43　二元码的信噪比-误比特率曲线

图 12-43 中，实线是代表双极性的误比特率-信噪比曲线，断线是代表单极性的误比特率-信噪比曲线。在画出曲线后，我们知道在某一误比特率的要求下，信噪比大致应当是多少，从而采用遍历的方法来求出所需的信噪比。

2. MATLAB 实现

对此例求误比特率小于 10^{-6}，用如下实现（脚本文件 biterrtwo. m）：

```
clear
sn=0.1:0.01:100;              %定义信噪比序列
snlg=20* log10(sn);           %将信噪比转化为 dB 表示
sdouble=sqrt(sn);
ssingle=sqrt(sn/2);
bdouble=Q(sdouble);           %求双极性的误比特率序列
bsingle=Q(ssingle);           %求单极性的误比特率序列
semilogy(snlg,bdouble);
hold;                         %保持住上一曲线
```

```
semilogy(snlg,bsingle,'--');
axis([-20,30,0.0000001,1]);
i=1100;                        %通过观察曲线,大致判断出双极性小于给定误比特率的信噪比位置
while(i<length(sn))
    if(bdouble(i)<10^(-6))
       bsn=snlg(i);            %记下符合条件的信噪比
       i=length(sn)+1;
    end
    i=i+1;
end
i=2300;                        %通过观察曲线,大致判断出单极性小于给定误比特率的信噪比位置
while(i<length(sn))
    if(bsingle(i)<10^(-6))
       ssn=snlg(i);            %符合所需的条件时,记录下此时的对应信噪比值
       i=length(sn)+1;
    end;
    i=i+1;
end
disp('双极性 NRZ 码所需的信噪比为:(dB)');
bsn                            %显示双极性的信噪比
disp('单极性 NRZ 码所需的信噪比为:(dB)');
ssn                            %显示单极性的信噪比
```

其中函数文件 Q. m 用于计算数学中的 Q 函数值：

```
function y=Q(x)
y=erfc(x)/sqrt(2);
```

3. 分析

由于采用的是多电平编码，所以不能像二元码那样简单计算。若 M 元码的 M 种幅度等概率出现，在加性高斯噪声的影响下，误码率为

$$P_s = \frac{2(M-1)}{M}Q\left(\frac{A}{2\sigma}\right) \tag{12-50}$$

用信噪比来表示就是

$$P_s = \frac{2(M-1)}{M}Q\left(\sqrt{\frac{3}{M^2-1}\left(\frac{S}{N}\right)}\right) \tag{12-51}$$

注意：此是误符号率，转换为误比特率要结合将多元信息变为二进制码的方法来进行，对于使用格雷码的序列来说，其误比特率为

$$P_b = \frac{P_s}{n}, n = \log_2 M \tag{12-52}$$

本题中 $M=8$，作出曲线如图 12-44 所示。

从图 12-44 中可以推知大概要信噪比在 45dB 之后才能有误比特率小于 10^{-6}，从计算公式可大致得到信噪比达到 45dB 后的点数，给出合适的 i，开始计算比较。MATLAB 实现如

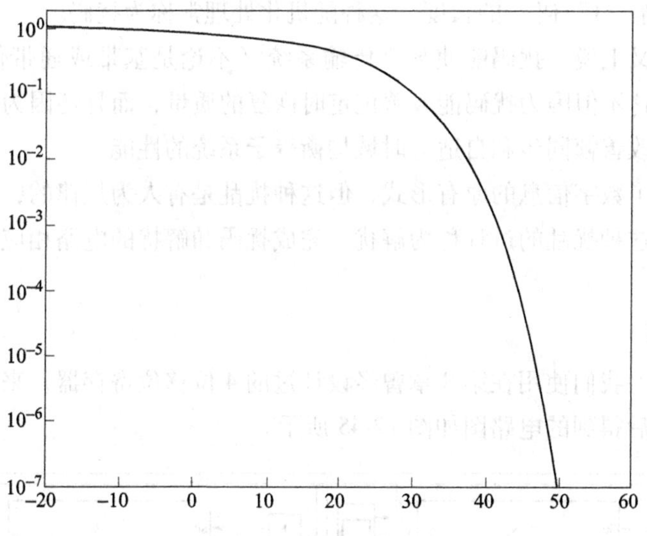

图 12-44　8 电平格雷码信噪比-误比特率曲线

下（函数文件 biterrgray. m）：

```
function y=biterrgray(M)
sn=0.1:0.05:1000;
snlg=20* log10(sn);
s=sqrt(sn* 3/(M^2-1));
bgray=2* (M-1)* Q(s)/M;
semilogy (snlg,bgray);
axis([-20,60,0.0000001,2]);
%严格地说,下一步应该是在前面的代码运行完后,观察图像读出信噪比大致位置后再写
%我们为了方便给在一起
i=4500;
while(i<length(sn))
    if(bgray(i)<10^(-6))
        bg=snlg(i);                    %记录下满足条件的信噪比
        i=length(sn)+1;                %跳出循环
    end
    i=i+1;
end
disp('8 电平格雷码所需的信噪比为:(dB)');
bg
```

12.5.4　扰码与解扰

在前面的章节中曾介绍过，在数字基带信号传输中，减少连“0”码（或连“1”码）来保证位定时恢复质量，这是十分重要的一个环节。但在一般信号中，难免出现长串的 0 或 1，所以我们必须人为地将二进制数字信息先做“随机化”处理，变为伪随机序列，从而限

制连“0”码（或连“1”码）的长度。这种随机化处理常称为扰码。

从更广泛的意义上说，扰码能使数字传输系统（不论是基带或通带传输）对各种数字信息具有透明性。这不但因为扰码能改善位定时恢复的质量，而且还因为它能使信号频谱弥散而保持稳恒，能改善帧同步和自适应时域均衡等子系统的性能。

扰码虽然扰乱了数字信息的原有形式，但这种扰乱是有人为规律的，因而也是可以解除的。在接收端解除这种扰乱的过程称为解扰。完成扰码和解扰的电路相应地称为扰码器和解扰器。

1. 目标及结果

在这个例子中，我们使用在第 8 章曾经设计过的 4 位移位寄存器，来设计一个扰码器和相应的解扰器。最后得到的电路图如图 12-45 所示。

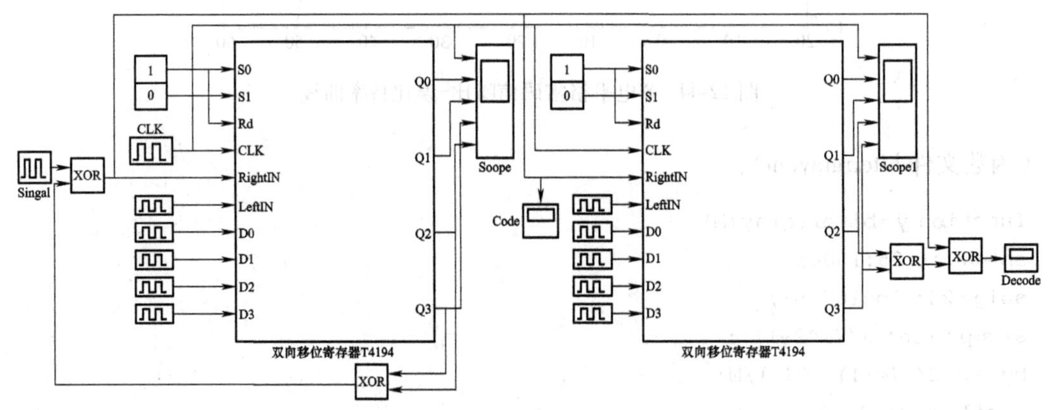

图 12-45 扰码和解码电路

2. 思路分析

扰码原理是以线性反馈移位寄存器理论作为基础的。在图 12-45 所示的线性反馈移位寄存器的反馈逻辑输出与第一级寄存器输入之间引入一个模 2 和相加电路，以输入数据作为模 2 和的另一个输入端，即可得到扰码器的一般形式（见图 12-46）。

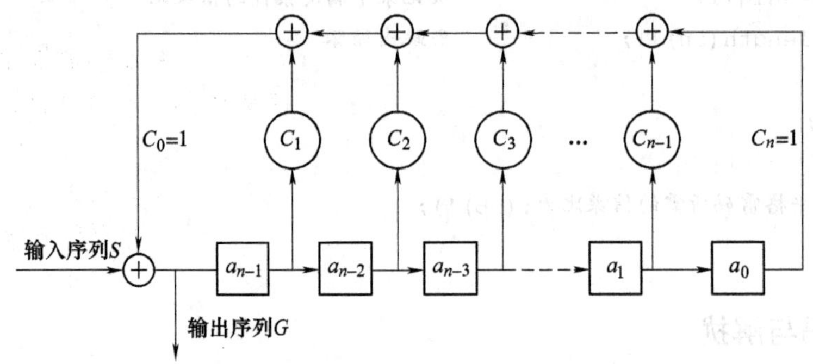

图 12-46 扰码器的原理图

在分析扰码器工作原理时引入一个运算符号“D”表示将序列延时一位，$D(k)S$ 表示将

序列延时 k 位。采用延时算符后，可以得到以下表达式：

$$G = S \oplus \sum_{i=1}^{n} C_i D^i G \tag{12-53}$$

在这里，求和号也是模 2 和运算，C_i表示各寄存器输出的增益，它的值为 0 或 1。我们通过将式（12-53）变形得到扰码输出序列 G 的表达式如下所示：

$$G = \frac{S}{\sum_{i=1}^{n} C_i D^i} \tag{12-54}$$

从扰码器的原理图可以看出，在本质上，扰码器就是将前面一段时间输入的信号信息加入到后面的信号中，从而减少传输信号中的连 0 或连 1。

在接收端可以采用如图 12-47 所示的解扰器，它的寄存器堆和扰码器完全一致，这样才能从扰码序列中恢复出原信号，注意这里是将扰码信号直接送到寄存器堆的输入端，解码信号来自于扰码信号和寄存器堆输出信号的模 2 和。

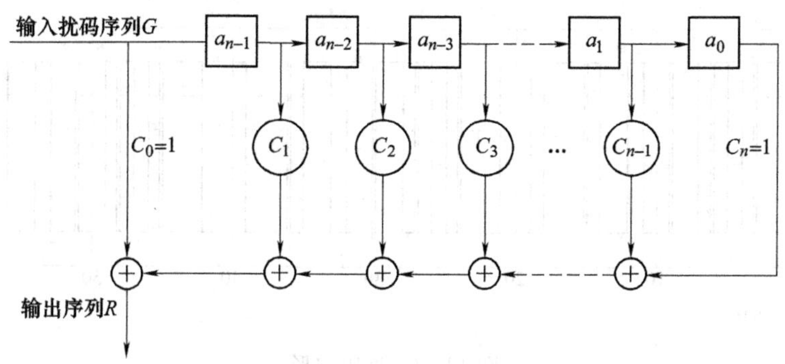

图 12-47　解扰器的原理图

根据解扰器的原理图，采用延时算符，可以得到下面的式子：

$$R = G \oplus \sum_{i=1}^{n} C_i D^i G \tag{12-55}$$

通过将式（12-55）变形，得到解码输出序列 R 的表达式如下所示：

$$R = G\left(\sum_{i=1}^{n} C_i D^i\right) \tag{12-56}$$

结合前面的扰码序列表达式，我们可以看到解码得到的序列 R 和原信号 S 是一致的。

在这个例子中，我们使用的触发器堆含有 4 个触发器 Q0Q1Q2Q3，反馈逻辑采用 Q3、Q2 的模 2 和，对应于图 12-46，也就是选择 $C_3 = C_4 = 1$，其余的 C_i为 0。实际上，这种反馈逻辑的选择是有规则的，即，要求以 C_i为系数的多项式是本原多项式。鉴于篇幅，这里就不详述了。

3. MATLAB 实现

根据前面的扰码和解码原理图，做出如图 12-45 所示的电路图并不困难。首先说明下，左边的一个 T4194 用来进行扰码，右边的一个 T4194 用来进行解码。

接下来，我们来设置各个脉冲源。

首先将时钟源的幅度设为 1，周期设为 2，脉宽设为 1，延时设为 -1，采样时间设为 0.5s。并将这个时钟源送到两个 T4194 的时钟端。由于只使用 T4194 的右移输入端 RightIN，所以其他 5 个数据输入端（LeftIN 和 D0～D3）对应的脉冲源不用设置参数。将信号源（标号为 Signal）的脉冲幅度设为 1，周期设为 60，脉宽设为 30，延时设为 1，采样时间设为 0.1s。这样，这个信号源的周期就是 6s，对应的二进制信号就是 111000111000111000……。这里延时 0.1s 的作用是为了避免竞争冒险状态的产生，因为寄存器是时钟下降沿触发的，所以信号源的跳变沿要和时钟的跳变沿错开。将这个信号源与反馈逻辑的输出一起送到一个二输入的异或门，再送到两个 T4194 的数据右移输入端 RightIN。注意：这个异或门的输出信号就是扰码信号。

最后加上必要的示波器监视扰码和解码的波形，仿真时间设为 40s。将该模型保存，可以命名为 raoma. mdl。

单击工具栏上的“开始”图标，仿真结束后，双击图 12-45 中名为“Code”的示波器，观察扰码波形，如图 12-48 所示。

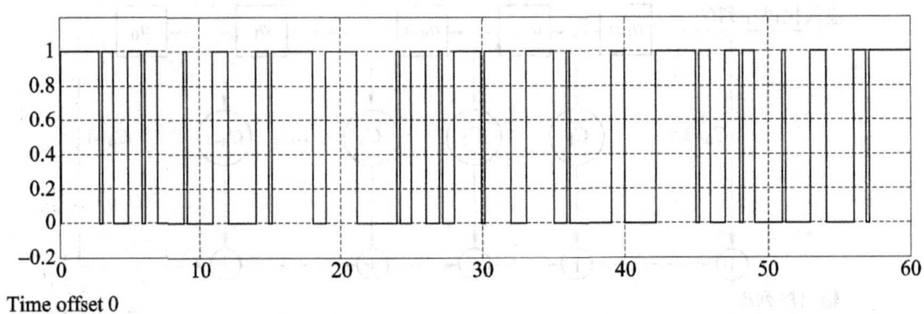

图 12-48 扰码波形

从扰码波形中可以看到，扰码后信号变为：这个序列中的连 0 和连 1 明显减少。再双击图 12-45 中名为“Decode”的示波器，观察解码波形，如图 12-49 所示。

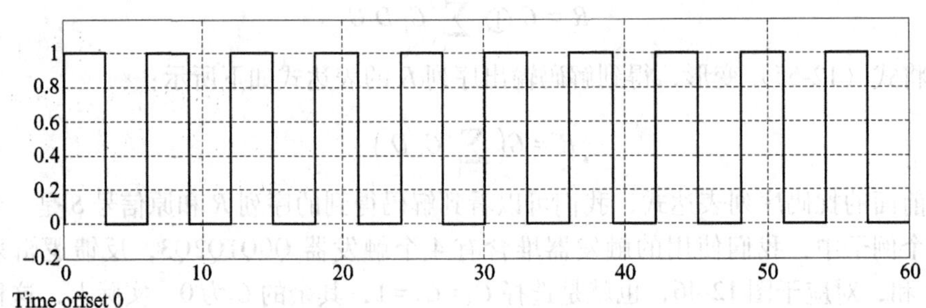

图 12-49 解码波形

从解码波形中可以看到，原信号被完整地恢复了。

4. 小结

在这个例子中，我们运用 Simulink 仿真工具，学习了对基带信号传输的一种编码方式——扰码，并从仿真结果中了解了扰码的作用。

12.6　数字信号载波传输

为了使数字信号在通带信道中传播，必须用数字信号对载波进行调制，前面介绍了模拟调制的一些知识及 MATLAB 实现，下面介绍数字信号的调制。

数字信号有 3 种基本调制方式：幅度键控、频移键控和相移键控。我们主要了解数字调制技术的原理、频谱特性和误码性能。

12.6.1　幅度键控（ASK）

1. 简单介绍

在幅度键控中载波幅度是随着调制信号而变化的。最简单的形式是载波在二进制调制信号 1 或 0 的控制下通或断，此种调制方式称为通-断键控（OOK）。其时域表达式为

$$S_{\text{OOK}}(t) = a_n A\cos \omega_c t \tag{12-57}$$

式中，a_n为二进制数字，典型波形举例说明。

2. 示例及 MATLAB 实现

对二元序列 10110010，画出 2ASK 的波形，其中载频为码元速率的 2 倍。

载频为码元速率的 2 倍，即表明在一个符号的时间里载波刚好一周期，波形如图 12-50 所示。

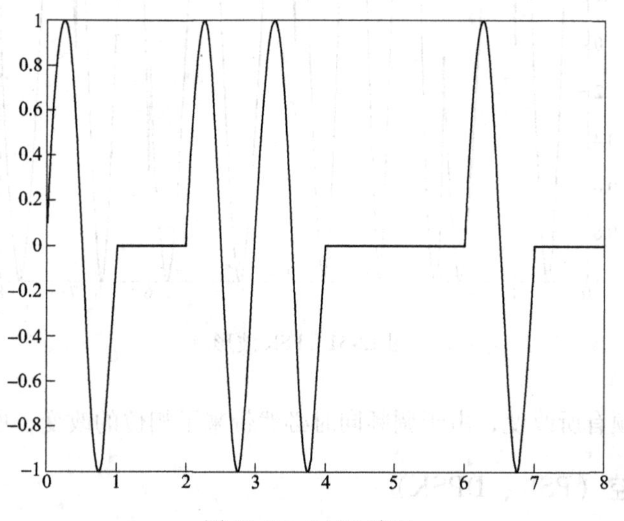

图 12-50　2ASK 波形

MATLAB 实现如下：

```
t=0:0.01:8;
y=sin(2* pi* t);                                                        %载波
x=[ones(1,100), zeros(1,100),ones(1,100),ones(1,100),
zeros(1,100), zeros(1,100),ones(1,100), zeros(1,101)];   %定义一个与二元序列对应
                                                                         的时间序列
z=x.* y;                                                                %幅频键控
```

12.6.2 频移键控（FSK）

将数字信号调制在载波的频率上的调制方法称为频移键控（FSK），它也包括二电平频移键控（BFSK）和多电平频移键控（MFSK）。

对上例的二元序列 10110010，画出 2FSK 的波形，其中载频为码元速率的 2 倍。

频移键控的原理与调频类似，只是使用数字信号而已。MATLAB 实现如下：

```
x=0:0.01:8;
t=[ones(1,100), zeros(1,100),ones(1,100),ones(1,100),
zeros(1,100), zeros(1,100),ones(1,100), zeros(1,101)];
y=sin(x.* (2* pi+2* t));
plot(x,y);
```

结果如图 12-51 所示。

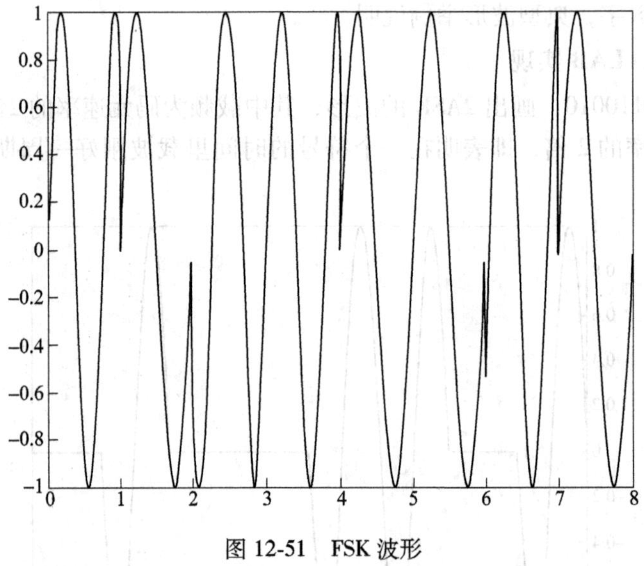

图 12-51 FSK 波形

可以看出，载频有所改变，由于调频同时必然带来了相位的改变，所以有相位的突变。

12.6.3 相移键控（PSK、DPSK）

在载波相位调制中，将信道发送的信息调制在载波的相位上，通常相位范围是（0, 2），所以通过数字相位调制，数字信号的载波相位是：$\theta_m = 2\pi m/M$，$m=0, 1, \cdots, M-1$。对二进制调制，两个载波的相位分别是 0、π。对于 M 进制的相位调制，一组 M 个载波调相信号的波形的一般表达式为

$$u_m(t) = A\, g_T(t)\cos\left(2\pi f_c t + \frac{2\pi m}{M}\right), m = 0,1,\cdots,M-1 \tag{12-58}$$

式中，$g_T(t)$ 为发射端的滤波脉冲，决定了信号的频谱特征；A 为信号振幅。

相移键控的能量在调制过程中没有改变，如下：

$$
\begin{aligned}
E_m &= \int_{-\infty}^{\infty} u_m^2(t)\,\mathrm{d}t \\
&= \int_{-\infty}^{\infty} A^2 g_{\mathrm{T}}^2(t)\cos^2(c)\,\mathrm{d}t \\
&= \frac{1}{2}\int_{-\infty}^{\infty} A^2 g_{\mathrm{T}}^2(t)\,\mathrm{d}t + \frac{1}{2}\int_{-\infty}^{\infty} A^2 g_{\mathrm{T}}^2(t)\cos\left(4\pi f_c t + \frac{4\pi m}{M}\right)\mathrm{d}t \\
&= \frac{A^2}{2}\int_{-\infty}^{\infty} g_{\mathrm{T}}^2(t)\,\mathrm{d}t \\
&= E_s
\end{aligned}
\tag{12-59}
$$

E_s 表示发送一个符号的能量，通常选用 $g_{\mathrm{T}}(t)$ 为矩形脉冲，定义为

$$g_{\mathrm{T}}(t) = \sqrt{2/T} \tag{12-60}$$

此时发送信号波形在间隔 $0 \leqslant t \leqslant T$ 内表示为

$$u_m(t) = \sqrt{\frac{2E_s}{T}}\cos\left(2\pi f_c t + \frac{2\pi m}{M}\right) \quad m = 0,1,\cdots,M-1 \tag{12-61}$$

式（12-61）给出的发送信号有常数包络，且载波相位在每一个信号间隔的起始位置发生突变。典型波形如图 12-52 所示。

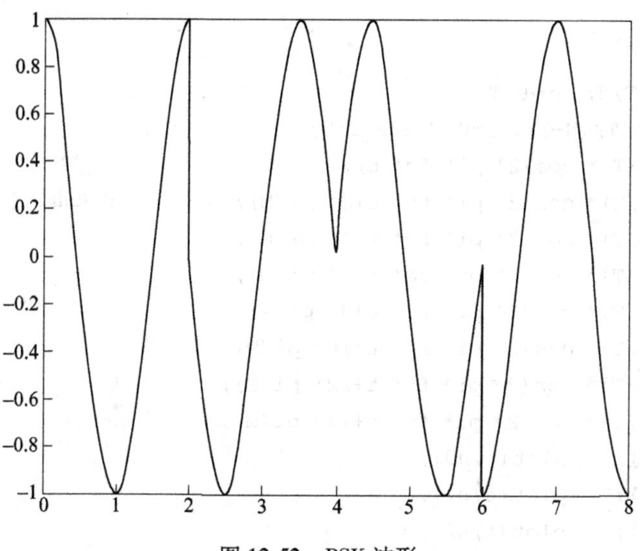

图 12-52　PSK 波形

将 k 比特信息调制到 $M=2^k$ 个可能相位的方法有多种，常用方法是采用格雷码编码，此种编码方式的相邻相位仅相差一个二进制比特。

在 $M=8$ 时，生成常数包络 PSK 信号波形，为方便，将信号幅度归一化为 1，取载波频率为 $6/T$。

1. PSK 包络的绘制

本节使大家对 PSK 的波形有一个大致的认识，每一个波形就代表了一个符号信息，这样可以根据符号来选择波形发送。图像如图 12-53 所示。

本例的 MATLAB 实现如下（脚本文件 pskbaoluo. m）：

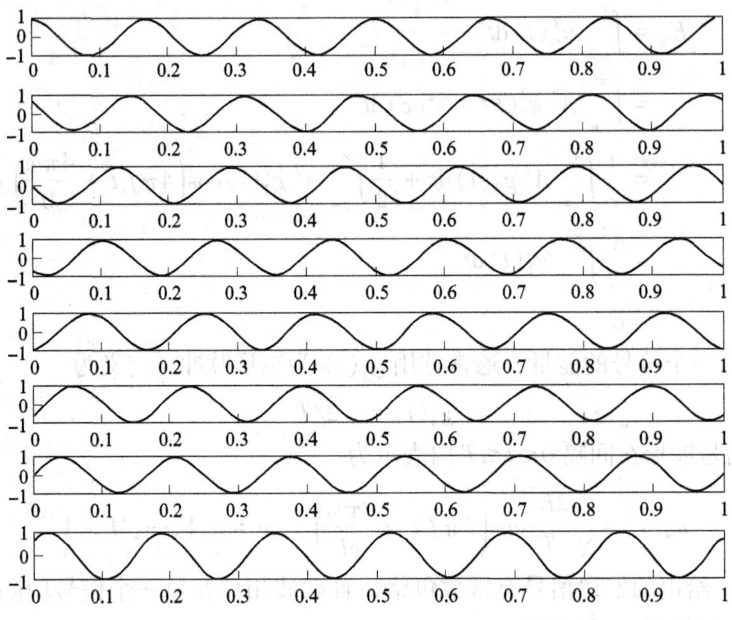

图 12-53　调相波的包络

```
echo on
T=1; M=8; Es=T/2; fc=6/T;
N=120;delta_T=T/(N-1); t=0:delta_T:T;
u0=sqrt(2* Es/T)* cos(2* pi* fc* t);
u1=sqrt(2* Es/T)* cos(2* pi* fc* t+2* pi/M);          %求出 8 个波形
u2=sqrt(2* Es/T)* cos(2* pi* fc* t+4* pi/M);
u3=sqrt(2* Es/T)* cos(2* pi* fc* t+6* pi/M);
u4=sqrt(2* Es/T)* cos(2* pi* fc* t+8* pi/M);
u5=sqrt(2* Es/T)* cos(2* pi* fc* t+10* pi/M);
u6=sqrt(2* Es/T)* cos(2* pi* fc* t+12* pi/M);
u7=sqrt(2* Es/T)* cos(2* pi* fc* t+14* pi/M);
subplot(8,1,1);    plot(t,u0);
subplot(8,1,2);    plot(t,u1);
subplot(8,1,3);    plot(t,u2);
subplot(8,1,4);    plot(t,u3);
subplot(8,1,5);    plot(t,u4);
subplot(8,1,6);    plot(t,u5);
subplot(8,1,7);    plot(t,u6);
subplot(8,1,8);    plot(t,u7);
```

2. PSK 的误码率计算

在接收端接收到的是叠加了信道噪声的信号，通常信道为加性高斯白噪声信道，在这个基础上，二进制的 PSK 调制和二进制 PAM 相同，该误码率为

$$P_2 = Q\sqrt{\frac{2E_b}{N_0}} \tag{12-62}$$

式中，E_b 为每比特能量。

3. PSK 系统的仿真

【例 12-2】 对 M=4PSK 通信系统进行蒙特卡洛仿真，系统框图如图 12-54 所示。

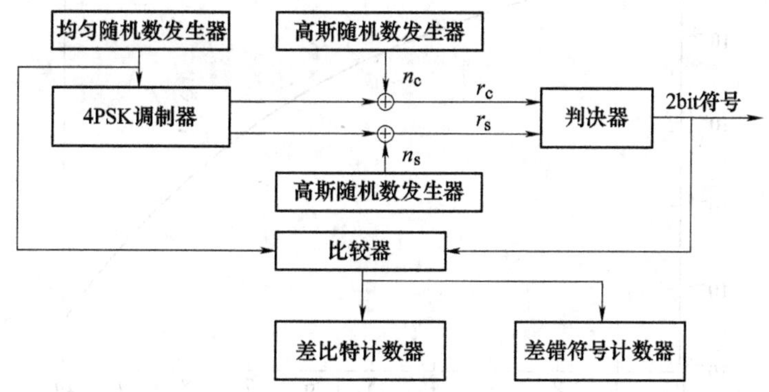

图 12-54　PSK 仿真系统图

如图 12-54 所示，由仿真式

$$r = s_m + n = \left(\sqrt{E_s}\cos\frac{2\pi m}{M} + n_c, \sqrt{E_s}\sin\frac{2\pi m}{M} + n_s\right) \tag{12-63}$$

定义给出随机变矢量 $\boldsymbol{r}$，该变量是信号相关器的输出和判决器的输入。产生一个正交（2bit）符号序列，将其映射到相应的四相信号点上。为完成此次仿真，使用一个在（0，1）区间内产生均匀分布的随机数的随机数发生器。将区间（0，1）划分为 4 个区间（0，0.25）、(0.25，0.5)、（0.5，0.75）、（0.75，1）、此 4 个区间分别对应信息比特 00、01、11、10，这些信息比特被用来选择信号相位矢量 $\boldsymbol{s}_m$。

加性的高斯噪声是均值为 0，方差为 1 的相互统计独立的随机变量。通过改变信号的能量参数来控制接收信号的信噪比。

判决器由式（12-63）给出的接收信号矢量 $\boldsymbol{r}=\boldsymbol{s}_m+\boldsymbol{n}$ 决定，并计算 $\boldsymbol{r}$ 在 4 种可能的信号矢量 $\boldsymbol{s}_m$ 上的投影（点积）。然后选择对应于最大投影的信号点。将判决器的输出与发送符号比较，计算出误符号数和误比特数。

在不同的信噪比 E_b/N_0 下发送 10000 个符号的蒙特卡洛仿真结果如图 12-55 所示，其中 $E_b=E_s/2$ 是比特能量，同时也给出了误码率（定义为 $P_s=P_m/2$）和相应的理论误码率。

MATLAB 实现如下（脚本文件 pskmotocalo.m）：

```
echo on
SNRindB1=0:2:10;                              %定义信噪比的序列,共有 6 个值
SNRindB2=0:0.1:10;                            %扫描用的信噪比序列,采用 dB 作为单位
for i=1:length(SNRindB1)
  [pb,ps]=pskmoto(SNRindB1(i));               %计算误比特率
  smld_bit_err_prb(i)=pb;
  smld_symbol_err_prb(i)=ps;
end;
for i=1:length(SNRindB2)
```

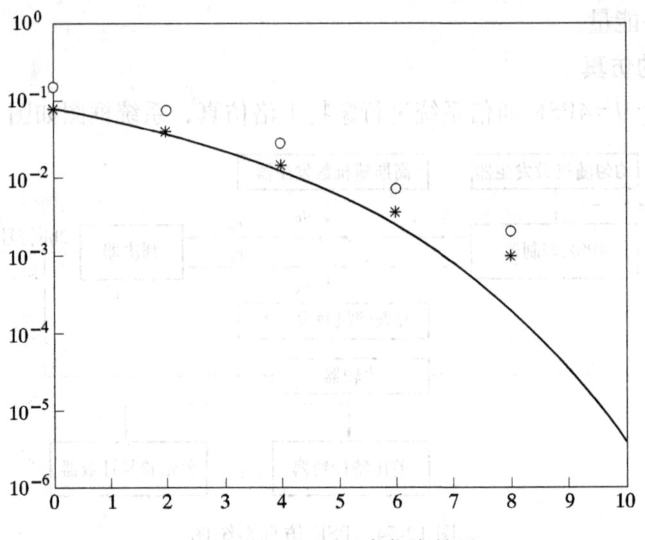

图 12-55 PSK 误码率仿真结果

```
    SNR=exp(SNRindB2(i)* log(10)/10);                 %转化信噪比为数值表示
    theo_err_prb(i)=Qfunct(sqrt(2* SNR));
  end;
  semilogy(SNRindB1,smld_bit_err_prb,'* ');           %以对数形式作 y 坐标绘图
  hold                                                %将上一曲线保持住
  semilogy(SNRindB1,smld_symbol_err_prb,'o');         %作出实际的信噪比-误比特率点
  semilogy(SNRindB2,theo_err_prb);                    %作出理论的信噪比-误比特率点
```

函数文件 pskmoto.m 进行蒙特卡洛仿真:

```
  function [pb,ps]=pskmoto(snr_in_dB)
  %skoto 求出以 dB 为单位的给定信噪比的比特误码率和符号误码率
  N=1000;                                             %符号数
  E=1;
  snr=10^(snr_in_dB/10);                              %计算信噪比的数值
  sgma=sqrt(E/snr)/2;
  %信号映射
  n=[0 0];
  s00=[1 0];     s01=[0 1];
  s11=[-1 0];    s10=[0 -1];
  for i=1:N,
    temp=rand;                                        %区别(0,1)的一个均匀随机变量
    if(temp<0.25),                                    %信源输出为"00"的概率为 1/4
      dsource1(i)=0;
      dsource2(i)=0;
    elseif(temp<0.5)                                  %信源输出为"01"的概率为 1/4
      dsource1(i)=0;
      dsource2(i)=1;
    elseif(temp<0.75)                                 %信源输出为"10"的概率为 1/4
```

```
      dsource1(i)=1;
      dsource2(i)=0;
    else                                        %信源输出为“11”的概率为 1/4
      dsource1(i)=1;
      dsource2(i)=1;
end;end;
%判决、误码率的计算
numofsymbolerror=0;    numofbiterror=0;
for i=1:N
    %在判决器的接收端的信号,对于第 i 个符号为:
    n=gngauss(sgma);
    if((dsource1(i)==0)&(dsource2(i)==0)),
        r=s00+n;                                %输入 00,则算出对应的总信号
    elseif((dsource1(i)==0)&(dsource2(i)==1)),
        r=s01+n;                                %输入 01,则算出对应的总信号
    elseif((dsource1(i)==1)&(dsource2(i)==0)),
        r=s10+n;                                %输入 10,则算出对应的总信号
    else
        r=s11+n;                                %输入 11,则算出对应的总信号
    end;
    %以下为计算互相关量度
    c00=dot(r,s00);          c01=dot(r,s01);
    c10=dot(r,s10);          c11=dot(r,s11);
    %第 i 个符号的判决如下进行
    c_max=max([c00 c01 c10 c11]);
    if(c00==c_max),
        decis1=0;         decis2=0;
    elseif(c01==c_max),
        decis1=0;         decis2=1;
    elseif(c10==c_max),
        decis1=1;  decis2=0;
    else
        decis1=1;         decis2=1;
    end;
    %若判决不对,计错器数加 1
    symbolerror=0;
    if(decis1~=dsource1(i)),
        numofbiterror= numofbiterror+1;  symbolerror=1;
    end;
    if(decis2~=dsource2(i)),
        numofbiterror= numofbiterror+1;  symbolerror=1;
    end;
    if(symbolerror==1),
```

```
        numofsymbolerror= numofsymbolerror+1;%误比特数加 1
    end;
end;
ps=numofsymbolerror/N;                              %总共发出 N 个符号
pb=numofbiterror/(2* N);                            %总共发出 2N 个符号
```

函数文件 gngauss. m 产生高斯分布的随机数：

```
function grsv=gngauss(m,sgma)
%输入格式可以为[grsv1,grsv2]=gngauss(m,sgma)
%或[grsv1,grsv2]=gngauss(sgma)
%或[grsv1,grsv2]=gngauss
%函数生成两个统计独立的高斯分布的随机数,以 m 为均值,sgma 为方差
%默认 m=0,sgma=1
if(nargin==0),
   m=0;   sgma=1;
elseif nargin==1
   sgma=m;    m=0;
end;
u=rand;                                     %产生一个(0,1)间均匀分布的随机数 u
z=sgma* (sqrt(2* log(1/(1-u))));            %利用上面的 u 产生一个瑞利分布随机数
u=rand;                                     %重新产生(0,1)间均匀分布的随机数 u
grsv(1)=m+z* cos(2* pi* u);    grsv(2)=m+z* sin(2* pi* u);
```

函数文件 Qfunct. m 用于求出理论误码率：

```
function [y]=Qfunct(x)
y=(1/2)* erfc(x/sqrt(2));
```

12.6.4　正交幅度调制（QAM）

1. 原理与分析

一个正交幅度调制（QAM）信号采用两个正交载波 $\cos 2\pi f_c t$ 和 $\sin 2\pi f_c t$，每一个载波被一个独立的信息比特序列所调制。发送信号的波形如下所示：

$$u_m(t) = A_{mc}\, g_T(t)\cos 2\pi f_c t + A_{ms}\, g_T(t)\sin 2\pi f_c t,\quad m = 1,2,\cdots,M \tag{12-64}$$

式中，A_{mc} 和 A_{ms} 是电平集合，这些电平通过将 k 比特序列映射为信号振幅而获得。例如，一个 16 位正交幅度调制信号的星座图如图 12-56 所示。

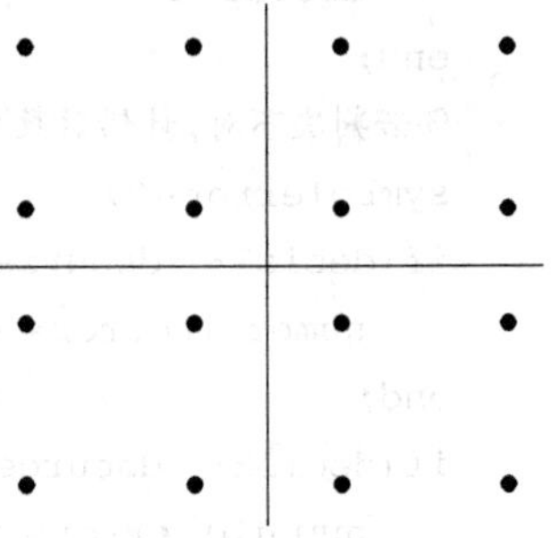

图 12-56　16 位正交幅度调制信号星座图

QAM 可以看作是振幅调制与相位调制的结合。因此发送的信号也可以表示为

$$u_{mn}(t) = A_m\, g_T(t)\cos(2\pi f_c t + \theta_n),\quad m = 1,\ 2,\ \cdots,\ M,\ n = 1,\ 2,\ \cdots,\ M \tag{12-65}$$

2. 示例及求解

【例 12-3】 对一个使用矩形信号星座图的 $M=16$QAM 通信系统进行蒙特卡洛仿真。系统图如图 12-57 所示（$M=16$QAM 信号选择器，4bit 符号）。

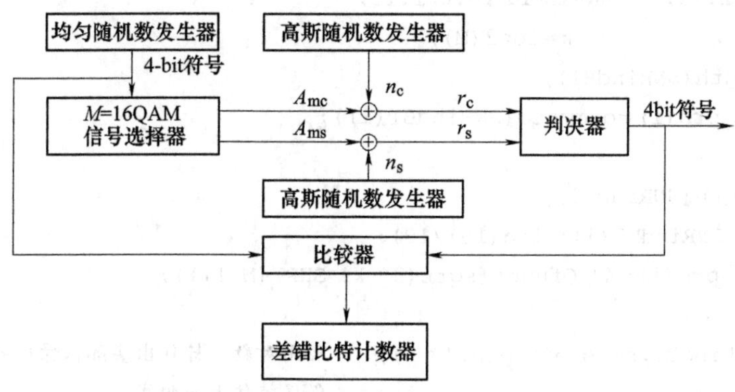

图 12-57 QAM 仿真系统图

我们用均匀随机数发生器产生一个对应 4 位 b1b2b3b4 共有 16 种可能的信息符号序列。将符号映射为相应的信号点，信号的坐标点为［A_{mc}，A_{ms}］，用两个高斯噪声发生器产生噪声分量［n_c，n_s］。假设信道相移为 0，接收到的信号加噪声分量为［$A_{mc}+n_c$，$A_{ms}+n_s$］。

判决器的距离量度由下式决定：

$$D(\boldsymbol{r},\boldsymbol{s}_m) = |\boldsymbol{r} - \boldsymbol{s}_m|^2 \qquad m = 1,2,\cdots,M \tag{12-66}$$

$$\boldsymbol{r} = [r_1,\ r_2],\ r_1 = A_{mc} + n_c\cos\varphi - n_s\sin\varphi \qquad r_2 = A_{ms} + n_c\sin\varphi + n_s\cos\varphi$$

$$\boldsymbol{s}_m = (\sqrt{E_s}\,A_{mc},\ \sqrt{E_s}\,A_{ms}) \qquad m = 1,\ 2,\ \cdots,\ M$$

并且选择最接近接收向量 $\boldsymbol{r}$ 的信号点。计错器记录判决到的序列错误符号数。

仿真结果如图 12-58 所示。

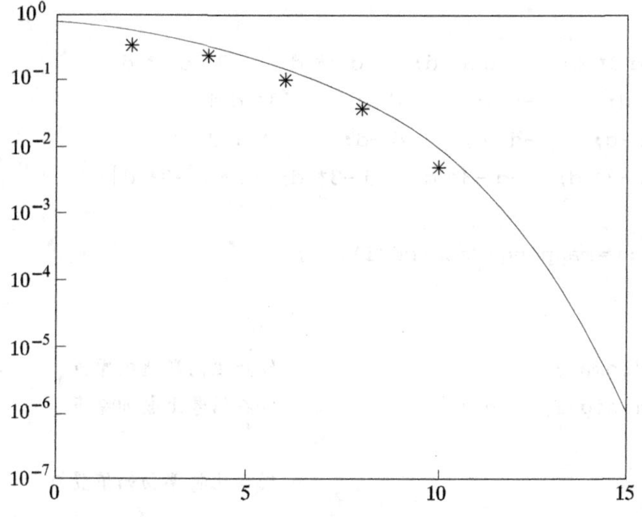

图 12-58 QAM 系统误码率仿真结果

3. MATLAB 实现

本例仿真的 MATLAB 实现如下（脚本文件 qammotocalo. m）：

```
echo on
SNRindB1=0:2:15;     SNRindB2=0:0.1:15;
M=16;                       k=log2(M);
for i=1:length(SNRindB1),
    smld_err_prb(i)=qammoto(SNRindB1(i));
end;
for i=1:length(SNRindB2),
    SNR=exp(SNRindB2(i)* log(10)/10);
    theo_err_prb(i)=4* Qfunct(sqrt(3* k* SNR/(M-1)));
end;
semilogy(SNRindB1,smld_err_prb,'* ');       %用对数坐标作出实际信噪比-误比特率曲线
hold                                         %保持住上一曲线
semilogy( SNRindB2,theo_err_prb);            %画出对数坐标理论信噪比-误比特率曲线
```

函数文件 qammoto. m 用于实现仿真运算：

```
function [p]=qammoto(snr_in_dB)
N=1000;
d=1;
Eav=10* d^2;
snr=10^(snr_in_dB/10);
sgma=sqrt(Eav/(8* snr));
M=16;
for i=1:N
    temp=rand;
    dsource(i)=1+floor(M* temp);
end;
mapping=[-3* d 3* d;     -d 3* d;     d 3* d;     3* d 3* d;
         -3* d d;        -d d;        d d;        3* d d;
         -3* d -d;       -d -d;       d -d;       3* d-d;
         -3* d -3* d;    -d -3* d;    d -3* d;    3* d -3* d];
for i=1:N
    qam_sig(i,:)=mapping(dsource(i),:);
end;
for i=1:N
    n=gngauss(sgma);                          %产生高斯随机噪声
    r(i,:)=qam_sig(i,:)+n;                    %在信号上叠加噪声
end;
numoferr=0;                                   %误比特率初始值置 0
for i=1:N,
    for j=1:M,
```

```
        metrics(j)=(r(i,1)-mapping(j,1))^2+(r(i,2)-mapping(j,2))^2;
    end;
    [min_metric decis]=min(metrics);
    if(decis~=dsource(i)),                      %若出现错误情况,误比特率加 1
        numoferr=numoferr+1;
    end;
end;
p=numoferr/(N);
```

12.7 本章小结

本章详细介绍了 MATLAB 在通信仿真中的应用，同时介绍了实现通信系统的 MATLAB 仿真方法与技巧。

1. 通信系统传递的是消息，消息是以具体信号的形式表现出来，携带有抽象的信息，为了衡量通信系统，应当对被传输的消息进行定量的测量。一个消息中包含有多少信息，我们称为信息量。信道是所传信息的载体，是信号所要通过的通道。在通信系统中，信道的主要作用是传输信息。通信的根本问题是如何将信源输出的信息在接收端的信宿精确或近似地复制出来。为更有效地实现复制，信源编码就相当重要，因为它能实现通信系统与信源统计特性的匹配。本章介绍了通信系统的信源编/译码、调制解调技术和通信仿真输出的 MATLAB 仿真方法与技巧。

2. 在数字信号通信快速发展以前主要是模拟通信，为了合理使用频带资源、提高通信质量，需要使用模拟调制技术，通常连续波的模拟调制是以正弦波为载波的调制方式，它分为线性调制和非线性调制。线性调制是指调制后的信号频谱为调制信号频谱的平移或线性变换。本章介绍了几种模拟信号的连续波线性调制，主要就是指幅度调制，它包括：

1）常规双边带调幅（AM）和抑制载波双边带调幅（DSB-SC）；

2）单边带调幅（SSB）和残留边带调幅（VSB）。

3. 模拟角度调制与线性调制（幅度调制）不同，角度调制中已调信号的频谱与调制信号的频谱之间不存在对应关系，而是产生了与频谱搬移不同的新频率分量，因而呈现非线性过程的特征，又称为非线性调制。

角度调制分为频率调制和相位调制，通常使用较多的是频率调制，频率调制与相位调制可以互相转化。

4. 脉冲编码调制（PCM）简称脉码调制，它是一种将模拟信号转变为数字信号的编码方式，主要用于语音传输。脉冲编码调制在光纤通信、卫星通信、数字微波通信中得到了广泛的应用。

脉码调制包括采样、量化和编码三个过程。采样是把连续时间模拟信号转变成离散时间连续幅度的信号，而量化则将离散时间连续幅度进一步转化为离散幅度的数字信号，编码是将得到的数字信号用某种既定的规则编成二进制码组输出。从调制观点来看，脉码调制使模拟信号调制成一个二进制脉冲序列，载波是脉冲序列，调制脉冲序列为“0”或“1”，所以称为脉冲编码调制。

5. 数字信号基带传输。在数字传输系统中，通常其传输对象是二元数字信息，设计数字传输系统的基本考虑是选择一组有限的离散的波形来表示数字信息。这些离散波形可以是未经调制的不同电平信号，称为数字基带信号。在某些情况下，数字基带信号可以直接传输，称为数字信号基带传输。

数字基带信号码型是用单极性非归零码、单极性归零码、双极性非归零码、双极性归零码、数字双相码、条件双相码和密勒码几种码来表示二元信息序列。由于数字基带信号是数字信息的电脉冲表示，不同形式的数字基带信号（又称为码型）具有不同的频谱结构和功率谱分布，合理设计数字基带信号以使数字信息变换为适合于给定信道传输特性的频谱结构，这样一个问题又称为数字信息的码型转换问题。

通过计算，我们可以画出单极性非归零码、单极性归零码、双极性非归零码、双极性归零码、数字双相码和密勒码几种码的功率谱密度并加以分析（假设传递的是纯随机信号，电压波形采用矩形波）。数字基带信号一般是随机信号，因此分析随机信号的频谱特性要用功率谱密度来分析。

采用不同的基带信号，其信噪比与误比特率的关系曲线也不同。

在数字基带信号传输中，减少连“0”码（或连“1”码）来保证位定时恢复质量，这是十分重要的一个环节。但在一般信号中，难免出现长串的 0 或 1，所以必须人为地将二进制数字信息先做随机化处理，变为伪随机序列，从而限制连“0”码（或连“1”码）的长度。这种随机化处理常称为扰码。

从更广泛的意义上说，扰码能使数字传输系统（不论是基带或通带传输）对各种数字信息具有透明性。这不但因为扰码能改善位定时恢复的质量，而且还因为它能使信号频谱弥散而保持稳恒，能改善帧同步和自适应时域均衡等子系统的性能。

扰码虽然扰乱了数字信息的原有形式，但这种扰乱是有人为规律的，因而也是可以解除的。在接收端解除这种扰乱的过程称为解扰。完成扰码和解扰的电路相应地称为扰码器和解扰器。

6. 为了使数字信号在通带信道中传播，必须用数字信号对载波进行调制，数字信号有几种基本调制方式：幅度键控、频移键控和相移键控，以及正交幅度调制，我们主要了解数字调制技术的原理、频谱特性和误码性能。

本章在论述和分析通信系统的工作原理的基础上，利用 MATLAB 对整个设计过程做了仿真。

12.8 思考题与习题

1. 熟悉通信工具箱的 10 个模块库，并结合自己专业知识掌握这些模块库的主要功能。

2. 设计某一信源的 Huffman 码，该信源的字符集为 $X=\{x_1, x_2, \cdots, x_9\}$，相应的概率矢量为 $P=(0.20, 0.15, 0.13, 0.12, 0.1, 0.09, 0.08, 0.07, 0.06)$，并计算这个码的平均码字长度。

3. 假设一信号 $s(t)=[\mathrm{sinc}(200t)]^2=[\sin(200t)/(200t)]^2$，使用采样频率 $f=300\mathrm{Hz}$，对其进行低通采样。试绘制采样后的信号和频谱。

4. 信号的均匀量化问题：输入正弦信号 $y=\sin(x)$，试分别用电平为 8 和 32 级将其均匀量化，量化器的范围为 $(-1.5, 1.5)$。

参 考 文 献

[1] 隋晓红，钟晓铃 . 通信原理 [M]. 北京：北京大学出版社，2007.
[2] 华容，隋晓红 . 信号与系统 [M]. 北京：北京大学出版社，2007.
[3] 樊昌信，曹丽娜 . 通信原理 [M]. 7 版 . 北京：国防工业出版社，2014.
[4] 张卫钢 . 通信原理与通信技术 [M]. 4 版 . 西安：西安电子科技大学出版社，2018.
[5] 王兴亮，寇宝明 . 数字通信原理与技术 [M]. 3 版 . 西安：西安电子科技大学出版社，2010.
[6] 张辉，曹丽娜，王勇 . 通信原理辅导 [M]. 2 版 . 西安：西安电子科技大学出版社，2004.
[7] 张辉，曹丽娜 . 现代通信原理与技术 [M]. 3 版：西安：西安电子科技大学出版社，2013.
[8] 刘敏，魏玲 . MATLAB 通信仿真与应用 [M]. 北京：国防工业出版社，2001.
[9] ZIEMER E，TRANTER W H . 通信原理：调制、编码与噪声　第七版 . [M]. 谭明新，译 . 北京：电子工业出版社，2016.
[10] 陈爱军 . 深入浅出通信原理 [M]. 北京：清华大学出版社，2018.
[11] 樊昌信 . 通信原理教程 [M]. 3 版 . 北京：电子工业出版社，2015.
[12] 张甫翊，徐炳祥，吴成柯 . 通信原理 [M]. 2 版 . 北京：清华大学出版社，2016.
[13] 高媛媛，沈忠良，魏以民等 . 通信原理学习指导及习题解答 [M]. 北京：机械工业出版社，2009.
[14] 王颖惠，牛丽英 . 通信原理（第七版）同步辅导及习题全解 [M]. 北京：中国水利水电出版社，2015.
[15] 殷小贡 . 通信原理教程 [M]. 武汉：武汉大学出版社，2009.
[16] 龙光利，侯宝生，王战备 . 通信原理 [M]. 北京：清华大学出版社，2012.
[17] 代永红，郑建生，刘彦飞 . 通信原理仿真、设计与实训 [M]. 北京：国防工业出版社，2011.
[18] 栗向军，赵娟 . 通信原理 [M]. 北京：清华大学出版社，2016.
[19] 王福昌 . 通信原理学习指导与题解 [M]. 武汉：华中科技大学出版社，2002.
[20] 尚涛 . MATLAB 基础及其应用教程 [M]. 2 版 . 北京：电子工业出版社，2019.
[21] 孙屹，李妍 . MATLAB 通信仿真开发手册 [M]. 北京：国防工业出版社，2005.
[22] 张森，张正亮 . MATLAB 仿真技术与实例应用教程 [M]. 北京：机械工业出版社，2004.
[23] 李建新，刘乃安，刘继平 . 现代通信系统分析与仿真：MATLAB 通信工具箱 [M]. 西安：西安电子科技大学出版社，2000.
[24] 南利平 . 通信原理简明教程 [M]. 3 版：北京：清华大学出版社，2014.